20世纪基础科学逻辑检查系列

Series of logic examination on the basic science of 20th century

两类"相对论"形式逻辑分析

Formal logic analysis upon two kinds of "relativity"

杨本洛 著

上海交通大学出版社

内 容 提 要

作为针对20世纪自然科学形式逻辑基础进行逻辑审查的系列丛书，本书汇集了著者自2005年末起所撰写，主要涉及两类“相对论”数学基础问题的若干文章。与Maxwell的电磁场经典理论体系仍然崇尚“经验事实”基础，只因为理性认识和数学工具的历史局限性几乎必然隐含许多逻辑不当完全不同，两类“相对论”以及它们的数学工具——其主要代表是Riemann微分几何——只允许建立在“约定论”基础之上。然而，只要是“约定论”的，就逻辑地因为缺失“实体论”基础的支撑及其相应构造约束的限制，必然自始至终充满矛盾和悖谬，并造成Einstein以及许多现代微分几何研究者不可能真正读懂他们仅仅凭借主观意志创造出来的“约定——某个团体共同信念或意向”的反常；与此同时，诸如如何表现曲面上向量场梯度场之类的具体命题却至今没有得到解决。本书可供从事基础数学和应用数学、理论物理和哲学基础研究的科学技术和哲学工作者、教师和大学生参考。

图书在版编目(CIP)数据

两类“相对论”形式逻辑分析/杨本洛著. —上海：
上海交通大学出版社，2011
(20世纪基础科学逻辑检查系列)
ISBN 978-7-313-06924-5

Ⅰ. 两...　Ⅱ. 杨...　Ⅲ. 相对论—研究
Ⅳ. O412.1

中国版本图书馆CIP数据核字(2010)第217527号

两类“相对论”形式逻辑分析
杨本洛　著
上海交通大学出版社出版发行
(上海市番禺路951号　邮政编码200030)
电话:64071208　出版人:韩建民
上海景条印刷有限公司 印刷　全国新华书店经销
开本:787mm×1092mm 1/16　印张:23　字数:560千字
2011年3月第1版　2011年3月第1次印刷
印数:1～2030
ISBN 978-7-313-06924-5/O　定价:98.00元

Brief Introduction

As the second part of the series of logic examination on the basic science of the 20th century, this book collects the articles dealing with mathematical foundation of two kinds of "relativity", written by the author from the end of 2005. Distinguishing from the classical electromagnetic theory made by Maxwell, which still upheld the empirical fact foundation though implied forms of logic improprieties or wrongs for the historical limitations over the rational cognition and mathematical tool, the both kinds of "relativity" and their mathematical tools, the main indication of which is Riemann's geometry, can only be built upon the foundation of conventionalism. However, as long as conventional, it must be fall of contradictions and absurdities for lacking of the necessary support of the realism foundation as well as the indispensible restriction supplied by the reality. And, it is just the anomalous reason for Einstein as well as lots of modern geometers to impossibly understand the "convention—common belief or intention in a community" fabricated by them and according to their own subjective will. At the same time, some propositions with important applied value, as such as how to express the gradient of a vector field on a surface, have not been solved up till now. This book can be read by scientists, technicians, philosophers, teachers and undergraduates in fundamental or applied mathematics, theoretical physics and philosophy.

有一种观点对科学本身是严重的威胁，它断言数学不是别的东西，只是从定义和公理推导出来的一组结论，而且这些定义和命题除了必须无矛盾之外，可以由数学家根据他们的意志随意创造。如果这个说法是正确的话，数学将不会吸引任何有理智的人。数学将成为定义、规则和演绎法的游戏，既没有动力也没有目标。认同灵感能够创造出有意义的公理化体系的看法，是骗人的似是而非的真理。只有承担对有机整体的责任和严格训练，并且在内在需求的引导下，自由思想才可能做出有科学价值的成果。

不论我们持什么样的哲学观点，就科学观察的目标来说，对一个对象的认识，完全表现在认识和认识者的所有可能关系之中。当然，仅仅是感觉并不能构成知识和见解，必须要和某些基本的实体即“自在之物”相适应、相印证。对于科学方法来说，重要的是考虑那些可观察的事实，把它们作为概念和构造的最终根源。

——**R. Courant**

《什么是数学》

没有任何一个数学上的重要分支乃至一个数学上较大的特殊研究结果就是某一个人的工作。充其量，只是某个决定性的步骤或者证明，抑或可以算作是某一个研究者的个体曾经做出的贡献。……然而，与非 Euclid 几何相关最有意义的真相在于：它可以像 Euclid 几何那样准确地描述物质的世界；非 Euclid 几何的客观真理性，无需依赖任何先验理由的支撑。并且，是 Gauss 首先完成了这样一种认识。

Morris Kline

《古今数学思想》

序

2010年4月中旬杨本洛来信说，他刚刚把《两类"相对论"形式逻辑分析》的修订稿送交出版社，信中还告知："该书本质上是对Riemann微分几何的彻底否定，是对Gauss微分几何的逻辑审查，自然也会涉及你和你的朋友们所关注与现代数学相关的一系列主要问题。"同时，他寄来了这本书的目录，问我是否感兴趣或者想写点什么，他可以先将全书的电子文本发给我。

在我给予肯定的答复以后，不久就收到杨本洛寄来的一个电子邮件和全书的电子文本。在他的电子邮件中，再次提起他关于数学的"公理化体系"的一些思考：

> 记得许多年前和你说起，不仅仅是现代物理学，而且还是整个现代数学体系的问题根本归结于违背科学陈述必需的"实体论"基础，寄托于与中世纪经院哲学家也不屑一顾的"约定论"一致的"公理化假设"的人为欺骗之上的缘故。为什么要相信某一个人提出"人为假设"并以此构建科学体系呢？只要是真正科学的，就必然具有Peirce所说的"公众性"特征，必须建基于Plato所说的"实在东西"之上。如果从"方法论"的角度考虑问题，则需要彻底摆脱西方人习惯使用的"模拟、类比"的简单、幼稚和粗糙的思维。尽管如此，解决这些问题的途径绝不是仅仅凭借"哲学信仰"或者"哲学口号"的空议，或者使用某一个新的人为假设取代旧的人为假设，而需要对"电磁场理论的数学物理模型、流体力学理论方程、微分几何的形式逻辑分析、量子力学的理性重构"等实实在在的命题作出真正符合逻辑的分析。
>
> 从数学而言，则需要从如何认识"Euclid几何、数系如何合理拓展"等西方人无力解决的命题作逐个梳理。并且，需要回答对西方哲学至今无法解决的"认识论"认识困惑。

前些年，我曾经给他的《自然科学体系梳理》第二版写了一个序，其中说道：我们一见面总是要争论。现在看起来，这样的争论似乎永远也不会停止。然而，我同时发现越是争论，彼此共同的观点就越多，争论的内容也越来越深入。数学是我们不断争论的一个主要问题，现在共同的认识也越来越多了。

一些哲学式的语言与口号，或者某人即兴而起的"一句话"，那些说法其实并不重要。

对于哲学来说，重要的是从人类观察（实践）和思维（理论）中找寻真正的合理关系。拘泥于任何人的一句话或者一个假定，在人类的理性思维和人类对于大自然观察的结果之间建立起一种合理的关系是不可能的。但是，有的时候，一句古老的话看起来是那么简单，却可以不断地添加自然科学的新元素，使它的内涵不断地丰富起来。在我看来这些话就像是人类的"原初理念"。在那样的话中，我体会最深一句就是："公理必须是人人可以感受的"，这就成了我讨论物理学的一个标准；还有一句是：爱因斯坦在《物理学的进化》中所提到的也是古希腊的哲学家曾经讲过的：只有"点与空白"才是实在的，这就成了我进行数学思考时一种实在的标准。

整个数学的逻辑必须回到这一点上来。毕达哥拉斯违背了这一点，提出了用分数可以把一个“数字的线段”填满，但早被证明是逻辑悖论。19 世纪以后的数学家的“数域”的基础依然是那个逻辑悖论。这是产生整个现代数学逻辑混乱的根源。在物理学中，往往涉及“连续与不连续”、“个体与群体”当然还有“时间和空间”等许许多多基本理念。但是，在数学家们用“填满空隙的实数空间”和那些在那个实数空间概念上不断扩展他们关于“数域”的想象时，两者就很难找到合理的关系了，最终物理学和数学分了家。所以，只有回到“点与空白”的理念上来，才能够重新建立“数理一家”的，用来作为人类认识大自然语言的“数学”。

当然我们并不是说，现代物理和现代数学中没有有用的东西。有些人在杨本洛的网页的评论中，称他为“我的大神”，好像他要重新创造宇宙万物一样。其实，我们只是要把 19 世纪，或者是 17 世纪以来的现代物理学和现代数学“梳一梳”而已。人不是天天要梳头吗？头不梳沾满了脏东西，不难受吗？现代物理和现代数学长满了脏东西，这些脏东西就是逻辑悖论。数学本来是人类用来进行定量思维的基本工具。所谓定量思维，实际上是和我们学习过的辩证法中的三大规则:“对立统一、量变到质变和否定之否定”中的“量变到质变”密切相关的。所有的哲学语言，总是带有隐喻的性质，复杂而不明确；通过不断加入的自然科学的新鲜元素(这些新元素一定是人人能够感受的)，它的内涵才会越来越清晰、越来越丰富。这才是哲学、逻辑或数学到物理学发展的根本方向。但是现实生活中更多的是，或者说一般人更容易相信的是，由某些杰出人物的简单明确的语言，把那些复杂、隐喻的、不明确的“原初理念”，变成了明确的、直截了当的语言。这些就是杰出人物的“直觉和顿悟”基础上的“假设、约定或猜想”，那些杰出人物的语言，往往是与一定历史时期的人们实践和思维能力有密切关系的，在那个时期对于人们打破旧思维的束缚，开拓实践和思维的发展是有贡献的，但是由于历史条件的限制，那些杰出人物的“直觉和顿悟”离开建立逻辑自洽的体系总是有很大的距离，那些东西，既没有定量思维的演绎明确性，又没有真正的人人可以感受的公理性，他们的有利于人类知识发展的性质，只是暂时的。在新的历史时期再坚持那些杰出人物的简单的“假设和约定”，并以他们的那些直觉和顿悟下的“假设和约定”作为依据，来进行没完没了的争论，对于科学发展是不会再有什么意义了。令人遗憾的是那些人为认定，成为现代科学主流派所正在竭力维护的东西。他们的逻辑混乱，必定使演绎的结果越来越混乱，所以随着时间的推延、人类实践的发展，他们能够讲得出的道理越来越少了，他们之间的争吵也会变得越来越剧烈，但是只要一涉及作为他们的基础的“假设和约定”，他们就会联合起来以一个共同的科学权威的姿态来维护那些“科学的基础”，实际上那些约定已经不再是科学的基础，而是那些曾经对于人类作出过贡献的杰出人物的“继承者们”的共同的权势和利益。

数学这个“定量思维”工具的核心就在于它的明确性，不但要明确，还需要越来越大的能够包容描述复杂自然现象的能力。要使数学和物理学合理地联系在一起，就必须常常进行“逻辑梳理”。并且，这并不是某一个人的特殊的权利，同样不受哪一个人特殊能力的限制，而应该看成是一个经常发生的，原则上能够为所有真正尊重和服从逻辑的人完成的平凡的事情。实际上正如人们看到的那样，逻辑的梳理总是时时刻刻地在进行着。只是现在遇到的问题实在太多，现代物理学和现代数学上积累了太多脏东西，物理学和数学分离得太远了，连那些权威们自己也不得不说:不懂、不懂、都不懂，而联合国的教科文组织则公开告诉人们:“相对论”和“量子力学”是相互矛盾的，那是科学发展的极大障碍。这就使得这一次梳理比日常的梳理要困难一些了。

当然这一次也有不同的地方，那就是一个地地道道普通的中国人首先明确地提出了这样那样的问题。而且,他提得比外国人更加尖锐,所以震惊了中国的科学界。当然,如果更为准确地说,只是震动了科学技术的管理层或者某一个占据固有利益的小团体。面对科学生活中这种本应平常的逻辑梳理,有人将其称为“杨本洛现象”。虽然近百年来,自然科学上不像社会意识形态那样敏感,但是那种根深蒂固的思想方法和管理体系总是牵连在一起。头当然是可以梳的,那也只能由当家人自己或指定的人来梳,一个普通人自己跳出来要给自然科学体系梳一梳头,实在太不可思议了!

但是,我们为什么不能够换一个角度来想一想:那个许多年都没有梳理的头是不是该梳一梳,那些互相紧紧联结在一起的自己人的“共同体”能够下得了手,心甘情愿把头上的那些脏东西真正梳掉吗?自然科学本来是最公平的地方。自然科学的对与错,都不取决于人的意志,本质上是大自然明摆着的。如果那样的地方都不容讲真话,科学的创新还有什么可谈的呢?只有逻辑理顺了,科学发展的路就通畅了,社会发展才有一个可以效法的依据。我希望我国的改革开放既不能效法“儒家”,也不能完全效法西方,而是要“效法自然”。当然,效法自然,实际上还是可以有一点效法西方的。因为我们的儒家文明比西方落后了几千年,这个差距是可以缩短一点的。现在的西方,他们的“效法自然”连他们自己也搞不清楚了,他们也在摸索,也是危机四伏。于是,整个世界和人类应该共同摸索前进的方向,首先是顺应理性和逻辑,这是自然哲学必须坚持和捍卫的方向。

宋文淼

2010 年 5 月

寄自美国匹兹堡

前　言

在许多不同场合，笔者早已指出：与量子力学具有需要研究的特定物质对象，从而成为现代自然科学体系中的一个不可缺失的重要分支，并且，本质上面对需要“理性重建”的重大命题完全不同，Einstein 杜撰的“相对论”不过是 20 世纪昙花一现并最终必然被人们抛弃的神学，或者只是一次以“篡改语义”作为全部本质内涵的语言革命。两类“相对论”不仅仅从头至尾充斥着矛盾和悖谬，而且无论从形式逻辑还是从物理内涵考虑，实际上都没有任何真正值得人们认真对待乃至需要严肃批判的东西。

正如 Einstein 曾经引入的一对“原时和刚尺(proper time and rigid ruler)”一样，时间和空间不过是展现一切物理现象的共同舞台和统一工具。至于逻辑，它只可能具有“同义反复”的全部本来意义。因此，永远不可能仅仅凭借演绎逻辑或数学推理，能够从表现“时空变换”的 Lorentz 变换公式出发，推导出反映另外一种独立物理实在的“质能变换”关系式。此外，那个已经被僵化了的弯曲时空，同样不可能告诉人们在“非均匀”电磁场的背景下，电磁波必然呈现千变万化的“弯曲迹线”的平凡真实。也就是说，除了神奇和信念，凭借直觉和顿悟而杜撰的“相对论”什么也不可能告诉人们。

但是，所有这一切荒唐不能仅仅归咎于 Einstein 个人，而应归咎于包括哲学、数学、理论物理的整个西方知识体系真实存在的大量认识矛盾，以及这些认识困惑不断积累的一次总爆发。19～20 世纪的西方知识社会，需要同时面对两个不同方面的严峻挑战：一方面旧有知识体系内在的许多矛盾尚无法解决，另一方面又需要面对一个突然展现在人类面前过分复杂的大自然。因此，西方知识社会只能无奈地放弃逻辑，放弃他们曾引以为自豪的、自古希腊文明开始的理性追求，而重新求助于甚至连中世纪经院哲学家也不屑一顾的“约定论”自欺，以致将用于描述“自存”物质世界的自然科学体系建立在“公理化”假设——一种变种的“约定论”之上。

在“狭义相对论”诞生 100 周年连篇累牍的纪念文章中，一位职业数学工作者写的如下文字或许值得许多不知情者认真一读[①]：

> 如果说提出“狭义相对论”，爱因斯坦的知识还算够用的话，到了“广义相对论”，爱因斯坦则捉襟见肘。不可否认，爱因斯坦学这一套数学颇为吃力，以至于爱因斯坦有一次自嘲道：“自从数学家搞起相对论研究之后，我自己就不再懂它了。”正因为这个原因，在 1915 年出现了希尔伯特和爱因斯坦之间的“优先权”之争。
>
> 实际上，从出现非欧几何开始，数学家们已经飞跃到“自由思想”的王国，他们不再受现实物理世界的束缚，而只关心数学的逻辑完整性。但是，这些新鲜的数学似乎并不是爱因斯坦所乐于见到的。在对高斯、黎曼的内蕴几何不太熟悉的情形下，爱因斯坦采取了一种更原始的方法：把 4 维时空嵌入到 5 维时空中去。但是，这将造成新的麻烦。也许，这是 Einstein 晚期的工作不太成功的另一种原因。

---

① 胡作玄. 爱因斯坦与数学[N]. 中华读书报，2005. 11. 30.

此外，这位文章作者还谐谑地指出：

> 爱因斯坦的相对论的确使闵可夫斯基大吃一惊。闵可夫斯基说："在学生时代，爱因斯坦是一条懒狗，他一点也不为数学操心。"但是，真正认识到相对论的价值，并且从哲学和数学上推进一大步的也正是闵可夫斯基。

于是，西方科学史中屡见不鲜却又难免令人遗憾的一幕又一次展现在人们的面前：在数学家们"自由思想"的驰骋与 Einstein 凭借"直觉和顿悟"的创造之间并没有任何根本差异，或者说他们本应是休戚与共的命运共同体；然而，似乎只要能够看到一点点可能获得成功的曙光，那种维护"首创权"个人名誉的本能，就会重新超过他们曾经为形形色色杜撰需要做出辩护的共同焦虑。

在自然科学体系中，数学具有特殊的地位，它往往给人以格外神秘，甚至就是普适真理化身的印象。或许正因为此，一些数学家们也自然多了些许矜持。毫无疑问，正如人们熟知的那样，可以说是 20 世纪的"数学家"拯救了 20 世纪的"相对论"：当 Einstein 于 1905 年提出他的"狭义相对论"时，实际上并没有多少人认真对待把"时间和空间"两个完全不同的概念，或者与 Einstein 本人称之为"原时和刚尺"这两种没有任何关联的"对应物"拼凑在一起的荒诞不经，只是 Minkowski 凭借一个自称为"伪空间"的虚幻概念，让人们放过了 Einstein 直觉和顿悟中的明显荒诞。

但是，绝对不只是"现代数学"拯救了"相对论"，同样是"相对论"使得千疮百孔的"现代数学"能够处于"挽狂澜于既倒"之中。众所周知，现代数学体系处于深刻的矛盾和冲突之中。贯穿于整个 20 世纪，涉及数学体系哲学基础的争论已经延续到 21 世纪。因此，事实更应该像一些数学史研究者指出的那样，在"没有任何证据能够证明由 Gauss 和 Riemann 等创造的新几何能够满足相容性和实用性，人们只是出于一种信念来接受前辈的结论"的时候，20 世纪出现的"相对论"及时拯救了非欧几何。否则，那个不难证明同样自始至终充满矛盾的"自由思想"杜撰，或许早就被人们遗忘了。

检讨主要由西方人建立的整个现代自然科学体系，人们不难发现全部问题的核心在于：那个被公理化主义者视作"除了必须不矛盾，其他完全可以自由创造"的必要逻辑前提并不存在。对于任何一个"形式表述"系统而言，一旦缺失"实体论"的基础，那么，已经不仅仅只是因为纯粹的人为想象而难以避免的"虚无缥缈"，致命的要害问题在于：在缺失"物理实在"或"几何实在"支撑的同时，因为相应缺失必要的约束和限制，最终必然陷入"矛盾重重"之中。不难构造一个数学上严格的证明：被视作"拓扑学"乃至整个现代数学体系基础的"拓扑公理"，就是因为它试图无所不包、无所限制，而只能成为一个隐含"自否定"结构的矛盾陈述。

因此，在这个意义上，不仅仅是两类"相对论"没有什么需要认真对待和严肃批判的实在内容，而且应该是凭借直觉和顿悟、以"约定论"为全部基础的现代数学体系，只可以视作一种幼稚、肤浅和简陋的思维游戏。一方面，仍然存在诸如"怎样看待电磁场理论中的 Maxwell 方程组数学上不能求解、流体力学中的 Navier-Stokes 方程逻辑上是否完备"等大量实实在在的命题尚没有真正得到解决的尴尬和无奈；另一方面，建立在"约定论"之上的整个现代数学体系，本质上几乎同样没有什么真正值得人们认真对待和严肃批判的东西。只是数学科学必要的"抽象"被曲解为"虚幻创造"的错误思想导向具有如此久远、巨大和深刻的影响，乃至长期存在

“越是玄妙或者越是让人们读不懂，就一定越是高深”的幻觉，从而在需要重新认识两类“相对论”的时候，人们必须首先认真对待和严肃批判它们的数学基础内蕴形形色色矛盾的问题。根据逻辑，或者说与 Popper 的“证伪学说”思想保持一致，任何一次“证伪”都是致命的，被赋予“否定性”的全部意义。当然，无论是 Gauss 的内蕴几何（即 Gauss 微分几何中那个只允许建立在“约定论”基础之上的后半部分），还是所谓的“Minkowski 伪空间”以及整个 Riemann 几何，它们就是背离逻辑并且与人类理性追求完全背道而驰的“真正伪科学”体系。

杨本洛

补记于 2008 年盛夏

目　录

第一篇　20 世纪“狭义相对论”逻辑审查
——Minkowski 空间“伪概念”的揭示

第二篇 20世纪"广义相对论"逻辑审查
——Riemann几何批判初步

Contents

第一篇

20 世纪“狭义相对论”逻辑审查

——Minkowski 空间“伪概念”的揭示

20 世纪“狭义相对论”逻辑审查

我忍不住要说，照我看来，问题不在于我们是否将坚持一种关于服从物理描述的“实在”的观念，而在于沿着您所指给我们的道路继续前进，并意识到实在描述的那些逻辑前提。

——Niels Bohr

致 Einstein 的最后一封信

《玻尔全集》第 7 卷①

在 20 世纪末，联合国教科文组织在评述物理学取得的成就时，虽然把“相对论”和“量子力学”列为这个世纪两项最伟大的成就，但是，不得不同时指出：“遗憾的是，这两个理论迄今为止被证明是对立的。这是一个严重的障碍。”

事实上，这两个理论体系的哲学基础是共通的，它们同样都违背科学陈述必需的“实体论”基础。只不过“量子力学”显得过于老实，这个理论体系的创始人反复告诫人们量子力学哲学基础存在着深刻矛盾的问题，无奈却公开地把整个理论体系当作“第一性原理”来对待。但是，对于“相对论”而言则不然，诚实和自负的 Einstein 以为他的理论应该普适地用于整个物质世界，就能够自然地获得科学陈述的“实体论”基础，而没有意识到正是这种期待之中“无所不包”的普适性，使得它的物质基础流于空乏。事实上，即使暂时不考虑“时空变换”隐含的种种悖谬，“相对论”的要害仍然在于：为什么要求充满差异和复杂性的大千世界必须满足同一个简单代数公式呢？因此，量子力学所走的道路，实际上就是如 Bohr 所述是 Einstein 指引的道路。当然，同样如《玻尔全集》所述，这也是 Bohr 和整个年轻一代对 Einstein 怀有“深刻而永久的意外和失望”的缘故。

在《科学的生命——文明史论集》一书，西方著名的科学史研究者 George Sarton 曾经深情而不无睿智地指出：

> 当致力于扩展科学的边界时，科学家们更迫切地需要弄清脚手架是否真正牢固，弄清愈来愈大胆、愈来愈复杂的大厦是否有倒塌的危险。矛盾荒谬的发现迫使我们清理知识，对知识进行彻底的考察，考察人类达到每一个概念必须克服的全部困难以

---

① 摘自 Bohr 于 1948 年致 Einstein 的信件。直到 Einstein1955 年去世，Bohr 再也没有针对 Einstein 对量子力学的批评作任何答辩。此外，《玻尔全集》的编撰者在援引 Bohr 致 Einstein 的这最后一封信件时，还特地作如下评述：“尽管 Bohr 的措辞委婉而有礼貌，但由 Bohr 提出的这最后的答辩却显露了一种深刻而永久的失望和意外的感觉；其意外和失望之处在于，恰恰是 Einstein 本人，竟不能欣赏 Bohr 和年轻一代正在多么密切地沿着 Einstein 所指引的道路在前进。”

及可能牵涉的全部错误，考察概念产生以前的全部历史。

一个科学工作者如果生活在这样一个批判的和最有兴趣的时期，无疑是非常幸运的。

于是，对于后继者而言，能够对"相对论"的错误进行批判，固然可以视作是一种幸运，但是，如果只是急于找出替代"相对论"的方法，不愿意花大的功夫弄清"相对论"为什么导致错误的原因；如果不能严肃地面对"相对论"出现的历史背景，解决"相对论"尚没有解决的科学疑难，而仅仅是沿用"相对论"的错误，去批判错误的"相对论"，其实同样只能视作一种悲哀。

1 “狭义相对论”的形式逻辑审查与批判

在自然科学特别是理论物理研究中，数学被视为一种基本工具，应用数学的根本目的在于：如何保证一个物理学陈述与其所描述的理想化物质对象之间的严格无矛盾性，以及不同科学陈述之间必须同样严格遵循的无矛盾性原则。

一旦否定了通过形式逻辑保证的严格“无矛盾”性，否定了科学语言自身必须具有的“无歧义”前提，否定科学概念必须被赋予“同一化”内涵的基本原则，甚至公然允许形形色色矛盾的前提性存在，那么，依据这样一种基本理念所构造的所谓的科学陈述，即使可能得到许许多多相关“局部”事实的支撑，但是经验证实无以穷尽，而且由于无视或者默认矛盾的存在，本质上成为隐含着“自否定”结构的陈述系统。当然，这样一种陈述体系根本谈不上科学。理论物理被界定为数学写就的物理。但是，当 Landau 面对现代物理陈述中太多的逻辑不自洽，只能坦诚地将理论物理中的数学严谨性公然称之为自欺欺人的时候，人们怎么能够把这样的理论物理真正视为一种科学呢？对于这样一些隐含着形形色色矛盾的物理学陈述，充其量只能像 Heisenberg 坦陈的那样：仅仅是一个“打破了一切通常运动学概念，而仅仅代之以具体的、由实验给出的一些数之间的关系”的陈述系统。当然，这样的陈述系统尽管可能成为若干“特定”实验事实一种纯粹“拷贝”式的描述，但是，由于作为科学语言具有元素的概念不再统一，无法将这样一种拷贝式描述延拓至一般现象之中。当然，依据彼此相悖的科学语言所描述的经验事实，无论在局部意义上怎么真实，它们也充满矛盾，不可能成为隶属于物质世界自身的科学[1,2]。

当作为量子力学奠基人之一的 N. Bohr 指出“20 世纪的物理学唯恐不够疯狂”时，人们不能不说，20 世纪的自然科学是一个充满奇异和反常的巨变期。一方面，在面对愈益复杂和新奇的物质世界时，由于摆脱了种种习惯认识的桎梏，人类可以充分利用已经掌握的技术手段，发现甚至驱使着那些未知的物质世界；另一方面，却由于甚至包括数学在内的整个自然科学体系，在面对一系列暂时无力解决的困难时最终选择了彻底放弃逻辑，又陷入了由于随意杜撰概念而必然造成的空前认识紊乱之中。或许所有的一切可以进一步证实：人类知识的积淀本质上只能渊源于人们的实践，正如数百年前的造船者根本不知道流体力学仍然能够制造出航行于大海之上的大船那样。但是，技能乃至彼此可能处于自悖之中的感性认识并不是真正的科学。因此，20 世纪的人类在获取他们的祖辈无法想象的巨大技能的同时，却也在有意无意地玷污或者摧残数千年来人类逐步形成的“理性”认识体系，甚至不得不放弃“无矛盾性”这样一种几乎自明的理性原则，将以“无矛盾性”为本质内涵的理性意识重新置于美其名曰“宗教情结”这样一种以“无需也不容解释”为根本目的的愚昧无知之上。当然，对于拥有极其有限资源和有限生命期的“整个”人类而言，最终可能不得不为这种过分急功近利的短促行为付出过大的代价[3]。

人类的认识体系总是承上启下和渐进式发展的，在不当前提基础上的推理必然蕴涵着形形色色的认识不当。毫无疑问，造成最终放弃以逻辑相容性为本质内涵的“理性原则”的现状，正是现代自然科学中一系列前提性基元概念没有真正得到解决的原因；或者说，是经典力学中的“惯性系”到底是什么，经典电磁场理论为什么容忍“位移电流”只能作为一种纯粹人为假设而存在，其物质内涵是什么，以及为什么允许通过习惯使用的“类比”分析方法将仅仅应用于某一个“特定”物质对象之上的形式表述简单类推至“其他”物质对象之上，……，这样一些基础性的重大问题没有得到真正解决的逻辑必然。因此，之所以在 20 世纪初出现了本质上以“改变科学语言”为根本手段、以默认“矛盾事实”以及否认“可解释性”原则作为基本前提，依赖没有任何可信性而言的所谓“直觉和顿悟”，并且至今没有任何人能够予以解释而只能凭借着“宗教情结”这样的信仰而存在，一个自始至终充满矛盾和完全荒悖的“相对论”，并不仅仅是当时的科学世界无法合理解释 Michelson-Morley 实验这样一个具体问题的缘故，而具有格外深刻的历史根源[4]。

事实上，如果现代科学世界还真的崇尚科学理性，真正接受“历史唯物主义”这样一种其实“十分平凡以及自然”的科学认识论的话，那么，对于时年 26 岁，并且甚至不得不坦率地将自己形容成“不知道吃数学领域中的哪一堆干草的一头 Buridan 驴子”的年轻人，他是根本不可能具有一种能力，承担解决自 Newton 开始的经典理论体系长期积累的一系列本质上彼此关联的“认识不足、不当乃至错误”这样一个重大的历史性命题的。当然，正是这样一种完全的不可理喻性，人们只能接受宗教情结，将 Einstein 渲染成一个“天才”或者自然科学研究中的一尊“神”来顶礼膜拜；与此同时，同样只能归结为年轻、幼稚和无知，Einstein 将所有这一切视为自己超人的“直觉和顿悟”，坦然接受了人们对他这样一种纯粹宗教式的推崇，最终不得不无奈地默认人们把自己推上了令其终身痛苦的“神”的位置。并且，除了对于科学事业的一种真诚向往以外，Einstein 在未来的历史上几乎不可能留下什么痕迹[5]。

当然，对于任何一个科学工作者，如果真的拒绝以放弃“独立的理性思考”为全部内容从而和科学理性完全相悖的“宗教”情结，那么可以得到这样一种同样十分自然的推断：对于这样的年轻人，由于缺乏包括数学在内进行科学研究的深厚功底，他根本不具能力准确理解 Mach 针对 Newton 经典力学提出的质疑蕴涵的重大意义，合理解答“到底什么是惯性系”的问题；或者说，他无法理解 Leibniz 针对 Newton 力学曾经提出“任何与物质客体相分离的空间概念在哲学上完全没有必要”这个具有重大启示意义的质疑或批判；当然，也根本不可能形成一种理性意识，认识到 Maxwell 所构造的经典电磁场理论体系中真实存在的大量物理理念认识不当以及一系列数学表述逻辑不相容的问题。由于缺乏严格逻辑的约束，任何一种只能归结为“直觉和顿悟”的思考最终只能流于荒谬。当然，出现于 20 世纪，以否定逻辑为全部内涵的“时空观”革命，使得人类认识史中反复出现的认识反常被史无前例地推至登峰造极的地步。

而且，随着本质上以如何保证科学陈述必须满足的“无矛盾性”要求为根本目标，在自然科学研究中明确提出了“物质第一性”和“逻辑自洽性”这样两个互为依赖的基本原则，那么，对于“热力学”、“固体和流体力学”以及“量子力学”这样一些经典理论体系，它们自然面临着怎样“理性重建”的重大课题。但是，与这些经典理论体系面对具有确定意义的物质对象完全不同，那个被期待能够“不加任何限制”地用于整个物质世界的“相对论”，只是一种完全荒谬的“神学”系统，相应不存在如何理性重建的问题。至于现代理论物理中目前普遍使用的“质能变换”关系式，正如后续分析将进一步指出的那样：不可能从相对论出发，使用演绎逻辑推导出这个关系式。如果需要继续使用这个数学表述，那么，它仍然像理论物理中所有具有“独立”物理内涵的形式表述一样，只能源于与其相关具有独立意义的经验事实。在自然科学研究中，正如 18 世纪著名哲学家 P. C. Kant 曾经大概指出的那样：永远不可能从逻辑推导出真理。人们可以相信：只要是真正逻辑的，那么，推理永远不可能超越前提给出的内容。当然，只是由于过分幼稚以及对于逻辑缺乏起码的理解，默认人们将自己置于“教主”位置之上的 Einstein，才会提出“寻找某一个优秀公式，由此演绎地推出所有需要公式”这样一种处于“自悖前提”之上的命题[5]。

因此,绝对不是因为“相对论”本身具有任何特别的意义所以需要对其特别关注,而只是这个建立在“约定论”之上的陈述系统过分荒谬,以至于不仅仅蒙蔽了20世纪的科学主流社会,欺骗了充满科学幻想并且真诚希望将自己的全部生命献给人类科学事业的Einstein本人,而且还极大影响、干扰和破坏人类自然科学体系的健康发展。显然,在人类需要以“逻辑相容性”为基本判断准则,对自Newton开始、经历了近四个世纪蓬勃发展,但是在一系列前提性概念上积存大量认识不足、不当乃至错误的整个现代自然科学体系,重新进行一次“历史性和全局性”梳理的时候,人们不得不对一个完全荒诞的“相对论”所蕴涵的“非理性”意识或者与“科学理念”背道而驰的“神学”意识进行深刻批判,彻底肃清其影响,将颠倒了的认识重新颠倒过来的缘故。

对于那个由于缺乏深厚科学基础,甚至只能被视之为一种历史误会,最后被许多善良的人们无奈地推至“神”的位置之上的Einstein,曾经一再诚恳地表达对Newton的一种歉疚之情。但是,这个同样诚实而善良的Einstein并不真的懂得:除了那个本质上只能被视为一种“语言革命”,因此没有任何科学意义的“时空观”革命以外,他其实从来没有对Newton力学中存在的逻辑不当提出过任何具有实质意义的批判。实际上,他甚至不能真正理解他曾经极力推崇的Mach批判,认识到建立在“循环逻辑”之上的无穷多惯性系对整个自然科学体系隐含的巨大危害,只能将他的两个“相对论”同样建立在“循环定义”之上。由于不善于进行严格的逻辑推理,他根本不可能懂得,建立在“非惯性系”中的力学公式,已经对整个经典力学体系构成了一种事实上的逻辑否定。同样,他曾经笃信那个根本不可能具有“可解释性”的Michelson-Morley实验,其实仅仅刻画了一切波动现象中的一种平凡真实,不仅仅是完全可解释的,而且只是Maxwell最初构造了一个完全失当的实验命题。当然,对于将全部思维基础建立在没有任何可信性而言的“直觉和顿悟”之上的Einstein,他根本没有想到:根据且只需要根据他真诚期待的“演绎逻辑”,自从1905年发表那篇震惊世界的文章,将整个“相对论”前提性地构建于他所说的一对“矛盾着真实”的基础上的那个时刻开始,无论后继的所有推导是否符合逻辑,他所构造的这个陈述系统已经被永恒地处于深刻的矛盾之中[6]。

毋庸质疑,发生在20世纪中的一切,既不能简单归咎为这个时代的某一个或者某一群研究者,也不能将其归咎为给后代留下了太多逻辑悖论、自17世纪开始构造整个现代自然科学体系的许多开拓者们。人类的认识能力始终打上“时代”的印记,人类的认识史永远是一部在“继承性批判”和“批判性继承”中逐步深化认识的历史。没有前人的认识不足,就没有后继者的认识进步。从“历史唯物主义”的科学认识论考虑,如果历史上没有今天为人们熟识的Einstein,那么,还可能出现另一个不叫Einstein的Einstein。人类认识的深化并不以个别人的意志为转移。正因为此,为了尊重和维护属于“整个”人类科学事业必需的严肃性,在不得不严厉批判Einstein的神学观,甚至不时对于科学研究中个别人在思维“过分粗糙”的同时却不断流露一种“轻率乃至对其他民族缺乏一种平等意识的自得”、或者与其相伴的“随意吹捧和不严肃的恭维”表达一种难以抑制的厌恶之情,仍然不能掩饰一种发自内心的苍凉:人孰能无过,自然科学研究绝非圣洁的殿堂,格外需要切实铲除形形色色的庸俗作风。

人类的科学事业属于整个人类。自然科学承上启下的“承继性”特征同样决定了科学发展的“批判性”特征。因此,科学需要智慧,更需要真诚、认真和正直。如果说许多言辞或许过于犀利甚至过分尖刻,那么,请善良的Einstein以及西方科学世界中许多诚实、善良、正直的科学家可以相信一个同样诚实、善良、正直的普通东方人吧!为了捍卫人类科学事业中以“无矛盾性”为根本内涵的“理性”意识，人们不得不对20世纪以来科学主流社会在将科学衍变为纯粹实用主义的“技术”以及重新倡导以“否定独立思考”为本质内涵的“新神学主义”，对人类理性的严重摧残进行严肃的批判①。

Mach的“素朴”唯物论与科学宗教

或许作为一种“人文主义”的信仰，宗教最为根本的内涵就在于不假思索地“无条件”服从，或者对于某种精神意志以一种“不可解释”和“不容解释”的绝对崇拜。因此，在自然科学研究中，Einstein的“相对论”本质上只能是纯粹的宗教。正如他从来没有使用通常的科学语言对经典理论提出任何具有科学意义的批判一样，对于这个以矛盾事实为前提因而必然自始至终充满矛盾的神学系统，本质上几乎没有任何实实在在的东西值得人们使用科学语言对其进行批判。

人们不难发现，在自然科学的发展历程中，对于任何一个急功近利的实用主义者而言，宗教或许永远成为他们规避责难的一种最有效手段。当20世纪的自然科学被Einstein有意或者无意地重新推向宗教的时候，在那个时代的科学世界中，似乎只有Mach表现了一种极其难得的清醒和理性意识。Mach不仅严辞拒绝Einstein对他一种幼稚而浅薄的颂扬，还公然嘲讽了那个已经逐步迈上自然科学现代神坛的Einstein，他指出：“我不得不断然否认我是相对论的先驱者；相对论变得越来越教条了。”Einstein从来没有真正读懂具有划时代意义的Mach批判，或者说，没有读懂针对Newton力学中“惯性力不是理解为物体之间的相互作用，而是用物体相对于空间运动速度的改变去解释”等围绕惯性系所提出的批判。

不容否定，Mach并没有能够解决由他自己所提出的，针对Newton力学由于无穷多“惯性系”的存在而必然蕴涵的无理性的批判。但是，现代科学世界对Mach由于公然拒绝相对论而做出的许多批判并不公正。相反，Mach的科学观恰恰表现了超出那个时代其他研究者的一种真知灼见。Mach曾经这样指出：科学不应当问“为什么”，而应当问“怎么样”的问题；科学不应该去寻找对一定事件的不知道的形而上学的“动因”，而只应该用“规律”去描述这些事件。当然，对于Mach所说人为构造的“规律”，应该被取代为仍然本质地隶属于“理想化”物质对象并且由“无歧义的科学语言和统一的科学概念”所构造的形式系统。但是，人们不难发现，在Mach的陈述中，由于明确拒绝简单的形而上学，将自然科学中被人们研究的那个自存的物质世界置于了一种“前提性”的地位之中。这样，不仅仅“逻辑相容”予以物质世界为特定研究对象的自然科学中必须将被描述的特定物质对象置于一种“第一性”位置之上的理性认识，还进一步展现了自然科学研究中必须自觉遵循“唯物论”的素朴思想②。

试想对于那个无尽、自存、充满复杂性的物质世界，为什么会像当时尚过分年轻和幼稚、仅仅充满年轻人

---

① 笔者绝不隐瞒或者改变针对“相对论”曾经做出的“完全否定性”判断：作为科学陈述(不是相关技术测量的某种计算方案)，“相对论”不仅仅彻底荒谬、自始至终充满矛盾，而且与纠正和修正Newton经典力学、Maxwell经典电磁场理论乃至20世纪量子力学中存在的逻辑不当或者错误完全不同，除了彻底抛弃“相对论”的“神学”基础之外，如果从单纯自然科学的角度考虑，对于以改变科学语言“语义”以及公然允许“矛盾”的前提存在和否定科学陈述“可解释性”为本质内涵的“相对论”，几乎没有任何值得人们认真批判的东西。或者说，恰恰由于期望成为“普适”真理的“相对论”在陈述对象上必然存在的“泛定”特征，陈述系统相应没有特定的“物质”归属，使其仅仅成为对自然科学充满真诚向往的某研究者一种“纯粹心理活动”的心迹记载，无需也无法对“相对论”考虑如何“理性重建”的问题。此外，此处针对“相对论”所做的批判可以大致视为文献[13]曾经做出的批判的小结，并对文献[13]演绎推导中存在的个别错误进行纠正。

② 由于并不真正属于哲学范畴中的讨论，此处不涉及诸如“思维经济法则(Principle of Economy Thought)”这样一些被哲学家称之为Mach哲学思想代表的命题。显然，思维经济原则与此处所述自然科学必须普遍遵循的“物质第一性”原则与“逻辑自洽性”原则构成矛盾。当然，除了认识的“时代”局限性以外，这也是Mach不可能合理回答他自己所提具有重要意义的科学批判的根本原因。

关于科学的一种幻想的 Einstein 真诚期待的那样，能够服从某一个所谓的“统一”方程呢？可以相信，无论这个期待中的数学表述如何复杂，但是，面对大自然都自然显得过分简单，更何况构造这个统一方程的语言自身还处于变幻之中呢？如果说，晚年的 Einstein 曾经形成一种大概意识，指出作为测量基准，一对“原时和刚尺”似乎是不必要的。其实，一旦将被赋予“不变”意义的“原时和刚尺”引入相对论，那么，在本质上必然对“时空观”革命构成一种逻辑否定。同样，那些自诩为 Einstein 的虔诚弟子们，试图使用一个 12 维的“壳”取代 Einstein 所提出的 4 维 Minkowski 平直空间或者与其逻辑不相容的 4 维 Riemann 弯曲空间的时候，除了维系他们所共同需要的“神学”意识基础以外，这种形式上的更改已经在本质上成为“对既有宗教一种宗教意义”的背叛。或者说，所有这些只是一些彼此处于“互否定”之中的不同“宗教信仰”模式而已。

事实上，正如现代人类可能通过“克隆”创造生命，但是，至今无法定义“生命”那样，人类永远无法回答“为什么”的问题。但是，人类的科学社会承担着一种责任，并且也应该具有能力，努力使用“无歧义”的科学语言，逐步把物质世界中自存的不同局部真实无矛盾地描述出来。因此，正如数学“直觉主义”流派的创始人 Brower 诚实而深刻指出的“逻辑不是揭示真理的可靠工具”那样，人们必须也自然能够形成一种理性意识：为 Einstein 最早提出的“质能变换”关系如果应该视作一种物理真实，那么，它也仅仅属于那个自存的物质世界，需要独立经验事实的支撑，它是不能演绎地由“相对论”推导出来的，当然更不可能成为从头至尾始终充满矛盾的“相对论”得以存在的依据。

经验证实无以穷尽。但是，任何矛盾都蕴涵着“自否定”结构，以至无论这个自否定结构看起来多细微，都足以对某一个陈述系统构成完全否定。当然，这正是得到当代科学世界普遍认同的 Popper“证伪学说”能够得以存在的整个哲学基础，虽然 Popper 十分奇怪地将此归结为凭借他的学说可以予以彻底否定的“相对论”。事实上，因为哲学家通常并不拥有或者直接使用“数学——给予科学陈述以严谨性保证的语言和工具”的能力，所以除了一些明显的道理以外，哲学家往往在客观上会自觉或不自觉地成为物理学家的一种附庸。实际上，现代哲学家对“矛盾——证明某个系统被拒斥的根本途径”的容忍，正是对目前理论物理普遍存在“无理性”的一种退让，当然，反过来这也是许多现代科学家藐视甚至公然拒绝讨论哲学的缘故[7]。

通俗地理解，哲学可以视为人类“理性”认识的一种总括，甚至可以像被称为 20 世纪最有影响的哲学家之一的，奥地利哲学家 L. Wittgenstein 大概描述的那样：哲学与其被称为一种理论，倒不如视为一种活动，其目的在于澄清命题而医治对于语言的误用。Einstein 曾经动情地将哲学称为“科学之母”。但是，在 Einstein 那里，一切哲学思考不过是他可以凭借“直觉和顿悟”而随意驱使的工具：可以根据“时空观”革命改变科学语言的内涵，将他所说的一对“时钟和刚尺”所隐含两个完全不同的抽象内涵联系在一起；这样，哲学只不过是“科学宗教”的同义词，成为用以掩饰矛盾和拒绝科学批判的一种工具。

否定哲学的思考和批判，本质上就是否定以“无矛盾性”为本质内涵的“理性”原则；与此同时，数学则是保证“无矛盾性”得以实现的工具。于是，自然科学研究中的“哲学和数学思考”的综合，自然成为解决重大科学疑难的必由之路。当然，对于实际上已经成为“科学附庸”的现代哲学，甚至对“矛盾存在意味着理性自毁”这样的基本原则公然表示退让，那么，哲学自身同样存在“如何进行哲学批判”的问题。

1.1 “校钟”操作性定义中蕴涵的“不唯一性”问题

在自然科学研究中，任何一个合理的科学陈述必然渊源于相关的经验事实。于是，作为自然科学研究一个最为基本也最为自然的任务就在于：如何从那些“无以穷尽”、由“形形色色”观察者所构造的不同观察性表述出发，继而再摆脱不同“观察者”的影响，寻找那个与不同“观察者”完全无关，而真正“内蕴”于物质对象自身的抽象联系。

因此，从哲学本原考虑，如果说 Newton 在构建经典力学之初，本质上由于无力摆脱这样一种“人为”观察效应的影响，迫不得已引入无穷多个“惯性系”，从而“下意识”地将这个至今无法定义的"虚幻"概念与不同"观察者"联系在一起，以至于这个前提性概念的认识不当至今存在于整个现代自然科学体系的话，那么，造成 Einstein 整个"直觉思维"最终陷入紊乱的一个前提性的重大失误仍然在于：面对 Michelson-Morley 实验给那个时代的整个科学世界造成认识的暂时困惑，尽管通过一种以承认"矛盾事实"的真实存在以及同时放弃科学陈述所必需的"可解释性"原则这样一种本质上只能归属于"心理学"的思维方法，进而再赋予他的"时空观"革命以一种纯粹"形而上学"意义上的不变性，从而希望能够实现"回避矛盾存在"这一基本目的的时候，那个过分年轻、幼稚和富于幻想的 Einstein 不仅仅没有察觉到无穷多"惯性系"的存在使得整个自然科学体系处于一种前提性的危机之中，而且，他还进一步将"惯性系与观察者构成逻辑关联"实际"隐含"的"无理性"通过一种形式表述加以"固定"化，从而为无以穷尽的形形色色"观察者"被引入了以描述"自存"物质世界为根本使命的自然科学陈述之中提供了一种"合法"依据。

考虑到 Newton 在 20 世纪以前科学世界所具有的崇高地位，因此，当 Einstein 想当然地以为他所创造的陈述系统对经典力学构成一种本质意义的批判的时候，出于一种本能，他不能不对历史上最早对经典 Newton 力学体系发起冲击的 Mach 表示一种尊重。但是，他根本没有读懂 Mach 的批判，没有意识到"无穷多"惯性系给整个现代自然科学体系埋下的巨大隐患，相反，在根本否定了 Newton 经典理论中闪耀着人类关于"时间、空间以及物质运动"素朴理性意识若干思想光芒的同时，却将相关陈述系统"认识不足"中隐含的"非理性"意识推向极致，使得 20 世纪的自然科学体系在取得巨大技术进步的同时，陷入了空前的认识紊乱和反理性之中。

事实上，一旦将独立于被描述"物质对象"的另一个"独立"存在(即观察者)以及作为不同观察者必然存在的不同"观察性描述"引入形式系统，那么，在破坏形式系统希望表述的"客观规律性"的同时，另一个最为直接的不当结果就是：无穷多形形色色观察者的出现，必然破坏任何合理科学陈述必须满足的"唯一性"条件①。

其实，对于任何稍作独立思考的研究者都会大概地提出这样一种疑问：对于相对论所述的"异地校钟"，是否会引起相关形式表述不具唯一性的问题。于是，在一本理论物理著述中，著者特地告诉读者："用信号异地校钟的办法很多。可以证明，用不同办法异地校钟，结果都一致。"[8] 但是，不得不坦率指出，正如许多往往习惯于附和"现成理论"的物理学教材通常所作的那样，这本著述同样没有对其特定提出"异地校钟总可以得到相同结果"的论断做出任何具有严格科学意义的论证。可以断言，对于作为一般物理学陈述必须满足"唯一性"的这个要求永远也不可能获得。事实上，既然只是一种"操作性"定义，那么，最终结果必然因为不同的具体操作而不同。当然，也正因为此，在由 Einstein 本人作序，为 P. G. Bergmann 所著《相对论引论》关于异地校钟的相关叙述中，在该著述所有相关的操作性定义以外，又特地增加一个"操作性"定义：规定必须"把

① 笔者在论述现代物理学中"协变性"原理隐含的"无理性"时曾经指出，不能将某一个形式表述所确定的"关系"绝对化或者无限真理化，形式表述仍然只能条件地隶属于某一个特定物质对象以及与其相关的特定物质环境。但是，对于某一个有意义的物理学陈述以及其中具有确定意义的物质对象而言，不仅仅形式表述而且其中所有物理量都必须具有确定性意义，否则不能成为有意义的物理学陈述。事实上，即使对于大数粒子系统所构造的统计性描述，仍然不构成对形式系统中形式量在形式逻辑上必须满足唯一性要求的逻辑否定。只不过，对于统计表述中的被描述物质对象而言，那个在形式上具有"确定值"的形式量同样仅仅具有"统计平均"意义罢了[13,14]。

仪器放在两事件联线中点”，以避免不同“校钟”操作必然存在的不一致问题[9]。

显然，出现“不唯一性”问题的本质在于“操作性”定义的本身。因此，企图通过某一个更为具体的操作，以限定原定义蕴涵“不唯一性”的方法，始终不可能解决操作性定义本质存在的、反映不同具体操作者不同主观意识时必然出现的“不同一”问题。况且，如果需要处理的不是 Bergmann 著述所述的两个事件，甚至不是三个独立事件，而需要处理四个事件时，由于“四边形”通常不存在到四个顶点保持相同距离的中心点，那么，此时又如何构造那个能够保持“唯一性”要求的操作性定义呢？当然，所有这些属于“形式逻辑”范围内的简单分析，完全超越了 Einstein 所习惯的那种无所羁绊的“直觉和顿悟”的思考范畴，对于一个并不领会数学或逻辑的本质却寄数学以过多期待的研究者的推断是不屑予以认真考虑的。

当然，自然科学中属于不同特定物质对象的理论体系通常仍然面临如何应用的问题。或者说，对于任何技术性的应用课题，则不可能回避与“观察者”本质上处于等价地位的“操作者”问题。但是，如果理性意识到“相对论”中所述的一切充其量只能被视为一种“观察性”描述，那么，对于这个被称之为“普适真理”的陈述系统完全不必真的将其当作“普遍真理”对待，而应该重新拿起曾经被 Einstein 赋予不变意义的一对“时钟和刚尺”作为度量的唯一工具，并且大致模仿 Einstein 所提“异地校钟”的操作方案，为“太空”中形形色色处于相对飞行之中的飞行器的测量系统，相应构造“不同”的测量定位基准①。

1.2 “相对论”时空变换所构造的逻辑循环结构

与“异地校钟”的操作性定义必然蕴涵的不唯一性从而造成形式系统中所有概念不具唯一性相比，或许一个更为严重的问题在于：作为“狭义相对论”基础，“Lorentz 变换”同样不具任何确定意义。或者说，由于“惯性系”自身无从定义，Lorentz 变换本质上也无从定义，并且，最终对其希望表述的“相对性”原理构成了一种逻辑否定。

根据“相对论”，对于某一个给定的“惯性参考系(x,y,z,t)”，以及另一个在 x 方向上与其以恒定速度 v 作相对运动的另一个“惯性参考系(x',y',z',t')”，Einstein 通过 Lorentz 变换

$$\begin{cases}\begin{pmatrix}t'\\x'\end{pmatrix}=\dfrac{1}{\sqrt{1-v^2/c^2}}\begin{pmatrix}1 & -v/c^2\\-v & 1\end{pmatrix}\begin{pmatrix}t\\x\end{pmatrix}\\ y'=y\\ z'=z\end{cases}\tag{1}$$

构造了不同“惯性坐标系”之间的一种“空时结构”。

但是，曾经讥讽东方人“只懂辩证逻辑，不懂形式逻辑”的 Einstein，其实已经远不是过度缺乏逻辑推理中一种起码的思维敏锐性和准确性的问题。在 Einstein 纯粹依赖“直觉和顿悟”的神学世界里，形式逻辑只不过是一种随心所欲的工具：“呼之即来，挥之即去。”或者像 Dirac

---

① 如果承认“相对论”无法构成某一种属于特定物质对象的物理学陈述，仅仅将其严格限制在一种“大致合理”的“观察性”陈述范畴，那么，不仅仅对于相关“时空变换”为什么只能表示为坐标系中的“分量”形式而不可能表示为独立于坐标系选择的“张量”形式、以及不可能构造满足封闭性要求的“群”这样一些明显存在的悖论性问题，人们不难形成一种理性认识。事实上，也正因为不过是一种“观察性”的陈述方案，所以能够纠正 Lorentz 最初提出的运动中物体发生“长度收缩”这样一种完全荒谬的理念。

那样，能够十分潇洒地将作为构造形式系统全部基础的“形式模仿”称之为不过是一种“有趣的游戏”而已，并为此而难免流露自得之情[10]。

当然，对于Einstein而言，他既然敢于公开将一对所谓“矛盾着的真实——相对性原理和光速不变原理”界定为构造“相对论”的唯一基础，完全不在乎“矛盾前提”明显存在的荒诞，那么，他同样无需担心、也无暇或者无力考虑这样一个陈述本质蕴涵的一种前提性悖论：当上述的Lorentz变换必须以“惯性系”的前提性存在为必要条件时，人们何以确定某一个参照系是一个真正的惯性系呢？或者说，人们如何能够以一个缺乏定义的概念为基础构造出一个可信的形式系统呢？其实，远不只是《McGraw-Hill物理百科全书》所指出Einstein的两种“相对论”实际上没有任何关联的问题，而是两种“相对论”分类之始就因为惯性系的“循环定义”而前提性地陷入循环逻辑之中。当然，对于依赖其他研究者为其理论体系提供数学语言的Einstein而言，也根本不可能懂得为什么不可能构造出与Lorentz变换相对应的、一个独立于坐标系选择的“张量”表述形式①。

事实上，如果追根溯源，真的接受最初由Poincare于20世纪初提出(并非一般人误认的Galileo)的“相对性”原理：“除了相对运动以外，永远不能揭示其他任何东西”，那么，由于不存在“静止”或者“匀速运动”这样的概念前提，相应不可能对“静止”或者“惯性系”这样的前提性命题做出确定性判断，因此处于“循环逻辑”之中的Lorentz变换只可能成为一种“空”变换。当然，同样因为“惯性系”概念前提的错误，无论是根据“惯性系”对两种“相对论”做出界定，或者反过来根据两种“相对论”定义“惯性系”，两种方法同样陷入循环逻辑之中，只能视作纯属自欺欺人的人为杜撰。显而易见，人们仍然需要诚实直面、认真思考和严肃回答在Newton力学诞生之初，Leibniz针对Newton“空间概念”曾经做出的严厉批判。

1.3 光速“基本量”蕴涵的逻辑倒置

对于任何一种形式的“理想化”物质场，“波速”被界定为扰动在其上的传播速度，相应隶属于这个特定物质对象“物性参数”的范畴。因此，作为物质对象“内在运动”的特征性质，波速在形式上自然地被赋予某种相应的“不变性”特征，并随着“物质场状态”的可能变化而发生变化。同样，如果意识到电磁场同样只是一种真实存在的“理想化”物质存在形式，那么，被习惯称之为光速的电磁波波速与其他物质场中的波动速度没有任何本质差异，仍然可以被视为一种具

---

① 张量的本质特征在于其“内蕴量”的不变性，独立于“坐标系”的人为选择。或者说，在张量不同“分量形式”所构造的不同“表观形式”表述之间，其蕴藏的“物质内涵”没有任何变化。事实上，需要将张量的“分量集合”视作一个不可分割的整体，而这个分量集合整体之所以拥有“不变性”物质内涵，完全决定或渊源于张量所对应或必需的“客观性”物质基础。因此，无论是个别形式的分量表述，还是与这些特定分量表述相对应的“分量变换”形式，它们都不具普适性意义。反过来说，因为Lorentz变换之类的分量形式表述纯属人为杜撰，缺失确定“物质基础”的支撑，所以必然像人们看到的那样，永远不可能将其写成张量“整体”的不变量形式。十分遗憾也十分反常，由于“公理化体系——约定论”思潮的普遍泛滥，在这个涉及“不变量”本质内涵的认识上，包括职业数学家在内的20世纪整个西方科学世界出现了难以置信的认识错乱和逻辑倒置。当然，对于许多善良的人们而言，或许难以想象一位数学工作者近日披露的事实：“如果说提出狭义相对论，Einstein的数学知识还算够用的话，那么到了广义相对论，Einstein则捉襟见肘了……以至于Einstein有一次自嘲道，自从数学家搞起相对论研究之后，我自己就不再懂它了。”(引自《中华读书报》，2005.11.30)

有“不变意义”的物性参量，仅仅随着“电磁场状态”发生变化而变化。

毫无疑问，此处所述光速“不变量”蕴涵的“逻辑倒置”是指：如果像现代理论物理学中“自然单位制”希望表述的那样，首先将光速界定为一种前提性的“普适”物理常量，继而再由这个基本物理量出发定义其他物理量，并且，由此否定“空间”和“时间”的独立意义的时候，这种认定必然隐含“逻辑倒置”问题。

无论根据借助严格数学表述所构造的理论物理学，还是仅仅从 Einstein 特别钟爱的“直觉”意识出发，运动速度只能逻辑地隶属于一个“运动中”的物体。或者说，只有与“位移”相对应的某种“运动形式”前提存在，才可能谈及如何对这个物体运动形式的“快慢程度”或者“运动速度”作恰当度量的问题。因此，物体的运动速度 v 只能视作物理学中的一个“导出”量，必须借助运动物体所经历空间变化 δl 以及相关的时间间隔 δt 这两个“更基本”的物理量加以定义，即

$$v=\frac{\delta l}{\delta t}:(\delta l,\delta t)\rightarrow v \tag{2a}$$

这样，以上形式表述实际上构造了一个由“空间域和时间域(l,t)”到“速度域(v)”的一个确定映射，并可以成为某物体运动速度的恰当定义。

但是，如果像目前理论物理所做的那样，允许忽略物理学中任何恰当形式量自身必然和必须蕴含的物理内涵，只不过将其视为由等式两侧“同名物理量”所构造一种纯粹“数学”意义上的关系式，并且进一步考虑，如果还可以将其中的速度 v 视为一个“恒”量，那么在“数学”上相应存在与上述速度定义保持一致、一个相对更为合理的“等价性”表述，即

$$(\delta l,v)\rightarrow\delta t:\delta t=\frac{\delta l}{v} \tag{2b}$$

此时，应该将这个关系式视作另一个以“空间域和速度域(l,v)”作为定义域，到以“时间域(t)”作为值域的映射。基于完全相同的道理，人们还可以构造从“时间域和速度域(t,v)”到“空间域(l)”的又一个确定映射

$$(\delta t,v)\rightarrow\delta l:\delta l=v\cdot\delta t \tag{2c}$$

如果从“无量纲量”所构造一种纯粹的“数量关系”考虑，以上三种用作刻画“位移、时间间隔、速度”相互关联的形式表述几乎没有任何差异，完全可以将它们当作一种“重言式(tautology)”表述看待。并且，也仅仅因为此，20 世纪的理论物理学家才会为了能够与“相对论”否定“光速”的物质性特征，将“光速”界定为纯粹形而上学意义之上一种“恒常物理量”的人为规定保持契合，引入一个以“自然单位制(natural units)”称谓的量纲机制，从而可以将“运动速度 v”定义为比“空间间隔 δl 和时间间隔 δt”更为基本的物理量。同样，仍然仅仅于此，才可能为“狭义相对论”中的“Minkowski 伪空间”提供一种“合理存在”的认识基础。（虽然，这个必需的认识基础本质上仅仅具有“信念”的意义。并且，它在“广义相对论”之中又重新遭到否定，从而再次陷入一种纯粹人为约定或随意杜撰因为缺失“物理实在”基础而必然导致的矛盾之中。）

但是，凭借三个数学关系式这种纯粹“形式意义”上的一致性，试图将“速度”定义为比“空间间隔和时间间隔”更为基本的物理量，不仅违背常识，而且在逻辑上同样毫无道理。事实上，包括数学在内的整个自然科学体系，从来没有绝对形式意义的形式表述。一旦缺失特定“物质基础”的支撑，形式表述不仅仅流于空洞，而且正如古典逻辑所述，任何陈述还必然因为空洞而矛盾重重。何况即使从纯粹形式逻辑的角度思考问题，以上三式并不单单描述方程两侧“同名物理量”之间的这种纯粹“数量意义”的关系，而需要将其视作从特定“定义域”到特定“值域”之

间构造的确定映射。因此，当需要重新审视作为20世纪理论物理重要形式基础之一的以上三个数学映射时，人们不难发现：如果连映射的"定义域"和"值域"都发生了变化，那么，对于这些映射而言，它们的逻辑意义以及与其严格对应的物理内涵必然出现某种根本变化。进一步说，这三个"数学"关系式之所以看起来能够同时存在，其基础仍然在于人们默认这样一个不可缺失的逻辑前提：以上三个形式表述(数学关系式)分别定义于三个不同类型的"同名物理量"之上，而这三个"同名物理量"的单位依次是单位长度/单位时间(m/s)、单位时间(s)与单位长度(m)。毫无疑问，与速度对应的量纲(m/s)只允许视作比长度(m)和时间(s)稍次一级的量纲，不可能因为Einstein以及他的众多信徒的强烈信念或意志，就可以颠倒逻辑真的改变这一本来过于平常的事实。于是，所有这一切雄辩地告诉人们：在物理学中，空间间隔和时间间隔必然比速度更基本，空间间隔和时间间隔是速度得以存在的基础和前提，绝不允许本末倒置，仅仅凭借"权威(科学共同体)"的好恶和强权，改变这些基本物理量之间的逻辑依存关系①。

事实上，从形式逻辑考虑，恰恰与Einstein本人仅仅提出"刚尺"和"原时"这样两个物理实在，将它们用作两个最基本独立"度量基准"的常识理念相对应，不可能构造一个直接与"速度"保持一致的物理实在，取代"长度"和"时间"尺度中的任何一个。或者说，仅仅在对"空间尺度"l和"时间尺度"t这样两个独立的基元概念首先作出一种抽象的基本认定，人们才可能引入某一个称之为速度的物理量v，作为长度和时间两个基本物理量的一个具有确定性意义的导出量，即

$$\exists(l,t) \mapsto v: v=\frac{\delta l}{\delta t} \tag{3a}$$

进一步说，与"长度l"和"时间t"作为两个基本物理量可以独立存在完全不同，如果没有"长度l"与"时间t"独立存在的逻辑前提，那么，根本不可能相应存在被称之为"速度v"的导出量，即

$$\overline{\exists}(l,t) \mapsto \overline{\exists} v, v=\frac{\delta l}{\delta t} \tag{3b}$$

因此，在数学上尽管与式(2)对应的三种关系式可以视为同一物理实在的等价表述，但是，并不能由此而否定三种不同物理量在物理学陈述中所具有的不同地位。当然，更不允许将"导出量"置于比"基本量"更为基本的反常的地位之上。

事实上，对于这样一种"平凡理念"的一般性认定，同样适用于"光速"的定义之上。如果没有独立存在的"空间尺度"和"时间尺度"，它们分别与Einstein作为基本前提提出的"刚尺"和"原时"构成逻辑对应，那么，逻辑上完全没有"光速——电磁场电磁小扰动传播速度"可言。因此，在"相对论"否定空间l和时间t这样两个基本物理量的"独立性(对应于两种独立物理实在)"的同时，却幼稚和想当然地将它们的导出量v置于一种前提性的地位，必然成为逻辑关

① 需要注意物理学中一个过分简单、不容否定然而往往容易为人们忽视的基本常识：任何数学关系式本质上只能定义在"同名量"之上，相应构造了一个"量纲为1"的表达式。或者说，只有物理学中的"同名量"才可能进行"数量"大小的比较。当然，从来没有任何具有正常"理性"思维的人会对这个简单事实提出异议，考虑如何在物理学"非同名量"之间进行数量大小比较的问题。但是，问题恰恰在于：一种过分反常的认识，往往容易掩盖认识的反常。事实上，年轻的Einstein在仅仅根据"直觉和顿悟"而"创造"出作为普适真理的"相对论"时，他在几乎十分自然或者没有任何警觉地引入一对彼此之间不具"任何可比性"的"原时和刚尺"的同时，没有理性意识到这一对不变的"独立测量基准"已经在逻辑上对"时空观"革命构成彻底否定。直到Einstein行将终结整个生命，往往以为需要重新回顾他一生的许多思考时，才又一次凭借他的"直觉"意识到一对"原时和刚尺"与"时空观"革命之间可能隐含的悖论[3]。

联上一种难以容忍的逻辑错置。当然，由于在“逻辑蕴涵(Logical Implication)”关系上存在的这种前提性错位，最终必然导致物理上形形色色“过分荒谬”理念的出现。其实人们不难发现，Einstein 在构造他的相对论时，几乎总是“不假思索”地引入“原时和刚尺”作为度量两个不同的独立基本物理量，即时间和空间的基准。但是，Einstein 根本不懂得光速作为“物性参量”而被赋予“不变性”特征这样一种为所有“波动”现象共同具有的“平常”意义，相反，将光速作为“物性参量”表现出“物理恒量”的平凡事实予以“宗教”式的神秘化，由此否定时间和空间的独立性并进而引入所谓的“时空观”革命，最终恰恰否定了同为 Einstein 自己引入“原时和刚尺”概念时蕴涵的一种“素朴和自然”的正常意识。

如果认真反思 20 世纪的自然科学体系，不难发现这样一种过分奇怪然而普遍存在的真实：当科学世界面对某些暂时认识困惑的时候，恰恰是许许多多“过分反常”的认识，不仅掩盖了一切认识反常中的几乎明显存在的荒唐和谬误，而且，这些过分反常的认识相反被西方科学世界以一种过分蛮横的方式，强制为人们必须无条件服从的“神学”教条。

1.3.A 不变光速“前提”和形式逻辑中的“隶属”关系

逻辑相容于式(3)的形式表述，逻辑推理中的前提只能是推论得以存在的基础，导出量必须依赖于基本量的存在而存在。本来这样的认识应该是一种天经地义的简单事实，原来平凡，完全不值得多谈。但是，许多事情并不尽然。事实上，作为数学基础三大逻辑悖论之首的 Cantor 悖论，正源于在这样一个似乎原来平凡和简单，与“逻辑蕴涵”关系相关的基本理念上出现的认识不当。必须懂得：对于任何一个形式表述的科学陈述，形式量自身永远比形式量构造的关系式更为基本，没有被赋予确定内涵的形式量的存在前提，就没有蕴涵某种确定逻辑关联的关系式的存在后继，或者说，一个由不具确定意义形式量所构造的关系式只能成为没有任何确定意义的“空言”陈述；同样，对于任何具有确切意义和借助于形式系统构造的科学陈述而言，拥有形式量的逻辑主体(通常对应于确定的“理想化”物质对象)比形式量自身更为基本，或者说，如果没有拥有特定形式量的“逻辑主体”的前提存在，就没有这些只能依赖于特定物质对象而存在的特定形式量的存在，当然，此时也就没有整个形式表述希望表达的物理实在的相应存在。其实，正如相关分析指出的那样，作为充满某一个所论“空间域”并且仅仅作为“理想化”存在的一个特定“物质场”，为经典电磁场理论所描述的“电磁场”没有真正属于自己的质量，于是对于只能借助“虚拟”存在的“实验电荷和实验电流”加以描述的电磁场自身，逻辑上无法在电磁场之上直接定义“力”的概念。由于对此没有形成理性意识，不仅仅出现许许多多的认识不当，而且，经典表述的电磁场理论还出现了“自变量(ρ, J)和因变量($\boldsymbol{E}, \boldsymbol{B}$)”逻辑不相容的前提性错误。

皮之不存，毛将焉附？没有拥有某种性质的“逻辑主体”的前提，不仅相关的“物理性质”无从谈起，甚至仅仅逻辑地隶属于该理想化物质对象的“物理量”也无法存在。与自觉或者不自觉地寻求“普适真理——第一性原理”这样一种幼稚和素朴的愿望一致，现代自然科学体系中普遍存在一种将“关系式—性质”加以无条件限制的“公理化”的不当思维倾向。正是在这样看似原来平凡和简单理念上的认识疏忽，导致包括数学自身在内的整个现代自然科学体系充斥着种种逻辑悖论。而且，让人们不可思议的是：数学的全部内涵仅仅在于如何保证“逻辑相容”之上，但是，正是一些被称之为数学家的研究者对于数学基础上存在的一系列逻辑悖论视而不见、充耳不闻，并且在这样一个已经存在逻辑悖论的基础之上再进行让他们自得和兴奋的“无穷"推理①。

作为当代"直觉主义(Intuitionism)"创始人的 L. Brouwer 曾经"直觉"地指出:必须首先以某一个"构造性对象(Constructive Object)"作为任何一个形式表述科学陈述不可缺失的逻辑主体或必须存在的逻辑前提。这样,在当代西方科学主流社会中处于"少数者"地位的直觉主义,恰恰在"客观"上能够赋予形式表述以必需的特定"逻辑主体"的同时,相应为形式表述自然地构造了一种限制或确定的有限论域。当然,囿于一种"素朴"的直觉意识判断,Brouwer 只可能做出"否定逻辑"的错误推论,并且,还十分诚实地将这样一种本质上恰恰"潜合于逻辑"的理性认识称之为"背离逻辑"的直觉主义。与其相反,所谓"形式主义(Formalism)"的创始人 Hilbert,则公开赋予任何被"主动"称之为"公理化假设"的假设以一种纯粹的"主观"随意性,从而"客观"上将"关系式"置于被其描述的逻辑主体之上,为"普适真理"的存在提供了一种"数学"上的依据。尽管 Brouwer 和 Hilbert 两人同样无力解决数学基础逻辑悖论这样具有前提意义的重大问题,但是,由于 Hilbert 的形式主义本质上只能隶属于完全无视"客观存在"的"绝对主观唯心主义"范畴,或者为"无视矛盾"的形形色色"第一性原理",一种纯粹"自欺欺人"式的无理存在提供了庇护所,Hilbert 对于整个现代自然科学造成极大危害,使得现代自然科学体系中的许多陈述系统处于"承认矛盾合理存在"前提性的悖论之中。

不难发现,相合于 Hilbert 的形式主义,20 世纪数学世界涌现大量"主动"冠以"伪(Pseudo—)"字词头的数学概念,将并不满足"逻辑相容性"要求的纯粹人为认定赋予一种前提性的"合法"地位,从而极大地掩盖了相关陈述实际蕴涵的"伪真理"本质。事实上,当 Minkowski 认同"光速"具有比"空间和时间"更具基本的意义并且以此为基础,为那个充满逻辑自悖的相对论提供了一种"数学表述"工具的时候,对于这个只能赖以"伪"字而存在的"空间",同样正如本书最后将要专门讨论的那样,几乎到处充满着悖论:不仅仅将两个不具可比性的物理量,即时间与空间置于数学上必须以"量纲为一"为存在基础的抽象空间之中,完全破坏了距离空间中距离必需的"客观性"内涵,而且根本不可能构成满足"可加性原理"的向量空间。

同样不难发现,在 20 世纪自然科学研究中普遍存在这样一种"反常"逻辑:仅仅因为研究者以一种难得的坦诚和勇气,公开承认"矛盾"的真实存在,从而即使不能解决"矛盾为何存在"的问题,却最终能够为"矛盾论述"的继续存在提供了"合法"地位。事实上,如果因为现代物理学中大量逻辑悖论的真实存在乃至必须像 Landau 那样将理论物理中的数学严谨性称之为自欺欺人,或者甚至像 Dirac 那样将一个陈述系统中基本方程的构造轻描淡写地当作一种"有趣的游戏"时,那么,何以让人们相信通过数学公式表述的那些物理学原理能够成为目前科学世界习称的"第一性原理",必须为"自存"物质世界所普遍遵守呢?同样,如果不能解决数学基础上存在的前提性悖论问题,仅仅因为"老老实实"地承认这些前提性逻辑悖论的真实存在,并且凭借添加某些纯粹人为构造的"公理化假设"从而为无力解决这些矛盾的无奈提供一种纯粹"心理意义"的安慰,继而再让"凡人"放心地接受"伟大人物"在不当数学基础上进一步构造的

① 值得充分重视 M. Kline 在《数学:确定性丧失》一书针对现代数学体系所做的描述。这里不妨直率地指出,其实仍然充分反映某些西方学者内心某种根深蒂固"西方至上"的傲慢、幼稚和偏见,Kline 曾经公然提出"伟大人物的直觉比凡人的推理论证更为可靠"这样一种蛮横无理的"人文主义"判断,用以掩饰他自己所提出的现代数学体系陷入"数学大厦即将倒塌"的现状。尽管如此,Kline 仍然诚实地指出并且实际上同样无法容忍现代西方科学世界目前普遍存在的"个人的成就是绝对重要的,不管是对还是错"的反常状态[11]。

拓扑、微分几何,难道这一切不正是 Dirac 曾经一针见血指出的“有趣游戏”中蕴涵的那种荒诞不经吗?现代微分几何本质上可能描述的只是“充分阶光滑”的抽象几何空间,那么,如果同时承认物质世界本质上是离散的,甚至不可能为一个相同的数学关系式所描述,那么,那个必须以“任意阶无穷可微”作为逻辑前提,视作“连续性”特征一种高度抽象的微分流形又能告诉人们多少属于物质世界的“物理实在”呢①?

作为一种简单事实,任何一种形式的对称性必然逻辑地意味着相关表述中某种“简单化”抽象关联的存在。于是,任何形式的对称性不可能真正隶属于那个充满差异、复杂性和自存着的“物质”世界,而仅仅逻辑地属于不同形式的“理想化”物理世界。当然,同样可以凭借“对称性”分析,逐步深化与“简单性”逻辑相悖、属于物质世界自身蕴涵“复杂结构”的理性探询。因此,无需否认诸如“微分几何”这样一些纯粹“思维实验”在探索未知历程中可能发挥的启示作用。但是,无视存在条件的“无穷”推理,则只能蜕化为以放弃逻辑为本质内涵、无疑过分简单和素朴的思维游戏。因此,对于当今的科学世界,绝对不是继续放纵仅仅依赖形形色色“公理化假设”随意构造的“自由”思维实验,而是应该与其相反,需要首先切实考虑这些“公理化假设”是否真的与其希望描述的理想化物质对象保持一致的前提性命题,需要切实倡导科学研究必需的严肃性和慎密性,认真对待“逻辑前提、存在条件、有限论域”这样一些更为基本的问题;并且,重新耐下心来,脚踏实地,一步一步地去解决那些众所周知、长期存在于数学基础、物理基本概念方面那些似乎过分细微的问题。

1.4 “原时和刚尺”与“时空变换”的逻辑悖论

贯串整个“相对论”的陈述体系,Einstein 希望告诉人们:整个物质世界存在一个时刻处于“变化”之中的“时空”结构,物质世界中发生的一切本质上都可以凭借这个“人为”构造的变化时空结构予以解释。与此同时,Einstein 又同时定义了被称作为“原时”和“刚尺”这样两个被赋予“不变性”意义的时空度量基准。那么,对于整个“相对论”着意表达的“变化”时空结构以及具有“不变”意义的原时和刚尺的同时存在,自然构成一个几乎明显存在的“自否定”结构。然而,这个直接威胁整个相对论存在的前提性悖论问题,长时间来却没有得到人们的关注。

直到 Einstein 面临生命即将结束重新思考那些曾经耗费了他整个生命所进行思考的时候,才在他著名的《自述》中提出了这一问题[4]:

> 首先对上述理论提一点批评性的意见。人们注意到这理论引进了两类物理的东西,即① 量杆和时钟,② 其余一切东西,比如电磁场、质点等等。这在某种意义上是不一致的。严格地说,量杆和时钟应当表现为基本方程的解(由运动着的原子实体所组成的客体),而似乎不是理论上的独立体。可是这种做法是有道理的,因为从一开始就清楚,这个理论的假设不够有力,还不足以从其中为物理事件推导出足够完备而且充分避免任意性的方程,以便以此为基础来建立量杆和时钟的理论。如果人们根

① 不难做出数学上的严格证明:Gauss 微分几何的前半段由于建立在“实体论”基础之上,能够有效揭示某个“几何曲面”实体自身蕴涵的一系列“客观”属性。但是,一旦无条件引入“Levi-Civita 平移”这样一种纯粹的“主观”认定,以此为基础的整个后续分析必然陷入重重逻辑悖论之中[17]。

本不愿意放弃坐标的物理解释(这本来是可能的),那么,最好还是允许这种不一致性,然而有责任在理论发展的后一阶段把它消除。但是,人们不应当把上述过失合法化,以致把问题想象为本质上不同于其他物理量的特殊类型的物理实体。

关于“相对论”中这个通常被认作构造整个陈述系统“概念前提”系统中的一对“原时和刚尺”,但是在此处却被Einstein坦陈为“不应当把上述过失合法化”并且希望“有责任在理论发展的后一阶段把它消除”的“过失”不长的陈述,人们仍然不难发现在Einstein长期习惯的直觉思考之中依然存在的一系列认识悖论:

(1) 首先,对于“两类”物理实在的分类明显存在失当。事实上,既然已经将电磁场、质点等等的“抽象实体”界定为“一切东西”的代表,那么,同样不允许将本质上仍然由质点、物质场所构造的“量杆和时钟”从这样一些抽象存在的实物集合之中划分出来。其实,Einstein在此处所提出的两类物理实在不具可比性。电磁场和质点只能对应于自存物质世界中某种“特定”的物质对象,相应成为自然科学某个“形式表述系统”的逻辑主体;而他所说的“量杆和时钟”作为“统一”的度量工具,只能隶属于纯粹“科学语言”的范畴;

(2) 即使能够像Einstein期望的那样,能够根据“运动着的原子实体所组成的客体”构造一个相关的数学命题,但是,根本问题仍然在于这个虚拟存在的数学命题恰恰违背了“相对论”的根本目标或者其得以存在的全部意义:即建立一个“独立于一切特定物质对象”的“普适”真理体系。也就是说,即使存在Einstein所说的那个“为物理事件推导出足够完备而且充分避免任意性的方程”,但是,何以能够从某一个具有“特定”物质意义的“运动着的原子实体”出发,求解这个“理论上的独立实体”,并且,为什么赋予这个“特定”的运动着的原子实体以“相对论”必需的一般性意义呢?

(3) 至于Einstein所说“本来是可能的”,但是人们不愿意予以放弃的那个关于“坐标的物理解释”的意愿,则不能不坦诚指出:Einstein竟然能够说出这样的语言,进一步刻画了他“直觉思维”中的一种已经习以为常的完全“随意性”以及对于数学理念的“彻底”无知。事实上,当Einstein将他的“普适真理”体系寄托于一个想象之中的“几何”的时候,他甚至还不懂得,Descartes最初提出的“坐标系”只不过是用以描述“几何实在”的一种纯粹的数学工具,形形色色,并且,正如他必须使用一对保持恒定不变的“量杆和时钟”对相关物理事件做出一个具有“数量”意义上的度量那样,同样只能依赖赋予这个数学工具以确定的“度量”基准,才可能将“形”与“数”构成逻辑关联。当然,如果注意到Einstein需要借助其他研究者为其提供数学工具,甚至不知道如何区分“坐标系和参照系”这样一些在最基元概念上长期存在的认识反常,那么,对于他直觉思维中的大量逻辑紊乱也就见怪不怪了。

在自然科学研究中,如果真的放弃了“逻辑”对于陈述系统的约束,那么,面对任何稍微复杂的物理现象,那些“直觉”上似乎合理的陈述最后必然陷入“自悖和荒谬”之中。可以相信,或许同样基于一种没有任何可信性而言的“直觉”意识,远不仅仅因为构造“大一统”的努力长时间不能成功,还更因为诸如作为“相对论”存在基础的“量杆和时钟”所作“过失”陈述的前提性错误,Einstein已经大概认识到这只能界定为不具“可解释性”,从而本质上只能归属于“神学”范畴的相对论可能处于一种被完全“颠覆”的危险。正因为此,当晚年的Einstein经历了伴随他整个生命的惊涛骇浪,重新较为冷静地反思那些曾经经过的思考时,才会以不同方式多次提出:“相对论最终可能需要让位其他理论体系”的推测。

从一般哲学与形式逻辑考虑，“相对论”最终只能归属于一个完全荒谬的陈述系统的根本原因，除了因为采取了拒绝以“逻辑相容性”为本质内涵的“可解释性”这样一种“实用主义”同时也必然是“自欺欺人”的处理方案以外，还在于这个陈述系统的构建者潜意识中一种根深蒂固的“普遍真理化”倾向，使得在放弃“科学语言”必须满足的“无歧义性”前提的同时，却期待某个能够用于“一切”物质对象之上的陈述系统，以致于这个期待中的形式系统本质上蜕化为与“任何”实物不具真实关联的“空言”系统。不过，令人“不可思议”的同时又几乎可以视之为“逻辑必然”的事实是：对于两个同样只能依赖承认“矛盾”前提而构造的现代理论物理体系（即“相对论”和“量子力学”）而生存的20世纪以来的科学主流社会，在他们不间断地将Einstein冠以“最伟大天才”的同时，却完全回避了这个已经为Einstein所诚实提出的本质上已经对“相对论”直接构成逻辑否定的悖论性质疑。

事实上，只要提及测量，那么，对于任何一本论述“相对论”的著作，都不可能回避关于“原时”和“原尺”的叙述。此处，仍然引用Einstein本人为其作序的Bergmann著作中的相关叙述：

一个具有不变意义的“原时间隔（或本征时间间隔）”，就是“与运动物体牢固地相连接的钟所指示的时间，实际上就是物体“本身”的时间。”（在该著作的后续陈述中，并没有单独给出“原尺——不变的本征尺度间隔”的明确形式表述。但是，任何读者不难推测，为了与“原时”定义保持一致，那个用以表现几何度量基础具有空间不变性意义的“本征长度”，自然是“紧紧跟随着物体一起运动着的尺”了，即那把属于物体“本身”的尺。）

显然，只要稍作认真的思索，不难对Einstein所定义的“原时”和“刚尺”作出这样的基本判断：此处的这个“原时”，仍然是Einstein对Newton经典力学体系所作批判中不受物体“运动状态”影响或者独立于“任何”特定物质对象的那个“均匀”流淌着的时间；至于那把随着所论物质对象一道运动中的“刚尺”，同样只是Newton力学体系中那把与“运动状况”状态完全无关，并且适用于整个物质世界的一把平平常常的尺子。更为简单直接地说，Einstein予以特别定义的“原时”和“刚尺”只不过是进行时空度量或者对一切物理事件做出定量测量的一个“统一”工具罢了。当然，正因为这样的认识是如此的平凡和素朴，以至无需在“直觉和顿悟”意义上再作任何重新思考。当然，也仅仅因为这样的概念过分平凡和素朴，所以直到1949年，Einstein才在“自述”中并且仍然以“直觉”的方式敏感到“原时和刚尺”与“时空观革命”之间几乎必然隐含“不一致性”问题，从而将其当作一种“过失”对待。事实上，从来没有任何一位研究者曾经对使用“统一时钟和刚尺（不变性时空）”在一切物理测量中的“正当性和必然性”提出过质疑。当然，对于现代科学主流社会中诸如霍金（Hawking）这样一些极富想象力从而被人们称为“现代天才”的科学家，自然从来不愿意花费巨大力气去认真探讨“数学基础”中的逻辑悖论、考虑如何解决“惯性系”必然造成的不唯一性，以及到底何为经典电磁场理论中的“位移电流”这样一些过分“实在、具体和细微”以至似乎完全不屑一顾的物理学基本问题，却更愿意凭借“相对论”预测“宇宙”到底有多么大、宇宙的“历史”又有多久远这样一些极富感染力的巨大命题时，他们恰恰忘记了在作为推理基础的“相对论”中，“时间和空间”始终处于变化之中，因此，那个推算出来的“多少亿年”到底怎样归属于那个由于始终存在形形色色“相对运动”而无法唯一确定的宇宙，并且，又是借助怎样的“时钟”告诉人们他们所推得的结果呢？

可以相信，当任何一个陈述系统只能有赖于“反常”意识而存在的时候，那么，这个陈述系统一定根本违背“直觉和顿悟”期望表达的某种“素朴、平凡和自然”的理性意识，需要重新将那些甚至已经成为习惯意识中的认识“反常”再次颠倒过来。因此，正如Einstein年轻时在最初引入"相对论"中那一对"原时和刚尺"时一样简单:它们只不过是用以表现时间和空间尺度的工具,必须被赋予不变的"统一"意义。于是,作为度量"时空"的一种确定基准,两个被赋予"独立"意义的"原时和刚尺"的存在,只是向人们逻辑地表明这样一个基本事实:"时间与空间"本质上仍然属于两种具有"独立"意义的存在,否则,被定义为度量基准的"原时与刚尺"同样处于变化之中并且保持某种特定的联系,而无法被 Einstein 定义为两个不变的独立度量基准。当然,与"时空"两个独立度量基准的"独立"存在自然逻辑相容,通常所说的"时间和空间"同样不过是表述物理事件的"舞台",隶属于科学陈述"语言系统"的范畴,因此,必须严格保持语言系统的严格不变性,从而对整个"时空变换"构造了一种彻底的逻辑否定。这样,整个自然科学在某种程度上又重新回到了 Newton 曾经期待的"绝对时空"之中;并且,仍然需要面对和重新回答"属于物质对象自身的运动到底是否存在"以及"如何表现物质运动客观性",乃至"惯性系的存在必然破坏 Einstein 也一再认同的物理学概念必须满足单值性要求"等这样一些自 Newton 力学诞生至今就一直困扰整个现代自然科学体系的一系列基本问题。

或许可以视为整个"相对论"唯一的"实际"价值所在:对于形式表述的时空变换,它是且仅仅是某些物理学著作已经指出的在略去"高阶小量"以后的一种纯粹"观察"效应。事实上,因为也只因为这个特定形式表述充其量只能视之为一种"观察性"描述,逻辑地依赖于不同"观察者"的不同"独立存在"的状态,相应不具那种只能决定于物质对象自身的"客观性"特征,所以对于这个形式表述而言,它不可能表现为独立于不同坐标系选择的"张量"形式,同样以及不可能构造一个满足"封闭性"的"群"的真实存在。并且,这个结果不仅已经得到充分验证,而且恰恰在"形式逻辑"和"物理理念"上都成为一种必然。事实上,当一个陈述只能依赖个别观察者,并且还需要相应略去"高阶小量"的时候,这个陈述原则上根本不可能成为一种"理论性(或者俗称为公理化)"的基本认定。当然,作为一种过分"细碎"的"观察性"表述,与其希望对于整个物质世界做出具有"普适真理性"描述的一种真诚但是过分幼稚的期待相距过分遥远。

1.4.A 正视 Einstein 的忠告

为整个现代科学世界熟知,在即将逝世前两个星期,Einstein 曾经这样语重心长地告诫人们:

> 科学史上经常碰到这样的情况,一些重大的问题似乎已经得到了解决,但是却以新的形式重新出现。这也许就是物理学的一个特征。并且,某些基本问题可能会永远纠缠着我们。

此外,经历了近一个世纪,联合国教科文组织在其发表的《1998 年世界科学报告》中曾经指出:

> Einstein 的相对论和量子力学是 20 世纪的两大学术成就。遗憾的是,这两个理论迄今为止被证明是相互对立的,成为一个严重的障碍。

这样,基于 Einstein 在现代自然科学主流社会实际上处于"神坛"之上的特殊地位,这种对立似乎一直成为对量子力学的巨大冲击。

其实,如果说“相对论”和“量子力学”的确存在一种“表观显见”的对立,那么,从思考问题的根源考虑则更应该像 Bohr 十分透彻地指出或者曾经抱怨的那样,出现于 20 世纪的这两门物理学存在更多的本质同一性。事实上,无论从哲学基础还是形式逻辑考虑,“相对论”和“量子力学”蕴涵的一致性本质基础是:它们同样以对于形形色色“矛盾”事实的承认为前提,同样以“改变”概念或者语言作为构造陈述系统的基本手段,同样以期待个别“实验验证”作为自身合理存在的依据,从而同样成为只能以“第一性原理”作为哲学基础的陈述系统。此外,两种理论体系还同样存在这样一种没有为西方主流科学社会充分注意的反常事实:被视为“相对论”最大贡献的“质能变换”关系式,根本不可能由“时空变换”关系式通过“演绎推理”而导得;而在“量子力学”中,Schr? dinger 构造的波动方程也从来没有按照赋予这个形式表述必需的特定数学内涵真正求解过一次。当然,如果注意到只是为了回避“集合论悖论”无法解决的困惑,Hilbert 才不得已而提出“桌子、椅子、啤酒瓶同样可以当作几何学点线面”之类的“公理化系统”的思想,那么,现代理论物理中的这两个陈述系统又与现代数学至今争论不休的“公理化思想”取得一致,同属于纯粹主观主义的“约定论”范畴。

毋庸质疑,由于整个现代自然科学体系一系列前提性认识困惑的问题并没有解决,同样由于 Einstein 并不能真正读懂数学家们为他的两个“相对论”而“特地创造”出来的数学,Einstein 甚至不可能真正理解:如果他所说的“矛盾事实”果真存在,那么,绝对不会仅仅因为公开对“矛盾存在”做出前提性的承认,就可以回避任何矛盾必然蕴涵“自否定”结构的基本真实。但是,当一个老人曾经将整个生命献身于人类的科学事业、行将结束生命、实际上已经对未来没有任何“个人”意义上的期待、冷静下来重新对整个生命中曾经进行的思考进行反思的时候,他的告诫无疑是善良和中肯的。因此,对于那个依赖“相对论”和“量子力学”而得以存在的现代科学主流社会而言,是否同样需要严肃和认真对待这些依然只能称为“直觉思维”范畴的忠告呢?

1.5 Lorentz 变换的“空群”结构和反常叙述

从物理理念考虑,由于 Lorentz 变换充其量只能视为略去高阶小量的一种“观察性”描述,因此这个形式变换不可能表示为与坐标系“人为选择”完全无关的“不变性”张量形式,以表现任何合理的物理学陈述必然蕴涵的“客观性”内涵。也就是说,因为 Lorentz 变换试图表现“长度收缩”和“时间膨胀”这样一种源于“物质对象”以外,却依赖不同“观察者”的不同观察效应才得以存在,所以这个通常以“变换”称作的数学表述原则上只能大概纳入“人文主义”的范畴,需要视作缺失“客观性内涵”的无理认定①。

① 值得指出,实验研究、生产技术和自然科学,需要视为“彼此关联但存在本质差异”的不同概念。技术乃至“科学创造”本质上隶属于人类活动的范畴。但是,当且仅仅当从许许多多实验者参与的“无以穷尽”的经验事实出发,从中“抽象”出那个不妨视之为不同经验事实的“交集(intersect)”并且必须逻辑地隶属于特定“理想化”物质对象的“共性”特征,才可能成为属于那个特定“物质对象”的理论体系或科学陈述系统。显然,这个从形形色色观察事实抽象出物质对象共性特征的过程,虽然可以纳入人类“创造性主观活动”的范畴,但是关键在于:考察主观活动是否“合理”的标准仍然蕴涵“客观性”的基础。反过来,将理论体系应用于技术实践的过程,同样可以纳入人类“再创造”的范畴,相应需要考虑如何将仅仅属于特定物质对象的理论体系如何与人为主观目的相互协调的问题。因此,把某一个与观察者状态密切相关的“观察性陈述”随意外延成描述物理实在的科学真理,只能纳入“人文主义”的范畴。

与 Lorentz 变换不同,对于人们熟知的 Galileo 变换

$$\begin{cases} \boldsymbol{r}' = \boldsymbol{r} - \boldsymbol{v}t \\ \boldsymbol{v}' = \boldsymbol{v} - \boldsymbol{v} \qquad \boldsymbol{v} = \text{const} \\ \boldsymbol{a}' = \boldsymbol{a} \end{cases} \tag{4}$$

此处的所有方程仍然属于某特定对象,完全独立于坐标系的人为选择,并具有“整体意义(张量)”的表述形式。其中,除了向量 $\boldsymbol{r},\boldsymbol{v},\boldsymbol{a}$ 依然表示物质对象的空间位置、速度和加速度以外,定义为常量的 $\boldsymbol{v}$ 表示两个特定坐标系之间的相对运动速度。进一步说,虽然 Galileo 变换自身并不能满足“任何恰当的物理学陈述必须独立于坐标系的人为选择”这样一个必需的“客观性”基础,或者同样无法显示物质运动的“客观性”物理内涵,但是 Galileo 变换之所以可以写成满足“不变性”要求的“张量”形式,只是因为这个经典变换中的所有形式量都是客观量,隐含了一个反映“客观性”事实的物理学陈述:物质对象的加速度 $\boldsymbol{a}$ 以及借助加速度加以形式定义的力 $\boldsymbol{f}$,必然也必须独立于该物质对象自身速度 $\boldsymbol{v}$ 的大小,即

$$\boldsymbol{f} = m\boldsymbol{a} \mapsto \begin{cases} \boldsymbol{r}' = \boldsymbol{r} - \boldsymbol{v}t \\ \boldsymbol{v}' = \boldsymbol{v} - \boldsymbol{v} \qquad \boldsymbol{v} = \text{const} \\ \boldsymbol{a}' = \boldsymbol{a} \end{cases} \tag{5}$$

也就是说,当物体所受的力 $\boldsymbol{f}$ 可以或必须通过该物体的加速度 $\boldsymbol{a}$ 而不是它的速度 $\boldsymbol{v}$ 赋予一种“形式意义”的定义时,式(4)所示的 Galileo 变换不过是 Newton 第二定律为“力”所构造“形式定义”的必然推论。并且,仅仅限制在这个与“力”之形式定义相关联的“特定论域”之中,Galileo 变换才可能反映依赖于特定物质对象,相应被赋予“客观性内涵”的某种物理实在。因此,不允许将 Galileo 变换当作“形而上学”随意外延,赋予其超越式(5)所表示的初始意义①。

但是,Lorentz 变换则完全不同于式(4)所定义的 Galileo 变换。按照 Einstein 在“相对论”中的构造模式,Lorentz 变换充其量只能用作表现满足若干“特定条件”时的某种“观察性”效应。正因为将不同观察者不同“主观意志”转嫁于某种特定“物质对象”之上,所以 Lorentz 变换无法构成刻画某种“物理实在”的客观性陈述,当然,不可能写成具有“不变性”意义的张量形式。

如果重新考察现代理论物理通常所说的 Lorentz 变换,除了它无法拥有任何张量形式的表述必然内蕴某种“不变性(客观性)”的意义以外,这个形式变换还根本不可能构造出一个在物理上需要反映不同观察者所具的“平权性”特征,而在数学上应该相应满足“封闭性”要求的群,即

$$\text{group} \not\subset \begin{cases} \begin{pmatrix} t' \\ x' \end{pmatrix} = \dfrac{1}{\sqrt{1 - v^2/c^2}} \begin{pmatrix} 1 & -v/c^2 \\ -v & 1 \end{pmatrix} \begin{pmatrix} t \\ x \end{pmatrix} \\ y' = y \\ z' = z \end{cases} \tag{6}$$

① 此外,文献[15]曾经指出:现代物理学所述的 Galileo 变换,与 Galileo 于 1632 年发表《两个世界体系的对话》时最初提及的“Galileo 原理”毫不相关。而且,那个通常称作“Galileo 原理”的古老故事,其实只是对某一个“条件存在”的平凡事实所做的生动描述。如果无视该故事得以存在的前提条件,而当作一个普遍的物理学原理对待,那么它同样流于谬误。

事实上，只要对坐标系连续施加两次变换，可以立即验证以上推断①。

其实，从纯粹的形式逻辑角度考虑，人们熟知：对于两个任意的向量空间，只能通过某一个“线性”变换，才可能为这两个向量空间构造一种确定的逻辑关联。但是，因为Lorentz变换“显式”地出现了一个“非线性”因子，所以这个变换甚至不能像那个本质上同样只能存在于“想象(imagine)”之中，只允许视为“Newton为‘力’所构造‘形式定义’独立于物体运动速度”这个“逻辑蕴涵式”的Galileo变换那样，能够满足“坐标系连续变换”时必须满足的“自封闭性”要求。也就是说，只能纳入“非线性变换”范畴的Lorentz变换，不可能将两个需要赋予“线性结构”的向量空间逻辑地关联在一起，而这才是Lorentz变换根本不可能构造“封闭群”更为直接的原因。

毋庸质疑，为Einstein特别推崇并且以此作为他构造整个思维基础的“直觉”，其本质内涵无非将某些人的“主观意识”置于不容质疑和不容批判的地位上，无视或根本排斥“概念与逻辑”予以科学陈述系统必须遵循的约束。尽管著名的美国数学评论家M. Kline，曾经以某些西方人惯有的那种傲慢、偏见和自大，公然谈论“伟大天才的恣意妄为也比凡人逻辑推理更为可靠”的荒唐，但是，如果充分注意Einstein的数学思维能力或者他的直觉思维习惯，人们不难推断：Einstein一定从来没有真正搞懂过到底什么是数学中“群”的概念。本质上，“时空观革命”只能视为“科学语言”的革命。对于Einstein而言，任何科学概念都可以处于随意变化之中，一切只不过是“直觉和顿悟”的思考工具罢了。可以相信：Einstein不可能也不愿意花费足够精力去认识和理解许许多多前提性的抽象概念，但是仍然能够操纵自如地随意驱使着那个时代数学家特地为其提供的形形色色概念。或许这种情形同样引起某些同样笃信“约定论”的数学家内心的不平，Hilbert在“盛赞”Einstein的同时，曾经风趣而不无苦涩地指出：“在我们数学的哥廷根(Göttingen)大街上任何一个男孩子的4维几何知识都比Einstein多。尽管如此，这方面成绩卓越的却不是数学家而是Einstein”[13]。

但是，问题在于：这些为Einstein提供了形形色色数学工具的数学大师们，自己面对“数学基础逻辑悖论”尚没有能力予以解决的时候，其实他们需要的并不是过于乐观的自负，而首先应该保持一份“足够”的谨慎。因此，他们需要注意的不仅仅是为Einstein提供一个所谓的4维“伪”空间，由于将“空间与时间”置于同一个抽象“空间”之中，因为量纲不统一所导致不具可比性的虚妄想象，以及因为一个与“光速不变性”相对应的“附加约束方程”的存在，使得这个“伪空间”失去作为向量空间必须遵循的“可加性”逻辑前提，而明显出现的认识不当和逻辑反常。事实上，他们还需要如实地告诉Einstein：由于“显式”地存在非线性因子，Lorentz变换根本不可能构造数学上以满足“自封闭性”为前提的“群”的简单事实。无疑，与物理学上“协变性原理”相对应、需要定义于彼此处于相对运动中“参照系”之间的变换，是根本不允许代之以彼此保持相对静止“坐标系”之间“旋转变换”这样一个完全不同概念的。因此，人们可以相信受

① 为了对“Lorentz群”不可能构造群的明显悖论做出解释，目前的理论物理著作通常采取两种方案。其一，将时空变换的结果代入Lorentz变换式。但是，这样做不仅出现“循环”论证，而且，只要“再作一次”坐标变换，由于通常的时空变换结果已经无法满足Lorentz变换，仍然破坏了群必需的“封闭性”要求。第二种方法则是干脆偷梁换柱以规避悖论，用固定坐标系之间的旋转变换群取代两个相对运动坐标系之间的变换。由于所有这些问题过分简单和明显，具体的数学论证请参见文献[15]中的相关分析。此处仅仅从“一般逻辑”出发，着重于探讨“为什么”会出现这些明显悖谬的原因。

限于"直觉思维"的不良习惯，Einstein 的确不知道应该以及如何对"参照系"和"坐标系"两个完全不同的概念做出明确区分，但是，令人完全不可思议的是：这些曾经为 Einstein 提供了数学工具的数学大师们，难道也真的不懂这两个"独立概念"需要被赋予完全不同的抽象内涵吗？

不能不认为：目前的科学研究已经远不是仅仅考虑在客观结果上如何"足够严谨"的问题，而需要从主观态度上切实考虑是否"足够严肃"和"足够诚实"的问题了。没有探询真理和修正错误的真诚和勇气，陶醉于"伟大人物的恣意妄为远比凡人的逻辑推理更为可靠"的荒谬和蛮横，已经失去严肃的科学探讨必要的"平权性"前提①。

1.5.A Einstein 心目中的科学殿堂

其实，自然科学中的许多认识问题绝对不像某些研究者有意无意地渲染的那么困难和神秘。与其对应，科学人似乎也远没有科学自身那样的纯粹和圣洁。应该说，贯穿于整个"相对论"之中的"神学"意识，以及"无需也不容解释"的独断中必然蕴涵的"蛮横无理"几乎一目了然。当然，对于任何拒绝接受以"无需也不容思考的绝对服从"为本质特征的宗教意识、并且愿意进行真正独立、理性和严肃思考的研究者而言，形形色色第一性原理"否定严格逻辑"所必然蕴涵的无理性同样应该是一目了然的。因此，面对认识中的许多暂时困惑时，探求真理的非凡智慧固然重要，但是为了真理而勇于舍弃一切的真诚无疑更为根本。

此处，不妨援引近年出版的某量子力学著作针对"波粒二象性"所作的一段历史记述：

> 按照 de Broglie 的原始假定，所谓的电子波动性，不是指电子既有微粒性又有波动性这样的二象性，而只是指总有一个相位波伴随着电子运动。不久以后，de Broglie 提出了他的"双解理论"。可是由于这一不成熟的理论在数学方面的困难，de Broglie 抵挡不住 Pauli 等人的严厉批评，于 1927 年以后，曾经收起了他的想法，心安理得地接受众人封他为电子"二象性"创始人的荣誉。可是，当 1952 年 Bohm 提出新的隐变量理论，又使 de Broglie 的双解理论死灰复燃，觉得他自己原来还是对的。由此可见，de Broglie 的基本观念，同一般所说的波粒二象性其实是大相径庭的。

可以相信这样的历史记载应该是真实的。

但是，对于难以避免形形色色人性弱点的科学世界而言，这一历史真实则是凝重和难免令人扼腕叹息的。许多人都会记得，在为 Planck 60 岁诞辰设置的生日庆祝会上，Einstein 曾经尖刻、幽默而不无发人深省地说过这样一段惊世骇俗的话语：

> 在科学的庙堂里，许多人之所以爱好科学，是因为科学给他们以超乎常人的智力上的快感；另外，还有许多人所以把他们的脑力产物奉献在科学的祭坛之上，则出于

① 其实，科学主流社会中不少人早已熟知 Lorentz 变换无法构造群的事实。正因为此，他们才提出"连续两次在'惯性系'间进行 Lorentz 变换就不再是'无旋转'的 Lorentz 变换"的问题，并且，将这种现象归结为"Thomsa 效应"的结果。借助杜撰另一个新的名词搪塞原有理念的悖谬，应该说是现代科学世界面对大量逻辑不自洽现象存在无力解决而养成的一种极其恶劣的不诚实习惯。

纯粹功利的目的。如果一位天使将所有这两类人都赶走,那么聚集在科学庙堂的人就会大大减少。

一位哲学家曾经这样形容,Einstein 的魅力和感人之处正在于他是一个纯真的“问题”孩子。应该说,这或许同样是人们始终深情缅怀 Einstein 的缘故。

但愿 Einstein 内心期待的科学真诚,同样是所有科学人的一种真诚期待,并且永远普照 Einstein 心目中那个熠熠生辉的科学殿堂。

1.6 Minkowski 伪空间的“量纲”紊乱和对于“空间结构”的逻辑否定

通常,“Minkowski 伪空间”被视为整个“狭义相对论”得以存在的数学基础。其实,对于这个人为杜撰的数学结构,它的本质内涵仅仅在于:凭借公开冠以“伪”字那样一种看似无可非议的“诚实和坦荡”,最终达到对明显存在的“伪科学性”赋予某种“合法地位”的目的。无疑,现代自然科学中这样一种做法的普遍泛滥,与只是称之为“公理化”假设就允许“把桌子、椅子、啤酒瓶当作几何学点、线、面”的独断论思潮如出一辙,无异于纯粹的自欺欺人乃至指鹿为马的蛮横,具有极大危害性。

作为“狭义相对论”形式逻辑检查中的一个部分,此处需要指出:在物理上,“时钟和刚尺”抽象对应于两种完全“独立”的物理实在,具有两个完全不同的物理学“独立”量纲。但是,隶属于同一个形式系统,任何纯粹的“数学”表述式本质上无需特地提出“量纲”的概念。或者说,首先需要满足物理上“同名量”的逻辑前提,不同物理量才可能具有数学意义上的可比较性,相应构成某一个数学关系式。但是,Minkowski 伪空间在物理上完全混淆两个彼此之间不具任何可比性的不同量纲,而在数学上则由于“附加”约束关系式的存在,本质上彻底破坏了作为“抽象空间”一种被赋予特定“数学结构”的集合必须满足的“可加性”前提。因此,Minkowski 伪空间就是一个纯粹的“伪科学”概念,根本不可能成为数学意义上的“空间”结构[①]。

1.7 孪生子佯谬

几乎伴随“相对论”的诞生,很快就自然地提出了“孪生子佯谬(Twin Paradox)”的质疑,并且,与此相关的争论以及形形色色的辩解从来没有停止过。

通常,“孪生子佯谬”又称为“时钟佯谬(Clock Paradox)”。在《McGraw-Hill 物理百科全

① 需要指出,现代科学世界同样知道这个杜撰出来的 Minkowski 空间隐含量纲不一致的问题。于是,相应提出采用光速 c 等于 1 的自然单位制,使得该空间中的所有坐标都具有“长度”量纲。殊不知:对于这样一个纯粹人为杜撰出来的“空间”,尽管表现上由此而回避了“量纲不统一”的矛盾,乃至也否定了“光速比时间、空间更为基本”的反常认定,但是此时的时间间隔实际上仅仅是“光的传播距离”的表示,从而相应使得这个杜撰出来的空间无法继续成为“时空变换”的抽象表述。此外,光的传播属于一个“独立”的物理现象,那么,这样一个“单称性”的陈述为什么必须被引入到“一般性”的物理学陈述之中呢?显然,在这个几乎到处充满逻辑悖论的“几何空间”中,时间坐标已经不具“独立坐标”必须具有的普遍性意义了。

书》的相关条目中，依赖于“广义相对论”中的知识，借助于对“孪生子”最初怎样离开地球、又怎样重新返回地球的加速和减速运动过程的想象，通过数学上一个“过分简单又过分繁杂”的初等计算，最终希望告诉人们：所谓的孪生子佯谬其实并不真实，根本不必为“相对论”中这个“似乎明显”悖论的存在而担心。

但是，正是在同一本《物理百科全书》的另一个名为“理论物理”的条目中，编著者诚实其实也十分难得地向人们指出：“除了名称相同以外，很难找到狭义相对论和广义相对论有什么共同之处。”因此，即使不考虑作为论证依据的“广义相对论”自身是否存在谬误的前提性问题，但是，必须借助于“广义相对论”这样一个毫无关联的陈述体系，解释只能隶属于“狭义相对论”有限论域中“孪生子佯谬”的本身，只能被视为一个“反常”事实，它向人们公开昭示无力批驳“孪生子佯谬”的尴尬和无奈。或者说，批驳“孪生子佯谬”中的反常论证，已足以说明这样一种证明没有任何价值。

当然，对于这种几乎过分明显的致命弱点，早已为其他的“相对论”认同者们充分意识到了。因此，他们试图为“孪生子佯谬”构造一个“能够”仅仅隶属于“狭义相对论”有限论域中的合理解释的同时，曾经中肯地指出[14]：

> 有人甚至企图从广义相对论观点出发，来消除时钟佯谬。Einstein 也曾经讲过，解决时钟佯谬的问题超过了狭义相对论的范围。但是，实际上不是这样。只要我们正确地使用狭义相对论，就会自然地消除“时钟佯谬”。

只不过这个“相对论”的追随者尽管言之凿凿，却始终没有在他的著述中告诉读者应该如何正确使用“狭义相对论”的论证方法。

其实，人们完全不必过分较真，追究这个所谓能够隶属于“狭义相对论”自身论域中的相关论证到底是如何给出的，以实现一个逻辑上满足自封闭要求从而才可能成为真正有效的科学证明。相反，人们却始终可以相信：源“狭义相对论”的论证绝对不会比《McGraw-Hill 物理百科全书》无奈借用“广义相对论”的证明好多少，甚至由于引入某一个属于“实验操作”范畴的技术性说明，只能使得相关证明变得更缺乏确定的“物理实在”意义。可以相信，Einstein 以及《McGraw-Hill 物理百科全书》的撰稿人绝对不可能不知道，通过“广义相对论”解释“孪生子佯谬”在逻辑上潜藏的致命缺陷，以及由此造成相关证明的无效性。或者说，甚至没有人比 Einstein 自己更为着急，证明过程中借助“论域转移”的无效，恰恰再次地暴露了“狭义相对论”逻辑上的不可封闭性。只不过，依赖“直觉思维”的 Einstein 根本没有能力形成一种“理性”意识：当他将“相对论”前提性地置于他所说一对“矛盾着真实”的那个时刻开始，整个“相对论”就永恒地陷入了矛盾之中。

事实上，孪生子作为两个“独立”的运动学主体，他们之间的运动总是相对的。而且，在“孪生子佯谬”任何一个形式证明的全部陈述过程中，涉及且仅仅涉及这样两个具有独立意义的物质对象。因此，无论提出的是什么样的最新证明结构，也无论这个证明结构显得怎样精致和巧妙，甚至允许不考虑“论域转移”之类的明显证明缺陷，允许使用“佯谬”定义域以外的任何一种理论作出解释，但是，人们总能够十分容易地构造一个完全“同一化”的反驳程式，这个程式是：因为只存在和只涉及两个处于“相对”运动中的物质主体，所以总是可以针对任何一个解释或证明过程中的“每”一步，同时将所有涉及两个物质对象的论述依次进行一次“轮换”，最终必然导得与最初假设逻辑相悖的结论。

此处，我们还可以重新回顾 Einstein 特地提出的“原时”概念。Einstein 将“原时”定义为“与运动物体牢固地相连接的钟所指示的时间，实际上就是物体“本身”的时间。因此，人们可以“直觉”地推知，表现生命延续过程的那只钟，只允许是牢牢固置于生命体之上、那个以“原时”为基础并且始终保持同一的钟。当然，人们仍然可以以一种吻合于“理性常识”且“严格逻辑”的方式作出判断：无论人的运动状况如何，原则上，他的生命只能决定于自身的生理机构。当然，如果注意到 Einstein“相对论”的思维内核在于他对于“运动的相对性”的直觉理解，那么，无法逻辑地定义哪一个惯性坐标系是真正静止的坐标系。这样，一个人的生命延续状况，何以能够决定于与其完全无关的另一个独立的观察者之上呢？其实，从 17 世纪诞生的整个现代自然科学体系的“整体”考虑，人们需要认真考虑和严肃思考那个曾经被 S. Weinberg 强蛮断言无需也无法回答、Leibniz 针对 Newton 经典力学曾经提出“任何与物质客体相分离的空间概念在哲学上都没有必要”的前提性命题，并且，必须努力做出正确的回答。

1.7.A 超光速争论及科学语言规范

值得附带指出，作为科学主流社会中的一员，文献[14]的著者虽然一再为“相对论”作辩解，但是其中的许多论述乃至该著者针对目前学术界关于“超光速”争论中的论述，笔者读来以为是相当深刻和精辟的，甚至可以说表现了许多常人往往不及的洞察力。

但是，仍然如该著者于 2001 年发表于《物理》杂志一篇涉及“超光速”问题的文章曾经十分透彻指出的那样：简而言之，实验测量的不完全和理论模型的欠缺给人们留下了太多的想象空间。正因为此，如果仅仅根据诸如信息传播“群速度”这样一个实际上只允许隶属于“技术性定义”范畴，即缺乏确定形式表述抽象内涵的概念，讨论远比这个技术性概念更为基本的理论物理基本命题已经没有任何意义。对于一种本质上属于“统计平均”意义上的“群”速度，构造“群”的不同“组元速度”并不处处相同于“恒定光速”的物理实在已经向人们充分“直观”地说明：与“个性”必须相容于“共性”的一般理念保持严格一致，如果承认电磁场是物质场，电磁波是这种物质场中小扰动的传播，那么，“光速”同样属于某特定“物质场”的“物性”参数，光速与其他形式“理想化”物质场的“物质波速度”没有任何本质意义的差异，无需也不允许赋予“单称性”的光速以一种纯粹“宗教”意义或者“第一性原理”之上的“固定化”模式。

或许还值得人们顺便注意目前关于“超光速”争论中的奇怪现象：个别研究者一方面以“超光速”的称谓发表相关的实验结果以引起一种“事实上”的轰动效应，另一方面却又同时宣称“超光速”的存在并不对“相对论”构成逻辑否定。其实，任何人都清楚：如果不是因为可能对“相对论”构成一种直接的冲击或者逻辑否定，怎么可能出现实验者或许特别“渴望”的那种轰动呢？对于任何严肃的科学争论，是不应该也不允许回避实质意义上的争论的。因此，对于这种“故意”似是而非的说法，将其称为“不诚实”可能过于严厉，但起码也应该视为科学争论中一种过分“圆滑”的作风。事实上，任何针对“群速度”这样一些隶属于“技术性”范畴，仅仅涉及相关认识可能存在细微不足的争论，对于判断“相对论”的“真伪”这样重大的理论问题不仅没有任何本质意义，而且恰恰暴露目前科学论述中需要切实防止的一种“庸俗化”倾向。

可以相信，正因为一系列前提性的概念存在的认识紊乱，缺乏统一的科学语言，目前的许多科学争论往往最终只能流于空乏的语言攻击。当然，这同样是全世界科学论文连篇累牍，但是面对自然科学基础一系列逾世纪的科学难题始终无能为力的根本原因。如果不能从现代自然科学体系每一个“基元”概念开始，不能对自然科学体系进行一种“整体”意义的反思和梳理，热衷于无视逻辑严谨性和断章取义的局部性论述，这一切只能进一步引起认识的紊乱。

其实，如果说作为一名职业的物理学研究者，文献[14]的著者已经极其难得地指出目前理论模型本身尚不完备，那么，为什么不能严肃探讨到底哪些模型尚不完备或不完善的问题，重新认真研究物质运动是否具有客观性、思考实际上最先由 Poincare 提出的“相对性原理”是否真的合理，而“相对论”和“量子力学”为什么只允许处于前提性的矛盾之中这样一些涉及整个现代自然科学体系的基础性问题，从而能够首先为相关的科学争论构造一种普遍认同的“语言平台”和“思维基础”呢？毫无疑问，现代自然科学体系存在太多长期没有解决的矛盾，面对众多困扰人们的认识疑难，本来是人所共知的事实。因此，与其将所谓的“科学共同体”视作信奉某种“共同意志”的特定人群集合，还不如以一种更为准确和明晰的方式，将其重新界定为维护“共同利益”的“命运共同体”。K. Max 曾经沉重而严肃地告诫人们：科学的大门，就是地狱的大门。如果没有步入地狱的心理准备，没有立志于献身科学的坦荡、平和与非凡意志，只是把科学研究当作谋生乃至攫取荣誉和利益的最佳职业，那么，无论曾经如何显赫一时，最终几乎不可能在科学史上留下任何痕迹。

契合于“历史唯物主义”的科学认识观，在任何涉及科学基础的科学争论中，能够真正充当“对话者”角色的只能是诸如 Newton、Clausious、Maxwell、Bohr、Heisenberg 等许许多多为构建现代自然科学不同论述系统做出开拓性贡献的创造者，而绝对不是那些尽管荣获 Nobel 奖、却对习惯性陈述仅仅表现“自然”认同，充分享受科学的职业科学家。必须要对“科学和技术”的不同内涵做出严格区分，必须理性认识到目前科学世界的繁荣本质上渊源于物质世界自身的无以穷尽、丰富多彩，并且，一种表面上的繁荣并不能掩饰理性或逻辑的空前严重的缺失。不容否定，当目前的科学世界尚不能回答经典力学中持续存在近 4 个世纪的“何为惯性系”问题，不能回答经典电磁场理论中持续了近 2 个世纪的何为“位移电流”的物理内涵，当然也不可能知道“Maxwell 基本方程实际上不可能求解”的基本事实的时候，年复一年的 Nobel 除了表现科学主流社会的一种主观倾向和意志以外，并不能在自然科学的基本认识方面说明太多具有本质意义的东西。显然，在摒除谬误、探询真理的科学争论中，同样需要认真摈弃高低贵贱之分，彻底肃清“伟大人物恣意妄为比凡人演绎推理更为可靠”的“人格化”荒唐，保证所有的研究者在科学真理面前人人平等或具有平权意识，让每一个研究者学会使用严格的科学语言进行严肃的科学论述。

进一步讲，只能是科学“元”语言，即“无歧义”的基本概念以及“无矛盾”的严格形式表述才可能成为涉及自然科学基础的科学争论中唯一有意义的语言。当然，在科学语言尚没有得到澄清的时候，如果还引用某某大师的话语作为争论的唯一依据已经变得没有任何意义。

此外，人们还需要保持一种理性的清醒判断，既然自然科学体系已经被西方主流社会公然界定为“科学共同体共同意志”的集合，那么，诸如美国的《Science》、《Physical Review》以及英国的《Nature》等著名刊物，它们的基本职责就是考虑如何维护和操控“科学话语权”的问题。因此，对于这些主流刊物而言，除了致力于向人们展现许许多多新的“实验”发现以外，它们必然拒绝一切理性的深刻思考和尖锐批判，自觉与不自觉地鼓励或纵容在不当前提下进行的不当推理，从而在客观上蜕化为维护科学主流社会的一种“人文化”工具。应该说，这是产生“科学腐败”的源头。如果更为具体地说，因为也仅仅因为自 Newton 力学开始就存在于整个现代自然科学中基础问题至今没有得到解决的现状，所以在这样一些涉及自然科学基础的严肃争论之中，这些所谓的“权威刊物”事实上已经没有“权威”可言。正如人们实际上往往看到的那样，西方科学世界的这些权威杂志不仅仅在面对自然科学的这些逾越世纪的基础性难题表现得如此无力，而且几乎总拒绝任何使用严格科学语言针对现代自然科学体系大量存在的认识不足、不当乃至错误所进行的严肃科学批判，充当了“简单”维护经典理论的卫道士角色。反过来，东方民族的自然科学杂志可以在这种对现代自然科学体系的重新梳理中，逐步确立一种具有“科学影响力”的地位。

毋庸质疑，西方科学世界曾经为现代自然科学体系的构建做出开拓性的巨大历史贡献，但是，自然科学毕竟属于整个人类。而且，当现代西方科学世界实际上已经在“公开或者隐蔽”地放弃科学论述必须严格遵循的“逻辑相容性原则”的时候，又怎么能够接受西方科学世界有意无意灌输的那种“震撼心灵”的宗教情结，从而对形形色色的矛盾陈述盲从、俯首帖耳呢？其实，人们总可以相信：在自然科学研究中，只有那些并不懂得如何使用科学“元”语言进行“独立”思考因而本质上并不真正“自信”的研究者，才会特别在意别人当然特别是那些他们所以为的西方权威们的承认乃至夸耀。必须诚实正视和严肃对待，包括数学基础在内的现代自然科学体系面对大量思维不当或者逻辑悖论的困惑。

正因为此，当 Dirac 年逾 70 多岁甚至还一再告诫人们“量子力学的基础还没有真正建立起来”，当 Landau 公然宣称“理论物理中的数学严谨性只不过是自欺欺人”，当 Kline 指出“1900 年以后，数学的状况杂乱无章，允许在数学分析中采取引起歧义甚至矛盾的观点”、甚至嘲笑“每年美国《数学评论》杂志要发表 30 000 条重要成果，论文作者只要文章发表得越多越好，不管是对还是错”，而 Bohr 不得不用“唯恐不够疯狂”刻画 20 世纪的物理学进展的极大反常时，即使能够连篇累牍地刊载于诸如《Physical Review》这样一些属于科学主流社会的著名科学刊物之上，又有什么值得特别自豪或夸耀的呢？

其实，人们需要的是一种踏踏实实的精神，哪怕真正解决科学疑难中的任何一个具体问题也是有价值的。当然，也只有这样，中国的自然科学研究才可能真正得到西方科学世界的发自内心的那份尊重。

1.8 “Einstein 时间膨胀”和“Lorentz 长度收缩”构造的逻辑悖论

在自然科学研究中，几乎任何一个理论体系原则上都应该呈现“构造性”的特征，并且只可能渊源于被描述的“特定”物质对象。但是，与其他理论体系本质上只能依赖经验事实，从而逻辑地隶属某个特定“理想化”物质对象的一般情况完全不同，构造“相对论”的全部基础只允许基于构建者的“直觉和顿悟”之上，并且公然否定一切科学陈述必须满足以“无矛盾性”作为本质内涵的“可解释性”原则。当然，从形式逻辑考虑，也正因为独立于任何“特定”的物质对象，才允许“相对论”最终成为一个 Einstein 期待之中、与一切“特定”物质对象无关的“普适真理”体系。

这样，在 Einstein 的“相对论”整个构建过程中，在公然否定任何科学陈述一种必须自然满足的“可解释性”原则，既“无需”也“不容”对这个陈述系统做出任何解释的同时，人们不难发现：如果不考虑诸如“Minkowski 伪空间”这样一些自身充满逻辑悖论、只是用以掩饰矛盾的数学工具，整个“相对论”其实根本无需“现代数学”的支撑，研究“电磁场”曾经必需的“场分析”工具重新蜕化为若干个“初等数学方程”的简单组合。当然，正是凭借源于纯粹“人为创造”而获得“得天独厚”的便利，才可能出现某一个理论体系的“数学基础”可以在其构建的许多年以后，再有赖于构建者的数学老师为其做出“补充”构建，一种完全不可思议、现代自然科学发展史或许从来没有出现过的怪事。那么，是否也正因为此，像前面曾经提到的那样，Hilbert 难以抑制一种“数学家”内心的不平，调侃“在我们数学的哥廷根(Göttingen)大街上任何一个男孩子的 4 维几何知识都会比 Einstein 懂得更多。尽管如此，这方面成绩卓越的却不是数学家而是 Einstein”的时候，Einstein 才可能同样以一种“调侃乃至不屑”的态度做出反击：“自从数学家搞起相对论研究之后，我就不再懂得它了。”

事实上，在“相对论”基本上无需数学的“构造性”建树中，只有那个被称之为“Einstein 光子钟”的表述多少使用了一丁点儿初等数学，相关的数学推导或许可以局部地归结于无需逻辑，只能凭借“直觉和顿悟”才允许存在“人为创造”之列。事实上，即使这个在“相对论”中仅仅作为“个例”而存在、并且只需要使用初等数学的论证过程中，不仅隐含数学推导的逻辑悖论，而且在物理上还直接对 Einstein 本人希望表达的“光速不变原理”构造了逻辑否定①。

1.8.1 关于“时间膨胀”和“长度收缩”的经典表述

按照惯例，仍然先给出相关命题的经典陈述，以保证此处所作论述的可靠性和严肃性。如图 1 的“光子钟示意图”所示，一般理论物理著作构造了如下命题：假设列车以恒定速度 v 相对于固结于地球上的一个“静止”坐标系 S 在运动，S' 表示跟随列车运动、置于列车之上的“运动”坐标系。此外，在列车底部 a 点处设有一个光源，并假设该光源竖直向上发射了一束光脉冲，该光束经过置于顶部 d 点处的一个镜面反射后，又重新返回列车底部的一个接收器上。现在需要讨论这个光束的行进过程。

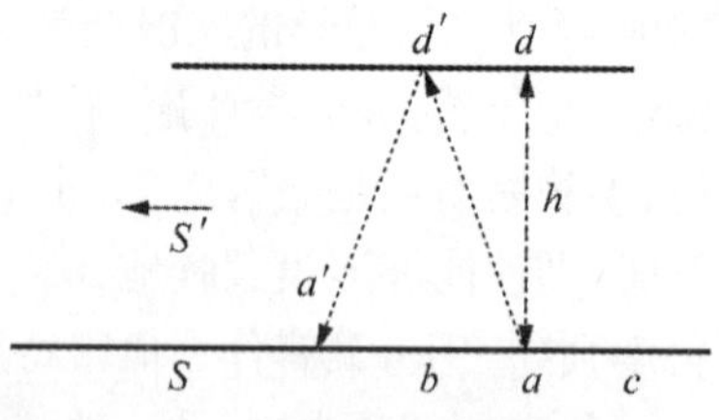

图 1 光子钟示意图

仿照 Einstein 创造“相对论”时的基本思想，对于运动坐标系 S' 而言，光脉冲在一个循环中经历的光程为

$$\begin{aligned} l' &= a \to d \to a \\ &= cT' \qquad \in S' \end{aligned} \tag{7a}$$

式中，c 为光速常量，T' 为对应于光脉冲在运动坐标系 S' 中经历的时间间隔。另一方面，如果从一个地球上静止观察者的角度考虑，或者被限制于静止坐标系 S 之中时，相同光脉冲所经历的光程则变为

$$l = a \to d' \to a'$$

① 值得附带指出：目前理论物理中普遍使用的“质能变换”关系式，根本不可能逻辑地渊源于“狭义相对论”着意表达的时空变换。即使不考虑神学意识中的时空变换存在太多认识悖论和谬误，但只要认真思考“逻辑原则上只是同义重复”这样一个本来十分平凡的理性认识，就可以立即断言：永远不可能从被赋予独立内涵的时空变换，逻辑地推导出另一个被赋予独立内涵的质能变换关系式。事实上，包括 Einstein 最初构造的推导在内，不同理论物理著作给出的形形色色推导无一不隐含逻辑悖论。

$$= cT \qquad \in S \tag{7b}$$

其中，d'为运动中列车顶部的反射镜在接收到光脉冲的那个时刻，相对于静止参照系 S 所处的位置；而 a' 相应表示光脉冲在经历一个完整光程最终返回发射器时，发射器在静止参照系 S 所处的位置；至于 T 则是同一事件在静止参照系 S 经历的时间间隔。需要注意，光子钟被用作“狭义相对论”中的一个基本命题，其全部目的就在于：针对一个以“事件”称谓的相同物理现象，分析同一事件在两个处于“相对运动”参照系中所呈现不同“空间距离”和“时间间隔”之间的逻辑关联，最终给出期待中的“时空变换”结果。

根据勾股定理

$$\left(\frac{l}{2}\right)^2 = \left(\frac{l'}{2}\right)^2 + \left(\frac{1}{2}vT\right)^2$$

将式(7a)、(7b)代入上式得

$$\frac{1}{4}c^2T^2 = \frac{1}{4}c^2T'^2 + \frac{1}{4}v^2T^2$$

于是

$$T = \frac{T'}{\sqrt{1-v^2/c^2}} \tag{8}$$

通常，人们将这个时间变换关系式称为“Einstein 时间膨胀方程”，并相信该方程告诉人们：物理学中的时间实际上处于变化之中，处于静止坐标系中的观察者所看到的时间变慢了；与其对应，运动参照系中的时间膨胀了。为了对两类不同时间做出区分，Einstein 还特地构造如下的定义：对于与时钟处于相对静止状况的观察者，他所读得的时间 T' 具有一种“基准”意义，故而称作“原时(proper time)”。

另一方面，仍然依据 Einstein 的思想，随着参照系或者观察者运动状态的不同，几何空间的“长度”同样应该发生变化。为了比较不同观察者测量的长度，同样需要制定一个恒定不变的统一基准。当然，在“相对论”中，能够被用作“度量”不变基准的，只能是定义为“物理恒量”的“恒定不变”光速。在对 Einstein 的“光子钟”以及整个“时空变换”作进一步分析以前，再重新考察“相对论”中通常所说的“Lorentz 长度收缩”模型。

在展示长度收缩模型的图 2 中，仍然假设有一辆以速度 v 运动的列车，在该列车上建立了一个坐标系，记为 S'，同样将地面坐标系记为 S。

此时，如果发生了这样的“事件”：车尾 a'处的光源向车头 b'发出一束光，该光束到达车头以后再反射回来。“相对论”指出，对于处于运动坐标系 S'中的观察者而言，由于与坐标系之间不存在相对运动，光束前行和返回没有差异。因此，在经历一个循环以后，光束所经历的光程

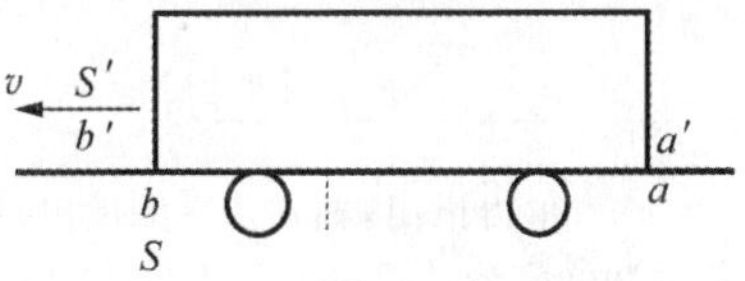

图 2 长度收缩模型

$$\begin{aligned} 2l' &= 2a'b' \\ &= cT' \qquad \in S' \end{aligned} \tag{9a}$$

式中的时间间隔 T' 为光束在运动坐标系中经历一个循环所对应的时间间隔。

但是，从另一个处于地球之上的静止观察者的角度考虑，由于列车处于运动之中，光束从光源发射到列车顶部镜面的前行时间间隔 T_{for}，与其从顶部返回的时间间隔 T_{back} 并不相同，相应存在

$$\begin{cases} cT_{\text{for}} = l + vT_{\text{for}} \\ cT_{\text{back}} = l - vT_{\text{back}} \end{cases} \in S \tag{9b}$$

因此，与该光束经历一个循环相对应，地球坐标系 S 中同一事件所对应的总时间间隔

$$\begin{aligned} T &= T_{\text{for}} + T_{\text{back}} \\ &= \frac{l}{c-v} + \frac{l}{c+v} \qquad \in S \\ &= \frac{2l/c}{1-v^2/c^2} \end{aligned}$$

考虑到式(8)所述的时间膨胀公式，有

$$\frac{T'}{\sqrt{1-v^2/c^2}} = \frac{2l/c}{1-v^2/c^2}$$

再重新代入式(9a)之中，则

$$l = l'\sqrt{1-v^2/c^2} \tag{10}$$

该式即为“Lorentz长度收缩方程”，它告诉人们：运动中的尺发生了收缩，而那把置于“静止参照系”中的尺可以用作“空间度量”的基准，相应称之为“刚尺(rigid ruler)”。

1.8.2 “时间膨胀”和“长度收缩”隐含的矛盾方程

在如实陈述了Einstein光子钟的基本思想和相关论述以后，现在可以继续沿用任何初中学生都有能力使用的“初等数学”运算模式，重新分析“光子钟”的证明结构，思考本质上因为引入“操纵性(隐含不同操作者的不同‘主观’意识、独立于被描述的‘客观’物质对象)”的说明，所以必然导致“逻辑悖论”的问题了①。

首先，不难从上述两个基本结论出发，构造一个矛盾方程。为了表述方便，仍然仿照Einstein形式地引入如下为人们熟知的一个量纲一系数

$$\beta = 1/\sqrt{1-v^2/c^2}$$

根据Einstein时间膨胀公式(8)和Lorentz长度收缩公式(10)所具有的一般意义，于是，可以将它们直接代入前述的关系式(9b)之中，从而将原来定义在固结于地球之上的坐标系 S 中的表述，变换为列车坐标系 S' 中不同物理量所构造的一种表述，即

---

① 值得指出，如果认真阅读包括Einstein批判“量子力学”在内的一些论述，人们不难发现：除了那个时代的数学家为其提供形形色色往往被冠以“伪”字和因此而变得晦涩难懂，并同样因此而几乎必然隐含逻辑悖论的数学工具以外，Einstein几乎总下意识地习惯使用着为中学生们允许使用的数学工具以及思维方式，针对自然科学中的重大科学论题进行讨论。除了后续讨论将要指出的，由于形形色色“观察者”被引入刻画物质世界的“客观性”物理学陈述之中，渊源于不同运动状态观察者必然隐含不同“主观意志”而使得整个“相对论”陷入深刻“逻辑悖论”的必然结果以外，从特定“数学表述”形式考虑，如果承认电磁场是物质场的一种，那么，任何涉及“电磁场”行为特征的“一般性描述”只可能建立在“微分方程及其构造的定解问题”的特定数学形式之上。显然，考虑到Einstein缺乏必要而较厚实的数学功底，几乎全然不懂“场方程”以及如何相应构建“恰当完整数学模型”的问题，Einstein针对“电磁波”的所有讨论和理解只可能处于“直觉和顿悟”的肤浅层次之上。当然，正因归结为这个历史的误会，如果“相对论”的许多现代批评者期望凭借初等数学的知识解决与“相对论”相关的“物理背景”的认识困惑，同样不可能真正获得成功。

$$\left.\begin{cases} c\beta T'_{\text{for}} = \dfrac{1}{\beta}l' + v\beta T'_{\text{for}} \\ c\beta T'_{\text{back}} = \dfrac{1}{\beta}l' - v\beta T'_{\text{back}} \end{cases}\right. \in S' \tag{11}$$

注意到，尽管对于整个表述而言，依然表现固结于地球坐标系 S 之中观察者的一种观察效应，但是，出现在这个表述中的每一个物理量，即时间间隔和几何长度，已经被严格地定义在跟随列车运动的坐标系 S'之中。当然，也只是为了“显式”地表述这个表述中形式量的这种特定特征，将属于 S 坐标系中的观察效应定义在另一个不同的坐标系 S'之中。

另一方面，对于式(9a)所表述的一种“观察”效应

$$\begin{aligned} 2l' &= 2a'b' \\ &= cT' \qquad \in S' \end{aligned}$$

实际上已经包含了另一个必要逻辑前提，这就是：出现在运动坐标系 S'中，光束前行和返回的时间间隔彼此相等，以吻合于“原时”的基本定义。即

$$T'_{\text{for}} = T'_{\text{back}} \overset{\text{def.}}{=} T^*$$

将这个关系式重新代入方程(11)之中，得

$$\left.\begin{cases} c\beta T^* = \dfrac{1}{\beta}l' + v\beta T^* \\ c\beta T^* = \dfrac{1}{\beta}l' - v\beta T^* \end{cases}\right. \in S'$$

进而，有

$$v\beta T^* = - v\beta T^* \tag{12}$$

无疑，出现了一个源于 Einstein 光子钟的“矛盾”方程，除非让列车的运动速度 v 或者光束的传播距离 l'恒为零。显然，对于“时间膨胀”和“长度收缩”这样一种为 Einstein 希望表达的普遍真理而言，此处提出的两个补充条件都是不允许的。因此，仅仅当人们再一次像 Einstein 在创造这个理论体系之初就根本不在乎“矛盾”的存在那样，可以容忍或者根本无视“矛盾方程”蕴涵的否定意义，那么，“Einstein 时间膨胀”和“Lorentz 长度收缩”才可能为人们接受①。

1.8.3 Einstein 光子钟构造的“伪”实验模型

其实，“Einstein 时间膨胀”和“Lorentz 长度收缩”在数学上必然隐含着“矛盾”方程的事实，本质上可以被视为一种逻辑必然。或者可以这样说：逻辑恰恰是无情的，不可能决定于主观意志中任何的一厢情愿。事实上，与 Einstein 仅仅凭借“直觉和顿悟”从而能够针对“矛盾事实”作出排除“可解释性”的种种期待完全相反，因为也正因为在创造“相对论”之初将他所说的一对“矛盾着的真实”界定为陈述系统的全部基础，所以正是从承认“矛盾事实”的那个“时刻”开始，这个所谓的“普遍真理”体系已经注定了将始终充满着矛盾。

不仅如此，如果说 Einstein 由于笃信他的“直觉和顿悟”，而根本不在乎不同物理学陈述是否保持“逻辑相容”的问题，那么，也恰恰因为他不懂得逻辑，所以他不可能想到或者没有能力

① 再次指出，笔者在文献[15]中构造一个矛盾方程的时候，相关数学证明出现了不应该出现的符号错误。借此机会再次予以纠正并且向读者致以歉意。

认识到：一旦形式逻辑中存在悖论，这种悖论往往还会出现在相关形式表述期待描述的"物理实在"之上。不难做出证明：Einstein 所描述的光子钟模型在物理上根本不可能实现，它只是一个同样需要冠之以"伪"字而根本不存在的实验模型。或者说，如果这个物理模型真的能够存在，那么，它将对于作为"物性参数"而真实存在的"光速不变原理"构成了一种逻辑否定。事实上，在 Einstein 关于光子钟的这个特定陈述中，出现于两个坐标系中两种不同的"观察性"表象，并不源于某一个相同物理事件所"唯一对应"的逻辑主体。当然，两个陈述的逻辑主体都不同，它们本质上彼此无关，也完全谈不上是否逻辑相容的问题。

既然此处应该将"光"定义为电磁波，那么，作为理想化"物质场"小扰动传播速度的一种特定形式，光速应同样具有所有"物质波"共同具有的基本"共性"特征。于是，从"物质波(包括机械波、电磁波)"的一般视角考虑，或者根据这样一种"特定"意义之上的光速不变原理，任何光源所发射的光脉冲必然独立于光源本身的运动。如果以一种更为明确的方式说，则是：对于电磁场中"光脉冲"的传播与激发这个光脉冲"发光体"自身的运动，它们逻辑地隶属于两个完全不同的物质对象，相应表现了两种完全不同的"独立"物质运动形式。

因此，当我们重新审视图 1 所示的光子钟实验模型时，可以发现：只要光脉冲的辐射真正铅直向上，那么，因为这个光脉冲本质上属于"地磁场"中的电磁脉冲，所以无论列车是处于"静止"还是"运动"状态，或者运动速度的大小如何，它"唯一"可能实现的光程就是那个需要逻辑地定义在地磁场中的 $a—d—a$。为了更明确地表示这样一种物理真实，可以在图 3 中重新画出图 1 所示的 Einstein 光子钟模型，人们不难发现：作为一种"物理实在"，一旦从一列火车底部"垂直"向上发射一个光脉冲，那么，它"唯一"可能实现的光束只能是"垂直"向上，然后经过反射镜反射再沿着"垂直"方向返回。或者说，无论火车的运行方向以及火车运行速度 v 大小如何，光束的这样一种特定传播途径始终与火车自身的运动状态完全无关。

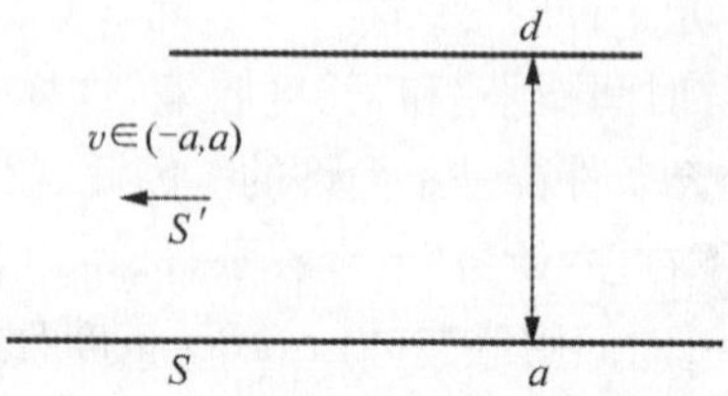

图 3 光速"实际"运行轨迹示意图

当然，对于此处所构造的图像，恰恰可以视为对 Einstein"光速不变原理"中"光速与光源运动状况完全无关"的一次简单应用。

因此，对于此处所讨论的光子钟，远不仅仅存在将处于"相对运动"中的观察者引入用以表现"自存"物质世界自身规律的"科学陈述"时，相关陈述必然随着观察者的具体运动行为不同而出现逻辑悖论这样一个"一般性"的致命问题，另一个同样根本或许应该被视为"笑柄"的问题还在于：那个被 Einstein 用以建立光子钟的物理现象根本就不存在，并且违背了他自己所说"光速不变原理"需要刻画的物理实在。

事实上，即使希望相应构造一种与"物理真实"不同的"观察性"表象，那么，如图 4 所示，那个看起来"倾斜"的光束传播线也只能"大致"属于处于"运动坐标系"中的观察者，并不属于地球上的"静止"观察者。

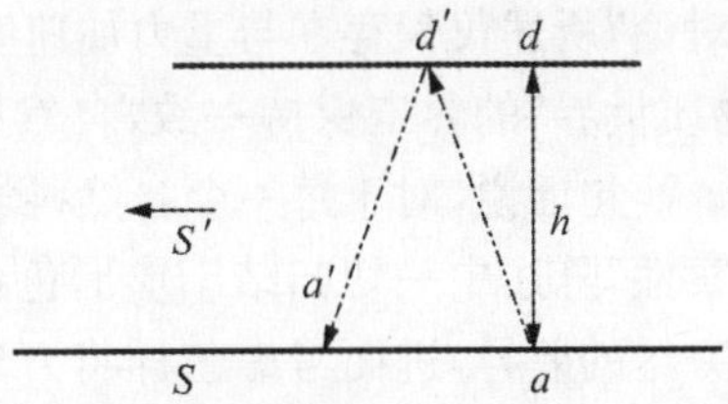

图 4 运动观察者“观察”表象示意图

当然，当火车以 Einstein 光子钟所构造的那个“特定”方向运动时，为运动着观察者看到的光束运行方向也需要完全“翻转”过来。

对于此处呈现给人们的一切，不妨可以视为对 Einstein“光速不变原理”中“光速与发射光源的运动状况无关”的一种诠释。但是，与 Einstein 将“光速不变原理”本质上作为“第一性原理”而提出，让人们“无条件”接受他在杜撰他的整个陈述体系时一再强调的“不具可解释性”完全不同，人们必须理性意识到：“光速不变原理”仅仅表现为一种“自然、平凡”的物理真实，光速不变原理并不仅仅属于“光”现象，而属于一切“物质场”中的一切“波动”现象。例如，作为一种基本物理常识，声学场中的“声波”同样满足“光速不变原理”中的所有陈述，并且，十分容易地做出物理解释。因此，光速不变原理所刻画的基本物理事实是可解释的，同样也是条件存在的，根本谈不上“基本原理”的问题。

不得不诚实或者严肃地指出：由于 Einstein 缺乏严格逻辑分析的能力，因此他其实从未真正搞懂他自己所说的“光速与光源运动状况无关”所蕴涵的真实物理内涵，并不知道整个“光速不变原理”得以存在的物理基础或者物质基础，完全不理解 Michlson-Morley 实验结果只不过隐含了一个过分平凡的物理现象，根本不可能知道 Maxwell 构造的经典电磁场理论体系在基本“物理理念”以及“数学推导”方面大量存在认识不当和逻辑不当，也不可能想到 Maxwell 实际上构造了一个完全错误的“测量以太相对于地球运动速度”的错误实验命题。此外，对于一个只能凭借“直觉和顿悟”进行科学思考的年轻人，却荒唐地要求整个科学世界必须“逻辑”地服从以承认“矛盾事实”为前提的某一个“形而上学”的系统，并且洋洋自得于“相对论”构成对“以太”的否定应该被视为一种重大贡献的时候，Einstein 甚至不明白：Maxwell 对于现代自然科学体系的重大历史贡献正在于他对“电磁场”作为物质世界中一种特定“物质存在”形式所作的充分肯定。

通过一个与任何特定“物质对象”无关也因而必然蕴涵种种逻辑悖论的陈述系统，取代“以太”称谓中对电磁场物质性的肯定，是 20 世纪科学世界一次“认识论”的大倒退。当然，当 20 世纪科学世界面对包括数学自身在内一系列“暂时认识困惑”无法解决的时候，所有这一切同样是被无奈推上“神坛”的 Einstein 被科学哲学家描述为“悲剧人生”的根本原因。

1.8.4 自然科学中的“观察性”陈述与“波速不变性”原理的内蕴的“普通性”意义

纵观人类认识和描述大自然的变迁和发展历程，不难发现是 Einstein 第一个将一种纯粹的“观察性”陈述以一种系统的或形式化的方式引入自然科学，试图将某种“观察性”的结果模式化和固定化，并上升为与特定物质对象完全无关的“普适性”真理。但是，观察者的状态千变万化、无以穷尽，在不同的观察者之间，远不只是像“狭义相对论”期待的那样彼此保持恒定不变的相对运动，或者如“广义相对论”所述仅仅存在与重力加速度相当的差异的问题。因此，与自然科学就是“如何恰当描述物质世界”的界定保持一致，自然科学中的所有一切只允许本质地渊源于那个自存的物质世界。换句话说，对于每一个自然科学工作者而言，他实际上必须承担这样一种使命：如何摆脱“观察性”陈述中一切归结于形形色色“观察者”所处状态的千差万别乃至必然导致并永远不可能穷尽的差异，进而考虑怎样将万象纷呈的“观察性”陈述重新逻辑地归属于它希望描述的特定物质对象之上，最终为科学陈述提供拥有特定“物质内涵”的客观性基础，并凭借由此构造的约束条件保证整个科学陈述体系逻辑相容。

毫无疑问，以上所述是素朴的，没有任何深奥的含义。但是，Einstein 的科学观乃至他所做的一切本质上恰恰与以上素朴理念格格不入。在 Einstein 凭借纯粹“直觉和顿悟”而杜撰的“相对论”陈述体系中，当其特地使用一个名为“事件(event)”的称谓，希望以此无条件地表示发生在“空间某一处和时间某一刻”的任何一种物理现象，从而希望彻底取消某种特定“物质对象”，构造的限制，能够构造一种“普适于世间万物”永恒真理体系的同时，却将“观察者”以及与其保持等价的“参照系”置于科学陈述的前提性位置之上，从而完全背离了科学的本质，并使得 20 世纪的西方科学世界在放弃理性和否定客观性基础的错误道路上达到史无前例、登峰造极的地步。

其实，正如以上分析曾经指出的那样，局限于 Einstein 光子钟的这个特定陈述体系，如果允许把“观察性”描述视作“科学陈述”的一种恰当方法，那么，定义在两个坐标系(对应于两个不同观察者)之中，相应需要同时表现观察者所处状态不同导致的不同“观察性”表象，因此它们描述的已经不再是一个严格意义上的同一事件。如果从逻辑学的角度考虑，一个更为明确的说法则是：随着不同“观察者”所处“运动学状态”的不同，两种“观察性”陈述实际上构成两个“独立事件”的两种完整描述，以至于两种“观察者”陈述的“逻辑主体”本质上不再严格同一。毫无疑问，如果两种陈述的“逻辑主体”不同，那么，根据逻辑乃至一般常识，甚至议论两个独立事件的描述是否逻辑相容的问题都无从谈起。

在近现代西方哲学史中，不妨将 C. S. Peirce 视作一名极其难得或者凤毛麟角的哲学家，他的内心始终充满一种强烈崇尚和维护“素朴唯物主义”的信仰。他曾经这样生动地告诫人们：

> 科学的结论必须是所有科学家都能得出的结论。同样地，在信念和真理的问题上，应该表现为每个人都能得出同样的结论。于是，这样一种研究方法意味着：任何“合法性”的概念必须拥有某种“客观性”的基础。

于是，这一看似“素朴平常”的道理再次告诉人们，自然科学研究的本质使命其实就在于：面对某一个物理现象以及蕴涵于其中并有待人们认识的某种“抽象共性”规律，人们考虑如何将其逻辑地归结为某种特定“物质对象集合”之上，从而以避免无以穷尽“观察者”必然造成无以穷尽“观察歧义”的问题。显然，Einstein 在从事自己所热衷的科学研究时，由于他的全部哲学理念恰恰与这样一种素朴自然的理性判断逆其道而行之，试图把某一个根本不具“一般性”意义并无疑过分简单的“观察性”效应固定起来，并希望这个局限于“个别特定观察者之间”的相互关联能够当作普天之下无所不适的绝对真理，以至于只能走到他曾经真诚期待并为之而奉献全部生命的“科学和理性”的反面。因此，对于自然科学必须严格和普遍遵循的“物质第一性”

原则而言，绝不能仅仅将其当作某种纯粹“哲学信仰”来对待，只不过是一切合理陈述需要严格满足“逻辑相容性(无矛盾性)”原则的逻辑必然。

既然光定义为电磁波，那么，作为理想化物质场中小扰动传播速度中的一种特定形式，光速同样具有所有“物质波速”共同具有的基本“共性”特征。于是，从“物质波(包括机械波、电磁波)”的一般视角考虑，或者根据这样一种“特定”意义之上的光速不变原理，任何光源所发射的光脉冲必然独立于光源本身的运动。如果以一种更为明确的方式说，则是：对于属于一个称之为“电磁场”的物质场，并且只允许以“波(wave)”的形式而构成“电磁扰动在空间域传播”的运动，完全不同于激发电磁扰动的“发光体”并且必须以“位移(displacement)”方式实现的运动。物质运动的这两种基本形式，逻辑地隶属于两种完全不同的“物质存在”形式，相应表现形式特征完全不同的两种独立“物质运动”形式。

可以相信，无论是最初提出“测量以太(地磁场)相对于地球运动速度”这一电磁学实验命题的 Maxwell 本人，以及循此命题具体从事这一实验研究的 Michelson 和 Morley；还是因为杜撰“相对论”而如此强烈和长久震撼 20 世纪科学世界的 Einstein，乃至对这个只能以“神学系统”待之的理论体系至今顶礼膜拜不已的众多职业科学家，他们往往都忽略以上所述的基本事实。当然，甚至不妨更为合理地相信，因为西方思维过于随意、开放和自由，许多西方科学家始终没有形成一种真正严格的理性判断能力和习惯，一旦碰到某些认识上的暂时困难时，往往过于轻信和依赖“直觉和顿悟”的启示，所以他们几乎不可能深刻理解和重视“物质存在”形式与“物质运动”形式之间内蕴的本质关联，无法准确领悟和审慎对待两种独立“物质存在”形式与“物质运动”形式之间的根本差异。正因为在涉及“物质存在”和“物质运动”这样一些最基元科学概念上的认识紊乱，西方科学世界一直在 Maxwell 最初所构造的这个“伪实验命题”上纠缠不休，不仅白白花费一个多世纪的时间，徒然消耗了许许多多的精力和资源，最终甚至出现拒绝理性和逻辑、否定科学陈述必需的客观性基础，公然将自然科学界定为某个人群“共同意志”这样一种史无前例的极大荒唐。

显然，如果给定空间存在某个处于运动中的“电磁脉冲”发射器，而人们需要考虑它在任意时刻所发射“电磁脉冲”在空间域的传播，也就是需要考虑该电磁脉冲所激发的“电磁扰动”在给定的“电磁场”中产生的影响，或者通常称作的“电磁波”传播时，不难看到：人们需要同时面对两类完全不同的“物质存在”形式，以及隶属于它们的两类不同的“物质运动”形式。其中，第一种物质存在形式是指用作发射“电磁脉冲”电磁器件。该电磁器件与任何“有形有质”的物体一样，在充斥着“电磁场(物质存在)”的“几何空间(可以视作物质存在和物质运动背景或舞台)”实现属于自身的运动。并且，对于电磁脉冲发射器而言，它的运动可以或必须以“位移(空间位置的改变)”作为基本特征。与此同时，在同一几何空间中，还存在与发射器性质完全不同的另一种“独立”物质存在形式，这就是为近现代物理学确认的“无质无形”电磁场。一般而言，任何空间都充斥着电磁场(电磁作用)。但是，电磁场没有真正属于自己的几何，所谓电磁场的运动，仅泛指源于“电磁学状态空间分布”的改变，相应出现某种与“空间位置”相关联的变化形式。也就是说，电磁场的唯一运动形式就是电磁波，是电磁扰动在其所占据空间域中的传播，永远不可能实现任何与“位移”相关的运动。局限于此处所构造的特定命题，在两种独立的“物质存在”之间，除了发射器在发射电磁脉冲的特定“时刻”，它所发射的那个“电磁脉冲”对电磁场产生某种影响或干扰以外，在发射器和电磁场这两种独立的物质存在之间没有任何联系和影响。当然，由此不难推知，20 世纪理论物理学通常为“光速不变原理”构造的三项基本内容，即：

> ① 光速与频率无关；② 光速与光源的运动状态无关；③ 光速与观察者所处的“惯性系”无关。

同样能够为发生在“宏观物质场”中的“声波”现象拥有。因此，对于这个被视作构造“狭义相对论”基本前提的认定，根本谈不上通常所说“与 Newton 力学不相容”的问题。相反，这个凭借“直觉和顿悟”杜撰而得，近乎于“神学体系”的陈述系统，仍然无法摆脱 Newton 力学无法解决的“惯性系”疑难。

进一步说，充斥某空间域的电磁场虽然无质无形，却仍然是一个彼此关联、相互作用的“物质集合”整体。因此，对于这个内蕴某种逻辑关联的物质场，如果任何一点处的电磁学状态突然出现变化，那么，该点处的变化必将影响或波及整个电磁场，导致电磁场在不同空间点处的电磁学状态相继出现某种形式的变化或响应。这样一种“电磁小扰动”在电磁场所占空间域的传播，就是理论物理通常定义的电磁波。于是，从“物质场”的一般运动特征考虑，电磁波与其他形式物质场中出现的“波动现象”理应没有任何本质的差异。

众所周知，一泓湖水如果被一粒石子搅动，它展现给人们的将同样是两种不同“物质存在”形式所做的几乎完全不同的“物质运动”形式。其中，一个是作为“个别质点”的石子，它在空间域中进行的只能是“位移”运动。单纯的“位移”运动，仅仅涉及“单个质点”自身，这种形式的运动无疑十分简单。但是，和作为“单个质点”的石子不同，池中的湖水本质上需要看作是“大数粒子集合”构造的宏观物质场。因此，湖水的运动自然要相对复杂许多。随着投入湖中的石子骤然使得湖水某一点处的“状态”发生改变，即出现局部“小扰动”以外，还因为作为大数粒子集合的宏观物质是一个彼此关联的整体，所以必然出现整个湖水各别粒子相继出现“小扰动”的问题。物质场中小扰动在空间域的传播，就是物质场中发生的“波动”现象。显然，单个石子的运动和宏观物质场的整体运动不可简单相提并论，它们隶属于两种彼此不同的独立物质存在，相应呈现两种完全不同特征的独立运动。对于波动现象而言，它的逻辑主体只能是物质场的整体，而不可能是物质场中个别点处的物质存在。许多情况下，人们关注的往往不是各别粒子如何相继作“小扰动”的本身，而是需要首先考虑小扰动在空间域中如何传播，或者需要考虑“波动现象”应该遵循怎样的基本运动规律的问题。不难理解，如果仅仅考察此处“宏观物质场”中的小扰动在几何空间所呈现传播规律的问题，那个投入水中的石子无非只是扮演掀起一池涟漪的“按钮”的角色。一旦湖水的平静被打破，湖面上后续出现“小扰动”如何传播的问题已经与激起涟漪的石子没有关联，而仅仅决定于湖水自身的物质结构。当然，也仅仅因为此，正如理论物理早已合理指出的那样，原则上应该把宏观物质中发生小扰动传播的“波动速度”视作一种内蕴量，定义为决定于物质集合自身状态的“物性”参数，与“小扰动”的具体状况无关。

既然电磁场是物质场，电磁波是物质波的一种形式，那么，电磁波完全没有理由违背波动现象需要共同遵循的抽象特征。因为掷向湖面的石子发生的“位移”运动以及因其搅动而出现湖水的“波”运动，隶属于两种完全不同物质存在形式，相应呈现两种完全不同运动学特征，所以与其保持抽象一致，电磁波在空间域的“传播”和发射电磁脉冲的电磁器件在同一几何空间中的“位移”运动同样毫无关联。而且，正因为电磁波是电磁小扰动在“电磁场——物质场的一种特定形式”之上的传播，并且，人们可以合理地推测：与 Einstein 以及 20 世纪的西方科学世界始终将“光速”定义为某个“恒常”物理量，即无需特定“物质基础”的支撑，一种变相的“神学意义”理念或者纯粹的“形而上学”完全不同，人们同样需要将其当作一种“物性参数”来对待，相应赋予“光速”即“电磁波速”以某种确定的物质内涵。进一步说，定义为“电磁场”中小扰动传播速度的“光速”根本谈不上“恒定不变”的问题，光速不可能拥有超越其他形式“物质波速”的特权，它应该并且必须决定于作为“电磁波”载体的“电磁场”的电磁学状态。至于如果说电磁波与机械波有所差异，那么，这种差异仍然渊源于作为承载不同“物质波”的“物质场”自身的差异。电磁场无质无形，不可能拥有真正属于自身的几何，永远不可能完成任何以改变“空间位置”作为本质内涵或标志的位移运动。于是，与形形色色“机械波”在空间域传递的“小扰动”仍然对应于以“位移运动”为基础的不同特定形式的“机械运动”不同，发生在电磁场中的“小扰动”与质点的“位移运动”完全无关，它对应于并且仅仅对应于“电磁学状态”的变化以及这种变化在空间域的传播。

可以相信，以上所做的陈述其实十分平凡、素朴和自然，吻合于自然科学体系揭示的一般性规律和基本原则。因此，同样可以相信，与 Einstein 的“相对论”只允许建立在“直觉和顿悟”之上，无法也无需满足合理陈述的“可解释性”原则，以至于包括 Einstein 在内的整个现代科学主流社会只能将其当作“科学宗教”信仰的空前认识反常完全不同，以上论述几乎一定是容易为人们理性接受的。至于 Michelson-Morley 实验所揭示的物理现象，不仅同样是平凡和容易理解的，仅仅是“物质波”内蕴共性特征的若干简单推论而已，而且再一次雄辩地说明 Maxwell 最初构造了一个隐含悖论的错误命题，因此需要人们拿起“逻辑批判”的武器，对经典电磁场理论体系进行符合于逻辑的系统梳理①。

1.9 狭义相对论陷入“逻辑紊乱”的逻辑根源

并不仅仅属于西方科学世界、而理应属于“整个人类”的自然科学体系，是用以描述地球上“短暂生存”的人类所共同面对、一个“自存、无尽、并且充满差异和复杂性”的物质世界的。

事实上，一方面，任何严肃的科学工作者必须首先形成一种自觉的“理性”意识：逻辑的本义仅仅在于同义反复，人类本质上永远不可能说出比大自然本身更多的东西，只可能凭借“科学实验、科学实践”探求，并且只可能使用“无歧义的科学语言”描述蕴涵于“特定物质对象”的某种客观规律，当然，根本不可能像某些西方学者以一种过分幼稚同样也过分无理的方式，在公然否定“逻辑自洽性”原则——用以规避“自否定”结构出现的同时，却在不断随意和轻率杜撰和渲染形形色色的“第一性原理”，使人类的自然科学重新陷入“神学”意识之中；另一方面，自存的物质世界过分复杂，科学工作者又必须“理性”地懂得：自存的物质世界过于复杂，任何一种单纯的科学实验，必然逻辑地包含研究者的“主观意志”在内，或者说，科学实验并不简单等同于仅仅属于物质对象自身的“客观性”科学陈述。因此，针对某一类特定物理现象背后的

① 如何对“Michelson-Morley 实验可解释性”等人们长期关注的问题作较为系统的论述等内容，请参见参考文献[15, 17]中的相关分析。除此以外，值得附带指出：如果将“电磁波速”定义为决定于电磁场电磁学状态“物性参数”的判断是合理的，那么，如何构造“电磁波速与电磁场电磁状态”之间确定逻辑关联的问题，自然成为需要科学世界密切关注的一个重大科学命题。

某一个特定理想化物质对象，由许许多多、彼此之间可能存在形形色色差异的"观察性陈述"之中，仅仅是它们以某种恰当形式构造的"交集(intersect)"，即一个原则上能够剔除不同"主观因素"影响的积淀，才可能成为揭示这个"理想化"物质对象"抽象同一性"的科学陈述。并且，正因为这种必需的"客观性"物质基础，真正的科学陈述又可以在不同"实际应用"过程中，重新纳入不同应用者的不同"主观意志"或不同具体主观目的，相应形成包括不同的特定"观察性"陈述在内，具有某种实际应用意义的"技术性"陈述。

显然，Einstein 完全背离了以上理性判断。在 Einstein 构造的所有"观察性"陈述中，无一不是借助于纯粹的"约定论"方式，将原则上只允许纳入"实验技术"范畴的"观察性"陈述，错误地当作自然科学中只允许逻辑地隶属于某种特定"物质对象"从而相应能够被赋予"客观性"内涵的科学陈述①。此外，因为 Einstein 还要求两个观察者必须满足某种特定的"相互关联"要求②，所以随着一种仅仅隶属于两个特定的观察者，相应潜藏某种"单向性"传递特征③，并且决定于个别观察者某一种特定"主观信息"而根本不具"一般性"意义的"观察性"效应④，被 Einstein 异化为某种形而上学的教条和凌驾于物质世界的神秘法规的同时，一个只能凭借"直觉和顿悟"杜撰而得的"狭义相对论"必然陷入彻底的矛盾、荒唐和悖谬之中。

---

① 不难发现，Einstein"相对论"中的许多陈述都源自于对某种"实验现象"的观察。因此，如果仅仅就这些"观察性"陈述本身而言，它们在许多情况下的确是真实的，甚至不妨可以视作针对某种特定"观察行为"构造的一种实验规范，或者是为这种特定形式的观察构造的"数据整理"系统。于是，也往往因为此，容易迷惑包括 Einstein 本人在内的许多研究者的思想和判断。其实，既然是一种必须依赖于某种特定"观察行为"的规范，它就不能离开这种特定的观察行为而独立存在，不可能具有仅仅决定于物质对象的"客观性"意义，更没有理由像 Einstein 期待的那样，将这样一种严格条件存在的特定"数据整理"系统或者"实验技术"当作普适真理来对待。

② 当然，就此处所讨论的"狭义相对论"而言，两个观察者必须满足的前提条件是：两个观察者只能处于"相对运动速度恒定不变"的状态之中。但是，一旦到了另一个称之为"广义相对论"的特定论域之中，如果仍然从两个观察者"相对运动"的角度考虑，那么，他们必须满足"加速度恒等于重力加速度"的另一个前提条件。显然，这样一些着眼于观察者"相对运动"状况的前提认定毫无道理，不仅存在《McGraw-Hill 物理百科全书》所说两类"相对论"之间毫无逻辑关联的严重反常，而且，为什么把不具任何"普遍意义"和一种纯粹的"观察性"人为约定强加于自存的物质世界之上呢?

③ 需要注意：贯穿于 Einstein 两类"相对论"陈述的始终，需要涉及的两个"观察者(参照系)"彼此在逻辑上并不等价。人们总默认：一个处于"静止"状态，而另一个则处于"运动"状态。据此，人们可以立即推知：隶属于这两个特定观察者之间，Einstein 期望表达的某种"观察性"差异或效应，必然同样处于"彼此不等价"的状态之中，相应呈现一种"单向性传递"的特征。于是，如果首先从纯粹的"形式逻辑"角度考虑问题，只要人们对这两个"观察者(参照系)"作一种替换，就会推得否定原结论的"悖论性"结果。事实上，对于人们熟知的"孪生子"佯谬，以及本书前述分析所指出，任何涉及"时间膨胀、长度收缩"的陈述必然隐含"矛盾方程"的问题，所有这一切悖论最终都归结为"相对论"中的两个观察者或者参照系在逻辑上不等价的逻辑前提不当。除此以外，如果从基本物理概念考虑，一旦如"相对论"要求的那样，必须接受"运动"参照系和"静止"参照系这两个前提认定，那么，对于 Poincare 于 20 世纪初提出的"运动相对性"原理，一个得到 Einstein 本人以及目前西方科学世界普遍认同"物理学基本原则"必然构成逻辑否定。当然，无论是 Poincare 的"相对性原理"还是 Einstein 的"相对论"都是纯属杜撰而得的错误理论。与运动的物质是客观存在一样，物质的运动同样是客观的。

④ 再次指出，形形色色观察者的"运动学"状况无以穷尽。当然，局限于特定条件下的观察性陈述，只是隶属于某一个特定"观察者"的"单称性"陈述，不具备科学陈述必需的"客观性"内涵和"一般性"意义。

参考文献

[1] Landau L. D, Lifshitz E. M.. Quantum mechanics[M]. Beijing World Publishing Corporation,1999
[2] 尼耳斯·玻尔集. 卷 6,(量子物理学基础 I)[M]. 北京:科学出版社,1991
[3] (俄)Б. Г. 库兹涅佐夫. 爱因斯坦传[M]. 刘盛际,译. 北京:商务印书馆,1995
[4] 许良英,范岱年. 爱因斯坦文集,第一卷[M]. 北京:商务出版社,1976
[5] Parker S. P.. 物理百科全书[M]. 北京:科学出版社,1998
[6] (美)S. 温伯格(S. Weinberg). 引力论和宇宙论——广义相对论的原理和应用[M]. 邹振隆,张历宁,译. 北京:科学出版社,1980
[7] 尼古拉斯·布宁,余纪元. 西方哲学英汉对照词典[M]. 北京:人民出版社,2001
[8] 王正行. 近代物理学[M]. 北京:北京大学出版社,1995
[9] Bergmann P. G. 相对论引论[M]. 北京:人民教育出版社,1961
[10] Dirac P. A. M. 物理学的方向[M]. 北京:科学出版社,1978
[11] M. 克莱因. 数学:确定性的丧失[M]. 李宏魁,译. 长沙:湖南科学技术出版社,2004
[12] 数学百科全书(第 1 卷)[M]. 北京:科学出版社,2000
[13] (俄)库兹涅佐夫. 爱因斯坦传[M]. 刘盛记译. 北京:商务出版社,1995
[14] 张元仲. 狭义相对论实验基础[M]. 北京:科学出版社,1994
[15] 杨本洛. 自然哲学基础分析——“相对论”的哲学和数学反思[M]. 上海:上海交通大学出版社,2000
[16] 杨本洛. 自然科学体系梳理[M]. 上海:上海交通大学出版社,2005
[17] 杨本洛. 量子力学形式逻辑和物质基础探析——现代自然科学基础的哲学和数学反思[M]. 上海:上海交通大学出版社,2006

2 质能变换关系独立于“相对论”的逻辑论证

在量子力学或者整个现代理论物理中，似乎已经形成一种基本约定，只要相关论述涉及到类似于如下所述的质能变换关系式

$$m = \frac{m_0}{\sqrt{1-(v/c)^2}}$$

或者

$$E^2 = p^2c^2 + m_0^2c^4$$

那么，人们就将相关论述称为“相对论性”的。反之，由于这样的关系式在一系列微观现象研究中得到普遍应用，又成为“相对论”得以普遍成立的有力佐证。

其实，这种习惯认识纯粹是一种误解。即使不考虑一系列逻辑悖论的问题，对于源于直觉和顿悟的相对论，充其量也只能隶属于纯粹“意识形态”的范畴。但是，质能变换则不然，如果它是真实的，那么它刻画的是物理真实，并且，与所有的物理学陈述一样，只能源于经验事实。因此，在对于质能变换的物理意义，以及相关的语言系统进行重新解释以前，需要做出澄清：质能变换无法逻辑地相容于相对论，而且，仅仅根据“相对论”，凭借 Einstein 期待的“演绎逻辑”方式，根本不可能推导出质能变换关系式。

2.1 揭示 Einstein 推导“质能变换”中的逻辑悖谬

在通常所说 1905 年的三篇划时代论文的最后一篇，即名为《物体的惯性同它所含的能量有关吗?》的论文中，Einstein 首次提出了“质能关联”的命题。

毋庸置疑，Einstein 的许许多多论述充满“神思异想”的雄辩和奇幻。如果能完全不顾忌哲学家们曾经中肯指出 Einstein 的哲学思想充满“庞杂、混乱和摇摆”这样一些几乎随处可见的明显诟病，那么，阅读 Einstein 的著述，特别是其中的一些“离章断句”往往会给人以特别的兴奋、刺激、冲动，乃至许多有意义的启迪[2]。

但是，不得不诚实地指出：如果期望前后贯通一致的领悟和理解 Einstein 试图使用“形式语言”表述的科学论文，那么，恰恰由于 Einstein 虽然内心崇尚逻辑却从来没有真正在乎过逻辑，可以随时随地在推理过程中添加人为假设，以至于在面对那些只允许建立在“直觉和顿悟”之上的科学论文时，阅读和思考它们几乎总是痛苦的。人们或许会奇怪地发现，即使 Einstein 对量子力学曾经提出的批判包含许多真理的成分，但是，将诸如“Schrödinger 猫”这样的命题、以及针对这个命题使用的讨论方式引入自然科学的基础研究则完全不可思议，这样漫无边际的泛泛而谈既谈不上科学论述必需的严格性，也缺乏起码的严肃性。当然，从基本哲学理念考虑，或许已经应该把 Einstein 崇尚的“直觉和顿悟”视作对逻辑与理性构成某种本质意义的完全否定。因此，对于凭借或者驾驭“直觉和顿悟”构建理论体系的科学工作者，他们无需也根本不可能使用“逻辑推理”这样一种有效也过于平凡的思考方法。

事实上，当今的科学世界只是接受整个“相对论”的最终结论，并且仅仅允许将只能依赖

“直觉和顿悟”的创造推向“神学”的高峰。正因为此，目前几乎所有的理论物理著作似乎没有一本真正理会 Einstein 那篇著名的文章，认真追究 Einstein 到底是怎样‘逻辑地“推导出被现代理论物理视为最重要基本原则的“质能变换”关系式的。

2.1.1　Einstein 关于“质能变换”的原始表述

此处，人们不妨耐下心来，花费一点精力和时间，重新阅读 Einstein 在 1905 年发表的那篇最初名为《物体的惯性同它所含的能量有关吗?》的著名文章中是怎样阐述这个重大科学命题的。并且，只是在若干可能做出解释的地方，尽可能适时指出或者尽可能较为准确地揣测 Einstein 内心希望表述的意思。

设有一组平面光波，参照于坐标系(x,y,z)具有能量l；设光线的方向（波面法线）与坐标系x轴的相交角为φ。如果我们引进一个相对于上述坐标系作匀速平行移动的新坐标系(ξ,ζ,η)，它的坐标原点以速度v沿x轴运动，那么，这道光线在新坐标系中的能量为

$$l^{*}=l\frac{1-\frac{v}{c}\cos\varphi}{\sqrt{1-(v/c)^{2}}} \tag{E.1}$$

此处 c 表示光速。

在坐标系(x,y,z)中有一个静止物体，假设它的能量——参照于坐标系(x,y,z)——是E_0。并且，假设该物体相对于坐标系(ξ,ζ,η)的能量为H_0。

设该物体发出一列平面光波，其方向与x轴交角为ϕ，相对于坐标系(x,y,z)的能量为$L/2$，同时，在相反方向也发出等量的光线。在这时间内，该物体相对于坐标系(x,y,z)保持静止。能量原理必定适用于这一过程，而且，根据相对性原理，对于两个坐标系都是适用的。如果把这个物体发光后的能量，对于坐标系(x,y,z)和(ξ,ζ,η)量出的值分别称做E_1和H_1。我们就得到

$$E_0=E_1+\left(\frac{L}{2}+\frac{L}{2}\right) \tag{E.2}$$

（附加解释：Einstein 试图告诉人们“能量定理”总是成立的。因此，在坐标系(x,y,z)中，静止物体发射了能量同样为$L/2$的两束光波以后，该静止物体发射光波前的能量E_0等于发射光波后的能量E_1与两束光波能量$2\times L/2$的总和。）

此外，在另一个坐标系(ξ,ζ,η)中，相应存在

$$\begin{aligned}H_0&=H_1+\left[\frac{L}{2}\frac{1-\frac{v}{c}\cos\varphi}{\sqrt{1-(v/c)^{2}}}+\frac{L}{2}\frac{1+\frac{v}{c}\cos\varphi}{\sqrt{1-(v/c)^{2}}}\right]\\&=H_1+\frac{L}{\sqrt{1-(v/c)^{2}}}\end{aligned} \tag{E.3}$$

两式相减，得

$$(H_0-E_0)-(H_1-E_1)=L\left[\frac{1}{\sqrt{1-(v/c)^2}}-1\right] \tag{E.4}$$

(注意,Einstein 此处希望表达的意思应该是:对于那个给定的物体,它在发光前相对于静止和运动坐标系的“能量差”为(H_0-E_0),而同一物体在发光后相对于静止和运动坐标系的“能量差”相应变化为(H_1-E_1),那么,方程(E.4)表示:给定物体“因为坐标系的不同而出现能量差值”在发射光线前后的变化,与同一物体所发射光线能量“同样因为坐标系的不同而产生能量差值”之间的关系。如果允许把式(E.1)视为一种基本认定,而直至式(E.4)的陈述不妨视之为基于这种认定所做大致合理的推论,那么,Einstein 在后面的进一步论述则只能归结为一种纯粹“直觉”意义之上,关于“质能变换”所做的独立创见了。)

在这个表示式中,以 $H-E$ 这种形式出现的两个差,具有简单的物理意义。H 和 E 是同一物体参照于两个彼此相对运动着的坐标系的能量,而且,这物体在其中一个坐标系(x,y,z)中是静止的。所以很明显,对于另一个坐标系(ξ,ζ,η)来说,差值 $H-E$ 不同于该物体动能 K 的,只在于某一个附加常数 C,而这个常数取决于对能量 H 和 E 的任意附加常数的选择。由此,我们可以置

$$H_0-E_0=K_0+C$$
$$H_1-E_1=K_1+C \tag{E.5}$$

因为发光时常数 C 不变,所以物体发光前后的动能差

$$K_0-K_1=L\left[\frac{1}{\sqrt{1-(v/c)^2}}-1\right] \tag{E.6}$$

即对于坐标系(ξ,ζ,η)而言,这个物体的动能由于光的发射而减少了,并且,减少的量同物体的性质无关。此外,动能差 K_0-K_1,像电子的动能一样,是与速度有关的。略去 4 阶和更高阶小量,我们可以置

$$K_0-K_1=\frac{L}{c^2}\frac{v^2}{2} \tag{E.7}$$

从这个方程可以直接得知:

如果一物体以辐射的形式发射能量 L,那么,它的质量就要减少 L/c^2。至于物体所失去的能量是否恰好变成辐射能,在这里显然是无关紧要的。于是,我们被引入到这样一个更加普遍的结论上来:

物体的质量是它所含能量的量度;如果能量改变了 L,那么,质量就相应改变 $L/9\times10^{20}$,此处能量用尔格来计量,质量用克来计量。

用那些所含能量是高度可变的物体,比如镭盐,来验证这个理论,不是不能成功的。

如果这一理论同事实符合,那么,在发射体和吸收体之间,辐射有传递着的惯性。

2.1.2　Einstein 关于“质能变换”的推导充斥逻辑紊乱的臆测和杜撰

后继不可能超越前提,逻辑的全部内涵只是“同义反复”而已,永远不可能像 Einstein 在他

于1914年发表的《理论物理学的原理》一文之中曾经真诚而又过分幼稚期待的那样，能够仅仅凭借演绎逻辑推导出超越逻辑前提的一系列有用结果。但是，即使暂时允许类似于Einstein如上所述，凭借不断添加“人为假设”以及借助于持续变更“论述对象”的方式，即使用一种不妨以“Einstein式逻辑推理”称谓的“论证”过程，把式(E.1)所示光线的能量变化

$$l^{*}=l\frac{1-\dfrac{v}{c}\cos\varphi}{\sqrt{1-(v/c)^{2}}}$$

视为Einstein推导“质能变换”关系式的基础。但是，对于Einstein提出“光线的能量随着坐标系人为选择的不同而发生如上所述变化”的论断，人们不得不反思Einstein作此断言的依据何来？事实上，即使能够将其与Einstein于1905年发表的“三篇光辉论述”中的前一篇，即《动体的电动力学》关于“电力或磁力的振幅”的表述构成一种过分勉强的关联，但是，如果说“光速不变原理”的确表现了一种物理真实，甚至在此处允许引入现代理论物理中“光子”的概念，那么，为什么随着坐标系“人为选择”的不同，具有不变光速的光线的能量需要发生如上所述的变化呢①？此外，人们不妨将Einstein的这个“天才想象”再发挥一次，继续考虑一个新坐标系变换相应出现的光线能量变换，即

$$l\rightarrow l^{*}:l^{*}=l\frac{1-\dfrac{v}{c}\cos\varphi}{\sqrt{1-(v/c)^{2}}};\quad l^{*}\rightarrow l^{**}:l^{**}=l^{*}\frac{1-\dfrac{u}{c}\cos\varphi}{\sqrt{1-(u/c)^{2}}}$$

显然，只要 v 与 u 不同时等于零，恒不可能出现与原表述一致的表述：

$$l^{**}\neq l\frac{1-\dfrac{w}{c}\cos\varphi}{\sqrt{1-(w/c)^{2}}}:w=v+u$$

l,l^{*},l^{**} 依次表示变换前的原象、一次变换和二次变换后的象。

这样，对Einstein最初提出的“一般性判断”必然完全构成逻辑否定。从一般数学特征考虑，之所以造成这种结果，与所谓的Lorentz变换内蕴“非线性”本质，从而不可能构造“群”的原因保持本质同一。正因为此，如果继续采用类似于

$$w=\frac{u+v}{1+uv/c^{2}}$$

这样的关系式，由于与“线性变换群”偏离更远，不难立即做出验证，它与“群”必须满足的“封闭性”要求相差得更远。

众所周知，电磁波本质上对应于电磁场中小扰动的传播。因此，逻辑地决定于被描述“物质对象”自身的形式特征，一切与“电磁场、电磁波”相关的形式表述必然涉及“偏微分方程组以及与其对应恰当定解问题如何构造”的基本数学命题。但是，根本受限于Einstein本人多次坦陈自己数学基础匮乏，把只可能凭借微分方程所描述、发生在电磁场之中的“丰富多彩、蕴涵复

① 事实上，无论是Einstein还是最初提出“测量以太(电磁场)相对于地球运动速度”命题的Maxwell，他们始终不明白这样一种其实过于平凡的物理实在：邻近地球的电磁场(地磁场)与地球固接在一起，而定义于地磁场之上“电磁小扰动”的传播必然是“相对于地球”的运动；当然，在这个特定情况下，电磁波的“波速”即“光速”同样只允许定义为相对于地球的运动速度。因此，在讨论某一个“光脉冲”的能量时，根本谈不上Einstein所述的允许对“坐标系”作某种人为选择的问题。

杂函数依赖关系"的物理现象，陷入他所习惯的诸如"平方、开根、加减"等只可能表现"静态、固化、简单函数关系"的初等数学运算之中。(注意:除了名称较为复杂或晦涩以外，空间变换的数学本质仍然在于初等的线性变换，并没有超越线性代数的范畴。)因此，与"相对论"相关的"数学论证"几乎无一不存在逻辑悖论的问题，不仅仅需要将其归咎于逻辑紊乱，而且相关的物理理念同样充满认识紊乱。

事实上，当 Einstein 为"同一物体"构造了隶属于"两个不同坐标系"中的能量表示

$$H:H = H(\xi,\zeta,\eta),\quad E:E = E(x,y,z)$$

时，使得特定"物质对象"理应被赋予"客观性"内涵的能量，却处于必须逻辑地依赖于对坐标系不同"人为选择"这样一种纯粹"主观意愿"的明显认识反常之中①。不仅于此，当 Einstein 再引入形式量

$$K = H - E,\quad H:H = H(\xi,\zeta,\eta),\quad E:E = E(x,y,z)$$

作为进一步构造质能变换关系式的逻辑依据时，这个形式量 K 应该隶属于哪一个坐标系？而且，即使不考虑式(E.5)所引入常数 C 的确切意义以及是否合理的问题，但是，形式量 K 又何以能够称之为该物体的动能呢？

进而，对于期待中的"质能变换"关系式，自然需要被视为物理学中的基本关系式。因此，怎么能够允许借助函数的 Tailor 幂积数，再略去它的高阶小量这样一种纯粹的"技术性"处理方案引入式(E.7)所示的结果，即

$$K_0 - K_1 = \frac{L}{c^2}\frac{v^2}{2}$$

而且，即使姑且接受 Einstein 此处给出的这个最终结果，但是，由于其中甚至没有出现质量 m，那么又怎么能够将此处的这个数学表述与理论物理中众所周知的"质能变换"关系式

$$m = \frac{m_0}{\sqrt{1-(v/v)^2}} \tag{1}$$

构造必需的逻辑关联呢？

相反，如果允许继续沿用动能的"一般"表达式

$$K = \frac{1}{2}mv^2 \tag{2}$$

那么，不难立即做出验证，无论是否使用"相对论性"的速度公式，都无法由式(E.7)逻辑地推得式(1)所示的质能变换公式。

显然，纵观 Einstein 的《物体的惯性同它所含的能量有关吗?》整个文章，无论是他为"质能变换"关系式构造的证明过程，还是最终陈述的结论，只可能归结为一系列"直觉和顿悟"创造

① 其实，Einstein 在此处出现的矛盾和困惑，对于建立在"惯性系"之上的 Newton 力学乃至整个理论物理而言，同样是它们需要严肃面对的一个关系到整个形式表述体系"存在基础"是否真正可靠的前提性重大命题。众所周知，从 Newton 力学诞生之时，包括 Leibniz 在内的众多学者就提出如何对"惯性系"作合理定义的质疑。或者说，在"惯性系"的习惯定义中，明显存在"循环逻辑"的致命缺陷。但是，问题还不止陷于"形式逻辑"方面。形式逻辑的任何失当，将必然导致"物理概念"或者科学陈述需要表达的"物理内涵"出现紊乱。事实上，一旦容忍无以穷尽个"惯性系"的存在，相当于此处 Einstein 所说无穷多个彼此保持"匀速直线运动"的"坐标系"的存在，那么，不仅正如此处已经看到的那样，物体的"速度、能量"不再具有确定的"客观性"意义，而且那个需要建立的"质能变换公式"本身，都将彻底丧失它希望表达的确定意义。

的不间断的堆砌，整个论述过程与通常所说的“逻辑推理”没有任何关系，当然，人们无需也无法使用逻辑的方法对 Einstein 这个最初构造的论述过程加以分析和批判。应该说正因为此，至今几乎没有一本理论物理的著作，会认真理会 Einstein 针对“质能变换”关系式最初做出的论述以及他所创造的“数学推导”过程。

2.2 从“相对论”推导“质能变换”的其他经典论述

作为现代理论物理的一个基本认识，人们普遍认为“质能变换”只能渊源于 Einstein 的“相对论”。自诩聪慧过人的 Feynman 曾经在他著名的《物理学讲义》中这样指出：“对于那些只想学一点能够解释问题就行了的人来说，质能变换关系式就是全部的相对论了。”因此，从理论物理的角度考虑，需要特别重视理论物理的其他著作到底是怎样从“相对论”推导“质能变换”关系式的，探讨这些重新构造的推导过程是否真的符合逻辑呢①？

为了保证针对现代理论物理学这个重大命题相关论述的严肃性和完整性，同时为了借助于“个性特征”差异的揭示，能更好认识到不同习惯论述在逻辑上隐含的“共性”缺陷，下面首先采取“不加分析、平行引用”的方式，介绍我国若干被用作“21 世纪新教程”的理论物理著作，是如何叙述怎样由“相对论”推导“质能变换”关系式具体过程的。此外，同样希望所有读者耐下心来，真正读懂这些看似平凡的习惯性论述②。

2.2.1 第一种论述“质能变换”关系式的方法

与 Einstein 最先所期待、需要当作基本物理学原理必须满足的“一般性”特征不同，在目前的理论物理著述中，关于“质能变换”关系式的推导过程不具普遍意义，往往是从“粒子碰撞”这个特殊“个例”出发加以构造的。目前的理论物理教科书中，第一种论述方法通常为：

> 狭义相对论要求以 Lorentz 变换替代 Galileo 变换。因此，对 Galileo 变换具有协变性的 Newton 定律亦将被新的定律所代替。由 Lorentz 变换导出的加速度变换式异常复杂，似乎已经表明加速度这一概念在相对论力学中的作用将大大降低。其实，即使在 Newton 力学中，动量、能量等概念，以及与这些概念相联系的守恒定律的作用已经显得更为有效。因此，此处不是寻找新的动力学定律，而是修改 Newton 力学中的动量守恒定律和包括质量在内的能量守恒定律。修改的途径是在承认动量和能量仍然守恒以及相对性原理的条件下，寻找动量和能量的具体定义和表示形式。
>
> 我们从质点间的碰撞着手研究相对论的质点动量。为了保证相对论范围内守恒

① 在 Feynman 等人撰著的《物理学讲义》中，著者似乎只是在努力揣摩 Einstein 的思想，试图为“质能变换”重新构造出一个能够与 Einstein 最初论述大致保持一致，相应更为严格的论证过程。但是，只要认真阅读过该书所做的相关推导，可以发现：Feynman 不过从确认式(1)所示的质能变换关系式开始，最终仍然回到相同的关系式而结束，从而成为“循环论证”的一个典型范例。故而，无需对 Feynman 的论述作专门讨论。

② 需要指出，此处将要讨论的所有的逻辑不当问题，都本质地渊源于 Einstein 以“改变科学陈述语言为全部本质内涵”的“相对论”本身。因此，除了忠实援引相关文献中的不同陈述以外，每一个具体陈述到底出自本章所列参考文献中的哪一本著作实际上已经无关大局，何况这些著作不过是作为大学教材之用，其中的证明并不一定属于著者本人的独立论证。

定律仍然有效，我们期望质点的动量应具有以下性质：

(1) 对于包括两质点碰撞在内的孤立质点系内部发生的过程，重新定义的动量仍然保持守恒；

(2) 当质点的速度远小于光速，即 $u \ll c$ 时，重新定义的动量应回复到经典表述的 $m\boldsymbol{u}$，m 为质点的质量。

为此，可以设想新的动量

$$\boldsymbol{p} = m(u)\boldsymbol{u} \tag{A.1}$$

即在形式上动量仍然是 $m\boldsymbol{u}$，仅仅质量 m 不再是恒量，而与速度的大小 u 有关。为了找到动量 $\boldsymbol{p}=m(u)\boldsymbol{u}$ 的具体表述形式，我们研究两个光滑质点的弹性碰撞。

假设有两个完全相同的质点 A 和 B，分别处于 x 轴彼此叠合、以速度 v 相对运动的惯性系 S 和 S' 中。显然，只要两个质点相对于各自惯性系的运动状态相同，则在每个惯性系中观测到的质点的各种行为应是相同的。例如，质点相对于 S 系静止时，其质量为 m，则另一个质点相对于 S' 系同样静止时，质量亦为 m；若质点相对 S 系以速度 u 运动，其质量为 m'，则另一质点相对 S' 系以速度 u 运动，其质量亦为 m'。现在假定质点 A 相对于 S 系沿 y 方向，以速率 u_0 运动，质点 B 相对于 S' 系沿 y 轴反方向运动，速率仍然为 u_0，并且，让两个质点发生碰撞，碰撞的地点正好在 x 轴上。

根据相对论速度变换公式，碰撞前，质点 A 和 B 相对于 S 系的速度 u_1 和 u_2 分别为

$$u_{1,x} = 0,\quad u_{1,y} = u_0,\quad u_{1.z} = 0$$

$$\Rightarrow$$

$$u_1 = u_0$$

以及

$$u_{2,x} = v,\quad u_{2,y} = - u_0\sqrt{1-(v/c)^2},\quad u_{2,z} = 0$$

$$\Rightarrow$$

$$u_2 = \sqrt{v^2 + u_0{}^2[1-(v/c)^2]}$$

碰撞后，如果仍然从 S 系看，质点 A 沿 y 轴的负方向被弹回，在 x 方向上仍无运动。设碰撞后 A 质点的速度为 u_1^*，则

$$u_{1,x}^* = 0,\quad u_{1,y}^* = - u_0,\quad u_{1,z}^* = 0$$

$$\Rightarrow$$

$$u_1^* = u_0$$

现在从 S' 系考察 B 质点的运动。因为质点 B 在 S' 系中的所处的地位与质点 A 相对于 S 系所处的地位相同，所以碰撞后质点 B 相对于 S' 系，仍然只有 y' 方向上的速度，即

$$u_{2,x}^{*\prime} = 0,\quad u_{2,y}^{*\prime} = - u_0,\quad u_{2,z}^{*\prime} = 0$$

也就是说，碰撞后的质点 B 在 S 系中的速度

$$u_{2,x}^* = v,\quad u_{2,y}^* = u_0\sqrt{1-(v/c)^2},\quad u_{2,z}^* = 0$$

$$\Rightarrow$$

$$u_2^* = \sqrt{v^2 + u_0{}^2(1-(v/c)^2}$$

于是，碰撞前两质点的动量

$$\sum p_x = m(u_1)u_{1,x} + m(u_2)u_{2,x} = m(u_2)v$$

$$\sum p_y = m(u_1)u_{1,y} + m(u_2)u_{2,y} = m(u_1)u_0 - m(u_2)u_0\sqrt{1-(v/c)^2}$$

碰撞后，两质点的动量

$$\sum p_x^* = m(u*_1)u_{1,x}^* + m(u_2^*)u_{2,x}^* = m(u_2^*)v$$

$$\sum p_y^* = m(u_1^*)u_{1,y}^* + m(u_2^*)u_{2,y}^* = -m(u_1^*)u_0 + m(u_2^*)u_0\sqrt{1-(v/c)^2}$$

相对于 S 系，碰撞前后动量守恒，即有

$$m(u_2)v = m(u_2^*)v \tag{A.2}$$

和

$$\begin{aligned} & m(u_1)u_0 - m(u_2)u_0\sqrt{1-(v/c)^2} \\ = & -m(u_1^*)u_0 + m(u_2^*)u_0\sqrt{1-(v/c)^2} \end{aligned} \tag{A.3}$$

由两式分别导得

$$m(u_2) = m(u_2^*) \quad \Rightarrow \quad u_2 = u_2^*$$

以及

$$m(u_1) = m(u_2)\sqrt{1-(v/c)^2} \quad \Leftrightarrow \quad m(u_2) = \frac{m(u_1)}{\sqrt{1-(v/c)^2}}$$

再假设：如果碰撞前质点 A 的速度 u_1 等于零，即 $u_0=0$，这时质点 B 的速度等于两参照系的相对位移速度，即 $u_2=v$，因此，上式变化为

$$m(v) = \frac{m_0}{\sqrt{1-(v/c)^2}}$$

式中 m_0 为 $u_0=0$ 时的质量，v 为质点相对于 S 系的运动速度。这表示：相对于 S' 静止的质点，其质量为 m_0，但是，相对于 S 系该质点的速度为 v，质量变为 $m(v)$。

在一般情况下，任一质点相对于某一惯性系静止时，其质量 m_0 为静质量，当该质点相对于该惯性系以速率 u 运动时，其质量

$$m(u) = \frac{m_0}{\sqrt{1-(u/c)^2}} \tag{A.4}$$

称 $m(v)$ 为动质量。于是，在相对论情况下，质点的质量不再是恒量，而与质点的运动速率有关，上式则称为质速关系。与其对应，质点的动量

$$\boldsymbol{p} = m(u)\boldsymbol{u} = \frac{m_0}{\sqrt{1-(u/c)^2}}\boldsymbol{u} \tag{A.5}$$

当动量具有以上形式时，孤立体系的动量在所有惯性系中都守恒。

进而考虑作用在质点之上的力。在 Newton 力学中，作用于质点上的力等于该质点动量的变化率，即

$$\boldsymbol{F} = \frac{\mathrm{d}\boldsymbol{p}}{\mathrm{d}t} = \frac{\mathrm{d}(m\boldsymbol{u})}{\mathrm{d}t}$$

由于质量 m 是恒量，$\mathrm{d}\boldsymbol{u}/\mathrm{d}t=\boldsymbol{a}$，便得熟知的 Newton 第二定律表示式：$\boldsymbol{F}=m\boldsymbol{a}$。在相对论中，仍然保留力作为动量变化率的这一定义，于是

$$\boldsymbol{F} = \frac{\mathrm{d}}{\mathrm{d}t}\left[\frac{m_0}{\sqrt{1-(u/c)^2}}\boldsymbol{u}\right]$$

此时，$\boldsymbol{F}$ 不再与加速度 $\boldsymbol{a}=\mathrm{d}\boldsymbol{u}/\mathrm{d}t$ 保持正比关系。

另一方面，相对论中动能定理仍然成立，但是动能 E_k 的表述形式发生了变化。如果某一个过程中质点承受的力为 $\boldsymbol{F}$，则作用于该质点之上的功

$$A = \int_a^b \boldsymbol{F}\cdot \mathrm{d}\boldsymbol{r} = E_{k2} - E_{k1}$$

或

$$E_{k2} - E_{k1} = \int_a^b \frac{\mathrm{d}\boldsymbol{p}}{\mathrm{d}t}\cdot \mathrm{d}\boldsymbol{r} = \int_a^b \mathrm{d}\boldsymbol{p}\cdot\frac{\mathrm{d}\boldsymbol{r}}{\mathrm{d}t} = \int_a^b \boldsymbol{u}\cdot\mathrm{d}\boldsymbol{p} = \int_a^b \frac{1}{m}\boldsymbol{p}\cdot\mathrm{d}\boldsymbol{p}$$

注意到

$$m\sqrt{1-u^2/c^2} = m_0, \qquad p = mu$$

即

$$m^2c^2 - p^2 = m_0{}^2c^2 \quad\Rightarrow\quad \boldsymbol{p}\cdot\mathrm{d}\boldsymbol{p} = mc^2\mathrm{d}m$$

代入上式，得

$$E_{k2} - E_{k1} = \int_a^b c^2\mathrm{d}m$$

如果质点初态的速度以及对应的动能都等于零，质点的静止质量为 m_0 则对应于任意给定的终态，存在

$$E_k = c^2\int_{m_0}^{m(u)}\mathrm{d}m = mc^2 - m_0c^2$$

式中 m_0c^2 与质点处在静止状态相对应，称为质点的静能。任何具有静止质量的质点都具有静能。这样，处于一般运动状态下质点的能量 mc^2，等于质点的动能 E_k 和静能 m_0c^2 之和，Einstein 将其称为质点的总能量，用 E 表示，即

$$E = m(u)c^2 = \frac{m_0c^2}{\sqrt{1-(u/c)^2}} \tag{A.6}$$

该式即为质能关系，式中 u 为质点的运动速率。质点的动能等于其总能量与静能之差

$$E_k = [m(u) - m_0]c^2 = m_0c^2\left[\frac{1}{\sqrt{1-(u/c)^2}} - 1\right] \tag{A.7}$$

该式成为相对论中的动能表示式。如果质点的速度 u 远小于光速 c，则

$$(1-u^2/c^2)^{-\frac{1}{2}} \approx 1 + \frac{1}{2}\frac{u^2}{c^2} \;\Rightarrow\; E_k \approx \frac{1}{2}m_0u^2$$

这表明，Newton 力学中的动能表述是一般表述在 $u \ll c$ 时的特殊情况。

显然，在质点的能量变化和质量变化之间，存在如下的简单关系

$$\Delta E = c^2\Delta m \tag{A.8}$$

也就是说，在一个物理过程中，若质点的质量有一个微小的变化 Δm，则质点的能量将发生 c^2 倍于 Δm 的变化，因此，ΔE 将是一个非常大的值。

另外，由总能量表述式(A.6)，直接导得

$$E^2 = p^2c^2 + m_0^2c^4 \tag{A.9}$$

该式为质点的能量与动量关系式。”

2.2.2 第二种论述“质能变换”关系式的方法

此处，继续介绍另一种在基本思路上与前述方法大致相仿，但是彼此并不相同的推理结构和具体推导过程。

在动力学里有一系列的物理概念，如能量、动量、角动量和质量等守恒量，以及与守恒量传递相联系的物理量，如力、功等。所有这些量，在相对论中都面临着重新定义的问题。如何定义？Einstein 说：“把经典力学改变成既不与相对论矛盾，又不与已经观察到的以及已经由经典力学解释出来的大量资料相矛盾就很简便了。旧力学只能应用于小的速度，而成为新力学的特殊情况。”所以，我们首先要有一条对应原则的限制，即当速度 $v \ll c$ 时，新定义的物理量必须趋于经典物理中对应的量。除此之外有一定的选择余地。不过选择得好，可以使重要的定律(如守恒定律)得以保持，否则它们将遭到破坏。我们不只一次指出，物理学家偏爱守恒的思想，并对某些基本的守恒定律笃信不移。因此，尽量保持基本守恒定律继续成立，也是定义新物理量的一条重要原则。此外，逻辑上的自洽性当然是必要的①。

在相对论中，我们仍然将一个质点的动量 $\boldsymbol{p}$ 定义为与它速度 $\boldsymbol{v}$ 同方向的矢量，故仍把它写成

$$\boldsymbol{p} = m\boldsymbol{v} \tag{B.1}$$

式中，动量和速度的比例系数 m，仍然定义为该质点的质量。不过，由于在数量上 $\boldsymbol{p}$ 不一定与 $\boldsymbol{v}$ 有正比关系，可以将对此的偏离都归结到比例系数 m 内，即假设质量 m 是速度的函数。由于空间各向同性，我们认为 m 只依赖于速度的大小 v，而不再与它的方向有关，即②

① 仍然将原著在此处补充的一条注释全文引出：“这里可能再次给人以印象，似乎守恒定律是人们通过巧妙的定义制造出来的。其实不然。客观上不存在的定律，物理量的定义选择得再好，也制造不出来。客观上存在的定律，如果没有找到适当的物理概念去描述它，只能说人们失之交臂，暂时对它不认识罢了。”但是，原著的作者却忽视了这样一个基本事实：即使严格限制在经典力学里，动量守恒也并不普遍真实，只允许“条件”存在。众所周知，由大数粒子构造的宏观物质集合并不简单服从动量守恒定律。而且，更为根本的问题还在于：作为科学语言之一的概念必须保持严格的同一性，否则，一个只能依赖于概念变化做出的描述，由于概念始终处于变化之中，那么，这种描述根本没有客观性或者逻辑自洽性可言。当然，也正因为此，才可能存在为当今科学世界所公认，人们至今并不真正知道量子力学描述“什么样独立于认识以外的客观世界”的哲学难题。因此，在这个意义上人们可以说：Heisenberg 承认量子力学存在的许多前提性的矛盾，从而将其称为“实验室的数据系统”；或者干脆像 Landau 那样坦诚地告知人们，理论物理中的数学严谨性只能算作为自欺欺人，或许更为深刻、本质和具有警醒意义。

② 不得不指出：原著作者在此处所说的因果关系无从谈起，仍然只能将其归于一种纯粹的人为假设。其实，原著此处所述的“空间”以及这个空间的“各向同性”又何以定义？作为一个以物质世界为研究对象的自然科学工作者必须确立一种基本信念：对于任何一种确定的物理属性乃至表现这种物理属性的物理量，本质上只能决定于理想化物质对象的前提存在；与其保持逻辑一致，如果不存在某一个恰当的理想化物质对象，那么，逻辑上隶属于这个特定理想化物质对象之上的物理量当然也不复存在。

$$m = m(v) \tag{B.2}$$

且当 $v/c \to 0$ 时，$m \to$ 经典力学中的质量 m_0（称之为静质量）。

下面考察一个例子：全同粒子的‘完全非弹性碰撞’，即 A、B 两个全同粒子正面碰撞以后结合成一个复合粒子，并且，从两个 K、K' 两个惯性参考系来讨论这一事件。在 K 系中，B 粒子静止，A 粒子的速度为 v，它们的质量分别为 $m_B = m_0$ 和 $m_A = m(v)$；在 K' 系中，A 粒子静止，B 粒子的速度为 $-v$，它们的质量分别为 $m_A = m_0$ 和 $m_B = m(v)$。显然，K' 系相对于 K 系的运动速度为 v。设碰撞后复合粒子在 K 系中的运动速度为 u，质量为 $M(u)$；在 K' 系中，复合粒子的速度为 u'，由对称性可以看出，$u' = u$，故复合粒子的质量仍然为 $M(u)$。

根据守恒定律，我们有质量守恒

$$m(v) + m_0 = M(u) \tag{B.3}$$

和动量守恒

$$m(v)\,v = M(u)\,u \tag{B.4}$$

于是

$$\frac{M(u)}{m(v)} = \frac{m(v) + m_0}{m(v)} = \frac{v}{u} \tag{B.5}$$

另一方面，根据相对论的“速度合成定理”

$$u' = -u = \frac{u - v}{1 - uv/c^2}$$

即

$$\frac{v}{u} - 1 = 1 - \frac{u}{v}\frac{v^2}{c^2} \quad \Rightarrow \quad \left(\frac{v}{u}\right)^2 - 2\,\frac{v}{u} + \left(\frac{v}{c}\right)^2 = 0$$

由此解得

$$\frac{v}{u} = 1 \pm \sqrt{1 - (v/u)^2}$$

因 $u < v$，故负号应舍去，将其代入式(B.5)的右端，即

$$m(v) = \frac{m_0}{\sqrt{1 - (v/c)^2}} = \gamma m_0 \tag{B.6}$$

这是相对论中非常重要的质速关系①。

据此以及式(B.1)，可以立即写出动量的完整表达式

---

① 在原著中，还给出由相关实验数据整理的实验曲线，为减少篇幅此处没有引入。其实，需要讨论问题的全部本质内涵恰恰在于：如果某一个物理学陈述具有“独立”意义，那么，它能否从另一个“独立”的物理学陈述出发，采取纯粹“演绎逻辑”的方法导得呢？答案自然是否定的，否则谈不上存在两个“独立”的物理学陈述。或者说，到底是经验事实第一，还是某些智者的直觉和顿悟为先呢？这个问题属于自然科学研究中的一个原则性命题。无论从自然科学的本原还是从形式逻辑考虑，其答案只允许是：一切合理的物理学陈述只能渊源于经验事实。事实上，一个只能借助重新定义概念的推导，已经没有任何逻辑可言。当然，这也是 Landau 这样一些诚实而睿智的研究者，之所以将目前理论物理中的数学严谨性称之为自欺欺人的根本原因。毋庸置疑，保持科学陈述的严格逻辑相容是一件不容易的事情，需要花费极大劳动。但是，粉饰矛盾比公然承认矛盾的真实存在，不仅对普适真理体系的认同者，而且对提出者本人同样具有更大欺骗性和危害性。

$$\boldsymbol{p} = m(v)\boldsymbol{v} = \frac{m_0 \boldsymbol{v}}{\sqrt{1-(v/c)^2}} = \gamma m_0 \boldsymbol{v} \tag{B.7}$$

显然，在物体的速度不大时，质量和静止质量差不多，基本上可以看作是常量。只有当速度接近光速 c 时，物体的质量 $m(v)$ 才明显迅速增大。此时，相对论效应开始变得重要起来。

该著作继而给出力、功和动能的形式表述，以及质能变换关系等，由于仅仅在数学推导的细节与前面引用的分析有所差异，相关陈述这里不再一一列出。

2.2.3 第三种论述“质能变换”关系式的方法

最后，不妨再介绍另一本理论物理教程，看一看又一种不同的陈述是如何叙述相对论中的动力学规律的。

相对论时空观是经典时空观的发展。可以相信，相对论动力学与经典动力学也有内在联系。

若有一个由两质点组成的孤立系，两质点的质量分别为 m_1 和 m_2，对于某一个惯性系的速度分别为 $\boldsymbol{u}_1$ 和 $\boldsymbol{u}_2$，质心的速度为 $\boldsymbol{u}_c$。则在经典力学中，动量守恒定律可表示为

$$m_1\boldsymbol{u}_1 + m_2\boldsymbol{u}_2 = (m_1 + m_2)\boldsymbol{u}_c = \text{const.}$$

如果动量守恒定律仍是相对论力学的基本定律，那么，上述表达式对 Lorentz 变换能保持形式不变吗？相对论的动量仍为 $m\boldsymbol{u}$ 吗？

为了便于讨论，先研究一种最简单的质点组。设质点组由两个无相互作用的质点组成，且两质点的质量相等

$$m_1 = m_2 = m$$

若 S 系是该质点组的质心系，在 S 系中

$$u_1 = u, \quad u_2 = -u$$

且 u_1 定义在 x 的正方向上。于是，S 系中的动量守恒定律可以表示为

$$m_1 u_1 + m_2 u_2 = (m_1 + m_2)u_c = 0 \tag{C.1}$$

建立在质点 m_1 上的参照系 S' 也是惯性系，则 S' 系相对于 S 系，以速度 u 在 x 方向上运动。根据 Galileo 变换

$$u_1 = u'_1 + u, \quad u_2 = u'_2 + u \ \Rightarrow\ u'_1 = 0, \quad u'_2 = -2u$$

将其代入式(C.1)中，得

$$m_1 u'_1 + m_2 u'_2 = -(m_1 + m_2)u \tag{C.2}$$

式中 $-u$ 仍然是质点组质心对 S' 系的速度，与式(C.1)保持一致。因此，以上说明动量守恒定律遵循相对性原理，对 Galileo 变换保持形式不变。

假定在相对论的 4 维空间中，动量守恒定律具有原来的形式，则在 Lorentz 变换中，应该保持形式不变。对于上述例子，根据相对论中的速度变换关系，两质点在 S' 系中的速度分别为

$$\begin{cases} u'_1 = \dfrac{u-u}{1+(u/c)^2} = 0 \\ u'_2 = \dfrac{-u-u}{1+(u/c)^2} = -2\dfrac{u}{1+(u/c)^2} \end{cases} \tag{C.3}$$

则 S' 系中的动量守恒定律为

$$m_1 u'_1 + m_2 u'_2 = -2m_2 \frac{u}{1+(u/c)^2}$$

显然，式右出现的并不是通常所说的质点组的动量。

也就是说，在相对论中，式(C.1)经过 Lorentz 变换不能变为与式(C.2)对应的形式。那么，是动量守恒不成立，还是相对论动量不再是 $m\boldsymbol{u}$？有一点可以确信，在低速情况下，相对论的动力学规律应该与经典规律一致。因此，动量和动量守恒定律的表达式不宜轻易否定。从另一个角度考虑，长度、时间和质量是三个基本物理量。经典的长度和时间，是物体在相对静止的参照系(以自身为参照系)的原长和原时。观察到的长度和时间都与物体相对于参照系的速度有关。可否设想，质量也有这样的属性呢？这是一种合乎逻辑的猜想。

假定质点的质量是它相对于参照系的速度的函数

$$m = m(u)$$

在相对静止的参照系中，质点的质量叫做静止质量，记为 m_0：

$$m_0 = m(0)$$

如果这一猜想成立，则可规定使质点组组合动量为零的参照系是质点组的动量中心系，简称动心系。在经典概念中，质心系就是动心系。前面研究的质点组在动心系(S 系)的动量守恒定律为

$$m_1(u_1)u_1 + m_2(u_2)u_2 = 0$$

质心系相对于 S' 系的速度 u'_c 就是质点组的动量中心在 S' 系中的速度，因而在 S' 系中动量守恒定律的表示式为

$$m_1(u'_1)u'_1 + m_2(u'_2)u'_2 = [m_1(u'_1) + m_2(u'_2)]u'_c$$

上面的设想使动量守恒定律在概念和形式上与经典理论保持和谐一致。但是，在作参照系变换时，除了作速度的变换外，还要作质量变换。

对于上面讨论的质点组，在 S' 系中

$$\begin{cases} u'_1 = 0, \quad u'_2 = \dfrac{-2u}{1+(u/c)^2}, \quad u'_c = -u \\ m_1(u'_1) = m(0), \quad m_2(u'_2) = m(u'_2) \end{cases} \tag{C.4}$$

动量守恒定律应为

$$m(u'_2) = -[m(0) + m(u'_2)]u$$

由此解得

$$m(u'_2) = -\frac{m(0)}{1+u'_2/u} \tag{C.5}$$

代入 u'_2 的表达式(经简单数学运算，舍弃不合理的负数解，并且，考虑到速度 u'_2 的任意性)，最终得

$$m(u) = \frac{m(0)}{\sqrt{1-(u/c)^2}} \tag{C.6}$$

此式为质点质量与速度的关系式。

以上用一个特例说明，若质点的质量与速度之间满足上述关系，则质点的动量为

$$\boldsymbol{p} = m(u)\boldsymbol{u} \tag{C.7}$$

并且使得相对论的动量守恒定律在形式上保持不变。

……

以上讨论了质点的质量。但是，通常所说的质量，往往是指质点组的总质量。质点组的质量也能按式(C.6)计算吗？如果该式对理想的质点适用，那么对质点组也应适用，否则在逻辑上将出现矛盾。因为，实际的质点都是质点组，而不是理想质点。因此，首先遇到的问题是：何为质点组的静止质量？

直观地想，可以认为对任何质点组总有一个惯性参照系，使得质点的合动量为零，则称该参照系为动量中心系，简称动心系。经典力学中，动心系就是质心系。可以认为，质点组在动心系中的质量相当于质点组的静止质量，记为 M_0。对于前面所述的例子，在动心系(S 系)中两质点的速度皆为 u，因而有

$$M_0 = \frac{2m_0}{\sqrt{1-(u/c)^2}}$$

另一方面，质点组动心在 S' 系中的速度为

$$u'_{\mathrm{c}} = -u$$

因此，作为一种猜测，如果质点组的质量仍然可以用式(C.6)表示，则它在 S' 系中的的质量可以表示为

$$M_0(u'_{\mathrm{c}}) = \frac{m_0}{\sqrt{1-(u'_{\mathrm{c}}/c)^2}} \approx \frac{2m_0}{1-(u/c)^2} \tag{C.8}$$

当然，这一设想是否成立，可以通过直接计算加以检验。根据前面的讨论，两质点在 S' 系中的质量为

$$M(u'_{\mathrm{c}}) = m_1(0) + m_2(u'_2) = m_0 + \frac{2m_0}{\sqrt{1-(u'_2/c)^2}}$$

考虑到式(C.3)所表示的速度关系，可得

$$M_0(u'_{\mathrm{c}}) = \frac{2m_0}{1-(u/c)^2}$$

计算结果与式(C.8)完全一致。

以上只是举例说明质点组的静止质量与动质量的意义，并说明质点组的质量公式。若动心对参照系的速度为 u_{c}，则可定义

$$M(u_{\mathrm{c}}) = \gamma_u M_0, \quad \gamma_u = \frac{1}{\sqrt{1-(u_{\mathrm{c}}/c)^2}} \tag{C.9}$$

为质点组的质量。如果质点组只含有一个质点，则质点组的质量就是该质点的质量。换一句话说，上述公式也上质点的质量公式。

于是，在说明了质点组的质量之后，动量守恒定律可以表示为

$$\sum m_i(u_i)\boldsymbol{u}_i = M(u_{\mathrm{c}})\boldsymbol{u}_{\mathrm{c}} = \mathrm{const.} \tag{C.10}$$

即：对于任意一惯性系，孤立系各质点的动量之和，等于系统的动心对该参照系的动量，且保持为恒量。

根据式(C.10)，若动量为恒量，则质点组动心的速度也是恒量，因而质点组的质量也必为恒量，即

$$\sum m_i(u_i) = M(u_c) = \text{const.} \tag{C.11}$$

对于任意惯性系，系统内部的相互作用可以改变每一质点的速度与质量，但是，质点组的总质量保持不变。这就是质量守恒定律，简述为：孤立系的质量守恒。

相对论中的质量守恒在形式上与经典概念不悖，但有不同内涵：

(1) 经典的质量与参照系无关是绝对的，每一质点的质量是绝对的恒量。相对论的质量守恒定律允许每一质点的质量有变化，但是孤立系统的内部作用使得质点组的总质量为恒量。因此，质量守恒定律是描述物质相互作用规律的一条基本定律；

(2) 物质观不同。经典的质点不包括电磁场、电磁波；相对论的质点包括被称之为场的一类物质。

……

最后讨论相对论中的能量守恒定律。经典力学中质点的动能定理为

$$\mathrm{d}E_k = \boldsymbol{F}\cdot\mathrm{d}\boldsymbol{r} = \mathrm{d}\boldsymbol{p}\cdot\boldsymbol{u} = \boldsymbol{u}\cdot\mathrm{d}\boldsymbol{p}, \quad \boldsymbol{F} = \frac{\mathrm{d}\boldsymbol{p}}{\mathrm{d}t}, \quad \boldsymbol{u} = \frac{\mathrm{d}\boldsymbol{r}}{\mathrm{d}t} \tag{C.12}$$

同样，将其视为相对论中的动能定理。(经过与前面所援引其他著作中完全相仿的运算)可导得

$$E_k = m(u)c^2 - m_0c^2$$

Einstein 以其敏锐的洞察力，预言

$$E = m(u)c^2 \tag{C.13}$$

是一个质点的总能量，称之为质能公式。它告诉人们：$m(u)c^2$ 是质点以速度 u 相对于参照系运动时时所具有的总能量，而 m_0c^2 是相对参照系静止时的总能量，两者之差就是质点的动能。这里所说的总能量，包括动能以及蕴涵的各种可能的内能。

在式(C.11)的两边同乘以常数 c^2，可得

$$\sum m_i(u_i)c^2 = M(u_c)c^2 = \text{const.} \tag{C.14}$$

也就是说，对于任意惯性系，孤立系中各质点的能量之和保持为恒量。简述为：孤立系能量守恒。这就是相对论的能量守恒定律。

2.3　经典论证过程中的逻辑悖论

经过比较，往往容易加以鉴别，为最终形成较为稳定和中肯的判断提供可靠的基础。质能变换，属于一个前提性的重大命题，对此形成一种恰当的认识，不仅对于现代理论物理的基本理念，而且对于如何看待现代物理学中一系列相关物理实验，乃至如何进一步认识未知的物质世界本身都具有基本意义。应该说，前面援引的几种相关推导似乎相当简单，或许因为看起来过分的自然，甚至给人们留下一种乏味的印象。但是，正因为此，的确需要以一种极大耐心，认真阅读和比对这些不同的陈述，并且，通过认真比对将不难发现，不仅不同论证之间明显存在着矛盾，而且，每一个陈述的内部，同样存在许多论证结构上的瑕疵或者漏洞。当然，从形式逻

辑的角度(或通常所说的“证伪”学说)考虑,任何矛盾的揭示已经足以对“经典意义”之上,即渊源于“相对论”的“质能变换”关系构造一种否定性的证明。

2.3.1 “整体性”的逻辑悖论

首先,从证明的逻辑结构考虑,除了每一种陈述都提出需要服从 Lorentz 变换这样一个共同的前提以外,在借助“一对粒子”所构成的粒子系统,推导那个共同的最终形式表述,即如下所述那个运动中质点的质量公式时

$$m(v)=\frac{m_0}{\sqrt{1-(v/c)^2}}$$

对于前面援引的三种不同推导程式,它们的逻辑前提并不相同,甚至处于彼此逻辑相悖之中。在第一个论证中,即对于从式(A.1)到式(A.9)全部推理过程,相应假设前提是:“两个光滑质点之间的‘弹性’碰撞”;而在第二个论证中,即从式(B.1)到式(B.6)的整个推理过程,其得以存在的基础是:“两个全同粒子之间的‘完全非弹性’碰撞”;至于最后一个论证,即从式(C.1)到式(C.14)的推理过程,其最初假设前提更是与文中反复提及的“动量守恒”风马牛不相及,仅仅是后续讨论将要述及的、经典力学针对“质心系”所构造的形式定义。

作为物理学的基本理念,当两个粒子发生“碰撞”时,“弹性碰撞”和“完全非弹性碰撞”恰恰是两种相反的“极端”情况,并且,这两种极端情况都不可能完全真实存在,只能视之为一种“理想化”假设。因此,在第一种和第二种论证中,以某种“个例”且还与物理真实并不吻合的“人为假设”作为逻辑前提,推导最终要广延至整个理论物理的一般性命题,这种证明结构在逻辑上当然是不允许的,没有任何可信性而言,充其量只能视为两种条件存在的人为推测。另外,由于两种证明中的后续推理仅仅属于简单的数学演算范畴,而两种“相反”前提认定却能演绎地推导出一个“同一”的最终结论,因此这一反常事实只能再次提醒人们:它们的共同逻辑前提,即 Lorentz 变换可能是错误的。从形式逻辑的整体考虑,两种相反逻辑前提的并存,已经为最终结果构造了一个具有确定性意义的逻辑否定①。

仍然仅仅根据逻辑,正因为这种整体意义的矛盾存在,人们可以断言:每一个单独的论证过程,必然会存在形形色色的“自否定”结构。首先,在以上三种推理过程中,都无一例外地使用了不同系数之间特定关系。事实上,如果代之以两个原来质量不同的质点,乃至三个质点,则无论使用哪一种方法,逻辑上都无法推得那个期待的最终结果。也就是说,所有的这些结果由纯粹拼凑而得,相关推导超出了自然科学研究所允许具有普遍意义的正常推理结构②。

---

① 再次请读者注意本书前面针对 Lorentz 变换所作的分析。首先,它根本不能构造一个封闭的群,只要经历连续两次变换,就不再满足原来的表述,从而破坏了一切合理变换必须拥有的“平权性”特征。至于量子力学中那个 Lorentz 变换,仅仅局限于与“时间域”无关,两个彼此之间没有相对运动的坐标系旋转变换,与定义于彼此之间以不同恒定速度运动的参照系之间的变换没有任何共同之处[12]。

② 与其对应,值得再次提请人们注意:对于自然科学中任何一个合理的陈述,一个简单而自然的基本任务就在于:如何使最终的表述摆脱“无以穷尽”的不同观察者产生的同样“无以穷尽”的不同影响,以能够揭示真正属于物质对象自身蕴涵的本质内涵。正因为 Einstein 逆其道而行之,一旦面对多个物质对象或者多个观察者的时候,那个纯粹杜撰出来、添加众多人为限制,同时也过分朴实的“校钟”操作根本无法进行。

2.3.2 "特殊性"的逻辑悖论

同样,仍然凭借逻辑,除了以上所说在"共性特征"上存在的严重逻辑不当以外,对于每一个特定的论证过程,必然会出现违反一般逻辑规律的不同具体错误。

例如,对于第一种推导过程,质点 A 和 B 并不只能分别专属于惯性系 S 和 S',也就是说,对于 S 系中的质点 B 以及 S' 系中的质点 A,它们都具有 x 方向上的速度。因此,无论从哪一个参照系考虑,此处所论的碰撞只能属于质点之间"斜弹性碰撞"的问题,与相关推导逻辑相悖。相反,如果采信第二种推理过程的基本思想,通过一种看似大概合理的"对称性"人为认定,假设碰撞后的 A 质点与 B 质点在 x 方向上拥有相同的动量,将其应用于第一种推导过程。但是,无论碰撞以后的动量如何分配,都不可能出现"碰撞后,S′系中的质点 B 仍然只有 y′方向上速度"的情况。

而在第二种推导过程中,相关的物理模型为:两粒子经过"完全非弹性碰撞"后形成"一体"的复合粒子。在这种情况下,即使允许使用所谓的"对称性"原则,一个本质上只允许在"直觉"意义才能成立,但依然只能将其视之为"大概合理"的人为假设,由其确定该同一"复合粒子"分别在 K 参照系和 K' 参照系中速度 u 和 u' 的关联时,如果重新考察对于整个推理过程具有"关键"意义的联系式

$$u'_{K'} = -u_K\text{: The one combined particle}$$

那么,人们不难发现:原著作者之所以提出这个重要关系式,本质上恰恰反映了整个思维并没有真正超越"经典意识"的控制和影响。或者说,对于"相对论"所说的"时空观"革命,其实只能以一种纯粹"实用主义"的方式,在需要使用时作为一种形而上学的教条加以接受罢了。那个真正植根于人们"潜意识"之中的,仍然是经典力学中的"Galileo 速度叠加原理(注意:绝对不是 1904 年以后才由 Poincare 杜撰的所谓 Galileo 变换)",这样一种"平凡、简单而自然"的常识理念。而且,原著作者可能没有发现,即使考虑 Newton 经典力学框架中的"对称性"思想,上面的表述也不恰当,因为既然是同一"复合"粒子,所以它在两个坐标系中的速度表述需要改写为

$$\boldsymbol{u}' = -\boldsymbol{u} \;\Rightarrow\; u' = |\boldsymbol{u}'| = |\boldsymbol{u}| = u$$

当然,最终的结果只能是:无法得到那个人们所期待、能够与经验事实保持吻合的"质能变换"形式表述。毋庸置疑,就形式表述的结果而言,所谓的 Newton"时空观"和 Einstein"时空观"处于互为"逻辑否定"之中。因此,局限于任何一个"特定"的命题,如果能够随心所欲地同时使用两种彼此相悖的意识处理问题,那么,矛盾前提的最终结果不免流于荒谬。

最后,再让我们重新考察上面援引的第三种推导过程。或许可以说,从这个论述过程的立论开始就存在许多不可理喻的认识不当问题。首先,对于作为整个推导思维基础的第一个方程

$$m_1\boldsymbol{u}_1 + m_2\boldsymbol{u}_2 = (m_1 + m_2)\boldsymbol{u}_c = \text{const.}$$

只是"双粒子"系统"质心系"的一个定义式。这个表述既不能刻画粒子系统碰撞前后动量的变化特征,也不能反映动量作为一种"客观"量,必须独立于形形色色参照系人为选择的这样一种"客观性"标准。而且,查阅任何一本其他经典力学著述,也从来没有人将其称为经典理论中"动量守恒定律"的形式表述。事实上,对于文中式(C.1)所述,定义在 S 系中形式表述

$$m_1u_1 + m_2u_2 = (m_1 + m_2)u_c = 0$$

只能被视为该质点系“质心”的定义式。至于，在以质点 m_1 为基准点所构造的参照系 S' 中的表述式(C.2)

$$m_1u'_1+m_2u'_2=-(m_1+m_2)u$$

充其量只能视之为粒子系统“质心”定义在一个新坐标系中的自然延续，仍然与该著述希望表达的动量守恒定律毫无关联。甚至恰恰相反，这个表达式明确告诉人们：由于参照系“人为选择”的不同，仅仅具有“表观意义”的动量才可能发生从 0 到 $-2mu$ 的变化，并且，需要人们对物质运动是否具有“客观性”的基础问题重新深刻反思。

显然，在第三种推理过程中，根据质心形式定义所得到的推论

$$m_1u'_1+m_2u'_2=-(m_1+m_2)u=[m_1(0)+m_2(u'_2)]u'_c\rightarrow u'_c=-u$$

仍然只能适用于“经典力学”的范畴，即以质点“质量保持不变”为逻辑前提。这样，对于如下重新写出的式(C.4)

$$\begin{cases}u'_1=0,\quad u'_2=\dfrac{-2u}{1+(u/c)^2},\quad u'_c=-u\\ m_1(u'_1)=m(0),\quad m_2(u'_2)=m(u'_2)\end{cases}$$

其中：那个只是为了最终能够拼凑出期待结果，一个必需的关系式

$$u'_c=-u$$

同样只能应用于经典力学之中。或者说，从形式逻辑考虑，这个为了最终给出“质能变换”关系式的关系式，恰恰成为对作为整个推理“逻辑前提”的“质心”形式定义重新构成逻辑否定。

此外，人们熟知，初等微积分中的“广义二项式”定理为

$$(1+x)^\alpha=1+\alpha x+\frac{\alpha(\alpha-1)}{2!}x^2+\cdots+\frac{\alpha(\alpha-1)\cdots(\alpha-n+1)}{n!}x^n+R_n:x>-1,\quad R_n\leqslant x^{n+1}$$

因此，对于式(C.8)中的函数

$$M_0(u)=\frac{m_0}{\sqrt{1-(u/c)^2}}\leftrightarrow M_0(u)=m_0[1-(u/c)^2]^{-\frac{1}{2}}$$

如果需要将其展开为“幂级数”的形式，那么，直接从“第一种函数表述形式”出发，则为

$$M_0(u)=\frac{m_0}{[1-(u/c)^2]^{\frac{1}{2}}}=\frac{m_0}{1-\frac{1}{2}(u/c)^2+\cdots}$$

如果考虑“第二种函数表述形式”，则需要变化为

$$M_0(u'_c)=m_0[1-(u'_c/c)^2]^{-\frac{1}{2}}=m_0\left[1+\frac{1}{2}(u'_c/c)^2+\cdots\right]$$

显然，对于以上所述的两种级数形式，仅仅在“略去高阶小量 R_n”这个特定前提下，由“前 1+n 项函数”构造的和才可能保持一致，即

$$\frac{m_0}{1-\frac{1}{2}(u/c)^2+\cdots}\approx m_0\left[1+\frac{1}{2}(u/c)^2+\cdots\right]:R_n\rightarrow 0$$

但是，如果仅仅考虑幂级数中的一次项 $(u/c)^2$，则明显存在如下所示的不等式

$$\frac{m_0}{1-\frac{1}{2}(u/c)^2}\neq m_0\left[1+\frac{1}{2}(u/c)^2\right]$$

从而对“从‘相对论’推导‘质能变换’关系式”的习惯判断而言，再次构造了一个仍然具有“确定

性"意义的"否定性"证明。

毫无疑问,需要在基础理论研究中形成这样一种必要的"理性"判断:如果"质能变换"关系式应该视为理论物理若干"基本原理"中的一个,那么,物理学的这个基本关系式本质上只可能直接渊源于经验事实,无需也不允许借助某个"数学近似处理"手段加以论证,更何况类似于此处的"近似处理"存在以上诸多"矛盾式"所示一些逻辑上几乎无法容忍的弊病呢?作为理论物理学的基础,任何逻辑上存在明显瑕疵的形式表述无法被容忍为基本原理①。

2.4 "相对性原理"对于质能变换关系的逻辑否定,重新正视 Leibniz 对 Newton 力学的质疑

众所周知,针对物理学的基本理念,Einstein 和 20 世纪的一批量子力学研究者们长期处于对立和冲突之中。Einstein 曾经以一种"常理(common sense)",即"逻辑"以及科学陈述必需的"客观性"基础严肃审视和要求量子力学,针对量子力学中暴露无遗的"形而上学"错误倾向以及只能凭借"第一性原理"得以存在的"人文化自欺"进行了一种重要、尖锐并基本合理的严厉批判。但是,正如 Bohr 等同时代的众多科学家无法理解的是:为什么同样建立在"直觉和顿悟"之上的"相对论"却不容批判,可以无需特定物质对象的基础和无视形式逻辑的约束呢?当然,理性的标准是统一的,逻辑的批判和否定是无情的。一旦缺失特定"物质对象"的前提和基础,不仅成为缺失"物质内涵"的空洞陈述,而且还因为缺失必要的约束而矛盾重重。只要否定逻辑,容忍形形色色"自否定"的存在,那么,任何形式的"推理"过程已经没有任何存在的价值和意义。此处,需要探讨的命题是:对于"质能变换"这个"物理事实"而言,Einstein 的"相对论"又能告诉人们什么呢?

前面的分析已经充分说明,Einstein 发表于 1905 年,名为《物体的惯性同它的能量有关吗?》的文章充满着逻辑思维的紊乱。而且,对于 Einstein 所说诸如"辐射传递着惯性"这样一些概念完全含混不清的结论,无论从数学表述还是物理内涵讲,都与目前科学世界普遍接受的"质能变换"关系式没有任何关联。因此,作为 20 世纪中后期西方科学世界中一位曾经具有重大影响的美国科学家 Feynman,凭什么坦言"质能变换关系就是全部相对论"?这个不妨当作"贬低相对论"视之,与它被用作探索物质世界全部认识基础的"时空观"革命几乎毫无关系的离经叛道的判断呢?反过来,如果需要将"质能变换"视作 20 世纪人类最为重要的"科学发现"之一,那么,人们同样需要重新考虑:对于 20 世纪的科学世界乃至 Einstein 本人而言,为什么继续容忍将这个引发巨大影响的"光环"归于与其没有任何逻辑关联的"相对论"呢?

但是,在讨论"相对论"与"质能变换"逻辑关联的最后之所以提出这样的命题,并不在于要求科学世界应该对"历史功绩"做出某种合理和公正评价的问题,甚至也不在于着眼于以上所述,仅仅揭示目前理论物理众多著述普遍存在"基本物理理念以及初等数学运算一系列明显推导错误"的问题,它的根本目的在于需要郑重地告诉人们:贯穿于整个现代理论物理体系,被 Einstein 用作建立"相对论"全部基础的"相对性"原理,在逻辑上已经对"质能变换"关系式构

① 至于如何恰当理解"质能变换"必需的经验事实基础以及需要澄清若干"历史事实"的问题,考虑到大体超越此论文系列属于"逻辑基础反思"的限制,故而不再作专门的讨论。但是,对相关论题感兴趣的读者,请参见文献[12]在节 14.3 中所做的初步探讨。

成彻底否定。或者说,只要承认"惯性系"以及关于"惯性系"的"等价性"原理本身,它就根本否定了"质能变换"关系式,使之蜕化为一种没有任何实际意义的"空言性"陈述。

其实,在现代理论物理学中,当把某一个物质对象的质量 m 与它的运动速度 v 构成一种形式上具有确定意义逻辑关联的时候,即对于如下所述"质速变换(质能变换)"关系

$$m(v)=\frac{m_0}{\sqrt{1-(v/c)^2}} \tag{3}$$

静止质量 m_0 需要被视为一种参变量,相应构造了一个从速度 v 到质量 m 的确定映射

$$v \mapsto m(v) \tag{4}$$

的时候,如果要使该映射具有确定意义,或者使该映射的象、质量 m 被赋予物理上必需的确定性意义,那么,该映射的原象 v 必须首先具有确定性意义。但是,根据且仅仅根据"相对性"原理,随着"惯性系"的人为选择不同,任何物体的速度 v 不具确定性意义,对应于从负无穷大到正无穷大的数域之中的任何一个实数 c,即

$$v=c:c\in(-\infty,\infty) \tag{5}$$

当然,只要把"质能变换"视为一个定义于"速度 v 和质量 m"之间的映射,那么,由于"原象"不具确定性意义,作为该映射"象"的质量同样不允许具有"确定性"意义,相应存在

$$m\in(-\infty,\infty):m=m(v) \tag{6}$$

这样,整个"质能变换"失去了存在意义。正因为此,如果重新回顾 Einstein 最初构造的那个充满认识悖谬和逻辑紊乱的推导过程,人们不难发现:Einstein 多次以一种纯粹"下意识"的方式,提出了"静止"这样一种不妨视为"主观意识"中十分平凡、简单和素朴,但是恰恰为"相对性原理"所逻辑不容的理念,并以此作为最后推出"质能变换"一个最起码的必要认识前提,尽管相关"推理"过程从头至尾充满逻辑紊乱。但是反过来说,如果要使"质能变换"成为一种具有确定意义的物理学陈述,那么在逻辑上必须首先赋予物体的运动速度以具有"客观性"意义的确定内涵。

众所周知:针对"无穷多惯性系"几乎明显无理的存在,19 世纪的 Mach 曾经对 Newton 力学提出了严厉批判,但是,Mach 并没有真正解决他提出的批判[8]。然而,或许不一定为一般研究者普遍知悉的另一个历史事实是:与 Newton 同时代的 Leibniz 除了因为"微积分"的首创权问题,曾经与 Newton 发生长期争执,他还对 Newton 力学的基础、乃至可以视为直至目前理论物理学的整个基础公开提出了批评。此处,值得引用 S. Weinberg 针对 Leibniz 和 Newton 之间的争论在文献[9]中所说的一段话:

> "Newton 关于绝对空间的概念,曾经被他的劲敌 G. W. von Leibniz 所拒绝。Leibniz 争辩说,与物质客体相分离的任何空间概念都没有哲学上的必要。
>
> 当然,这些高贵的形而上学家没有一个能引入关于怎样发展动力学理论以替代 Newton 力学的任何观念。"

但是,如果注意到式(6)所示的明显悖谬,那么,可以相信,对于包括 Weinberg 在内的物理学研究者,他们一定不会继续把 Leibniz 对于 Newton 力学基础的批判仅仅看作属于纯粹"哲学范畴"的争论,而需要从纯粹"形式逻辑"的角度出发,严肃考虑如何摈弃 Newton 的"绝对空间"概念,重新赋予物理学中包括运动学状态在内的每一个概念以必需的"实体论"基础,从而

克服由于物质运动不具“客观性”意义，从而在逻辑上使得包括质能变换、动量守恒、能量守恒等基本物理学定理在逻辑上失去存在意义的重大问题。

参考文献

[1] 范岱年. 爱因斯坦文集(第二卷)[M]。北京:商务印书馆,1977

[2] Parker S. P.. 物理百科全书[M]. 北京:科学出版社,1998

[3] Feynman R. P.. 费恩曼物理学讲义[M]. 郑永令,译. 上海:上海科学技术出版社,2005

[4] 杨福家. 原子物理学[M]. 北京:高等教育出版社,2000

[5] 郑永令,贾起民,方小敏. 力学[M]. 北京:高等教育出版社,2002

[6] 赵凯华,罗蔚茵. 力学[M]. 北京:高等教育出版社,2002

[7] 王楚,李椿,周乐柱,郑乐民. 力学[M]. 北京:北京大学出版社,1999

[8] 汤川秀树. 量子力学[M]. 北京:科学出版社,1991

[9] (美)S. 温伯格(S. Weinberg). 引力论和宇宙论——广义相对论的原理和应用[M]. 邹振隆,张历宁译. 北京:科学出版社,1980

[10] 杨本洛. 自然哲学基础分析——“相对论”的哲学和数学反思[M]. 上海:上海交通大学出版社,2000

[11] 杨本洛. 自然科学体系梳理[M]. 上海:上海交通大学出版社,2005

[12] 杨本洛. 量子力学形式逻辑和物质基础探析——现代自然科学基础的哲学和数学反思[M]. 上海:上海交通大学出版社,2006

3 Minkowski 伪空间"绝对伪性"的逻辑论证

在名为《什么是相对论?》的一篇文章中,Einstein 将"相对性原理"和"光速不变原理"称为构造狭义相对论的全部基础,并且指出:

> 上述两条原理都为经验强有力地支持着,但它们在逻辑上却好像是矛盾的。狭义相对论终于成功地把它们在逻辑上调和了起来,这是因为它修改了物理学论述空间和时间的规律的学说。

姑且不论 Einstein 所说的两条原理是否当作某种一成不变的"形而上学"来对待,也不考虑它们能否真的成为构造某一个恰当"理论体系"的基础,同样也暂时不再追究仅仅借助于更改"空间和时间"两个基元概念的内涵或规则,就能够将 Einstein 所说的矛盾"调和"成功的问题,但是,根据且仅仅根据逻辑只不过是"同义反复"这样一个最基本的科学理念,如果自然科学中的某一个理论体系只能建立在此处所说的一对"矛盾事实"之上,那么,无论后续的推导是否符合于逻辑,这个"理论体系"只可能自始至终蕴涵着矛盾。当然,对于这样的科学创造,只能认定为人类深化认识大自然历程之中一种"极其反常"的事实。

与此同时,当那个曾经被 Born 称之为"相对论数学的整个武器库"的几何模型,或者人们熟知的"Minkowski 伪空间"并不是源于 Einstein 本人,而只是由其他人特地为"相对论"量体裁衣定做而成的时候,那么,它同样只能被视为人类自然科学研究中几乎绝少出现的"反常"行为。事实上,与其说 Minkowski 伪空间比较直观,以至于 Einstein 似乎能够比较容易地接受乃至相信一群职业数学家为"狭义相对论"构造的数学模型,还不如更为准确地指出:正如 Einstein 从未读懂数学家们为他的"广义相对论"创造出来的数学描述一样,他同样不可能真正读懂在一个"伪"字的掩饰下、一个纯粹人为杜撰数学模型必然隐藏的大量逻辑悖论。

当然,如果注意到现代"数学体系"空前面对的重大挑战,着眼于从 19 世纪末就已经开始,曾经引起众多著名的职业数学家和哲学家关注并为此持续投入巨大的精力,然而直至人类迈入 21 世纪仍然没有丝毫解决迹象,一个涉及整个数学体系能否合理存在的"哲学基础"的跨世纪认识疑难,那么,一种更为准确和本质的说法无疑是:只要继续容忍"约定论"的荒唐,将数学科学的"抽象性"曲解为对"实体论"基础的公然否定,试图凭借自诩为"公理化假设"的纯粹人为约定,拒绝物质实体基础相应提供"物质内涵"的支撑,无视其相应构造"逻辑前提"或"有限论域"的必要限制,所有这样一些源于"直觉和顿悟"而实际上随意杜撰而得到的形式系统,不仅仅从头至尾矛盾重重,而且没有任何人能够真正读懂。

此处,值得介绍一本世界范围内广有影响,由 A. Pais 所撰写《爱因斯坦传(The science and the life of Albert Einstein)》一书在名为"相对论和后 Riemann 几何"的一节的开始,特地引用著名数学家陈省身在美国普林斯顿纪念 Einstein 诞辰 100 周年的大会上,就"广义相对论"和"微分几何"发表演讲时所讲的一句话:"讲有一半自己不懂的题目,那种感觉是很奇异的。"并且,Pais 指出陈省身所讲的,同样适合于我们在此处的论述。当然，所有这一切无非告诉人们现代科学生活中这样一种普遍存在却极其反常的事实：就是那些号称“几何学大师”的著名学者，他们同样不可能真正读懂那些只允许当作“先验真理”对待，缺失“实体论”基础支撑的“公理化”形式体系。

毫无疑问，所谓“读不懂”就是发现了某种无法解决的矛盾，无法以一种“逻辑相容”或者能够“真正说服自己与他人”的方式，将他人所说乃至自己所说形成一个“无矛盾”的整体。于是，在面对矛盾的时候，人们本质上需要面对两种完全不同的抉择。其中，第一种是作一种穷根究底的理性思索，努力揭示和澄清一切可能存在的认识矛盾，重新构建一个符合于逻辑的理论体系。第二种抉择则是违心和无奈地接受或者容忍矛盾继续存在，乃至为矛盾的非法存在提供种种纯粹自欺的“辩护论”借口，并且，就像得到 20 世纪西方科学世界普遍认同并广泛实践的那样，在一个已经公认的“矛盾基础”之上，采取一种“实用主义”的理念，仅仅针对“个别”经验事实，通过改变科学概念或杜撰科学语言的方法，拼凑出只允许当作“第一性原理(先验判断)”对待，本质上永远谈不上真正意义的经验证实(契合于“实体论”基础)、同时也谈不上推广延拓(对应于逻辑推理)，一个纯粹“约定论”的甚至“独断论”意义之上，原则上只能当作“神学系统”对待的形而上学。事实上，这才是 20 世纪的科学哲学家以一种“写实”的方法，公然否定科学陈述必需的“实体论”基础，拒绝一切“符合于逻辑”的批判和检讨，只能将自然科学界定为“科学共同体共同意志集合”的根本原因。

毋庸置疑，只要采取前一种方法，那么，不仅需要花费极大的劳动和代价，奋斗终生也不一定能够真正有所建树，而且还必须具有面对那个称之为“科学共同体”的干扰、刁难和攻击的勇气，或者像 G. Sarton 在他著名的《科学的生命》所描述的那样，要有“终身处于分散在整个文明世界各地矮小的陋室、条件恶劣的偏僻角落，默默无闻奋斗”的心理准备。或许正因为此，那位性格率真、深谙 20 世纪“西方实用主义哲学”的精髓、信奉“人生价值实现”并为此而感慨“上帝给予太多惠顾”的杨振宁先生，许多年来，一直不厌其烦地向中国的年轻一代教诲他的治学经验和体会。在 2008 年出版的《曙光集》一书，许多早已为人们耳熟能详的心得又一次呈现在广大读者的面前。针对科学知识的学习方法以及前沿科学的研究方法，杨振宁先生如是说：

> 中国有句古老的格言：“知之为知之，不知为不知，是知也。”这个哲理对中国体制和中国社会有深远的影响。…… 我跟从中国大陆和台湾来的学生说：“你必须克服这一点。你去参加一个研讨会，即使大部分你不懂在讲什么也不要怕。我常常参加研讨会，也不是完全懂得在讲什么。可是一次不懂不一定不好，因为你只要再去一次，就会发现你比以前懂得多了。”我称它为潜移默化的学习。潜移默化的学习方法在中国被瞧不起。中国的研究生为什么比较胆小，因为他们不想陷入自己不完全懂的事情。可是在前沿的研究工作里，你总是半懂半不懂。

此外，在论述被其称之为基础科学研究就是要“使用少数的方程式概括出宇宙的基本结构”的使命，叙述“宇宙的根本结构建立在某种非常简单的、可以用极深刻和极微妙的对称概念加以描述的原理之上”这个基本科学理念的时候，杨振宁先生又作了如下出神入化的描述：

> 因为它(自然秩序)有一种神圣的、威严的气氛。当你面对它的时候，你有一种这本不应该让凡人可见的感觉。我经常把它形容为最深的宗教感。当然，这把我们带入一个没人能够回答的问题：自然为什么是这样，怎么可能把各种形式的力都捕捉于一个简单美妙的公式里？

于是，不仅仅是要中国人彻底抛弃“知之为知之、不知为不知”的格言，应该将“半懂半不懂”视之为现代自然科学研究中的一种常态，而且更为根本的或者心照不宣的是：如果说应该像杨振宁先生一再教导人们的那样，必须以一种杨先生称之为“震撼心灵的科学宗教情结”的方式，无限崇尚和无条件服从 Einstein 的“相对论”乃至主要由西方人构建的全部现代自然科学体系，那么，杨先生理所当然期待所有人以一种完全同样的心结，无条件遵从和顶礼膜拜他参与创造但自己从来没有真正读懂过的规范场论。

其实，从“方法论”的角度考虑，杨振宁先生需要面对的困境与 Einstein 已经遭受普遍质疑和广泛批判的境遇如出一辙，归咎于他们从来没有真正读懂过经典理论，以及对“知之为知之，不知为不知”一个具有永恒启示和规范意义治学原则的彻底背弃。对于一些崇尚“实用主义”的职业科学工作者，如果他们总是不愿意首先化大功夫真正读懂他们希望发展乃至试图替代的经典理论，而只是一往情深于 Kuhn 根据 20 世纪基础科学研究活动的真实历史总结而得的“范式革命(paradigm revolution)”，仅仅借助于“共同信念”的改变和调整来解决自然科学面对的疑难，所有这一切无疑十分轻松和愉悦，但最终只能成为贻笑大方、遭世人诟病的笑资。看起来，杨振宁先生无论是求学还是治学似乎都过于急切，即使偶有所成(在现代自然科学体系面对如此众多矛盾和疑难的时候，Nobel 奖必然更多偏向技术的范畴，并不能真正说明科学本身的问题)也终难成气候。事实上，杨振宁先生从来没有真正读懂 Maxwell 的经典电磁场理论、Einstein 的“相对论”以及 Riemann 几何，没有对一个“试探性”构造而得的理论体系往往难以避免的概念不当或逻辑悖论保持一份足够的警惕和谨慎，以至于他几乎不可能在理性检讨和逻辑审查的可靠基础之上，对经典理论提出任何具有实在内容的质疑、批判和推进。人们看到的只是杨先生对主要由西方人构建的现代自然科学体系的一味肯定和过于轻率随意的颂扬，对国人特别是年轻学子彻底放弃“坚持理性和逻辑”的独立思考，需要以一种他称之为“震撼心灵的科学宗教情结”去接受和承认一切现成理论体系的反复规劝。因此，在人类的知识体系空前面对众多认识困惑和疑难，西方哲学家公然把自然科学界定为“科学共同体共同意志”的集合，从而为 20 世纪西方科学世界普遍否定科学陈述的“实体论”基础和拒绝“逻辑”的理性大倒退，提供他们以“人文主义、解释论、种族中心主义”称谓的形形色色“独断论”依据时，任何一种试图把现代科学世界普遍存在的“读不懂”现象加以“常态化、合法化乃至规范化”的告诫无疑具有极大的危害性。

针对人们提出在学习现代微分几何、量子力学、相对论时普遍存在“读不懂”的问题，杨振宁先生曾经如此坦率和坦荡地告诉人们：

> 现代数学的书可以分为两类，一类是看了一页，便看不下去了；另一类则是看了一行，就看不下去了。

然而，正因为求学和治学中犯了“囫囵吞枣、不求甚解”之大忌，轻信自己尚没有办法“读下去”，当然更谈不上“真正读懂”的经典理论，所以杨先生才会作“Maxwell 方程实在起源于对称”之类的轻率断言，无法对某些表面上呈现的“对称性”可能正是刻意雕琢的“斧凿痕”保持某种必要的警戒；并且对于李政道先生所提“物质世界普遍存在的非对称性与物理世界中的对称性之间存在的深刻矛盾”一个本应视作“平凡事实”的中肯告诫置若罔闻。

尽管如此，仍然不能将“读不懂”简单怪罪于 Einstein、杨振宁先生等个别的科学工作者。必须本质地指出：只要是“约定论”的，否定科学陈述必需的“实体论”基础，就必然违背逻辑、矛盾重重、荒诞无稽，最终导致任何人也不可能真正读懂，只能当作神学或形而上学来顶礼膜拜。而且，一个本来足以让“读不懂者”警醒和羞愧的现象，反而成为一种到处示人的荣耀或心得，横行无忌、纵横捭阖于 20 世纪的西方科学世界，仍然需要视之为某种历史必然：随着人类应用技术的急速发展，一个全新的物质世界突然展现在 20 世纪人类的面前，加之于自 Plato 哲学开始到 Newton 力学体系建立及其后的两千余年，包括哲学和科学在内的整个知识体系基础始终没有真正建立起来，以至于人类历史中这种难得一见的理性大倒退几乎成为一种逻辑必然①。

① 在《中华读书报》(2005.11.30)一篇名为“爱因斯坦与数学”的文章中，一位专业的数学工作者曾经率真地告诉一般人或许难以想象的事实：“如果说提出狭义相对论，Einstein 的数学知识还算够用的话，到了广义相对论，Einstein 则捉襟见肘。…… 以至 Einstein 有一次自嘲道：‘自从数学家搞起相对论之后，我自己就不再懂它了。’”然而，正如全书将要展现给人们的那样，这位职业的数学家似乎并不明白：不仅仅是 Einstein，其实还包括这位数学工作者自己，乃至此处所说“数学体系”的构建者，他们都从来没有读懂自己简单认同或者随意杜撰的数学。人们需要形成一种“理性”判断：只要是“约定论”的，建基于若干人的纯粹“主观意志”之上，那么，这样的数学体系原则上就是任何人不可能真正读懂的东西。

3.1 Minkowski 伪空间“负距离”本质蕴涵的“自悖”特征

几乎与 20 世纪一切“伪科学”体系的构造如出一辙，Minkowski 同样以一种十分“诚恳、率真和谦逊”的态度，十分自觉地提前告诉人们：他所定义的那种向量空间与人们经验理念中的那个特定的向量空间不同，只能被视为一种“伪”向量空间。

事实上，在这个为 Minkowski 所说的“伪向量空间”中，当其中的一个“任意向量 $\boldsymbol{r}$”被形式地表述为

$$\boldsymbol{r}:(x,y,z,t) \tag{Min. 1}$$

的时候，Minkowski 特地提出：给定向量 $\boldsymbol{r}$ 分量表述(x,y,z,t)中的各个分量，一方面依然仅仅被赋予空间坐标和时间坐标的意义；另一方面，与一般向量空间不同的是，还必须服从“相对论”中作为逻辑前提而提出的“光速不变原理”。也就是说，在这个伪空间中，任何向量的不同分量需要满足一个附加的约束方程，即

$$\delta s^2 = \delta x^2 + \delta y^2 + \delta z^2 - c^2 \delta t^2 \tag{Min. 2}$$

式中常数 c 为光速。

继而，Minkowski 根据以上补充认定进一步提出：需要重新定义这个向量空间之中的“度规张量(gauge tensor)”，即

$$\boldsymbol{\Theta}_{\xi,\zeta} = \begin{Bmatrix} -1/c^2 & 0 & 0 & 0 \\ 0 & -1/c^2 & 0 & 0 \\ 0 & 0 & -1/c^2 & 0 \\ 0 & 0 & 0 & -1/c^2 \end{Bmatrix} \tag{Min. 3}$$

于是，对于 Minkowski 空间中的向量，任意给定向量的长度

$$\delta r^2 = \boldsymbol{r}\cdot\boldsymbol{\Theta}\cdot\boldsymbol{r}: \begin{cases} >0 \\ =0 \\ <0 \end{cases} \tag{Min. 4}$$

这样，该向量空间中向量的长度可能出现“大于、等于或者小于零”的不同状况。考虑到向量长度小于零这样一个“反常事实”的存在，Minkowski 只能十分诚实地将他所构造的空间称之为“伪向量”空间。

无尽物质世界自身充满差异和复杂性。因此，人们只可能通过一种通常以“抽象(abstraction)”称谓的“理想化”处理方式，乃至西方哲学称作的“理智运作(mental operation)”过程，从某一些特定对象中挑出那些共同和本质的东西，剔除若干无关紧要的特性或细节，从而对物质世界某一个“局部域”的真实做出一种具有确定形式意义且有限真实的描述①。物质世界无以穷尽。但是，绝不因此意味着允许人们做出完全随意的主观认定。自然科学中任何有意义的抽象，必须被赋予确定的“客观性”内涵和基础。作为自然科学中一个最古老的基元

① 按照 18 世纪英国哲学家 Locke 的解释，抽象(abstraction)的定义是：“脱胎于特殊的事物并成为所有同类事物一般性象征的观念，这样的过程就称之为抽象；而且，这些观念的名称是通名(general name)，适合于符合这些抽象观念的任何存在物。”

概念,“距离”同样只是针对物质世界普遍真实做出的一种“抽象”认定,具有独立于人们主观意志的“客观性”内涵,并由此而成为构造“向量空间”的必要依据和逻辑前提。毫无疑问,事物的前提存在,是恰当构造抽象概念的条件和依据;反之,任何抽象概念一旦缺乏确定“物质基础”的依靠、支撑和限制,那么,这个概念不仅仅蜕化为“空”陈述,而且也因为缺乏逻辑主体的制约而陷入形形色色的逻辑悖论之中。

事实上,从纯粹的“形式逻辑”角度或者曾经得到20世纪普遍认同的“证伪学说”观点考虑问题,任何“反常事实”乃至任何一个“细微矛盾”出现的本身,已经“足以”对 Minkowski 伪空间构成一种具有确定逻辑意义的完全否定。进一步讲,Minkowski 本人在人为杜撰这个“伪空间”概念的同时,实际上已经做出一种具有“充分性”意义的证明:该“伪空间”吻合于一切“伪概念(pseudo-concepts)”蕴涵的“虚妄性”共性特征。因此,虽然后续分析将进一步指出这个虚妄概念必然隐含的大量逻辑悖论,但是从一般思维原则考虑,否定这个完全虚妄的概念体系本来已经无需再补充更多其他的附加性证明。

3.2 Minkowski 伪空间不是 4 维空间

首先,Minkowski 伪空间不仅仅是一个“绝对意义”的伪向量空间,隶属于“伪科学”范畴,而且,这个空间甚至不可能像 Minkowski 期待的那样,构造出一个满足“4 维空间”特征的伪向量空间。等价地说,这个伪科学概念不具备 4 维向量空间必须具备的 4 个“独立”坐标。

作为一个“过分简单、自明、无可置疑”的基本事实,由于并且本质地渊源于那个只能凭借“自觉和顿悟”而杜撰出来的约束方程(Min. 2),即

$$\delta s^2 = \delta x^2 + \delta y^2 + \delta z^2 - c^2 \delta t^2$$

式中的 4 个坐标不再具有“独立”意义。或者说,当人们把与“光波传递”相关的某个“特定”物理事实误认为一种“普适”真理,并且以此作为全部依据构造这个同样被人为赋予“普适意义”的一般性约束方程的同时,已经对任何一个抽象 4 维向量空间必须具有 4 个“独立坐标”的基本逻辑前提构成了完全的逻辑否定。进一步说,必须被当作“独立变量”而存在的这些坐标 x, y, z, t,并不真正逻辑地属于这个“真伪”空间

$$(x, y, z, t) \notin S_{\text{Min}} \tag{1}$$

当然,对于这个杜撰出来的“绝对伪”向量空间,根本谈不上 Minkowski 自认为的那种具有“4 个独立坐标”的伪 4 维向量空间。

3.3 Minkowski 伪空间隐含“恒长度”约束及其对独立“向量空间”再次构造的逻辑否定

逻辑前提的荒唐和悖谬,必然导致所有后续陈述始终处于荒唐和悖谬之中。与此同时,仍然渊源于那个纯粹杜撰出来的附加约束方程(Min. 2),也就是说,当 Minkowksy 渊源于一种完全“独断论(dogmatism)”意义上的纯粹主观认定,将如下表述“光速不变原理”这样一个被赋予“特定(singular)物理意义”的陈述强加于数学上一个具有一般意义“纯粹抽象向量空间”的同时,

$$\delta s^2 = \delta x^2 + \delta y^2 + \delta z^2 - c^2 \delta t^2$$

已经逻辑地完全否定了这个"抽象集合"中的基本元素，即一个"独立向量"必须拥有"有限大距离和确定方向"这两个必不可少的独立内涵。从形式逻辑考虑，一个夹杂着人为杜撰而得到的附加约束的抽象空间，其实已经沦落为一个"残缺不全"的向量集合，甚至不可能进行作为显示向量空间本质特征的"加法——线性结构"的独立运算。也就是说，Minkowski 伪空间本质上已经对"向量空间"必须拥有的抽象内涵构成了一种完全否定。

事实上，同样仅仅作为一个"过分简单、自明、无可置疑"的基本事实：在数学中，被赋予抽象意义的向量空间，本质上仅仅是定义于实数域之上"无以穷尽、无所约束"的向量（有序结构）、在配置了"加法运算"后而构造的一个无穷集合。因此，只要在这样一个由许许多多"自由向量"构造的无穷集合之上强加一个约束方程，那么，逻辑上必然对"自由向量"的前提存在构成完全否定。也就是说，那些本来由定义于整个实数（乃至虚数）域，即 $0\sim\pm\infty$之间的"无穷多向量"所构造的无穷集合，相应出现了一个"无穷大并且与原空间同阶"的空白区域。这样，违背了向量空间作为该数域中任意向量所构造无穷多集合的最初定义。而且，作为一个逻辑上并不复杂的必然推论，随着这个向量空间中一个"空白区"的出现，不仅仅造成这个向量空间"破损"的问题，另一个更为致命的严重问题还在于：在仅仅考虑扣除了空白区后那个剩下来的"子向量空间"的时候，这个"余空间"中的向量已经不允许随意作"加法"运算以免可能重新落入"空白区"之中。

为了使人们相应形成一种更为直观的判断，认识到"真伪 Minkowski 空间"对"独立向量"构造的逻辑否定，不妨构造一个简单的形式变换。事实上，考虑到 Mikowski 伪空间通常定义在复数域中，那么，针对式(Min. 1)所定义的基本向量，构造如下形式的向量变换是允许的：

$$\boldsymbol{r}(x,y,z,t)\rightarrow\boldsymbol{r}'(x,y,z,it) \tag{2}$$

于是，那个仅仅源于纯粹的"独断论"假设、人为强加于向量空间的附加约束方程(Min. 2)，可以变化为如下所示的等价性表述

$$\delta s'^2=\delta x^2+\delta y^2+\delta z^2-c^2\delta t^2\equiv 0 \tag{3}$$

显然，这个等价性约束方程明确告诉人们：经过任何线性空间允许的线性变换，最初提出的约束条件被赋予了一种更明确的抽象意义：对于 Minkowski 伪空间而言，它逻辑地对应于一个其中一切向量长度处于不变之中的"恒长度"子空间。

于是，在这样一个逻辑地包容了"独断论"的人为主观意志的向量空间中，所有向量抽象对应于某一个具有"统一长度"的向量，使得任何向量空间得以存在基础的"加法运算"本质上不复存在。这样，人们又何以将这个"伪向量空间"称为"向量空间"呢？

3.4　Minkowski 伪空间逻辑隐含的"非线性"本质

众所周知，在"理论"上，长期以来能够支撑整个"狭义相对论"得以存在的一个重要证据是：从 Minkowski 伪空间出发，可以仅仅凭借 Einstein 内心中的确真诚崇尚的演绎逻辑，推导出"狭义相对论"的基本公式，Lorentz 变换

$$\begin{cases}\begin{pmatrix}t'\\x'\end{pmatrix}=\dfrac{1}{\sqrt{1-v^2/c^2}}\begin{pmatrix}1 & -v/c^2\\-v & 1\end{pmatrix}\begin{pmatrix}t\\x\end{pmatrix}\\ y'=y\\ z'=z\end{cases}$$

但是，作为一个明显存在的基本事实：建立在两个所谓惯性坐标系之间的这个变换关系式，由于其中出现两惯性系相对运动速度 v 的平方项，从而破坏了一切向量空间必需的“线性结构”基础①。

其实，即使暂时不考虑具体的推导过程，但是，对于任何一个不是像 Einstein 那样，尽管看起来无比崇拜数学，实际上几乎全然不懂如何逻辑推理、需要其他人为他的“科学创造”专门提供数学工具、只是将自然科学寄托于自身“直觉和顿悟”的那样一些自认为“天才”的人，而是仅仅需要具有“一般”数学基础与“正常”逻辑思维理念，然而认真、严肃和诚实的研究者，只要稍加警觉和认真思考就不难提出这样一个疑问：如果从被赋予“线性结构”的几何空间出发，那么，怎么可能逻辑地推导出一种“非线性”的变换公式或结构呢？

其实，同样只需要一种真诚、严肃和认真的态度，就可以发现答案同样几乎是完全自明的。逻辑上，正是由于那个只可能凭借“自觉和顿悟”而杜撰出来的“非线性”约束方程(Min. 2)

$$\delta s^2 = \delta x^2 + \delta y^2 + \delta z^2 - c^2 \delta t^2$$

的存在，彻底改变了伪 Minkowski 空间的所期待的“线性”本质。进一步讲，任何附加约束方程的存在，必然导致如上所述的，破坏向量空间中“独立向量”的存在基础、否定了向量空间的 4 维结构、最终对向量空间构成逻辑否定等基本问题；而且，还由于此处给出的附加约束方程(Min. 2)定义于“距离”之上，成为一个“明白无疑”的“非线性”约束方程，以至于只要略知“线性代数”基础的研究者就可以立即推知：在这个“非线性方程”附加约束下，空间变换的“象”或最终结果只可能是一个“非线性”的抽象集合。

也就是说，作为上述非线性约束方程的逻辑必然，Minkowski 伪空间不仅仅不可能逻辑地视为向量空间，不同时具备 4 个独立坐标即不能成为 4 维向量空间，而且，独立于人们的主观意志，与只能凭借“自觉和顿悟”而杜撰出来的非线性约束方程(Min. 2)保持严格的逻辑一致性，这个人为杜撰出来的集合，根本不属于线性空间的范畴

$$\begin{gathered} \delta s^2 = \delta x^2 + \delta y^2 + \delta z^2 - c^2 \delta t^2 \\ \leftrightarrow \\ S_{\mathrm{Min}} \notin \text{Linear Space} \end{gathered} \tag{4}$$

或者说，随着 Minkowski 伪空间中，为式(Min. 2)所定义，一种纯粹人为杜撰出来的、本质上隶属于“非线性”范畴的约束方程，即

$$\delta s^2 = \delta x^2 + \delta y^2 + \delta z^2 - c^2 \delta t^2$$

的出现，那个称之为 Minkowski 伪空间的“反常”向量集合，不仅仅不可能成为赋予距离以“客观性”物理内涵的向量空间，而且，原来隶属于向量空间之中的“加法运算、线性结构”也自然地随之逝去。

其实，无论那些鼓吹“独断论”意义上形形色色的“第一性原理”的杜撰者自己是否愿意，逻辑都无处不在地贯串于人们的所有相关陈述之中，并不因为一厢情愿地做出某种“独断论”的人为认定，或者只是自觉冠以“伪”字前缀，Minkowski 特地为相对论杜撰出来的“伪空间”就能真的能够成为已期待的空间。

---

① 需要对“向量空间”和“弯曲空间”两个完全不同的概念加以严格区分。对于某一个向量空间而言，可以凭借约束方程构造出一个由向量末端几何点而形成的低维“弯曲”子集合，或者通常所说的弯曲曲面。但是，原则上不能把这些子集合视作同样需要被赋予“线性结构”的低维向量子空间。

反过来讲,人们难道不觉得:正是这样一系列基本事实以完全独立于独断论者"主观意志"的方式顽强地存在着,那个理性期待中的逻辑才可能同样以一种独立于人们"主观意志"的方式审视着一切,而那些被赋予"客观性"内涵的抽象概念才可能成为一切合理科学陈述的可靠基础吗?

3.5 Minkowski 伪空间"非线性"特征导致 Lorentz 变换沦为"空群结构"的逻辑必然

当然,如果说人们早已获知或不难做出直接验证:Lorentz 变换无法满足"群(group)"必须遵循的"封闭性"逻辑前提,即

$$\text{群} \not\subset \begin{cases} \begin{pmatrix} t' \\ x' \end{pmatrix} = \dfrac{1}{\sqrt{1-v^2/c^2}} \begin{pmatrix} 1 & -v/c^2 \\ -v & 1 \end{pmatrix} \begin{pmatrix} t \\ x \end{pmatrix} \\ y' = y \\ z' = z \end{cases} \tag{5}$$

那么,这个结果正是前面所述内蕴"非线性约束"的逻辑必然。或者说,Lorentz 变换其实是一个"空群"或者"单元"集合[7]。

此处,或许特别需要提醒人们注意当代科学生活中的一个反常事实:如果人们可以相信,对于许多不太注意数学基础或逻辑推理严谨性的一般科学工作者而言(无疑,其中自然包括自嘲面对数学只是一头"Buridan 驴子"的 Einstein 本人在内),他们通常只是人云亦云,甚至因为根本不知道数学上的"群"到底指的是什么,所以他们真的不了解"Lorentz 变换无法构造成一个封闭群"的这个本应过分平凡的不争事实。正因为此,一般的理论物理著作对于所谓"Lorentz 群"的命题只是一带而过,几乎从来没有考虑如何构造相关数学证明的问题。但是,对于某些世界范围内具有影响的"权威性"著作则不然,为了给人以论证严密完整的印象,它们无法回避这个现代理论物理中作为重要支柱的基本命题。于是,与容忍在"矛盾前提"的基础上作"逻辑推理"的荒诞不经如出一辙,这些著作的作者竟然使用定义于两个"方位角"不同但彼此处于"相对静止"状况之间的坐标系,取代与其完全不同,在谈及 Galileo 变换或者 Lorentz 变换必须涉及的处于"相对运动"状况之中的两个参照系。

这样,鱼目混珠、偷梁换柱,再一次成为 20 世纪主流科学世界明目张胆掩饰和回避矛盾的手段,甚至在一些"大家"的心目中已经变成一种习惯成自然的潜意识。可以相信,无论是 Landau 在《理论物理教程》的鸿篇巨著中,公然作出"理论物理中的数学严谨性不过是自欺欺人"的告诫,还是 Dirac 郑重提醒人们注意"量子力学中的数学不过是有趣游戏"的警示,他们或许正希望告诉绝大多数善良诚实的人们这样一种看似难以理喻却普遍存在基本事实,劝诫人们切切不必过于顶真。但是,任何稍具独立思考意识的人不得不提出质疑:既然如此,为什么还要求人们必须逻辑地服从这些毫无逻辑可言的人为杜撰呢?

3.6 Minkowski 伪空间的"量纲不统一"问题及其蕴涵的逻辑倒置

作为一种基本科学常识,乃至任何一个具有"平凡理性思维能力"的人理应懂得:在不同量纲的物理量之间,根本不具备"可比较性"。不同量纲意味着不同的物理量实在。因此,人们无法直接对不同物理量实在的大小、多少、强弱作判断;当然,人们也无法仅仅凭借"形式逻辑"的

方法，将不同量纲的物理量构成蕴涵某种确定的内在关联，类似于“向量或张量”这样的整体量。反过来说，对于具有不同量纲的物理量，它们根本不可能被直接用作类似于“向量或张量”这样一些“整体量”的坐标分量，相应构造出一个只允许“抽象存在”的线性空间。

针对物质世界所构造的任何一种形式表述系统，形式量必须与确定的物理实在构成确定逻辑关联，否则，这样的形式表述不具任何意义。正因为此，无论年轻的 Einstein 怎样富于想象力和具有怎样的革命精神，但是，他依然懂得和默认这样一个基本事实：用来测量时间的“时钟”和用来丈量长度的“刚尺”不可能混为一谈。事实上，也只是根据这样一个无需“天赋”就可以懂得的“平常”道理，Einstein 在他那个只能依赖于“直觉和顿悟”而存在的“相对论”之中，才会“下意识”地同时引入了一对“原时(Proper Time)”和“刚尺(Rigid Ruler)”，作为“时空度量”两个“独立”存在的基准。殊不知直到 Einstein 年老以为需要对毕生曾经的思考进行反思时，才猛然意识到：如果仅仅以一种平常人的“天然意识”赋予“原时”和“刚尺”以“独立性”的同时，恰恰对于他期待的“时空观革命”完全构成了逻辑否定。当然，整个“相对论”再一次逻辑地陷入“自否定”结构之中。

那么，这样的“自否定”结构是否同样会出现在 Minkowski 伪空间之中呢？根据逻辑且只需要根据逻辑推理“不可能超越前提”的本质特征，答案必然是肯定的。事实上，Minkowski 之所以能够将“时间 t”和“长度 l”形式地置于同一个抽象“度量空间”之内，首先考虑了如下所示的量纲关系式

$$[c]=\frac{[L]}{[T]} \tag{6}$$

继而，现代理论物理往往这样指出：因为光速 c 等于恒定常数，所以只要选择恰当的量纲，那么，原则上允许做出一种纯粹的人为认定，令光速 c 恒等于单位量，即

$$[c]\equiv 1 \tag{7}$$

并且，将符合这样一些类似认定的单位制称为“自然单位制(System of Natural Units)”。

其实，即使不考虑电磁作用仅仅属于“基本作用”的一种，与此对应，作为特定“物质场”中扰动传播的速度，电磁波波速同样只可能是不同“物质波传播速度”中的一种，以及人们已经发现许许多多“超光速”和“亚光速”现象存在的基本事实，难道只是因为引入“自然单位制”的名称就可能真正改变“只有长度和时间才是最基本物理量，与其相比速度只能成为从属量”的基本逻辑关联吗？这种将主观意愿置于客观事实之上的做法，只能再次充分表现“约定论”者那种习惯的自欺欺人与霸道。光速是形形色色速度中的一种，同样只能等于光波传播的“距离”和相应“时间”的比值，即

$$c=\lim_{\delta t\to 0}\frac{\delta l}{\delta t} \tag{8}$$

也就是说，如果基本物理量“距离”和“时间”自身不存在，那么，又何以能够谈论光速常量 c 的前提存在，并且赋予光速常量那种期待中的“普适真理”意义呢？进一步讲，一旦像 Minkowski 伪空间限定的那样，必须将光速 c 视为一成不变的形而上学，并由此而否定速度定义式中“空间间隔”和“时间间隔”这两个基本物理量的前提存在和独立性，以至于作为电磁波传播速度的物理量连自身得以存在的基本意义已经荡然无存，那么，又怎么能够将这种纯粹杜撰而得的形而上学视作比“距离”和“时间”这两个基本物理量“更基本”的物理量呢？

皮之不存，毛将焉附！没有“距离”和“时间”这两个基本物理量的前提，永远不可能推得作

为其函数而存在的后继，更谈不上需要被赋予确定意义的“速度”物理量存在。在进行自然科学研究时，必须重视和严格服从逻辑推理中的“逻辑主体”原则，认识到一切合理的科学陈述只可能逻辑地渊源于那个自存“物质世界”的逻辑主体，必须学会区分“蕴涵”和“从属”两种完全不同的逻辑关联。否则，将只可能隶属于某一个“特定”物质对象、相应只允许“条件存在”的性质特征“无穷”真理化，最终必然导致形形色色的悖谬和荒诞。

关于“量纲、空间和不变性”的一个附加陈述：

对于数学或者某一个纯粹的“形式逻辑”系统而言，无需也无力讨论量纲的问题，相应仅仅具有表现“同名量”之间确定逻辑关联的能力。但是，对于“物理学”则不然。作为一门描述物质世界的科学，物理学必须面对和需要处理不同量纲物理量之间的关系。而且，任何涉及不同量纲物理量相互关系的问题，本质上已经超越纯粹形式逻辑的范畴，只能依赖于揭示不同物理实在之间相互作用的经验事实。如果仔细回顾和重新审视整个物理学理论体系，人们不难发现：任何一个包含不同量纲的物理学独立方程之建立，它逻辑地意味着一个表现不同物理实在相互作用的物理学基本定律得以合理揭示。

此外，人们还需要充分考虑“空间”一词，在用于数学和物理学时可能存在的不同蕴涵。众所周知，在Newton经典力学中，可以使用广义坐标和广义动量构造一个属于粒子系统的“状态”空间，逻辑地表现该粒子系统某一个特定的运动学状态。同样，在Clausius构造的经典热力学理论体系里，通常可以借助于“压力、温度、比容”这三个基本宏观物理量中的两个，构造属于宏观物质的“状态”空间，通过状态空间中的任意一点表示给定宏观物质集合一个确定的“热力学”状态。显然，物理学中这些为人们熟知的“空间”概念与数学中通常所说的“空间”概念，无论就其寓意还是抽象特征考虑，它们都存在彼此无法比拟的重大差异。构造数学中“向量空间”的基础，是具有确定“长度”和“空间方位”的矢量。因此，作为由无以穷尽向量所组成并被赋予线性结构的向量空间，一个最重要的特征在于它必须拥有一种客观性的“长度”度量。但是，对于以上所述物理学中的状态空间，人们无法为状态空间中的两个点定义距离，也就是无法为其构造具有确定物理意义“度量”的问题。这样，即使允许Minkowski模仿物理学中的状态空间，把发生某一事件的特定“时刻”和所处“空间位置(对应于一般向量空间中的三个坐标)”当作两个独立变量，从而引入一个以“世界图(world picture)”称谓的状态空间。但是，因为此时依然无法对这个“状态空间”构造具有确定意义的度量，所以不允许仅仅凭借构建者的“主观”意念，将仅仅隶属于数学中的向量空间，并且本质上决定于该空间“客观性”度量，才可能具有的抽象特征和线性结构引入这个纯粹杜撰而得“伪空间”之中。

众所周知，对于Newton力学中的状态空间而言，其中的“广义坐标”和“广义动量”特指某一个粒子集合的坐标和动量。因此，该状态空间只允许严格逻辑地隶属于该给定的粒子集合。同样，在经典热力学中，从来没有能够用于所有宏观物质，一个具有“普适意义”的状态空间。当谈及任何一个状态空间所表示的“状态”以及相应刻画不同状态参数之间的特定“逻辑关联”时，它们仅仅逻辑地隶属于某一个特定的宏观物质集合，决定于宏观物质集合自身的特殊物质属性。然而，与物理学中所有表现某种对象特定状态的“空间”概念完全不同，Minkowski作为Einstein的一名数学老师，由他“创造”出来的“伪空间”则是一个无需任何特定“物质对象”支撑，也就是没有特定“逻辑主体”制约的“泛真理”体系。如果说，历史上一个当时尚过分年轻的Einstein，因为缺乏基础科学研究的严格训练和科学知识的可靠积淀，所以才会轻信自己的“直觉和顿悟”，从而于1905年胡乱杜撰出一个“时空观(主观意识)”的革命，然而几乎没有什么人认真对待，几乎已经被人们遗忘了的时候，那么，正是Einstein原来的数学老师Minkowski及时地“拯救”了“相对论”和自己的学生。事实上，也因为这一段历史的真实，Minkowski曾经多次流露内心的不平衡。但是，Minkowski实际上并不比自己的学生真的高明多少，同样从来没有真正读懂自己讲授的数学，不知道“向量空间”与其内涵“线性结构”之间的逻辑关联及其必需的“实体论”基础，相反，他凭借西方科学世界中长期笼罩在数学之上的神秘光环，为“相对论”注入更多晦暝的奥义，以至于最初一目了然的荒唐变成更为欺骗性也更为荒诞不经的形而上学。

作为初等解析几何的基础，在线段长度和坐标分量之间通常存在如下所示关联式：

$$\delta s^2 = \delta x^2 + \delta y^2 + \delta z^2$$

但是，这个关系式仅仅适用于Cartesian坐标系，只是一个“条件存在”的形式表述。并且，在这些形式量之间，只有那个被赋予“不变性(客观性)”意义的长度 s，才是具有决定意义的几何量，成为形式表述乃至构造不同Cartesian坐标系之间坐标变换的唯一可靠基础。与这个决定于“几何实体”的不变性客观量相反，所有的坐标分量仅仅具有从属的和次要的意义，随着坐标系“人为选择”的不同，它们呈现彼此可能完全不同的分量表述形式，以至于应该把这些坐标分量当作一个“整体量”来对待的时候，才可能具有确定的内涵和意义。但是，恰恰在这样一个显而易见并且具有重大基础性意义的“前提性”概念认定上，由于西方科学世界过分喜好和追求形而上学的恶习，乐此不疲于小题大做和故弄玄虚，整个现代数学体系出现了影响极其严重和难以容忍的认识颠倒和导向性错误，并最终出现彻底否认逻辑，容忍形形色色“约定论(公理化体系)”自欺泛滥的荒唐。

3.7 Minkowski 伪空间中的“伪除法”运算

前面的分析已经指出：Minkowski 伪空间本质上不可能具有“任何向量空间必须具有、并被赋予一般意义”的“加法运算”功能。另一方面，根据式(7)所示，关于任何形式的速度所构造的“定义性前提约定”的天然存在，并且考虑到 Minkowski 伪空间期望表达的物理实在，这个伪空间却被反常地配置了任何“向量空间”无法存在的“除法”运算规则。例如，对于如下所示的两类向量，相应存在

$$\left.\begin{aligned} \boldsymbol{r}_l &= (a,b,c,0)-(0,0,0,0) \\ \boldsymbol{r}_t &= (0,0,0,t)-(0,0,0,0) \end{aligned}\right\} \mapsto \exists : c \sim \frac{\boldsymbol{r}_l}{\boldsymbol{r}_t} \tag{9}$$

由此导得另一个与两者量纲完全不同的新物理量。并且，此处的除法同样不具抽象空间中不同分量必须具有的“平权性”意义，只能被人为限制于若干分量之上。这样，Minkowski 伪空间对本来十分平凡的“向量空间”再一次构成逻辑否定。

3.8 Minkowski 伪空间的“独断论”基础以及蕴涵逻辑悖论的必然性

显然，对于整个“Minkowski 伪空间”陈述系统而言，它得以全部存在的基础，绝对不是“素朴公理化”首创者 M. Pasch 曾经明确指出的“经验事实”基础，而只能是建立在“主观独断论”意义之上、一种完全随意的人为认定。

事实上，姑且不论 Hilbert 所说“桌子、椅子、啤酒瓶同样可以当作几何学中的点、线、面”这样一些明显践踏人类理性原则的“独断论”假设，即使往往只使用某些看起来似乎多少符合“常理”的约定，但是如果缺乏某种特定“物质对象”的“实体论”基础，最终仍然会陷入逻辑紊乱之中。或者说，只要是“约定论”的，那么，不仅由于在不同的约定之间没有任何逻辑关联，而且一旦约定缺乏“逻辑主体”构造的必要约束，整个陈述系统必然前提性地置于“逻辑不相容”之中。当然，Minkowski 伪空间所表现的种种悖谬，只不过是任何一门建立在“独断论”之上的学科必然处于悖谬之中的一个缩影罢了。

3.9 正视一切伪概念蕴涵的“伪科学”本质

如果沿用《西方哲学词典》构造的定义，“作为逻辑实证主义的术语，伪概念(Pseudo-concepts)"的原意是指：

> 某些概念看起来似乎是有意义的，但是，实际上没有任何意义。本质上决定于20世纪科学世界面对物理学、数学乃至西方哲学中一系列基本命题无法解决的困惑，一切伪概念的出现具有深刻的历史渊源。因此，伪概念只不过是一些臆想和情感联系起来的虚幻的东西，并不把确定的意义赋予表达式，当然，由此而无需满足经验主义提出的具有确定意义性的标准。
>
> (As a logical positivist term, pseudo－concepts appear to be meaningful but actually meaningless. They are merely allusions to associated images and feelings, which don not bestow a meaning on the expressions, and fail to satisfy empirical criteria of meaningfulness.)
>
> (考虑到与原词典中文译义的细微差异，此处引入英文原文。)

人们不难发现，将"伪概念"大量地引入自然科学陈述体系，并且，通过一种看似"公允和公开地揭示或承认矛盾"，却实为"明目张胆容忍矛盾继续非理性存在"的方法，赋予"伪概念"一种尽管不当却事实上存在的意义，从而为大量"伪概念"的被广泛制造和涌现提供了一种无视"一般常理"的超法律地位，应该说这只是20世纪以后才普遍发生的事情。事实上，无论是被称作20世纪理论物理两个里程碑标志的"量子力学"与"相对论"，还是自Courter提出"集合论悖论"一个涉及整个现代数学体系合法存在基础的疑难以后，所有这些本应该让人们高山仰止的知识高端，无一不是借助于纯粹人为约定的"伪概念"模式展现在人们的面前。于是，几乎自从理智人类逐渐步入文明社会和开始懂得自觉理性思考之日起就几乎为所有平常人了然于心，要求任何用以描述物质世界的知识体系必须服从以无矛盾为象征的"理性"准则，必须拥有独立于形形色色主观歧义的"客观性"基础的平凡理念，被现代西方科学主流社会斥之为"科学主义"的陈词滥调。他们指出，自然科学允许乃至必须建立在"约定论"的基础之上，以至于需要定义为某一个特定人群的"共同信念"并且还必须随时准备由另一个特定人群的"共同信念"被取代的历史变迁过程。随着科学的逻辑原则和客观性基础被彻底否定和抛弃，代之以把自然科学"人文主义异质化"思潮的普遍泛滥，人们可以看到：一方面，所有这些"理论体系"构建者的态度看起来都十分谦恭和诚恳，他们坦白地告诉人们真实存在许许多多难以解决的矛盾；另一方面，他们又马上告诉人们所有这些矛盾永远无法解决，因此立即理直气壮地指出：只能彻底放弃"任何一个矛盾的发现自然成为某个系统必须被拒斥的充分证据，而容纳矛盾一直被认作是理智自毁"这样一个为经典逻辑所述，并且，自从理智人类逐渐步入文明社会、开始懂得自觉理性思考起就几乎为所有平常人能够了然于心的普通道理，继而，要求人们心悦诚服地承认和严格逻辑地服从他们在"矛盾事实或矛盾前提"基础之上构造的人为约定，并只能当作一种神学的和形而上学的绝对真理来顶礼膜拜。

毫无疑问，只要否定科学陈述必须满足的"逻辑一致性"原则，拒绝科学陈述必须拥有的"实体论"基础，那么，真正意义的科学就不复存在，所有那些只能以"公理化假设，第一性原理"示人的所谓"纯粹心智"创造就是"欺骗"和"强权"的结合体，是一种货真价实的"伪概念"，即装扮为科学的"伪科学"概念，成为对科学本质和人类理性难得一见的挑战和彻底反动。因此，考虑到Bohr曾经诚实而中肯地将20世纪物理学描述为"唯恐不够疯狂"的极大反常和空前浩劫，现今人类恰恰需要正视一切“伪概念”必然蕴涵的“反科学”本质，将人类深化认识的历史进程中因为某些暂时“认识困惑”而出现的“认识反常”重新颠倒过来，认真对待和严肃思考自然科学陈述中一切可能存在的“逻辑不自洽”现象[4,5,6]。

当然，如果需要坚持自然科学的“理性原则”和“实体论基础”的基本信仰，维护自然科学必然内蕴“素朴和自然”的品格，希望将充斥着“欺骗和强权”的一切“伪概念”从自然科学体系中彻底驱逐出去，那么，所有热爱科学并愿意献身于科学事业的人们，就需要以科学研究必需的“老老实实、严肃认真”的态度，认真审视和检讨自 Newton 经典力学、Maxwell 经典电磁场理论开始就真实存在的一系列认识不足、不当乃至错误，严厉批判和清算近现代自然科学发展历程中为 Gauss 微分几何重新正式开端的“唯心主义”错误倾向，谨慎处理和回答包括 Leibniz 曾经对 Newton 提出质疑的所有科学疑难问题。

参考文献

[1] 许良英，范岱年. 爱因斯坦文集(第一卷)[M]. 北京：商务出版社，1976

[2] Bergmann P. G.. 相对论引论[M]. 北京：人民教育出版社，1961

[3] (美)S. 温伯格. 引力论和宇宙论——广义相对论的原理和应用[M]. 邹振隆，张历宁，译. 北京：科学出版社，1980

[4] (俄)Б Г 库兹涅佐夫. 爱因斯坦传[M]. 刘盛记，译. 北京：商务出版社，1995

[5] M. 克莱因. 数学：确定性的丧失[M]. 李宏魁，译. 长沙：湖南科学技术出版社，2004

[6] 尼古拉斯·布宁，余纪元. 西方哲学英汉对照词典[M]. 北京：人民出版社，2001

[7] 杨本洛. 自然哲学基础分析 ——“相对论”的哲学和数学反思[M]. 上海：上海交通大学出版社，2000

[8] 杨本洛. 自然科学体系梳理[M]. 上海：上海交通大学出版社，2005

[9] 杨本洛. 量子力学形式逻辑和物质基础探析——现代自然科学基础的哲学和数学反思[M]. 上海：上海交通大学出版社，2006

4 从“Minkowski 伪空间”推导“Lorentz 变换群”的逻辑证伪

当年过分年轻的 Einstein 通过一种纯粹“形而上学”的并因此过分简单而粗陋的思维模式，公然提出必须首先承认他所说一对“矛盾事实”的真实存在，也就是一方面应该接受“光速不变原理”和“相对性原理”只能处于“永恒矛盾”之中的这个事实，另一方面又必须将它们视作两个不容否定的基本认识前提，并将它们用做构造某一个形式系统的唯一基础。于是，以放弃一切合理科学陈述必须满足的“可解释性——逻辑相容性”原则作为一种需要付出的代价，借助于一种“独断论——无法也无需提供任何理由”的方式，杜撰了一个只能依赖于“直觉和顿悟”而存在，表面上称作“时空观”革命而实为篡改“科学语言”的“相对论”体系，于 1905 年骤然出现在人们的面前。在相当长时间里，几乎没有多少人认真理会将“时间和空间”这两个毫不相干的“独立”物理量强行纠合在一起，从而明显有悖于常理几乎与天方夜谭没有多少差异的“神学”体系。直至 1913 年，当时西方科学世界中享有巨大影响力的 E. Mach，还公开将 Einstein 的“相对论”斥之为变得“越来越教条”了，并且断然拒绝充当“相对论先驱者”的褒扬①。

众所周知，Einstein 的“相对论”与 Hilbert 的“公理化体系”的哲学基础如出一辙，它们都只能依赖即使是中世纪的经院哲学家也不屑一顾的“约定论”苟且存活。可以相信，正是共同的科学信念和哲学主张，乃至属于 20 世纪那个特定的历史背景，经典理论众多不足和旧有矛盾的逐渐暴露以及技术迅猛发展所揭示的一个过分复杂和陌生物质世界这两个极端的突然交汇，把这两个弄潮儿推向这个“唯恐不够疯狂”的特定时代的前沿，成为数学和物理学领域的领军人物，并结为天成妙得的同盟军和休戚与共的命运共同体。身为专利局普通职员的 Einstein 于 1905 年推出那个后来震惊世界的“时空观”革命时，几乎没有任何人认真对待这个无人可以读懂的纯粹人为杜撰。但是，当时在学术界已经声名显赫的 D. Hilbert 却表现出一种不同寻常的极大兴趣。事实上，Hilbert 同样面对自己的《几何基础》无人读懂的尴尬，而这位年轻人所做的一切恰恰契合于自己的“公理化体系”主张，应该视之为对这个思想体系所作的“桌子、椅子、啤酒瓶同样可以当作几何学点线面”诠释一种最为贴切和大胆的实践。正是在 Minkowski 和 Hilbert 的共同倡导下，前者于 1907 年完成了那个只能冠以“伪空间”称谓的“4 四维时空结构”的构造，从而为年轻的 Einstein 提供了一个被其后的西方主流科学社会称之为“相对论的整个数学武库”的工具。可以相信：如果不是这些职业数学家的奋力帮助，一个从头至尾充满着矛盾、悖谬和荒唐的“相对论”或许早就被人们遗忘了；当然，正如某些数学评论家

---

① 必须再次提醒人们注意这样一个基本事实：尽管年轻的 Einstein“首先”提出了“光速不变原理”，但是，他不仅没有理性意识到这个被他“形而上学”地视为无需存在条件的普适性原理的物理学陈述只不过是一切“物质场”中小扰动传播蕴涵的“共性”特征，而且，他根本没有理解“光速不变原理”拥有的物理内涵，随着电磁场的可能变化导致“小扰动传播速度”的相应变化，反而把“光速”当作一种纯粹神学意义的教条。正因为此，Einstein 没有弄明白：他针对“Einstein 光子钟”的分析对“光速不变原理”已经构造了逻辑否定。

指出的那样：如果不是凭借“相对论”之横空出世，那个实际上已经被许多数学家批驳得千疮百孔的 Riemann 几何，也绝对没有机会再重新活跃在现今的自然科学舞台上。

但是，问题在于：既然需要为一个只允许建立在“约定论”之上并承认一对“矛盾事实”的体系充当“数学武库”来使用，那么，这个同样只能建立在“约定论”之上的“数学武库”就不可能改变原体系允许“矛盾前提”存在的错误基础；甚至反过来进一步说明，这个滥用数学符号并公然以“伪”字称谓自己的形式系统，已经对数学符号所内蕴某种特定的抽象意义构成逻辑否定，并因为“名实不一”而无法成为一个真正意义上的形式系统。因此，无论是急公好义，愿意搭救“相对论”一把，将这个自始至终充满矛盾的“神学”系统解救于危难之中；还是内心另有盘算，妄图凭借对“相对论”加以“形式化”的改造，为他们在面对数学“哲学基础”的重大争论中所提“形式主义”纲领提供变相的依据，对他们难以排解“逻辑悖论”的困境实施自我救赎。

逻辑是公正和无情的，独立于人们的主观意志。往往被许多人称之为 Hilbert 的死敌，作为 20 世纪初数学基础“直觉主义”主张奠基人的 Brouwer，他的许多思想以及对“公理化体系”的批判恰恰符合于他没有意识到的逻辑，与“逻辑只不过是同义反复”的本来意义保持一致。他曾经严厉而尖锐地指出：

> 无论怎样用 Hilbert 所设想的相容性证明来进行修补，数学的公理化基础都必须毫不留情地加以抛弃。…… 逻辑绝不是揭示真理的工具，用其他办法不能得到的真理，用逻辑也照样不能推导出来。

毫无疑问，绝不会因为 Hilbert 本人的意愿如何真诚和强烈，或者是因为冠之以“公理化假设”的美好称谓，就能够如其所述允许把“桌子、椅子和啤酒瓶”真的当作“几何学的点线面”来对待；同样，也不可能因为 Minkowski 的诚实和坦白，仅仅凭借一个公然昭示的“伪”字，就能够对这个“伪科学”概念背后种种“反科学和违背理性”的事实视而不见，否定任何建立在“矛盾前提”或者“伪科学概念”之上一个所谓“形式系统”的彻底荒唐和悖谬①。

因为“Minkowski 伪空间”本来就不是一个几何空间，所以只要进行简单的代数运算，不难立即构造一个“否定性”证明：作为“相对论”形式基础的 Lorentz 变换根本不可能满足“封闭性”要求，也就是说 Lorentz 变换不可能成为一个数学上的群。并且，根据且仅仅根据逻辑，任何人无法否定任何一个“否定性证明（证伪）”对于“否定性证明”必然具有的“决定性”意义。

当然，在许多现代的理论物理著作中，读者可以发现这些著作似乎的确为人们展示了一个相关的“数学推导”过程：能够从“Minkowski 伪空间”出发，采用“演绎逻辑”的方法推导出满足“封闭性”要求的 Lorentz 变换群。但是，如果注意到 Landau 在其《经典量子力学》序言所作“理论物理中的数学严谨性不过是自欺欺人”的论断，或者意识到 Dirac 之所以将量子力学中的数学推导视为“有趣游戏”的调侃，恰恰显示科学研究中必需却又极其难得的真诚，那么，人

---

① Brouwer 曾经提出，数学中的形式系统必须建立在“构造性对象（constructive object）”之上。其实，这种“数学观”正是科学陈述“实体论”思想在数学科学领域的具体应用，从而在深刻揭示 Hilbert“公理化体系”主张内蕴“约定论”荒唐的同时，有力地捍卫了科学陈述必须普遍遵循的“物质第一性”原则，维护了逻辑只具“同义反复”的本来意义和纯粹性。遗憾的是，Brouwer 本人没有深切认识到“实体论”思想的“合理性”正在于逻辑，以至于把等同于“同义反复”的真实逻辑混同于需要严厉批判的“形而上学”虚假逻辑来批判。

们本来可以轻松接受“证伪学说”的思想，无需认真对待“Lorentz 群”这样一个只能纳入“伪概念”范畴的习惯说法。或者说，当现代自然科学的语言变得愈益“晦涩、繁杂、神秘”的时候，所有的一切不过是面对矛盾普遍存在的现实而表现出来的无奈和尴尬。

20 世纪 90 年代后期，曾经爆发了一场名为“科学大战(Science War)”的重大争论。在这场号称震动整个西方知识社会却最后无果而终的争论中，一些普通的科学工作者面对现代自然科学普遍存在的“人文主义”倾向，向人们重新提出自然科学是否需要继续遵循曾经指导诞生于 17 世纪的现代自然科学研究的“实体论”基础的质疑，启示人们需要关注自然科学是否仍然需要遵循“逻辑自洽性”原则的严肃思考。显然，澄清这些涉及科学存在基础的重大问题，对整个自然科学研究能否沿着正确健康方向继续发展，具有极其重要的现实和历史意义。但是，面对这个关系到科学前途的重大命题，另一些自认有所特殊建树的大人物则以“科学卫士”自居，他们一方面他们将一切既成“经典理论”变成不容批判和否定的形而上学，竭力维护科学权威作为科学生活中“最终裁判者”所拥有的一种至高无上的地位；另一方面，他们又完全无视现代自然科学体系形形色色“第一性原理”或者“公理化体系”，实际上已经彻底背离科学陈述必需的“实体论”基础的荒唐，掩饰和否定大量矛盾陈述存在的真实，乃至以一种“咄咄逼人、颐指气使”的口气，公然做出他们关于物理学定律的表述“就是与客观实在浑然天成一一对应”的裁决，并且指出只因为哲学家们看不懂，所以他们才会看不出物理学家使用的语言必定是“数学语言”的蛮横独断[1,2,3,4]。

毫无疑问，与 Einstein、Dirac、Heisenberg、Landau 乃至 M. Kline 这样的评论家承认矛盾存在的诚实不同，那些号称物理学语言必然就是严格的数学语言，并且总是天然地将自己置于不容讨论和批判的地位之上的言论，对于澄清基本科学问题以及如何保证自然科学的正常发展，往往具有更大的欺骗性和破坏力。

4.1 经典著作由“Minkowski 伪空间”构造“Lorentz 变换群”的“数学推导”过程

考虑到此处所论问题，对于重新认识“狭义相对论”实际具有的“基础性”地位，故而首先忠实地援引 S. Weinberg 在文献[5]之中名为《狭义相对论》的一章，曾经针对“如何从 Minkowski 空间推导 Lorentz 变换群”的命题所做的论证。Weinberg 指出：

> 狭义相对性原理说，自然定律对 Lorentz 变换群(一个特定的空一时坐标变换群)是不变的。Newton 运动定律对 Galileo 变换不变，而 Maxwell 方程则不然。Einstein 通过把 Galileo 不变性换成 Lorentz 不变性解决了这一矛盾。我们不准备按照历史发展的顺序进行讨论，而只是先定义 Lorentz 变换，再示明 Lorentz 不变性如何指导我们研究自然定律。
>
> Lorentz 变换是由一个空-时坐标系 x^α 到另一个坐标系 x'^α 的变换，这种变换具有如下形式
>
> $$x'^\alpha = \Lambda^\alpha_\beta x^\beta + a^\alpha \tag{1}$$
>
> 式中 Λ^α_β 和 a^α 是常数，且满足条件
>
> $$\Lambda^\alpha_\gamma \Lambda^\beta_\delta \eta_{\alpha\beta} = \eta_{\gamma\delta} \tag{2}$$

而

$$\eta_{\alpha\beta}=\begin{cases}+1 & \alpha=\beta=1,2,3\\ -1 & \alpha=\beta=0\\ 0 & \alpha\neq\beta\end{cases} \tag{3}$$

我们所采用的符号 α,β,γ 等遍取 1,2,3,0 这 4 个值，而 x^1,x^2,x^3 是位置向量 $\boldsymbol{x}$ 的 Descartes 分量，x^0 是时间 t。采用光速等于 1 的自然单位制，因而所有的 x^α 都具有长度的量纲。

标志 Lorentz 变换的基本性质是它保持“原时”$\mathrm{d}\tau$ 不变，而 $\mathrm{d}\tau$ 的定义是

$$\mathrm{d}\tau^2\equiv \mathrm{d}t^2-\mathrm{d}\boldsymbol{x}^2=-\eta_{\alpha\beta}\mathrm{d}x^\alpha\mathrm{d}x^\beta \tag{4}$$

在新坐标系 x'^α 中，由式(1)得出坐标的微分为

$$\mathrm{d}x'^\alpha=\Lambda^\alpha_\gamma\mathrm{d}x^\gamma$$

故新的原时将是

$$\begin{aligned}\mathrm{d}\tau'^2&=-\eta_{\alpha\beta}\mathrm{d}x'^\alpha\mathrm{d}x'^\beta\\&=-\eta_{\alpha\beta}\Lambda^\alpha_\gamma\Lambda^\beta_\delta\,\mathrm{d}x^\gamma\mathrm{d}x^\delta\\&=-\eta_{\gamma\delta}\mathrm{d}x^\gamma\mathrm{d}x^\delta\end{aligned}$$

因而有

$$\mathrm{d}\tau'^2=\mathrm{d}\tau^2 \tag{5}$$

正是这个性质解释了和观测到的光速在全不管星系中都有相同的现象。

光的波阵面的 $|\mathrm{d}\boldsymbol{x}/\mathrm{d}t|$ 就等于光速，它在我们的单位制中等于 1；因此光的传播为下列陈述所描写

$$\mathrm{d}\tau=0 \tag{6}$$

实行一个 Lorentz 变换后并不改变 $\mathrm{d}\tau$，因而 $\mathrm{d}\tau^2=0$，所以 $|\mathrm{d}\boldsymbol{x}'/\mathrm{d}t'|=1$，即光速在新的坐标系中仍等于 1。

我们还可以指出，Lorentz 变换(1)是保持 $\mathrm{d}\tau^2$ 不变的仅有的非异坐标变换 $x\to x'$。一个一般的坐标变换 $x\to x'$ 将把 $\mathrm{d}\tau$ 变成 $\mathrm{d}\tau'$

$$\begin{aligned}\mathrm{d}\tau'^2&=-\eta_{\alpha\beta}\mathrm{d}x'^\alpha\mathrm{d}x'^\beta\\&=-\eta_{\alpha\beta}\frac{\partial x'^\alpha}{\partial x^\gamma}\frac{\partial x'^\beta}{\partial x^\delta}\mathrm{d}x^\gamma\mathrm{d}x^\delta\end{aligned}$$

如果此式对所有的 $\mathrm{d}\tau'^2$ 都等于 $\mathrm{d}\tau^2$，则必有

$$\eta_{\gamma\delta}=\eta_{\alpha\beta}\frac{\partial x'^\alpha}{\partial x^\gamma}\frac{\partial x'^\beta}{\partial x^\delta} \tag{7}$$

把上式对 x^ε 求导数得

$$0=\eta_{\alpha\beta}\frac{\partial^2x'^\alpha}{\partial x^\gamma\partial x^\varepsilon}\frac{\partial x'^\beta}{\partial x^\delta}+\eta_{\alpha\beta}\frac{\partial x'^\alpha}{\partial x^\gamma}\frac{\partial^2x'^\beta}{\partial x^\varepsilon\partial x^\varepsilon}$$

为要解出二阶导数，我们将上式加上 γ 与 ε 互换后所得的同一方程，再减去 ε 与 δ 互换后的方程，即

$$\begin{aligned}0=\eta_{\alpha\beta}\Big[&\frac{\partial^2x'^\alpha}{\partial x^\gamma\partial x^\varepsilon}\frac{\partial x'^\beta}{\partial x^\delta}+\frac{\partial^2x'^\beta}{\partial x^\delta\partial x^\varepsilon}\frac{\partial x'^\alpha}{\partial x^\gamma}+\frac{\partial^2x'^\alpha}{\partial x^\varepsilon\partial x^\gamma}\frac{\partial x'^\beta}{\partial x^\delta}+\\&\frac{\partial^2x'^\beta}{\partial x^\delta\partial x^\gamma}\frac{\partial x'^\alpha}{\partial x^\varepsilon}-\frac{\partial^2x'^\alpha}{\partial x^\gamma\partial x^\delta}\frac{\partial x'^\beta}{\partial x^\varepsilon}-\frac{\partial^2x'^\beta}{\partial x^\varepsilon\partial x^\delta}\frac{\partial x'^\alpha}{\partial x^\gamma}\Big]\end{aligned}$$

方括号中最后一项与第二项相消，倒数第二项与第四项相消(因为 $\eta_{\alpha\beta}=\eta_{\beta\alpha}$)，第一项等于第三项，因而我们有

$$0=2\eta_{\alpha\beta}\frac{\partial^2 x'^{\alpha}}{\partial x^{\gamma}\partial x^{\varepsilon}}\frac{\partial x'^{\beta}}{\partial x^{\delta}}$$

可是因为 $\eta_{\alpha\beta}$ 和 $\partial x'^{\beta}/\partial x^{\delta}$ 都是非异矩阵，因而立即得到

$$0=\frac{\partial^2 x'^{\alpha}}{\partial x^{\gamma}\partial x^{\varepsilon}} \tag{8}$$

当然，方程(8)的通解正是线性函数(1)，而把式(1)重新代入式(7)可看出 Λ^{α}_{β} 必须满足条件(2)。

……[①]

形如(1)的所有 Lorentz 变换的集合被正确地称为非齐次 Lorentz 群或 Poincare 群，而 $a^{\alpha}=0$ 的子集合称为齐次 Lorentz 群。齐次 Lorentz 群与非齐次 Lorentz 群两者都有子群分别成为正齐次 Lorentz 群和正非齐次 Lorentz 群，其定义是对 Lorentz 变换作如下的附加要求

$$\Lambda^{0}_{0}\geqslant 1,\quad \mathrm{Det}\Lambda=+1 \tag{9}$$

我们要研究的都是正 Lorentz 变换，除非另有声明，我们总假定任何 Lorentz 变换满足式(9)所示的方程[②]。

其中，正齐次 Lorentz 变换有一个子群是由转动构成的，它们是

$$\Lambda^{i}_{j}=\boldsymbol{R}_{ij},\quad \Lambda^{i}_{0}=\Lambda^{0}_{i}=0,\quad \Lambda^{0}_{0}=1 \tag{10}$$

式中 $\boldsymbol{R}_{ij}$ 是一个幺模正交矩阵(即 $\mathrm{Det}\boldsymbol{R}=1$ 且 $\boldsymbol{R}^{T}\boldsymbol{R}$)而指标 i,j 遍历值 1,2,3。只涉及如下所示转动空-时平移时，

$$x^{\alpha}\rightarrow x^{\alpha}+a^{\alpha},\quad \alpha=1,2,3,0 \tag{11}$$

Lorentz 群与前面讨论过的 Galileo 群没有区别。区别仅发生在那些称为“推动(boost)”的变换，它改变坐标系的速度。

假定一个观测者 O 看到一个粒子处于静止，而第二个观测者 O' 看到此粒子以速度 $\boldsymbol{v}$ 运动，由式(1)我们有

$$\mathrm{d}x'^{\alpha}=\Lambda^{\alpha}_{\beta}\mathrm{d}x^{\beta} \tag{12}$$

或者，因为 $\mathrm{d}\boldsymbol{x}$ 等于零

$$\mathrm{d}x'^{i}=\Lambda^{i}_{0}\mathrm{d}t\qquad(i=1,2,3)$$

---

① 在 Weinberg 的著作中，还讨论了 $\mathrm{d}\tau=0$ 的特例，指出最终导致“非线性变换”的结果，进而做了只能隶属于“主观臆测”范畴的许多推论。但是，如果确认全部分析的逻辑前提必须是式(2)所示线性变换，那么，非线性的结果必然对逻辑前提构成了否定，只能说明相关分析必然是“非逻辑”的。其次，Weinberg 如果真正懂得向量空间的基本概念，认识到式(4)关于 $\mathrm{d}\tau$ 构造的定义只不过是向量分析中关于向量长度的形式定义，那么，式(5)所示的结果无疑过分平常，不可能告诉人们除此以外的任何物理实在。当然，一旦形成这样一种理性判断，那么，一切关于零向量变换的分析自然失去逻辑意义。

② 需要指出，针对式(2)所定义的 Lorentz 变换能够恒定满足式(9)所示的“正定变换”问题，Weinberg 构造的“证明”同样充斥了基本数学概念的紊乱，不得不使人们联想起 Dirac 曾经做出“有趣游戏”的描述，或者一位著名物理学史评论者 A. Pais 关于现代理论物理学中的数学不过是“让玩游戏的感到舒服和痛快”的评价。书中关于“正定变换”的陈述与此处需要讨论的基本命题没有直接关系，因此不再援引它们。

$$\mathrm{d}t = \Lambda^0_0 \mathrm{d}t$$

用 $\mathrm{d}t'$ 除 $\mathrm{d}\boldsymbol{x}'$ 则得速度 $\boldsymbol{v}$，因而

$$\Lambda^i_0 = v_i \Lambda^0_0 \tag{13}$$

我们可以得到 Λ^i_0 与 Λ^0_0 的第二个关系，只需在方程(2)中令 $\gamma=\delta=0$ 即可：

$$-1 = \Lambda^\alpha_0 \Lambda^\beta_0 \eta_{\alpha\beta} = \sum_{i=1,2,3} (\Lambda^i_0)^2 - (\Lambda^0_0)^2 \tag{14}$$

方程组的解是

$$\Lambda^0_0 = \gamma$$
$$\Lambda^i_0 = \gamma v_i$$

式中

$$\gamma \equiv (1 - \boldsymbol{v}^2)^{-1/2} \tag{15}$$

其他的 Λ^α_β 不是唯一确定的，因为如果 Λ^α_β 把一个粒子由静止变到有速度 $\boldsymbol{v}$，则 $\Lambda^\alpha_\gamma R^\gamma_\beta$（其中 R 是任意转动）也可把此粒子由静止变到有速度 $\boldsymbol{v}$。满足方程(2)的一个很方便的选择是

$$\begin{cases} \Lambda^i_j = \delta_{ij} + v_i v_j \dfrac{(\gamma - 1)}{\boldsymbol{v}^2} \\ \Lambda^0_j = \gamma v_j \end{cases} \tag{16}$$

不难看出，任何正齐次 Lorentz 变换皆可表为推动 $\Lambda(\boldsymbol{v})$ 与 R 转动的乘积①。

或许需要指出，之所以特别选择 S. Weinberg 的著作作为对比材料，乃至以其作为最终批判处于彻底荒谬之中的“广义相对论”的蓝本，绝不是因为这本著作比其他的“相对论”论著写得粗浅简陋，恰恰考虑到 Weinberg 努力使用较为明晰“形式语言”的良好愿望，在论述他所认同的“相对论”实际存在的“形式逻辑”问题时更为明确和充分，以至于能够使用形式语言进行较为严格的讨论和分析，并同样便于检讨和反驳此处所做的逻辑审查；当然，考虑到著者在目前科学世界似乎具有毋庸置疑的影响，与 Weinberg 进行使用“数学语言”的对话也更具一般意义。可以相信，提倡和维护使用“严格数学语言”进行“严肃科学论证”的方法，需要科学世界重新予以极大关注和重视。

4.2 解读由“Minkowski 伪空间”演绎推导“Lorentz 变换群”的基本思路

在西方科学世界中，出现过许许多多比 Nobel 奖获得者 S. Weinberg 影响深远得多的研究者，他们曾经不无真诚而深刻地告诫过人们：现代理论物理中的数学严谨性只是“自欺欺人”或者不过是一种“有趣游戏”而已。事实上，如果说 Einstein 曾经无奈和不无讥讽地做出“自从数学家搞起相对论，我自己就不再懂它了”的感叹，那么，人们同样可以做出“合理”推测：当

① 不得不再次指出 Weinberg 相关证明对于“Lorentz 变换”的随意曲解。显然，对于式(16)构造的“推动群”变换，可以将其视为具有“不变性”意义的一种“张量形式”表述，从而独立于特定坐标系中不同“坐标轴”的选择以及观察者相对于静止坐标系的“运动”方向。但是，人们熟知，理论物理学中的 Lorentz 变换无法表示为“不变量”形式，因为与观察者平行或垂直的不同方向上需要遵循完全不同形式的变换。

Weinberg 对其所构造的论证过程表现得如此确定和自信时，这个论证过程展现的“繁杂、琐碎”不仅足以让包括构建“Minkowski 伪空间”的首创者以及他的学生 Einstein 眼花缭乱、望而生畏；而且，人们同样可以合理地相信，正是一种与“逻辑、理性”完全背道而驰的“琐碎繁杂、晦涩难懂”掩饰了认识悖谬和逻辑悖论的真实存在，欺骗了内心充满对科学世界无限尊崇的善良人们，当然，也同样欺骗了 Weinberg 这样一些其实从来没有真正读懂过自己所需要使用数学工具的职业科学工作者，使自己处于难以辨别是非和正误的认识紊乱之中。

因此，在对以上使用数学语言的推导过程进行具体数学分析以前，不妨首先针对这个在整个 20 世纪的理论物理中占有基础性地位的重要命题所构造，一个形式上相对较为翔实，影响也更为广泛的论证结构的“主要思想”，作一个大概的整理。人们不难看出，贯串 Weinberg 的推理过程，他的最基本“思维结构”为：

(1) 首先，作为一个必需的逻辑前提，人们必须接受式(3)为“度量”所构造的定义或人为认定，即

$$\eta_{\alpha\beta}=\begin{cases}+1 & \alpha=\beta=1,2,3\\ -1 & \alpha=\beta=0\\ 0 & \alpha\neq\beta\end{cases}$$

当然，进而需要承认具有这种度量特征“向量空间”的前提存在。

(2) 其次，既然认定为向量空间，所以理所当然相应存在一切向量空间必须具有的线性变换，或坐标系变换。因此，一旦坐标系发生如式(1)所示的变化，即

$$x'^{\alpha}=\Lambda^{\alpha}_{\beta}x^{\beta}+a^{\alpha}$$

则出现于该式中的“度量张量”相应存在式(2)所示的变换

$$\Lambda^{\alpha}_{\gamma}\Lambda^{\beta}_{\delta}\eta_{\alpha\beta}=\eta_{\gamma\delta}$$

并且，进行这样的形式变换后，作为相关论述全部逻辑前提、为式(3)构造的附加“度规准则”必需保持不变。

(3) 继而，如果暂时跨过以上“数学推导”过程中“与导得 Lorentz 变换最终结果没有直接关系”的某些细节的论述，仅仅着眼于“构造 Lorentz 变换”必需的基本前提以及最终怎样得到“所需结果”的问题。进一步说，暂时放弃数学推导必须满足“逻辑一致性”要求，不再追究何以能够仅仅使用式(10)所示的“空间转动”子群，乃至包括式(11)所示的“时空平移”变换，取代此处需要讨论处于“相对运动(既非单纯的空间变换、亦非纯粹的时间变换)”两个坐标系之间“广义坐标(包含空间和时间坐标)”的变换，两个在逻辑上几乎没有任何关联命题的反常，转而根据“公理化思想体系”的核心，以无需添加任何原因或解释的“约定论(独断论)”方式，强行要求整个形式系统接受式(12)、(13)构造的“公理化”前提认定。这样，考虑到“新空间(运动坐标系)”仍然需要满足式(2)所示“Minkowski 伪空间”必须满足的前提条件，可以导得式(14)，即

$$-1=\Lambda^{\alpha}_{0}\Lambda^{\beta}_{0}\eta_{\alpha\beta}=\sum_{i=1,2,3}(\Lambda^{i}_{0})^{2}-(\Lambda^{0}_{0})^{2}$$

继而推得

$$\boldsymbol{\Lambda}(\boldsymbol{v}):\begin{cases}\Lambda^{i}_{j}=\delta_{ij}+v_{i}v_{j}\,\dfrac{(\gamma-1)}{\boldsymbol{v}^{2}}\\ \Lambda^{0}_{j}=\gamma v_{j}\end{cases}\tag{17}$$

该式就是式(16)所示，现代理论物理学通常所说 Lorentz 变换中的“推动”子群。

(4) 最后，正如 Weinberg 特别指出的，作为 Lorentz 变换的一般形式（并且表示为一种“整体形式”时），相应存在

$$\boldsymbol{\Lambda} = \boldsymbol{\Lambda}(\boldsymbol{v}) + \boldsymbol{R} \tag{18}$$

等价地说，Lorentz 群可以看成两种变换的叠加，其中，$\boldsymbol{\Lambda}(\boldsymbol{v})$是由特定速度 $\boldsymbol{v}$ 构造的“某一次”推动变换，另一部分为形形色色刚性变换 $\boldsymbol{R}$ 构造的子群。于是，如果仅仅从数学关系式所使用“抽象符号”的角度考虑，以上结果看起来似乎成功地避免了 Lorentz 群长期存在只允许使用不具普遍意义的“坐标分量”加以表示，却无法采取一种“整体”的，也就是能够表示为独立于坐标系人为选择的“不变量”形式的尴尬。人们或许可以相信，这正是 Weinberg 难免自负，觉得自己远比别人高明许多，乃至可以对其他 Nobel 奖得主大肆鞭挞和羞辱的资本。（殊不知，这种机谋看似聪明，但了不起只能当作“障眼法”的自我安慰。Weinberg 根本不懂：无法使用一般“曲线坐标系”的坐标分量表述 Lorentz 变换这一事实本身就具有某种“本质”的启示意义，需要将其看作任何纯粹的人为杜撰，因为缺失“客观性”基础所以无法满足“不变性”要求的逻辑必然。）

4.3 关于“Lorentz 群”的“虚假”证明

作为一个最基本的数学概念，当被赋予某种“运算结构”的集合能够称为“群”的时候，该集合必须满足“自封闭性”的要求，否则这个集合不能称为群。正因为此，即使暂时不考虑定义于许许多多相互之间处于“匀速直线运动”之中惯性系的 Galileo 变换、乃至“惯性系”概念本身是否恰当这样一些属于理论物理体系最基本的问题，但是，根据 Newton 力学，所有这些处于相对运动之中的惯性系，的确可以在形式上构造一个按照“坐标系相对运动——对应于赋予群的某种特定运算结构”的特定意义，满足“自封闭”要求的群。

此处，如果继续沿用 Weinberg 著作在阐述“相对性原理的历史”时所做的陈述，关于 Galilie 变换群的描述为：

> Newton 力学定义了一类参考系，叫做惯性系，其中自然规律采取《自然哲学的数学原理》一书所给出的形式。例如质点系的运动方程为
>
> $$m_i \frac{\mathrm{d}^2 \boldsymbol{x}_i}{\mathrm{d}t^2} = G \sum_j \frac{m_i m_j (\boldsymbol{x}_j - \boldsymbol{x}_i)}{|\boldsymbol{x}_j - \boldsymbol{x}_i|^3} \tag{19}$$
>
> 式中 m_i是质点 i 的质量，$\boldsymbol{x}_i$是该质点在时刻 t 的 Descartes 坐标①。
>
> 不难验证，若以一组新的空时坐标
>
> $$\begin{aligned} \boldsymbol{x}' &= \boldsymbol{R}\boldsymbol{x} + \boldsymbol{v}t + \boldsymbol{d} \\ t' &= t + \tau \end{aligned} \tag{20}$$

① 向量 $\boldsymbol{x}$ 与该向量在 Descartes 坐标系中的分量 x_i 属于两类完全不同的概念。不可思议的是，Weinberg 何以对这些基本数学概念的陈述显得如此轻率。可以相信，正因为对于逻辑严谨性的完全忽视，Weinberg 不仅不可能认真思考“惯性系”形式定义中明显存在“循环逻辑”的致命缺陷，而且由于缺乏严格逻辑思辨的能力，Weinberg 根本不可能严肃对待和努力领悟他的著作曾经引用 Leibniz 针对 Newton 力学中“空间概念”曾经做出的，一种极富启示意义、深刻而严厉的批判。

来表达，这些方程将具有同样的形式，式中 $\boldsymbol{v}$，$\boldsymbol{d}$ 和 τ 是任意实常量，$\boldsymbol{R}$ 是任意实正交矩阵。该变换形成由 $\boldsymbol{R}$，$\boldsymbol{v}$ 和 $\boldsymbol{d}$ 构造的群，称之为 Galileo 群。而运动定律在这种变换下的不变性叫做 Galileo 不变性，或 Galileo 相对性原理。

由初等解析几何的基本知识，给定几何空间中的向量属于"客观量"范畴，独立于不同坐标系的人为选择。因此，与坐标系旋转张量 R 或平移向量 $\boldsymbol{d}$ 相关的变换只不过表现了一个与以上所述"客观性"保持一致的"平凡"事实。但是，针对此处希望表达的"Galileo 不变性原理"而言，本质上需要表现的只能是与坐标系之间"恒定相对运动 $\boldsymbol{v}$"相关的"不变性"特征，并且正是在这个特定意义上构造了满足"自封闭"要求的群。

显然，与此处针对式(20)所定义 Galileo 变换群做出的"合理诠释"完全不同，对于式(18)所示、由 Weinberg 构造的 Lorentz 群的分解式中，允许满足"自封闭性"要求的只是那个"平凡"的、由形形色色"旋转变换 $\boldsymbol{R}$"构造的子群；至于那个真正与坐标系之间"相对运动 $\boldsymbol{v}$"相关的形式表述只是式(17)所示、由某一次"单独"推动构造的"唯一"变换 $\boldsymbol{\Lambda}(\boldsymbol{v})$。但是，因为式(17)所示的变换中隐含"非线性"因子，所以这个只具有"唯一元"的变换形式不可能构造群，为 Lorentz 变换构造的形式表述无法用于"后续"的推动。也就是说，对于轻言"物理学家被迫发明的语言就是数学语言"的 Weinberg 而言，他显然缺乏对数学或形式逻辑的真正了解或深刻领悟，以至于才会过分随意地诋毁 Heisenberg 等物理学前辈的慎重和诚实，并且根本不明白自己只不过为并不真实存在的 Lorentz 群杜撰了一个"完全虚假"的证明。

如果以上针对 Weinberg 证明所做的"一般性"分析可能显得较为抽象，那么，可以考察现代理论物理学到底以怎样一种具体形式使用 Lorentz 群的呢？此处，不妨让我们大概引用汤川秀树在其所著《量子力学》一书所作的相关叙述：

作为 Lorentz 变换的典型例子，从固定坐标系到沿 x^3 轴正向以速度 v 运动的坐标系的变换是

$$[\Lambda(v)]=\begin{bmatrix}\cosh\chi & 0 & 0 & -\sinh\chi\\ 0 & 1 & 0 & 0\\ 0 & 0 & 1 & 0\\ -\sinh\chi & 0 & 0 & \cosh\chi\end{bmatrix} \tag{21}$$

式中出现的双曲函数则由下式定义

$$\tanh\chi=v/c$$

另外，如果同一个坐标系还绕 x^2 轴旋转 β 角，或者绕 x^3 轴旋转 γ 角，则与它们相关的变换矩阵分别为

$$[\Lambda(\beta)]=\begin{bmatrix}1 & 0 & 0 & 0\\ 0 & \mathrm{con}\beta & 0 & -\sin\beta\\ 0 & 0 & & 0\\ 0 & \sin\beta & 0 & \cos\beta\end{bmatrix} \tag{22a}$$

与

$$[\Lambda(\gamma)] = \begin{bmatrix} 1 & 0 & 0 & 0 \\ 0 & \text{con}\,\gamma & \sin\gamma & 0 \\ 0 & -\sin\gamma & \cos\gamma & 0 \\ 0 & 0 & 0 & 1 \end{bmatrix} \tag{22b}$$

人们还可以引入空间的反射变换，以及时间的反演变换等等。这样，如果把 Lorentz 变换定义为式(21)与式(22)所示两种变换的叠加，那么，Lorentz 变换构成群。

显然，汤川秀树在此处为我们构造的示例，仍然与以上针对 Lorentz 变换群所做的一般性分析保持一致。也就是说，理论物理中的 Lorentz 群不可能像 Galileo 变换群那样，允许并且必须定义于运动坐标系的相对运动速度 $\boldsymbol{v}$ 之上。对于理论物理实际使用的 Lorentz 群，只不过是刻画一切“客观性”陈述必须也必然独立于包括坐标系旋转变换在内，与坐标系人为选择完全无关这样一个本来“过分平凡(too trivial)”的基本理念，完全不同于 Einstein 最初杜撰的 Lorentz 变换以及希望赋予这个变换的物理内涵。事实上，如果理论物理“的确希望”继续沿用“构造一个本质上完全多余的 Galileo 变换群”的方法，那么，人们需要认识到：Lorentz 变换和 Galileo 变换相比，无论在形式逻辑还是在物理意义上都不可同日而语，永远不可能构成一个在形式上需要满足“自封闭”要求的 Lorentz 群。因此，与“Minkowski 伪空间”并不是真正的向量空间，只能以“伪空间”称谓相仿，充其量只能将当代理论物理期待中的 Lorentz 群称之为“Lorentz 伪群”。至于目前借助一个与 Lorentz 变换几乎毫无关联，由坐标系“旋转变换”所构造的形式表述，由于偷换概念，只能将其当作一个虚假的“Lorentz 伪群”即“伪 Lorentz 伪群”来对待。总之，由于现代理论物理充斥着“张冠李戴、指鹿为马”的欺骗、虚伪和蛮横，所有这一切只能纳入“伪科学”的范畴。当然，这也是 Landau 将现代理论物理中的数学严谨性公然称之为自欺欺人，而当今科学世界竟然将自然科学界定为某个特定人群“共同信念集合”的缘故。

4.4 相关证明结构若干“思维悖论”的澄清

此处以 S. Weinberg 的著作作为对比材料，针对目前理论物理如何从“Minkowski 伪空间”出发推导“Lorentz 变换群”的过程，构造了一个“逻辑证伪”的论证系统。毫无疑义，以上分析已经指出的一系列形式逻辑错误绝不仅仅属于 Weinberg 一人，而应该归咎于那个被 Bohr 描述为“唯恐不够疯狂”的 20 世纪物理世界。为此，值得针对与此处所论问题相关、并具“基础性”意义与基本数学理念相关的若干“共性”问题进行较为深入的讨论。

但是，一个同样需要引起人们重视的问题在于：如果说 Heisenberg、Dirac、Landau，乃至事实上几乎只懂得“直觉思维”的 Einstein 这样一些 20 世纪的物理学研究者，曾经多次诚实而中肯地告诫人们“现代理论物理体系充满逻辑紊乱，相关的逻辑基础远没有真正建立起来，不得不保持足够谨慎和小心”，那么，人们可以相信，或许正是因为 Weinberg 由于“缺乏严格逻辑推理起码素养”的无知，他才会具有与常人不同的胆量、豪气甚至蛮横，粗暴地对待他完全不屑一顾的哲学工作者，乃至那些甚至和他一样获得过 Nobel 奖的自然科学研究者。只是为了提醒每一个自然科学研究者必须认真对待自然科学研究必需的慎重、严肃和诚实。此处值得略举数例，指出 Weinberg 论证过程中或许只能纳入“个性特征”范畴的明显谬误。

1. 逻辑前提和最终结果的逻辑悖论

相仿于式(20)所定义的Galileo变换定义为“由 $R, \boldsymbol{v}$ 和 $\boldsymbol{d}$ 构造的群”，由式(1)所定义、并视为逻辑前提的“Lorentz 变换”同样需要定义于由“$R, \boldsymbol{v}$ 和 $\boldsymbol{d}$ 构造”构造的“定义域”之中，即

$$x'^{\alpha} = \Lambda^{\alpha}_{\beta} x^{\beta} + a^{\alpha} \in (R, \boldsymbol{v}, \boldsymbol{d}) \tag{23}$$

并且，仍然根据此处的形式定义，此处构造的变换关于该定义域中的基本参量“$R, \boldsymbol{v}$ 和 $\boldsymbol{d}$”必然是线性的

$$x'^{\alpha} = \Lambda^{\alpha}_{\beta} x^{\beta} + a^{\alpha} \in L:(R, \boldsymbol{v}, \boldsymbol{d}) \tag{24}$$

其中，L 用以示意地表示“线性”结构。当然，如果进一步考虑到 Lorentz 变换只允许定义于式(3)所定义的“Minkowski 伪空间”之中，那么此处所述的线性结构同样是必需的。

但是，式(17)所示的 Lorentz 变换中存在

$$\Lambda(\boldsymbol{v}):\begin{cases}\Lambda^{i}_{j} = \delta_{ij} + v_i v_j \dfrac{(\gamma - 1)}{\boldsymbol{v}^2} \\ \Lambda^{0}_{j} = \gamma v_j\end{cases} \mapsto \Lambda(\boldsymbol{v}) \notin L:(R, \boldsymbol{v}, \boldsymbol{d}) \tag{25}$$

于是，结论和逻辑前提明显处于“矛盾”之中。

2. 论证 Lorentz 变换“唯一性”的无效性及其隐含的大量逻辑错乱

或许是越繁杂和晦涩，越让一般读者看不懂，就似乎显得越发深奥和正确的缘故，Weinberg 在上述论证过程中，还特地“创造”出一个“Lorentz 变换(1)是保持 $d\tau^2$ 不变的仅有的非歧异变换”的命题。Weinberg 指出：根据式(7)，即关于度量张量之间的变换关系式

$$\eta_{\gamma\delta} = \eta_{\alpha\beta} \frac{\partial x'^{\alpha}}{\partial x^{\gamma}} \frac{\partial x'^{\beta}}{\partial x^{\delta}}$$

再对 x^{ε} 求导得

$$0 = \eta_{\alpha\beta} \frac{\partial^2 x'^{\alpha}}{\partial x^{\gamma} \partial x^{\varepsilon}} \frac{\partial x'^{\beta}}{\partial x^{\delta}} + \eta_{\alpha\beta} \frac{\partial x'^{\alpha}}{\partial x^{\gamma}} \frac{\partial^2 x'^{\beta}}{\partial x^{\delta} \partial x^{\varepsilon}} \tag{26}$$

继而互换求导的次序，推得

$$0 = 2\eta_{\alpha\beta} \frac{\partial^2 x'^{\alpha}}{\partial x^{\gamma} \partial x^{\varepsilon}} \frac{\partial x'^{\beta}}{\partial x^{\delta}}$$

考虑到 $\eta_{\alpha\beta}$ 和 $\partial x'^{\beta}/\partial x^{\delta}$ 都是非异矩阵，最后得到

$$0 = \frac{\partial^2 x'^{\alpha}}{\partial x^{\gamma} \partial x^{\varepsilon}}$$

该方程的通解正是线性函数式(1)，再代入式(7)可看出 Λ^{α}_{β} 必须满足条件(2)的结论。

显然，这个为 Weinberg 提出的证明或许难以在一般向量分析著作中看到。事实上，根据“微分几何”或者只需要一般“线性代数”的初步知识，一旦给定某一个线性空间以及属于该几何空间中的一个坐标系，那么，式(1)所示的线性变换就能够也必须得到“唯一”确定。并且，这个决定于线性空间中给定坐标系的线性变换，成为后续分析的逻辑前提。

在一般情况下，与给定的线性变换(或坐标系)相对应，给定几何空间中出现一个称之为“度量张量”的场或分布

$$\eta_{\alpha\beta}(\boldsymbol{x}): \eta_{\alpha\beta} = \boldsymbol{e}_{\alpha}(\boldsymbol{x}) \cdot \boldsymbol{e}_{\beta}(\boldsymbol{x}), \boldsymbol{x} \in V \tag{27}$$

随着空间点 $\boldsymbol{x}$ 所处位置的不同，基矢量 $\boldsymbol{e}_{\alpha}$ 处于变化之中，依赖于基矢量的度量张量 η 同样处于变化之中。

但是，如果与人们通常所说的“仿射坐标(affine coordinate)”相对应，那么，只能存在一个

能够定义“整个”几何空间的“同一化”度量

$$\eta_{\alpha\beta}(\boldsymbol{x}):\eta_{\alpha\beta}=\boldsymbol{e}_\alpha(\boldsymbol{x})\cdot\boldsymbol{e}_\beta(\boldsymbol{x})=\text{const.},\quad \boldsymbol{x}\in V \tag{28a}$$

也就是说，虽然仿射坐标的基向量无需也不能满足 Descartes 空间需要满足的“正交归一”条件，但是在整个几何空间 V 的不同空间点 $\boldsymbol{x}$ 处，呈现彼此完全同一的“度量”规则。也就是说，作为仿射坐标的基本属性，相应存在

$$\nabla\eta_{\alpha\beta}(\boldsymbol{x})\equiv 0:\eta_{\alpha\beta}=\boldsymbol{e}_\alpha(\boldsymbol{x})\cdot\boldsymbol{e}_\beta(\boldsymbol{x}),\quad \boldsymbol{x}\in V \tag{28b}$$

此时，度量张量场的梯度恒为零。

当然，如果人们讨论的还属于“Minkowski 伪空间”所定义的整个“抽象空间”域、能够满足式(3)所示“正交(虽然并不以通常方式归一)”条件的坐标系，那么，Weinberg 给出的式(26)只不过是作为式(28)所示“一般属性”的必然推论，并且，还只是一种相对过分简单、素朴，无法表现相关整体特征的“分量表述”形式。显然，这个形式表述没有任何特别意义，不能用来证明超越此处“有限论域”以外的独立论断。

综上所述，像 Weinberg 那样，仅仅依据“仿射坐标系”度量张量梯度恒为零的必然属性，证明仿射坐标能够满足“线性变换”隶属于典型的“循环论证”范畴，什么也没有告诉人们；此外，进而因为这个缺乏任何“实质内涵”证明，做出属于“Minkowski 伪空间”的 Lorentz 变换成为唯一能保证 $d\tau$ 不变的推断，同属“无效论断”的范畴。事实上，正如以下分析进一步指出的那样，由于形而上学思考模式几乎必然蕴涵呆板、片面，简单化的不良思维习惯，Weinberg 对于几何学中一些基本概念的理解只能是紊乱的①。

3. 与“原时”相关的陈述隐含大量逻辑悖论及其澄清

毫无疑问，不能把前面所援引涉及“原时”的陈述或结论视为仅仅属于 Weinberg 个人的观点与认识。但是，众所周知，Einstein 本人曾经多次以一种“诚实”的态度指出：整个“狭义相对论”必须建立在他自己以为的一对“矛盾事实——相对性原理和光速不变原理”的必要前提之上，只允许以“直觉和顿悟”作为构建这个陈述系统的全部思维基础，并且，最终还不得不以放弃“可解释性”为代价，才可能使这个关于“时空观”的认识革命得以成立。当然，这正是对当今科学主流社会曾经描述“甚至 Einstein 也读不懂相对论”的合理诠释。

显然，对于笃信“物理学家被迫发明了自己的语言，这个语言天然就成为数学语言”的 Weinberg 而言，他不可能满意甚至无法容忍 Einstein 以及当今科学主流社会极大部分人的观点。正因为此，Weinberg 才会以惊世骇俗的口气，断然提出“说只有一个人能够理解 Einstein 的相对论绝不是事实。如果事实如此，这绝不是 Einstein 的才华，而是他的过失。”并且，还做出一种“绝对真理”意义之上、不容置疑的断言：“当我说物理学定律是真实时，我是说它们与球场上的石头是同样意义上的真实，而不是像球场上的规则那样的真实。”[1]

值得指出，在 Landau 警示人们只能把理论物理中的数学严谨性视为自欺欺人，而 Dirac 明白地把理论物理中的数学推导纳入“有趣游戏”的范畴时，或者说，包括数学在内的现代自然科学体系实际上已经彻底放弃逻辑的今天，能够重申自然科学必需的“实体论”基础、郑重提出自然科学必须严格遵循“逻辑自洽性原则”的主张，无疑对于如何理性对待 20 世纪的整个自然科学体系的急速变化具有指导性的根本意义。但是，如果只是披着逻辑的外衣，强词夺理、文

① 当然，同样因为微分几何最基本概念的完全紊乱，Weinberg 根本不可能明白“广义相对论”数学基础处于前提性悖谬之中的事实。相关问题将在论述“广义相对论形式逻辑基础”命题时进行讨论。

过饰非，则只能走向其反面，并具有更大的欺骗性。

因此，此处不妨继续以 Weinberg 如何关于"原时"所做的重新阐述，进而以其为基础针对他所说"Michelson-Morley 实验已经得到合理解释"的问题进行分析。

首先，即使暂时不考虑"相对论"构造的"时空观(本质地隶属于主观意识范畴)革命"是否合理，也不考虑任何"人为约定"充其量只可能等价于 Weinberg 所说"球场中的某种人为规则"这样一种"认识论"意义上的基本问题，但是，对于式(4)，即

$$d\tau^2 \equiv dt^2 - dx^2 = -\eta_{\alpha\beta}dx^\alpha dx^\beta \tag{29}$$

形式定义的物理量，并不是 Weinberg 所称的"原时(proper time)"，而被"相对论"定义为发生于两个"特定事件"之间的"时空间隔(space-time interval)"，它们属于"狭义相对论"之中两个不同的"独立"概念。也就是说，Weinberg 混淆了两个不同基本概念，成为对 Einstein 所创造的"狭义相对论"的明显篡改。事实上，根据 Einstein 自己的解释，"相对论"中的"原时和刚尺"不过是"时空度量"所必需、并被赋予"不变性"意义的基准，只不过 Einstein 将其置于"静止"坐标系之中而已①。

继而，仍然只是渊源于概念理解中难以理喻的逻辑紊乱，Weinberg 才可能将等价性关系

$$d\tau'^2 = d\tau^2 \tag{30}$$

误认为对于"Michelson-Morley 实验"得以存在的合理依据。事实上，在构造"狭义相对论"时，这个实验无非为这个陈述系统另一个必需的基本前提(即"光速不变原理")提供了基础。人们可以从几乎任何一本理论物理著作中看到"光速不变原理包含三个独立命题"的具体内容，因此此处无需赘述这些过分简单的物理事实，却可以做出充分合理的断言：Weinberg 又一次对 Einstein 所建立的"狭义相对论"作了篡改，没有真正读懂他信为偶像的"相对论"。

并且，依然只是因为基本概念难以想象的过分紊乱、以及采取形而上学的方式简单套用数学符号的不良习惯，乃至最终必然相应缺乏严格逻辑推理的能力，在 Weinberg 错把式(30)所示"时空间隔"的等价性表述当作 Michelson-Morley 实验得以合理存在的基础时，他根本不可能弄明白这个等价性表述得以存在的"客观性"基础或者"逻辑"依据。其实，只要暂时承认"Minkowski 伪空间"所构造"抽象空间"的合理存在，那么，式(29)人为定义的"时空间隔"$d\tau$ 本质上不过对应于该抽象空间某向量的长度 dl，即

$$d\tau^2 = -\eta_{\alpha\beta}dx^\alpha dx^\beta \sim dl^2 = dx^\alpha dx^\alpha \tag{31}$$

因为向量空间中向量的"长度"属于客观量，可以也必须独立于坐标系的选择，所以局限于此处所讨论这个"抽象空间"的有限论域，式(30)所示的形式"不变性"正是"矢量长度"这个物理实在被赋予普适意义的"客观性"的逻辑必然。因此，仅仅因为 Minkowski 想当然地作出一个"伪空间"的人为约定，作为客观量的"向量长度"保持不变的简单事实，就可以为 Michelson-Morley 实验表现的"独立"物理事实提供得以合理存在的理由，岂不是过分荒唐和幼稚吗？

---

① 当然，如果注意到被 Einstein 视为构建"狭义相对论"两个基础之一的"运动相对性原理"，由于物质运动的状态失去"客观性"意义，只能定义于"静止物体"之上的原时也同时失去得以存在的基础。根据逻辑也仅仅需要根据逻辑，一旦某个陈述系统以承认"矛盾事实"作为得以存在的前提，那么该陈述系统自始至终处于矛盾之中。

4.5 结束语

总之，不可能采取“演绎逻辑”的方法，由“Minkowski 伪空间”推导出 Lorentz 变换群。或者说，从只允许决定于“物质对象”的“科学陈述”的角度的出发（不考虑包含不同观察者不同“主观意志”在内的“技术性”测量方案），无论是 Minkowski 提出的“伪向量”空间，还是其中包含非线性因子的 Lorentz 变换，本质上只能视为同样渊源于“约定论”意义之上、两个人为提出的“独立”假设。因此，这两个人为假设彼此之间没有任何逻辑关联。

毫无疑问，谎言的不断重复，甚至会导致说谎者自己也会渐渐变得糊涂起来，真的把谎言误当为真理，茫然地接受信众们的颂扬和顶礼膜拜。如果 Weinberg 甚至不无责怪 Einstein 还不够大胆，那么，Weinberg 的全部勇气其实只是源于他的无知、基本物理概念的严重紊乱，以及缺乏对于逻辑本质的深刻领悟。

可以相信，根本限制于严格逻辑推理能力的严重缺失，Weinberg 不可能领悟 Landau 为什么公开警示人们“理论物理中的数学严谨性只不过是自欺欺人的道理”，不可能体会 Dirac 为什么将量子力学中的数学推导，戏称为“有趣游戏”时的洞察能力；同样，仍然根本归咎于逻辑推理能力的严重缺失，Weinberg 不可能明白或理解 Einstein 之所以感叹“自从数学家搞起相对论，我自己就不再懂得相对论”时的真实情怀和思想；当然，过于自信的 Weinberg 根本不可能形成一种符合逻辑的理性判断：在他的“广义相对论”著作中，从他为这个陈述系统提供某一个弯曲空间的形式表述开始，整个陈述系统已经彻底陷入前提性的逻辑悖论之中。

在 20 世纪末，包括 Weinberg 在内的某些自诩为“科学卫士”的西方学者，能够重申自然科学必需的“实体论”基础、提出科学陈述必须严格遵守的“逻辑自洽性”原则，虽然这些主张在今天显得特别重要和及时，但是，他们首先需要形成一种理性判断：任何“约定论”意义上的“时空观革命”同样本质地隶属于“主观意识”的范畴，人们永远不可能仅仅借助于“修正概念、篡改科学语言”的方式，真正解决目前自然科学体系由于普遍存在“逻辑不自洽”而出现的暂时认识困惑。事实上，面对无尽、繁杂和充满差异的物质世界，人类认识的不足应该被视为一种永恒。但是，正是在人们的认识显得紊乱时，恰恰需要格外重视科学语言必须严格遵循的无歧义原则，重新构筑科学陈述必需的“实体论”基础，努力使用“逻辑批判”的武器，认真和严肃地审视我们曾经说过的一切。

参考文献

[1] Landau L. D., Lifshitz E. M.. Quantum mechanics[M]. Beijing World Publishing Corporation, 1999

[2] 尼耳斯·玻尔集，卷 6(量子物理学基础 I)[M]. 北京：科学出版社，1991

[3] M. 克莱因著. 数学：确定性的丧失[M]. 李宏魁，译. 长沙：湖南科学技术出版社，2004

[4] Weinberg S.. 索卡尔的恶作剧[M]. New York Review of Books, 1996(引自索卡尔，等原著，蔡仲、邢冬梅译，“索卡尔事件”与科学大战[M]. 南京：南京大学出版社，2002)

[5] (美)S. 温伯格. 引力论和宇宙论——广义相对论的原理和应用[M]. 邹振隆，张历宁，译. 北京：科学出版社，1980

[6] 汤川秀树. 量子力学[M]. 北京：科学出版社，1991

[7] 杨本洛. 自然哲学基础分析——“相对论”的哲学和数学反思[M]. 上海：上海交通大学出版社，2000

[8] 杨本洛. 自然科学体系梳理[M]. 上海:上海交通大学出版社,2005
[9] 杨本洛. 量子力学形式逻辑和物质基础探析——现代自然科学基础的哲学和数学反思[M]. 上海:上海交通大学出版社,2006

5 若干与推导“Lorentz 变换群”相关基本数学概念的澄清

作为当代理论物理的一种习惯认识，人们以为可以从“Minkowski 伪空间”出发，凭借“演绎逻辑”的方法推导出“Lorentz 变换群”。针对这个习惯性认识必然存在的逻辑不当问题，以上曾经构造了一个相关的“逻辑证伪”结构，并且主要使用 S. Weinberg 的相关论述作为构造“逻辑证伪”的比对材料。但是，如果说必须对 Weinberg 论述过程中若干异乎寻常的逻辑不当和错误进行严肃的批判，那么，格外重要的需要形成一种更为本质的理性认识：对于 Weinberg 论述中一些看似离奇的“个性”认识不当和错误，应该归咎于在一系列基本数学概念上更具“一般意义”或“共性特征”的认识不当和逻辑错误才更为合理。

事实上，伴随着 20 世纪理论物理学的“几何化”进程，则是现代数学体系的基础面对一系列逻辑悖论无法解决、至今处于若干互为对立数学思潮的争论和对立之中的重大危机，以及科学主流社会对于 Hilbert 所提“公理化”主张一种“实际功能”上的肯定。进一步说，对于整个现代自然科学体系而言，其实已经彻底抛弃 17 世纪西方科学世界曾经努力遵循的“经验事实”基础，又一次以“约定论”作为自身得以存在的唯一依归。众所周知，作为“直觉主义”的领袖人物 Brouwer 针对“形式主义”做出许多严厉的批判，例如他曾经指出“逻辑不是揭露真理的可靠工具；无论怎样用 Hilbert 所设想的相容性证明来进行修补，数学的公理基础必须毫不留情地抛弃”。但是，人们或许不一定清楚，曾经与 Hilbert 合作著书的 R. Courant 同样对他所说“目前似乎盛行起来的公理演绎风气”提出了十分严厉的批判。在他所著的《什么是数学》一书的开篇之首，Courant 明确地指出：

> 断言数学只是从定义和公理推导出来的一组结论，而这些定义和命题除了必须不矛盾之外，可以根据数学家根据他们的意志随意创造的观点是对科学本身的严重威胁，成为定义、规则和演绎法的游戏。

然而，从纯粹数学或者严格形式逻辑的角度考虑，对于那些仅仅依靠“直觉顿悟”的神启，凭借西方知识社会往往喜好鼓噪的“自由意志”向往，以及依赖于这种类似于宗教的信仰可能带来某种“超自然”的力量，当然只允许由个别“拥有天赋”的人物所创造的“公理化”系统而言，其要害远不仅仅在于 Courant 所说“这些只能凭借灵感创造出来的公理化体系只是骗人的似是而非的真理”的问题，而在于所有这些只能建立在纯粹“主观意志”之上的创造物，仍然无法真正实现它们开始时所制定“必须不矛盾”的初始目标。不仅如此，正如不同“宗教”往往建立在对于不同“人格神”的信仰之上，它们之间的争斗注定不可能平息，几乎贯串人类至今的全部历史进程一样，因为“公理化体系”体现的是“纯粹意志”的构造物，无需也不允许拥有决定于某种“客观性”对象的统一概念前提和可靠的逻辑归依，所以它们注定需要面对由于“主观随意性”，而必然衍生更多的“逻辑不相容”问题。

可以相信，科学陈述的“物质第一性”原则同样不是“自由意志”抉择的结果，它只能本质地决定于“逻辑自洽性”原则，是逻辑（乃至理性）仅仅具有“同义反复”本来意义的必然推论。并且，所有这一切几乎没有任何深奥的道理，本应是非自明、不容置喙，能够为所有具有正常思维和判断能力的人接受。正因为此，作为西方哲学史中第一个集大成者的 Plato，即使被西方某些哲学家赞颂为一名最坚定信奉“唯心论”的思想家，但是，他仍然这样告诫人们：“知识不仅是可能的，而且在事实上也是可靠的。之所以能够使知识确实可靠，乃在于它必须建基于实在东西之上。”并且，仍然基于这样一种浅显素朴的理念，甚至纳入“神学家”范畴的众多中世纪经院哲学家也同样严辞拒绝、鄙视和嗤笑形形色色“约定论”之愚昧和荒诞不经。

数学致力于物质世界中与“数和形”相关规律的研究。但是，数学不可能改变作为自然科学一个部分的本质，没有超越自然科学一般规范的豁免权。如果不是某种“默认”的对象在支撑，也不可能形成“数”的理念；并且，一旦“数”需要描述的对象出现了前提性模糊时，那么，那个似乎天经地义的“数”将同样出现矛盾、冲突和悖谬。（当然，这同样是数学家们至今没有解决“数系如何扩张”的命题，却往往热衷于渲染类似于“四元数”这样一些无聊命题的根本原因。）也就是说，包括数学在内的任何一个科学陈述，如果放弃和否定“客观对象”的必要前提，那么，相关的形式表述在失去本质上决定于“客观对象”的实在内涵，从而蜕变为毫无意义的“空言性”陈述的同时，还因为缺失特定“客观实体”相应构造“前提条件”的限制，所以这些充分自由、强调无需“特定对象”限制或者“有限论域”约束的“公理化陈述”体系，具有一种共同的命运，那就是最终陷入重重矛盾导致的荒唐和悖谬之中。（同样，这也是作为“经典逻辑”的一个基本定律，任何“空言性”陈述必然逻辑地蕴涵着“矛盾”的根本原因。）20 世纪的西方科学主流社会公开否定科学陈述必需的“客观性”基础，背弃科学陈述必须满足“逻辑相容性”要求，最终必然出现人们所看到的一个不无荒诞的结果：公然将描述物质世界的自然科学界定为某一特定人群“共同意志”的集合。可以相信，由于技术的迅猛发展，内蕴某种特定的物质内涵，显示其特定的时代特征。技术的进步，需要经验事实和理性认知的支撑，但并不绝对地意味着科学的进步；相反，技术的进步，往往成为对既有知识体系的重新检讨和理性考察，从而为科学进步形成一个需要人们深刻思考和深化研究的更大空间。不得不指出：20 世纪的西方科学世界虽然对人类的技术进步做出史无前例的巨大贡献，但是他们也最大程度地亵渎了智慧人类共同的理性追求，攫取了技术进步的功劳，表现出历史上“高傲和愚昧”难得一见的奇妙结合，以至于他们甚至不能与中世纪的经院哲学家相提并论，出现了人类文明史中一次范围最为广泛、影响可能最为长远的理性大倒退①。

作为 20 世纪美国的一位著名数学评论家，M. Kline 出版了许多数学评论性的著作。Kline 的数学评论对这个特定时代的西方科学世界产生过相当大的影响。他曾经一反旧例，无意于顾忌众怒，公开指出整个现代数学体系，根本不是操纵着科学话语权的科学主流社会所

① 众所周知，Gauss 所创建的微分几何的前半部分明白无误地建立在“实体论”基础之上。并且，正因为建立在“实体论”基础之上，这个“实体论”的基础使得古典 Gauss 微分几何成为一个拥有“实在内涵”的科学陈述，还相应为这个只允许视为“有限真理”的陈述系统构造了一个“有限论域”，或者提供了一种作为“逻辑前提”的制约机制。但是，一旦接受 Hilbert 的“公理化思想（约定论）”主张，允许“无条件”乃至“完全随意”地引入类似于“Levi-Civita 平移”这样一些充其量只能“条件存在”的人为认定，那么，整个陈述系统必然逻辑地陷入前提性悖谬之中[6]。至于被 Einstein 调侃为“自己看不懂、由数学家们搞起来”的那个不妨称作“后广义相对论”的系统，在后续的“逻辑基础反思”将进一步指出：它甚至完全违背作为自身存在基础的现代微分几何的基本概念。

描绘的一派“欣欣向荣、歌舞升平”的陈词滥调，而是“充满杂乱无章、甚至允许采取会引起歧义或是矛盾观点的态度”，普遍泛滥于自1900年开始的数学体系，以至于人们需要面对“缺失可靠基础的数学大厦即将倒塌”的空前困境。现实中的“新数学”看似繁荣昌盛，但是它已经和那个立论严谨，数千年来许多西方学者持续赋予美好期待的“数学”彻底决裂。曾经作为数学“本质内涵”和“核心价值”所在的“逻辑自洽性”原则荡然无存，让位于在“公理化假设”旗号之下，对于形形色色内蕴“矛盾和悖谬”纯粹人为假说的容忍和放纵，乃至成为一种有意识的大肆鼓动。

不仅如此，Kline 还切中时弊，意义深远地告诉人们：俯视当今的“数学研究(当然远不止于数学)”领域，举目所见只是“文章发表得越多越好，不管是对还是错”的荒唐在兴风作浪，以达到“实现个人的成就才是绝对重要的”的人生价值。于是，为一般善良人绝难想象的，完全不顾惜“颠倒是非、毋问真伪”的荒唐早已在西方科学世界普遍泛滥，并几乎已经成为发表论证性科学论文的定规凡例、约定俗成，唯一需要考虑的只在于你是否愿意绝对臣服那个“科学共同体”制定的“共同意志”而已。但是，谎言终究不是真正的科学，最终总要被淘汰。因此，面对近现代科学史乃至人类文明发展史中也极为罕见、呈现出“群体性”特征的道德缺失和理性大倒退，作为一位几乎从来不愿意掩饰“西方至上主义”情结的数学评论家，Kline 也不得不以饱含遗憾而失望的笔触，对那些曾经被自己称之为“即使是直觉也比凡人们演绎推理更为可靠的伟大人物”提出告诫：

> (从1900年起，众多数学家已经彻底抛弃需要把“物理实在”视作数学相容性基础的传统观念，提出无需甚至不允许对公理化假设施加任何“制约”的“公理化”新主张开始)，对于正确的数学而言，目前需要考虑的困境是：面对众多学派乃至同一学派中彼此不同方向的选择，人们无法确定其中到底哪一个是正确的。这样的困境本应给纯粹数学家们一个“喘息”的机会，推动他们在创造‘新数学’之前首先集中精力考虑基础性问题的研究，因为这些所谓的新数学在逻辑上可能完全站不住脚。

应该说，Kline 的告诫是中肯的。对于自然科学能否健康发展，乃至在人类未来可能延续生存的有限时间中，一种真正意义上的科学还能不能继续存在，是否仍然需要严谨的“科学思维”继续指导智慧人类，进而怎样看待和审视既有的科学体系和如何合理看待和处置所谓技术进步的重大命题，已经极其严峻地横亘在21世纪的人类面前。因此，一个被 Kline 称之为“思维喘息”的规劝，也就显得格外急迫和重要了。

毋庸置疑，一旦相信某一些时髦“科学家”和“哲学家”的训导，必须接受“公理化体系”的思想，心安理得地承认科学陈述的“约定论”基础，相信“解释论”所做甚至只能纳入“心理学”范畴的自我辩护，无条件地臣服于“伟大人物”的心灵创造，那么，理性思考和逻辑批判本质上不复存在，并且，随着理性和逻辑被彻底丢弃，取而代之的只是某一个特定人群认同的共同意志，一切“何为合理”的讨论同样只能沦为空洞无物的“伪”命题，失去一切严肃讨论的基本意义和存在价值。进一步说，根据无法凭借主观意志予以拒绝的逻辑，任何容忍“矛盾前提”的后续讨论都是无聊和毫无意义的。因此，之所以提出若干与“Lorentz 变换”相关的基本数学概念，并试图从思维基础开始逐步加以澄清和梳理，无非是在这个需要许多人正视并积极参与的“思维喘息”之中，一个平常人所做的一次平凡而真诚的努力。致力于从“初原概念”开始的理性探讨，其全部目标仅仅在于回归“素朴、平凡和自然”的理性向往，回归于对于逻辑必需的尊重，从而与潜藏于“公理化思想”体系的“神秘化”倾向，以及这个思想体系赖以生存的“偶像膜拜”躁动背道而驰。当然，人们可以相信，所有这些涉及数学基本概念讨论的最终结果又一定是自然的，容易为所有认同素朴理性和逻辑的人们所理解和接受。

此处以《若干与推导“Lorentz 变换群”相关基本数学概念的澄清》为题的讨论，同样几乎并不关注当代理论物理在推导“Lorentz 变换群过程”中广泛存在的逻辑不当，而仅仅以这个命题作为特定背景，着重考虑现代数学中若干习惯使用的“一般性”处理方案，探讨这样一些似乎已经为人们习惯了的推导过程最终“为什么”导致逻辑悖论的原因，并希望明确揭示一个被赋予“一般意义”的结论：任何形式的“性质”只可能逻辑地隶属于某一个“特定”实体、或某种“理想化”物质对象，这个理想化物质对象自然成为特定属性的特定逻辑主体。没有实体的存在前提，属性不仅仅失去得以存在的逻辑前提，还往往失去属性应有的真实内涵和完整意义。因此，目前科学世界普遍存在无视或否定特定逻辑主体的存在前提，并将特定属性无条件地“普遍真理化”的倾向，是造成包括数学在内的整个现代自然科学出现大量悖谬，最终不得不彻底放弃一切合理陈述必须严格遵循的“无矛盾”原则或公然否定逻辑的根本原因。

牢牢掌控“科学话语权”的西方科学主流社会，事实上完全知道在“公理化假设”名义庇护下，任何形式“杜撰概念”最终必然导致“真伪不分、黑白颠倒”现象普遍存在的问题；并且，同样完全明白这种寄托于“掩饰矛盾、自我麻痹”的“辩护论”精神疗法与作为西方文明具有指导意义的科学精神，与科学人理应尊崇的科学道德格格不入。但是，这种近现代科学史中绝无仅有的极大反常之所以出现在 20 世纪，如此长时间地主导着科学世界的基本科学理念和科学人的价值观，纵容“反科学主义”对自然科学的曲解，乃至公开拒绝科学陈述必需的“客观性”基础和否定“逻辑自洽性”的荒唐，最终把自然科学的发展重新界定为“科学共同体共同信念”即所谓“科学范式”变化的历史，除了 Kline 曾经指责“一切为了实现个人目标”这个涉及职业科学工作者“情趣、素养和人生追求”的“社会伦理学”的问题以外，它还更为深层次地决定于“非理性主义”得以爆发的“物质存在”内涵和基础。这个被赋予“客观性”内涵的存在基础就是：一个自身存在许多尚未真正解决认识疑难的“经典理论”，与一个过分复杂却突然展现于 20 世纪人类的“物质世界”之间的激烈撞击和冲突。因此，无论未来人类发现的大自然将会进一步带给人们怎样的惊奇和神秘，但是如果不能够从头开始，切实改变现代自然科学体系乃至西方哲学体系“矛盾普遍存在”的现状，那么，被称作“理智动物”的人类本质上将不复存在，目前科学生活普遍出现“是非不分、黑白颠倒”的荒唐势必继续存在，并愈益严重地常态化。

发端于 19 世纪，几乎席卷整个中国知识社会的“西学东渐、全盘西化”浪潮，原则上应该视作是人类“文明发展史”中一个极其重要并且必须经历的组成部分。它是一个曾经长时间站立在文明世界的前列，却因长期闭关锁国、不图进取，从而遭受西方列强欺辱的古老民族，励志图强、奋袂而起痛苦历程的重新开始。与其对应，正如人们看到的那样，在现代自然科学的“体系性”建树上，至今没有留下任何中国人的痕迹。那些受到国人普遍敬仰，往往号称为“科学大师”的众多先进，无非是一批最早接触西方文明，并且在这个特定历史进程承担了“西学东渐”这个重大历史使命的先驱者。对于持续了 100 多年，所有炎黄子孙梦寐以求的“伟大民族复兴”的历史伟业，这些西方优秀文明的传播者做出了不可磨灭的开拓性历史贡献。但是，同样是这样一种决定于这个特定时代的历史烙印，也必然给中国社会特别是中国的科学界留下了难以简单消弭的“精神性”后患。对于一大批职业的科学工作者，他们深深潜藏“唯洋是尊、逢西必从”的心理痼疾。面对某些因为内蕴众多矛盾，所以任何人永远不可能真正读懂的西方经典，他们中的许多人不敢提出任何批判，不敢进行任何独立的理性思考，不加区分，一概捧为必须言听计从、至高无上的圣典。于是，除了在“实验研究”方面可能做出业绩，但一旦涉及“理论体系”的研究，几乎无一不是仰人鼻息、盲从于西方人。事实上，当杨振宁先生一方面作“现代数学一页甚至一行也读不下去”的自白；而在另一方面，他却又将自己的“理论创新”完全寄托于这些自己从来没有真正看懂过的“现代数学”，以及自以为读懂但实际上仍然没有真正读懂并全然不知所以然的“经典电磁场理论”的时候，这位 Nobel 奖得主唯一能做的事情只能是像他劝诫年轻中国学子时所说的那样，只能以一种“震撼心灵的科学宗教情结”去接受现代西方科学体系所说的一切。当然，这也是笔者在已经出版的《电磁场形式逻辑分析》一书，为什么郑重提出了一个称之为“杨振宁现象”的命题，希望我国的科学技术管理部门、职业的科学工作者以及年轻学子予以严肃对待和极大关注的原因。

2006 年秋，在笔者所任教的上海交通大学，校长会晤了来校访问的瑞典皇家科学院访华代表团，将笔者当时已经出版的九本著作赠送给该团团长、时任 Nobel 奖物理学评审委员会主任的正式场合，笔者曾经针对现代自然科学体系，从数学基础和基础数学、经典力学、电磁场理论到量子力学的广泛领域，存在许多众所周知的至今尚无法解决的科学疑难，向这位现代科学主流社会的“标志性”人物当面提出质疑。当然，答案应该是意料之中的：微笑的嘉许、无言的应答。其实，与立竿见影的技术发明不可同日而语，纵观人类科学发展史，差不多所有确有成效的重大理论创建都是需要时日的考验，甚至在创建者故世后才为人们理解和认知。毫无疑问，随着科学必需的“客观性”基础与必须遵循的“逻辑自洽性”原则的丧失，代之以“科学共同体共同意志”的集合，许多曾经享有盛誉的西方科学研究结构无形中已经蜕化为“科学共同体”这个盘根错节庞大机器的重要组成部分，而由他们操控的形形色色奖项则堕落为维护当今世界科学社会一种“既有秩序”的工具。人们必须看到，对于令当今中国政府头疼不已却又无可奈何，而广大具有科学理想和道德良知的知识分子所深恶痛绝并深受其害的，那种愈演愈烈的“科学腐败”现象，同样像笔者曾经多次指出的那样，它的真正源头就是那个道貌岸然，却公然将某一个特定人群“主观意志”强加于大自然和自然科学的西方科学共同体。否定科学人的“平权”地位，拒绝人们针对人所共知尚未解决的科学疑难，使用严格科学语言的严肃科学批判，才是导致林林总总腐败现象不断滋生蔓延并无可遏制的源头。因此，鼓励发表那些 Kline 称之为“越多越好不管是对还是错”的文章，并且，根本无需顾及文章的真实内容，而仅仅以发表文章的多寡以及科学主流社会对刊登该文章的刊物的排名，作为衡量科学研究水平的量化指标，则与科学的最基本精神背道而驰，不仅成为进一步催生学术腐败和道德低下的强大机器和推力，摧残和葬送基础科学研究必需的实事求是原则、独立思考和理性批判精神，而且随着世界科学舞台一种纯粹“人文主义”或者“种族主义”的既有秩序被固定化和常态化，中国科学永远只能拾人牙慧，处于帮腔学舌、凭人宰割的尾随者地位。

此处，值得向人们推荐认真阅读 D. Hilbert 于 1899 年最早出版，在其生前改版多达七次的《几何基础》一书。正如人们所说，只因此书 Hilbert 才获得 20 世纪“公理化方法”奠基人的称号。作为对“公理化思想”体系——现代版本“约定论”主张一种最完整的诠释，《几何基础》希望表达的全部主题就在于：虽然人们可以继续沿用几何学中“点线面”的称谓，但是，它们已经与古典几何学曾经赋予它们以特定内涵的抽象概念完全不同；只要严格遵从 Hilbert 为几何学构造的所有公理，那么，就像 Hilbert 在《几何基础》中曾经特别强调的那样，这些原来需要当作几何学最基本元素的概念完全可以代之以类似于“桌子、椅子和啤酒瓶”的任何物体；于是，最终成功地创造出了一个为 Hilbert 这样一群推崇数学的“形式主义”基础的学者所期待，与任何特定“几何体”完全无关的“大一统”几何学。故而，切切不能把人们熟知的“桌子、椅子和啤酒瓶可以视之为几何学点线面”的陈述当作 Hilbert 的调侃之词；相反，需要将其理解为只要期望构建“大一统”的几何学，那么，它就势必成为相关哲学基础一种最为凝练、透彻和准确的完整表达。但是，人们可以相信：除了空洞无物并近乎无聊的谀辞以外，任何一个颂扬献媚者一定没有真正把 Hilbert 所提 50 多个公理假设前后贯通地读下来。否则，无论 Hilbert 所构思的“公理化假设”如何周详巧妙，但几乎立即可以看到：因为如 Hilbert 自己所强调，其中所提的“点线面”原则上可以甚至必须允许代之以类似于桌子、椅子、啤酒瓶这样的任何一个特定的事物，以至于所有公理化假设需要使用的概念缺失明确的抽象意义，从而使这些“公理化假设”希望表达的特定“逻辑关系”同样不复存在。于是，任何一个诚实的科学工作者都不难发现：贯穿 Hilbert 所著，集“公理化思想”体系之大成的《几何基础》一书，除了通篇充斥着主观妄想的空洞、繁琐、虚妄和悖谬以外，根本无法用来解决 Euclid 几何乃至 Gauss 曲面几何中任何一个最简单的几何学命题。

自从自然科学被西方主流科学社会界定为“科学共同体共同意志”的集合，从而对长时间来得到几乎所有人公认，自然科学必需的“客观性”物质基础与必须遵循的“逻辑原则”提出了彻底否定，最终达到将一切对既成现代自然科学体系的任何批判和质疑，都置于“法理不容”地位的目的，只是为了保证以上所说的真实性、正当性和严肃性。此处不妨援引被列入21世纪“北京市高等教育优秀教材”之列，一本名为《物理学史教程》的著作，在其绪论所述“物理学发展的基本模式”命题时所做一段较系统的论述：

> 美国科学史和科学哲学家T. S. Kuhn提出了“范式(paradigm)”概念和科学经历着常规时期与革命时期不同阶段的科学发展的动态模型。
>
> Kuhn认为，范式本身是一种信念，因而其形成和变更不能从“认识论”的理性中去寻找，而只能从“社会学”和“心理学”中去寻找。Kuhn强调，新旧范式之间不具继承关系、不存在逻辑联系，它们之间既不相容也不可比，因为两种范式之间没有共同的语言和意义标准。旧范式向新范式的转换，没有什么规则可言，只是不同信念的转换，也就是“格式塔(gestalt)”转换。这种转换只能是非理性的，是信仰、心理、社会思潮等因素影响的结果。所以Kuhn把科学革命比喻为政治革命，认为“没有比有关团体(科学共同体)的赞成更高的标准了”。
>
> Kuhn的范式把科学发展的“进化”与“革命”两种状态结合起来，因而是更合乎科学发展“实际”的科学发展观。

毫无疑问，与其如教科书所说，把Kuhn的范式理论称作是更符合科学发展“历史真实”的科学发展观，还不如更为准确地说，这种只能纳入“社会学”和“心理学”范畴的科学发展观，只能是对20世纪科学现状一种入木三分的描述。然而，既然只能将自然科学所说的一切归结于理念、新旧范式之间没有任何逻辑的关联，甚至不可能存在任何统一的科学语言和概念，除了“科学共同体的共同意志”没有判断科学真伪的更高标准，于是，自人类进入文明社会开始那个本来意义的自然科学便荡然无存。

树欲静而风不止。这样一种扼杀理性和客观标准的科学发展观无非是自欺欺人，它永远不可能遏制理智人类对于理性一种自觉和永恒的追求。随着人类迈入21世纪，一些不愿意放弃“理性向往和理性思考”的西方科学哲学家，重新提出跨越整整一个世纪，而至今仍然没有丝毫解决问题迹象的“现代数学逻辑基础”争论的重大命题。并且，他们几乎完全不再理睬由B. Russell所提那个空洞无物、中庸骑墙的“逻辑主义”主张，而将这个不只是仅仅涉及数学，实际上还关系到整个自然科学存在基础的跨世纪争论，相对较为合理地归结为Hilbert的“形式主义”主张和Brouwer“直觉主义”主张之间的殊死之争。虽然Brouwer的“直觉主义”思想难免过分素朴，缺乏一种符合于逻辑的思辨能力，无法理性认识到自己的许多主张恰恰是“逻辑仅具同义反复意义”的必然结果，却反而不可思议地公开站在无所不在、无从回避的“逻辑原则”对立面。尽管如此，Hilbert的“形式主义”或者“公理化思想体系”的主张对他表面上无比崇尚的逻辑的摧残则更为深刻而长远，具有更大的欺骗性和更为彻底的破坏力。对于这些崇尚“形而上学”简单思维、追求“关系至上”的形式主义者，一个致命的错误在于：他们颠倒了一个几乎适用于人类所有知识体系的一个最基本的逻辑关联，看不到任何一个恰当“形式表述”的关系式只允许建立在特定的“实体”之上；实体是构造关系式的唯一基础，或者说是赋予关系式以确定内涵乃至确定逻辑关联的必要前提；一个关系式如果缺失实体基础的支撑，不仅仅必然出现流于空洞的虚妄，更为关键的是陷入空洞必然导致的形形色色矛盾和悖谬的荒唐。正因为此，对于那些认同、推崇和鼓吹“公理化思想”体系的众多信徒或时髦数学家而言，他们虽然把Hilbert对“公理化体系”思想所作的完整阐述奉之为圣经，当作自己凭借“自由思想”不断创造着新数学的精神支柱和力量源泉，但是，他们只是将“圣经”束之于高阁，无暇也毫无兴趣认真理会Hilbert曾经提出的任何一个公理化假设的前提，倾尽全力、持之以恒于不断创造和充分享受“新数学”的伟大成果。

回首风云诡谲的20世纪西方科学世界，技术发展日新月异、层出不穷，如果可以“定量”计算，那么，这一个世纪的技术发明甚至超过了人类进入文明社会以后技术发明的价值总和；与此同时，与文明人类伴生的科学却走到彻底否定“实体论”基础和公然抛弃“逻辑自洽性”原则的地步，并最终导致全世界的知识界(包括许许多多的职业哲学家和科学家)，乐此不疲于探讨“抛弃逻辑和理性到底是不是合理”这样一个“自悖性”的当然也“永无结果”的无穷争论之中。之所以造成与人类理性向往彻底背离、史无前例的荒唐局面，一方面从知识结构考虑，需要归咎于旧有知识体系中大量认识疑难尚未解决，以至于在“人类有限知识体系与无尽复杂的自存物质世界”之间突发严重冲突的反常时期，人们往往有意识无意识地混淆了“科学和技术”这两个层次和内涵完全不同的知识结构；另一方面或许要视作“人性弱点”所致，正像人类文明史屡见不鲜的某种常态：一些自诩有所成就者稍有所得，往往就难以自持，真的以为得到上帝的特别眷顾，急不可耐充当大自然的主宰。事实上，不妨视之为 20 世纪西方科学世界的一种“共性”特征，乃至这个特定时代众多智者真诚期待的一种最高理想和最高境界，似乎每一个才华横溢从而难免克制“天才冲动”的职业科学人，无一例外地难以遏制一种发自内心的亢奋和躁动，希望能够追随 Einstein 和 Hilbert 的足迹，致力于实现自己的“大一统(great national unity)体系”理想，最终创造出一个“放之四海而皆准”的普适真理体系，能够一劳永逸地用于天下万物，以至于这种努力一旦成功便可以造福人类千秋万代。正是这样一种对“大一统”的普遍向往，乃至每一个“大一统”体系的构建者似乎都早已做好随时被另一个“大一统”取代的充分心理准备，才可能使那些既无需逻辑支撑又永远无法通过经验事实加以否决，关于“宇宙学、时空隧道”等层出不穷的非凡想象，持续不断活跃在人们的面前。

殊不知，无论是 Hilbert 发明的“大一统”几何学，还是 Einstein 期待的“大一统”物理学，它们固然看起来十分吸引人，并且，在他们共同掀起的“物理学几何化”的浪潮中趋于同一。但世间万事物极必反。无所不包之极致，则因一切趋同而沦落为空无一物。事实上，如果回顾和反思发生在 20 世纪数学界、围绕数学体系哲学基础所作跨世纪的争论，人们不难发现这样一幅十分奇特怪异的风景画：口口声声尊崇逻辑、相信并期望仅仅凭借逻辑就能够用于所有一切几何体的 Hilbert，却因为把他那个不加任何限制的“普适真理”体系只允许建立在类似于“桌子、椅子和啤酒瓶都能用作几何学点线面”的虚妄概念之上，所以恰恰走在了“仅仅具有同义反复本来意义”的逻辑的对立面，导致 Hilbert 关于数学哲学基础所说一切自始至终充斥着矛盾、悖谬和荒唐；相反，那个表面上鄙视逻辑，提出“直觉主义”主张，从而看上去与科学的“理性信仰”完全背道而驰主张的 Brouwer，却因为强调任何一个有用的数学体系必须建基于某一个“构造性对象”之上，向人们指出“逻辑绝不是揭示真理的可靠工具”的素朴理念，从而在客观上恰恰维护了“仅仅具有同义反复本来意义”的逻辑的全部真实内涵。所有这一切表明，无论是考虑数学的哲学基础还是审查整个自然科学体系，争论的真正焦点在本质上仍然全部归结为“实体论”和“约定论”之争，或者通常所说“唯物主义”与“唯心主义”之间你死我活的斗争。

在笔者已经出版的所有论著中，一再重复指出这样一个涉及“认识论”的基本主题：对于一切合理陈述必须严格遵循的“物质第一性”原则，不能将其视之为某一种纯粹的哲学主张或人文化的信仰，它不过是一切合理陈述必须满足“逻辑自洽性”要求的必然推论；反过来，任何一个只允许建立在“约定论”或者“公理化假设”之上的形式系统，不仅没有普适真理可言，而且必然自始至终充斥着矛盾、悖谬和荒唐。同样，当此处需要重新检讨和审查与“Lorentz 变换”相关的数学基本概念时，并不仅仅在于澄清这些数学概念本身，它需要宣示的主题仍然在于希望逻辑地告诉人们：任何概念都需要特定对象或实体的支撑，实体是概念得以存在的基础和依据；相反，任何依赖于纯粹“人为想象”而存在的概念必然流于荒诞，导致矛盾重重。

人类的知识体系是一个彼此关联、相互依赖的整体。因此，对于任何一个诚实和严肃的科学工作者，面对只能凭借“信仰”而存在、视同于“神学”体系的“相对论”时，必须着眼于 20 世纪科学体系的整体，重新思考和审视作为现代数学基础的所谓“形式主义”和“直觉主义”(乃至只能大致隶属于“空言性”陈述范畴的“逻辑主义”)至今处于“谁也说服不了谁”的严重冲突和对立之中的事实。事实上，对于 M. Kline 所描述“1900 年来数学基础杂乱无章、相互矛盾，整个数学大厦处于即将倒塌”的现状，正是整个数学基础自身严重冲突和对立的逻辑必然；并且，只能凭借 Kline 特别指出“伟大人物的直觉比凡人的推理论证更为可靠”这样一种纯粹“人文主义、种族主义”的论调以自欺和欺人。

5.1 确立 Descartes 度量的“客观性”基础和揭示 Minkowski 空间“伪度量”内蕴的逻辑倒置

作为整个(或几乎绝大部分)现代数学体系得以成立的基础，一种公然排斥“几何实体”的必要支撑和约束，凭借“公理化体系”的称谓以粉饰门面，堂而皇之步入科学生活的“约定论”思潮大规模泛滥，不过是发生在19世纪末和20世纪初的事情。毫无疑问，这个关涉整个数学体系的基础能否继续合法存在的思想体系，并非出于个别智者的喜好或者某种纯粹的思维创造，它只是在面对大量逻辑悖论无力解决困境时的“无奈”之举，因之将某种形式的“人为约定”或者某个人群“主观意志”予以“合法化”努力的又一次拙劣翻版。根据逻辑也仅仅根据逻辑，任何以无视和掩饰矛盾为目标的形式系统，必然始终处于逻辑前提蕴涵的矛盾之中；并且，无论这个凭借主观认定得以存在的形式系统一时显得如何强大、不可一世，但是，20世纪毕竟只是人类历史长河中短暂的一瞬，自欺只能是自欺，最终为具有理性思维的人类所淘汰。

因此，虽然是Descartes于17世纪发明的解析几何，首先为标记为 $\boldsymbol{x}$ 的“直线——某个几何实体”构造了一种“分量表示”形式，即

$$\boldsymbol{x} = \sum_{i=3} x_i \boldsymbol{e}_i : x_i = \boldsymbol{x} \cdot \boldsymbol{e}_i \mapsto |\boldsymbol{x}| = ({x_1}^2 + {x_2}^2 + {x_3}^2)^{1/2} \tag{1}$$

但是，真正提出“Descartes空间”这样一个属于现代数学的一般性概念，并且为其构造如下所示“度量张量”的形式定义：

$$\boldsymbol{\Lambda} = \eta_{ij} \boldsymbol{e}_i \boldsymbol{e}_j : \eta_{ij} = \begin{cases} 1, & i = j \\ 0, & i \neq j \end{cases} \tag{2}$$

却是出现于20世纪以后“形式化”浪潮中的事情。

然而，即使对于这个被现代几何学视为一个“理所当然存在”的最基本概念，只要使用严格逻辑的方法进行反思，人们仍然不难发现这个为20世纪形式主义者所构造的几何概念，实际隐含的逻辑悖论。事实上，向量空间本质内涵在于一个被赋予“线性结构”的无尽集合，并且，向量空间中的每一个向量元作为一种“客观量”必须独立于任意“坐标系——某种分量表述工具”的人为选择。但是，对于此处的Descartes空间而言，它必须以使用Descartes直角坐标系作为自身得以存在的必要前提条件。那么，如果Descartes空间可以视为某一类几何实体构造的集合，为什么不允许使用仿射坐标系，更不允许使用曲线坐标系呢？

或许值得顺便指出，其实远不只是众所周知的“集合论悖论”至今并没有“真正得到解决”的问题。以Cantor的集合论为基础、最早由M. Frechet于20世纪初创造的拓扑学；乃至Gauss在19世纪初构建的微分几何，如果脱离“实体论”基础相应提供“支撑和约束”的辩证统一逻辑前提，以及在Gauss内蕴几何基础之上“外推”而成的Riemann几何，它们在几乎每一个最基本的基元数学概念上，实际上无一不隐含形形色色的逻辑悖论的问题。对于所有这些本质上只允许建立在“约定论”基础之上的数学体系，一个需要视为“共性特征”的致命要害在于：虽然每一个基元概念最初都渊源于构建者针对某种“几何实在”进行的“理性”思考，从而对这些几何实在真实蕴涵的某种或某类具有“本质意义”特征构造了抽象认定，但是，当这些数学思考不无深刻的构建者将他们的抽象认定作“无穷外推”并试图“无限制”地用于一切对象的时候，他们忘却了所有这些抽象特征的存在必须以那个特定“几何实在”的存在作为逻辑前提。这样，一旦某种“真实”的抽象数学特征，被人为强加于那些并不真正拥有这些抽象特征的其他

几何实在之上，必然导致逻辑悖论的出现①。

因此，式(2)在形式逻辑上依然存在有待完善的地方。尽管如此，它所定义的度量在此处所讨论特定的“度量”意义之上仍然是合理的。当然，其合理性的基础仍然在于承认向量作为几何实在必须具有的客观性，而绝非 Hilbert 凭借纯粹主观意愿赋予任何“前提约定”的合法性。正因为此，无论实际使用的 Descartes 坐标系发生怎样的“平移、转动(注意并不是几何空间的平移、转动)”，由该式形式定义的向量长度保持不变。并且，还可以像一般解析几何所描述的那样，对作为客观量的向量所处的“几何方位”做出具有定量意义的描述。

从纯粹“逻辑推理”的角度考虑，必须是首先存在作为“几何实在”的向量空间 V 的逻辑前提，才可能进而逻辑地推得式(2)所定义的度量张量 $\boldsymbol{\Lambda}$，即

$$\begin{gathered}\boldsymbol{x} = x_i\boldsymbol{e}_i \cap \boldsymbol{e}_i \cdot \boldsymbol{e}_j = \begin{cases}1, & i=j\\ 0, & i\neq j\end{cases}\\ \mapsto \\ \boldsymbol{\Lambda}:(\boldsymbol{e}_i \cdot \boldsymbol{e}_j)\boldsymbol{e}_i\boldsymbol{e}_j \sim \eta:\begin{pmatrix}100\\010\\001\end{pmatrix}\end{gathered} \tag{3a}$$

也就是说，此处引入的度量张量，仅仅是定义于给定向量空间 V 中满足“正交归一”基矢量的逻辑必然。此外，如果从逻辑意义上的“隶属关系”考虑，并允许使用逻辑关联符号“≪”表示“隶属于”的特定逻辑内涵，那么，对于此处所说的向量空间 V 和度量张量 $\boldsymbol{\Lambda}$ 而言，仅仅存在如下所示的逻辑关联

① 首先，必须承认现代数学体系的每一个构建者并非如 Kline 所描述的“无需逻辑约束”的天才，一旦丢弃逻辑，天才甚至远不如兢兢业业、谨慎思维的愚者。事实上，如果以科学研究必需的“平权和平等”意识，重新考察拓扑学创始人 Frechet 曾经进行的思考，那么，他的思想仍然是平凡的，希望把那些刻画“邻近特征”的“拓扑特征”抽象出来，并且，这些思想天然建立在诸如“橡皮”这样一些具有“拓扑特征”的物理实在之上。但是，一旦缺乏“有限论域”的约束，将拓扑特征无限外延至诸如“离散空间”的概念上，由于无法对“边界”做出定义，那个通常被视为“无条件”存在的拓扑公理也相应失去存在基础。同样，作为引入“微分流形”全部基础的“同胚变换”虽然能够按照人们的“主观”意志，将某一个弯曲空间与 Euclid 平直空间构造某种一一对应关系亦即关于拓扑特征的同构，但是，如果不研究决定于不同弯曲空间的不同“同胚映射”本身，那个 Euclid 空间不可能告诉人们关于不同特定弯曲空间的任何实在。于是，自然出现杨振宁先生曾经生动描述：“现代数学的书可以分为两类，一类是看了一页便看不下去了，另一类是看了一行就看不下去了”的尴尬。当然，所有这一切只是因为一旦数学家们认同并且身体力行地贯彻 Hilbert 深刻阐述“桌子、椅子、啤酒瓶同样可以定义为几何学点线面”的“公理化假设”的思想，那么，除了无条件地确信所有这些人为约定“天然”具有的合理性以外，这些数学家同样不可能真正读懂他们自己凭借“自由思维”创造出来的数学体系。因此，是否还应该听一听 Kline 的劝告，让每一个期望真正思考者“喘息”一下，从逻辑思维的每一个基元理念开始进行严肃和严格的逻辑反思呢？人们必须牢牢记住：性质只允许隶属于实体，实体是性质(包括形式表述)得以存在的基础；没有实体的前提就没有任何性质的后继可言。并且，对于某个实体而言，隶属于它的性质本质上还应该视作是一个不可分割的性质集合整体。因此，将性质与拥有性质的实体割裂开来，将某一个单独的性质，与处于相互依存关系中的其他性质割裂开来，并最终幼稚而想当然地将它们异化为虚幻和一成不变的形而上学，成为 Hilbert 所杜撰“公理化思想”，是注定步入荒唐和悖谬的一个在逻辑上最根本的原因。

$$\boldsymbol{\Lambda}:(\boldsymbol{e}_i\cdot\boldsymbol{e}_j)\boldsymbol{e}_i\boldsymbol{e}_j\sim\boldsymbol{\eta}:\begin{pmatrix}100\\010\\001\end{pmatrix}\ll V:\boldsymbol{e}_i\in V\cap\boldsymbol{e}\cdot_i\boldsymbol{e}_j=\begin{cases}1, & i=j\\0, & i\neq j\end{cases}\tag{3b}$$

它告诉人们：向量空间是构造特定度量张量的必要前提和基础，向量空间是其上某一个度量张量的逻辑主体，而度量张量只能逻辑地隶属于给定的向量空间。也就是说，在逻辑上，必须首先有向量空间存在的前提，才可能谈得上定义于其上的某一个特定形式度量张量的后继。绝不允许将这个逻辑上的特定隶属关系颠倒过来。正因为必须符合这个逻辑关联式所规定的"单向性"隶属关系，根本谈不上"必须"凭借此处所定义的度量张量，一个原则上只允许"条件存在"的概念或形式表述，反过来对"向量空间"的几何实在是否存在的问题做出判断①。

当然，在 S. Weinberg 的《广义相对论的原理和应用》著作中，他所引用的"Minkowski 伪向量空间"度量

$$\boldsymbol{x}=x_\alpha\boldsymbol{e}_\alpha\cap\boldsymbol{e}_\alpha\cdot\boldsymbol{e}_\beta=\begin{cases}1, & \alpha=\beta\in(1,2,3)\\-1, & \alpha=\beta=0\\0, & i\neq j\end{cases}\tag{4}$$

恰恰根本违背或颠倒了以上特别指出的逻辑依存关系或隶属性特征，只能纳入 R. Courant 所说"骗人的似是而非的真理"的范畴，视之为 Courant 所描述"自由思维"的随意臆测。当然，正因为只是一种毫无道理的杜撰，此处引入的"伪度量张量"不仅完全破坏一切向量必须具有的"客观性"基础，而且无法为这个"伪向量空间"中向量的"长度"，以及向量空间中任意两向量的"交角"等基本客观量做出具有"形式意义"并拥有"实际内涵"的定义。

其实，对于任何一个真正读过 Hilbert 所著《几何基础》的读者，人们不难发现除了一大堆自称为"公理化假设"的堆砌，甚至连求解"点和线之间的距离"的问题也无法解决。而且，如果人们还轻信 Hilbert 针对他的"公理化思想"曾经做出的深刻诠释，果真将他所说的"桌子、椅子"定义为几何学中的"点和线"（注意，该《几何基础》无需引入"面"的概念，当然"啤酒瓶"可以暂时存放留待其他重用了），那么，除了作为一种纯粹"精神意义"的象征，这本曾经被誉为"对20世纪整个自然科学研究具有划时代意义"的几何学重大论著，到底又能告诉人们或描述些什么样的"几何实在"或"物理实在"呢？

---

① 可以相信，熟悉"Cantor 集合论悖论"的读者读至此处的讨论，或许立即发现此处所述正是 Cantor 最早发现自己提出的"集合论"可能隐含逻辑悖论，并继而全面质疑这个用作构造现代数学全部基础的理论体系时所面对的逻辑疑难。在 Cantor 所创建的"集合论"体系中，最终引起逻辑悖论的是被其用作构造"集合"两个公理之一，一个称之为"概括性(comprehension)公理"的假说。该公理的本质实际上就如此处所涉及的，希望借助于某一个不加任何限制的特定属性，对某一个集合或对象做出明确认定或定义。借助于"性质"定义对象并非绝对不可以，但是必须首先对需要定义"对象"的"有限论域"做出前提性限制，否则必然导致 Cantor 指出的逻辑悖论。Cantor 一生郁郁寡欢，却能够对花费了几乎全部生命和精力的研究结果率先提出质疑和否定。Cantor 或许称得上是科学史中为数不多的"精神不朽者"之一。有关"集合论悖论"的问题除了在后面会作某些进一步分析以外，较系统的讨论请参阅笔者的其他论著。

5.2 向量空间线性变换的“客观性”基础及其“无条件化”导致的逻辑悖论

显然，Descartes 直角坐标系过于简单。此处，考虑通过定义于“整个”向量空间 V，由一组彼此处于“斜交”的基矢量$(\boldsymbol{g}_1,\boldsymbol{g}_2,\boldsymbol{g}_3)$构造的仿射坐标系，即

$$\forall(\boldsymbol{g}_1,\boldsymbol{g}_2,\boldsymbol{g}_3)\in V,\exists\quad g_{ij}=\boldsymbol{g}_i\cdot\boldsymbol{g}_j\neq 0:i\neq j \tag{5}$$

并可由此引入另一组“对偶”基矢量组

$$(\boldsymbol{g}^1,\boldsymbol{g}^2,\boldsymbol{g}^3)\in V:\boldsymbol{g}^i\cdot\boldsymbol{g}_j=\delta^i_j,\delta^i_j=\begin{cases}1, & i=j\\0, & i\neq j\end{cases} \tag{6}$$

于是，考虑到此处所述对偶基矢量之间隐含某种能够与“正交归一”大致类似的特征，并利用向量空间作为被赋予“线性结构”无穷集合的前提性定义，如果为该向量空间 V 中的任意向量 $\boldsymbol{x}$ 构造如下所示的分量表述形式：

$$\boldsymbol{x}=x^i\boldsymbol{g}_i=x_i\boldsymbol{g}^i\in V \tag{7}$$

那么，将该向量 x 分别与“对偶”基矢量作点积运算，立即得

$$\boldsymbol{x}=x^i\boldsymbol{g}_i=x_i\boldsymbol{g}^i:x^i=\boldsymbol{x}\cdot\boldsymbol{g}^i,\quad x_i=\boldsymbol{x}\cdot\boldsymbol{g}_i\in V \tag{8}$$

也就是说，在定义于整个向量空间 V 的仿射坐标系$(\boldsymbol{g}_1,\boldsymbol{g}_2,\boldsymbol{g}_3)$中，任意向量 $\boldsymbol{x}$ 的 i 坐标分量 x^i 等于该向量 x 在其对偶基矢量 $\boldsymbol{g}^i$ 上的投影。

此外，如果注意到仿射坐标系中的基矢量（乃至与其对偶的基矢量组）属于定义于“整个”空间域 V 的恒矢量组，也就是说，式(8)形式表述的向量 $\boldsymbol{x}$ 对它的任意一个坐标作“偏导数”运算的时候，基矢量 $\boldsymbol{g}_i$ 或对偶基矢量 $\boldsymbol{g}^i$ 可以当作“常矢量”从偏导数运算中直接提出来。正因为此，在该空间域 V 的任意一个空间点 p 处，总存在

$$\forall p\in V,\exists:\boldsymbol{g}^i=\partial\boldsymbol{x}/\partial x^i,\quad \boldsymbol{g}_i=\partial\boldsymbol{x}/\partial\mathrm{x}^{\mathrm{i}} \tag{9}$$

事实上，只要对比式(7)构造的分量表述，该关系式的几何意义是明显的：当允许存在某一个能够定义于“整个”向量空间 V 的仿射坐标系时，如果向量 $\boldsymbol{x}$ 的变化仅仅对应于某一特定仿射坐标的“单位大小”变化，那么，该向量的变化必然就对应于给定仿射坐标的对偶基矢量。

继而，如果式(5)所示的仿射坐标系发生了如下所示的变化，那么，对于同一个向量 $\boldsymbol{x}$ 而言，它的仿射坐标将如何变化呢，即

$$\begin{gathered}(\boldsymbol{g}_1,\boldsymbol{g}_2,\boldsymbol{g}_3)\rightarrow(\boldsymbol{g'}_1,\boldsymbol{g'}_2,\boldsymbol{g'}_3):\boldsymbol{g'}_i=\beta^j_i\boldsymbol{g}_j\in V\\ \mapsto\\ ?:(x^1,x^2,x^3)\rightarrow(x'^1,x'^2,x'^3):\boldsymbol{x}=x^i\boldsymbol{g}_i=x'^i\boldsymbol{g'}_i\end{gathered} \tag{10}$$

其中，β^j_i 对应于联系两个仿射坐标系的变换系数矩阵。根据向量自身必需的“客观性”基础，并利用式(9)，有

$$\boldsymbol{g'}_i=\frac{\partial\boldsymbol{x}}{\partial x'^i}=\frac{\partial(x^j\boldsymbol{g}_j)}{\partial x'^i}=\frac{\partial x^j}{\partial x'^i}\boldsymbol{g}_j \tag{11}$$

与式(10)比较，得

$$\frac{\partial x^i}{\partial x'^j}=\beta^j_i\leftrightarrow\frac{\partial x'^i}{\partial x^j}=\beta'^i_j \tag{12}$$

再次运用仿射坐标系定义于整个空间域的“全局性”特征，因此此处所说的微分关系式允许蜕

化为简单得多的"线性变换"关系

$$\boldsymbol{x} = x^i \boldsymbol{g}_i = x'^j \boldsymbol{g}'_j : x'^\alpha = \beta^\alpha_j x^j \in V \tag{13}$$

进而,如果向量 $\boldsymbol{x}$ 定义为几何学中通常所说的"自由向量",那么,此处所说的仿射坐标系还允许作任意的"平移"变换。于是,存在如下所示一般形式的线性变换

$$\boldsymbol{x} = x^\alpha \boldsymbol{g}_\alpha = x'^\beta \boldsymbol{g}'_\beta : x'^\alpha = \boldsymbol{\Lambda}^\alpha_\beta x^\beta + a^\alpha \in V \tag{14}$$

式中 a^α 为平移向量分量。并且,此处有意识使用了 Weinberg 著作中习惯使用的形式。

毫无疑问,此处所述的一切过分平凡和简单。但是,之所以花费如此大的篇幅,绝不只是为了重复这些无疑过分平凡、简单的结论,而在于改变或纠正将式(13)所示的线性变换绝对化,变为西方科学世界习惯了的一成不变、无需客观性基础乃至特定逻辑前提,实际上过分简单、粗糙,最终必然导致形形色色认识悖谬的"形而上学"思考方式。

回顾此处所作的简短推导,人们不难发现:上述线性变换得以存在的全部基础,首先是式(7)所示向量 $\boldsymbol{x}$ 作为"客观量"保持本质不变的基本逻辑前提。并且,仅仅当 $\boldsymbol{x}$ 定义为"自由向量"的时候,才允许附加提出坐标系的"平移"变换。反过来说,正是因为"自由向量"必须拥有的"客观性"基础,才可能导得式(14)所描述的"一般性"线性变换关系。

此外,除了以上所说向量空间中的向量元必需的"客观性"基础以外,任意给定的仿射坐标系必须适用于"整个"几何空间是上述线性变换关系得以成立的另一个"必要"前提条件。否则,式(9)以及式(11)所示的偏导数运算不成立。以式(11)为例,需要代之以

$$\frac{\partial \boldsymbol{x}}{\partial x^i} = \frac{\partial (x^j \boldsymbol{g}_j)}{\partial x^i} = \frac{\partial x^j}{\partial x^i}\boldsymbol{g}_j + x^j \frac{\partial \boldsymbol{g}_j}{\partial x^i} \tag{15}$$

事实上,对于此处所述的这个关系式,同样显示了张量分析中著名的"Christoffel 符号"得以成立的几何基础。当然,仍然与以上陈述曾经提及的,只因为仿射坐标系中基矢量适用于整个几何空间的"整体性"特征,才可能将式(12)所示的微分关系式变换为式(13)所示、一个简单得多的线性变换矩阵。

显然,将式(14)予以无条件地"绝对化"的方法,不仅反映西方科学世界一种习以为常的"形而上学"简单思维模式,他们似乎总喜好将某一些简单的、只能隶属于特定"几何实在"并相应只允许"条件存在"的形式表述"固化"起来,进而"无条件"地加以无穷演绎,试图凭借逻辑"推导"出超越逻辑前提的形形色色真理,而且完全不明白逻辑的本意只是"同义反复"这个本来过分简单、自明的素朴道理。当然,可以肯定:这些"简单、固化"的思维模式恰恰说明:他们从来没有真正读懂被他们形而上学地当作"绝对真理"而无穷渲染的经典理论。

5.3 正视"空间变换"和"坐标变换"习惯陈述中隐含的逻辑倒置

按照历时十年、直至 21 世纪元年才最后出全的《数学百科全书》的说法,关于"空间(space)"一个较为完整的定义如下:

> 一个逻辑的概念的形式(或结构),用作实现别的形式或结构的载体。……
>
> 在现代数学中,空间被定义为对象的某个集合,每个对象称为空间中的点;它们可以是几何对象、函数、物理系统的状态,等等。

把这样一个集合看作一个空间、抽象出它的元素的性质的时候，人们只考虑它们的总体的能由所关注的、或由定义所引进的关系所确定的性质①。

点之间和某些图形(即点的集合)之间的关系决定了空间的“几何”。在公理化构造中，这些关系式的基本性质被表述为相应的公理。

在继续关于此处所构造特定命题的分析前，或许不得不稍作间断，再次郑重指出：一旦接受现代“公理化思想”创始人 Hilbert 公然大力宣扬“桌子、椅子、啤酒瓶同样可以视之为几何学中的点、线、面”这样一种纯粹“独断论(dogmatism)”意义上蛮横而荒唐的主张，无视他的同事 R. Courant 曾经做出“认为灵感能创造出有意义公理体系的看法是骗人的、似是而非的真理”一个严肃并且明显合理的批判，彻底否定一切“有意义和符合逻辑”的形式表述同样需要“几何实在”支撑和约束的前提，那么，那个凭借“伪”字而存在的“Minkowski 伪空间”自然能够得以“合理”存在。但是，即使允许将这种“公理化”思想视为一种“合理”存在，人们依然切切不要忘记一个朴实平凡的道理：逻辑永远不能说明超越前提以外的任何实在，因此，那个“Minkowski 伪空间”能够告诉人们也只是式(4)所示的那种归类于“灵感”的范畴，并仅仅因为这些“人为认定”已经背离了涉及“距离”或者“向量空间”等许许多多“平常”的认识，所以一旦再将这些已经遭到 Minkowski 逻辑否定的“平凡概念”带入他“创造”出来的“伪空间”之中，那么，正如前述分析已经充分证明的那样：整个“Minkowski 伪空间”必然陷入形形色色的“自否定”结构之中。

继而，需要进一步探讨关于“相对论”乃至一般“微分几何”通常需要涉及的“向量空间”概念。此处，不妨采用与《数学百科全书》一个形式上过分复杂的“公理化定义”保持严格一致，但是要简单和直观得多的基本定义：一个在实数域中被赋予“线性结构”的无穷集合。事实上，如果按照前面针对“空间”曾经做出的定义，需要为这个集合一种“总体”性质做出某种限定，那么，对于向量空间 V 中的任意两个向量 $\boldsymbol{a}$ 和 $\boldsymbol{b}$，它们必须满足如下所示的“线性运算”结构

$$V: \forall \boldsymbol{a},\boldsymbol{b} \in V, \exists \lambda(\boldsymbol{a}+\boldsymbol{b}) = \lambda\boldsymbol{a}+\lambda\boldsymbol{b}: \lambda \in R \tag{16}$$

并且，这个刻画空间中不同元素之间“一般性”逻辑关联的形式表述，成为对“向量空间”一种最为本质的特征性表述。正因为此，许多数学著作往往将向量空间称为线性空间。(值得再次回溯前面的讨论，由于“Minkowski 伪空间”平白无故地添加了一个关于“恒定长度”、相应只能反映“主观意志”的约束方程，从而逻辑地破坏了向量空间必需的“线性”结构，这个“伪空间”已经不再是原来意义的向量空间。一切真正合理的科学陈述，必须也自然处处逻辑相容；相反，任何矛盾性陈述，则始终充斥矛盾，绝不会因为补充“主观意识”范畴的所谓“公理化”假设，就能够真的改变矛盾“客观存在”的本质。)

与向量空间 V 中形形色色向量作为一种独立于“主观意志”而存在的“几何实在”完全不同，为 Descartes 最先引入数学体系中的“坐标系”只不过是一种度量工具。用以度量的工具无以穷尽，度量所得的表观结果同样允许无以穷尽。但是，所有不同的度量结果或度量表象，并

① 虽然没有查阅原著，笔者仍然对此句做了适当调整。其中译文原表述为：“把这样一个集合看作一个空间，人们能抽象出它的元素的性质，只考虑它们的总体的能由所关注的、或由定义所引进的关系所确定的性质。”之所以做出这样的调整，是考虑到现代数学对空间所做实际阐述或应用时，往往并不关注或者无力表现空间中每个“具体元素”各自拥有的“个性”抽象特征，而仅仅关注或只允许表现整个空间的某种或某些“整体性”的逻辑关联。

不允许影响向量空间中那些“几何实在”的客观真实。正因为向量自身拥有的“实体论”客观基础，随着使用的仿射坐标系作如式(10)所示的变化，才可能导得式(14)所示的线性变换关系式，将其重新写为

$$\boldsymbol{x} = x^i \boldsymbol{g}_i = x'^j \boldsymbol{g}'_j : x'^i = \boldsymbol{\Lambda}^i_j x^j + a^i \in V \tag{17}$$

并且，仅仅将其称为“同一几何空间”中的坐标变换，或不同仿射坐标系下出现的“分量变换”关系式。显然，坐标系下的“分量表述”仅仅具有形式上的表观意义，表面看似形式各异的“分量表述”不具任何本质意义；只有由全部“坐标分量”以及与其对应的“坐标架”共同构造的一种“整体意义”的抽象存在，才可能是根本的或本质同一的。也就是说，潜藏于看似如此不同的形形色色“分量表述”背后一个抽象存在的整体，才可能被赋予独立于不同“坐标系”人为选择和独立于不同“分量表述”形式的“客观性”不变意义(无疑，这样一种建立在“几何实在整体”之上的观念，对于理解和认识二阶以上相对较为抽象的张量而言显得尤其重要)。事实上，正完全依赖向量作为“客观量”自身拥有的“客观性”内涵，才可能为包括式(17)在内不一而足的“分量变换”公式提供合法存在的基础。因此，如果诸如 S. Weinberg 这样的一些研究者，把这个只因为使用“度量工具”的不同，并且还必须限制于只允许使用“仿射坐标”的特定约束条件之下引起“度量结果”的变化，下意识(无知)或者有意识(故意)曲解为被度量的向量发生某种真实变化，乃至将这个关系式称之为“空间变换”关系式，那么，恰恰成为对该关系式得以成立的客观基础和逻辑前提构成彻底的颠覆①。

当然，正因为基元概念的认识紊乱，式(17)所示一个在仿射坐标系中向量的“分量变化”关系式，才会混淆为两个向量空间中作为“几何实在”可能发生的真实变化。了解现代“连续统力学”的研究者熟知，这个期望努力使用现代数学语言的陈述系统，往往把发生在“宏观物质”集合之上的“变形运动(deformation)”视为发生于 3 维 Euclid 空间 R^3 之中两种“构形(configuration)”的变化，乃至进一步抽象为该几何空间中两个“子域”之间的几何变换关系，即 [6,8]

$$\text{Deformation}: B \mapsto b, B, b \subset R^3 \tag{18}$$

并且，必须像目前的“连续统力学”那样将宏观物质视为“连续体”，以及暂时不考虑这样的变形能否发生在此处所说 3 维 Euclid 空间 R^3 这样一些更为深刻涉及“现代微分几何”的基本概念问题，但是，作为一个平常和明显合理的基本理念，如果“连续体”发生了“通常意义”的变形，那么，对于最初几何域 B 中的某一根直线，在变形以后不一定能够在变形后的几何域 b 中继续保持为直线。也就是说

$$\overrightarrow{cd} \overset{\text{deformation}}{\mapsto} \overrightarrow{c'd'} \cup \widetilde{c'd'}, cd \in B, c'd' \in b, B, b \subset R^3 \tag{19}$$

这个物理学中的平常的结果告诉人们：式(17)所示的变换只能“条件”地存在，不应该强制为向

① 事实上，当 S. Weinberg 以一种完全不屑一顾的蛮横和自大讥讽与他一样获得 Nobel 奖的 I. Prigogine，甚至只是因为 Heisenberg 曾经多次公开和诚实地表达对现代理论物理的逻辑基础存有疑虑，就对这位影响比他大得多的 20 世纪物理学研究者做出诸如“不能被看作是一位谨慎的思想家”的严厉批判的时候，Weinberg 恰恰在这些最最“基础和平凡”的数学概念上出现了难以想象的认识悖谬。在后续涉及“广义相对论逻辑基础”的相关分析中笔者将指出，正因为这些基本概念的认识紊乱，Weinberg 才会把存在于“同一几何空间”之中，一个从直角坐标系到曲线坐标系之间的坐标变换，误当作“平直空间到弯曲空间”之间一种“几何实在”的变换。

量空间之间必须遵循的普遍变换关系式。反过来说，如果需要谈论“从向量变换为向量”这样一种被赋予“一般意义”的“向量空间”变换，那么，这样一种形式变换实际上并不必然地普遍存在，而需要首先满足相当严厉的前提条件。

作为上述一般性结论一个“过分平凡”的逻辑推论，那个由 Hilbert 发起，被视为 20 世纪自然科学研究一种“时代特征”的“物理学几何化”浪潮，实际上只是数学基础在面对 20 世纪初发现的一系列逻辑悖论没有得到解决的同时，不妨视之为转移人们视线且不免过于简单，一种形而上学意义上的错误导向。人们永远不可能单纯借助主观思维杜撰的抽象空间的变换，描述自存、千变万化的物理世界。而且，即使暂时做出某种退让，那么人们依然可以看到：抽象空间之间的变换可能描述的仅仅是“空间变换”前后的“最终”结果，对于物理学研究密切关注的“动力学变化”过程，或者用以刻画抽象空间到底经历怎样的“实际变化历程”这样的重要命题，任何形式的几何学描述都无法做出任何有实际意义的描述。

5.4 “仿射空间”概念隐含的逻辑悖论

渊源于“基元理念”的紊乱，作为它们后继的“派生”概念往往自然是紊乱的，必然隐含着形形色色逻辑悖论。值得顺便指出：“仿射空间(Affine Space)”其实同样是上述认识不当导致的一个不当的数学基本概念。

首先，对于任意给定的向量空间 V，通常总存在与式(14)大概保持一致的线性变换群

$$\forall \boldsymbol{x} \in V, \exists x'^i = \eta'^i_j x^j : \boldsymbol{x} = x^i \boldsymbol{g}_i \in V \tag{20}$$

显然，这个能够满足“自封闭性”要求的无穷集合，就是定义于作为某种“几何实在”集合的该给定向量空间(注意：逻辑上对应于某一个不可缺失的“物质实体”乃至“有限论域”)之上，一个习称的“仿射变换群(Affine Transformation Group)”。并且，正如《数学百科全书》在以其命名的条目中所作解释的那样：

> 仿射变换是空间到空间自身的映射，使得一直线上的三点所对应的三点仍然在一直线之上。

这个线性变换蕴涵的数学内涵是明显、素朴的，仍然以“仿射坐标系”之间存在的坐标变换作为定义这个“变换群”得以存在的逻辑基础。但是，不同于式(14)之中仿射坐标系的“基矢量组 $(\boldsymbol{g}_1, \boldsymbol{g}_2, \boldsymbol{g}_3)$”必须首先处于式(10)所规定的变化之中，即

$$(\boldsymbol{g}_1, \boldsymbol{g}_2, \boldsymbol{g}_3) \rightarrow (\boldsymbol{g}'_1, \boldsymbol{g}'_2, \boldsymbol{g}'_3) : \boldsymbol{g}'_i = \beta^j_i \boldsymbol{g}_j \in V \tag{21}$$

从而使式(14)所描述的向量分量变化，原则上只是为了保证作为“客观量”的矢量 $\boldsymbol{x}$ 在坐标变换中必须满足“本质不变”要求的逻辑必然，无法用作表示同一向量空间两个向量之间的坐标变换。进一步说，与式(14)描述的坐标变换完全不同，当且仅当式(20)中的基矢量组 $(\boldsymbol{g}_1, \boldsymbol{g}_2, \boldsymbol{g}_3)$ 维持不变的时候，此处引入的这个“线性变换群”才可能用以刻画“同一”向量空间中“不同向量”之间发生的某种实际变化，即直线依然保持直线过程中，向量的“长度和空间方位”可能发生的真实变化。

毫无疑问，此处关于式(20)所示“仿射变换群”和式(14)所示“仿射坐标变换”具有不同数学内涵的陈述，同样是简单、素朴和容易理解的。并且，不妨将其视为对上一命题，即“正视‘空

间变换’和‘坐标变换’习惯陈述中隐含的逻辑倒置”相应做出的进一步补充解释。但是，问题在于：一旦再特地引入一个“仿射空间”的概念，则导致相关的整个数学陈述陷入逻辑紊乱之中。

首先，仍然使用《数学百科全书》关于“仿射空间”构造的定义：

> 域 k 上的仿射空间是指一个集合 A（其元素被称为仿射空间的点），它对应于 k 上的一个向量空间 L（称为 A 的相伴空间）和一个由集合 $A\times A$ 到空间 L 且具有下述性质的映射：
>
> (1) $A\times A\rightarrow L$：$(a,b)\in A\times A\rightarrow \overrightarrow{ab}=l\in L$
>
> (2) $\forall a\in A, \exists x\in A$：$x\rightarrow \overrightarrow{ax}=l\in L$
>
> (3) $\forall a,b,c\in A, \exists\ \overrightarrow{ab}+\overrightarrow{bc}+\overrightarrow{ca}=\overrightarrow{0}$
>
> 其中：(1)定义了一个从 $A\times A$ 到向量空间 L 的该映射，该映射的象称为具有起点 a 和终点 b 的向量；(2)中的映射是 A 到 L 上的一个双射；而(3)中向量方程的右侧表示零矢量。

考虑到“现代”数学语言往往比较晦涩或深奥，为了尽可能弄明白以上定义希望表达的意思，此处不妨再转而引用相对较为简明、由我国著名理科大学为“数学系研究生”所撰写微分几何教材中的相关陈述①。

在这本用作初步了解和学习现代微分几何的著作中，作为“预备知识”又相继构造了若干个最基本的定义，它们分别是关于“n 维仿射空间”和“与仿射空间伴随的向量空间”的定义 1.1：

> 设 V 是 n 维向量空间，A 是一个非空集合，A 中的元素称为点。如果存在一个映射
>
> $$\overrightarrow{\ }:A\times A\rightarrow V$$
>
> 它把 A 中任意一对有序点 P,Q 映为 V 中的一个向量
>
> $$\overrightarrow{PQ}\in V$$
>
> 且满足以下条件：
>
> (1) $\overrightarrow{PP}=0, \forall P\in A$
>
> (2) $\forall P\in A, \forall v\in V, \exists Q\in A$：$\overrightarrow{PQ}=v$
>
> (3) $\forall P,Q,S\in A, \exists\ \overrightarrow{PQ}+\overrightarrow{QS}=\overrightarrow{PS}$
>
> 则称 A 是 n 维仿射空间，且称 V 是与仿射空间 A 伴随的向量空间。在直观上，

---

① 或许值得再次援引杨振宁先生的生动话语：“现代数学的书可以分为两类，一类是看了一页便看不下去了，另一类是看了一行就看不下去了。”因此，如果想到连杨先生都不一定能够把现代数学的著作真正读下去，那么，如果我们面对现代数学著作觉得深奥或晦涩是完全不值得自责的。

有序点 P,Q 构造的向量就是空间 A 中从 P 指向 Q 的有向线段。

关于“仿射空间中的标架”以及“仿射坐标系”的定义 1.2：

设 A 是 n 维仿射空间，V 是伴随的向量空间，任取 A 中的一点 P 以及 V 中的一个基底 $\{v_i\}$，则称图形 $\{P;v_i\}$ 为仿射空间中的一个标架。

在仿射空间中 A 中取定一个标架 $\{O;v_i\}$，就相当于在 A 中建立了一个仿射坐标系。此时，点 $P\in A$ 与 n 元实数组 $(\lambda^1,\cdots,\lambda^n)$ 建立了一一对应关系

$$P\in A\leftrightarrow \overrightarrow{OP}=\lambda^i\delta_i\leftrightarrow(\lambda^1,\cdots,\lambda^n) \tag{22}$$

实数组称为点 P 在标架 $\{O;\ v_i\}$ 下的坐标。

以及关于“n 维 Euclid 向量空间中距离”的定义 1.3：

设 $(V,\langle,\rangle)$ 是 n 维 Euclid 向量空间，则以 V 为伴随向量空间的仿射空间称为 n 维 Euclid 空间，记为 E^n。Euclid 空间 E^n 中任意两点 P,Q 之间的距离定义为

$$d(P,Q)=(\overrightarrow{PQ}\cdot\overrightarrow{PQ}) \tag{23}$$

很明显，E^n 关于上面所定义的距离函数 d 成为度量空间。

若 $\{\delta_i\}$ 是向量空间 V 中的单位正交基底，则称 $\{P;\ \delta_i\}$ 为 E^n 中的一个单位正交标架。

可以认为，该教材为全书构造的前三个基本定义，属于整个“形式语言系统”中的三个最基本语言要素。

并且，毫无疑问的是：该教材关于“仿射空间”的陈述努力与《数学百科全书》中的相关定义保持一致；或者可以更恰当地说，两本著作的不同陈述希望表述内容的“思想基础”没有任何根本差别。当然，对于此处所说的“思想基础”，只能是整个 20 世纪数学体系赖以生存，但是自从其诞生开始一直受到西方许多诚实和严肃的数学工作者质疑的“公理化思想”基础，一种无需任何“几何或物理实在”约束的“约定论”思潮。尽管如此，人们仍然可以发现两种叙述其实存在某种细微的差异，并且，这种细微差异或许可以反映作为一本“大学教材”著者作以上陈述时内心应有的不安。

可以相信，考虑到以上定义频繁使用“伴随空间”的概念，该教材紧接着给出以上三个基元概念的定义以后，不得不马上做出如下所示的一段补充陈述：

在这里，我们强调仿射空间、Euclid 空间是点的空间，而向量空间、Euclid 向量空间是向量的空间。向量之间有代数运算(如加法)，而点与点之间没有代数运算。点与向量之间的关系是通过定义 1.1 中的条件建立联系、并且仿射空间和它所伴随的向量空间作为集合是可以建立一一对应的。

但是，不仅需要考虑“向量之间有代数运算(如加法)，而点与点之间没有代数运算”这样的提法

在数学上是否恰当或太不严密的问题，事实上，如果把代数运算视为定义为特定"数域"中某些数学量之间的运算，那么，众所周知，向量之间的运算可以依赖 Descartes 最初引入的坐标系进行；与此同时，同样只要引入坐标系，相应为此处所述"点的空间"中的不同元素做出必要"标记"的同时，那个定义于向量空间中的"代数运算"同样适用于此处所述的"点的空间"。而且，该教科书的著者似乎完全没有真正理解，洋洋近千万字的《数学百科全书》为什么不对"伴随空间"的概念做出解释，不愿意相应引入"点的空间"的真正缘由。

根据且仅需根据逻辑，20 世纪的数学体系一旦接受"公理化"的思想，或者承认任何纯粹"主观约定"的合法性，那么，这些被视为"公理化假设"的逻辑前提本质上是不容也不能解释的，不仅仅越解释越糊涂，而且更充分暴露因为否定"实体论"基础，相应缺失"支撑和约束"辩证统一的形式表述"必然蕴涵"的大量逻辑悖论。事实上，当 Hilbert 公开宣扬"桌子、椅子、啤酒瓶都可以视为几何学中的点、线、面"的主张，从而对他试图摆脱一切"几何实体"约束的"形式主义"思想做出诠释时，这种"指鹿为马"的蛮横和荒谬绝非 Hilbert 的疏忽或失言，相反，正是对他所信奉的"独断论"一种明白无误的宣泄和准确解读。同样，也仅仅于此，我们的数学工作者才可能形成一种真正的理性意识，明白为什么西方数学评论家 M. Kline 在哀叹"1900 年来的数学杂乱无章、对待数学可以采取矛盾的态度，整个数学大厦即将倒塌"的现状，无法容忍当代许许多多数学家"文章发表得越多越好，个人的成就是绝对重要的，不管是对还是错"这样一种人类认识史中或许绝无仅有的极大反常的同时，却又做出如下公开声言的原因[4]：

> 换句话说，数学家们是在贡献概念而不是从现实世界中抽象出思想。由于这些概念被证明越来越实用，因此他们起初还忸怩作态，后来就变得肆无忌惮了。
>
> ……
>
> 杰出的数学家，不管他们怎样恣意妄为，都有一种本能，即保护他们自己免遭灭顶之灾。伟大人物的直觉比凡人的推演论证更为可靠。

毫无疑问，只是由于历史的缘故，现代从事自然科学研究的东方学者实际上从来没有能真正摆脱简单"尾随者"的地位。也正因为此，我们的许多科学工作者其实并没有真正读懂他们简单认同的西方科学(其实还包括西方哲学)体系，把那些只允许建立在"约定论"基础之上的陈述系统看得过于严肃和认真了①。

因此，努力揭示相关概念可能隐含的所有逻辑悖论才具有根本意义。事实上，即使不考虑

---

① 当然，面对某些西方学者发自内心深处，一种根深蒂固乃至过分蛮横无理的种族优越感，我们的职业科学工作者不得已提出诸如"本书(指 Kline 所著《古今数学思想》)也有不足之处，例如忽视我国的数学成就及对数学发展的影响无疑是有片面性的"的指责；或者仅仅做出"关于现代数学高度抽象的这一特征的看法，作者(Kline)是持一定保留态度的。我们认为这是可以商榷的"这样一种几乎无法再宛转的批评没有任何意思。关键问题在于：一方面诚实地正视目前所处"尾随者"的真实状况，另一方面，以一切独立科学研究必需的"审查者"平等地位，首先"读懂"经典理论，或者真正领悟类似于 Gauss、Riemann 等许多其实与我们一样的平凡人的思想，继而努力使用逻辑批判的武器、维护逻辑、解决西方科学世界长期没有能力解决，涉及哲学、数学和理论物理等许许多多基础学科中的基本理念问题。

首先需要把作为“基本语言”的“点、向量、向量空间”等基本概念做出“构造性”前提定义，从而避免相关定义陷入“循环定义”这样的逻辑不当问题，但是仍然可以从以上命题自身发现一系列概念紊乱或逻辑不当的问题。

1. 揭示希望赋予“仿射空间”的抽象内涵及其隐含的逻辑悖论

首先需要了解：虽然包括《数学百科全书》在内的大部分现代数学著作没有明确提出“伴随空间”乃至“点的空间”的概念，但是现代数学（或现代微分几何）为什么要借助这些没有定义的称谓引入“仿射空间”概念，或者说，现代数学体系的构建者到底希望赋予这个“仿射空间”以怎样特定“数学内涵”呢？

回顾以上定义，不难发现“仿射空间”的核心内涵仅仅在于：对于仿射空间 A 中的任意两个点 P,Q，总可以诱导出一般向量空间 V 中的一个向量 $\boldsymbol{l}$，即

$$\forall P,Q\in A,\quad \exists \boldsymbol{l}\in V, \boldsymbol{l}=\overrightarrow{PQ} \tag{24}$$

当然，反过来说，之所以引入这个概念，赋予“仿射空间”以上述“两点能够唯一地决定一条有向线段”这个本来过分平常的特征，也仅仅在于随着作为抽象概念的“空间”在现代数学中实际上已经被“无穷泛化”，相应存在无法满足上述“个性”要求空间的状况。例如，对于现代微分几何需要通常研究的“弯曲空间”或者“微分流形”而言，它们就属于无法满足上述特殊要求的“一般性”空间。

但是，几乎与 Cantor 曾经感叹他所发明的“集合论”之所以出现悖论，其根本原因在于“集合太大、缺乏有效制约的缘故”如出一辙，可以逻辑地推断：任何陈述系统如果缺失某种“实体”的必要“支撑”以及这种支持相应构造的“限制”，那么，面对千变万化的物质世界，这个陈述系统必然存在形形色色的逻辑悖论。当然，此处所说的实体，并不简单等同于某个“可视、具体”的实物。原则上，不妨将这个实体大致视为“直觉主义者”Brouwer 曾经描述的“构造性对象（Constructive Object）”，只不过这个“构造性对象”同样不可能来自纯粹“直觉意义”的顿悟或杜撰，而仅仅允许渊源于针对“客观世界”所做的“合理”抽象。否则，一旦失去“实体论”基础的支撑，Brouwer 所说的“构造性对象”除了称谓不同于“公理化假设”以外，本质上仍然重新沦为他曾经严厉批判 Hilbert 的“约定论”荒唐之中。

事实上，对于此处所说的“仿射空间”命题，当人们把“向量空间”当作一种“自明”的概念，并需要把仿射空间的伴随空间定义为向量空间的时候，那么，考虑到“伴随”必需的对称性意义，又如何反过来以“唯一”的方式定义“向量空间的伴随空间”呢？或者说，针对相同的维数，人们默认只允许谈论“同一”的向量空间，那么，与该向量空间伴随的空间同样只允许有一个。因此，当文献[7]特地提出“我们强调仿射空间、Euclid 空间是点的空间”，并且它们同样能够与“向量空间”形成“伴随关系”的时候，仿射空间和 Euclid 空间自然成为“同一空间”的两种不同“名称”，这种名称上的区隔失去任何本质内涵。进一步说，如果确信“弯曲空间”并不存在直线，逻辑上已经对“直线”的存在构成了否定，那么，将“仿射空间”定义为向量空间伴随空间的做法在逻辑上同样纯属多余。

2. 陈述句“仿射空间、Euclid 空间是点的空间，而向量空间、Euclid 向量空间是向量的空间”隐含的众多认识悖论

毫无疑问，在基本数学教材中之所以做出“向量空间、Euclid 向量空间是向量的空间”的陈述句，只是为了弥补作“仿射空间”与其“伴随空间——向量空间”陈述时在逻辑上几乎明显存

在的瑕疵或不当,但是,这个几乎同样明显的“空言性”陈述,没有对“仿射空间、Euclid 空间,向量空间”的概念做出任何具有实质内涵的区分,从而不仅不可能避免最初陈述中真实存在的逻辑缺陷,还进一步暴露了现代数学在“仿射空间、Euclid 空间、向量空间”一系列基元概念的认识上往往隐含的逻辑紊乱。

因为现代数学的“概念系统——语言”过于庞杂,所以如果仅仅根据前面引用文献[7]时曾经使用的式(22)以及式(23),一般而言并不能较为准确地理解现代数学为这些不同空间所构造定义时的基本思想。但即使如此,人们仍然从这些不多的陈述出发,揣摩那些把数学搞得连其他数学家也看不懂的构建者们内心希望表达的思想。

即使按照现代数学家们的意志,接受需要把“仿射空间”界定为“向量空间伴随空间”的思想,并且,考虑到向量空间中任意“向量”具有现代数学同样承认“有向线段”这个过分平凡的“本来”意义,人们总可以为“仿射空间”A,乃至所谓“伴随空间”V 中的任意向量,做出与式(23)完全一致的长度定义,即

$$\forall P,Q \in A, \exists d(P,Q) = (\overrightarrow{PQ} \cdot \overrightarrow{PQ}), \overrightarrow{PQ} \in V \tag{25}$$

也就是说,向量的长度本应该是任何向量“天然”拥有的客观量。但是,文献[7]为什么在引出仿射空间以及仿射坐标系的概念以后,才在定义 Euclid 空间时引入“向量长度”的定义;或者更为准确地说,应该是凭借式(23)为向量长度构造的“形式定义”反过来定义 Euclid 空间呢?

显然,这种明显存在的“反常推理”绝对不是数学教材著者的疏忽,而应该看作是否定数学必需的“实体论”基础的“公理化思想”体系的需要。为了给予“公理化假设”以 Courant 所批判的“随意创造”的绝对思想自由,成为摆脱一切“几何实在”对于几何学陈述构造的约束和限制的普适真理,建立在“公理化基础”之上的几何学,其中的“数学关系式”必须是第一位的,无需也不允许特定“几何实在”的支撑和约束。因此,本来对于任意向量空间中,由式(20)描述的坐标变换

$$\forall \boldsymbol{x} \in V, \exists x'^i = \eta'^i_j x^j : \boldsymbol{x} = x^i \boldsymbol{g}_i \in V \tag{26}$$

本来只是人们所使用“仿射坐标系”发生如下所示的变换

$$(\boldsymbol{g}_1, \boldsymbol{g}_2, \boldsymbol{g}_3) \to (\boldsymbol{g}'_1, \boldsymbol{g}'_2, \boldsymbol{g}'_3) : \boldsymbol{g}'_i = \beta^j_i \boldsymbol{g}_j \in V$$

的简单推论,并且也仅仅因为使用特定工具的限制,上述的向量坐标变换同样只能“有条件”地存在,不能被无穷真理化。

然而,为了保证现代数学能够完全建立在“公理化假设”基础之上,服从“形式主义者”的主观意愿,允许这些纯粹的人为假设能够“无条件”地存在,并可以用做构造某一个同样“无需限制”的形式系统的“唯一”基础,那么,一个本来过分平凡和素朴、要求“形式服从于实体”的通常认识必须要颠倒过来,代之以“形式独立于实体、先于实体、凌驾于一切实之上”这个体现“现代数学”最基本特征的“约定论(公理化假设)”前提,于是:为式(26)描述体现某种人为意志的仿射变换是第一位的,需要视作构造形式系统时一个“无条件”存在的逻辑前提;而对于式(25)所定义,一个原来应该视作“客观量”的度量不再具有“不变长度”的本来意义,却需要反过来根据研究者“主观意志”所构造的仿射变换前提,考察为长度构造的形式定义能否继续存在。当然,这才是文献[7]只能将向量长度定义于 Euclid 空间的缘故。

5.5 重申一切属性必需的“实体论”基础和捍卫属于整个人类的“理性——无矛盾性”原则

本来，对于被赋予“理性思维”能力的“整个人类”而言，以下所述只是一个“自明、素朴和过分简单”的基本道理：任何形式的性质，只能也必须逻辑地从属于某一个“拥有该性质”的特定物质对象；反过来，没有特定物质对象得以存在的逻辑前提，该物质对象拥有的特定属性自然也不可能存在。因此，绝对不是可能凭借不同研究者“主观好恶”的不同，来决定科学陈述到底应该服从“实体论”还是“约定论”的问题，而只是根据逻辑、并且仅仅需要依据逻辑，任何合理陈述必须对某种或某些性质的“逻辑主体”做出前提性认定的问题。一个缺失“逻辑主体（拥有性质的特定物质对象）”的陈述，不仅仅无异于“空言性”陈述，并且还因为是“空言性”陈述而掩饰了不同“空言性”陈述之间几乎必然内蕴的矛盾。

不难看出，在 Cantor 构造的“集合论”中，他所述“概括原则（comprehension principle）”中的性质特征，正因为缺失任何一个或者一类“物质实在（逻辑主体）”的支撑（以及相应提供的前提约束），所以本质上只能当作一个“虚假”命题，是按照某种纯粹“主观主义”意愿的一种被“无穷泛化”了的性质特征。当然，任何建立在“虚假”命题之上的论述，最终注定要陷入矛盾和自悖之中。毫无疑问，这才是 Cantor 在论述自己几乎花费了毕生精力所创建的“集合论”著作即将正式问世之际，却不得不以常人难以感受的痛苦，以及常人往往同样难以做到的真诚和勇气，告诉人们这个理论体系内蕴“逻辑悖论”的根本缘由。

事实上，在应用 Cantor 集合论中的概括原则，根据性质或条件 $p(x)$ 定义集合 S 时，即

$$p(x) \mapsto S:\{x \mid p(x)\} \tag{27}$$

时，还首先需要对拥有该性质的“逻辑主体”b 做出前提性的认定

$$p(x): p \ll b, b \gg p \tag{28}$$

式中的“逻辑关联”符号“≪”表示“从属于”的逻辑意义；而“≫”则反过来表述“拥有”的逻辑意义。显然，对于以研究“形式逻辑学”著称的德国数学家 G. Frege，当他于 20 世纪初建立了世界上第一套“逻辑符号”系统的时候，他和至今几乎所有的职业数学家一样，完全没有意识到此处所说“逻辑关联”符号的存在及其蕴涵的本质。如果从数学体系的“哲学基础”考虑，明确提出这两个逻辑关联符号具有极其重要的指标性意义，本质上关系到形式系统到底是必须建立在“实体论”之上，还是可以允许形形色色“约定论（公理化假设）”合法存在的根本问题。它们与另一个看似十分相近，即集合论中通常使用的逻辑关联符号“∈”的意义具有根本差异。例如，对于式(27)构造的集合，相应存在

$$x \in S: S = (\cdots, x, \cdots) \tag{29}$$

它仅仅表示当 S 定义为许许多多元素共同构造的集合时，x 是这些元素中的一个，它们之间的关系只不过是“个别”和“整体”之间的关系，没有“性质必须逻辑地从属于拥有该性质、却与该性质处于完全不同层次之上的另一个命题”之上的特定“逻辑”意义。

因此，在使用概括原则所述的“性质”形式地定义某一个集合以前，为了避免出现前面分析已经指出“性质被无穷泛化”的重大缺陷，还必须对“可能拥有该性质”的“逻辑主体”做出前提性认定。假设存在如下所示的集合：

$$B: B = (\cdots, b, \cdots) \leftrightarrow b \in B \tag{30}$$

这个集合中的所有元素可能拥有性质 p；或者可以等价地说，这个集合 B 不允许无所限制，仅仅当其中的所有元素具有某种确定意义的"可比较性"的时候，它们才可能成为拥有式(27)所示特定属性的逻辑主体。于是，经典集合论的"概括原则"需要重写为

$$p(x) \ll b \cap b \in B \overset{p(x)}{\mapsto} S:\{x \mid p(x)\} \cap S \subset B \tag{31}$$

显然，因为这个重新构造的"概括原则"改变了最初存在"不加任何限制"的前提不当，所以不仅与诚实而严肃的 Cantor 最先指出他自己创造的集合论存在悖论，并提出造成集合论悖论的根本原因可能是它"太大"并隐含"无所不包"不当思想的基本判断保持一致，为集合 S 的形式定义构造了 B 所确立的"有限论域"前提，而且更为重要的是，这个以"物质存在(Being)"作为元素的集合 B 的前提存在，为性质属性 $p(x)$ 提供了不可缺失的"实体论"基础。

5.6　结束语

必须形成一种"理性"意识：逻辑的本质内涵和全部作用只是"同义反复"而已；其实，科学思维中这种"必要而又平常"的理性认识，与 Kant 早已告诉人们"逻辑永远不可能告诉人们任何实在"的论断保持严格一致。

因此，根据逻辑且仅仅根据逻辑，无论一个数学表述或数学概念怎样抽象，但是一旦缺乏"物质实体"的支撑，那么，这些数学概念或形式表述中的形式量已经失去它们原来希望表述的抽象意义，当然，形式表述的性质特征自然蜕化为"空言性"陈述，失去形式表述原来的存在意义(而且，作为"经典逻辑"的一个普通定理，从任何一个"空言性"陈述出发，最终必然会推出某个"矛盾性"陈述)。

同样，根据逻辑且仅仅根据逻辑，任何人为补充的"公理化"假设，不可能改变集合论存在悖论的真实；并且，不难证明当人们回避"集合论"自身的逻辑悖论问题，却又在其基础之上建立"拓扑学"的时候，这个新的理论体系必然隐含形形色色的逻辑悖论；当然，以这些"理论体系"为基础、借助"约定论"而创造出来的现代微分几何，只能陷入充满晦涩、含混、似是而非的概念堆砌的前提性逻辑悖论之中①；

仍然根据逻辑且仅仅需要根据逻辑，Einstein 内心那种"从某一个优秀的公式出发，可以

---

①　众所周知，对于由 Frechet 最早构造的"拓扑学"而言，一种"最平常但也最具本质意义"的理解，是这个陈述系统为某一类物质所具"邻近性质"构造了一种抽象。但是，在这样一种"允许摆脱距离概念"的抽象构造过程之中，Frechet 其实是以"默认"这种具有"邻近特性"的几何实在的"无条件存在"，作为他的全部思考的基础。因此，一旦真正脱离这个默认存在的"实体论"基础，将仅仅属于该特定"几何实在——拓扑空间"的性质作"约定论"意义上的无限外延，必然导致形形色色的逻辑悖论。而且，对于任何特定的几何实在或物理实在，隶属于该理想化物质对象的性质集合，本质上只是一个"互为依赖、不容分割"的整体。因此，仅仅凭借研究者一种无疑过分简单、一厢情愿的"主观"意志，对某一个物质实在的"属性集合"的整体做出同样"简单、片面、绝对化乃至过分粗暴"的分割，从而对式(28)所示、一种不可缺失的"逻辑主体"前提构造完全的逻辑否定。因此，这样的曲意分割属性集合的方法是肤浅的或不当的，充满逻辑的紊乱。即使对于本质上建立在"实体论"基础之上、Gauss 微分几何的前半部分，只要认真推敲就可以发现：Gauss 为这个几何实在构造的"内蕴"和"外延"特征本质上仍然是不可分割的，以为它们可以独立存在的判断存在明显的逻辑不当。至于一旦接受 Levi-Civita 平移的假设，一种只能隶属于纯粹"主观意识"范畴的随意认定，整个形式系统必然陷入彻底逻辑紊乱之中[11]。

凭借演绎逻辑推导出远远超过这些原理所依据实在的结果”的期待，正是对逻辑的彻底否定，或者只能看作是“一个完全不懂逻辑的人才可能赋予逻辑无穷内涵”的幻想。当然，根据且仅仅根据逻辑，如果相信作为“狭义相对论”全部形式基础的某一个过分简单的“代数关系式”能够对无穷无尽、充满差异和复杂性的物质世界做出具有“普适意义”的描述，那么，这不是对人类的“理性意识”构成一次空前绝后的嘲弄和亵渎吗？

当人们以为现代数学处于空前繁荣的时候，或许需要特别感谢数学评论家 M. Kline 先生曾经做出大胆而真实的描述：

> 1900 年以来数学基础的进展是令人迷惑的，即使在目前，数学的状况仍旧杂乱无章。对待数学可以采取相互矛盾的态度。…… 无论如何，以前曾经被当作不合乎逻辑和应该被摈弃的，现在却被一些学派认为是逻辑上可靠而接受。
>
> 我们可以从《数学评论(美国)》中获悉当前数学研究的状况。这本杂志每年要刊登 30000 条新的、或许是最重要的数学成果。
>
> 正确的数学所面临的困境是：究竟哪一种学派的思想是最合理的，甚至就是同一学派内部还有现代错综复杂的方向供数学选择。这种困境本将给纯粹数学家们一个喘息的机会，在创造新数学以前首先致力于基础性的研究，因为这些新数学可能在逻辑上站不住脚。
>
> ……
>
> 对于一些同时代的数学家来说，潜台词就是：让我们就当作好像什么事也没有发生过那样继续前进吧。文章发表得越多越好，个人的成就是绝对重要的，不管是对还是错。

因为毕竟是几乎对所有来自“非西方”的文明一再表达他的不屑一顾之情的 Kline 先生，让人们大概了解现代数学体系的真相。

当然，在某些善良的人们面对这种数学上的窘境以为不知所措的时候，同样需要感谢 M. Kline 先生做出如下所述、本质上只能隶属于“心理学”范畴的诠释：

> 除了物理思维，在所有新的数学工作中，还有强烈的直觉作用，基本概念和方法总是在对结论的合理证明以前就被直觉地捕捉到了。杰出的数学家不管怎样恣意妄为，都有一种本能保护他们自己免遭灭顶之灾。伟大人物的直觉比凡人的推理论证更为可靠。

显然，这些过分直白的宣示除了再次宣泄某些西方学者内心深处一种根深蒂固的“傲慢、自大和偏见”以外，却也让几乎所有“非西方人种”的研究者似乎弄明白了一个道理：某一些西方学者的高傲其实不过是来自他们自己一种过度的自我欣赏；但是，一旦真的丢弃了逻辑，让科学陈述实际上陷入处处矛盾的自否定之中，那么，又凭借什么允许他们拥有如 Kline 所说的那种“恣意妄为”的权力呢？

其实，当个别长期生活在西方的中国血统数学工作者，以一种听起来特别诚恳、甚至还充满爱国激情的语气，向自己的同胞提出“中国数学家很努力，但是离世界水平还差得很远”这样的谆谆告诫时，本质上只能视为自己面对整个现代数学体系大量真实存在的逻辑悖论无所作为、长期处于习惯性迷失自我的无奈所做的自我安慰和解脱。毫无疑问，造成这种状况的根本原因仍然在于：任何认同"尾随主义"哲学的研究者，根本不可能真正读懂他们曾经简单认同的现代自然科学体系。事实上，根据逻辑且仅仅根据逻辑，一切以"悖论前提"为基础的"逻辑推论"自然自始至终充满悖论。因此，中国的数学工作者不仅仅需要继续做出极大的努力，还特别需要花大力气从"数学基础"做起，当然还格外需要建立任何从事科学研究必需的"自尊、自信、平权的批判意识"，以科学研究必需的诚实和严肃，认真审视这个连西方学者也自认充满矛盾、实际上处于即将坍塌之中的现代数学体系，为属于整个人类的自然科学体系的持续和健康发展做出中华民族应有的贡献①。

参考文献

[1]　(美)S. 温伯格. 引力论和宇宙论——广义相对论的原理和应用[M]. 邹振隆，张历宁，译. 北京：科学出版社，1980

[2]　张恭庆，等. 数学百科全书(1－5卷)[M]. 北京：科学出版社，1994－2000

[3]　R. 柯朗，H. 罗宾. 什么是数学，对思想和方法的基本研究[M]. 左平，张诒慈，译. 上海：复旦大学出版社，2005

[4]　M. 克莱因. 数学：确定性的丧失[M]. 李宏魁，译. 长沙：湖南科学技术出版社，2004

[5]　索卡尔，等."索卡尔事件"与科学大战[M]. 蔡仲、邢冬梅，译. 南京：南京大学出版社，2002

[6]　Eringen A. C.. Mechanics of continua, Robert E. Krieger Publishing[M]. Comp.，1980

[7]　陈维桓. 微分流形初步[M]. 北京：高等教育出版社，2001

[8]　杨本洛. 自然哲学基础分析——"相对论"的哲学和数学反思[M]. 上海：上海交通大学出版社，2000

[9]　杨本洛. 湍流及理论流体力学的理性重构，宏观力学的哲学和数学反思(第一卷)[M]. 上海：上海交通大学出版社，2003

[10]　杨本洛. 自然科学体系梳理[M]. 上海：上海交通大学出版社，2005

[11]　杨本洛. 量子力学形式逻辑和物质基础探析——现代自然科学基础的哲学和数学反思[M]. 上海：上海交通大学出版社，2006

① 文中所提的告诫援引自新华社于 2006 年 6 月 21 日就"庞加莱猜想"所做报道的电讯稿。即使我国新闻界往往因为在科学基础研究上始终缺乏"独立成果"而十分急切，但是仍然可以相信：该"封顶之作"一定能成为美国《数学评论》一年 30 000 条"重大数学成就"中的一条"新"成就。此外，从同一电讯稿获悉，国内一位著名数学工作者对这个期待中的重大贡献做出"他们做得很认真、很仔细"的评价。无疑，对于寄予过多期待的人们，这个评价显得过分"冷静和平常"。但是，这种冷静难道不是格外难能可贵，并需要引起人们更多一些深思吗？

第二篇

20世纪"广义相对论"逻辑审查

——Riemann几何批判初步

20世纪“广义相对论”逻辑审查

人类的理智很容易根据自己的理解夸大事物的某些属性。因此，才会有一切都应该按照正圆形轨道运动的虚构。

任何命题一经提出，人类的理智就往往强迫其他事物为其提供新的支持或证据。即便有很多有力的事例证明事实刚好相反，但这些事例或被忽略或因不受重视而被排斥。人们总是带着强烈的偏见不肯推翻原有结论的权威，或者按照自己的意志决定问题的性质以后，再求助于经验，并将经验扭曲到他需要的样子，然后牵着它像牵着俘虏似的跟着队伍到处游行。

《工具论》
——Francis Bacon

有影响的《McGraw-Hill 物理百科全书》曾经明确指出，在两类“相对论”之间很难找出什么共同之处。如果仅仅局限于形式逻辑的范畴，事情的确如此。但是，如果从基本哲学导向考虑，Einstein 赋予“广义相对论”的期待，与他曾经希望通过“狭义相对论”表达的基本理念一样，这就是：凭借自己的直觉和顿悟，为大千世界再重新塑造一个无所不包的“普适真理”体系。

但是，问题在于：原则上“坐标系”不过是一个可以任意选择的工具，面对 Newton 留下的“何为惯性系”的疑难，面对 Leibniz 针对 Newton 力学所提“与物质客体相分离的任何空间概念都没有哲学上的必要”的严厉批判，乃至面对从事“广义相对论与宇宙论”研究，曾经于 1979 年获得 Nobel 奖的温伯格(S. Weinberg)明确做出“任何人都不可能对 Leibniz 的质疑做出合理回答”的断言，人们不得不提出理性的反思和质疑：为什么在处于至今尚无法定义的“惯性”坐标系中，变化的时空能够服从一个代数方程，而在一个同样无法定义的“非惯性”坐标系中，变化的时空却又必须服从几乎完全不同，但同样只是凭借人的主观意志杜撰而得的微分方程呢？

2004 年秋，历史上一直以“严肃、公正，具有绝对权威”面目出现的英国《自然》杂志，正式宣布“框架拖曳(Frame-dragging)”实验已经获得成功，从而因为“电磁波”呈现弯曲迹线，所以能够为“广义相对论”预言的“时空弯曲”现象提出了有力证据。但是，即使西方主流科学世界也承认，为了说明某一个知识体系的合理性，任何“经验证实”都不具确定性的意义。而且，更为致命的要害问题在于：如果普天下的时空真的能够被赋予统一的弯曲结构，那么，为什么在面对众所周知的“声波弯曲迹线”的时候，它不允许服从这个被固化了的统一时空结构呢？

大千世界发生的一切都是物质的。人类不可能要求充满差异和复杂性的物质世界遵循人的主观意志，服从某一个一成不变的简单数学公式。正因为此，理智的人类能够理性地懂得：人类本质上不能说出比大自然更多的东西，只允许使用统一的科学语言，对物质世界发生的一切做出虽然有限真实却必须逻辑相容的描述。

一些20世纪的科学史家曾经不无启示地指出：Einstein的一生充满悲剧的色彩，被人们无奈地推上了“神”的位置。其实，真正造成这种悲剧的一个重要原因是Einstein过于轻信自己的直觉和顿悟，使用了一辈子从来没有真正读懂的数学，批判了一辈子同样没有真正读懂的Newton力学。

1 "广义相对论"形式逻辑审查的一般性分析

众所周知,自然科学只是用以描述"自存"物质世界的。因此,根据理性或逻辑,对于"自然科学"而言,它的真理性与感召力全部在于:科学陈述必须拥有的"客观性"基础,并且,必然与一切形式的"宗教意识"处于尖锐的冲突和对立之中。

然而,恰恰与这样一种"素朴、简单、自然"的科学观相反,人们不难发现在我国的科学生活中常常会出现某些类似于"双面人"的角色,一方面他们或许只是因为获得 Nobel 奖或 Fields 奖之类的重大奖项,所以在国人面前几乎无法掩饰那种"高人一等、气吞山河"的气势,往往喜好做出诸如"比起西方的基础科学研究差得太远"这样一些忧国忧民的感叹和指责;另一方面,又做出特别的卑躬屈膝状,向国人谆谆告诫:只允许凭借震撼心灵的"科学宗教"情结,虔诚地接受现代自然科学体系现存的一切。其实,面对主要由西方科学世界所构建的现代自然科学体系存在大量"认识悖论"这个不容否认的基本事实,乃至注意到人们需要接受的只是同样为他们曾经形容为类似于"看了一页就看不下去、甚至看了一行就看不下去的现代数学体系"的时候,那么,无论是 Nobel 奖还是 Fields 奖,它们所表彰的"基础科学"研究结果不可能具有任何本质意义。当然,联想到某些"充分享受着科学"的特殊人物,只是心安理得地将这一切归结为"上帝惠顾"的时候,他们如此热衷于这样一种本质上只在于"人的分野"的判断则是可以理解或必然的。只不过如果真的像他们鼓吹的那样,只能彻底放弃独立的思想和理性的判断,甘心充当基础科学研究中的"尾随者"角色,那么,近代史中经历太多磨难的中华民族永远不能真正步入世界民族之林。

科学的陈述必须逻辑自洽。事实上,因为 Einstein 几乎完全不懂得逻辑,所以他不可能根据逻辑且仅根据逻辑,做出一个其实本来过于平常和简单的判断:只要"狭义相对论"按其所说,必须建立在一对"矛盾事实"基础之上,那么,这个渊源于"非凡直觉"的陈述体系只可能处于永恒矛盾之中;当然,他也根本不可能真正理解 Minkowski 特地为自己的"时空观革命"所杜撰"4 维伪空间"的真实数学内涵,无法弄清这个人为杜撰的"伪空间"就是一个名至实归、不容置喙的"伪科学"妄念,从头至尾充斥着逻辑的悖谬和理念的荒诞。除此以外,如果注意到在建立"广义相对论"形式表述系统时,一个必需的"现代微分几何"基础无疑还要复杂许多,或者说,相关的"数学语言"更荒谬也往往更具欺骗性,那么,当诚实的 Einstein 曾经作"自从数学家搞起相对论之后,我就不再懂它了"一个不无揶揄的告白,乃至在生命最后的年代里,仍然没有忘记向自己的朋友表述"我不敢相信微分几何是未来进展的框架。但是,如果真是那样,那么我相信我走的路是正确的"的深深担忧时,所有这一切恰恰是可以预料和必然的。而且,如果说不少科学史研究者把 Einstein 的"科学生命"描述为一种"人生悲剧"往往给人以不无深刻的启示,那么,造成这种时代性悲剧的缘由恰恰在于 Einstein(乃至盲目追随 Einstein 的一大群职业科学家)几乎完全不明白这样一个浅显自明的简单道理:一旦将探索真理的希望完全寄托于与"自我神化"如出一辙的"直觉和顿悟"之上,乃至把一个自己几乎完全不明白或根本无法判断其真伪的另一个"同样只能凭借'直觉和顿悟'的他人创造"作为全部推断和猜想的依据,那么,Einstein 和他关于"广义相对论"的全部论述,实际上也包括被用作其基本数学工具的

“现代微分几何”本身，必然陷入彻底悖谬之中①。

毫无疑问，对于“广义相对论”的逻辑审查，无法回避针对“现代微分几何”乃至整个现代数学体系“逻辑基础”的重新审查；或者说，Einstein凭借他唯一依赖的直觉，曾经流露“我不敢相信微分几何是未来进展的框架”的忧虑恰恰是自然的，只不过人们需要对这种停留于直觉层次的猜测补充做出真正符合逻辑的论证而已。当然，随着这些只能仰仗“信念或信仰”而存在的“神学”体系被人们逐渐认识和抛弃，在20世纪诞生“广义相对论”之际、曾经发生于Hilbert和Einstein之间涉及“相对论优先权”的争论已经失去意义。相反，恰恰需要合理地代之以对于“20世纪整个现代自然科学体系陷入‘约定论’的彻底主观唯心主义泥潭之中”空前反常的现状；或者针对20世纪末西方知识社会中一批以“科学卫道士”自居的学者，他们所提出的“为什么放纵的胡说被赞美到知识功绩的程度”的质疑与愤慨、以及他们严厉批判“把真理归结为效用性或研究者主体间的一致性见解，从而一个命题的真理性将依赖于某个特定的个人或社会团体”的极大荒唐，进一步探讨究竟何人需要承担更大“历史责任”的问题[1,2]。

因此，首先需要从“认识论”的一般性分析出发，指出整个“广义相对论”的立论基础隐含的大量逻辑悖论，并成为整个逻辑检查的基础。当然，根本归咎于整个西方知识社会在“认识论”基础上长期存在严重的认识紊乱，不仅林林总总的西方哲学体系事实上处于“彼此否定”的严重冲突之中，而且，众所周知的是，与这种哲学本原的认识困惑保持一致，Einstein曾经以他习惯的方式和坦诚，指出检验理论体系所必需的“内部协调性”与“外部证实性”中的任何一个都不可能真实存在的时候，目前被科学主流社会用以支撑“广义相对论”的那几个经验事实，在本质上几乎没有丝毫意义，更何况对经验事实的简单认定，因为概念的不确定而仍然时时可能处于变幻之中。相反，根据逻辑且仅需根据逻辑，任何一次看似细微的“证伪(Falsification)”对于“整个”陈述系统同样构成具有“绝然意义”的完全否定，理应成为一切“逻辑审查”必须认同

① 众所周知，Einstein从来没有回避和掩饰自己在数学基本训练方面的严重缺失，他曾经在其《自述》之中做出过生动而有趣的描述。但是，在本文开篇之首，或许仍然值得借助于一位大致隶属于“主流科学社会”的研究者一篇名为《爱因斯坦与数学》的文章(刊于2005. 11. 30出版的《中华读书报》)，让人们对Einstein掌握数学知识的真实状况有所了解。该文章指出：“提出狭义相对论，如果说爱因斯坦的(数学)知识还算够用的话，到了广义相对论，爱因斯坦则捉襟见肘。…… 不可否认，爱因斯坦学这一套数学颇为吃力。以致爱因斯坦有一次自嘲：‘自从数学家搞起相对论研究之后，我自己就不再懂它了。’也正是这个原因，在1915年出现了希尔伯特和爱因斯坦围绕相对论的‘优先权之争’。”当然，如果说为了认识人为杜撰的整个相对论的逻辑紊乱和荒唐，必须对Einstein严重缺失数学分析能力的背景有较为准确的认识，与此对应，人们同样需要对以“约定论”作为唯一存在基础的整个现代数学体系大量逻辑悖论的“必然存在”保持足够警惕。事实上，远不只是类似于杨振宁这样的物理学研究者曾经坦诚指出“现代数学分两种情况，一种是读了一页就读不下去，另一种则是读了一行已经读不下去了”的无奈；而且，如果注意到甚至像陈省身这样的专业数学工作者曾经不无奇怪地发出“讲有一半自己不懂的题目，那感觉是很奇特的”感叹，那么，在数学基础存在众所周知的逻辑悖论、对立和否定中的不同基本数学理念长期处于争论不休的时候，又何以让一般人相信一些自诩为“数学家”的职业小团体共同做出的任何“公理化约定”真正合理和可靠呢？当然，在这种特定情况下，一味指责Einstein数学基础的过分缺失同样有失公允，而是整个西方科学世界“利益共同体”中的不同个体，以“自醒自觉”或者“纯然无知”的方式，共同和彻底地背弃了逻辑和理性。

的基本认识前提①。

1.1 两种“相对论”的逻辑无关及其隐含的逻辑悖论

只要谈及 Einstein 的“广义相对论”，不同物理学著作总会这样指出：

> 广义相对论是 Newton 的经典天体力学与狭义相对论一种自然的发展，是克服经典天体力学一系列局限性的必然。

或者更为明确地指出：

> 与狭义相对论认为物质世界存在一种优越的惯性系不同，广义相对论认为一切坐标系都是平权的。因此，广义相对论进一步揭示了时间、空间与运动着物体之间的辩证关系，标志着人类对客观物质世界时空结构认识上的深化。

但是，对于并不仅仅满足于“认同、仰视和盲从”的读者而言，他们却可以在这几乎千篇一律的颂扬声中发现一缕不落窠臼的清新的声音。在《McGraw-Hill 物理百科全书》一书，题为“理论物理学”的条目中，告诉人们一个只要认真阅读总可以足以引起深思的反常事实：

> 与广义相对论相反，狭义相对论是由数目众多的实验事实所毫无疑问确立的。除了其名称以外，很难找到狭义相对论同广义相对论有什么共同之处。

当然，在今天人们已经不可能要求反映美国物理学研究“主流意志”的《百科全书》真的具有一种理性思辨的能力，能够回答涉及现代理论物理基础的一系列基本问题，甚至不可能奢望百科全书的编撰者具有那样一种勇气和真诚，敢于一追到底，最终对那个由“人”所造就的“科学共同体”赖以支撑的“理论基石”做出完全否定。但是，尽管如此，人们仍然可以从该百科全书不同题目的叙述中，发现西方科学世界在探求科学真理的历程中长期形成某种“民主自由”的气息或传统，并从中得到许多有益的启示。

事实上，《McGraw-Hill 物理百科全书》的编撰者提出“狭义相对论同广义相对论之间没有什么共同之处”的事实，并非只是表观层次上的某种偶然，相反，这种耐人寻味的反常事实所蕴涵的正是西方知识社会在基元概念上的逻辑不当，或者说是基元概念认识紊乱的逻辑必然。

① 显然，对于目前主要由西方人所构建，包括哲学、数学、理论物理在内的整个基础知识体系，处于渊源于“认识论”基础失当必然引起的“整体性”悖谬之中。事实上，一旦形成一种“理性”判断：自然科学必需的“实体论”基础相应成为形式系统得以存在的逻辑前提和制约条件，那么，任何一个合理的科学陈述系统只可能具有“有限”真实性，相应限制在“有限论域”之中，绝没有“普适真理”可言。但是，恰恰因为如此，一切科学陈述必须满足的“内部协调性”和“外部经验证实”则是可实现的。相关的具体论述请参见《量子力学形式逻辑与物质基础探析》一书相关章节中的分析。

1.1.1 坐标系和参照系的逻辑紊乱

首先，坐标系(coordinate system)原本属于几何学的概念，而参照系(reference system)则应该纳入物理学概念的范畴。

即使对于仅仅了解初等解析几何知识的人们，都应该明白一个简单事实："坐标系"本质上只是一个特定的数学工具，是在需要"定量"描述任何形式"几何量"时，由 R. Descartes 最初引入且必须采用的一种工具或手段。基于同样的道理，自然科学中一切能够称之为"客观性"的描述，必须独立于研究者对坐标系的"主观"选择；当然，也可以如以上引文所说，在自然科学的任何一个形式系统中，一切形式"坐标系"必须是平权的①。

但是，和作为数学工具的"坐标系"不同，在物理学中往往用作确定物质对象某种特定"相对运动"的"参照系"绝不是一个可以"随意选择"的工具，相应被赋予某种"客观性"的内涵。定义物质对象"相对运动"的参照系，本质上应成为与该物质对象并立的另一个"独立"物质存在的标志。众所周知，随着参照系选择的不同，物质对象相应呈现彼此完全不同的"运动学"表象或状态。与其对应，对应于不同的参照物，同一物质对象必然呈现完全不同的动量、能量，相关的形式表述同样被赋予完全不同的物质内涵。因此，绝不允许把坐标系和参照系两个完全不同的概念混为一谈。

事实上，以上所述本来只是一个素朴、简单乃至不言自明的基本理念。然而，对于坐标系和参照系这样两个完全不同的概念，长期以来被简单形而上学思考中的"琐碎、片面和简单化"所束缚，却又往往被"过分自大、傲慢甚至霸道"的西方科学世界中的"权威"们，以一种不可思议的方式长期混淆了。正因为个中道理是如此明晰，在物理学研究中，从来没有一个研究者曾经错用飞驰中的火车取代地球，甚至随意取代太阳系作为特定的参照物，去研究某个特定运动物体的基本规律。

1.1.2 两类"相对论"的区分及"惯性系"形式定义共同隐含的循环逻辑问题

在所有的现代理论物理著作中，人们必须频繁地使用"惯性系(Inertial system)"的概念，并且，以这个概念作为区别不同形式系统的"唯一"基准。

但是，除了只能将"惯性系"当作一种纯粹"约定俗成"意义上的认识前提以外，人们不得不面对"无法定义惯性系"的极大尴尬，以及面对"无穷多"惯性系的"合法"存在，从而必然出现物

① 在 1905 年，尚过分年轻的 Einstein 几乎只是以一种"理性"的本能，曾经在他的"狭义相对论"中引入了一对"原时和刚尺"作为时空度量的"不变性"基准。因为几乎完全不懂得逻辑，以至于直到 Einstein 晚年时，才形成一种大概的警觉：对凭借"直觉和顿悟"杜撰出来的"时空变换"而言，这个不变的"时空度量基准"可能构成彻底的逻辑否定。其实，根本无需西方科学世界恣意鼓吹的天才，只是作为一个过分简单的概念，时间和空间不过是"科学语言"中的两个完全不同的词汇，相应被赋予完全不同物理内涵。借助于放弃科学陈述必需的"可解释性"原则和科学语言必需的"无歧义性"原则，回避暂时存在的认识困惑，无疑过分荒唐和可笑。事实上，类似于 Einstein 光子钟所描述的"时空变化"，即使不考虑相关"简单代数运算"中隐含的逻辑错误，充其量不过是刻画不同的"观察者效应"而已，这种描述没有任何"客观性"意义，更无"普适真理"这样荒诞的光环。正因为此，只要不是习惯于一味盲从，那么，人们可以看到：在"4 维时空"中永远不可能建立满足平权性要求的坐标系。

体的运动速度“允许从负无穷大变化到零，继而又可以变化到正无穷大”的反常推论，乃至最终逻辑地导致包括“能量守恒、质能变换”之类的物理学陈述在本质上已经完全失去任何存在意义，这样一个实际上为任何具有“一般理性思维能力”的研究者不难觉察、因而西方科学世界故意回避的极大认识困惑。

正因为此，在具有相当大影响的《McGraw-Hill 物理百科全书》中，虽然不可能避免使用“惯性系”的概念，但是编撰者甚至没有列出相关的条目，为现代理论物理这个必须频繁使用的基元概念做出任何解释。

事实上，如果继续沿用物理学通常使用的方式，为“惯性系”构造如下所示的习惯定义：

> 相对于惯性系作匀速直线运动的参照系是惯性系。

那么，只要与一般形式逻辑针对“循环定义(circular definition)”所做的如下认定加以比较：

> 如果定义项本身必须诉诸于被定义项来说明，或者被定义项出现于定义项之中，则相关的定义为循环定义，违背了定义项不应包含被定义项的任何部分的形式逻辑规则。

可以断言：物理学关于“惯性系”的习惯定义，属于形式逻辑中无效的“循环定义”范畴，它不可能告诉人们任何属于惯性系的实在内涵。正因为经典定义明显存在的循环定义问题，在现代物理学著作中，则利用两种“相对论”为“惯性系”重新构造另一种形式的定义

> 适用于“狭义相对论”的参照系为惯性系，而在只能使用“广义相对论”的场合，相关的参照系为非惯性系。

但是，只要注意到前面所述，只能凭借“惯性系”对两类“相对论”做出区分的逻辑前提，那么，这个重新构造的形式定义不可能真正改变“循环逻辑”的本质。并且，正因为“惯性系”不过是存在于人们“主观意念”中的明显不当的“虚拟”概念，才可能与《McGraw-Hill 物理百科全书》指出两类相对论没有任何逻辑关联的事实保持逻辑相容。

当然，真正合理的陈述必须处处逻辑相容。反过来，这一事实再次逻辑地说明：虽然可以借助于引用形形色色的概念改变某个病态定义的“表观”特征，但是，只要该定义是“病态”的，那么永远不可能真正消除病态，改变这种病态的本质①。

1.1.3 涉及“空间概念”基础的逻辑困惑

既然 Newton 经典力学中最初提出的“空间”概念，被认定为是构造“广义相对论”的另一

---

① 由我国科学出版社近年出版的《物理学词典》，为“惯性系”构造了如下所示的定义：“若在一个参考系中，一个自由运动的物体，即一个无外力作用的运动物体，能保持其原来相对于参考系为静止或作匀速直线运动的状态，则将这样的参考系称作惯性系。”其实，如果注意到相关定义项只是对“Newton 第二定律”的重复，而 Newton 第二定律只允许成立于“惯性系”之中的逻辑前提，那么，与使用两类惯性系定义惯性系的方法如出一辙，仍然本质地隶属于循环定义的范畴。

个必要基础，那么，即使不考虑19世纪80年代著名的Mach批判，即Mach针对Newton经典理论体系曾经提出一个"尽管严厉其实逻辑上并不真正准确"的批判，却无法回避《McGraw-Hill物理百科全书》同样针对Newton经典力学所提一个"逻辑上准确、中肯然而并不彻底"的批判。出版于20世纪末、通常反映西方科学主流社会思想的这本《百科全书》在"力"的条目中这样指出：

> 在逻辑上一个为Newton自己并没有感到很大困惑的矛盾是：在把他的第二定律陈述为某些物理量之间关系时，实际上Newton没有对不依赖于第二定律的质量与力两者下定义。现在看来，在逻辑上最能避免陷入困境的方法，就是在实质上把Newton第二定律当成一个关于"力"的定义式。

虽然编撰者此处所用的批评用词相当委婉，但是众所周知，逻辑上任何细微矛盾的揭示在本质上都是致命的。只不过十分可惜的是：一个大概接近问题要害的理性批判和思索却没有坚持下去，或许是西方科学世界也根本不愿意真正将其进行到底。

其实，对Newton经典力学一种更为深刻和本质的批判，却来自与Newton同时代的Leibniz曾经提出的质疑。正因为此，人们需要特别感谢S. Weinberg，一位专门探讨"广义相对论"和"宇宙学"的研究者，他通过名为《引力论和宇宙论——广义相对论的原理和应用》的著作，让人们了解一段或许鲜为人知的史实以及相关的重要评述。Weinberg这样告诉人们：

> Newton关于绝对空间的概念，曾经被他的劲敌G. W. von Leibniz所拒绝。Leibniz争辩说，与物质客体相分离的任何空间概念都没有哲学上的必要。当然，Leibniz这些高贵的形而上学家没有一个能引入关于怎样发展独立性理论以代替Newton理论的任何观念。

此处，或许需要特别注意：生性傲慢的Weinberg虽然喜好使用轻薄藐视的语言，羞辱同为西方科学主流社会中任何与其判断不一样的学者或前辈，但是，自诩为"科学斗士"的Weinberg并没有敢于公开否定Leibniz的批判。事实上，Weinberg此处所做的一切不过是凭借"近四个世纪来，西方科学世界的确缺乏能力解决这个基元概念认识困惑"的反常和无奈，达到否定Leibniz质疑的正当性，进而回避对这个涉及整个现代自然科学体系存在基础和认识前提的重要命题，进行严肃讨论罢了。

即使不考虑由"时间和空间"两种不同物理实在(对应于完全不同的量纲和完全不同的实验操作模式)共同构造的"抽象空间"必然存在大量的逻辑紊乱，根据逻辑也仅仅根据逻辑，人们必须认真对待和处理作为后续推理全部思维基础的"空间概念"上可能存在的一切认识困惑。

值得附带指出，或许只因为获得Nobel奖而似乎就可以天然获得的自信乃至霸气，在面对现代自然科学体系大量矛盾陈述的真实存在，以至于某些"好心的哲学家"借助本质上与Hilbert"公理化"思想完全一致的形形色色"约定论"主张，或者以一种"实用主义"的方式为现代自然科学体系的明显反常做出辩护的时候，Weinberg不只是以一种合乎"科学本原"的气势，将这些以攻击"科学主义"为核心内涵的时髦哲学家所持本质上“无聊而无力”的哲学辩护，斥之为对现代自然科学现状的玷污或栽赃，往往还以不容质疑或不屑一顾的强硬口吻指出：

> 我可以假定人们可能争辩说，物理学杂志上的文章对外行来说是难以理解的。但是，物理学家被迫发明了自己的语言：数学语言。在数学语言的范围内，我们试图把物理学表述清楚。当我们不能把它表达清楚时，我们不希望我们的读者把含糊性与深奥性联系在一起。说只有一打人理解 Einstein 的相对论绝不是事实。如果事实如此，这绝不是 Einstein 的才华，而是他的过失。

而且，还因为 W. Heisenberg 这样一位在 20 世纪有影响的物理学工作者，针对 20 世纪自然科学的现状曾经做出“科学不再是作为一个客观的观察者来面对自然，而是把自己视为一个在人与自然的相互作用中的演员”这个切中时弊、并入木三分的刻画，导致 Weinberg 先生义愤填膺，使用了超越“科学领域”的语言，对曾经同样获得过 Nobel 奖，长期活跃于 20 世纪科学世界的先晋施加了纯属“人格意义”范畴的攻击。但是，如果较为认真阅读 Heisenberg 曾经做出的一系列质疑，那么，任何人都可以看到：Heisenberg 在此处的描述绝非显示他内心的科学信仰，而只是面对 Bohr 曾经深刻揭示“20 世纪的物理学唯恐不够疯狂”这一人类文明史中难得一见的极度反常时，内心的一份失望以及深深的忧虑和无奈①。

其实，Weinberg 的自信之所以显得如此盲目，首先根本渊源于他实际上并不真正懂得他自己所说“物理学家被迫发明了自己的语言：数学语言”；乃至对一个世纪来发生于现代数学的“形式主义”和“直觉主义”基础之间的持续争论和冲突，以及对目前建立在“公理化思想”之上的整个现代数学体系得以存在的哲学基础正是他所反对的“约定论”完全懵然无知。正因为此，对于 Weinberg 这样的物理学研究者，根本不明白仅仅凭借纯粹“主观约定”杜撰而得的“真伪 Minkowski 空间”必然存在的逻辑悖论，当然也不可能懂得他在由“平直时空”推导“弯曲时空”过程中存在数学基础上的导向错误。

除了缺乏扎实的数学功底和进行严格逻辑推理的能力以外，Weinberg 的蛮横和自大还归结为在基本哲学理念上的轻率和无知。事实上，为了维护普遍存在于现代自然科学体系中“偶像崇拜”的反常，将建基于“公理化体系”之上的现代自然科学体系，置于不容讨论和批判的威权之上，Weinberg 曾经针对现代物理学公开做出一种可以纳入典型“独断论”范畴的阐释，他说：

> 当我说物理学定律是真实时，我是说它们与球场上的石头是同样意义上的真实，不像球场上竞赛规则的那种真实。我毫无疑问地假定有关物理学定律的表述与客观实在是一一对应的。

毫无疑问，Weinberg 内心所持将自然科学陈述“无限真理化”的倾向，与自然科学陈述必需“实体论”支撑的理性认识完全背道而驰。事实上，Weinberg 几乎完全不懂得正因为自然科学必需的“实体论”基础，以至于面对“无边无际、充满差异和复杂性”的自存物质世界，任何科学陈述只可能做出“有限真实”的描述，它永远不可能与“球场上的石头那样的客观实在”在绝对意义上一一对应。

只有一个研究者没有真正懂得逻辑推理必需的严密性，认识不到辩证思维的必要性，那么，他的论述才可能充满“粗暴和绝对化”的辞藻和洋洋自得[2]。

---

① 本质上归咎于热力学经典理论在认识基础上存在众多没有解决的矛盾，由 I. Prigogine 杜撰的“耗散结构”几乎必然充满悖谬。但是，Weinberg 只是使用“Prigogine 之类”的粗暴语言攻击另一位 Nobel 奖获得者，而没有使用严格的科学语言指出这个“伪科学”体系到底错误在何处的问题。显然，Weinberg 的这种俨然以“理性法庭大法官”示人的做法不仅有失学者风度，而且还是对正常科学批判的严重干扰。

1.2 广义相对论“等效性”原理隐含的前提性认识荒诞

如果说允许做出“无视矛盾真实存在”这样一种匪夷所思的“人文化”的前提约定，事实上已经成为20世纪西方科学世界用以构建包括数学在内的整个自然科学体系的“唯一”基础，以至于Bohr不得不中肯而准确地将20世纪的物理学描述为“唯恐不够疯狂”的世纪的时候，作为人类深化认识历程中这种史无前例“意识反常”的另一个突出体现是：1907年时那位依然过分年轻、并几乎完全不懂得数学的Einstein，没有从仅仅凭借“直觉和顿悟”而创造“狭义相对论”的冲动中冷静下来，相反，一个“最快乐的思想”又涌现在Einstein的心头，这就是

> 我坐在伯尔尼专利局的办公室里，忽然闪现出一个念头：“如果一个人自由下落，那么，他就感觉不到自己的重量了。”我惊呆了。这个简单的想法给我留下了深刻印象，促使我走向引力理论。

毫无疑问，当A. Pais撰写他的《Einstein传》时，之所以特地告诉读者这样一个或许可以当作“科学史佚事”看待的真实故事，可以相信著者必然像现代西方科学世界主流社会中的大部分人那样，是把Einstein视为“上帝”，或者是当作数学评论家M. Kline曾经指出的那种“其直觉比凡人的推理论证更为可靠，因而允许恣意妄为的伟大人物”看待的。

不难发现，正是近代的某些西方人似乎总习惯于把自己，或者把时称“科学共同体”这个小圈子中彼此唱和者真的当作是与凡人不同的伟大人物。其实，往往也因为此，他们的思维几乎必然充满错乱，甚至缺乏凡人那种最起码的常识判断与清醒的理性思辨能力。如果Einstein意识到“感觉不到自己的重量了”的这个念头过分简单，充其量只能当作源于“主观幻觉”的调侃说笑之词而已，那么，这个笑话依然因为它过分简单和肤浅并没有多少逗人喜乐之处，当然，更没有值得Einstein以及西方科学世界中许多人觉得“惊呆了”并需要告知一代一代后人的任何有用的东西，从而使人们真的相信正是这个“非凡念头”的涌现，让这位习惯于“直觉和顿悟”的年轻人又一次打开了“通向真理”的大门。相反，对于任何一位普通人只要保持起码的清醒、理性思维和判断是非的能力，那么，恰恰可以从Einstein“惊呆了”的大喜过望状，发现这位年轻人逻辑思维能力的过分贫乏、幼稚和荒诞。物理实在必需的“客观性”内涵，恰恰渊源或者相合于不同思考者个体的不同“主观感觉”的“独立性”之中。

此处，值得首先借鉴“以子之矛、攻子之盾”的方法，套用Weinberg的论述中，将自然科学合理界定为“只是作为客观的观察者来面对自然”的主张，对于将自然科学建基于某个认知者某种特别“感觉”之上，一种普遍存在于20世纪西方科学世界的哲学思潮加以批驳。显然，当理论上“无以穷尽”的观察者面对着“自存”的大自然，相应可能存在同样无以计数的不同“观察性”表象之时，自然科学需要承担的“本质使命”必然在于：努力抛弃形形色色“观察性表象”之中、那些渊源于不同“观察者”所蕴涵不同烦杂的“主观感觉”成分，积淀出那些仅仅能够逻辑地隶属于“物质对象”自身从而被赋予“客观性”意义的物理内涵。因此，年轻幼稚的Einstein恰恰希望反其道而行之，不是切实考虑如何摆脱“主观感觉”的影响，避免对Weinberg此处所强调的“客观性”要义产生干扰或认知歧义的问题，却寄希望于把他的“主观感觉”用作构建“广义

相对论”,一个他热切期待的另一个“普适真理”系统的唯一基础,那么,这难道不是“等效性”原理隐含的前提性认识悖谬吗?

当然,整个“广义相对论”建立在这样一种“导向性错误”的思想基础之上,必然与必须以“一对矛盾事实”作为唯一逻辑前提的“狭义相对论”一样,只可能从头至尾充满逻辑悖论和荒诞。事实上,正因为 Weinberg 并不真正懂得他所期待的“真正”数学语言,即一个自身“符合逻辑”的数学工具,所以 Weinberg 根本不明白他在涉及“狭义相对论”的论述中,为“如何从 Minkowski 伪空间推导 Lorentz 变换群”所构造的数学推导,以及在“广义相对论”的相关论述中,怎样由“平直空间”推导“弯曲空间”的过程,同样从头至尾充满逻辑紊乱或数学理念的根本错误。

1.3 从 Minkowski 伪空间“推导”一般弯曲空间的逻辑悖论

在自然科学研究中,不应该把科学陈述应该满足的“逻辑相容性”要求,仅仅视为“方法论”意义上的手段,乃至当作可有可无的某种“自由主义”的哲学信仰。或者说,必须做出“符合逻辑”的陈述,只是为了避免科学陷入“自否定”之中,属于独立于任何人“主观意志”的客观性规律。反过来,一旦出现悖论,整个陈述系统几乎处处隐含着矛盾和错误。

事实上,当所有“广义相对论”的著作总是采取“演绎逻辑”的方法,试图由 Minkowski 伪空间推导出用于一般情况的 Riemann 弯曲空间时,无论是命题的本身还是实际需要使用的方法,已经前提性地陷入逻辑悖论之中。

1.3.1 从简单“平直空间”推导复杂“弯曲空间”的逻辑倒置

首先,这个期待之中的“演绎推导”过程,本身就是一个完全错误的命题。对照一般的基本科学原则,Einstein“等效性”原理的本质无非是将“客观性”的科学陈述演变为“观察性”表述这样一种背离科学精神的认识悖谬。另一方面,如果着眼于“形式逻辑”的角度对“广义相对论”进行考察,那么,与物理上明显的“无理性”严格保持一致的悖谬则是:对于那个已经置身于“神坛”之上的 Einstein 曾经气愤地叱责为“自从数学家搞起相对论研究之后,我自己就不再懂它了”的“相对论”而言,由一群“职业数学家”所杜撰,即根据“狭义相对论”中的 Minkowski 伪空间,一个相对而言要严苛许多的“前件(antecedent)”出发,进而演绎地推导出能够用于“广义相对论”的弯曲空间,一个相对而言条件要“宽泛”许多,即更具“一般性”意义的“后件(succedent)”的数学构建过程,几乎从这个特定命题的一旦建立伊始,已经无可救药地陷入由于“逻辑倒置”而引起的导向性错误之中。

其实,并不需多么高深的学问,只要领悟和服从“一切逻辑推理的后件永远不可能超越前件”这样一个隶属于“一般逻辑”范畴的最简单原则,就可以做出明确而肯定的判断:即使暂时不考虑由一个当时尚过分年轻、几乎完全不懂得数学的 Einstein 仅仅凭借他毫无理性可言的“直觉和顿悟”杜撰而得“相对论”的荒谬,但是既然“广义相对论”中的“弯曲空间”需要表现被赋予更具“一般性”意义相应也“远为复杂”的物质世界,那么,任何人永远不可能仅仅凭借“逻辑推理”的方法,由一个需要许多“制约条件”加以约束当然也“远为简单”的 Minkowski 伪空间推导出来①。

1.3.2　引入“曲线坐标系”的平直空间取代“弯曲空间”的逻辑紊乱

其次，决定于命题构造的荒谬，在曾经由“科学共同体”所设计的推导方法上，则存在格外让人难以置信的逻辑紊乱。

作为数学物理中的基本常识，任何一个给定的几何空间总允许配置不同形式的坐标系。特别是对于一般的Euclid平直空间，它既可以配置拥有适用于整个空间域坐标架的仿射坐标系，也可以配置不具适用于整个空间域坐标架的曲线坐标系。但是，对于几何学或物理学中任何具有“客观性”意义的描述，当然，更惶论那些曾经被Weinberg称之为“*只允许像球场中那些实实在在的石头，而不仅仅是人们为球场中竞技运动所设立规则*”一种纯粹“机械唯物论”意义上的“绝对实在”了，这些客观性的描述必须独立于人们对坐标系的“主观”选择。或许中学生都能明白这样一个平凡而浅显的道理：坐标系不过是个工具，既然是工具就可以随意选择；反过来，不可能也不允许凭借不同坐标系的不同“人为选择”改变需要描述的事实。

但是，不可思议的是，20世纪笃信“公理化假设随意性（约定论）”的一群“数学家”们，恰恰忘记了这样一个本来过分简单但必须严格遵守的普通道理，并且完全骗过几乎不懂得数学的Einstein，借助在Minkowski所杜撰的“真伪”平直空间中引入“曲线坐标”的方式，构造希望能够与原空间存在本质差异的新的弯曲时空。正因为此，我们将从本系列论文的后续分析中看到：包括过分傲慢和刚愎自用的S. Weinberg在内，所有这些自命为“宇宙学家”所撰写的“广义相对论”著作，从他们所构造“逻辑推理”的基础开始，无一不充斥着逻辑紊乱，以及在一系列最简单数学理念上暴露无遗的认识错误。

任何一个正直、诚实、严肃的科学工作者，不可能否定西方科学世界为现代自然科学体系的构建曾经做出的历史性巨大贡献。但是，任何一个正直、诚实、严肃的科学工作者，同样应该承认整个现代自然科学体系远没有完善；当然，还需要承认人类的知识体系从来并不仅仅从属于西方人，而理应属于整个人类。

毫无疑问，西方科学世界曾经为“逻辑”特别是“形式逻辑”的构造做出了许多开拓性的贡献。根据逻辑且仅仅根据逻辑，一位西方学者曾经指出了科学史中一个看似简单然而极为深刻的事实：

> *当人们致力于拓展科学的边界的时候，必须弄清楚脚手架是否真正牢靠、愈来愈复杂的大厦是否存在倒塌的危险。这样一种历史性的批判工作，不仅仅使得科学的结构更有条理和严格，还能说明其“偶然和约定”的成分，从而避免科学蜕化为某种偏见的体系、形而上学的公理和教条，乃至新的圣经。对于实证知识的绝对崇拜，只能陷入最坏的形而上学——科学的偶像崇拜。*
>
> *历史的批判，考察人类到达一个概念所克服的全部困难和牵涉的认识错误，才可能更加清楚了解这个概念的重要意义。如果一个科学家不了解他所从事的科学分支的历史，就没有资格说对该科学具有深刻和完备的理解。*

但是，面对20世纪数学和物理基础众所周知的一系列认识困惑，现代的西方主流科学社会已经丢弃了这个本来自明的素朴道理，满足甚至自我欣赏“公理化思想”所鼓吹的允许做出“任意主观随意约定”的自欺，用以掩

① 根据“现代微分几何”的说法，平直空间是同维弯曲空间的子空间。因此，据此人为认定，可以设计一个“约束映射”过程，演绎地从弯曲空间推导出平直空间，却无法从平直空间逻辑地推导出弯曲空间。

饰和回避数学基础悖论存在的事实，在一些毫无道理人为假设基础上进行无穷推理。事实上，现代西方科学世界对隶属于整个人类的知识体系继续发展的巨大危害，正在于他们彻底背弃了逻辑，并且，往往重新祭起“宗教神学”这个能够“对抗和麻痹理性”的唯一武器，极为蛮横无理地将自身置于不容批判的威权之上。

如果说，在当今科学世界一位极为罕见的具有广泛影响的华裔“职业”数学家，曾经针对“广义相对论和微分几何”的命题，在 Einstein 诞辰 100 周年的纪念会上做出如下告白：

> 讲一半自己不懂的题目，那感觉是很奇异的。

而另一位华裔 Nobel 奖获得者针对“现代数学”做出与其大体一致的描述：

> 现代数学的书可以分为两类，一类是看了一页便看不下去了，另一类是看了一行就看不下去了。

那么，对于所有立志于改变中国基础科学研究落后状态的科学工作者，一个值得深思的问题在于：为什么必须盲从自己都没有真正读懂或者其基础隐含重大逻辑悖谬的认识体系，并且，在这个没有可靠性和严谨性可言的认识基础之上，进行毫无意义的无穷无尽推理呢？

同样因为如此，尽管 M. Kline 这样的西方学者没有能力解决他所看到的现代数学体系由于“主观约定”而普遍存在的逻辑悖论，并且几乎从来不加掩饰地宣泄那种其实过分狭隘和幼稚的民族优越感，但是，针对他所描述的“可以恣意妄为的伟大人物”甚至也不得不做出的告诫：

> 面对（现代数学大厦即将倒塌的）困境，纯粹数学家们本应有一个喘息的机会，在继续创造“逻辑上可能站不住脚”的新的数学以前，首先致力于数学的基础性研究。

却对每一个科学工作者具有警示意义。

毫无疑问，绝对不能接受个别 Fields 数学奖获得者不断做出的“中国的基础数学与西方国家差得太远太远”这样一些看似中肯而急切的煽情式告诫，相反，迫切需要的恰恰是“理性”的自尊、一种由于长时间落后而往往不自觉丧失了的“独立”思考能力，以及“严谨踏实”的工作作风，并且重新拿起被西方科学主流社会已经放弃了的“逻辑批判”武器，与西方科学世界中诚实、严肃而睿智的研究者站立于审视“数学基础”的“同一”起跑线上，认真考虑以及切实解决诸如如何看待“形式主义”和“直觉主义”这样一些一个世纪以来一直困扰整个西方科学世界的基本问题，这样，才可能延展和继续古老的中华民族以及许多智慧东方民族曾经的辉煌，为人类文明进一步做出真正属于自己的历史性贡献。

当然，也只有发自内心的友善、真诚和相互尊重，地球上的所有不同人种才可能共同应对大自然给予人类愈益严峻的考验。

1.4 弯曲时空缺失“物质基础”支撑必然导致的悖谬

在现代西方科学世界，任何人不会公开否定“证伪学说”，否定 Popper 曾经指出“一切经验证实本质上不具确定性意义”的重要判断。从一般逻辑的角度考虑，证伪学说不过是古典哲学中“矛盾律”的必然推论，相应揭示“经验证实必要而永远不可能充分”的简单道理。

此处，即使暂时允许无视古典逻辑实际体现的“素朴理性”精神，认同现代的科学主流世界通过《自然》杂志所报道“广义相对论被结构拖曳所证实”的实验真实性。但是，只要稍具物理常识，几乎立即可以发现在“时空弯曲”经验证实的背后隐含许多逻辑悖论[5]。

首先，一旦接受 Einstein 借助他的“世界图(World Picture)”希望阐述的基本科学观，人类所生存的时空必须被理解为一个“统一、普适、与任何特定物质对象完全无关、抽象意义上”的弯曲空间，那么，声学家们在面对“声波媒质”处于不均匀状况时，需要探讨的“弯曲声波迹线”问题是否正是Einstein伟大直觉中的那个“同一弯曲空间”所引起一种被固化了的“同一效应”呢？

如果答案是肯定的，那么，声学理论中涉及“声波弯曲迹线”问题，一切依赖“声波背景物质场物理学状态”的研究，自然失去了任何存在意义，而仅仅需要寻求Einstein“伟大直觉”中的那个“统一、不变”的弯曲时空了。

继而，包括Einstein乃至Weinberg这样一些只知道滥用“符号”的数学，并且正因为此几乎完全不懂得数学必需“逻辑内蕴”支撑的大人物，他们从来也没有公开否定“电磁波”不过是“电磁场物质场中小电磁扰动传播”的简单物理实在，那么，当电磁波只能按照“广义相对论”设计的“弯曲空间”运动时，不同空间点处“弯曲状的电磁波”又怎样与该空间点处电磁场的电磁学状态构成某种逻辑关联，或者，仍然像Einstein幻觉中的“世界图”一样，那个与一切物质对象无关的“普适弯曲时空”，是否也必须独立于“弯曲电磁波背景电磁场”的实际状态呢？

显然，Einstein以及现代西方科学世界中一切醉心于“统一弯曲时空”的研究者，他们的一切思考在基本物理学理念上是彻底荒谬的，在形式逻辑上则充满幼稚的无知、矛盾和悖论。事实上，除了整个西方哲学体系至今无力解决“认识论”基础的困惑，任何人如果真的把自己当作“天才”或真的自视为曾经被Kline描述为“允许恣意妄为”的伟大人物，那么，他们在面对无穷无尽、充满差异和复杂性的大自然时，几乎无法避免思维推理过程中“主观随意性”的自欺，无法克制思维过程的过分粗糙和马虎，并且，最终导致认识紊乱、彻底放弃逻辑，甚至像任何诚实的人实际看到的那样，试图将“并不仅仅属于西方人而属于整个人类”的自然科学重新引入现代神学的桎梏之中。

毫无疑问，作为电磁场“物质背景”中“小扰动传播”的电磁波，呈现“直线状”传播仅仅存在于“均匀化”的电磁场之中，原则上不过属于“条件存在”的简单特例；相反，那个以“弯曲状”传播的电磁波才是“平凡而普遍”的物理真实。并且，形形色色电磁场中“电磁波弯曲迹线”的真实存在，与Einstein以及Weinberg这样一些自负却又思维过分粗糙的研究者的“直觉和顿悟”完全无关，不同电磁波弯曲迹线呈现的不同“几何学”特征，绝不是一个人为杜撰出来的纯粹“几何学”问题，而是具有属于电磁波“弯曲迹线”的物质基础，或者决定于背景“物质场”的真实物理学状态。

因此，如果必须研究“电磁波弯曲迹线”的问题，则必须首先认真对待“如何求解背景电磁场电磁学状态”的问题，必须正视中国电磁学研究者宋文淼教授与他的许多年轻合作者共同提出的质疑。他们曾经以西方科学世界中为开拓现代自然科学体系曾经做出历史性巨大贡献的许许多多“先行者”，在从事科学研究时几乎必然具备的那种“平和而诚实”的态度，明确指出：

> Maxwell在19世纪70年代提出了关于存在电磁波以及光就是电磁波这样一个科学史上最大胆的预言。但是，Maxwell所提出的关于电磁场的统一的方程组实际上是无法求解的。Maxwell指出了科学发展的方向，而把如何求解电磁场这样的细节问题留给了后人。
>
> Hertz在20世纪初证明了电磁波的存在，并把Maxwell提出的方程组简化为现在常用的形式，称之为Maxwell方程组。但是，当时同样无法对这样的方程组求解。

所能证明的只是，从当时已经掌握的标量波动方程的理论和求解方法求得 Maxwell 方程组的某些特殊情况下的解。同样，Hertz 把精确、普遍地求解这一方程组的问题也留给了后人。

一个多世纪以来，人们一直致力于对 Maxwell 方程组的精确求解方法的研究。但是，经历了一个多世纪的努力，这个问题一直没有得到完善的解决。

可以相信，对于某一些“只是在尽情享受科学并将这种享受心安理得地视之为上帝惠顾”的职业科学家而言，他们不仅在逻辑上不可能真正懂得这个极其重要的事实，而且感情上更不愿意接受和认真思考这个“挑战自我”的严峻事实。

1.5 现代微分几何的“约定论”基础及其重大危机

从理性的思维逻辑考虑，当 Einstein 把他的理论体系只允许全部建立在他的“直觉和顿悟”之上的时候，那么，他的内心必然与赌场上任何一个“博弈者”的心态没有任何差别，他只能忐忑不安地期待着某一个或某一些后续经验事实的验证。当然，如果从科学研究的“方法论”考虑，恰恰成为得到西方科学世界普遍承认的“证伪学说”严厉批判的那种研究方法，无论多少次“证实”仍然注定不可能成为某个真理性的陈述。

基于同样的道理，本质上归咎于自己并不真正懂得或大概理解他的两种“相对论”必须使用的形式表述工具，所以 Einstein 没有能力对他创造出来的“广义相对论”真正做出确定性的判断，相反，内心同样只可能充满所有“博弈者”那样的犹豫。在 Einstein 生命最后几年的某个时候，他曾经指出：

我不敢相信微分几何是未来进展的框架。但是，如果真是那样，那么我相信：我走的路是正确的。

也就是说，Einstein 在回顾整个“广义相对论”的创造历程，他发现将全部希望完全寄托于一个他自己从来没有真正看懂过的现代微分几何的时候，他的内心几乎必然充满犹豫和担忧[1]。

其实，往往真的能够给人以许多有益启示的“直觉和顿悟”思考，无非是一些虽然不严格，却渊源于一般“素朴理性”的判断或猜测。因此，诚实的 Einstein 在生命即将结束之际，回顾一生从事的科学探索时突然涌现许多忧虑，同样只可能归结为一种无可抗拒的“素朴理性”潜意识及其形成的强烈冲击。针对“狭义相对论”中那一对被用作“时空度量”不变性基准的“原时和刚尺”的存在，Einstein 曾经明确提出它们在逻辑上“似乎没有必要”的合理质疑。但是，仍然只能归咎于浅层次的“直觉和顿悟”的思维习惯，Einstein 根本没有能力形成一种真正符合逻辑的清晰判断：一旦引入不变的“时空度量”基准，那么，必然对“时空变换”构成了完全逻辑否定。众所周知，Einstein 在自己去世前的两个星期，还特地告诫人们：

科学史上经常碰到这样的情况，一些重大问题似乎已经得到了解决，但是却又以新的形式重新出现。这也许就是物理学的一个特征。并且，某些基本问题可能永远纠缠着我们。

这样，如果 Einstein 一旦形成“理性”的警觉，注意到整个 Riemann 几何本质上只允许以若干“人为约定”作为基础的事实，那么，他不可能不同样为他的“广义相对论”深深担忧，除非 Einstein 以为自己以及那个时代的许多研究者真的就是“上帝”或者像 Kline 所说那些“允许恣意妄为的伟大人物”。一个人在“不慎(自己同样负有责任)”之间，就被他人绑架至“神坛”之上，那么，只要良心未泯，他不仅充满无奈，而且一定是极为痛苦的。实际上，这正是人们所说“Einstein 悲剧人生”的根本原因。

毋庸置疑，Einstein 对于“现代微分几何”这种仍然源于直觉的担忧是有道理的。本系列论文的后续讨论，并不准备对建立现代微分几何“整个基础”隐含的大量逻辑悖论作系统分析，或者说，只可能在其他场合，针对诸如“拓扑公理隐含逻辑悖论”等一系列涉及整个现代数学体系存在基础的重大命题进行专门讨论。但是，根据逻辑且仅仅根据逻辑(自然吻合于 K. Popper 的证伪学说)，后续讨论中提出“人为 Levi-Civita 平移假设与现代微分几何基础的逻辑失当”的特定命题，以及使用形式语言相应构造的论证，已经对建基于“约定论”之上的整个 Riemann 几何足以构成逻辑否定。当然，仍然只需要依赖于逻辑，既然西方的整个科学世界至今无力对“Hilbert 的公理化思想”的存在提出合理支撑，反过来说，无法对于“Brouwer 给予 Hilbert 公理化思想曾经给予的有力批判”，做出任何有实际内容的反驳，乃至不允许无视“Gödel 不完备性定理对 Hilbert 公理化思想已经构成否定”的事实，那么，如果能够对只可能凭借“公理化假设”而建立起来的整个“拓扑学”真实隐含逻辑悖论的问题做出证明，这样一种证明的合理存在恰恰应该是可预料的。

1.6 物理学“相对性原理”蕴涵的逻辑悖论

史学家曾经指出，让 Einstein 终生最为得意的成就应该是：他在“广义相对论”中进一步把“相对性原理”延伸到非惯性系，从而成为一个不受任何限制的“普适性”原理。

在 A. Pais 撰写的《Einstein 传》一书，特地以《我一生中最快乐的思想》作为标题，写了“广义相对论”中的第一章。其中，Pais 指出这个“最快乐的思想”应该是 1907 年尚在伯尔尼专利局谋职的 Einstein 突然迸发于脑际的。Einstein 对他生活中的这一经历曾经作以下精彩的描述：

> 那时候，涌现出了我一生最快乐的思想。事情是这样的：引力场只有“相对”的存在性，就像磁感应产生电场一样。因为对一个从房顶自由下落的观察者而言，不再存在引力场。事实上，如果这个观察者让物体下落，那么，该物体相对于他的状态是静止的或者是匀速运动的，而与物体特殊的物理和化学性质无关。因此，这个观察者有理由说他的状态是“静止”的。
>
> 由于这个想法，引力场中所有物体以相同的加速度下落这一极不寻常的实验定律，立刻就获得了深刻的物理意义。也就是说，只要存在一个物体在引力场中下落的方式与其他物体不同，则观察者就可以凭借这一点认定他正处于引力场中并正在其中下落。然而，如果没有这种物体——正如经验以极高的精确度告诉我们的那样——那么，观察者判断自己是在引力场中下落就是毫无“客观”意义的。相反，他有

理由认为自己处于一种静止状态，而在他周围也没有引力场。

于是，这种在实验上众所周知的落体加速度的独立特性，最终为将“相对性”假设推广至彼此相对以“非匀速运动”的坐标系提供了有力的证据，并促使我走向了引力理论。

显然，如果按照《McGraw-Hill 物理百科全书》针对“相对性原理”所做的阐述，应该是 Einstein 于 1915 年提出的“广义相对论”才使得“相对性原理”最终摆脱了“惯性系”的不当限制，那么，所有这一切成功不过因缘于 Einstein 以上所描述一个“深刻而简单”想法的灵光乍现，并因之而让 Einstein 终生不能忘怀。

但是，当 20 世纪的一大群职业科学家争先恐后、倾其全力，奋而投身于这样一个看似无疑更为宏伟的创见之中时，他们同样忘记了一份必要的清醒和谨慎，根本没有首先考虑整个逻辑前提是否真正可靠、是否违背常理，即是否符合逻辑的基础性命题。其实，如果不是被盲从和迷信冲昏了头脑，任何人都可以发现与 Einstein 所有毫无理性可言的“分散性”思维一样，这个被用做奠定“广义相对论”的全部思维基础，由不多文字表述的奇思妙想充斥着想当然的幼稚和荒诞不经。此处，不妨试作如下所述的简单分析，尽可能准确地了解 Einstein 到底想表达些什么，进而思考这些想法中许多显而易见的思维错误和逻辑紊乱。

(1) 首先，Einstein 在提出“引力场只有‘相对’的存在性”的命题时，他特地做出“这就像磁感应产生电场一样”的补充解释。但是，怎么理解“磁生电”的相对性意义呢？事实上，即使此处不追究经典理论通常所说“电生磁、磁生电”的观点是否准确，但纵观整个电磁学的发展历史，似乎从来没有人否认“电磁感应产生的动态电磁场”的客观真实性，提出其仅仅具有“相对存在”意义的观点？

(2) 继而，Einstein 为了说明引力场仅具“相对存在”意义的真实内涵，他又补充做出“对一个从房顶自由下落的观察者而言，不再存在引力场”的说明，从而将“引力场”定义为一种本质决定于“观察者”主观状态的“观察性”效应，最终达到否定其“客观存在”的目的；

(3) 进一步说，如果“狭义相对论”曾经指出：在“惯性坐标系”之间，物质运动存在着一种等价性，那么，得益于此处所说“思维实验”的启示，一种与其类似的等价性还可以合理地扩充至“非惯性坐标系”之间的“引力场”之上。于是，一些本来看似“客观存在”的物理实在并不具有本质意义，而应该归结于“观察者”的状态，或研究者“主观意志”的判断；

(4) 不仅如此，Einstein 还进一步指出：“事实上，如果这个观察者让物体下落，那么，该物体相对于他的状态是静止的或者是匀速运动的，而与物体特殊的物理和化学性质无关。因此，这个观察者有理由说他的状态是静止的。”(当然，此时暗合如下假定：所述的物体必须与观察者严格捆绑在一起。倘若不然，例如特别是需要面对一个处于东半球引力场中的观察者，以及另一个处于西半球引力场中的物体时，两者之间不仅谈不上是彼此静止的物体，而且还会出现远超过重力加速度的分离倾向。)这样，如称其为“观察者判断自己是在引力场中下落就是毫无客观意义的”的判断，Einstein 仅仅借助于他无所不能的思维实验，把最初对“引力场”客观性的否定，又进一步扩充至对“落体运动”客观性的否定；

(5) 当然，对于富于幻想、思维荒诞不经并擅长于将思想上升为理论的 Einstein 而言，他又进一步告诉人们：“这种在实验上众所周知的落体加速度的独立特性，最终为将‘相对性’假设推广至彼此相对以‘非匀速运动’的坐标系提供了有力的证据”，而所有这一切则成为

Einstein 最终“走向了引力理论”的全部思维基础。(或许,某些愚钝之人难免会提出质疑:为什么可以从上述一个以“重力加速度”运动的单称性陈述,突然跳跃至“非匀速运动”的一般情况呢?其实,既然允许建立在“直觉和顿悟”之上,那么,就绝对没有任何逻辑可言,一切不过是将一系列“逻辑主体”完全不同的“主观臆测”随意串接起来而已。)

于是,一切皆如 Einstein 所愿,这个称之为曾经给他带来一生最愉快经历的“思维实验”虽然如此简单明了,但是一旦经过某种“创造性”思维的重新洗练和加工,就能够揭示其中孕育的伟大真理,这就是:普天之下,不仅没有“引力场”的客观真实存在,而且同样没有真实存在的“物质运动”可言。世间万物都是相对的,本质地依赖于“观察者”所处的状态即研究者的意志,进而,随着这个用作构造“广义相对论”全部思维基础理念的提出,那个“狭义相对论”中曾经提出的“相对性原理”就能够超越最初的“惯性系”限制,可以无所限制地用于自然科学的一切场合,从而被赋予任何一个物理学基本原理必须具备的“普适性”意义。

毫无疑问,之所以《McGraw-Hill 物理百科全书》需要特别指出只是在 Einstein 提出了“广义相对论”以后,才可能借助存在于“惯性效应”和“引力效应”之间一个“蕴涵深刻”的“等价性”关系,使得“相对性原理”最终摆脱“惯性系”的限制,其全部原因显然在于:非如此做,作为构建整个现代物理学重要基础之一的“相对性原理”,则无法获得一种期待之中或者逻辑上必需的完整意义。至于这种彻底否定物质运动“客观性”基础的“等价性”关系,难免会让许多人觉得匪夷所思的话,那么,Einstein 以上所做的不无浅显直白的回忆,则似乎能够成为一种最明确和深刻的完整诠释。当然,如果联想到面对许许多多人对“狭义相对论”几乎一目了然的“神学”意识不断提出的质疑,Einstein 始终无法作出任何合乎情理的解释,只能反复将其归结为“直觉和顿悟”的启示而不免心存忐忑和尴尬的话,那么,人们就可以理解:为什么 Einstein 会对以上“思维实验”如此情有独钟,视之为“人生最快乐思想”的缘故了。因为 Einstein 毕竟明白,如果真的把一切归结为“直觉和顿悟”的话,那总是难以让人信服的,而在此处却能够使用通俗易懂的语言,为自己的“广义相对论”做出了一种看似无可厚非的解释。

但是,内心热切向往逻辑的 Einstein 从来就不明白什么是真正的逻辑,不懂得“逻辑不可能告诉人们任何新鲜实在”这一最基本的道理,不知道如果某个科学陈述的“逻辑主体”从头至尾处于不断变更和错乱之中不仅没有逻辑可言,而且恰恰应该视之为对逻辑的漠视和亵渎;不清楚随着在推理过程中不断添加人为假设,不仅彻底丧失期待的“解释性”基本功能,而且还因为明显违背理性和逻辑而往往成为被耻笑、攻击和否定的话柄和目标。正因为对逻辑懵然无知,人们可以相信对于他在伯尔尼办公室这一思维经历的描述应该是真实的,充分表现一个天真无邪的年轻人,一种源自于无需忌惮逻辑羁绊的自由思维而发自内心的喜悦和冲动。并且,这样一种无视逻辑、天马行空的行事风格和思维方式,贯穿于 Einstein 全部科学活动的始终。

因此,需要重新认识一个纯粹人为杜撰的“相对性”原理,揭示这个自 20 世纪初一直被当作物理学基本原理的纯粹“人为约定”内蕴的逻辑悖谬和荒唐,真正赋予“物质运动”以独立于研究者主观意志的“客观性”内涵;并且,还需要为包括引力场在内的“物质存在”重新正名。面对大千世界,物质的“存在形式”以及与其相对应的“运动形式”千姿百态、千变万化。无论是满目所见的“有质可视”粒子,还是类似于“无质无形”电磁场这样一些看似虚无缥缈的场,它们都是大自然中真实的物质存在。于是,能够对“物质存在”做出判断的唯一标准,并不在于通常所说的质量或者几何形式,而仅仅在于它是否真的是一个“独立于人们主观意志”的客观存在。与此同时,对于自然科学中的任何一个陈述体系而言,判断它是否真正符合科学精神的唯一标准只能是：它是否拥有独立于不同“观察者”或者不同“研究者”主观意志的“客观性”内涵，从而在原则上最终成为一个能够为所有科学家共同得到，也就是必须独立于任何“人为认定”的结论①。

如果要彻底抛弃现代物理学中“相对性原理”的虚妄，最终必然会涉及如何为物质的“客观性运动”构造恰当的“形式表述”基础，通俗地讲就是如何对“参照系”作恰当选择，但是如果更为本质地讲，则是如何为形式系统提供一个拥有“客观性”物质内涵的恰当“表述空间”问题。其实，这正是自 Newton 力学诞生之始就早为人们发现，然而始终没有得到真正解决，而遗留至今在形式上关系到整个现代自然科学体系存在基础的重大命题。较系统和完整的分析和讨论请参见笔者在一系列已出版专著中的相关论述。此处，仅针对若干重要史实与基本原则作某些必要的澄清。

首先需要指出，根据历史，第一个提出“相对论原理”称谓的并不是 Einstein，而是法国人庞加莱(J. H. Poincare)。当 19 世纪末到 20 世纪初的西方科学世界面对 Michelson-Morley 实验提出的挑战而全然不知所措时，他前后花费差不多十多年的功夫，才最终提出这个他称之为需要当作“物理学普遍原理”看待的基本原理。在 1895 年一篇研究电磁理论的论文中，Poincare 第一次使用了“相对性原理”的提法。但是，较完整阐述和正式提出“相对性原理”则是 1904 年及其后的事情。在 1904 年的一次国际学术会议上，Poincare 对“相对性原理”第一次作如下系统阐述：

> 无论对于静止不动的观察者，还是对于处于匀速运动中的观察者，物理现象的定律应该是相同的。

而在 1908 年，Poincare 通过一篇名为《电子动力学》的文章，再次系统地讨论了“相对性原理”以及它与“Lorentz 变换”之间的关系。并且，首次按照目前科学界习惯使用的方式，对这个“物理学普遍原理”作如下界定：

> 无论使用什么方法，除了相对速度以外，我们将永远不能揭示任何其他东西；我所说的某些物体的速度是相对于另外一些物体而言的。…… 任何普遍的自然规律都不可能逃脱此处所说的相对性原理。

不难看出，Poincare 前后两次对“相对性原理”的阐述处于“自否定”之中。但自此以后，西方科学世界一直将其尊崇为一个必须严格服从的基本原理，从而进一步为 20 世纪普遍存在“形式至上、实体为次”的反科学思潮提供了基础[10]。

或许值得指出，在 Pais 撰写的《Einstein 传》一书中，对于现代科学史通常提及“Hilbert 与 Einstein 曾经因为相对论首创权而发生争执”的事实几乎只字未提、曲意掩饰。但是，Pais 却

---

① 此处关于科学陈述必然拥有“公众性”特征的阐述，大致源自于 20 世纪前期美国著名科学哲学家 L. C. Peirce 最早提出的论述。Peirce 的原话是：“科学的结论，必须是所有科学家都能得出的结论。同样，在信念和真理的问题上，应该是每个人都能得出同样的结论。于是，这样一种经验研究的方法，意味着任何合法性的概念必须是某种实践性的研究结果。”

耐人寻味地告诉人们在 Einstein 和 Poincare 之间有一种“异乎寻常”的冷漠。并且，尽管 Pais 做出“Poincare 直到临终前对 Einstein 保持缄默，要比 Einstein 在临终前对 Poincare 保持缄默要更加意味深长”这样一个表现出明显的倾向性、公开偏袒 Einstein 的评述，但是，面对世人皆知由 Poincare 最先提出“相对性原理”的史实，Pais 仍然不得不对 Einstein 所说“自己从来没有读过 Poincare 关于相对性原理的文章”的真实性公开表示了自己的怀疑。毫无疑问，无论是 Einstein 最早提出需要当作“时空观革命”对待的“相对论”神学体系，还是由 Poincare 最早提出“相对性原理”的纯粹臆测，所有这些曾经被 20 世纪西方科学世界奉为颠扑不破“绝对真理”的谎言，终将很快被理智人类彻底抛弃。于是，一切涉及“科学大师”之间“首创权”的纷纷扰扰也必将随之烟消云散。但是，这些难免流于平庸低俗，与 Einstein 真诚追求的科学精神和向往格格不入的事件，之所以在西方科学史屡见不鲜，其根本原因还在于这些“科学巨匠”根本不理解 Peirce 所做“科学结论必须是所有科学家都能够得到的共同结论”的真实内涵，他们无视科学陈述“实体论”基础所具有的前提性地位和根本意义，以至于他们才会把源于“灵感”的许多无足轻重的“主观揣测”看得如此重要和基本，从而自觉不自觉地把自己推向虚无缥缈、并带来无尽痛苦的“神坛”之上。

因此，人们需要形成一种理性的判断：通常所说的“Galileo 变换”与 Poincare 提出的“相对性原理”根本不可同日而语，不应该把 20 世纪的 Poincare 的思想强加于 17 世纪的 Galileo 之上。一个 Galileo 本人从来没有想到或提出来过的形式变换，不过是 Newton 第二定律第一次为“力”所构造“形式定义”的一个必然、平凡或平庸的推论。这个“单称性”的形式表述，不具任何“一般性”意义，更不能按照西方的思维习惯当作“形而上学”来对待。

当然，一个涉及整个自然科学体系存在基础故而更为本质的命题在于：在确立“物质存在”的客观性的同时，如何在形式上同样保证“物质运动”的客观性，即如何使“客观性”的物质运动必须独立于参照系“人为选择”的问题。否则，听任 Poincare 所杜撰“相对性原理”的荒诞不经，否定物质运动的“客观性”本质，容忍从 $-\infty$ 到 0，再从 0 到 $+\infty$，按照人们的意志（即对通常所说惯性系的不同人为选择）来界定物体的运动速度，那么，随之运动速度不具客观性意义，经典物理学中包括“动量守恒、能量守恒、质能变换”在内的所有形式表述，必然将陷入重重矛盾之中，同样将完全失去它们的存在意义。

顺便指出，针对 20 世纪只允许当作“第一性原理”对待的“量子力学”问题，Einstein 曾经作了始终如一的严厉批判，明确提出“物理学的任务正在于描述感觉以外的物理实在”这样一个显然符合于科学精神的重要原则。但是，问题在于：Einstein 自己的所有建树，无一不是建基于自己的“感觉判断”之上。正如 Einstein 指出“对于一个自由下落的人，他就不存在引力场，也没有真正属于自己的重量”的时候，可能揭示的无非只是一个人的“自我判断”或者他称作的“感觉”而已；相反，对于该命题谈及的“引力场、人的重量乃至自由落体加速度”等等概念，都需要视作是独立于任何人的感觉或主观意志的客观存在。也就是说，Einstein 此处精心构思的一切，本质上正是要把那些“主观感觉中并不真实的东西”保留下来，并依此构建他所期待的另一个“普适真理”体系。正因为，一方面 Einstein 挥舞着“实体论”基础和“逻辑相容性”原则的两面大旗，严厉对待将其奉为“神坛教主”的 20 世纪西方科学世界，另一方面，对自己构建的所有理论体系赖以存在的“直觉顿悟”基础，本质上就是对自己内心崇尚的“逻辑”以及“实体论”主张的根本否定却毫无觉察，以至于诚实而根本不懂得逻辑的 Einstein 最终被那个只能把“科学共同体共同意志”作为最高标准的科学主流社会所抛弃，孤独寂寞地走完了生命的最后十年。当然，Einstein也极大地伤害了Bohr以及追随他的年轻一代，导致Bohr最后不得不向Einstein公开发出“我们正是沿着您所指引的路线继续前进”的辩护和抱怨。同样，仍然因为需要面对的是众多根本没有任何逻辑可言的神来之笔，以至于编撰Einstein文集的中国的科学哲学家也不得不在序言中首先中肯地告诫读者：“Einstein是一个伟大的物理学家，但他的哲学思想却是庞杂、混乱和摇摆的”这个看似委婉，却不无十分严厉的率直批评。

纵观20世纪的西方科学世界，就是一个为Bohr准确描述成“唯恐不够疯狂”的庞大人群。如果回顾20世纪来“广义相对论”的研究现状，纵然研究者趋之若骛、形同千军万马之势，但是，这些人真正关注的只是在“约定论”基础之上如何尽快构建“形式系统”的本身，仅仅考虑怎样才能凭借自己的“超常智慧和想象力”成功地创造出某一个能够为大家公认的形式系统，由此而跻身于诸如Nobel奖、Fields奖得主的行列，而几乎没有什么人首先严肃思考作为“约定论”基础的人为假设是否真正可靠；是否符合于一般科学道理的前提性命题。或者更为准确地说，正如许许多多聪慧的“数学大师”们虽然明知现代数学体系的基础远不牢靠，存在许多无可回避的逻辑悖论，却仍然乐此不疲于不断创造新的数学体系一样。可以相信，对于任何一个具有一般科学素养和平常心的人，都不难发现、认识和理解以上针对Einstein“自由落体”思维实验所做分析和批判的合理性，但他们绝不愿意釜底抽薪、自掘坟墓，对他们“科学生命”赖以为继的“约定论”的浅陋和荒诞，进行符合于逻辑的思考和批判。人类文明史中这样一种彻底抛弃理性的认识反常，虽然称得上难得一见，但又应该视作是人类所拥有“知识体系”的有限性与突然面对“物质世界”的高度复杂性之间巨大矛盾和冲突的历史必然。事实上，这不仅是对目前科学世界否定“逻辑”原则和“实体论”基础极大反常的真实写照，同样也是20世纪的西方科学主流社会为什么默认乃至公开赞同哲学家把自然科学重新界定为“科学共同体共同信念”的根本原因①。

1.7 结束语

数学评论家M. Kline曾经撰写了许多著作。其中，恐怕《数学：确定性丧失》能够算得上是一本富有启示、敢于批判和显示一定独立思考精神的好书，尽管著者那种一览无遗的“西方至上”情结难免幼稚，且对全书“推崇逻辑”的基调或主题构成了否定或挑战。该书在谈及“广义相对论”赖以生存的“非欧几何”基础时，Kline记录了这样一段有趣的历史：

> 尽管凯莱(A. Cayley)和克莱因(F. Kline)本人都从事过非欧几何的研究工作，但是他们仅仅把非欧几何当作一个新奇的故事(novelty)，只是人为定义的新距离函数被引入Euclid几何而产生的结果。他们拒绝承认，非欧几何像Euclid几何一样是

① 此处需要补充说明两点。一个是所谓“思维实验”的问题。思维实验实属20世纪西方科学世界的一大创造，它为无视“物质实在”对象形形色色“第一性原理”和“公理化假设”的涌现，提供了“解释论”的存在基础或者一种纯粹“心理学”意义上的安慰。另一个则是“可解释性”的问题。必须明白，人类永远不可能真正说出大自然“何以如此存在”的理由。通常所说科学陈述必须满足的“可解释性”原则，并非真的要指出某一个物理实在得以存在的原因，而仅仅在于说明它的存在与其他物理实在，以及相关的科学陈述必须保持严格逻辑相容的问题。于是，真正符合于逻辑的，又一定是容易为人们理性接受的。

基本的和有用的。显然,在"相对论"时代以前,Caylay 和 Kline 的立场无懈可击。

也就是说,虽然虚妄的"广义相对论"只能依赖于"非欧几何"才得以杜撰,但只允许当作"新奇故事"对待的"非欧几何"又必须凭借"广义相对论"的权势而真正获得重生。因此,为了准确揭示和彻底推翻"广义相对论"构造的虚幻和荒唐,人们必须采取一种符合逻辑的审慎方法,严肃批判自 Gauss 开始,一种同样将自身置于"虚幻和荒唐"之中的现代微分几何。

毋庸置疑,任何人不应该也无法否定西方科学世界为人类的现代物质文明曾经做出的历史性巨大贡献;同样,也不允许任何人割裂历史,否定在人类文明史中东方民族曾经取得的辉煌。睿智的古老东方哲学曾经告诫:一切事物的发展往往不以人们的"主观意志"为转移,总可能潜藏某种"走向反面"的趋势。显然,整个人类必须共同形成一种"理性"的判断:对于主要由西方人构建的现代自然科学体系,不仅仍然存在本质上归咎于"人类认识历史局限性"的大量不足、不当乃至错误,而且,危害更为严重的则是一旦放弃"追求真理"的科学精神,丧失进行"逻辑的自我反省、自我检讨和自我约束"能力,那么,曾经的理性辉煌将堕落为对抗理性和逻辑的反动,给地球之上休戚与共的整个人类带来致命危害。

参考文献

[1] Pais A. 爱因斯坦传[M]. 方在庆、李勇,等译. 北京:商务印书馆,2003

[2] Sokal A. "索卡尔事件"与科学大战[M]. 蔡仲、邢冬梅,等译. 南京:南京大学出版社,2002

[3] Parker S P. 物理百科全书[M]. 北京:科学出版社,1998

[4] Weinberg S. 引力论和宇宙论——广义相对论的原理和应用[M]. 邹振隆,张历宁,译. 北京:科学出版社,1980

[5] Neil Ashby. General relativity-Frame-dragging confirmed, nature, Vol. 2004, 431.

[6] Morris Kline. 数学:确定性的丧失[M]. 李鸿魁,译. 长沙:湖南科学技术出版社,2002

[7] Courant R, Robbins H. 什么是数学(对思想和方法的基本研究)[M]. 左平,张饴慈,译. 上海:复旦大学出版社,2005

[8] Vladimir Tasic. 后现代思想的数学根源[M]. 蔡仲,戴建平,译. 上海:复旦大学出版社,2005

[9] 宋文淼,张晓娟,徐诚. 电磁波基本方程组[M]. 北京:科学出版社,2003

[10] 杨本洛. 自然哲学基础分析——"相对论"的哲学和数学反思[M]. 上海:上海交通大学出版社,2001

[11] 杨本洛. 自然科学体系梳理[M]. 上海:上海交通大学出版社,2005

[12] 杨本洛. 量子力学形式逻辑和物质基础探析——现代自然科学基础的哲学和数学反思[M]. 上海:上海交通大学出版社,2006

2 构建弯曲时空“几何结构”的逻辑批判

从“形式语言”的角度考虑，在“狭义相对论”中，需要使用的数学工具无非只是一些“代数方程”或者只是代数方程的“变形”而已。甚至在 Minkowski 引入他的“真伪”空间以后，整个“狭义相对论”的形式表述，本质上仍然大致隶属于“线性变换——线性方程理论”的范畴。因此，即使是一些中学生，只要他们能够心悦诚服地接受 Einstein 所提在面对“一对逻辑上好像互相矛盾的经验事实”时，必须接受“放弃可解释性”的那种独断，那么，他们在“数学阅读”方面不会出现任何太大的困难。当然，这也是目前对于“相对论”的批判，往往只局限于“狭义相对论”之中的缘故。

但是，“广义相对论”则完全不然。或者说，人们不仅需要充分重视 Einstein 本人曾经发出“已经看不懂数学家搞的那套相对论”这样一个无疑过分奇特的抱怨；而且，对于任何具有一般理性思考能力的研究者，还格外需要关注那些曾经为“相对论”提供数学工具的职业数学家，他们竟然同样发出“讲有一半自己不懂题目的感觉十分奇特”这样一种本质上与 Einstein 的抱怨并无二致的自白。更为透彻地说，则是对整个“广义相对论”而言，人们实际上需要面对的是“任何人也不可能真正懂得”的数学，以及任何人“永远不可能真正读懂”的“广义相对论”杜撰。

毫无疑问，作为研究“现代宇宙学和广义相对论”代表人物的 S. Weinberg 先生，之所以能够在学术争论中显得格外霸道、盛气凌人，甚至以不堪的口吻嗤笑攻击和他一样的 Nobel 奖获得者，他的豪气和胆魄恰恰全部来自他对于数学的懵然无知，渊源于他从来没有真正读懂、他曾经信誓旦旦指出“物理学家被迫发明了自己的语言即为数学语言”的那种不无幼稚的独断。以下的逻辑审查将证明：Weinberg 从来没有真正读懂他的著作在从“狭义相对论”中平直空间出发构造“广义相对论”推理过程中，一系列需要使用的基本数学概念及其逻辑关联①。

2.1 构造“弯曲时空”的基本思路及相关评述

作为构造整个“广义相对论”的逻辑基础，人们指出：依赖 Einstein 的“等效原理”，可以将“狭义相对论”中的“Minkowski 平直空间”变换为允许适用于“广义相对论”并包容更为丰富物理内涵的“弯曲空间”。

考虑到非专业的“广义相对论”研究人员但仍具一般现代数学知识或者熟悉现代数学语言的研究者，能够较为准确地了解构造这个陈述系统必需的逻辑结构，首先完整地援引

① 本质上，Einstein 永远不可能真正弄明白“相对论”为什么允许建立在他的“直觉和顿悟”之上；Hilbert 永远无法为他所说“桌子、椅子、啤酒瓶同样可以当作几何学中点线面”的“公理化假设”做任何解释；与此同时，现代科学世界中的所有大人物不可能真正读懂他们凭借形形色色“第一性原理”而建立起来的现代自然科学体系。也正因为此，需要认真领会杨振宁先生诚实指出：“现代数学的书可以分为两类，一类是看了一页便看不下去了，另一类是看了一行就看不下去了”的实在意义。当然，此时人们既不必误认自己“无知、无识、无智”而自责，更不能窃喜于“知识丰富”而不可一世。

Weinberg 在《引力论和宇宙论》一书中所做的相关描述。并且，只是为了尽可能保证阅读原叙述的流畅，除了因为个别地方实在无法容忍的逻辑错误，需要做出"局部性"的评述，以及为了阅读方便特地做出"编号"以外，仅仅针对"逻辑结构"的整体性问题进行分析与讨论。

2.1.1 自由粒子的"直线方程"基础

在 Weinberg 的著作中，以一个运动中的"自由粒子"作为特定研究对象，为"弯曲时空"的建立构造了如下的论证过程：

考虑在纯粹引力作用下自由运动的一个粒子。根据等效原理，存在一个自由降落的坐标系 ξ^{α}，粒子在这个坐标系里的运动方程式是空-时中的一条直线，即

$$\frac{d^2\xi^{\alpha}}{d\tau^2}=0 \tag{1}$$

其中 $d\tau$ 是原时

$$d\tau^2=-\eta_{\alpha\beta}d\xi^{\alpha}d\xi^{\beta} \tag{2}$$

与前述"狭义相对论"讨论中的结果一致。

现在假设我们采用任意别的坐标系 x^{μ}，它可以是静止于实验室的 Descartes 坐标系，但也可以是曲线的、加速的、旋转的或我们想要的任何其他坐标系。

虽然 Weinberg 的论证刚刚开始，但已不得不暂时打住，指出作为"论证前提"的以上陈述出现的"逻辑紊乱"问题。

首先，即使承认相对论，但是，到底怎样理解或接受式(1)所构造的形式定义，或者说怎样认识"引力作用下粒子在自由坐标系中运动方程成为一条直线"这个最初命题的真实物理内涵呢？如果依据 Newton 力学，并且，努力按照通常称作"Einstein 升降机"的思维实验，那么，引力作用下的粒子在自由坐标系中相当于"处于加速度等于零"的状态。于是，根据"狭义相对论"关于速度矢量的定义，式(1)需要表达的真实物理内涵应该为

$$\frac{d^2\xi^{\alpha}}{d\tau^2}=0\leftrightarrow \boldsymbol{a}=\frac{d\boldsymbol{v}}{dt}=0:\frac{d^2\xi^{i}}{dt^2}=0\quad(i=1,2,3)$$

如果考虑到"狭义相对论"中通常不引入"加速度"的概念，而代之以"力"的表述形式，并且总将"力"表示为"动量"的变化率，那么，式(1)的另一个需要表述的等价性内涵为

$$\frac{d^2\xi^{\alpha}}{d\tau^2}=0\leftrightarrow \boldsymbol{f}=\frac{d\boldsymbol{p}}{dt}=0:\boldsymbol{p}=m\boldsymbol{v}=\frac{m_0\boldsymbol{v}}{\sqrt{1-(v/c)^2}},\quad v^i=\frac{d\xi^i}{dt}\quad(i=1,2,3)$$

这样，无论采用哪一种方式，都无法得到 Weinberg 希望通过式(1)所表达定义于那个"真伪"Minkowski 空间中"4 维向量"的形式。如若不考虑 Einstein"升降机"实验中关于"粒子不受力"状态的主观想象，而直接采取"形而上学"的方式套用"真伪"Minkowski 空间中"4 维速度矢量"的定义，那么，因为处于 Einstein"升降机(对应于 Weinberg 此处所说自由降落的坐标系)"中的粒子没有位移，所以，式(1)所定义的 4 维向量为

$$\frac{d^2\xi^{\alpha}}{d\tau^2}=0\leftrightarrow\frac{d}{d\tau}\left(\frac{d\xi^{\alpha}}{d\tau}\right)=0:\begin{cases}d\xi^{\alpha}\equiv 0, & \alpha\in(1,2,3)\\ \dfrac{d\xi^{\alpha}}{d\tau}=\dfrac{dt}{dt}\equiv 1, & \alpha=4\end{cases}$$

相应存在源于上述结果的另一个"必然"推论

$$\frac{d^2\xi^\alpha}{d\tau^2}=0\Rightarrow\frac{d^2\xi^\alpha}{d\tau^2}\equiv 0$$

即式(1)充其量只能看作是4维空间中的“恒零”矢量。根据张量,一切零张量任意变换的结果永远是零;反过来,零因子的作用,无论是使得一切“合理”的还是“非法”的存在同等地变化为零。因此,凭借数学或逻辑分析的基本功能可立即推知:任何“依赖零因子作用而得以存在的变换”的数学证明,首先已经失去“数学证明”必需的逻辑价值①。

事实上,任何具有一般数学基础或者理性判断意识的研究者理应知道:张量表述内蕴的全部“不变性”特征,根本归结于一切“物理实在”或“几何实在”必需的“客观性”基础。因此,当实际上几乎完全不懂得“逻辑的实质性内涵仅仅在于同义反复”的Einstein,凭借与“客观性”基础背道而驰并且过分天真幼稚的纯粹“主观意识”想象,试图“创造”出自然科学中的某一个形式表述系统时,如果这个陈述系统自始至终充满逻辑的悖谬和理念的荒唐,那么,这恰恰是可预料或者正是逻辑的必然。

此外,在Weinberg这个短暂的陈述中,已经暴露出整个现代理论物理在“基元概念”理解上普遍存在的认识不当:混淆了“坐标系”和“参照系”两个完全不同的概念。坐标系原则上仅仅是“几何学”的概念,不同坐标系之间只可能存在“空间方位和原点”差异,乃至“坐标向量”自身定义即“坐标架”空间分布的差异,而不允许出现坐标系“相对运动”这样一些只能隶属于“运动学”范畴的概念。几何学不具描述物体运动的能力,相应无需也不允许拥有“独立”的时间坐标。当然,也正因为此,即使容忍那个“真正伪”的“Minkowski伪空间”的无理存在,不追究其中存在诸如“同一坐标系不同坐标量纲不同一”之类的荒唐,但是,仍然无法描述发生于这个“真伪空间”中一切“几何变换”随着时间的延续而发生的真实变化的“运动学”历程。与坐标系作为几何学中一种纯粹意义的工具完全不同,参照系隶属于物理学“运动学描述”的范畴,对应于定义物质对象某一个“相对运动状态”的特定参照物。毫无疑问,无论从实际的物理内涵或是抽象的逻辑关系考虑,坐标系和参照系是两个完全不同的概念,不可混为一谈。

当然,从一切合理推论必需的正确“逻辑基础”的前提考虑,一个实际上远为严重得多的问题则在于:涉及现代自然科学体系两个最基本概念上的认识错误,并不能归咎为作为一个思维其实过分粗糙和简单的后继者Weinberg,而根本渊源于自Newton开始的近代自然科学体系乃至西方哲学基础在一系列基元认识上的逻辑紊乱。或者更为具体地说,尽管类似于S. Weinberg这样的西方学者,往往因为自命不凡的幼稚和蛮横,以至于他们不可能进行平心静气和符合逻辑的理性思考,认真领会Leibniz针对Newton力学曾经提出“任何与物质客体相背离的空间概念都没有哲学上的必要”这样一个内涵深刻的质疑与批判,不懂得主要由西方学者构造的现代自然科学体系之所以最终陷入“容忍形形色色矛盾”的尴尬之中,本质上渊源于在自然科学体系一系列“基础性概念”上存在的严重逻辑缺失。相反,他们总以一种“形而上

① 在“狭义相对论”中,同样涉及运动粒子的“位移”以及“运动速度”两个基本概念:到底是应该理解为真实几何空间3维矢量还是“真伪Minkowski空间”中的4维矢量的悖论性问题。进一步讲,通常所述的Lorentz变换在形式上只允许定义于“3维运动学量”与另一个独立存在的“时间量”之上。一旦引入“真伪Minkowski空间”的虚幻概念,那么,甚至无法对“处于相对运动的两个参照系”做出具有形式意义的描述。当然,这也是在“狭义相对论”的逻辑审查中,曾经做出的证明:不可能由“真伪Minkowski空间”中的坐标变换逻辑地推导出Lorentz变换,以及蕴涵“非线性项”的Lorentz变换根本无法构造满足“自封闭”要求的“群”的缘故。建立在悖谬前提上的陈述系统,必然到处充满悖谬。

学"的简单思维模式乃至"人文化"的不当情绪，对类似于 Leibniz 这样一种看似简单、自然和素朴，却十分深刻和本质的理性思考，予以粗暴无端的攻击乃至低劣无聊的嘲讽。

2.1.2 非惯性系"一般动力学方程"的构造

根据逻辑且仅仅根据逻辑，任何不当逻辑前提基础之上的推理已经失去任何意义。因此，原则上无需理会 Weinberg 所做的所有后续推导。尽管如此，人们不妨仍然耐下心来，欣赏渊源于 Kline 曾经描述为"只是伟大的人物才可能无视逻辑论证的恣意妄为"那种本能创造能力。Weinberg 在他的《广义相对论》继续指出：

自由降落的坐标系 ξ^α 是 x^μ 的函数，而方程(1)变为

$$0=\frac{\partial\xi^\alpha}{\partial x^\mu}\frac{\mathrm{d}^2x^\mu}{\mathrm{d}\tau^2}+\frac{\partial^2\xi^\alpha}{\partial x^\mu\partial x^v}\frac{\mathrm{d}x^\mu}{\mathrm{d}\tau}\frac{\mathrm{d}x^v}{\mathrm{d}\tau} \tag{3}$$

此式乘以 $\partial x^\lambda/\partial\xi^\alpha$，利用熟知的乘积规则

$$\frac{\partial\xi^\alpha}{\partial x^\mu}\frac{\mathrm{d}x^\lambda}{\mathrm{d}\xi^\alpha}=\delta_\mu^\lambda$$

就得到运动方程

$$0=\frac{\mathrm{d}^2x^\lambda}{\mathrm{d}\tau^2}+\Gamma_{\mu\sigma}^\lambda\frac{\partial x^\mu}{\partial\tau}\frac{\mathrm{d}x^v}{\mathrm{d}\tau} \tag{4}$$

其中 $\Gamma_{\mu\sigma}^\lambda$ 是仿射联络，定义为

$$\Gamma_{\mu\sigma}^\lambda=\frac{\partial x^\lambda}{\partial\xi^\alpha}\frac{\partial^2\xi^\alpha}{\partial x^\mu\partial x^v} \tag{5}$$

这样，原式(2)也可以用任意的坐标系表示成

$$\mathrm{d}\tau^2=-\eta_{\alpha\beta}\frac{\partial\xi^\alpha}{\partial x^\mu}\cdot\mathrm{d}x^\mu\frac{\partial\xi^\beta}{\partial x^v}\mathrm{d}x^v \tag{6}$$

或

$$\mathrm{d}\tau^2=-g_{\mu v}\mathrm{d}x^\mu\mathrm{d}x^v \tag{7}$$

其中 $\boldsymbol{g}_{\mu v}$ 是度规张量

$$\boldsymbol{g}_{\mu v}=\frac{\partial\xi^\alpha}{\partial x^\mu}\frac{\partial\xi^\beta}{\partial x^v}\eta_{\alpha\beta} \tag{8}$$

定义在此处所说的一般坐标系之中。

当然，式(4)所示的"运动学方程"属于整个"广义相对论"体系中一个最重要的结果，它使用"几何学"的描述方式，指出运动中粒子在"引力场"中需要服从的"客观性"规律。但是，即使承认"相对论"中由"4 维时空"所构造抽象几何空间的存在，但是，与 Einstein 往往自觉承认数学知识的缺失甚至对现代数学提出合理怀疑完全不同，对于自以为具有自由驾驭数学语言能力的 Weinberg 而言，却不可思议地忘却了一个最基本的数学理念或基本事实：任何形式"坐标变换"本质上必须服从只允许定义于"同一几何空间"的逻辑前提，或者说，随着坐标系"人为选择"的不同，形形色色坐标变换得以存在的必要前提，全部依赖内蕴于"几何空间"中一种不可缺失的"客观性"基础；因此，永远不可能完全借助"坐标变换"的人为操作，能够从某一个"客观存在"的几何空间出发，逻辑地推导出另一个"客观存在并且性质完全不同"的几何空间。前

面关于"直线方程"的分析,已经指出 Weinberg 构造的所有论证,实际上隐含了因为"零因子"的作用而导致的"无效性"问题。除此以外,恰恰不是他曾经讥讽 Leibniz 对 Newton 力学合理批判中隐含"形而上学"认识不当的问题,相反,正是 Weinberg 本人以及目前西方科学主流社会的许多人一直不明白,一切形式表述原则上只可能"条件存在"以及必须建基于"实在东西"之上,这样一个本来简单自明的道理。必须意识到,听凭内心潜藏的"形而上学"的简单思维习惯,随意进行"无条件"形式模仿,以至于完全失去"逻辑推理"的本来意义。

进一步讲,从形式表述(或几何特征)考虑,如果说"广义相对论"和"狭义相对论"有所不同,它们的差异正在于分别构造了两个几何特征完全不同的抽象空间,前者称之为 4 维 Riemann 弯曲空间,而后者则对应于平直的 4 维 Euclid 空间。因此,姑且暂时不讨论整个"现代微分几何"由于只可能建立在"公理化思想"(即现代"约定论"或"独断论")基础之上,从而在逻辑上必然导致"Levi-Civita 平移"的纯粹人为假设,以及在这个人为假设基础上进一步杜撰出来的"仿射联络"概念,乃至为"测地线"一个真实概念实际构造的形式定义等,几乎无一不隐含大量逻辑悖论和认识紊乱,从而需要对现代微分几何的整体乃至构建整个微分几何的"约定论"基础进行逻辑的审视和批判以外,人们仍然可以方便地采取"以子之矛,攻子之盾"的方法,指出"广义相对论"形式基础构造明显存在的谬误和荒唐。根据这个以现代微分几何称谓的"公理化体系"中若干为人们确认的基础性概念:一个待定的 4 维弯曲空间必须"嵌入"于某一个"高维(>4 维)"的平直空间,因此,不仅仅这个待定的 4 维弯曲空间不可能在几何上同一于"狭义相对论"最初给定的那个 4 维平直空间,而且,对于任何一个了解 Gauss 微分几何、一个建立在"实体论"基础之上表述形式的研究者都应该熟知:定义于几何空间与其子空间中的向量本质上不具可比性。与此同时,两个抽象空间被赋予具有"客观性"意义的"度量张量"同样具有完全不同的几何结构,本质上同样不具可比性。当然,前面讨论已经指出,即使接受式(3)所示的坐标变换,那么,它也只允许定义于同一"几何空间"的不同坐标系之间,于是可以立即做出逻辑推断:Weinberg 以及其他一些"广义相对论"的简单认同者们,把"几何空间和几何空间中某一坐标系"这样两个完全不同的数学概念张冠李戴,从而构造出一个完全错误也几乎没有任何意义的"伪科学"形式表述。

此外,值得再次重复前一段论述已经得到的结论:利用由"零因子"构造恒零式,希望由此确定该"恒零式"中另一因子的数学特征的任何努力都是徒劳和荒唐的。或许可以确信,即使一名刚刚开始学习中等数学的中学生,也应该明白这个论断蕴涵的简单道理。

2.1.3 关于"无质粒子"的推论

接着,让人们继续考察 Weinberg 是如何将以上源于"主观臆测"的荒唐结果,并仍然只允许凭借"主观臆测"的方法,进一步推进至他所说"无质粒子"或"电磁场"之上的。

作为一种特例,对于光子或中微子,它在自由降落坐标系里的运动方程和式(1)相同,只是独立变量不能取为"原时"式(2),因为对于零质量粒子,式(2)的右边为零。我们用 $\sigma=\xi^0$ 代替 τ,于是式(1)和式(2)变为

$$\frac{\partial\xi^\alpha}{\partial\sigma^2}=0 \tag{9}$$

$$0=-\eta_{\alpha\beta}\frac{\partial\xi^\alpha}{\partial\sigma}\frac{\partial\xi^\beta}{\partial\sigma}$$

根据上述同样的理由，我们得到在任意引力场和任意坐标系里的运动方程为

$$\frac{\mathrm{d}^2 x^\mu}{\mathrm{d}\sigma^2} + \Gamma^\mu_{v\lambda} \frac{\partial x^v}{\partial \sigma} \frac{\mathrm{d}x^\lambda}{\mathrm{d}\sigma} = 0 \tag{10}$$

$$0 = - g_{\mu v} \frac{\partial x^\mu}{\partial \sigma} \frac{\mathrm{d}x^v}{\mathrm{d}\sigma} \tag{11}$$

其中 $\Gamma^\mu_{v\lambda}$ 和 $g_{\mu v}$ 同前面一样，由式(5)和式(6)定义

顺便指出，在式(4)和式(10)两式中，为得到粒子的运动，我们并不需要知道 τ 和 σ 是什么。因为解这些方程得到 $x^\mu(\tau)$ 或 $x^\mu(\sigma)$，可以消掉 τ 或 σ 而得到 $x(t)$。式(6)的目的是告诉我们如何去计算原时，而式(10)的目的是给零质量粒子附加上适当的初始条件。特别是，方程(11)告诉我们，光子经过一段距离 $\mathrm{d}x$ 所需时间 $\mathrm{d}t$ 由如下二次方程确定：

$$0 = g_{00}\mathrm{d}t^2 + 2g_{i0}\mathrm{d}x^i\mathrm{d}t + g_{ij}\mathrm{d}x^i\mathrm{d}x^j$$

其中 i 和 j 遍取 1,2,3，它的解是

$$\mathrm{d}t = \frac{1}{g_{00}}[- g_{i0}\mathrm{d}x^i - \{(g_{i0}g_{j0} - g_{ij}g_{00})\mathrm{d}x^i\mathrm{d}x^j\}]$$

光沿任意路径传播所需要的时间，可沿这条路径对 $\mathrm{d}t$ 积分计算得到。

此处，对 Weinberg 以上的陈述再做一些局部性的分析和评述。首先，如果论述的物质对象是“无质量”的粒子，那么，在希望为存在“引力场”的抽象时空构造形式表述的时候，以“无质粒子”的运动作为讨论以质量作为存在前提的“引力现象”显然失去存在意义。也就是说，在“广义相对论”中，即使相信根据“两种质量”的等价性原理，最终推得“弯曲空间”的结果是正确的，但是在原则上它仍然无法用以描述任何类似于“电磁波呈现弯曲迹线”这样的物理现象。

继而，根据那个“真伪 Minkowski 空间”关于“原时 τ”的人为约定，因为光粒子的速度恒等于光速，所以有

$$\mathrm{d}\tau^2 \equiv \mathrm{d}t^2 - \mathrm{d}x^2 \xrightarrow{\text{photon}} \mathrm{d}\tau^2 \equiv 0$$

那么，不可能因为采取“把 τ 代之以 σ”这样一种“变换符号”的自欺欺人，就可以否定此处所给出 $\mathrm{d}\tau^2$ 恒为零的最初结果。或者说，不可能因为符号代换，将式(1)改写成式(9)，相反，只能说明式(1)在涉及“光速”的特定情况下，充其量只能成为一个“歧异”表述

$$\frac{\mathrm{d}^2\xi^\alpha}{\mathrm{d}\sigma^2} = \infty, \quad \sigma = \tau \tag{12}$$

并且，反而进一步“验证”以上论述：凭借“质量”等价原理的所有分析，一旦应用于“零质量”的场合，那么出现“歧异”结果就是理所当然的事情。但是，必须注意的是：正如基本逻辑中的“假言命题”所述：只要前件为假，那么，后件无论为真为假都是允许的，但是，如同没有任何存在意义的那样，此处这个“验证”除了进一步说明建立在错误前提之上任何推理的荒唐以外，同样没有任何“实实在在”的东西告诉人们。

2.2 构造“广义相对论”逻辑基础的审查

一般而言，虽然 Einstein 充满科学向往和具有追求真理的真诚，但是，他的要害在于几乎

完全不理解“数学”的真谛，不清楚“逻辑”的本质内涵到底是什么。正因为此，当20世纪初的西方科学世界突然面对一个“崭新”的物质世界，远不止被Kelvin所描述的两朵乌云所笼罩，而是甚至作为“科学语言”的工具、即数学因为自身基础的悖论陷入了空前的困惑；当然，如果作溯源式的思考，那么更为本质地则是渊源于西方的整个哲学体系在如何正确认识和描述物质世界的“认识论”基础上始终处于无法解决的“矛盾、冲突和对立”之中，使得习惯于采取“形而上学”方法，或者思考问题往往过分“简单、机械、粗糙和绝对化”的西方知识社会变得完全不知所措的时候，恰恰对于一位“只因为无知的荒唐才可能拥有荒唐的无畏”的年轻人，才能够凭借直觉的冲动以及无需理性支撑的随意杜撰，凸现于那个被Bohr称之为“唯恐不够疯狂”的特殊历史年代。

因此，无论是Einstein杜撰的“相对论”，还是与其遥相呼应，由Hilbert“公理化体系”思想对于一切“主观约定”的纵容，它们都是满纸荒唐，本质上没有任何真正值得批判乃至需要认真对待的地方。毫无疑问，一旦默认甚至纵容这些陈述系统得以存在的“约定论”基础，科学只能重新蜕化为神学，一切形式的“逻辑批判”自然失去了存在意义。但是，既然曾经主宰20世纪的整个科学世界、并且至今仍然继续欺骗人类的这些“理论体系”是历史的真实，那么，对于这些陈述系统的“逻辑审查”仍然被赋予一种现实的时代意义。

从目前公认的若干数学基本理念考虑，构造“广义相对论”形式系统的整个逻辑基础充斥着悖谬。除了以上已经论及的问题以外，再作若干补充如下：

(1) 首先，再次考察由式(1)定义，在由Einstein大脑中那个“升降机”所构造的“惯性坐标系”中，自由粒子需要满足的运动方程。任何了解“初等微积分”的研究者应该懂得，一旦式中的$d\tau$定义为Einstein“狭义相对论”中的“原时”，该形式量充其量只能对应于多元微积分学中的一个“隐函数”。也就是说，对于该运动学方程中只能当作“隐函数”对待的$d\tau$，它既不能与“真伪Minkowski空间”中任何坐标系中的某一个特定“坐标”对应，用以直接构造“偏微分”$d/d\tau$，更不将其视作与张量分析中被赋予“不变性”意义的梯度算子大致对应的“全微分”算子。因此，如果说前面已经做出“以自由粒子的这个运动学方程作为基础的全部后续推理不具任何意义”的判断，那么，一个在逻辑上更为致命的缺陷还在于这个人为约定的“形式表述”自身，不可能合理存在的问题，即

$$\bar{\exists}:\frac{d^2\xi^\alpha}{d\tau^2}=0 \tag{13}$$

当然，该形式表述无法合理存在的问题，仍然逻辑地渊源于“真伪Minkowski空间”就是一个名至实归的“伪科学”杜撰，自身不可能“合理合法”存在的前提性认识不当。

事实上，人们不难发现：在只能凭借“直觉和顿悟”而杜撰出来的两类“相对论”中，经常出现将“多元微积分学”中“导数”运算，随便用“单元微积分学”中“微商”运算加以取代的错误。可以确信，习惯于“直觉思考”的Einstein从来没有真正弄明白甚至像“初等微积分”这样一些最初原的数学基础，以至于他几乎完全不具理性分辨能力，逻辑地考察一批职业数学家们同样以“约定论”作为唯一基础，为他的两类“相对论”特地创造的数学能否真正成为数学的问题。

(2) 可以相信，同样归结于几乎完全不理解逻辑或数学的精髓和本质，诚实的Einstein才可能出于他对逻辑一种幼稚而病态狂热的冲动，提出“从某一个优秀公式出发，逻辑地推导超越前提的一个个有用结果”的科学幻想，完全不明白这个“对于逻辑寄托过度期待”的理想，其致命缺陷恰恰在于“违背逻辑”的彻底荒诞；同样，当Einstein几乎整个生命都沉浸源于他所说

“升降机”给他带来“一生中最快乐的思想”的时候，他甚至不明白“几何空间和几何空间中的坐标系是在两个不具可比性的不同概念，绝不可能把几何空间代之以几何空间中无以穷尽、形形色色坐标系中的某个坐标系”这样一个不言而喻，连中学生也应该是不教自明的浅显道理。于是，对于近一个世纪后仍然保持一种科学向往的人们而言，在他们需要反思 20 世纪科学世界的这段历史时，或许确实不知道到底应该指出是 Einstein 毫无理性可言的“直觉”，曾经欺骗了许许多多的职业数学家；还是应该反过来，重新指责这些职业数学家们因为缺乏起码的科学真诚和职业良知欺骗了无知的 Einstein，并且也同样欺骗了他们自己呢？西方哲学家通常称道的古希腊“崇尚理性”精神，其实并不只是哪几个民族的专利品，理性追求和理性向往理应属于整个智慧人类。毫无疑问，面对现代的西方知识社会掀起一阵又一阵“反对科学主义”的大潮，颠覆和践踏古希腊 Plato 所作“可靠的知识体系必须建基于实在东西”的素朴理性判断，容忍和鼓噪 Hilbert 所说“桌子、椅子、啤酒瓶同样当作几何学点、线、面”这样一种“独断论”的荒唐蛊惑，全体智慧人类需要承担的历史使命难道不正是需要重新召唤这个曾经遭受 20 世纪西方科学世界极度摧残的“崇尚理性”精神吗？

事实上，如果在 Weinberg 所说直线方程(1)得以存在的“平直”几何空间，即那个真正“伪”的 4 维 Minkowski 空间

$$\frac{\mathrm{d}^2\xi^\alpha}{\mathrm{d}\tau^2}=0\in \text{pseudo}-M^4 \tag{14}$$

引入一个“新”坐标系，并且，进一步假设，如果完全不考虑在 Weinberg 特地做出“它可以是静止于实验室的 Descartes 坐标系，但也可以是曲线的、加速的、旋转的以至于我们想要的任何其他坐标系”的“一般性”解释中，实际存在“混淆坐标系与参照系两个不同概念”的前提性错误，当然，同样需要无视式(1)所示的形式表述作为推理前件根本不存在的荒谬，那么，在这种情况下，我们才能依赖“同一”几何空间之中不同坐标系之间的确定关联，承认式(4)所示的“运动学”方程，并进而以此为依据，最终能够像 Einstein 曾经热切期待的那样，将关于“引力场”中粒子运动规律的“物理学”描述，转化为研究“仿射联络”这样一个纯粹的“几何学”命题。

然而，如果说 Einstein 曾经无奈地自喻为在数学上就像一头 Buridan 的驴子，甚至不知道究竟应该吃哪一堆草，那么，人们或许可以给予 Einstein 以更多的同情和惋惜，无需甚至不应该过分苛求这样一位诚实可爱的人。但是，对于将自己使用的语言直接定义为“数学语言”的 Weinberg，或者其他认同“广义相对论”的职业数学家们，却不知道必须与以上结果并存的另一个如下所示的推论，则令人匪夷所思

$$0=\frac{\mathrm{d}^2x^\lambda}{\mathrm{d}\tau^2}+\Gamma^\lambda_{\mu\nu}\frac{\partial x^\mu}{\partial\tau}\frac{\mathrm{d}x^\nu}{\mathrm{d}\tau}\in \text{pseudo}-M^4 \tag{15}$$

该式明确告诉人们：即使式(4)所示的“运动学方程”能够被视为一个恰当的形式表述，但是，它仍然只可能被逻辑地定义在那个最初给定的“真伪 Minkowski 空间”之中。理由应该是自明的：定义于“几何量”之上的“坐标变换”之所以能够存在，其基础在于几何表述被赋予的“客观性”不变意义，以至于随着作为几何空间中允许人为选择工具的“坐标系”的不同，同一几何量的不同形式的“分量表述”之间存在某种确定的逻辑关联。当然，对于 Weinberg 而言，无论他有怎样与众不同的偏好，喜好使用怎样特别形式的坐标系，但是，这些坐标系必须逻辑地定义于同一个几何空间之中，并且，使用相关坐标变换推得的最终结果，仍然只允许逻辑地隶属于那个作为全部“演绎推导”的逻辑前提，一个关于平直“Minkowski 伪空间”的虚构。

也就是说，当式(4)所示的运动学方程被用作构造整个"广义相对论"形式表述系统的基础时，即使该式真的成立，充其量也只是在最初的"平直空间"之中，由于使用一个"曲线坐标系"再借助于"坐标变换"求得到的结果，而与数学家们为 Einstein 的"升降机"所提供的"弯曲空间"没有任何逻辑关联。当然，对于式(5)所定义的"仿射联络"与式(7)所定义的"度规张量"，它们同样只可能定义于最初给定的"平直空间"之中，即

$$\Gamma^{\lambda}_{\mu\upsilon}=\frac{\partial x^{\lambda}}{\partial\xi^{\alpha}}\frac{\partial^2\xi^{\alpha}}{\partial x^{\mu}\partial x^{\upsilon}}\in \text{pseudo}-M^4 \tag{16}$$

以及

$$\boldsymbol{g}_{\mu\nu}=\frac{\partial\xi^{\alpha}}{\partial x^{\mu}}\frac{\partial\xi^{\beta}}{\partial x^{\nu}}\eta_{\alpha\beta}\in \text{pseudo}-M^4 \tag{17}$$

与"广义相对论"几何表述中待定的"弯曲空间"毫无关联。

(3) 继而，即使接受式(8)所示，一个过分复杂的多变量微分方程，即

$$\frac{\mathrm{d}^2x^{\mu}}{\mathrm{d}\sigma^2}+\Gamma^{\mu}_{\nu\lambda}\frac{\partial x^{\nu}}{\partial\sigma}\frac{\mathrm{d}x^{\lambda}}{\mathrm{d}\sigma}=0$$

但是，任何大致了解数学物理方程理论的研究者熟知：仅仅微分方程本身不足以构造恰当的定解问题。那么，怎样为其设置具有"独立意义"的恰当定解条件呢？显然，一切处于由于最初的逻辑悖论必然导致的荒唐和悖谬之中，完全失去自然科学陈述应有的严肃意义。

2.3 相关"方法论"的逻辑审查

无论是哲学探讨还是科学研究，任何研究者不会否定论述的"前提或基础"必然蕴涵的"决定性"意义。对于"论述前提"的重视无需任何高深道理，一旦逻辑推理的"前提或基础"存有不当，那么所有可能的"推论"自然失去存在价值。

同样，在面对包括"相对论"在内的整个"现代自然科学"体系，如果需要从"研究方法"出发，对它们进行一种"前提性"的逻辑审查，那么，引用在目前科学世界中极为难得的具有一定影响的两位华人学者的如下真诚告白，它对于一切具有科学理想并真诚致力于中国科学事业步入世界科学之林的中国科学工作者都是有意义的。或者说，这些难得一见的告白，应该值得人们认真阅读和反复品味，并深刻体会其中的苦衷与折射的逻辑内涵。

对于整个"广义相对论"而言，它在形式上只能依赖"现代微分几何"的存在而得以支撑，因此 Einstein 对现代微分几何是否真正可靠，一直存有担忧是可以理解的。在纪念 Einstein 诞生 100 周年的大会上，一辈子从事微分几何研究的陈省身先生却是这样告诉人们：

> 讲有一半自己不懂的题目，那种感觉是很奇特的。而且，我马上发现 Einstein 的问题极端困难，也看到了数学与物理学的区别。

与此同时，终生充满对于数学真诚向往的 Einstein，曾经不只一次感叹自己在数学上缺乏那种他期待的"直觉"能力。其实，Einstein 的遗憾或自责难免多余。从来不甘寂寞的杨振宁先生在一次著名讲话中，曾经针对"现代数学体系"的现状做出生动描述：

现代数学的书可以分为两类，一类是看了一页便看不下去了，另一类是看了一行就看不下去了。

于是，尽管是作为职业数学家的陈省身先生，乃至总喜好以"具有超常数学领悟能力"示人的杨振宁先生，他们勇敢做出的真诚告白其实与 Einstein 内心无法排解的担忧并没有任何根本差别。或者说，无论是坦陈"读不懂"的欣喜或自负，还是内心的深深忧虑，只能将它们视作是渊源于"缺失逻辑基础"的殊途同归。毫无疑问，除了凭借"科学共同体"这个本应隶属于"社会学"范畴的强权机制，采用纯粹"人文主义"的欺骗手段，把少数人共同拟定的某种"人为约定"予以一种"法律化"的认定外，所有那些自身其实处于懵懂无知的"约定"提议者，以及声称只允许以"震撼心灵的科学宗教"的情结认同这些"约定"的追随者或者实践者，他们中的任何一个人都从来没有真正读懂自己试图强加于"大自然"之上的一切人为认定。

这样，基于针对科学研究所作"方法论"的逻辑审查考虑，现代自然科学体系大量逻辑悖论的存在恰恰成为一种逻辑必然。当然，这才是 Landau 在他的《理论物理教程》中，公开告诫人们"只能把理论物理中的数学严谨性视之为自欺欺人"的原因。可以相信，一旦形成"理性"判断：所有这一切逻辑悖论的长期反常存在，并不能简单归咎为任何科学人"个体"的责任，而只能归结为在包括西方哲学和数学基础在内的知识体系中长期存在的诸多"认识论"困惑，从而需要对主要由西方人构建的现代自然科学体系进行一种"历史性和整体性"梳理的话，那么，人们恰恰需要感谢这些"诚实而无奈"的提醒，并且，无需被看似强大的 Weinberg"独断论"的蛮横所吓倒。

参考文献

[1] Weinberg S. 引力论和宇宙论——广义相对论的原理和应用[M]. 邹振隆，张历宁，译. 北京：科学出版社，1980
[2] Pais A. 爱因斯坦传[M]. 方在庆、李勇，等译. 北京：商务印书馆，2003
[3] Morris Kline. 数学：确定性的丧失[M]. 李鸿魁，译. 长沙：湖南科学技术出版社，2002
[4] 杨本洛. 自然哲学基础分析——"相对论"的哲学和数学反思[M]. 上海：上海交通大学出版社，2001
[5] 杨本洛. 自然科学体系梳理[M]. 上海：上海交通大学出版社，2005
[6] 杨本洛. 量子力学形式逻辑和物质基础探析——现代自然科学基础的哲学和数学反思[M]. 上海：上海交通大学出版社，2006

3 关于“Levi-Civita 平移”人为假设的逻辑失当

人类构建的自然科学体系，是用作描述“自存”物质世界的。因此，根据逻辑也仅仅根据逻辑，自然科学体系只可能逻辑地隶属于物质世界。或者说，只有那个“自存”的物质世界，才可能成为科学陈述体系不可缺失的逻辑主体。当然，一旦容忍“约定论”的自欺，公然把自然科学建基于“人为约定”之上，那么，整个自然科学必然充斥着矛盾、悖谬和荒唐。

毫无疑问，以上所述关于自然科学的“实体论”主张，本应看作是不言自明的素朴道理。但是，从 19 世纪开始，西方科学世界逐步走向这个他们曾经赖以自豪的“理性传统”的反面。事实上，如果说 Gauss 于 19 世纪前期所建立古典微分几何的前半段，由于建立在“实体论”基础之上，相应能够为“曲面几何分析”提供许许多多有用的结果，但是，根源于西方科学世界一种不可思议并且根深蒂固的“形而上学”简单思维模式，Gauss 渐渐违背了“性质必须从属于特定客体”以及“任何客体的性质集合本质上需要视作是一个不容分割、彼此依赖的整体”这样两个合乎于逻辑并理应自明的素朴道理。Gauss 试图凭借刚愎自用实际上也不无幼稚的主观意愿，强行把“性质集合”的整体割裂开来，并且实际上也违背了他在“实体论”基础之上导出的一系列有用结果，想当然地把它们割裂为“内蕴几何和外在几何”的两个独立部分，从而将在微分几何诞生之初就隐藏着被引入歧途的巨大危险，以至于现代几何学最终堕落和蜕化为只能依赖“主观独断”或者“人文主义”支撑的矛盾体。

在 19 世纪末，作为“集合论”的创始人，Cantor 曾经以科学研究所必需却又极其难得的真诚和严肃性，在他所创建的这个理论体系刚刚问世之时，就公开向人们宣示“集合论”真实存在的逻辑悖论。对于整个西方科学世界而言，自此一直陷入这个前提性悖论而造成认识困惑的巨大深渊之中，并且，诱发围绕“数学体系哲学基础”这个贯穿整个 20 世纪的世纪性争论。直至人类步入 21 世纪，面对 Hilbert 的“公理化体系”和 Brouwer 的“直觉主义”之间的严重对立和冲突，西方的职业数学家和职业哲学们仍然无所适从、不知所措。其实，远不只是 Cantor 自我揭示的“集合论”悖论，而应该是法国人 Frechet 根据“公理化思想”而提出，往往被用作构建现代微分几何体系必要形式基础的“拓扑学”理论，乃至只能建基于“公理化思想”基础之上的全部现代数学，它们都因为缺失“实体论”基础的必要支撑和必要约束，实际上同样面临形形色色矛盾和悖谬的严重挑战。根据逻辑并且仅仅根据逻辑，而绝不是“哲学信仰”的自由选择，包括数学在内的任何一种可靠的知识体系，都必须像 Plato 所说“只允许建基于实在东西”之上。因此，不仅仅被人们戏称为 Hilbert 死敌的 Brouwer 曾经雄辩地宣示：永远不可能凭借“公理化”的人为约定，就能够真的排除或否定数学基础“逻辑悖论”的真实存在；而且，仍然像 Brouwer 曾经睿智地指出的那样：只允许将数学体系构建在“构造性的对象(constructive object)”之上①。

① 当然，十分可惜的是，无论是 2 000 多年前的 Plato 或者是 20 世纪的 Brouwer，他们都没有真正形成一种符合于逻辑的理性判断：将知识体系建基于“实在东西”之上并不能当作某种哲学宣言，仅仅是“逻辑自洽性”原则一个自然而简单的推论。

必须认识到:围绕"数学体系哲学基础"的跨世纪争论,其全部核心归根结底在于到底是认同与捍卫科学陈述必需的"实体论"基础,还是容忍或蛊惑"约定论(公理化体系)"继续泛滥的问题。在20世纪,还有一位与Hilbert曾经长期共事,致力于"数学物理方程"等实际问题研究的数学家R. Courant,他在《什么是数学》一书中曾经对"公理化体系"的思潮做出严厉批判,并且指出:

> 仅仅是感觉并不能构成知识和见解,必须要与某些基本的实体即"自在之物"相适应、相印证。

毫无疑问,通常在需要强调数学所具有的"抽象"特征时,绝不意味着真的存在能够离开实体的一种完全虚构的抽象;否则,也就失去"抽象(abstraction)"的本来意思,而只能沦为某种纯粹的主观想象或人为杜撰了。

故而,综观近现代数学体系及其大致的发展历程,不难看到:即使是那些自称笃信"约定论(公理化体系)"的职业数学家,在他们最初的思想中并不是纯粹"主观意志"范畴的自我创造,而总会下意识地隐含某种"实体"的影子。一旦把本来只允许存在或者隶属于某种特定"物质对象"的"抽象特征"绝对化,试图摆脱"实在东西"的支撑和限制,鼓吹"关系至上"的"形式主义"主张,不仅使"纯粹形式"陷于空洞,还因为"空洞"而矛盾重重。毫无疑问,如果从知识体系的"逻辑基础"考虑,包括现代数学在内的整个现代自然科学体系之所以公然拒绝"逻辑",否定科学陈述必需的"客观性"基础,公然将自然科学异化为"科学共同体共同意志"集合,根本原因仍然在于他们违背了以上所说的两个基本原则:"性质无法独立于拥有它们客体而存在"以及"隶属于任何客体的性质,只能是一个不容分割、彼此依赖的性质集合的整体"。除此以外,纵观整个人类文明史,之所以在人们通常以为科学已经取得如此巨大成就的情况下,却出现了一股历史上极为罕见的"反科学主义"的思潮,它与西方知识社会一方面崇尚"形而上学"的简单思维,另一方面却又"好大喜功、故弄玄虚,稍有所得就急于无穷外延"的不良习惯有关。

现代数学体系存在深刻矛盾是一个不容否认的事实。人们需要诚实面对Kline曾经做出的"只能依赖于伟大人物直觉而存在的现代数学大厦杂乱无章、相互矛盾,处于即将坍塌危险之中"的警示,需要从整个数学体系的每一个"基元"概念开始,对包括集合论、拓扑学以及微分几何在内,目前主要由西方人凭借"主观意志"杜撰而得的整个现代数学体系进行"系统"的逻辑梳理。

3.1 与"合二为一"和"一分为二"哲学争论中"逻辑结构"相关的一个附加思考

长期以来,针对"一分为二"和"合二为一"孰先孰后、孰主孰次的哲学命题,中国的哲学家们一直争执不休,往往难以取得彼此心悦诚服的共识。其实,正如作为大部分西方哲学家的一种共识,理性的全部意义最终归结于是否符合逻辑之上一样,此处仅仅从一种纯粹"逻辑思维"的角度出发,对两种哲学理念作一种原则上同样可以纳入"自然科学"范畴的分析和重新诠释。

从基本哲学思想考虑,本书以上所述的两个理性原则,即所谓"性质必须从属和依赖于特定物质对象整体的前提存在”以及“任何客体的性质集合本质上是一个不容分割、彼此依赖的整体”的判断，或许可以视之为对哲学家通常所说的“合二为一”以一种大概合理和较为完整的解读。不难发现，潜藏于这个专有“哲学名词”之后，无疑是希望体现或刻画的是一种“实体至上、辩证统一”的哲学理念。从逻辑结构考虑，必须认识到“实体和统一”才是前提和保障，相反，只能把“对立、矛盾和斗争”视作实体之后继或条件存在的必然推论。也就是说，如果没有某一个统一的“实体存在”前提，就不可能出现“矛盾和对立”这样一种“普遍性状”的后继。当然，不妨推而广之，如果人类因为持续争斗而从地球中尽快自我消亡，那么，人类的一切争斗也必将完全失去争斗的最初目标和争斗存在的意义。因此，强调相互制约之中的和谐统一，远比一味鼓吹对立和斗争更为合理和根本。

与此同时，另一个为人们熟悉，并看似与“合二而一”相反相成的则是“一分为二”的提法。但是，如上所述，局限于逻辑思维的角度考虑，两者根本不可同日而语，彼此隐含“思维导向”的某种本质差异。对于一种已经完全被“形而上学”化了的“一分为二”理念而言，它几乎完全不考虑其得以存在某个“统一实体”的逻辑前提，希望表现的只是在允许对物质对象作“无穷剖分”这样一种纯粹人为想象的前提下，片面突出事物内部的“矛盾和斗争”的方面，否定或轻视“矛盾和斗争”双方必需的存在前提，由此将“剖分和对立”视作一种“无条件”的永恒真理。事实上，墨子所说的“一尺之棰，日取其半，万世不竭”不过是古人不无浪漫的美妙想象。但是，随着“剖分”在持续不断地逐次进行，人们不难逻辑地发现：一旦达到某一个特定的“阈值”以后，那个最初只能当作一种“整体形式”存在，并因此才可能拥有某一个确定“性质集合”的物质对象或逻辑前提将不复存在，导致后续的“一分为二”失去得以继续实施的基础。

于是，如果就事物的本质或逻辑结构考虑，原则上应该把“合二为一”视之为“一分为二”的基础或必要前提，而只能把“一分为二”视作“合二为一”的必然推论。相反，如果无视“合二为一”所蕴涵某种事物真实存在的前提，却把“一分为二”视同某种一成不变、无条件存在的普遍真理，那么，这样一种允许“无穷分割”的理念如同无源之水、无本之木，同样是虚幻和不真实的，最终只能蜕化为一种纯粹“意念至上、绝对和僵化”的幼稚愿望。

西方科学家特别擅长和喜好剖分，固然可以视之为西方传统思维的某种特长或优点。但是，世间万事皆“一分为二”(注意：此处所述“一分为二”与彼处所述“一分为二”不可相提并论)。故而，如果处置失当，将剖分引向极致，必然对物质对象或逻辑前提的整体所内蕴“对立统一”特征的基础，以及“一分为二”得以存在的“条件和前提”造成破坏，最终反而因为剖分的“绝对化”而走向谬误和荒唐。

3.2　关于曲面上“向量平移”假设与“绝对微分”表达式的古典构造

对于 20 世纪的任何一位几何学研究者，都不会否定现代微分几何必需的“约定论”基础，或者说，只是由于人为约定被改称为“公理化假设”的“公理化”基础。毋庸置疑，所有这些能够称之为“公理化假设”的人为约定，绝非一般人可以染指，它们只能是专属于被 Kline 称之为具有"比凡人推演论证更为可靠的直觉"的那些"伟大人物"的特殊权利了①。

在现代微分几何中,为了在给定几何空间某个"低维曲面"的几何实体之上,乃至根据"约定论"而人为创造出来、与"低维曲面"本来需要"嵌入(赖以生存)"的"高维空间"没有任何确定逻辑关联的"流形"之上,能够按照"伟大人物"心智的需要,构造出仅仅属于"曲面"或"流形"自身,与其所嵌入"高维空间"的背景完全无关的独立形式表述系统,一个不可缺省的前提性认识基础是:首先引入仅仅隶属于曲面之上的"向量平移"假设,进而以这个人为假设为基础构造"绝对微分"的概念,最终建立独立于"高维空间"而仅仅隶属于曲面或者流形自身的微分运算结构。

此处,不得不打破由傲慢自大的西方科学世界所制定的"伟大人物的直觉比凡人的推演论证更为可靠"的禁忌,采取逻辑的推演论证方法,并且以曾经建立"实体论"基础之上的 Gauss 微分几何为基本素材,重新考察这些似乎应该"天然成立"的人为假设在逻辑上到底是否合理的问题。

3.2.1 古典微分几何中"向量平移"概念的提出

首先,以文献[4]所示的教材为蓝本,较为完整地援引"古典微分几何"中与"向量平移"相关的论述。只是在个别地方为了避免可能出现理解上的歧义,同时也是为了便于形成较为准确的认识稍加评述。原著这样指出:

> 曲面上的向量,指的是曲面上给定点处切于此曲面的向量,如果从曲面的某一点到另外一点"平行移动"一向量,那么,一般来说平行移动以后的向量的方向不能继续保持在曲面的切平面之上,或者与切平面形成一定角度,因而不能认为是曲面上的向量。
>
> 我们在这里建立一个曲面上向量的平行移动概念。如图 1 所示:
>
> 假设曲面 S 上存在一条曲线 C:
>
> $$u^i = u^i(t), \quad i = 1,2$$
>
> 该曲线上的点 $M(t)$ 给出了曲面上的向量 $\boldsymbol{a}(t)$,或者说,该向量在曲面上点 $M(t)$ 处切于曲面。并且,沿着该曲线给出了一个定义在曲面之上的向量场。
>
> 当曲线上的参量 t 从与点 M 对应的值变化到与邻点 M' 所对应的值时,曲面上的向量场相应变化为 $\boldsymbol{a}(t')$。如果将 M' 点处的向量 $\boldsymbol{a}(t')$ 按照"通常意义的移动"重新移动到原来的 M 点,并且将其增量的主要部分记为微分 $\mathrm{d}\boldsymbol{a}$。显然,这个定义于 M' 一点处的向量 $\boldsymbol{a}(t')$ 按照"通常意义"重新平移至点 M 处的向量 $\boldsymbol{a}+\mathrm{d}\boldsymbol{a}$ 一般不再在

① 值得注意:一旦容忍把自然科学体系建立在"约定论"之上,那么,作为一个"必然"的逻辑推论,必须对自然科学的研究者做出"民族或人种"的分野,并且,只能把自然科学的构建确立在"天才论"的基础之上。实际上,这正是 20 世纪科学世界在取得技术高度进步的同时,不得不向人们反复灌输所谓"科学宗教"的根本原因。当然,这也是在 20 世纪末西方知识社会,之所以会爆发"科学大战"的历史背景。尽管由于"科学大战"的双方似乎并不真正愿意承认或者诚实地面对包括西方哲学在"认识论"基础之上和整个现代自然科学体系一系列基元概念大量存在的认识紊乱。因此,他们的"科学大战"只可能演变为"人文化"意义上无休无止的彼此攻讦。然而,人类的历史总会继续前进。任何形式的科学宗教,不仅成为强加于现代人类的精神枷锁,而且更是对西方世界一切善良、真诚、向往真理有识之士的精神桎梏[3]。

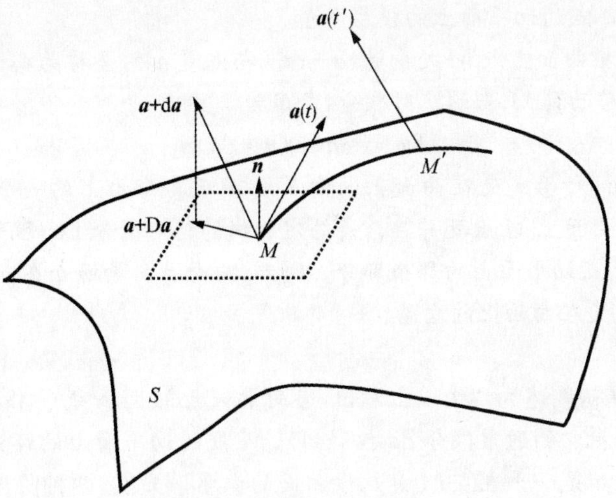

图 1　曲面上向量的平行移动

M 点处的切平面上。因此，该向量 $\boldsymbol{a}+\mathrm{d}\boldsymbol{a}$ 不再是曲面在 M 点处的切向量。

援引以上陈述时，笔者对相关陈述的词序做了某些细微的变动。最初的陈述是：“当向量 $\boldsymbol{a}$ 从点 M 移动到（按通常意义的移动）邻近点 M' 时得到增量，其主要部分等于微分 $\mathrm{d}\boldsymbol{a}$。从点 M 引 $\boldsymbol{a}+\mathrm{d}\boldsymbol{a}$，那么一般来说，这个向量不在点 M 的切平面上。因此，它不再是 M 的切向量。”显然，这些细微的差异并不在于陈述语言是否通顺，而在于尽可能消除对相关几何图像的理解歧义。原著继而指出：

> 也就是说，对于 M' 点处向量 $\boldsymbol{a}(t')$，按照通常意义平移而至 M 点，等价地表示为向量 $\boldsymbol{a}+\mathrm{d}\boldsymbol{a}$ 时，向量 $\boldsymbol{a}+\mathrm{d}\boldsymbol{a}$ 可以进一步分解为 M 点处在切平面上的和沿曲面法线 $\boldsymbol{n}$ 方向的两个分量。

注意：仅仅为了赋予古典微分几何中的这一表述以更为明确的几何内涵，此处构造与以上陈述保持一致的映射：

$$\boldsymbol{a}_{M'} \rightarrow \boldsymbol{a}_M:$$
$$\boldsymbol{a}(M') \in M' \rightarrow ? = \boldsymbol{a}(M) \in M: \boldsymbol{a}(M') = (\boldsymbol{a}+\mathrm{d}\boldsymbol{a})(M)$$
$$M, M' \in (C): u^i = u^i(t) \subset \mathbf{R}^2 \tag{1}$$

这样，相关命题可以进一步明确为：定义于 M' 点的向量如何在其邻点 M 予以表述的问题。该教材继续指出：

> 其中，该向量在法线方向上的分量为
> $$(\boldsymbol{a}+\mathrm{d}\boldsymbol{a})_n = [\boldsymbol{n}\cdot(\boldsymbol{a}+\mathrm{d}\boldsymbol{a})]\boldsymbol{n} = (\boldsymbol{n}\cdot\mathrm{d}\boldsymbol{a})\boldsymbol{n} \tag{2}$$
> 其中已经考虑向量 $\boldsymbol{a}$ 定义在 M 点的切平面上，因此其法向分量 $\boldsymbol{n}\cdot\boldsymbol{a}$ 恒等于零。相应得到切向分量
> $$(\boldsymbol{a}+\mathrm{d}\boldsymbol{a})_t = \boldsymbol{a}+\mathrm{d}\boldsymbol{a}-(\boldsymbol{n}\cdot\mathrm{d}\boldsymbol{a})\boldsymbol{n} \tag{3}$$
> 这是沿曲线 C，曲面上向量场 $\boldsymbol{a}$ 在 M' 点处的向量 $\boldsymbol{a}(t')$ 按照“通常平移”的概念移动

至M点时，在M点的切平面上的投影向量。

于是，我们把曲面上点M处向量$(\boldsymbol{a}+\mathrm{d}\boldsymbol{a})_t$与向量$\boldsymbol{a}$的差称为曲面上向量场$\boldsymbol{a}$从$M$点沿曲线$C$移动到$M'$点的绝对微分，表示为

$$\mathrm{D}\boldsymbol{a}=\mathrm{d}\boldsymbol{a}-(\boldsymbol{n}\cdot\mathrm{d}\boldsymbol{a})\boldsymbol{n} \tag{4}$$

由以上分析看出，对于定义在曲面上的向量场$\boldsymbol{a}$及其曲面上的一个给定曲线C而言，向量场$\boldsymbol{a}$在曲面上M点处并且沿着给定曲线的绝对微分$\mathrm{D}\boldsymbol{a}$，就等于它的通常微分$\mathrm{d}\boldsymbol{a}$投影到M点切平面上的那个部分。因此，曲面上向量场$\boldsymbol{a}$在点M处的绝对微分$\mathrm{D}\boldsymbol{a}$仍然是定义在曲面上的向量。

原文在此处的最初叙述为："由以上看出，当向量从点M沿曲线C移动到点M'时，向量$\boldsymbol{a}$的绝对微分$\mathrm{D}\boldsymbol{a}$等于把它的通常微分$\mathrm{d}\boldsymbol{a}$投影到点M处的切平面上的部分，因此在点M处向量的绝对微分$\mathrm{D}\boldsymbol{a}$仍然是一个在点M处切于曲面的向量。"显然，两种陈述尽管都没有超越现代数学通常认同的范畴，但是，对于现代数学希望表述几何内涵的较为准确理解方面实际上存在着差异。原著继而指出：

如果上式所定义的绝对微分等于零，即

$$\mathrm{D}\boldsymbol{a}=0\mapsto\mathrm{d}\boldsymbol{a}=(\boldsymbol{n}\cdot\mathrm{d}\boldsymbol{a})\boldsymbol{n} \tag{5}$$

该式表示：曲面上向量场在M'点处的向量$\boldsymbol{a}(t')$按照‘通常意义平移’概念移动至M点，并且表示为M点处的向量$\boldsymbol{a}+\mathrm{d}\boldsymbol{a}$时，向量场的增量即通常意义上的微分$\mathrm{d}\boldsymbol{a}$恰恰只与该点的法线方向$\boldsymbol{n}$重叠。换句话说，对于定义于曲面之上的向量场$\boldsymbol{a}$，如果当此处所定义的绝对微分$\mathrm{D}\boldsymbol{a}$能够满足等于零的条件，那么，将曲面上某确定点$M$邻点$M'$处的向量$\boldsymbol{a}(t')$按照通常意义的平移概念移动到原该确定点$M$，表示为该点处的向量$\boldsymbol{a}+\mathrm{d}\boldsymbol{a}$，那么，向量$\boldsymbol{a}+\mathrm{d}\boldsymbol{a}$在该确定点$M$的切平面之上的投影该就等于向量场原来定义在$M$点处的向量$\boldsymbol{a}$。此时，对于曲面上向量场$\boldsymbol{a}$，我们可以将其称之为曲面上沿着给定曲线$C$所限定的方向上的平行向量场。当然，在这个特定条件下，对于给定曲面沿着给定曲线C上不同点处的不同向量，可以将它们视为经过“平行移动”而得到的向量。

再次指出，这个重新整理的陈述与引用文献中的最初陈述之间存在差异。其实，在现代微分几何中，对于一个人为“构造”出来的“平行移动”概念，它与且仅与3维空间中2维曲面之上的这样一种向量场形成逻辑对应：对于曲面上不同点处的向量，无论它们的真实状况如何，但是，只要这些向量在它们所在点的切平面上的“投影分量”处于彼此相等的状况，那么，曲面上的这个向量场就可以被定义为平行向量场，将这些3维空间之中完全不同的向量视为彼此处于“平行移动”状态之中。当然，这样一种人为称谓的“平行移动”之所以能够成立，依赖于此处所述绝对微分等于零的逻辑前提。原著最后指出：

显然，上述定义的‘平行移动’概念与曲面所选取的曲线$u^i=u^i(t)$有关。因此，特别将$\boldsymbol{a}$和$\boldsymbol{a}+\mathrm{d}\boldsymbol{a}$称为沿着曲线$u^i=u^i(t)$在Levi-Civita意义下的平移，即称向量$\boldsymbol{a}+\mathrm{d}\boldsymbol{a}$和$\boldsymbol{a}$是沿曲面上曲线$u^i=u^i(t)$的Levi-Civita平行移动。

特别地，在平面上向量的 Levi-Civita 平移与通常意义下的平移一致，这是由于平面上始终存在 $\mathrm{d}\boldsymbol{a}=\mathrm{D}\boldsymbol{a}$。

这样，作为现代微分几何中一个具有“基础性”意义的“公理化”人为约定，即人们通常称之为曲面上“Levi-Civita 向量平移”的概念最终构造成功了。

综上所述，对于现代微分几何中称之为“Levi-Civita 向量平移”的人为假设，它希望表达的真实内涵在于：如果需要考虑定义于曲面上的任意“切向量场”的微分结构，那么，必须略去曲面上切向量在“通常意义”上微分 $\mathrm{d}\boldsymbol{a}$ 的“法向”分量，从而与微分几何所定义的“绝对微分”$\mathrm{D}\boldsymbol{a}$ 保持一致。反过来说，这个人为提出的基本认定，成为进一步构造“曲面上切向量场微分表述”的全部基础。

3.2.2 古典微分几何关于曲面上“向量场绝对微分”表达式的构造

如何将“微分运算”引入定义于曲面上的向量场之上，被视为现代微分几何需要解决的核心命题。在最初仍然以“实体论”为基础的古典微分几何中，这样告诉我们：

继而，再导出曲面上向量场绝对微分的分析表达式，从而可以得到曲面上向量场平行移动的分析条件。假设沿着曲面上曲线 C 上的每一个点，向量场 $\boldsymbol{a}$ 的分量表述为

$$\boldsymbol{a}(t)=a^1\boldsymbol{r}_1+a^2\boldsymbol{r}_2,\quad \in C$$

其中，$\boldsymbol{r}_1$ 和 $\boldsymbol{r}_2$ 为曲面在同一点处切平面上的两个坐标向量，而 a^1 和 a^2 则为向量 $\boldsymbol{a}$ 所对应的两个坐标分量。根据以上所述的“Levi-Civita 向量平移”假设，舍弃通常微分 $\mathrm{d}\boldsymbol{a}$ 中的法向分量部分，最终不难导得

$$\mathrm{D}\boldsymbol{a}=\boldsymbol{r}_1\mathrm{D}a^1+\boldsymbol{r}_2\mathrm{D}a^2$$

其中

$$\begin{cases}\mathrm{D}a^1=\mathrm{d}a^1+\sum\limits_{\alpha,\beta=1}^{2}\Gamma_{\alpha\beta}^{1}a^{\alpha}\mathrm{d}u^{\beta}\\ \mathrm{D}a^2=\mathrm{d}a^2+\sum\limits_{\alpha,\beta=1}^{2}\Gamma_{\alpha\beta}^{2}a^{\alpha}\mathrm{d}u^{\beta}\end{cases}\tag{6}$$

该式为曲面上向量场绝对微分的分析表达式。

在微分几何著作中，通常还会特地指出：式中的符号 Γ_{ij}^{k} 即为“经典张量分析”中那个定义于曲面上的 Christoffel 符号。

3.3 曲面上“向量平移”假设的逻辑失真

无疑，援引于古典微分几何中的论述过分琐碎。但是，之所以不厌其烦地引入这个冗长沉闷的叙述，只不过希望说明数学上的任何“人为约定”最初仍然渊源于针对某个“几何实体”客观属性的思考。反过来说，几何学中的“公理化假设”其实总隐含某种“实体论”的影子，绝不可能是 Hilbert 借助“桌子、椅子、啤酒瓶同样可以当作几何学中点、线、面”的生动刻画，那种他

所极力推崇的纯粹"主观主义"的绝对"独断论"主张。

其实,无论是 Hilbert 的"形式主义",还是 Brouwer 的"直觉主义",乃至目前普遍存在、因为无力对这两个涉及数学存在基础的对立思想做出判断的"折中主义"主张,任何人都不可能公开反对一个起码的"理性"判断:逻辑只具"同义反复"的本质意义。因此,只要认真阅读了涉及现代微分几何基元概念的上述经典陈述过程,几乎可以马上发现这些必须以"约定论"作为唯一基础的概念,明显存在的"几何失真"问题。但是,在西方科学世界往往过分注重于"表述形式"在"表观意义"上的不变性,却忽视"表述形式"本质内蕴的"客观内涵"不变性,并且,又特别喜好将某些"局部"意义上存在的"形式特征"上升为"普遍原理"的同时,总不愿意对这些形式特征得以存在的"逻辑前提"或"实体论"基础予以必需的足够关注。这样,他们构造的"逻辑推理"已经没有逻辑可言,演变为前后没有任何"逻辑关联"的一系列"意念结构"的随意组合。当然,那些他们曾经真诚期待的形式系统最终必然失去存在的意义。并且,也仅仅因为此,无论是类似于杨振宁这样一些自诩懂得数学真谛的物理学工作者,还是诸如陈省身这样的职业数学研究者,正如他们自己曾经坦诚指出的那样,其实和 Einstein 一模一样,从来没有真正读懂那些他们正在"使用"或者正在"研究"中的数学。

众所周知,许多自然科学研究者往往感到现代数学总是给人以这样一种印象:似乎越是有悖于常理;越是奥深;越是让人难以理解和领会,才可能显得其高明和深邃。以至于面对林林总总"人为约定(公理化假设)"的横行无忌,诸如杨振宁先生这样自诩具有特殊"数学天赋"的大家,只能公开作"现代数学无法读下去"的真情告白,甚至于像陈省身这样的"几何学大师"也不得不徒然发出"自己在讲述一半自己不懂东西"的感叹,最后只能无奈地完全放弃"符合于逻辑"的独立思考,努力猜度诸如 Gauss、Riemann 等更高层次"几何学大师"的意思,全盘接受那些"科学威权或偶像"们从来没有读懂、并且任何人也永远不可能真正读懂的"独断论"主张,紧步"自由思维"的后尘,在无所制约的"人为约定"前提之上,继续补充新的"人为约定",并源源不断地把"新数学"制造出来。人们必须搞明白:当某人声言自己"真正读懂"某一门学问的时候,全部意涵不过是指他能够"逻辑地"理顺或领悟相关理论的全部内容;而坦陈自己"读不懂"则无非因为发现了"矛盾",所以无法"逻辑贯通"地理解整个理论体系。出现"读不懂"现象,不是表明读者的知识基础或积淀尚不够,就是那个人们面对的理论体系自身出现了毛病或逻辑不当。于是,如果像陈省身这样的职业几何学研究者,竟然断言自己在讲述有一半是不可能搞懂的东西,那么,唯一可作的合理判断就是:对于读者,绝不能继续懵懵懂懂地读下去,自欺欺人;对于教者,则更不允许再糊里糊涂教下去,误人子弟。同时,从那个经过严肃思考后断言"读不懂"的那个时刻开始,真正需要人们做的事情只能是:努力拨开"繁杂、晦涩和看似深奥"概念的外衣;认真思考那些"纯粹思想者"在创造和杜撰许许多多"虚妄概念"时,内心深处不可能真正拒斥和排解的"实物存在"影像;进而探询和确定在构造人类希望描述物质世界的自然科学体系时,所有这些"人为约定"到底希望告诉人们哪些与"几何实在"或"物理实在"隐含本质关联的东西,最后,严肃考察在"抽象概念"与"理想化实体"之间,到底能否真正保持"逻辑相容"的问题。

反过来说,如果注意到 Hilbert"公理化思想"的诞生之时,正是人们处于无力解决"集合论悖论"的尴尬之际,或者像 Brouwer 曾经中肯而尖锐指出的那样,人们只是凭借"公理化体系(独断论)"的强权而欣喜于否定矛盾真实存在的"自我陶醉"之中,那么,因为凭借"约定论"而杜撰出来的概念完全失真或者背离那个自存的物质世界,以至于出现"逻辑甚至无从谈起"的问题，所以才会让人们觉得这些“不容置喙、天然而成”的约定显得格外晦涩、抽象和神秘。毫无疑问，陈省身先生坦陈自己在“讲述有一半自己不懂题目”的时候，绝无他所渲染的那种奇妙或奥义，相反只能显现因为缺乏逻辑而一览无遗的无奈和尴尬。真正的科学陈述，必须符合于“常识”的理性，相应给人以“自然、流畅、前后贯一”的感受，而这种感受才是“科学美”的全部意涵。事实上，也恰恰因为科学应该是必须“符合于逻辑”的，所以真正科学的也一定容易为所有具有一般理性思维能力的人同样以“理性、逻辑、自然”的方式所认识和接受。人世间绝没有Kline这样一些幼稚而盲目的卫道士所鼓吹的“其直觉比凡人推理论证更为可靠”的伟大人物。人类的自然科学体系，只是用以描述“自存”物质世界的。因此，一旦否定被描述对象在构建“知识体系”时所具的“前提性”地位，放弃以“无矛盾性”作为唯一本质内涵的“可解释性”原则，寄希望于“直觉和顿悟”之中那份只可能源于“上帝”的神启，进而宣称试图创造与特定物质对象无关的“普适真理”体系，那么，所有这一切已经没有任何科学可言，不仅堕落为纯粹的谎言，还成为桎梏人类思想的精神枷锁，在欺骗了本应以“懂得理性思维为自豪”的整个理智人类的同时，其实也在欺骗和无情地嘲弄这些谎言构造者自己①。

一旦剥开所有只能依赖“人为想象”而得以存在的“虚妄概念”必然蕴涵的种种神秘，那个只允许建立在“约定论”基础之上的现代微分几何期望告诉人们的基本理念到底是什么呢？在一些现代微分几何的著作中，这样描述了这个形式系统从“实体论”到“约定论”的历史演变过程：

> 如果考虑与“物质世界”形成严格逻辑对应的3维几何空间，以及这个真实几何空间之中同样真实存在的2维曲面，18世纪的人们(Gauss)发现了这个2维曲面存在许多仅仅属于自身的性质，将其称为曲面的“内蕴”特征。吻合于首先进行“剖析、划分”分析，继而再将相关结论加以“归纳、扩展”这样一种习惯性的思维模式，西方科学世界几乎立即提出这样的命题：如何将这样一些属于曲面的“内蕴”特征构造成一个“完备”的陈述系统，使得这个逻辑上仅仅属于“曲面”的陈述系统与其赖以生存的3维空间完全隔离开来。并且，将这样一种原来仅仅属于几何实体的抽象，进一步扩展到“意念世界”中的那个抽象高维空间之中。

于是，现代微分几何的形成隐含两个相反相成的命题，一个是：赋予“内蕴特征”以独立意义的“收缩”过程；另一个是：将隶属于“实物世界”的低维空间向“意念世界”的高维空间加以“延拓”的过程。那么，这两个基本过程在逻辑上是否恰当呢？答案是否定的。

对于第一个命题的答案，古典微分几何其实已经做出回答：由于曲面相应存在“曲面的第

① 根据逻辑，一旦为人类的自然科学重新奠定“实体论”的必要认识前提，那么，对于目前主要由西方科学世界所建立、只能以“约定论”作为唯一存在基础的认识系统，原则上已经没有多少真正值得批判的东西，不过是一些“伪语言系统”的杜撰和堆砌。如果说这才是Kline曾经指出现代数学体系“充斥矛盾”的根本原因，那么，对于被“上帝”特别赋予“理性思考(逻辑推理)”能力的人类，需要认真思考的仅仅是如何使用“无歧义”的科学语言，对“无尽、自存”的大自然做出“有限真实”然而必须“逻辑相容”描述的问题。当然，要真正摆脱西方科学世界由于缺乏“严格逻辑推理”能力而长期形成精神桎梏的历史事实，仍然必须使用“严格逻辑分析”的方法，对包括哲学、数学在内的整个现代认识体系进行“去粗取精、去伪存真”的系统梳理。

二基本形式”，曲面的内蕴性质只能称之为一种“局部性”的描述，不仅仅不能为曲面的全部几何特征构成“完整”的描述，而且，任何熟悉 Gauss 古典微分几何的研究者都应该知道：涉及曲面“内蕴特征”的形式表述，仍然逻辑地依赖于描述曲面“外在特征”的基本量。至于第二个命题的合理性，无疑需要予以格外明确的彻底否定。首先，根据逻辑且仅仅根据逻辑，任何从某个“局部”事实拓展为“整体”意义的一般性描述，隶属于通常所说的“归纳逻辑”范畴，永远不可能真正拥有“充分必要”意义的实证；更何况，仍然根据逻辑且仅仅根据逻辑，既然在低维空间不允许把曲面的“内蕴特征”孤立起来，那么，这一事实已经为高维空间“弯曲流形”的独立存在构成具有“确定”意义的一次证伪。

因此，不仅仅只是诸如杨振宁先生这样的“局外人”，而且是类似于陈省身先生这样一些“职业”的微分几何研究者，他们都永远不可能“真正读懂”现代微分几何。究其原因，不仅在于：这个陈述系统赖以存在的一系列“人为约定”的前提中大量“逻辑悖谬”的普遍存在；或者更为直接地说则在于：许许多多数学基础研究者早已指出一切“公理化假设”所蕴涵不同“主观意识”之间的必然矛盾。此处，只是以“Levi-Civita 向量平移”为例，指出这个“人为假设”必然蕴涵“主观随意性”所导致是非颠倒的荒唐可笑。

首先，根据最初建基于“实体论”基础之上的 Gauss 微分几何，考虑曲面上切向量场“通常微分”与“绝对微分”的差

$$\mathrm{d}\boldsymbol{a} - \mathrm{D}\boldsymbol{a} = (\boldsymbol{n} \cdot \mathrm{d}\boldsymbol{a})\boldsymbol{n} = x^i \mathrm{d}u^j b_{ij} \boldsymbol{n} \tag{7}$$

其中，b_{ij} 为决定于曲面“外在特征”的几何量。于是，相应于“微分学”的基本思想，随着强制曲面上两个临近点的无穷逼近，在形式上可以构造切向量场 $\boldsymbol{a}$ 的通常微分 $\mathrm{d}\boldsymbol{a}$、绝对微分 $\mathrm{D}\boldsymbol{a}$ 以及两者之差 $\mathrm{d}\boldsymbol{a}-\mathrm{D}\boldsymbol{a}$，它们都属于“同阶”小量。那么，人们自然提出质疑：如果能够或者必须把曲面上的切向量分布 $\boldsymbol{a}$ 视为某种“客观性”的存在，并且特别是人们希望描述这个“客观量”分布在给定曲面的变化规律时，为什么仅仅凭借 Levi-Civita 以及他的老师 Ricci 两个人一种纯粹“主观意愿”的驱使，就可以把在“微分运算”所蕴涵“小量分析”中的某一个“同阶小量”舍弃呢？显然，这样一种将“主观意志”强加于“客观存在”之上，甚至故意扭曲“客观真实”的做法荒诞不经，整个描述已经没有“逻辑和理性”可言：在 Levi-Civita 向量平移中联系“前件”和“后件”之间，联系它们的只不过是两个数学工作者“主观意识”中的一厢情愿。并且，不难验证：随着 2 维曲面“几何性态”的不同，这种渊源于“主观意识”的随意性故意扭曲“几何实在”所造成的“差异”原则上可能趋于无限大。

其次，即使承认式(6)所示的“微分分析”表达式，引入如下所示、定义于曲面上的“绝对微分”算子：

$$\boldsymbol{\nabla}_{\alpha} a_{\beta} \equiv \frac{\partial a_{\beta}}{\partial x^{\alpha}} - \Gamma^{\gamma}_{\alpha\beta} a_{\gamma} \tag{8}$$

这样，从形式系统的“表观意义”考虑，建基于“约定论”之上的现代微分几何，似乎成功地对曲面上切向量的“微分结构”构造了一种满足“自封闭”要求的，也就是允许定义于“二维曲面”之上的形式表述。但是，人们仍然不能忘记：这一人为构建的几何结构，对于 Levi-Civita 所做向量平移“人为约定”的依赖。而且，人们还需要注意古典微分几何已经明确指出的一个基本事实：式中的 Christoffel 符号并不仅仅决定于曾经被 Gauss 认定的曲面“内蕴”性质。或者说，式(8)所示这个定义于 2 维曲面上的“计算符号”还需要逻辑地依赖于曲面自身在 3 维空间的“外部”特征。因此，上述以“人为约定”为基础所构造的微分结构，根本不能用来构造真正决定

于曲面自身,或者仅仅决定于曲面坐标系,一个满足"自封闭"要求的形式系统。

进一步说,对于这个隐含"人为主观认定"的形式表述,它完全不同于 3 维 Euclid 空间一个形式上看似相仿,然而其本质内涵几乎完全不同的形式表述。根据且仅根据"向量"以及"张量性质微分算子"必须拥有的不变性"客观"基础,在涉及曲线坐标系时,人们不难逻辑地推得微分运算的"恰当"表述为

$$\nabla_i U_j \equiv \frac{\partial U_j}{\partial x^i} - \Gamma_{ij}^k U_k \tag{9}$$

粗看,式(8)和式(9)分别定义的微分运算在形式上几乎没有任何差别。但是,两者的几何意义和逻辑结构完全不同。首先在形式上,前者并不具有"确定性"的意义。它不仅决定于曲面上不同特定坐标系的选择,而且还前提性地依赖于曲面在不同几何点处在 3 维几何域中呈现的不同几何特征,随着曲面在不同点处的弯曲特征发生变化,根据 Levi-Civita 所作"向量平移"的人为假设而需要舍弃的"同等小量",相应出现本质上"毫无规律"可言的变化。因此,对于式(8)所示原则上不过是一种字符形式,即按照式(7)所示本身不具"确定意义"的人为假设,相应构造的是一个在逻辑上"不封闭"或者"不完整"的符号串。但是,后者则不然,一旦允许任意选择的坐标系得以确定,那么,式(9)中的所有"形式量"以及它们所构造形式量的"整体"将随之得以唯一确定。也就是说,该微分算子在逻辑上是完整的,相应被赋予确定的形式意义。与其对应,两个表观上看似一致的形式表述,拥有彼此完全不同的本质内涵。前者,只允许渊源于 Levi-Civita 所提的"向量平移"人为约定,或者说它需要刻画的只是一个自身"毫无理性"可言的纯粹主观意志。但是,后者却是一种"客观"存在,需要描述的是独立于研究者"主观意志"的几何实在。并且,也正因为一切科学陈述必需的"客观性"基础,使得式(9)所示坐标分量所构造的"客观量"的整体

$$\nabla U = \nabla_i U_j e^i e^j : \nabla_m U_k \equiv \frac{\partial U_k}{\partial x^m} - \Gamma_{km}^n U_n \tag{10}$$

被赋予独立于坐标系人为选择的"不变性"意义。

显然,如果说前面的分析已经指出"广义相对论"混淆了"参照系、坐标系、几何空间"这些完全不同的基本概念,那么,仍然由于诸如 Weinberg 这样一些实际上不具"理性思辨"的能力,却往往过分自负,或者仅仅凭借类似于 Kline 所渲染那种自恃"伟大人物的直觉"从而目空一切的研究者,根本不理解 Leibniz 针对 Newton 力学所做"实体论"批判蕴涵的"指导性"意义,并因之而保持一种最起码的谨慎和警惕,相反,滥用那些他们贬斥为"高贵的形而上学家"习惯使用的"形而上学"语言和思维模式,在断然拒绝对 Leibniz 合理批判作深刻反思,却纵容形形色色的"人为假设"将它们置于物质对象之上的同时,他们所做的一切恰恰陷入只知道"字符模仿或公式抄袭"之类简单、粗糙而僵化的思维之中①。

3.4　确认和否定 Levi-Citiva 向量平移"约定论"基础的荒诞

一旦允许或默认"逻辑基础悖论"的前提存在,那么"逻辑"就已荡然无存,理论体系的构建

① 此外,对于习惯于形而上学思维的研究者,或许更不可能知道后续论文将要指出的另一个事实:即使包容曲面的外在特征,此处的这个特定形式表述仍然只可能"条件"存在,不允许视为"一成不变"的形而上学。

最终只能归结于少数“伟大人物”的共同意志和共同约定。或者说，如果无力也不愿改变“矛盾前提”存在的现实，那么，后面所做的一切，无论是盲从者们往往乐见的进一步延伸，还是反对者们看似严厉的批判，其实它们都已经同等地失去“理性思辨”必需的精髓和意义。当然，对于当代某些置身于云端的少数“精英数学家”而言，他们或许仍然津津乐道或者陶醉于“主观自由创造”的美妙畅想之中，但是，大多数尚心存一息科学真诚与理性期待的数学家，只可能保持无奈的缄默。事实上，这也是西方科学世界在面对数学基础的跨世纪争论，却因为他们同样不敢正视和严肃反思数学基础中逻辑悖论的真实存在，缺乏一种破釜沉舟、自我否定的勇气、决心和真诚，以至于他们始终无法在“形式主义”还是在“直觉主义”之间做出抉择的根本原因。

可以看到，即使是像 Kline 这样的西方学者，虽然他们毫无愧色地站在维护“西方科学人”尊严的纯粹“人文主义”立场之上，但是，在面对如此众多并且显而易见的矛盾、面对公然拒斥数学体“几何实在”系的基础，却堂而皇之建基于形形色色“约定论”基础之上的时候，他们也难以排斥“科学良心”的驱使、无法改变潜意识中某种起码“理性意识”的召唤，告诉人们只要将数学体系建立在与“约定论”没有任何差异的“公理化体系”基础之上，逻辑上必然造成“可以找出截然不同解释和彼此矛盾模型”的荒唐。或者说，一旦允许“约定论”堂而皇之步入科学的庄严殿堂，那么，曾经为16～17世纪为现代自然科学体系的构建做出开拓性贡献的西方近代科学先行者，引以为自豪的“科学精神”将荡然无存，人类的科学事业势必重新沦落为中世纪的神学系统。当然，这才是在20世纪的“科学共同体”唆使下，形形色色的“反科学主义”思潮之所以能够如此长时间甚嚣尘上的缘故。

科学只允许建基于“实体论”之上。其实，这个判断并不是对 Plato 素朴理念的重复，而仅仅在于它是“逻辑规则”的必然推论。事实上，即使是此处所引用的“古典微分几何”著作，当这些著作总力图将读者引入“现代约定论”的框架之上的时候，人们不难发现：在这些著作的陈述中，依然保持寻求一切科学陈述必需“实体论”基础的影子，并且，在面对纯粹“人为约定”时往往难于掩饰某种发自内心的不安。但是，一旦公然将无异于自欺的“约定论”常态化，那么，人们内心中的这种不安也就不复存在了。

正因为此，在一本发行量已经超过三万册，论述“古典微分几何”的现代论著中，著者以不容置疑的口气告诉人们[5]：

一般说来，在曲面S上，向量 $\mathrm{d}\boldsymbol{X}(u^1,u^2)$ 不再与曲面 S 相切。实际上

$$\begin{aligned}\mathrm{d}\boldsymbol{X}(u,u) &= \mathrm{d}x^\alpha \boldsymbol{r}_\alpha + x^\alpha \mathrm{d}\boldsymbol{r}_\alpha \\ &= (\mathrm{d}x^\alpha + x^\beta \Gamma_{\beta\gamma}^{\alpha} \mathrm{d}u^\gamma)\boldsymbol{r}_\alpha + x^\alpha \mathrm{d}u^\beta b_{\alpha\beta}\boldsymbol{n}\end{aligned} \tag{11}$$

为了使 $\mathrm{d}\boldsymbol{X}(u^1,u^2)$ 构造出 S 的切向量，只要将 $\mathrm{d}\boldsymbol{X}(u^1,u^2)$ 在 S 的切空间作投影即可。于是，定义

$$\begin{aligned}\mathrm{D}\boldsymbol{X}(u^1,u^2) &= [\mathrm{d}\boldsymbol{X}(u^1,u^2)]^{\mathrm{T}} \\ &= (\mathrm{d}x^\alpha + x^\beta \Gamma_{\beta\gamma}^{\alpha} \mathrm{d}u^\gamma)\boldsymbol{r}_\alpha\end{aligned} \tag{12}$$

为曲面上切向量场 $\boldsymbol{X}(u^1,u^2)$ 的绝对微分。

但是，问题的要害在于：如果曲面上的切向量分布 $\boldsymbol{X}(u^1,u^2)$ 是真实的“客观”存在，那么，如下所示的法向分量

$$\mathrm{d}\boldsymbol{X}(u^1,u^2) - \mathrm{D}\boldsymbol{X}(u^1,u^2) = x^\alpha dx^\beta b_{\alpha\beta}\boldsymbol{n} \tag{13}$$

将同样成为“客观”量。并且，根据古典微分几何的结果不难证明：该法向分量与真实微分 $d\boldsymbol{X}(u^1,u^2)$或绝对微分 $D\boldsymbol{X}(u^1,u^2)$具有相同的量级。那么，该著作的作者凭什么能够以如此轻松淡定的口气，要求人们略去这样一个“客观量”的真实存在呢？

当然，人们可以合理推断：所有这些才是使得杨振宁先生与陈省身先生曾经坦诚的，他们从来没有真正读懂这样一些“现代数学”的根本原因。

参考文献

[1] Courant R.，Robbins H. 什么是数学(对思想和方法的基本研究)[M]. 左平，张饴慈，译. 上海：复旦大学出版社，2005

[2] Morris Kline. 数学：确定性的丧失[M]. 李鸿魁，译. 长沙：湖南科学技术出版社，2002

[3] Sokal A. “索卡尔事件”与科学大战[M]. 蔡仲，邢冬梅，等译. 南京：南京大学出版社，2002

[4] 梅向明，黄敬之. 微分几何(第二版)[M]. 北京：高等教育出版社，1988

[5] 陈维桓. 微分几何初步[M]. 北京：北京大学出版社，1999

[6] 杨本洛. 自然哲学基础分析——“相对论”的哲学和数学反思[M]. 上海：上海交通大学出版社，2001

[7] 杨本洛. 自然科学体系梳理[M]. 上海：上海交通大学出版社，2005

[8] 杨本洛. 量子力学形式逻辑和物质基础探析——现代自然科学基础的哲学和数学反思[M]. 上海：上海交通大学出版社，2006

4 不当“测地线”概念的逻辑批判与曲面上“短程线”形式定义的重新构造

从相关陈述的“哲学基础”考虑，无论是“广义相对论”本身，还是被用作其赖以存在形式基础的“Riemann 微分几何”都只能建立在“约定论”之上。当然，如果使用目前论述“数学基础”的术语，那么，它们都隶属于“公理化体系”的范畴。也就是说，根据“科学共同体共同意志”的规定，对于这些陈述系统而言，它们可以并必须建立在若干“人为假设”的基础之上。

毫无疑问，即使凭借一种近乎于宗教的虔诚和信仰，全盘接受“广义相对论”所做的推断，但是，这个用以描述物质运动“一般性”特征的，相应被赋予普适意义的陈述系统，到底是怎么与几何学中某一个“特定概念”构造一种不变的逻辑关联呢？可以相信，任何人也不可能为其提供一种真正符合于理性的论证或推理过程。然而，正如 Hilbert 特别借助“桌子、椅子、啤酒瓶同样允许被当作几何学点、线、面”的大胆断言，从而对“公理化思想”的本质内涵希望做出的准确诠释的那样，既然是“约定论”的，那么就构建这些“人为约定”本身而言，不仅仅无需任何特定“物质对象”的基础，甚至也无需逻辑的支撑。

当然，也仅仅因为需要遵从这个“独断”权威的考虑，此处能够其实也只允许使用“不加任何解释”的方式，直接援引 20 世纪物理学家作为某个“知识共同体”的全体，针对“物质运动一般性规律”人为构造出来的基本约定。在《数学百科全书》名为“测地线假设（geodesic hypothesis）”条目，曾经做出一个相当简练却十分本质的说明。该著作指出：

> 在 Newton 物理学中，如果没有包括引力在内的任何力作用于一个粒子，那么，该粒子称之为自由的。在广义相对论中，不存在引力的概念，引力性质由 Riemann 时空结构予以定义。因此，广义相对论认为引力场中粒子如果没有任何非引力的作用，这个粒子的运动同样是自由的。
>
> 测地线假设的精确表述如下：具有非零静质量的自由粒子，它的世界线是时空的非各向同性“类时”测地线；对于如光子、中微子这样的零静质量自由粒子，则是时空的各向同性测地线①。
>
> 广义相对论中的测地线假设，是经典力学中惯性定律的自然推广，测地线的微分方程相应成为广义相对论中的运动方程。

也就是说，微分几何中最初只是作为“几何学”概念的测地线方程，原则上需要被异化为构造“广义相对论”一个前提性的重要形式基础。

逻辑的全部意义只在于同义反复，逻辑自身不可能告诉人们任何新鲜实在。因此，逻辑推论永远不可能超越最初的逻辑前提，任何期望仅仅凭借逻辑揭示真理的努力必然违背逻辑。

---

① 对于“狭义相对论”所构造的“伪 4 维时空”，假设存在某 4 维矢量 u^μ，满足条件 $u^\mu u_\mu > 0$，则将其称之为类时矢量；如果满足条件 $u^\mu u_\mu < 0$，则将其称为类空矢量。

但是，正因为崇尚逻辑却并不真切理解逻辑，所以 Einstein 才可能在关于《理论物理学的原理》的论述中，提出"一旦某个用以探求自然界普遍原理的公式得以胜利完成，推理就一个接着一个，远远超出这些原理所依据的实在的范围，往往显示出一些预料不到的关系"这样一种与逻辑完全背离的幻想；同样，仍然因为不懂得逻辑，所以 Einstein 完全不明白一旦把"狭义相对论"建立在他所描述的那一对"矛盾事实"之上，那么，无论后续推理是否符合逻辑，整个陈述系统只可能永远充斥着矛盾和紊乱，这样一个本应简单自明的结果。此处，不再重复论述两种"相对论"在哲学上的错误与逻辑上的紊乱，同时对 20 世纪"物理学几何化"思潮的荒谬也不再进行批判，而仅仅局限于"古典微分几何"的框架以内，使用形式逻辑分析的武器，指出古典微分几何论述曾经对"测地线"构造的习惯性定义并不准确，或者说，这个古典的形式定义实际隐含的种种逻辑悖论①。

4.1 微分几何中"测地线"的本来意义与相关形式定义的提出

在 Euclid 几何学中，任何两点之间的连线是唯一的，这就是连接两几何点的直线，并自然成为两个几何点之间的"最短线"。但是，在 Gauss 的"曲面几何"中，或者当预先设定一个"几何曲面"以及该曲面上任意两个"几何点"的时候，此时不再有 Euclid 几何学中唯一直线的概念，而代之以无以穷计的曲线连接两个给定的几何点。因此，在这种情况下，人们往往需要考虑在这个曲线集合族中，怎样的曲线才能够满足"最短线"要求的问题。并且，渊源于 17 世纪末 J. Bernoulli 论述"凸曲面上最短弧"最初做出的判断，人们一直认为，曲面上的最短线必须满足测地曲率等于零的条件，故而又被称之为测地线。

无论怎样，与只可能建立在"公理化假设(约定论)"之上、实际上已经完全被异化了的"现代微分几何"完全不同，一个最初为 Bernoulli 以及 Euler 等 17～18 世纪曾经为建立现代自然科学体系做出巨大历史性贡献的先驱所提出的"测地线"概念，应该被视为一种真实存在或具有"实体论"基础的几何实在。下面首先介绍经典研究中的基本论述与最终结论。(考虑到古典微分几何包含较多概念以及一些具体推导过程的复杂性，本文只能着重叙述相关推理过程的基本思想。如果希望深入了解古典微分几何的许多概念以及更为详尽的数学推导过程，可以参照任何一本古典微分几何著作中给出的论述。)

4.1.1 曲面上曲线"测地曲率"概念的提出

在 3 维 Euclid 空间 R^3 中，考虑一个任意给定的 2 维曲面 $S \subset R^3$，即

$$S: \boldsymbol{r} = \boldsymbol{r}(u^1, u^2), \quad \boldsymbol{r} \subset R^3 \tag{1}$$

① 此处需要作一个交待，考虑到一些专业研究者反复建议，他们希望尽可能花费较短的时间，就可以迅速进入需要探讨的主题，所以此书原本是以拥有相关知识基础的读者为主要对象，大致按照"论文集"的格式书写的。这样，针对每一个命题所做的论述，基本上做到满足"自封闭"的要求。尽管如此，在命题次序的安排上，仍然考虑"由浅入深、先述为后述所用"的一般思维原则。因此，此处针对"测地线"所做的讨论，最初安排在题为《曲面上向量场微分运算的理性重构与经典表述的逻辑证伪》的讨论之后，只是因为对其做了较大改动，大幅度增大了相关讨论的内容，与其他命题的论述风格显然不太相称，所以特地作此调整。

以及属于该曲面的任意一个几何点 $P\in S$。显然，允许存在许许多多属于曲面 S，并覆盖给定几何点 P 的曲线。此时，对于该曲线族中的任意一条曲线 $C\subset S$，总可以借助于曲面上的两个坐标 u^1，u^2 加以表示，即

$$C: u^i = u^i(t), \quad i = 1,2 \tag{2}$$

以及该曲线在一点处的曲率向量

$$\ddot{\boldsymbol{r}} = \frac{\mathrm{d}^2 r}{\mathrm{d}t^2}, \quad \boldsymbol{r}\in \mathbf{R}^3 \tag{3}$$

进而，再人为地引入如下所示一个称之为“测地曲率”的概念

$$k_{\text{geodesic}} = \ddot{\boldsymbol{r}}\cdot\boldsymbol{\varepsilon}: \boldsymbol{\varepsilon} = \boldsymbol{n}\times\boldsymbol{\alpha}, \quad \boldsymbol{\alpha} = \frac{\mathrm{d}r}{\mathrm{d}t} \tag{4}$$

其中，除了 t 仍然是曲线 C 上的自然坐标以外，$\boldsymbol{n}$ 为曲面 S 在 P 点处的单位法向量，$\boldsymbol{\alpha}$ 为曲线 C 单位切向量，而单位矢量 $\boldsymbol{\varepsilon}$ 作为导出量与 $\boldsymbol{n}$ 和 $\boldsymbol{\alpha}$ 同时保持正交。

因此，根据以上关于曲面上曲线“测地曲率”的定义，几乎可以立即得到一个“直观”的大致推断：如果说曲面上曲线的单位切向矢量 $\boldsymbol{\alpha}$ 大体表现曲线的“前进变化”方向，而作为导出量的单位矢量 $\boldsymbol{\varepsilon}$ 相应表现对这个确定前进方向一种“偏离”特征，那么，此处引入的测地曲率 k_{geodesic} 由于被定义为曲率向量 $\mathrm{d}^2\boldsymbol{r}/\mathrm{d}t^2$ 在该偏离方向 $\boldsymbol{\varepsilon}$ 上的投影，似乎自然成为对偏离“最佳前进方向”某种恰当的度量。

此外需要注意，在考察曲面 S 上任意空间曲线 C 的几何特征时，上述“测地曲率”定义式中涉及如下所示三个互为正交的单位矢量

$$\begin{cases}\boldsymbol{\alpha} = \mathrm{d}\boldsymbol{r}/\mathrm{d}t \\ \boldsymbol{n} \\ \boldsymbol{\varepsilon} = \boldsymbol{n}\times\boldsymbol{\alpha}\end{cases} \quad \boldsymbol{r}(\boldsymbol{x}): \boldsymbol{x}\in C, \quad \boldsymbol{n}(\boldsymbol{x}): \boldsymbol{x}\in S, \quad C\subset S\subset R^3, \quad (\boldsymbol{r},\boldsymbol{n},\boldsymbol{\alpha},\boldsymbol{\varepsilon})\in R^3 \tag{5}$$

该式示意地告诉人们：式中出现的所有向量必须定义于 3 维 Euclid 空间之中，除此以外，首先，对于法向量 $\boldsymbol{n}$ 而言，它在逻辑上应该对应于给定的曲面 S；与此同时，因为此处讨论的直接对象是该曲面上的某一条曲线 C，需要表述几何点 $\boldsymbol{x}$ 沿此曲线运动时矢径 $\boldsymbol{r}(\boldsymbol{x})$ 相应呈现的变化特征，所以矢径 $\boldsymbol{r}(\boldsymbol{x})$ 只能与曲线 C 构成直接的逻辑关联。显然，这个正交的单位向量组虽然看起来共同构成一个属于 3 维 Euclid 空间 R^3 的坐标架，但是，它既不像后面将要提到的 Frenet 标架那样，仅仅逻辑地隶属于空间曲线 C，同样，它也不是仅仅隶属于空间曲面的自然标架，而只能当作某种杂交而成的“拼凑物”的杂交。

4.1.2 曲面上“最短曲线与测地线一致性”的 Bernoulli 猜想及其变异

事实上，正渊源于以上针对“测地曲率”构造的直观诠释，J. Bernoulli 于 1698 年首先提出“曲面上两点间最短弧”的命题，并明确做出“曲面上最短线在任意一点处的‘密切平面’必须垂直于曲面”的预判。此处，不仅为了保证后续推导的封闭性，同时也是为了能够大致领会 Bernoulli 的主要思想，需要对空间曲线在一点处“密切平面”的概念稍做解释。顾名思义，面对某一根给定的空间曲线，该曲线在某给定点处所定义的“密切平面”，自然是沿着该点处曲线所指定的方向，能够与给定曲线保持“最密切”的平面。于是，针对式(2)所定义的空间曲线 C，可以按照如下规定的方式，构造该曲线属于一点处的坐标架，或微分几何中通常所说由“三个

彼此正交单位向量组 $\boldsymbol{\alpha},\boldsymbol{\beta},\boldsymbol{\gamma}$”共同构造的 Frenet 标架：

$$\begin{cases}\boldsymbol{\alpha}=\mathrm{d}\boldsymbol{r}/\mathrm{d}t\\ k\boldsymbol{\beta}=\mathrm{d}\boldsymbol{\alpha}/\mathrm{d}t=\mathrm{d}^2\boldsymbol{r}/\mathrm{d}t^2 \qquad \ll C\subset R^3\\ \boldsymbol{\gamma}=\boldsymbol{\alpha}\times\boldsymbol{\beta}\end{cases} \tag{6}$$

需要注意，式中的记号“$\ll C\subset R^3$”只是用以“显式”地表示：整个形式表述仅仅逻辑地属于 3 维空间 R^3 中的空间曲线 C。其中，$\boldsymbol{\alpha},\boldsymbol{\beta}$ 和 $\boldsymbol{\gamma}$ 分别称为该空间曲线 C 在任意给定点处的“切向、主法向和副法向”单位矢量。显然，因为预先约定 t 为空间曲线 C 的自然坐标，即以曲线的真实长度定义参数 t，所以切矢量 $\boldsymbol{\alpha}$ 能够自然地被赋予单位长度。但是，对于 Frenet 标架构造性定义中的第二式，其右侧并不一定总能够对应于“单位”长度。也就是说，对于如下定义的几何量：

$$k=|\mathrm{d}\boldsymbol{\alpha}/\mathrm{d}t|=|\mathrm{d}^2\boldsymbol{r}/\mathrm{d}t^2| \tag{7}$$

通常并不等于单位量，而对应于空间曲线 C 在给定点处的曲率。并且，也正因为此，式(3)定义的向量才能称为曲率向量。

这样，对于曲面上曲线在一点处的“测地曲率”k_{geodesic} 而言，还存在如下所示一个更具直观意义的“等价性”定义：

$$k_{\text{geodesic}}=\ddot{\boldsymbol{r}}\cdot\boldsymbol{\varepsilon}=k\boldsymbol{\beta}\cdot\boldsymbol{\varepsilon}:\boldsymbol{\varepsilon}=\boldsymbol{n}\times\boldsymbol{\alpha},\quad \boldsymbol{\alpha}=\frac{\mathrm{d}\boldsymbol{r}}{\mathrm{d}t}$$
$$\ll C\wedge S,\quad C\subset S\subset R^3 \tag{8}$$

同样，式中的“逻辑隶属”符号“$\ll$”仅仅用以表示：相关的形式表述同时隶属于曲面 S 和该曲面上某一特定曲线 C 共同构造的逻辑主体。需要注意：在式(4)以及式(8)关于曲面上曲线“测地曲率”的形式定义中，因为法向量 $\boldsymbol{n}$ 独立于给定曲面 S 上的给定曲线 C，所以与式(6)所定义曲线的 Frenet 标架以及该曲线的曲率 k 仅仅决定于曲线自身的概念完全不同，曲线的“测地曲率”k_{geodesic} 除了直接决定于曲线自身的曲率向量 $\mathrm{d}^2\boldsymbol{r}/\mathrm{d}t^2$ 以外，还与表现曲线与所在曲面某种几何关系的单位向量 $\boldsymbol{\varepsilon}$ 有关。

此外，如果重新考核式(6)定义的 Frenet 标架，不难发现，由切向量 $\boldsymbol{\alpha}$ 和主法向量 $\boldsymbol{\beta}$ 所张的平面无疑成为曲线 C 在给定点处“最密切”的平面。一方面，密切平面上的所有向量与副法向量 $\boldsymbol{\gamma}$ 正交，另一方面，副法线方向 $\boldsymbol{\gamma}$ 不妨视之为空间曲线偏离密切平面的特定方向。于是，正如一般微分几何著作指出的那样，如果把 $\boldsymbol{x}$ 定义为密切平面上的动点，那么，如下所示定义于 3 维 Euclid 空间 R^3 中的约束方程

$$(\boldsymbol{x}-\boldsymbol{r}(t))\cdot\boldsymbol{\gamma}=0,\quad \in R^3 \tag{9}$$

自然成为空间曲线 C 在一点处“密切平面”的定义式。其中，向量 $\boldsymbol{x}-\boldsymbol{r}(t)$ 被限制在密切平面上，故而在后续讨论中不妨将其当作密切平面的“代表向量”对待。显然，空间曲线“密切平面”的定义是自封闭的。也就是说，空间曲线 C 在一点处的密切平面仅仅决定于空间曲线自身，与其是否存在必须处于某个空间曲面 S 的限制无关，并且，即使需要做出将给定曲线 C 限制在曲面 S 上的补充约束条件，空间曲线 C 的密切平面仍然与其所处空间曲面 S 的几何特征完全无关。

继而，只是在 Bernoulli 所作“*曲面上最短线在任意一点处的‘密切平面’必须垂直于曲面*”预判的基础上，才可能做出纯粹隶属于“直观意义”之上一种“大概合理”的延拓：在考虑“曲面上最短线”问题时，可以用空间曲线 C 在任意一点处的曲率向量 $\mathrm{d}^2\boldsymbol{r}/\mathrm{d}t^2$，取代式(9)所示“密切

平面”定义式中的代表向量 $\boldsymbol{x}-\boldsymbol{r}(\mathrm{t})$，同时，使用“曲面上曲线测地曲率”定义式(4)或(8)所引入的单位向量 $\boldsymbol{\varepsilon}$，取代密切平面定义式中仅仅隶属于空间曲线 C 的单位副法线矢量 $\boldsymbol{\gamma}$，即

$$\begin{cases}\boldsymbol{x}-\boldsymbol{r}(t)\mapsto\ddot{\boldsymbol{r}}=\mathrm{d}^2\boldsymbol{r}/\mathrm{d}t^2\\ \boldsymbol{\gamma}=\boldsymbol{\alpha}\times\boldsymbol{\beta}\mapsto\boldsymbol{\varepsilon}=\boldsymbol{n}\times\boldsymbol{\alpha}\end{cases}\tag{10}$$

于是，一个最初仅仅隶属于某个给定空间曲线的“密切平面”概念，被人们转移至本来与其完全无关，覆盖该曲线的曲面之上。并且，根据这样一些“看似合理”的推测，对于 Bernoulli 最初所作“曲面上最短线在任意一点处的‘密切平面’必须垂直于曲面”的预判，可以直接借助于式(4)或式(8)所定义的“测地曲率”加以表示，即

$$k_{\text{geodesic}}=0:k_{\text{geodesic}}=\ddot{\boldsymbol{r}}\cdot\boldsymbol{\varepsilon}=k\boldsymbol{\beta}\cdot\boldsymbol{\varepsilon}\tag{11}$$

也就是说，该式相应成为曲面上“测地线”或“短程线”的形式定义。显然，如果不妨将“曲面上最短线在任意一点处的‘密切平面’必须垂直于曲面”的预判称之为 Bernoulli 猜想，那么，因为式(10)所示超越了逻辑推理的范畴，只能当作“人为约定”或者某一种“推测”来对待，所以对于式(11)最终希望表示“曲面上最短曲线必须与测地曲率恒为零的测地线保持一致”的结果，人们只能将其称为 Bernoulli 猜想的变异。

此外，如果曲面 S 上的曲线 C 是能够满足式(11)所示条件的测地线，进而考虑到式(5)所示关于构造“测地曲率”中若干基本单位矢量的约定，必然存在如下推论

$$\begin{gathered}k_{\text{geodesic}}=\ddot{\boldsymbol{r}}\cdot\boldsymbol{\varepsilon}=k\boldsymbol{\beta}\cdot\boldsymbol{\varepsilon}=k\boldsymbol{\beta}\cdot(\boldsymbol{n}\times\boldsymbol{\alpha})=\boldsymbol{\alpha}\cdot(\boldsymbol{\beta}\times\boldsymbol{n})=0\\ \mapsto\\ \boldsymbol{\beta}=\pm\boldsymbol{n}\end{gathered}\tag{12}$$

该式表示：对于曲面 S 上的曲线 C 而言，如果它在曲面的一点处满足式(11)所示的“测地线”条件，那么，曲线 C 在该点处的主法向量 $\boldsymbol{\beta}$ 必须与曲面 S 的法线方向 $\boldsymbol{n}$ 叠合。当然，作为该结果的推论，曲线 C 的副法向量方向 $\boldsymbol{\gamma}$ 与测地曲率定义式中的单位向量 $\boldsymbol{\varepsilon}$ 叠合。也就是说，在曲面上曲线满足人们所规定“测地线”条件的前提下，属于该曲线为式(6)所定义的 Frenet 标架，本质上与式(5)所示用以定义曲面上“测地曲率”的特定标架已经没有任何区别。

以上所做的介绍，大致追溯了在最初提出“测地线”这个概念时，微分几何开拓者可能进行的许多思考。原则上，只能把这样一类思考纳入“几何直观”的层次。毫无疑问，如何较为准确地揭示不同概念之间可能存在的细微差异以及某种逻辑关联，将成为对这些概念是否恰当做出正确判断的前提。或者说，人们需要重新思考：17～18 世纪的几何学研究者何以将“曲面上两点间短程线”代之以“测地线”的概念，以及“这样一种替代在逻辑上究竟是否恰当”一个似乎由于已经得到 Euler、Gauss 等大师们反复论证，所以看起来应该是确认无疑的命题。

4.1.3 现代微分几何关于“测地线”构造的形式定义

根据《西方近代数学史》的相关记载，继 Bernoulli 首先于 17 世纪末就曲面上“最短弧线”做出以上预判以后，Euler 凭借他在“变分法”中特别引进的研究方法，于 1728 年正式给出“曲面上测地线微分方程”的结果；此后，经历了差不多整整一个世纪，Gauss 在 1827 年又一次通过他自己提出的“变分法”途径，再次为 Bernoulli 所述“曲面上测地线的主法线必须垂直于曲面”的判断构造了一个证明，并进而提出“给定测地线的这种关系式由一个微分方程确定”的推论。对于 Gauss 在微分几何中获得的许多研究结果，通常被史学家称为“里程碑”的贡献。

考虑到数世纪来人们所使用的“数学语言”已经发生重大变化，人们无需追索科学史中前

人在逐步推理过程中某些"绝对真实"的痕迹，关键在于如何准确地认真领会他们的基本思想。因此，此处直接使用现代的数学语言或基于现代微分几何关于"绝对微分学(即曲面上向量分析)"的结果，给出目前微分几何学为"曲面上测地线"构造的微分方程，继而再反过来介绍 Euler 或 Gauss 究竟是怎样为"短程线"命题构造"变分原理"的相关表述，并最终为 Bernoulli 的推测做出论证和提供依据的。

显然，在需要重新审视这些人们熟知的古典结果时，相关推导过程的"数学表述"本身并不重要，所有这些看似准确的数学表述在每一本微分几何的著作中都可以找到。相反，格外值得重视的则是借助一般文字表述的推理结构或基本思想。

4.1.3.1　曲面上曲线"测地曲率"计算公式

作为构造"测地线微分方程"的第一步，先按照 Gauss 微分几何的分析，给出曲面上曲线"测地曲率"的计算公式。考虑到"测地曲率"的概念涉及给定空间曲面上任意空间曲线的几何特征，为了进一步明确两个不同几何实在之间存在的逻辑关联，不妨将式(1)定义的曲面 S 和式(2)所定义的曲线 C 并为一式，即

$$C \subset S \subset R^3: \begin{cases} S: \boldsymbol{r} = \boldsymbol{r}(u^1, u^2) \\ C: u^i = u^i(t), \quad i = 1, 2 \end{cases} \tag{13}$$

该式告诉人们：u^1 和 u^2 被定义为曲面 S 上的一对坐标，因此随着这一对坐标的确定，曲面 S 上任意几何点所决定的空间向量 $\boldsymbol{r}(\mathrm{u}^1, \mathrm{u}^2) \in \mathrm{R}^3$ 也随之确定，或者说，该几何点在 3 维空间 R^3 中的位置得以唯一确定；另一方面，对于曲面 S 上的任意曲线 C 而言，它的坐标(自变量)只有一个，这就是作为自然参数的 t，而该参数所决定的(u^1, u^2)则表示与其对应几何点在曲面上的位置，当然，该几何点在 3 维空间 R^3 中的位置或矢径 $\boldsymbol{r}(t)$ 也随之确定。总之，人们必须认识到：一旦涉及空间曲线几何特征的讨论，它的自变量只有一个。

沿用"古典微分几何"的习惯阐述，根据式(4)或式(8)为曲面上曲线"测地曲率"构造的形式定义，为了书写方便不妨将其表示为"矢量三重标量积"的形式：

$$\begin{aligned} k_{\text{geodesic}} = (k\boldsymbol{\beta}, \boldsymbol{n}, \alpha) = (\boldsymbol{\alpha}, k\boldsymbol{\beta}, \boldsymbol{n}) = (\dot{\boldsymbol{r}}, \ddot{\boldsymbol{r}}, \boldsymbol{n}) \\ : \boldsymbol{n} \ll S, \quad (\alpha, \beta) \ll C \subset S \end{aligned} \tag{14}$$

其中，符号"≪"仍然表示"隶属于"的逻辑关系，此处用以说明式中的三个单位矢量$(\boldsymbol{\alpha}, \boldsymbol{\beta}, \boldsymbol{n})$在逻辑上其实属于两个并不相同的几何实在。

在古典微分几何的相关分析中，继而利用曲面上的微分公式，给出式(14)中空间矢量 $\boldsymbol{r}$ 的一阶微分表述

$$\dot{\boldsymbol{r}} = \frac{\mathrm{d}\boldsymbol{r}}{\mathrm{d}t} = \sum_i \frac{\mathrm{d}u^i}{\mathrm{d}t}\boldsymbol{r}_i: \quad i = 1, 2, \quad \boldsymbol{r}_i = \frac{\partial \boldsymbol{r}}{\partial u^i}$$

其中，$\boldsymbol{r}_i$ 为曲面上与坐标 u^i 对应的坐标基矢量。此外，曲线 C 的曲率向量，即该曲线上空间向量 $\boldsymbol{r}$ 的二阶微分表述为

$$\begin{aligned} \ddot{\boldsymbol{r}} &= \frac{\mathrm{d}^2\boldsymbol{r}}{\mathrm{d}t^2} = \sum_{i,j} \frac{\mathrm{d}u^i}{\mathrm{d}t}\frac{\mathrm{d}u^j}{\mathrm{d}t}\boldsymbol{r}_{ij} + \sum_i \frac{\mathrm{d}^2u^i}{\mathrm{d}t^2}\boldsymbol{r}_i \\ &= \sum_{i,j,k}\Gamma_{ij}^k \frac{\mathrm{d}u^i}{\mathrm{d}t}\frac{\mathrm{d}u^j}{\mathrm{d}t}\boldsymbol{r}_k + \sum_{i,j} L_{ij}\frac{\mathrm{d}u^i}{\mathrm{d}t}\frac{\mathrm{d}u^j}{\mathrm{d}t}\boldsymbol{n} + \sum_i \frac{\mathrm{d}^2u^i}{\mathrm{d}t^2}\boldsymbol{r}_i \end{aligned}$$

将它们代入式(14)，并且考虑到在矢量的三重标量积中，二阶微分表述中与法向单位矢量 $\boldsymbol{n}$ 一

致部分的影响恒为零,于是

$$k_{\text{geodesic}} = (\dot{\boldsymbol{r}}, \ddot{\boldsymbol{r}}, \boldsymbol{n})$$

$$= \left(\sum_i \frac{\mathrm{d}u^i}{\mathrm{d}t}\boldsymbol{r}_i, \sum_k \left(\frac{\mathrm{d}^2 u^k}{\mathrm{d}t^2} + \sum_{i,j}\Gamma^k_{ij}\frac{\mathrm{d}u^i}{\mathrm{d}t}\frac{\mathrm{d}u^j}{\mathrm{d}t}\right)\boldsymbol{r}_k, \boldsymbol{n}\right) \tag{15}$$

如果确认曲面上的坐标系属于"正交"网格,那么,上述矢量三重标量积还可以直接写成

$$k_{\text{geodesic}} = \left[\frac{\mathrm{d}u^1}{\mathrm{d}t}\left(\frac{\mathrm{d}^2 u^2}{\mathrm{d}t^2} + \sum_{i,j}\Gamma^2_{ij}\frac{\mathrm{d}u^i}{\mathrm{d}t}\frac{\mathrm{d}u^j}{\mathrm{d}t}\right) - \frac{\mathrm{d}u^2}{\mathrm{d}t}\left(\frac{\mathrm{d}^2 u^1}{\mathrm{d}t^2} + \sum_{i,j}\Gamma^1_{ij}\frac{\mathrm{d}u^i}{\mathrm{d}t}\frac{\mathrm{d}u^j}{\mathrm{d}t}\right)\right](\boldsymbol{r}_1, \boldsymbol{r}_2, \boldsymbol{n}) \tag{16}$$

此式即为古典微分几何为曲面上曲线"测地曲率"构造的计算式。显然,随着式(13)所示空间曲面 S 和该曲面上空间曲线 C 的确定,这个称之为"测地曲率"的几何量也能得以唯一确定。并且应该说,只要不对曲面上曲线"测地曲率"本身提出疑义,那么,相关的整个推导过程符合"演绎逻辑"的基本规则,推导中没有提出任何超越逻辑前提的补充人为假设[5]。

4.1.3.2　测地线"微分方程"的经典构造及其逻辑不当

但是,一旦进入如何为测地线构造"微分方程"的命题,如果人们进行真正符合逻辑的严格考查,那么,不难发现 Gauss 微分几何最初虽然仍然大体建立在正确的"实体论"基础之上,但是它在实际上已经遇到了逻辑上无法克服的困难。

此处,除了考虑阅读者方便需要略加补充解释以外,采取完全援引文献[5]相关叙述的模式,首先介绍"实体论微分几何"的相关推导过程。该著作指出:

> 下面重新考虑测地线需要满足的约束方程。由于曲面上任意一点处的法向矢量与该点处的坐标切向矢量彼此正交,即
>
> $$\boldsymbol{n} \cdot \boldsymbol{r}_i = 0,\quad i = 1,2$$
>
> 根据式(12),曲线的主法向量 $\boldsymbol{\beta}$ 恒与曲面的法线方向 $\boldsymbol{n}$ 重叠,即
>
> $$\boldsymbol{\beta} \cdot \boldsymbol{r}_i = 0$$
>
> 或根据式(6)关于空间曲线 Frenet 标架构造的定义
>
> $$\ddot{\boldsymbol{r}} \cdot \boldsymbol{r}_i = 0$$
>
> 再次利用曲线 C 的曲率向量的形式表述
>
> $$\ddot{\boldsymbol{r}} = \sum_k \left(\frac{\mathrm{d}^2 u^k}{\mathrm{d}t^2} + \sum_{i,j}\Gamma^k_{ij}\frac{\mathrm{d}u^i}{\mathrm{d}t}\frac{\mathrm{d}u^j}{\mathrm{d}t}\right)\boldsymbol{r}_k + \sum_{i,j} L_{ij}\frac{\mathrm{d}u^i}{\mathrm{d}t.}\frac{\mathrm{d}u^j}{\mathrm{d}t}\boldsymbol{n}$$
>
> 将其代入"测地曲率恒为零"的"测地线"定义式中,因此
>
> $$k_{\text{geodesic}} = (\dot{\boldsymbol{r}}, \ddot{\boldsymbol{r}}, \boldsymbol{n}) = \boldsymbol{n} \cdot (\dot{\boldsymbol{r}} \times \ddot{\boldsymbol{r}}) = \sum_k g_{kl}\left(\frac{\mathrm{d}^2 u^k}{\mathrm{d}t^2} + \sum_{i,j}\Gamma^k_{ij}\frac{\mathrm{d}u^i}{\mathrm{d}t}\frac{\mathrm{d}u^j}{\mathrm{d}t}\right) = 0 \tag{17}$$
>
> 考虑到
>
> $$g = \det(g_{kl}) \neq 0:\quad g_{kl} = \boldsymbol{r}_k \cdot \boldsymbol{r}_l$$
>
> 于是

$$\frac{\mathrm{d}^2 u^k}{\mathrm{d}t^2}+\sum_{i,j}\Gamma_{ij}^k \frac{\mathrm{d}u^i}{\mathrm{d}t}\frac{\mathrm{d}u^j}{\mathrm{d}t}=0, \quad k=1,2 \tag{18}$$

就是测地线必须满足的微分方程。

但是，如果人们重新考察前面为“测地曲率”构造式(16)所示“计算公式”的推导，并与此处建立“微分方程”的过程作比较可以发现：对于定义“测地曲率”的矢量三重标量积

$$k_{\text{geodesic}}=(\dot{\boldsymbol{r}},\ddot{\boldsymbol{r}},\boldsymbol{n})=\boldsymbol{n}\cdot(\dot{\boldsymbol{r}}\times\ddot{\boldsymbol{r}})$$

即使允许预先使用“测地线”最终结果，承认曲线 C 的“曲率矢量”与曲面 S 的法线叠合，相应存在曲线 C 的曲率矢量恒与曲面 S 的基矢量彼此正交的推论

$$\ddot{\boldsymbol{r}}\cdot\boldsymbol{r}_i=0\mapsto\ddot{\boldsymbol{r}}\cdot\dot{\boldsymbol{r}}=0$$

但是，此处的这个“正交性”条件，显然不可能直接影响“测地曲率”计算公式的形式表述。也就是说，根本不可能根据这个补充的“正交性”条件，逻辑地推得式(17)所示的形式表述，从而最终出现与式(16)相差如此之大的结果。事实上，即使从式(15)推导式(16)所示这个为微分几何通常使用的一般结果时，仍然需要补充“曲面正交坐标网”的条件。因此，在“实体论”微分几何学中，根据式(17)进而推得式(18)所示的“微分方程”在逻辑上显然不当。

进一步说，仅仅当曲面上曲线为式(15)所示的“测地曲率”满足“等于零”条件的时候，才可能得到曲面上空间曲线“曲率向量的方向与曲面法线方向叠合”的结果；但是，这个附加特征的获得，则不应该影响式(15)最初为“测地曲率”所构造计算公式的形式表述。如果因为测地曲率等于零，就可以改变等于零的测地曲率的原始定义，那么，测地线必须满足测地曲率等于零的逻辑前提也失去了存在意义。

4.1.4 现代微分几何关于“曲面上测地线”的“约定论”构造

众所周知，整个现代微分几何只可能建立在“公理化假设”的基础之上。或者在现代数学体系面对大量逻辑悖论的时候，根据 Hilbert 所构造的“形式主义”哲学诠释，只要是某个“智慧人群”的小团体或者是如 M. Kline 所描述的那样允许“无视逻辑、恣意妄为”的大人物们，能够共同形成某种约定，那么，对于这个“社会学”意义上的“科学共同体”而言，任何形式的“人为约定”已经自然地成为普适真理。事实上，正因为此，Hilbert 才会如此理直气壮地提出“桌子、椅子、啤酒瓶同样可以视为几何学中的点、线、面”的豪言壮语，从而为他关于数学基础的“形式主义”理念做出最为透彻和准确的诠释①。

既然只是根据“约定”构造而成的“公理化”集合，那么，完全无需像所有“实体论”微分几何

① 人们切切不要以为笔者总是拿“桌子、椅子、啤酒瓶”作说辞似乎显得过于狭隘或偏激，以至于给人以“抓住 Hilbert 的小辫子不放”的感觉。其实完全不然。Hilbert 的这个“独断论”名言绝不是语病或疏忽，恰恰是他对“形式主义”一种最为准确和透彻的诠释。虽然 Brouwier 的“直觉主义”表面上采取了一种“公然否定逻辑”的立场，其实，他只是没有形成一种“理性”判断：一个“构造性对象”恰恰为任何一个形式表述提供了一种不可缺失的“构造性”实体论基础和逻辑前提，从而在给予数学陈述以某种“限制”的同时，能够保证数学体系的“整体”可能真正处于逻辑相容之中。相反，与 Brouwier 曾经针对 Hilbert 所提的严厉批判本质上保持一致，Hilbert 的“独断论”主张才真正是人类历史上对逻辑和理性一次难得一见的公然挑衅和粗暴亵渎，并且还成为对一切科学工作者一种最为可怕的欺骗。可以相信，如果说 Hilbert 曾经嗤笑 Einstein 几乎完全不懂得数学，那么，Hilbert 的“公理化体系”主张无疑更具迷惑力。

著作那样如此煞费苦心，试图为"测地线微分方程"拼凑没有任何逻辑可言的论证结构。正因为此，对于建立在"约定论"基础之上的现代微分几何而言，无需为曲面（或流形）上"测地线"的概念提供任何证明，它不过是在依据"Levi-Civita 平移"的人为假设所构造"绝对微分"的人为概念基础之上，再一次人为构造出来的一个"概念"或"约定"而已。

为此，此处不妨完整借用陈省身先生在其所著《微分几何讲义》的相关论述，看一看"现代微分几何"到底是怎样为"流形上测地线"构造相关形式定义的。该著作给出如下所示的"构造性"定义：

> 设 C: $u^i=u^i(t)$ 是流形 M 上一条参数曲线，$\mathbf{X}(t)$ 是定义在 C 上的切向量场，表成
>
> $$\boldsymbol{X}(t)=x^i(t)\left(\frac{\partial}{\partial u^i}\right)_{C(t)}$$
>
> 如果它沿曲线 C 的绝对微分为零，即
>
> $$\frac{\mathrm{D}\boldsymbol{X}}{\mathrm{d}t}=0$$
>
> 我们称切向量场 $\boldsymbol{X}(t)$ 沿曲线 C 是平行（即在"Levi-Civita 平移假设"下不变）的。
>
> 若曲线 C 的切向量沿 C 自身是平行的，则称 C 是自平行曲线，或称 C 是流形 M 上的测地线。
>
> 此外，（根据曲面或流形上"绝对微分"的定义），上述关于"测地线"定义方程等价于
>
> $$\frac{\mathrm{d}x^i}{\mathrm{d}t}+x^j\Gamma^i_{jk}\frac{\mathrm{d}u^k}{\mathrm{d}t}=0$$
>
> 这是一个一阶线性常微分方程组。因此，在曲线 C 上任意一点给定一个切向量 $\boldsymbol{X}$，则它在 C 上产生一个平行的切向量场。这个切向量场称为 $\boldsymbol{X}$ 沿曲线 C 的平行移动。
>
> 继而，如果 C 是测地线，则（根据微分几何的约定）C 的切向量
>
> $$\boldsymbol{X}(t)=\frac{\mathrm{d}u^i(t)}{\mathrm{d}t}\left(\frac{\partial}{\mathrm{d}u^i}\right)_{C(t)}$$
>
> 沿曲线 C 是平行的，所以测地线 C 应该满足方程
>
> $$\frac{\mathrm{d}^2u^i}{\mathrm{d}t^2}+\Gamma^i_{jk}\frac{\mathrm{d}u^j}{\mathrm{d}t}\frac{\mathrm{d}u^k}{\mathrm{d}t}=0$$
>
> 这是二阶常微分方程，所以过流形 M 上的任意一点，恰有一条测地线在该点与任意给定的已知切向量相切。

毫无疑问，正是这样一种只能以"公理化假设"待之的"构造性"定义或者人为约定，才使得人们能够以一种十分方便的方式，普遍应用于几乎所有"现代微分几何"著作以及"广义相对论"著作中[3,4]。

事实上，只要人们一旦认同 Hilbert"公理化思想"为现代数学研究构造的思想基础，那么，所有一切"人为约定"都只能当作"天赋真理"对待，无需也不允许追问这些约定到底是不是"真正符合道理"。况且，对于此处的人为约定，看起来还远远不如 Hilbert 著名的"桌子、椅子、啤酒瓶"理论那样的"独断（dogmatic）"与"蛮不讲理"呢！但是，既然本质上是"约定论"乃至是

“独断论”的，最终必然出现陈省身先生自己所描述的那种现象：他所讲述的都是“有一半自己不懂”的东西而已。当然，如果使用规范语言对通俗语言所说的“读不懂”加以诠释，那么，“读不懂”的准确内涵就是：如果不是阅读者顽愚不化或缺失相关的知识基础，就是阅读的材料自身出现了矛盾或逻辑悖论。

真正科学的必须逻辑相容。正因为此，真正科学最终也一定是容易为人们理解和接受，并且绝不允许 Kline 所颂扬的那些“公然无视逻辑、恣意妄为”的大人物，混迹于智慧人类“探求真理”的伟大科学事业中。

4.2 古典测地线定义对测地线“本来意义”的逻辑否定

人类的“理性”认识(即符合逻辑的认识)，永远只可能处于“逐步深化认识”的历史进程之中。在 17 世纪末叶，由 Newton 和 Leibniz 共同开创的微积分刚刚出现。因此，当那个时代的人们试图应用这个强大、有力的新鲜武器，深入探讨“几何体”以及置于不同特定几何体之上客观存在几何量的不同变化特征时，这种努力的本身就真实体现了人类理性认识的重大进步。事实上，如果针对自 20 世纪初已经被发现的“数学基础逻辑悖论”问题，人们提出了彼此完全对立和冲突的思想体系，并且至今尚处于难以对这些对立中的思想体系，做出恰当判断的困境或尴尬之中，而且当 Kline 诚实地指出整个现代数学体系充满矛盾乃至即将坍塌的时候，那么，人们怎么能够要求 3 个世纪前的科学先行者不犯错误呢？

但是，对待人类认识史中不可避免认识错误的正确方式，绝不是曲意掩饰矛盾或者否认认识错误的存在，而是诚实地揭示人类深化认识过程中所有可能存在的矛盾。并且，随着一切矛盾被真正揭开，一个正确的认识体系也就自然形成了。正因为此，Hilbert 的“形式主义”看似崇尚逻辑，却比 Brouwier 诚实地承认矛盾存在的“直觉主义”，具有更大的危险性和欺骗性，偏离并不仅仅属于西方科学世界而属于整个人类的“理性追求”更远。

事实上，在 17 世纪末，当 Bernoulli 提出“测地线”的概念，并且将其当作定义曲面上“最短线”唯一恰当方式时，他的所有思考并不准确，只能纳入“直觉、表观和粗糙”的认识层次，并且恰恰对他原来希望构造的“短程线”理念构成逻辑否定。此处，不妨首先从“直观意义”的视角出发，重新剖析 Bernoulli 最初思维中的许多明显不当。

4.2.1 古典“测地线”定义的“不唯一性”问题

此处，首先重复写出式(8)所示，古典微分几何为曲面上曲线构造的“测地曲率”定义

$$k_{\text{geodesic}}=\ddot{\boldsymbol{r}}\cdot\boldsymbol{\varepsilon}:\quad \ddot{\boldsymbol{r}}=\frac{\mathrm{d}^2\boldsymbol{r}}{\mathrm{d}t^2},\quad \boldsymbol{\varepsilon}=\boldsymbol{n}\times\boldsymbol{\alpha}$$

显然，当 Bernoulli 试图把此处定义的形式量等于零的曲线看作是曲面上“最短弧”的时候，他希望表达的思想十分清晰，这就是：如果曲线 C 在空间发生弯曲矢量 $\mathrm{d}\boldsymbol{r}^2/\mathrm{d}t^2$ 所描述的弯曲，那么，因为此处给出测地曲率 k_g 对应于该变化矢量在“同时与曲面法向量 $\boldsymbol{n}$ 以及曲线切向量 $\boldsymbol{\alpha}$ 正交的有向线段 $\boldsymbol{\varepsilon}$ ”上的投影，所以曲线的 k_g 越大，则意味着该曲线与 Bernoulli 心目中的“最捷线”相应形成较大的偏离。于是，如果曲线的“测地曲率”等于零，即他所定义的“测地线”自然成为曲面上与“最捷线”一致的方向。

然而，当微分几何根据以上认定，为“测地线”构造如下所示微分方程的同时

$$\frac{d^2u^k}{dt^2}+\sum_{i,j}\Gamma_{ij}^k\frac{du^i}{dt}\frac{du^j}{dt}=0,\quad k=1,2$$

往往需要特地指出：根据“常微分方程”理论，只要给定曲面上“任意”一点以及“任意”一个方向，那么，总存在唯一的“测地线”能够相切于这个给定的方向。因此，即使不考虑前面已经指出这个微分方程的导得其实并不真正符合逻辑的问题，人们仍然由此立即推断：为了满足流形上任意方向的切向量场总可能存在“平行移动”的必要前提，此处的这个补充判断是必需的，但恰恰与 Bernoulli 最初希望赋予“测地线”以“最捷线”的内涵相矛盾。

事实上，对于给定曲面上覆盖给定几何点的曲线，不可能在所有方向上都存在满足此处所说“测地线方程”条件的曲线。否则，曲面上每一个方向都能够满足测地线方程，或者说曲面的所有方向之上都能够满足测地曲率恒等于零的条件。相当于曲面一点处的任意方向的曲线本质上都是测地线，这意味着：测地线与曲面上的其他曲面已经没有任何本质区别，因此，提出测地线乃至测地曲率的概念已经没有任何意义。当然，作为一个直观的自然推论，如果曲面上的“测地线”能够视之为曲面上两点之间“最捷线”的等价性概念，那么，由于一点处的任意方向都可以成为该点处“最捷线”的方向，使得如何求解“最捷线”的命题同时失去了存在意义。

毋庸置疑，尽管 Bernoulli 的最初的直观猜测看起来不无道理，却违背了曲面上“最捷线”不可能在所有方向上同时存在这样一个明显符合于“一般逻辑”的前提判断。于是，人们还可以进一步推断，相关的经典分析中一定隐含着某种人们尚未认识到的思维漏洞①。

4.2.2 经典微分几何关于测地线的“存在定理”隐含的逻辑不当

仍然重新考察经典微分几何所给出，测地线需要满足的微分方程

$$\frac{d^2u^k}{dt^2}+\sum_{i,j}\Gamma_{ij}^k\frac{du^i}{dt}\frac{du^j}{dt}=0,\quad k=1,2$$

人们往往指出，只要给定曲面上的点以及该点处任意给定的切方向，即

$$t=t_0: u^k=u_0^k,\quad \frac{du^k}{dt}=\left(\frac{du^k}{dt}\right)_0,\quad k=1,2 \tag{19}$$

那么，根据常微分方程的一般理论，总唯一地存在曲线

$$C: u^k=u^k(t)$$

成为处处满足“测地曲率等于零”的测地线。

但是，由此可以立即推得一个悖论性的结果：首先，对于给定曲面上任意点的任意方向，总存在满足测地线方程的测地线；其次，正由于曲面上给定点处任意给定的方向上总存在测地曲率等于零的测地线，原则上无需也无法寻找给定点切平面上某一个确定方向使其满足测地曲率等于零的条件。或者说，曲面上测地曲率不为零的方向根本不存在。因此，测地线“普遍存

① 建立在“实体论”基础之上的数学分析，只要相关结论不当，几乎一定会像式(17)那样，暴露出相关推理过程可能存在的逻辑不当。但是，一旦在数学中允许“约定论”存在，看起来它能够掩饰某些具体推导过程中明显存在的矛盾，但是，正如此处所述流形上“平行移动”必须具有在所有方向上的“普适”意义，却必然违背最初赋予“测地线”作为“短程线”所必需的仅仅存在于某些“特定方向”的素朴理性基础，因而一切“约定论(公理化思想)”对逻辑构成的危害也是最大和最彻底。当然，回避数学基础严重对立的前提，讨论具体的数学问题本质上就失去了存在的意义。

在"的平凡性，势必对需要赋予测地线的特殊意义构成逻辑否定。

于是，即使不考虑古典微分几何推导"测地线微分方程"明显存在的逻辑不当，但是，根据常微分方程理论推得的经典结论，实际上已经否定了前面仅仅凭借"对测地线一种直观几何诠释"所得到的推测。一个理论上可靠的推论，果真会颠覆一个直观意义上恰当的推测吗？答案必然是否定的。自然科学中任何一个真正合理的推断，必须同时是自然的和处处逻辑相容的，或者必然吻合于理性意识上的常识判断。

事实上，根据式(8)为曲面上曲线的"测地曲率"以及"测地线"构造的定义，测地线方程的原始表述应该为

$$k_{\text{geodesic}} = \ddot{\boldsymbol{r}} \cdot \boldsymbol{\varepsilon} = 0: \quad \ddot{\boldsymbol{r}} = \frac{\mathrm{d}^2 \boldsymbol{r}}{\mathrm{d}t^2}, \quad \boldsymbol{\varepsilon} = \boldsymbol{n} \times \boldsymbol{\alpha}$$

这样，该数学表述本质上是为定义于"3 维 Euclid 空间 V"中两个矢量，即 $\mathrm{d}^2\boldsymbol{r}/\mathrm{d}t^2$ 与 $\boldsymbol{\varepsilon}=\boldsymbol{n}\times\boldsymbol{\alpha}$，构造了一个相关的约束方程，并且，前者仅仅逻辑地属于空间曲线 C，而后者还必须同时依赖于曲面的空间结构。当然，由此推得借助曲面坐标所表述的测地线方程，不可能改变"为 3 维 Euclid 空间 V 中的向量构造某种约束性定义"的本质内涵。也就是说，即使无需考虑测地线微分方程经典表述的逻辑不当，或者直接接受曲面(流形)上"Levi-Civita 平行位移"的人为假设，将测地线微分方程视为曲面(流形)上切向量场"平行移动"的一个等价性定义，但是，由测地曲率等于零的条件所构造的微分方程仍然需要本质地定义于"3 维 Euclid 空间"之中的基本事实，即

$$\frac{\mathrm{d}^2 u^k}{\mathrm{d}t^2} + \sum_{i,j} \Gamma_{ij}^k \frac{\mathrm{d}u^i}{\mathrm{d}t} \frac{\mathrm{d}u^j}{\mathrm{d}t} = 0 \quad (k = 1,2), \quad \in V \subset R^3$$

其实，如果注意到在"实体论"微分几何中最初引入 Christoffel 符号时的基本定义

$$\begin{cases} \boldsymbol{r}_{ij} = \Gamma_{ij}^k \boldsymbol{r}_k + \lambda_{ij} \boldsymbol{n} : \lambda_{ij} = \boldsymbol{r}_{ij} \cdot \boldsymbol{n} = L_{ij} \\ \boldsymbol{n}_i = \mu_i^j \boldsymbol{r}_j : \mu_i^j = g^{jk} L_{ik} \end{cases} \qquad i,j = 1,2$$

那么，此式更为明确地说明：尽管所有这些数学表述使用了曲面上的坐标，但是它们在本质上所给出的仍然只是"定义在 3 维 Euclid 空间中向量"之间的关系式。

当然，如果更为直观地讲，即使局限于 2 维曲面(流形)的一点处，能够把定义于该给定点处的切向量视为 2 维向量，但是，在论述曲面上两个几何点之间"最短线"命题时，仍然永远无法改变"有限大"曲面上的"切向量场"整体，只允许定义于 3 维几何空间一个"客观存在"的基础。这样，即使不考虑测地线微分方程是否恰当的问题，人们也不可能仅仅凭借式(19)所示的两个分量性条件，去求解曲面上本质上同样只能当作"空间曲线"对待的"最捷线"解。

如果改变考虑问题的角度，那么，在进行"曲面论"的相关讨论时，本质上与人们需要认识到"处理曲面上向量场面对的仍然是 3 维 Euclid 空间向量"的前提判断相一致，一个至关重要但是往往为人们忽视的问题在于：在曲面论研究中，虽然与直接在 3 维 Euclid 空间中进行"向量分析"对应于 3 个独立变量的情况不同，此时在形式上具有"独立"意义的坐标只有两个，但是，在使用一对定义于曲面之上的坐标反映其在向量空间某种特征的同时，实际上还始终"需要伴随"一个视作必要"逻辑前提"的约束方程。当然，这个约束方程就是定义"空间曲面"的曲面方程

$$\left.\begin{array}{l} x = x(u,v) \\ y = y(u,v) \\ z = z(u,v) \end{array}\right\} \overset{x=u,\,y=v}{\longleftrightarrow} z = z(u,v) \tag{20}$$

或者说，即使允许不考虑"测地线微分方程"本身的逻辑不当，甚至不妨接受Gauss内蕴几何或现代微分几何"局部性"分析的思想，但是，在考虑"曲面上两个几何点之间某种几何关系"的时候，这个命题本身就是"全局性"的命题，然而式(20)所示的曲面方程正是构造"全局性分析"所必需的"客观性(实体论)"基础。如果数学家们完全无视"逻辑仅仅是同义反复，逻辑推理永远不可能告诉超越前提的任何实在"这个本来"过分简单、自然和素朴"的道理，甚至在逻辑推理过程中允许不断引入诸如"Levi-Civita平移"这样一些纯粹的主观独断，那么"逻辑推理"已经消失得无影无踪，数学也不复存在。

于是，即使不考虑测地线微分方程的逻辑不当，同样也不考虑式(19)所示"两个分量"的初始条件不可能为"本质上属于3维空间中的曲线"提供恰当"定解条件"的问题，那么，一旦认识到式(20)所示附加约束方程的前提存在，被微分几何当作"微分方程适定的定解问题"只能成为一个"不可求解"的问题。当然，这同样是现代微分几何中"人为约定"层出不穷，一个接着一个，异化为"人为约定"的堆砌，却从来没有真正用于实际计算的缘故。此处，不妨借用M. Kline曾经在《数学：确定性丧失》一书做出的告诫：

> 正确的数学所面临的困境是，究竟哪一种学派的思想是最合理的，甚至在同一种学派内部还有现代错综复杂的方向供数学选择。这种困境本将给纯粹数学家们一个喘息的机会，使他们在创造新数学前先致力于基础性问题的研究，因为这些新数学可能在逻辑上站不住脚。但是，他们却轻率地在未被应用的数学领域中不断产生新的成果。
>
> ……不幸的是，今天的绝大多数数学家仍然以不断增加的速度，继续在纯粹数学中创造出新的成果。……一本扼要评述新的或许是最重要数学成果的《数学评论》杂志，每月登载约2 500条即每年30 000条的成果。……对于他们而言，重要的是发表新文章，越多越好。个人的成就是首要的，不管是对还是错。

在M. Kline发表的太多论述之中，无疑应该将它们视为最为难得精彩、中肯和一语中的。众所周知，在构造推理的过程中，任何"人为假设"或"人为约定"的提出已经对"逻辑"构成彻底否定。一旦缺失逻辑，还成什么数学呢?

4.3 关于"曲面上测地线"Euler方程经典表述的逻辑证伪

前面的分析已经指出：借助微分运算推导式(17)的过程几乎显然地隐含众多逻辑悖论。事实上，如果"客观和逻辑"地重新审查历史，那么可以确信：由于刻画客观量的"不变性张量"以及同样需要被赋予客观性意义的"不变性微分算子"的讨论诞生于20世纪，18～19世纪的数学家根本不可能具有"真正逻辑地考察曲面上张量场"的工具或能力。当然，他们也不可能通过具有"客观意义"的微分算子，并按照它们需要遵循的基本运算法则，直接为"曲面上测地线"提供可信的微分方程。正因为此，这个由17世纪的Bernoulli最初提出的"测地线"概念，以及一直沿用至今的曲面上测地线微分方程，只能依赖于如何为曲面上两点间最短线构建"变分法"的另一个"等价性"命题。然而，一个重新构建于"变分法"之上，并曾得到19世纪的

Gauss 加以完善的研究结果，看起来毫无瑕疵，其实它内蕴的数学结构却是不准确的。

4.3.1 相关 Euler 方程的经典构造

按照古典数学的惯例，从变分原理出发推得的微分方程通常被称为相关极值问题的 Euler 方程。此处，除了为了便于阅读增加若干解释外，仍然完全引用文献[5]在“实体论”基础上微分几何通常使用的证明模式，首先重新给出构造 Euler 方程经典论述。它指出：

对于 3 维空间 R^3 中的给定曲面

$$S: \boldsymbol{r} = \boldsymbol{r}(u^1, u^2), \quad \boldsymbol{r} \subset R^3$$

以及属于该曲面两个任意给定的点 P 和 Q，如果存在通过该两点的空间曲线 C，而该曲线以曲面上坐标 (u^1, u^2) 为因变量的“自然参数”方程为

$$u^i = u^i(t), \quad i = 1, 2$$

与 P 和 Q 两点相对应，直线 C 的自然参数分别为 t_1 和 t_2。那么，该曲线在 PQ 间的弧长

$$\begin{aligned} s &= \int_{t_1}^{t_2} \mathrm{d}s = \int_{t_1}^{t_2} \sqrt{g_{ij} \frac{\mathrm{d}u^i}{\mathrm{d}t} \frac{\mathrm{d}u^j}{\mathrm{d}t}} \mathrm{d}t \\ &= \int_{t_1}^{t_2} \varphi(u^1, u^2, \dot{u}^1, \dot{u}^2) \mathrm{d}t \end{aligned} \tag{21}$$

其中

$$\varphi(u^1, u^2, \dot{u}^1, \dot{u}^2) = \sqrt{g_{ij} \frac{\mathrm{d}u^i}{\mathrm{d}t} \frac{\mathrm{d}u^j}{\mathrm{d}t}} \tag{22}$$

对应于该曲线上任意一点处的“单位”弧长。而在该式中，如下所示的有序系数集合

$$g_{ij}(u^1, u^2) = \frac{\partial \boldsymbol{r}}{\partial u^i} \cdot \frac{\partial \boldsymbol{r}}{\partial u^j}$$

仅仅定义于空间曲面 S 以及定义于该曲面上的曲线坐标自身①。

假设过 P、Q 两点，同一曲面 S 上还存在与 C 充分靠近的曲线

$$\tilde{u}^i(t) = u^i(t) + \varepsilon w^i(t): w^i(t_1) = w^i(t_2) = 0 \tag{23}$$

式中 ε 为充分小量，以保证两条曲线满足充分靠近的前提。将该曲线的弧长写成原曲线弧长 s 变分的形式，即

$$\begin{aligned} \tilde{s}(\varepsilon) &= \int_{t_1}^{t_2} \left(\frac{\partial \varphi}{\partial u^i} \delta u^i + \frac{\partial \varphi}{\partial \dot{u}^i} \delta \dot{u}^i \right) \mathrm{d}t \\ &= \int_{t_1}^{t_2} \varphi(u^1 + \varepsilon w^1, u^2 + \varepsilon w^2, \dot{u}^1 + \varepsilon \dot{w}^1, \dot{u}^2 + \varepsilon \dot{w}^2) \mathrm{d}t \end{aligned} \tag{24}$$

要使曲线 C 成为连接 PQ 两点曲线族中弧长最短的曲线，必须有

$$\left. \frac{\mathrm{d}\tilde{s}(\varepsilon)}{\mathrm{d}\varepsilon} \right|_{\varepsilon=0} = 0$$

即

① 微分几何或张量分析中，通常把 $\boldsymbol{n} \cdot (\boldsymbol{r}_i \times \boldsymbol{r}_j) = \varepsilon_{ij}$ 称为“曲面上行列式张量”的系数。

$$0=\int_{t_1}^{t_2}\left(\frac{\partial\varphi}{\partial u^i}w^i+\frac{\partial\varphi}{\partial\dot{u}^i}\dot{w}^i\right)\mathrm{d}t \tag{25}$$

根据分部积分

$$\int_{t_1}^{t_2}\left(\frac{\partial\varphi}{\partial\dot{u}^i}\dot{w}^i\right)\mathrm{d}t=\frac{\partial\varphi}{\partial\dot{u}^i}w^i\Big|_{t_1}^{t_2}-\int_{t_1}^{t_2}w^i\frac{\mathrm{d}}{\mathrm{d}t}\left(\frac{\partial\varphi}{\partial\dot{u}^i}\right)\mathrm{d}t=-\int_{t_1}^{t_2}w^i\frac{\mathrm{d}}{\mathrm{d}t}\left(\frac{\partial\varphi}{\partial\dot{u}^i}\right)\mathrm{d}t$$

上述变分的极值性方程变为

$$0=\int_{t_1}^{t_2}w^i\left[\frac{\partial\varphi}{\partial u^i}-\frac{\mathrm{d}}{\mathrm{d}t}\left(\frac{\partial\varphi}{\partial\dot{u}^i}\right)\right]\mathrm{d}t$$

再考虑函数 w^i 的任意性，于是得

$$\frac{\mathrm{d}}{\mathrm{d}t}\left(\frac{\partial\varphi}{\partial\dot{u}^i}\right)-\frac{\partial\varphi}{\partial u^i}=0,\quad i=1,2 \tag{26}$$

该方程即为曲面上两点间“最短线”变分问题中的 Euler 方程。

此外，分别针对式(22)所定义曲线上“单位”弧长，求如下所示的两个偏导数

$$\frac{\partial\varphi}{\partial\dot{u}^i}=\frac{\dfrac{\partial}{\partial\dot{u}^i}(g_{ij}\dot{u}^i\dot{u}^j)}{2\varphi}=\frac{g_{ij}\dot{u}^j}{\varphi}=g_{ij}\dot{u}^j$$

以及

$$\frac{\partial\varphi}{\partial u^i}=\frac{\dfrac{\partial}{\partial u^i}(g_{ij}\dot{u}^i\dot{u}^j)}{2\varphi}=\frac{\dfrac{\partial}{\partial u^i}(g_{jk}\dot{u}^j\dot{u}^k)}{2\varphi}=\frac{1}{2}\frac{\partial g_{jk}}{\partial u^i}\dot{u}^j\dot{u}^k$$

将它们代入 Euler 方程，得

$$g_{ij}\frac{\mathrm{d}\dot{u}^j}{\mathrm{d}t}+\frac{\mathrm{d}g_{ij}}{\mathrm{d}t}\dot{u}^j-\frac{1}{2}\frac{\partial g_{jk}}{\partial u^i}\dot{u}^j\dot{u}^k=0$$

其中

$$\frac{\mathrm{d}g_{ij}}{\mathrm{d}t}\dot{u}^j=\dot{u}^k\frac{\partial g_{ij}}{\partial u^k}\dot{u}^j$$

于是，Euler 方程变为

$$g_{ij}\ddot{u}^j+\frac{\partial g_{ij}}{\partial u^k}\dot{u}^j\dot{u}^k-\frac{1}{2}\frac{\partial g_{jk}}{\partial u^i}\dot{u}^j\dot{u}^k=0$$

考虑到曲面论涉及“Christoffel 符号”的基本方程

$$g_{il}\Gamma^l_{jk}=[jk,i]=\frac{1}{2}\left(\frac{\partial g_{ij}}{\partial u^k}+\frac{\partial g_{ki}}{\partial u^j}-\frac{\partial g_{jk}}{\partial u^i}\right) \tag{27}$$

相应有

$$\begin{aligned}g_{il}\Gamma^l_{jk}\dot{u}^j\dot{u}^k&=\frac{1}{2}\left(\frac{\partial g_{ij}}{\partial u^k}+\frac{\partial g_{ki}}{\partial u^j}-\frac{\partial g_{jk}}{\partial u^i}\right)\dot{u}^j\dot{u}^k\\&=\frac{\partial g_{ij}}{\partial u^k}\dot{u}^j\dot{u}^k-\frac{\partial g_{jk}}{\partial u^i}\dot{u}^j\dot{u}^k\end{aligned}$$

于是，Euler 方程可以写为

$$g_{ij}(\ddot{u}^j+\Gamma^j_{kl}\dot{u}^k\dot{u}^l)=0$$

考虑到

$$g=\det(g_{ij})\neq 0$$

所以曲面上两点间“最短线”需要满足的 Euler 方程为

$$\ddot{u}^i + \Gamma^i_{jk}\dot{u}^j\dot{u}^k = 0,\quad i = 1,2 \tag{28}$$

最终仍然与式(18)所示的“测地线方程”保持一致。

4.3.2 经典 Euler 方程“抽象内涵”的重新剖析

以上推导过程虽然看起来比较繁杂，但是，原则上它们只是在 Gauss“曲面论”许多恰当结果的基础上，根据式(21)与式(22)所示逻辑前提构造出来的一个恰当逻辑推论。那么，如何解释在另一个推导过程中式(17)的逻辑不当，乃至怎样看待前面指出的“一点处测地线方程无法给出具有唯一意义的恰当方向选择”的明显事实，从而不可能真正具有“确定曲面上最短线某一个特定方向”这个必须具备的功能呢？

逻辑永远不可能给出超越逻辑前提的东西。实际上，当人们以式(21)构造的泛函作为变分原理中的极值函数

$$\begin{aligned}\min:s&=\int_{t_1}^{t_2}\mathrm{d}s=\int_{t_1}^{t_2}\sqrt{g_{ij}\frac{\mathrm{d}u^i}{\mathrm{d}t}\frac{\mathrm{d}u^j}{\mathrm{d}t}}\mathrm{d}t\\&=\int_{t_1}^{t_2}\varphi(u^1,u^2,\dot{u}^1,\dot{u}^2)\mathrm{d}t\end{aligned} \tag{29}$$

以及正如运算过程需要使用的关系式(22)所示，其中的被积函数 φ 作为“度量因子”还必须被认定为“单位”长度的量的时候，即

$$\varphi(u^1,u^2,\dot{u}^1,\dot{u}^2)=\sqrt{g_{ij}\frac{\mathrm{d}u^i}{\mathrm{d}t}\frac{\mathrm{d}u^j}{\mathrm{d}t}}\equiv 1 \tag{30}$$

并且，当式中所有这些形式量都认定是给定曲线 C 及其自变量(自然参数)t 的函数的时候，变分原理中的泛函 s 已经本质地退化为一个“函数值”不允许任何变化的“死”的函数

$$s = t_2 - t_1 \equiv \text{const.} \tag{31}$$

那么，由于泛函所决定的函数值为常数，求解泛函极值的问题已经失去存在基础。

也就是说，对于式(29)和式(30)所示的泛函极值问题，当其建立在以“曲线自然坐标 t”为自变量的函数空间之中，并且以给定曲线 C 的自然坐标的始点 t_1 和终点 t_2 作为两个确定量而构造泛函问题时，因为曲线的长度 s 为不变的确定量，所以根本不可能用其描述曲面上两点之间“最短连线”的问题。至于上述变分问题最终导得的泛函极值条件，充其量只能视之为在需要赋予曲线以式(30)所示的“不变性”度量基准时，该曲线必须满足的补充约束条件，该条件与曲面上任意两点之间“最短连线”的命题毫无关系。

4.3.3 关于曲面上“内蕴几何”若干相关认识不当的纠正

空间中的曲面是一个整体。当然，任何曲面的形形色色性质特征，同样构成逻辑地隶属于该给定曲面的整体。实际上，自从 Gauss 引入“内涵几何”和“外在几何”的概念，试图把“曲面几何”割裂成两个“独立”的部分，进而又寄希望于能够仅仅凭借内蕴于曲面之上的“度量”特征，逻辑地推得曲面在其所生存的 3 维空间的“外在”特征的那个时刻开始，整个微分几何已经不可逆转地步入歧途。

其实，任何人不可能否定一个本来过分自然和简单的事实：对于任意给定的空间曲面，连

接曲面上两几何点的“最短线”，必然依赖于该曲面在空间中“整体弯曲”的状况，也就是被Gauss微分几何视为“外在几何”的那部分几何特征。因此，当微分几何把“测地线”概念纳入“内蕴几何”的范畴，让其独立于“曲面在大空间中弯曲”的实际状况时，已经完全违背了以上明显存在的基本事实。

根据“实体论”的古典微分几何，对于3维空间R^3中任意给定的曲面

$$S:\boldsymbol{r}=\boldsymbol{r}(u^1,u^2),\quad \boldsymbol{r}\subset R^3$$

相应确定了两个坐标矢量以及与其正交的单位法向矢量

$$\begin{cases}\boldsymbol{r}_1=\partial\boldsymbol{r}/\partial u^1\\ \boldsymbol{r}_2=\partial\boldsymbol{r}/\partial u^2\\ \boldsymbol{n}=\boldsymbol{r}_1\times\boldsymbol{r}_2/\sqrt{g}\end{cases}\qquad g_{ij}=\boldsymbol{n}\cdot(\boldsymbol{r}_i\times\boldsymbol{r}_j),\quad g=g_{ij}\tag{32}$$

继而对这三个矢量求导数，并且形式地表示为

$$\begin{cases}\boldsymbol{r}_{ij}=\partial^2\boldsymbol{r}/\partial u^i\partial u^j=\Gamma_{ij}^k\boldsymbol{r}_k+\lambda_{ij}\boldsymbol{n}\\ \boldsymbol{n}=\partial\boldsymbol{n}/\partial u^i=\mu_i^j\boldsymbol{r}_j\end{cases}\tag{33}$$

该式逻辑地表示，只要讨论坐标向量$\boldsymbol{r}_i(i=1,2)$的导数，通常必然会涉及曲面法线$\boldsymbol{n}$方向上分量的问题。因此，尽管微分几何为Christoffel符号构造如下“形式”的关系式：

$$\Gamma_{ij}^k=f(E,F,G,E_{u^i},F_{u^i},G_{u^i})\tag{34}$$

从而将曲面上进行“微分运算”时需要使用的这个符号定义为“曲面第一形式”以及“曲面第一形式偏导数”的函数，但是，哪怕只是从“直观意义”考虑，这个符号本质刻画的仍然是曲面上坐标曲线在大空间背景下的弯曲特征，不可能真正视作定义于曲面上一点处一个充分小的邻域之中，可以当作“平面”对待的“内蕴几何”特征。当然，即使不考虑前面已经指出的一系列推导逻辑不当的问题，由式(28)所定义的“测地线”同样不可能被纳入“内蕴几何”的范畴。

进一步说，曲面上“最短线”必然属于一个“整体性”或“大空间”的概念，不可能仅仅凭借曲面的“局部性”特征加以描述。因此，对于曲面上任意两点之间“最短线”的形式定义，如果真的与曲面在其所嵌入大空间的“弯曲状况”没有任何关系，那么，曲面上“最短线”的概念已经自然而然地失去了存在意义。因此，与揭示这个本来并不难发现的逻辑悖论相比，一个更为重要也更值得人们深刻反思的问题在于：对于任何生活于20～21世纪的数学工作者，当他们熟知现代数学体系的整个基础处于严重对立和冲突之中的时候，即使不能一下子找出Gauss微分几何在这个“泛函极值”命题上隐含的逻辑错误，但是为什么如此固守或热衷于如此繁杂、一种纯粹“形而上学”意义上的推导，而对这个“几乎明显违背理性直观判断”的结果长期熟视无睹呢？

4.4 曲面上“短程线”的变分原理

显然，在需要为曲面上“短程线”的概念重新构造确定的形式定义，为相关的“泛函极值”命题构造恰当形式表述的时候，一旦对Gauss最初研究工作明显存在的认识不当，形成真正符合“理性和逻辑”的判断，那么一个恰当结论的重新导出几乎应该是顺乎自然的。

4.4.1 恰当形式表述的重新构造

一个与“曲面上短程线变分原理”相关命题的完整表述应该是：

考虑3维空间R^3中任意给定的曲面

$$S: \boldsymbol{r} = \boldsymbol{r}(u, v), \quad \boldsymbol{r} \subset R^3 \tag{35}$$

以及定义于该曲面上两个任意的几何点P和Q

$$\begin{cases} P(u_1, v_2) \\ Q(u_1, v_2) \end{cases} \in S \subset R^3 \tag{36}$$

总存在连接该P和Q两点的无穷多曲线构成的曲线族

$$C_\lambda(u, v): \overset{\wedge}{PQ}, C \subset S \subset R^3 \tag{37}$$

根据曲面微分几何，曲面上两临近点间的弧长$\mathrm{d}s$满足如下公式

$$\mathrm{d}s^2 = E\mathrm{d}u^2 + 2F\mathrm{d}u\mathrm{d}v + G\mathrm{d}v^2$$
$$(E = \boldsymbol{r}_u \cdot \boldsymbol{r}_u, \quad F = \boldsymbol{r}_u \cdot \boldsymbol{r}_v, G = \boldsymbol{r}_v \cdot \boldsymbol{r}_v) \tag{38}$$

这样，曲线中任意一条曲线的长度

$$s = \int_{P(u,v)}^{Q(u,v)} \mathrm{d}s = \int_{u_1}^{u_2} \sqrt{E + 2F\frac{\mathrm{d}v}{\mathrm{d}u} + G\left(\frac{\mathrm{d}v}{\mathrm{d}u}\right)^2}\,\mathrm{d}u \tag{39}$$

其中，该积分式积分变量中两曲面坐标变化之间需要满足的约束关系$\mathrm{d}v/\mathrm{d}u$是确定的，决定于式(37)所给定曲线族中某一个确定的曲线。因此，该式实际上成为式(37)所定义的“曲线族”的泛函。并且，除了使用曲面上曲线坐标(u, v)以外，并没有改变曲线C属于“空间曲线”的本质。

于是，曲面上寻求两点间最短线的命题，等价于如下构造的“条件泛函极值”问题

$$\begin{cases} \min: s = \displaystyle\int_{P(u,v)}^{Q(u,v)} \sqrt{E + 2F\frac{\mathrm{d}v}{\mathrm{d}u} + G\left(\frac{\mathrm{d}v}{\mathrm{d}u}\right)^2}\,\mathrm{d}u \\ \text{S. t.} \quad S: \boldsymbol{r} = \boldsymbol{r}(u, v) \end{cases} \tag{40}$$

其中：式(39)定义的曲线弧长s为“泛”函数，而式(35)所定义的空间曲面S则为相应的约束方程。

4.4.2 两种形式变分原理形式差异的分析

如果将式(40)所示重新构造的变分问题与Gauss最初构造的变分原理进行比较，人们不难发现两者在形式逻辑方面存在若干根本差异。

首先，从泛涵的定义域考虑。在Gauss最初构造的“泛函极值”问题中，没有列出任何“特定”的约束方程，因此它实际上成为与特定曲面的“前提存在”完全无关，一个只能当作某种“泛称性(nonspecific)”陈述对待的空洞系统。至于此处重新构造的泛函极值问题则不然。因为明确给出特定曲面的定义方程，并且将曲面方程当作寻求泛函极值时必须遵守的“约束性”条件，从而保证求出的极值函数，只可能逻辑地对应于给定曲面上两点之间的一根曲线，所以使之成为仅仅与“给定曲面”以及其上两个“给定点”构成确定的逻辑关联，与最初所构造寻求“最捷线”命题相吻合的“特称性(specific)”陈述。

其次，从具体的计算方案考虑。如果重新审视式(29)所示，曾经由Gauss所构造的泛函极值问题

$$\min: s = \int_{t_1}^{t_2} \mathrm{d}s = \int_{t_1}^{t_2} \sqrt{g_{ij}\frac{\mathrm{d}u^i}{\mathrm{d}t}\frac{\mathrm{d}u^j}{\mathrm{d}t}}\,\mathrm{d}t$$

人们不难发现：对于需要预先设定的由“允许空间曲线”所构造的函数空间，Gauss都将其中的所有函数定义在待定曲线的两个“自然坐标t_1和t_2”之间，这意味着即使曲面上可供人们选择

的曲线在变化,但是,这些曲线的长度却都没有发生任何变化。进一步说,根据 Gauss 微分几何中通常使用的"曲线弧长"公式,不难立即推得

$$\begin{aligned} s &= \int_{s_1}^{s_2} \mathrm{d}s \overset{s=t}{=} \int_{t_2}^{t_2} \frac{\mathrm{d}s}{\mathrm{d}t}\mathrm{d}t \\ &= \int_{t_1}^{t_2} \sqrt{E\left(\frac{\mathrm{d}u}{\mathrm{d}t}\right)^2 + 2F\frac{\mathrm{d}u}{\mathrm{d}t}\frac{\mathrm{d}v}{\mathrm{d}u} + G\left(\frac{\mathrm{d}v}{\mathrm{d}u}\right)^2}\,\mathrm{d}t \\ &= \int_{t_1}^{t_2} \mathrm{d}s = t_2 - t_1 \end{aligned} \tag{41}$$

它告诉人们,随着积分式中积分上下限的确定,Gauss 所构造泛函极值问题中的"极值函数"只能当作一个"恒常函数"对待,当然也根本谈不上最初所说如何寻求"最捷线"的命题。

但是,与 Gauss 曾经为"最捷线"构造的泛函极值命题明显存在"无法计算"的逻辑失当完全不同,对于式(40)所示,一个重新构造的泛函极值命题

$$\begin{cases} \min\colon s = \int_{P(u,v)}^{Q(u,v)} \sqrt{E + 2F\dfrac{\mathrm{d}v}{\mathrm{d}u} + G\left(\dfrac{\mathrm{d}v}{\mathrm{d}u}\right)^2}\,\mathrm{d}u \\ \text{S.t.}\quad S\colon \boldsymbol{r} = \boldsymbol{r}(u,v) \end{cases}$$

整个"函数空间"被定义在曲面的两个"曲线坐标(u,v)"之上,定义于曲面上 P 和 Q 两点之间曲线的长度处于变化之中,因此这两个几何点之间的"最捷线"是可计算的,并且,本质地决定于给定曲面的几何特征。

4.4.3　关于变分原理和 Euler 方程"等价性"问题的补充陈述

任何熟悉自然科学的研究者理应知道这样一个基本事实:在一般意义上,极值原理几乎总是直接对应于物质世界自身"内蕴(客观)"的一种普遍真实。正因为这样,一个合乎逻辑和常理乃至十分素朴的基本判断是,建立在极值原理之上的变分法不仅具有更为悠久的历史,而且它对于刻画物质世界的本来面目更为本质,也更具有重大应用价值。

如果仅仅着眼于形式逻辑的角度考虑,在人们为被描述的物质对象添加了许多条件,诸如通常提出的"连续可微"条件乃至此处必然需要涉及的"存在性"条件时,还可以由变分原理出发推导出与其保持一致的微分方程,即通常所称的 Euler 方程。于是,相当长时间以来,人们往往更愿意接受或者期待一个微分方程的存在,以为微分方程似乎对于相关问题的认识或者本质内涵的揭示更为深刻。因此,除了由于现代计算机拥有前人几乎难以想象的巨大计算功能,变分原理在实际计算或者工程技术分析之中得以广泛使用以外,在进行理论分析时,变分原理似乎重新被退化为构建微分方程的一种工具。其实,对于这样一种已经习以为常的认识,需要再次重新颠倒过来。自然科学是描述自存物质世界的,因此,特别是人们已经认识到量子世界乃至整个物质世界的离散本质的时候,格外需要重视极值原理所具有的本源意义,而不能将变分原理降格为推导应用范围小得多乃至深刻程度也极为有限的微分方程的工具。

事实上,对于任何熟练掌握初等微积分学运算或者透彻领会逻辑推理真谛的研究者都清楚:由变分原理通常导得的 Euler 方程,只不过是附加条件对最初极值原理所构造的一个"约束映射"的像,无论在物理上还是在逻辑上,它都不能简单取代最初的变分原理。或者说,变分原理自身的意义和内涵,都要比只允许条件存在的微分方程推论广泛和深刻得多。因此,变分原理不仅不能为使用"条件约束"所构造的 Euler 方程所包容,而且在许多情况下,也不一定必

然存在与变分原理对应的 Euler 方程。

4.5 关于 Bernoulli"测地线猜测"的逻辑反思

如果说与"向量场分析"相关的大量数学基础问题至今并没有真正得到解决，那么，在如何恰当定义"曲面上短程线"的问题上，人们完全没有理由责怪近 4 个世纪前 Bernoulli 所做猜测的逻辑不当乃至过分粗糙。事实上，在 Bernoulli 生活的时代，用以刻画相关几何命题的恰当数学语言尚没有诞生，因此，那个时代人们的思考往往只可能是直觉的，几乎不可能避免任何直觉思考必然隐含的认识不当。

但是，当使用符合逻辑的形式语言，揭示存在了数世纪之久的"测地线"概念真实隐含的大量逻辑不当以后，对于掌握现代数学语言的人们，仍然值得回过来借用"直觉思考"的素朴理性方式，重新检讨 Bernoulli 关于"曲面上最短线"所做的猜测，反思它为什么会导致错误的问题。并且，可以相信这样一种直观意义上的检讨，对于人们认识建立在"约定论"基础之上的整个现代微分几何的谬误仍然不乏启示作用。

作为构建数学体系一个理应众所周知的基本认识前提，逻辑的本质内涵在于且仅在于同义反复，以保证逻辑推理导得的结果在本质上只是逻辑前提的某种必然推论，逻辑推论不可能包容超越逻辑前提以外的任何实在。因此，在演绎逻辑所规定的推理过程之中，绝对不允许提出任何独立的假设。否则，一个不断加入人为假设的推导过程已经没有任何逻辑可言，相关的讨论除了肆意滥用数学符号以外，实际上已经完全背离"数学"的本质精神。并且，在自然科学研究中，任何表面上使用"数学符号"而实质上完全"背弃逻辑"的推理过程，往往具有更大的迷惑性和破坏力。

在为曲面的"测地曲率"所构造的定义式中，需要引入式(5)所示的由$(\boldsymbol{\alpha},\boldsymbol{n},\boldsymbol{\varepsilon})$构造的三个基本矢量

$$\begin{cases}\boldsymbol{\alpha}=\mathrm{d}\boldsymbol{r}/\mathrm{d}t\\ \boldsymbol{n} \qquad\qquad\qquad r\in C,\quad \boldsymbol{n}\in S,\quad C\subset S\subset R^3\\ \boldsymbol{\varepsilon}=\boldsymbol{n}\times\boldsymbol{\alpha}\end{cases}$$

但是，它既不同于式(6)所定义，仅仅决定于任意空间曲线 C 的 Frenet 标架

$$\begin{cases}\boldsymbol{\alpha}=\mathrm{d}\boldsymbol{r}/\mathrm{d}t\\ k\boldsymbol{\beta}=\mathrm{d}\boldsymbol{\alpha}/\mathrm{d}t=\mathrm{d}^2\boldsymbol{r}/\mathrm{d}t^2 \qquad \ll C\subset R^3\\ \boldsymbol{\gamma}=\boldsymbol{\alpha}\times\boldsymbol{\beta}\end{cases}$$

也完全不同于式(32)所示，完全隶属于空间曲面 S 的另一个坐标架

$$\begin{cases}\boldsymbol{r}_1=\partial\boldsymbol{r}/\partial u^1\\ \boldsymbol{r}_2=\partial\boldsymbol{r}/\partial u^2 \qquad \ll S\subset R^3\\ \boldsymbol{n}=\boldsymbol{r}_1\times\boldsymbol{r}_2/\sqrt{g}\end{cases}$$

在三组基本矢量之间，存在重大差异。

根据逻辑也仅仅根据逻辑，任何缺失逻辑主体的"支撑和约束"而构建的形式表述，最终必然因为逻辑主体的缺失或紊乱，而必然导致形式表述自身的逻辑紊乱。显而易见，对于用作定义"测地曲率"的三个基本矢量而言，它们真实面对由于逻辑主体不具确定性意义而造成的逻

辑紊乱问题。但是,如果说许多微分几何著作不一定注意以上差异的真实存在,甚至完全没有意识到这样一种差异的影响,相关论述往往只是一带而过的话,但是,却可以发现总会有一些"细心"的几何学研究者,在他们撰写的著作中同样明确指出两组基本单位正交矢量之间的差别。例如,文献[6]就有这样一段陈述:

> 注意到空间曲线 C 的 Frenet 标架 $\{\boldsymbol{r}(t);\boldsymbol{\alpha},\boldsymbol{\beta},\boldsymbol{\gamma}\}$ 并没有顾及曲线 C 落到曲面 S 上的事实,因此 Frenet 标架的运动公式自然不会反映曲线 C 和曲面 S 之间的关系。现在我们要建立沿曲线 C 定义的正交标架场,使它"兼顾"曲线 C 和曲面 S。将这个标架场记作 $\{\boldsymbol{r}(t),\boldsymbol{e}_1,\boldsymbol{e}_2,\boldsymbol{e}_3\}$,使得
>
> $$\begin{cases}\boldsymbol{e}_1(t)=\mathrm{d}\boldsymbol{r}(t)/\mathrm{d}t=\boldsymbol{\alpha}(t)\\ \boldsymbol{e}_3(t)=\boldsymbol{n}(t)\end{cases}\tag{42}$$
>
> 因而
>
> $$\boldsymbol{e}_2(t)=\boldsymbol{e}_3(t)\times\boldsymbol{e}_1(t)=\boldsymbol{n}(t)\times\boldsymbol{\alpha}(t)\tag{43}$$
>
> 如果与平面曲线上所建立的正交标架场对照可以发现,我们现在关于曲面上曲线的这种做法与关于平面上曲线的做法是一致的;换言之,现在我们要着眼于把平面上的曲线论推广成曲面上的曲线论。

当然,如果著者所说的这种"兼顾"方案果真是合理的,才可能引入"测地曲率"的形式定义。进而,再根据 Bernoulli 最初提出的"*曲面上最短线在任意一点处的'密切平面'必须垂直于曲面*"的认定,将曲面上的最短线必须满足的"密切平面"条件置换为式(11)所构造的方程,即

$$k_{\text{geodesic}}=0:k_{\text{geodesic}}=\ddot{\boldsymbol{r}}\cdot\boldsymbol{\varepsilon}=k\boldsymbol{\beta}\cdot\boldsymbol{\varepsilon}$$

相应成为曲面上"测地线"或"短程线"的形式定义。

但是,古典微分几何同样立即给出证明,此时存在如式(12)所示的必然推论

$$\boldsymbol{\beta}=\pm\boldsymbol{n}$$

于是,对于式(42)和式(43)所示的,一个最初期待能够"兼顾曲面以及曲面上曲线"方案,本质上重新退化为仅仅逻辑地隶属于空间曲线的 Frenet 标架

$$\left.\begin{array}{l}\boldsymbol{e}_1(t)=\mathrm{d}\boldsymbol{r}/\mathrm{d}t\\ \boldsymbol{e}_2(t)=\boldsymbol{n}\times\boldsymbol{e}_1\\ \boldsymbol{e}_3(t)=\boldsymbol{n}\end{array}\right\}\leftrightarrow\left\{\begin{array}{l}\boldsymbol{\alpha}=\mathrm{d}\boldsymbol{r}/\mathrm{d}t\\ k\boldsymbol{\beta}=\mathrm{d}\boldsymbol{\alpha}/\mathrm{d}t=\mathrm{d}^2\boldsymbol{r}/\mathrm{d}t^2\\ \boldsymbol{\gamma}=\boldsymbol{\alpha}\times\boldsymbol{\beta}\end{array}\right.\quad\ll C\subset R^3\tag{44}$$

而这一结果逻辑地告诉人们:一旦将"测地曲率等于零"的条件强加于空间曲线,那么,随着此时用以定义"测地曲率"的三个基本矢量等价于空间曲线 Frenet 的标架,关于"测地线"的相关定义只可能仅仅逻辑地隶属于空间曲线本身,而与曲线可能嵌入的空间曲面毫无关系。这样,17 世纪末 Bernoulli 源于"直觉"意义之上,关于曲面上两点间"最短线"的判断,由于与曲线所处的曲面完全无关而失去"曲面上最短线"的本来意义。

此外,为了更为明确地说明现代微分几何在构造"测地线"乃至整个"陈述系统"时实际隐含的思想基础,不妨引用另一本微分几何著作在"测地线"的一节中所做的开宗明义的阐述[8]:

> 在平面几何中,直线起了非常重要的作用。我们希望找出任意曲面上与直线作用类似的曲线,并首先分析直线的一些重要性质:

① 直线的曲率等于零，测地线曲率为零；

② 直线给出了两点间的最短距离；

③ 给定两点有唯一直线连接它们；

④ 切于一条直线的向量是平行的。

因为测地线定义为测地曲率为零，所以当曲面上以自然参数 s 为弧长参数的曲线 $P(s)$ 为测地线时，定义于该测地线上的切向量场 T 是平行的，即

$$\nabla T = 0 ; T(s) = \frac{\mathrm{d}P(s)}{\mathrm{d}s}$$

最后由此构造属于测地线的微分方程。

虽然这一段陈述的文字很少，但是，对于揭示现代微分几何的"思想导向"基础，这个陈述却是精彩乃至大致深刻和准确的。它告诉人们：从"平面几何"到现代"曲面几何(流形上微积分)"的发展，指导思想是基于概念之间一种属于"人为想象"范畴的类比，希望把属于"平直空间"的几何特征推广或延拓至"弯曲空间"之中；以至于最终像现代微分几何明确声言的那样：在弯曲的微分流形每一个空间点局部域视为"Euclid 平直空间"的同时，微分流形只不过正是这些局部域平直空间的叠合，从而可以把平直空间"局部性"特征的描述，应用于由它们叠合而成的大弯曲空间的"整体性"描述之中。

即使不考虑"一叶障目、以点带面"这样一种"常识意义"上明显存在的认识不当，从严格的逻辑推理角度考虑，Gauss 的微分几何虽然得到许多有用的结果，但是，Gauss 一再表露了"将平面几何形式地移植至曲面几何之中"的思维导向，而这种"形而上学"的错误导向对 Riemann 及其后构建的现代微分几何产生了极其严重和恶劣的影响。因此，人们需要认真对待和反思贯穿于 Gauss 微分几何中的错误思维导向问题。首先，如果可以把曲面视为平面的一般化，而平面不过是曲面的某种特例，那么，众所周知只有"从一般性特征到特殊性特征的推理"才可能是演绎的；相反，人们永远不可能凭借"演绎逻辑"的推理方式，乃至隶属于纯粹"主观想象"范畴的类比思维，从一个"狭小"当然也"简单"得多的有限论域出发，推导出超越"原有限论域"以外的复杂特性。其次，Gauss 针对曲面几何"内蕴特征"和"外在特征"所做的"绝然分割"其实并不真正存在，人们十分容易构造太多的反例。而且，在形式逻辑上一个格外重要的事实在于：Gauss 必须明白所有这些被强行分割的"内蕴"和"外在"特征只能隶属于他需要研究的曲面；或者说，只有存在曲面的前件，才可能导得 Gauss 所说的"内蕴"和"外在"特征的后件；反过来，如果没有曲面的前提存在，那么，无论是 Gauss 所描述的"内蕴"还是"外在"特征都不可能存在。因此，一旦把曲面几何的"内蕴特征"从隶属于曲面的"性质集合"整体中强行分割出来，并且想当然地希望凭借这个"内蕴的局部性(况且并不真实存在)"特征，演绎地推导出属于整个大空间"外在特征"的时候，逻辑上无疑陷入彻底荒唐和悖谬的导向错误之中①。

① 当然，将 18～19 世纪在微分几何研究上出现的错误导向完全归咎于 Gauss 一人，同样不符合历史唯物主义的科学史观。或者说，如果 M. Kline 曾经诚实地指出自 19 世纪以来的数学体系已经没有逻辑可言，长期以来人们在"对立、冲突、互为否定"的不同数学基础之间无所适从，那么，就应以"逻辑自洽性"原则作为唯一的"理性判断"基准，从两千年前的 Euclid 几何开始，对整个"西方数学"体系及其思想基础(或者相关的"哲学"基础)重新进行严格的逻辑审查。

4.6 结束语

毫无疑问，当整个“广义相对论”必须依赖“测地线假设”的人为“约定”而存在的时候，即使此处并没有针对20世纪以“形式主义(公理化思想)”的称谓作为掩饰，而本质上隶属于“纯粹主观主义”范畴的“约定论”思潮普遍泛滥的问题直接进行分析和批判，但是，一旦确认现代微分几何“测地线”概念隐含的大量逻辑悖论，那么，不仅仅“广义相对论”中一切以错误的基元概念作为认识前提的推论必然是错误与无意义的，而且，反过来又再一次雄辩地证明：任何将描述自存物质世界的自然科学寄托于某个“智者”人为“约定”之上的企图必然荒诞不经。其实，甚至对于许多中世纪经院哲学家，他们也不屑一顾于“约定论”明显存在的荒唐无理。

面对无穷无尽、充满差异和复杂性的物质世界，人类对于大自然的认识永远不可能终结。或者说，只是因为自然科学需要描述的物质世界无以穷尽，人类只可能在修正错误的过程中不断深化对于大自然的理性认识，所以人们必须老老实实地重新拿起那个被西方主流科学世界因为太多矛盾而无力解决以至无奈放弃了的“逻辑批判”武器，认真读书，真正读懂前人的著作和思想，从而才可能敏锐地揭示和严肃思考人类深化认识历程中始终存在的不足、不当乃至错误。

因此，可以相信，当现代数学体系的基础处于严重对立和冲突之中，甚至一些对“西方至上主义”几乎不加丝毫掩饰的西方学者也不得不惊呼整个现代数学体系处于即将坍塌之中的时候，每一个中国学者首先需要的是自重，是承认和揭示矛盾的真诚和严肃态度，乃至从事一切科学研究所必需的“独立思考”和“平权意识”。

参考文献

[1] 王元，严士健，等. 数学百科全书(第一至第五卷)[M]. 北京：科学出版社，1994－2000.
[2] (美)M·克莱因. 古今数学思想[M]. 邓东皋，张恭庆，等译. 上海：上海科学技术出版社，2002
[3] (美)S·温伯格. 引力论和宇宙论——广义相对论的原理和应用[M]. 邹振隆，张历宁译. 北京：科学出版社，1980
[4] P·A·M·狄拉克. 广义相对论[M]. 朱培豫，译. 北京：科学出版社，1979
[5] 梅向明，黄敬之. 微分几何(第二版)[M]. 北京：高等教育出版社，1988
[6] 陈维桓. 微分几何初步[M]. 北京：北京大学出版社，1999
[7] 陈省身，陈维桓. 微分几何讲义[M]. 北京：北京大学出版社，2003
[8] 孟道骥，梁科. 微分几何[M]. 北京：科学出版社，2004
[9] 杨本洛. 自然哲学基础分析 ——“相对论”的哲学和数学反思[M]. 上海：上海交通大学出版社，2000
[10] 杨本洛. 自然科学体系梳理[M]. 上海：上海交通大学出版社，2005
[11] 杨本洛. 量子力学形式逻辑和物质基础探析——现代自然科学基础的哲学和数学反思[M]. 上海：上海交通大学出版社，2006

5 曲面上向量场微分运算的理性重构与经典表述的逻辑证伪

在描述自存物质世界的自然科学体系中，西方科学世界往往总喜好将数学置于某种特殊地位之上，过分片面地强调数学的“抽象性”特征，注重将数学当作自然科学的“通用语言”乃至从事科学研究的一种“推理工具”的一面，却往往忽视数学并不能因此而超越科学陈述的范畴，同样需要遵循科学陈述一系列“普遍原则”的另一面。显然，这样一种在西方“认识论”体系中长期视为理所当然的习惯认识，存在许多需要进一步探讨、澄清和切实纠正的“哲学思想”导向不当的问题。但是，无论怎样，一个需要数学必须承担的基本使命和核心功能在于：维护包括数学自身在内的所有科学陈述必须满足“逻辑相容性”要求。或许可以相信，不会有人对这个必需的“逻辑相容性”原则公开提出异议。因此，对于此处将要讨论的“曲面上向量场分析”的命题，自然需要考虑和遵守如何保证“逻辑相容性”原则的问题。也就是说，在讨论“向量场(张量场)分析”的命题时，不管是可以将其直接定义于平直的 3 维 Euclid 空间之中，还是需要严格限制在该平直空间的某个 2 维弯曲子域之上，任何一种形式的“微分运算”都必须前后贯一、符合于逻辑。这样，才可能保证不同的形式表述不至于因为矛盾而出现“自否定”的荒唐，并且能够与形式表述所潜藏或希望表述的确定“物质内涵”相吻合。

但是，对于只允许建立在“公理化体系(约定论)”之上的整个“现代微分几何”而言，其致命要害之处就是“逻辑不自洽”的问题。并且，正是这个致命缺陷，成其为陈省身这样的微分几何学大师只能公开自陈一辈子“*在讲述自己一半不懂的题目*”的根本原因，或者说是必然结果。不难发现，在目前的理论体系中，定义于 3 维 Euclid 空间之中，以及定义于该空间中某个 2 维曲面之上的向量分析，只允许当作两个本质上彼此完全独立、仅仅决定于构建者“主观意志”某种“独断论”意义上的人为构建。进一步说，它们只是从数学公式的具体“书写形式”出发，被强加了一种纯粹“字符(symbolic)意义”上的、机械而僵化的表观一致性。时至今日，竟然没有一位几何学大师，认真探讨和思考两个定义域中的“向量场(张量场)分析”能否逻辑相容的问题。毫无疑问，如果更为准确地说，则应该是：既然 Hilbert 对“公理化体系”已经明确作出“*桌子、椅子、啤酒瓶都可以当作几何学的点、线、面来对待*”的诠释，那么，不仅无需而且根本不容对“人为约定”作任何“逻辑检查”。因此，在讨论“向量场(张量场)分析”命题时，那个对于整个现代微分几何需要当作必要“形式基础”来对待，即一个通常称之为“曲面上向量场梯度场”的基本公式，本来就与一般人心目中真诚期待的“形式逻辑”毫无关联，它只能是曾经被 Kline 描述为只允许源自于“*比凡人们演绎论证更为可靠的伟大人物直觉*”，一个必须被人们当作“先验真理”对待的“公理化假设”而已。

当然，反过来说，针对此处所提出的《曲面上向量场微分运算的理性重构与经典表述的逻辑证伪》命题，需要“众多凡人”所做的全部工作无非在于：重新拿起西方人曾经做出一系列开拓性的巨大贡献，却又被他们彻底放弃了的“逻辑分析、逻辑批判”工具，对整个“向量场(张量场)分析”作一种真正符合于逻辑的梳理，并且，彻底将类似于“构建者读不懂自己之构建甚至还难掩沾沾自喜之情”的认识颠倒再次颠倒过来，将智慧人类所构建的知识体系回归到“自然、通达、容易为人们理性接受”的素朴理性层次。

5.1 与“张量场分析”相关的若干前导性说明

任何涉及曲面微分结构的讨论，原则上都不可能回避“张量”的概念。故而，此处首先对与张量相关的基本命题作简单交待。

张量以及张量分析，或者被现代西方科学世界中某些学者称之为“绝对微分学(Absolute Differential Calculus)”的形式系统出现于20世纪初，它是伴随意大利人G. Ricci与他的学生T. Levi-Civita发表于1900年的研究工作才开始正式进入科学世界的。从基本的“数学思想”考虑，无疑应该将Ricci等人的研究视作Riemann微分几何追求“微分不变量”的一种变形，或者是贯穿于整个Riemann几何之中，一种与“形而上学”思维模式保持一致的“不变形式”理想诱发而生，寓于“偶然性”之中的某种“必然性”推论。尽管如此，与Riemann将自己的几何构建在寻求“先验真理”的启示之上，以至于无法用于解决任何实际问题的情况完全不同，只能本质地归结于内蕴于张量之中的“物质内涵”的不变性，导致张量与张量分析以完全一种独立于人们“主观意志”的方式，迅猛发展成为20世纪理论物理研究中一个不可缺失的基础性的重要形式推理工具[1]。

然而，恰恰因为这样一种历史的印记，一个本来只允许建基于“实体论”基础之上的张量体系，却到处充斥和纠缠着“约定论”错误导向所造成的认识紊乱。不难看到，在涉及如何恰当认识“张量与张量分析”这个基础理念的重大命题上，目前的科学主流社会不过是生搬硬套Ricci等开创者曾经使用的“坐标分量”表述，着力于追求本来只允许有条件存在的“坐标变换不变”形式，从头至尾贯穿“将形式置于实体之上”的基本理念，暗合乃至曲意营造一种与20世纪西方科学主流社会普遍奉行的“公理化体系”相适应的气氛，从而在20世纪的“张量研究”中长期存在一种影响广泛而持续的导向性认识不当。或者不妨进一步指出，本质上归咎于西方科学世界一种根深蒂固的“形而上学”的程式化思维定式，使得他们不具理性地判断或者根本不愿意严肃思考这个具有重要应用价值数学工具的“物质内涵”本质。相反，推崇、放纵和自诩“绝对自由”的西方主流科学世界，在形式表述条件存在的“不变性”表象与物质内涵恒常决定的“客观性”本质之间，无奈地处于认识的前提性“逻辑倒置”之中，以至于现代数学体系中的“张量与张量分析”在合理展现科学陈述赖以存在的“实体论”基础，充分发挥这个特定数学形式独立于“主观意志”的不变性“客观内涵”的同时，却因为这个理论体系所宣示的一种“形式至上”错误导向，导致整个张量分析到处隐含着矛盾和悖谬，并且必然给人们以艰涩难懂的感觉。(当然，必须牢牢记住：对于不能纳入“伟大人物”行列的凡人而言，连任何最起码的思维自由也无从谈起，他们只有绝对臣服“科学共同体共同意志”的唯一选择和义务。)

5.1.1 确立张量分析的“客观性”基础

现代数学中的张量，以及通常被认作是张量中两种最简单形式的标量和矢量，最根本的意义在于它们内蕴的“客观性”内涵。

进一步说，作为应用于一切“客观性”陈述之中，任何一个能够以“张量(tensor)”称谓的数学形式，它首先应该与某一种客观存在的“几何实在或者物理实在”构成逻辑对应。纵观至今出现所有与“张量”相关的陈述，无一不涉及“向量(vecter)”，一个定义于3维Euclid空间之中,本质上与"有向线段"保持一致的"几何实在"问题。故而,在许多论述"张量"的著作中,往往将"张量"直接称之为是"向量"的推广。当然,如果根据"一般逻辑"的规定,因为无法由简单概念逻辑地推至复杂概念,所以无法将"向量推广"当作"张量"的准确定义,而只能当作一种"直观表象"意义的描述。

尽管如此,张量离不开向量,针对"向量"需要做出的界定,仍然成为进一步准确界定"张量"的必要前提和基础。事实上,人类需要面对或者物质世界得以真实存在的只能是 3 维 Euclid 空间。因此,在需要研究"自存"的物质世界,形式地表现这个物质世界丰富多彩的行为时,3 维空间无非就是一个特殊的舞台或者唯一的背景,人们需要理所当然地将其视作一种独立于任何人主观意志的"客观性"存在。于是,对于这个空间中某一个与"向量——有向线段"相对应,并且同样真实存在的"物质对象"而言,当人们可以使用一个称作"坐标系"的工具,进而采取"数(坐标分量)"的方式,对这个"客观存在"做出一种"定量意义"的描述时,一个重要的认识前提在于:虽然随着"坐标系"人为选择的不同,针对同一"向量"构造的"分量表述"形式一定会随之发生变化,但是用作定量描述的"分量形式"无论将发生怎样的变化,但是就任何一种"分量形式"表述的"整体"而言,它需要表达的客观性"物质内涵——长度和方位"不允许发生任何变化。或者说,只因为同一向量自身内蕴的"物质内涵"不容改变,才可能使千变万化的"分量形式"表述之间必然存在某种确定的逻辑关联①。

因此,虽然无法仅仅依据"向量推广"这个表象意义的判断,当作构造"张量"定义的逻辑基础,但是,对照目前所有论述"张量"的著述,考察它们希望赋予"张量"的内涵,人们不难合理地推断:张量的全部核心在于它必须像向量那样,被赋予独立于坐标系人为选择的"客观性"物质内涵,并且,吻合于"从复杂到简单隶属于演绎逻辑范畴"的一般规则,张量既然可以当作"向量推广"对待,那么,一定可以从张量的属性逻辑地推知向量拥有的属性。

符合于目前大部分论述"张量"的著述所述,对于定义于 3 维 Euclid 空间 R^3 之中,人们通常称之为 0 阶张量 a(标量)、1 阶张量 $\boldsymbol{a}$(向量)、2 阶张量 $\boldsymbol{A}$ 以及任意的 n 阶的张量而言,往往可以借助该空间一组满足"线性无关"要求的基矢量组($\boldsymbol{e}^1,\boldsymbol{e}^2,\boldsymbol{e}^3$),表示为

$$
\left.\begin{aligned}
&a: a \equiv a' \\
&\boldsymbol{a}: \sum_{i=1}^{3} a_i \boldsymbol{e}^i \equiv \sum_{i=1}^{3} a'_i \boldsymbol{e}'^i \\
&\boldsymbol{A}: \sum_{i,j=1}^{3} A_{ij} \boldsymbol{e}^i \boldsymbol{e}^j \equiv \sum_{i,j=1}^{3} A'_{ij} \boldsymbol{e}'^i \boldsymbol{e}'^j \\
&\cdots\cdots \\
&\boldsymbol{T}: \sum_{i,\cdots,n=1}^{3} T_{i,\cdots,n} \boldsymbol{e}^i,\cdots,\boldsymbol{e}^n = \sum_{i,\cdots,n=1}^{3} T'_{i,\cdots,n} \boldsymbol{e}'^i,\cdots,\boldsymbol{e}'^n
\end{aligned}\right\}\text{Independent of coodinate systems}
$$

---

① 值得在此处就提前指出,与向量必须被赋予不变性"物质内涵"的逻辑前提不同,不仅同一向量的"分量形式"表述千变万化,而且不同的"分量形式"表述之间需要服从的"逻辑关联"同样千变万化,绝不允许像目前的张量分析所说,必须将向量或者张量的"坐标分量变换"限制在"线性变换"范围。不难看到,一旦引入曲线坐标,那么,向量之间的线性变换将不复存在。当然,如果回归到 Cantor 的"集合论"的基础考虑问题,它再一次逻辑地告诉人们:凭借某个期待中的"一般性"属性定义对象,最终必然出现 Cartor 本人最早提出因为"概括性原理(comprensive principle)"而导致的"集合论悖论"问题。同时,它也向人们昭示:任何准确的数学概念,必须定义在 Brourwer 所说的"构造性对象(constructive object)"之上。

其中,分别将 $a, \boldsymbol{a}, \boldsymbol{A}, \boldsymbol{T}$ 称作 0 阶、1 阶、2 阶和 n 阶张量。显然,对于此处这个与目前习惯理念一致的形式表述,它希望表达的核心思想在于:任何能够称得上"张量"的数学量,必须与坐标系的人为选择无关。

毫无疑问,只要定义于 Euclid 空间中的基矢量组($\boldsymbol{e}^1, \boldsymbol{e}^2, \boldsymbol{e}^3$)是恰当的,也就是说,只要使用了合理的坐标系,那么,符合上式的限定,所有能够称之为"张量"的形式量,必须也必然与特定"坐标系"的人为选择完全无关。在这些与坐标系选择无关的不同形式的张量中,最为简单的当属作为"纯粹数量"对待的标量。标量与坐标系毫无关系,独立于任何一种坐标系的选择。因此,目前与张量代数或张量分析相关的许多论述,通常总是把标量当作"0 阶张量"来对待,或者认为必须将"标量"纳入"张量"这个特定数学形式的研究范畴之中。

但是,众所周知,在数学中往往需要把数字"0"当作一个"奇异量"对待,因为它蕴涵"全部否定"的意思,掩饰了众多有用的信息,所以任何数学表述一旦出现奇因子"0",几乎总会引起许多逻辑上的歧义,相应产生一系列所谓的"奇异性(singularity)"不当。正因为此,人们需要重新为"张量"提出如下所示的形式定义:

$$\left.\begin{aligned} &\boldsymbol{a}: \sum_{i=1}^{3} a_i \boldsymbol{e}^i \equiv \sum_{i=1}^{3} a'_i \boldsymbol{e}'^i \\ &\boldsymbol{A}: \sum_{i,j=1}^{3} A_{ij} \boldsymbol{e}^i \boldsymbol{e}^j \equiv \sum_{i,j=1}^{3} A'_{ij} \boldsymbol{e}'^i \boldsymbol{e}'^j \\ &\cdots\cdots \\ &\boldsymbol{T}: \sum_{i,\cdots,n=1}^{3} T_{i,\cdots,n} \boldsymbol{e}^i, \cdots, \boldsymbol{e}^n = \sum_{i,\cdots,n=1}^{3} T'_{i,\cdots,n} \boldsymbol{e}'^i, \cdots, \boldsymbol{e}'^n \end{aligned}\right\} \in R^3 \tag{1}$$

当然,如果与前面将"标量"视作零阶张量的"习惯认定"相比,此处这个重新构造的形式定义的重要之处并不仅仅在于排除了"零因子"及其造成的奇异性问题,而在于它改变了以往从"性质特征"出发定义概念的通常做法,明确揭示了"张量"必须拥有的某种"客观性"抽象内涵:定义于 3 维 Euclid 空间中的张量是一个客观量,构成张量的基本元素是 3 维 Euclid 空间中的向量,原则上可以把张量视作众多向量按照某一种"特定运算规则——张量积"的方法组合而成,一种形式上更为复杂、内涵也相应丰富的形式量。

于是,就一般原则而言,张量第一次获得了一个被赋予"客观性抽象内涵"的形式定义:一个定义于 3 维 Euclid 空间 R^3 之中需要当作客观量对待的张量,只是按照"张量积(tensor product)"所规定的方法,由同为客观量的"恰当向量(基矢量)"组合而成一个"多重结构"的整体。故而,也可以直接以"向量多重结构"的方式称谓或者定义张量。(需要注意,随着一个同时被赋予"向量特征"和"微分运算特征"的梯度算子的出现,张量的"定义域"在继续扩大。但是,它依然没有改变此处为张量构造说的本质特征。并且,最为关键之处在于:必须把"张量"当作一个拥有"客观性"内涵,并因此才可能在形式上显示某种"不变性"的"客观量"来对待。)①

需要着重指出,此处为"张量"重新构造的形式定义,与作为 20 世纪数学"直觉主义"奠基人的 Brouwer 曾经提出的"构造性对象(constructive object)"概念保持一致。它告诉人们:与向量需要视之为"几何实体"一

① 至于如何定义"张量积"运算规律的问题,可以参见任何一本目前所见的张量著作。

样，可以并必须将“张量”当作类似于“几何实体”的一种客观存在的“物质实在”来对待，只不过与向量相比，张量无疑更为复杂，是把“向量”最基本要素，构造一种更为复杂的“多重线性结构”而已。当然，这也是逻辑上不能将“标量”纳入“张量”的范畴，并且必须以一种更为明晰和严格的方式，将“张量”明确定义于 3 维 Euclid 向量空间 R^3 的缘故。因此，不仅仅需要将张量当作“客观量”对待，而且还需要将其视作内蕴与向量所具“抽象特征”一致，即许许多多仅仅隶属于 3 维 Euclid 向量空间“抽象特征”的客观量。

包括数学在内，任何一种科学陈述都必须严格遵循“实体论”的基本理念，从而可以并必须在形式上相应满足某种“不变性”要求。(根据逻辑，缺失对象的概念必然流于空洞，而空洞陈述必然导致矛盾。因此，必须将“实体论”视作逻辑之使然，而绝不能仅仅当作“哲学信仰”的自由抉择。)因此，不妨从这个“实体论”的基本判断出发，再对此处所示 1 阶张量 $\boldsymbol{a}$、2 阶张量 $\boldsymbol{A}$ 乃至任意的 n 阶张量 $\boldsymbol{T}$ 作简单考察。显然，随着“坐标系”(式中用坐标系的“基矢量组 $\boldsymbol{e}^i$”替代表示)人为选择的不同，所有这些不同阶次张量“分量表述”的表观内容 a_i、A_{ij} 以及 $T_{i,\cdots,n}$ 也随之发生变化。但是，按照式(1)的约定，并契合于张量必需的“实体论”基础，任何定义于 3 维 Euclid 空间之中不同形式的张量，得以存在的唯一共同基础只能是某个真实存在的“几何实在”或者“物理实在”。故而，对于式(1)所构造的张量而言，必须独立于一切坐标系的人为选择，以维持其内蕴恒定不变的“客观性”内涵。反过来，对于一个同样需要视作客观存在的 3 维 Euclid 空间，以及必须同样真实存在于这个空间中的任何一种“几何量”或者“物理量”而言，如果它们能够借助于坐标系的“基矢量组”写做如式(1)所示的形式，也就是由这个特定形式数学量的某种“有序”的“分量形式”结构，与坐标系“基矢量”共同构造而成的一个“形式量”整体，那么，这个本质上由向量叠合而成的“多重有序”结构就是张量。因此，可以把展现一种“构造性”特征的式(1)界定为“张量”的形式定义。

从以上针对张量所做的“构造性”定义出发，不难立即推出对张量的“分量形式”表述而言一个十分重要的推论。考虑某一个 3 维 Euclid 空间 R^3，假设其中存在一个任意给定的 n 阶张量 $\boldsymbol{T}$，此外还存在属于给定空间两个任意给定的恰当坐标系，那么，对应于这两个坐标系，张量的两种不同“分量表述”并不独立，在两种分量表述之间必然存在某种确定的逻辑关联，即

$$\forall \boldsymbol{T} \in \mathrm{R}^3 : \sum_{i,\cdots,n=1}^{3} T_{i,\cdots,n}\boldsymbol{e}^i,\cdots,\boldsymbol{e}^n,\ \exists \sum_{i,\cdots,n}^{3} T'_{i,\cdots,n}\boldsymbol{e}'^i,\cdots,\boldsymbol{e}'^n : T'_{i,\cdots,n} = f(T_{i,\cdots,n})$$

$$f: \text{function of } (\boldsymbol{e}^1,\boldsymbol{e}^2,\boldsymbol{e}^3)\,\&\,(\boldsymbol{e}'^1,\boldsymbol{e}'^2,\boldsymbol{e}'^3) \tag{2}$$

它告诉人们：给定一个张量 $\boldsymbol{T}$ 以及它在坐标系$(\boldsymbol{e}^1,\boldsymbol{e}^2,\boldsymbol{e}^3)$中的分量表述 $T_{i,\cdots,n}$，如果再给出另一个新的恰当坐标系$(\boldsymbol{e}'^1,\boldsymbol{e}'^2,\boldsymbol{e}'^3)$，那么，考虑到式(1)为张量所构造的形式定义或约定，张量 $\boldsymbol{T}$ 在新坐标系中的分量表述 $T'_{i,\cdots,n}$ 将随之得到唯一确定，可以写做原分量表述的一个确定函数。当然，沟通两种分量表述之间的关联函数，原则上仅仅决定于两个“坐标系”之间的确定关系。

进一步说，只要一个“形式量”符合式(1)所示的“构造性”定义，或者说，只要它可以写做式(1)所示、由“向量元”组合而成的“多重有序”结构，那么，因为在任意两个“仿射坐标系”的“基矢量组”之间，必然存在某种确定的“线性变换”关系，所以对于式(2)所引入一个一般性的关联函数“f”而言，同样可以写做下面所示的简单形式：

$$T'_{i,\cdots,n} = A^{i_1}_{j_1},\cdots,A^n_m T_{i,\cdots,n} \ll \text{Affine coordinate system} \tag{3}$$

这个关系式明确告诉人们：即使是内蕴较为复杂“多重线性”结构的高阶张量，它在两个仿射坐标系的不同“坐标分量”之间，仍然可以满足人们熟知并最为简单的“线性变换”形式。

值得指出，其中的逻辑关联符“≪”用作表示“隶属于”的意思。于是，式(3)所构造的“线性变换”关系，被进一步限定在“仿射坐标系(affine coordinate system)”的特定范围之内。事实上，人们不难发现，根据式(1)为张量设定的“构造性”定义，界定为“向量”的 1 阶张量或者作为

"向量多重有序结构"的高阶张量，必然拥有内蕴于"向量空间"的线性结构特征，以至于它们的"坐标分量"表述理当相应满足"线性变换"关系。但是，在一般情况下，如果使用的是一个"曲线坐标系"的工具，那么，内蕴于张量中的"多重线性结构"本质，通常无法借助于"坐标分量"之间某种确定的"线性变换"简单展现出来。众所周知，任何形式的"曲线坐标系"都是一种"非线性"结构，张量在曲线坐标系中的坐标分量表述，自然不应该满足式(3)所示的"线性变换"关系。当然，人们还可以进一步说，原则上无法借助"曲线坐标系"这样的工具，构造式(1)所定义一种称之为"多重线性结构"的几何体或形式量。

还值得补充指出，如果张量允许写成式(1)的形式，它则逻辑地表示：可以将"张量"视作由"向量"作为基元要素构造而成的"多重线性"结构。从这个意义考虑，既然张量定义为向量的一种"多重线性"结构，那么，张量的"坐标分量"需要或能够满足式(3)所示的"线性变换"关系，就应该视之为上述定义的逻辑必然。但是，问题在于：一旦引入"非线性"的曲线坐标系，并且希望借助于这个特定工具直接构造张量的坐标分量时，一般而言已经不能在"表观"意义上继续呈现这个最初定义为"多重线性"结构内蕴的"线性变换"关系。除非将"曲线坐标系"严格限制在所论空间的某一个确定几何点之上，使之变成局部域可以当作"仿射坐标系"对待的坐标系，并仅仅考虑这一固定点处坐标分量变换的问题。

事实上，这也是前面在提出和构造张量的形式定义之初，为什么特别指出必须首先服从"能够借助坐标系的基矢量组构造某种线性结构"这样一个附加条件或诠释的缘故。进一步说，如果从几何学的"概念基础"重新考虑，对于通常所说的 3 维 Euclid 空间 R^3 而言，虽然其中的"几何点"与"向量"之间存在一一对应的逻辑关联，但是，几何点与向量毕竟属于两个不同的几何学概念。原则上不允许把"几何点"构造的空间与"向量"构造的空间简单地混为一谈。人们不难发现，在 3 维 Euclid 空间 R^3 中，因为"曲线坐标系"没有隶属于整个空间域的基矢量，所以只能对这个特定空间中的"几何点"作一一对应的认定，无法对整个空间域中的"向量"直接构造类似于"向量分解"这样的定义。应该说，正是这个看似细微却存在逻辑隐患的概念差异，以至于在"张量分析"一旦必须使用"曲线坐标系"这个特殊工具的时候，往往给人们带来许多意想不到的困惑或麻烦。

以上所有这一切无非告诉我们：对于物质世界真实存在或者赖以生存的 3 维 Euclid 空间而言，张量是这样一个"特定"背景空间之中，内涵和结构都比较复杂的客观量。因为这个"客观量"内蕴的"多重向量"结构，所以不可能仅仅凭借某些纯粹的"数"的概念，对这个复杂结构的抽象特征做出一种完整和定量的描述。因此，在涉及"向量"这样一种特定形式的几何量，乃至由其衍生而成的"多重线性结构"时，人们只有借助某一个坐标系以及属于该坐标系的基矢量组，通过为张量构造"坐标分量"这样一种"有序(体现几何体在空间的方向性)结构"的方式，才可能对这个客观量做出一种"完整"并具"定量意义"的描述。与此同时，人们还必须认识到，坐标系形形色色，原则上只不过是任人选择的工具。因此，随着坐标系人为选择的不同，张量"坐标分量"表述可能呈现完全不同的形式，彼此处于千差万别或千变万化之中。同样因为如此，只有那个与 3 维 Euclid 空间中的"向量"蕴涵某种内在关联、可以或者必须当作某种"几何实在"整体对待的"张量"本身才是最重要的。或者说，张量的"坐标分量"变化无穷，但是张量内蕴的"客观性"内涵才是唯一具有"决定意义"的基础。故而，张量在不同坐标系中的不同形式"坐标分量"表述，乃至隶属于不同坐标系不同"坐标分量"之间的变换，尽管随着"柱坐标、球坐标、椭圆坐标"等复杂坐标系的使用，而可能展现较为复杂的函数形式，但是所有这些都不具有本质意义，一切"分量形式"的表述以及它们需要服从的变换关系，仅仅是具有"局部、表观和条件"意义的存在，始终处于一种被动和从属的地位，服从于它们需要表现或内蕴的"客观性"

内涵。因此，与目前的张量研究通常仅仅着眼于向量或张量的“分量形式”表述不同，一个格外重要和具有本质的问题在于：原则上，需要像式(1)所示，将张量直接表示为由“坐标分量”与坐标系“基矢量”共同构造而成的一个不可分割的整体，并且，由此出发，理解和进一步揭示形形色色“分量形式”表述背后内蕴“物质内涵”的同一性。

回顾近现代数学体系的发展历程，特别是自 Newton 开创近现代自然科学体系以来，人们需要认识到“张量”的出现和广泛使用具有某种历史的必然性。随着人类对大自然的认识在不断深化和逐步拓展，人们需要面对真实的 3 维 Euclid 空间中，许多与该空间中“3 维向量”内蕴某种较为复杂逻辑关联，类似于“应力场张量、速度场梯度”等这样一些“物质结构”或者“物理实在”的真实存在。于是，现代数学领域中“张量”的出现，几乎成为一种不二选择和必然结果，相应展现为“数与几何”彼此融合的一种典范。也可以这样说，尽管张量催生于一个构建在“约定论”之上的 Riemann 几何，但是，从概念的“认识本原”考虑，仍然应该是真实的 3 维 Euclid 空间中这样一些抽象“几何实体”的真实存在，才提供了“张量”这个特定形式量必然出现的“客观性”基础。当然，反过来也正是那种历史的印记，导致张量从诞生之日起就已经蒙上“形式至上”的尘垢。

众所周知，在如何恰当认识“数系扩展”这个涉及“数学基础”的重大命题上，西方数学家始终处于仁智相争、聚讼纷纭的认识困惑之中。作为与张量的对比，不妨重新考察 W. R. Hamilton 曾经提出的“四元数(quaternion)”命题(Hamilton 较 Gauss 年轻近 30 岁，但大体同属于 19 世纪西方著名数学家之列)。Hamilton 对于自己最先提出的“四元数”概念充满着期待，自以为是能够与“微积分”相提并论的重要创造，将一定成为数学物理学研究中一个关键的数学工具。直至 21 世纪，还可以看到某些数学论述对“四元数”大加赞扬，褒称之寓于天才们“伟大灵感”的创造。实际上，也恰恰因为只允许将“四元数”本质地归结于“伟大灵感”启示的范畴，相应缺失“实体论”基础的必要支撑，这个人为杜撰而得的“数学形式”除了故弄玄虚以外几乎毫无可用之处(几乎在发明“四元数”的同一时期，还出现了人们至今津津乐道的“Grassmann 代数”。但是，在 Grassmann 构造的这个“数域扩张”过程中，根本问题仍然在于缺失“实体论”基础的支撑，把一些最初限制在“有限论域”的数学概念作无限外延，以至于同样只能纳入“天才创造”的范畴)。但是，与所有这样一些只允许渊源于“伟大灵感”的创造完全不同，张量隶属于“实体论”概念的范畴，它的出现本质上需要视之为是素朴和必然的，只不过是向量概念一种简单和自然的延伸。并且，既然是“向量”这个“几何实在”的延伸，张量同样只允许严格定义在真实存在的 3 维 Euclid“几何空间”之中，与这个真实空间中的“物理实在”或“几何实在”保持内在的逻辑关联。

进入 19 世纪的中后期，数学研究中的“约定论(公理化体系)”思想导向不断蔓延，并逐渐占了统治地位。由于这种特定氛围的影响，诞生于 20 世纪初本质上只允许建基于“实体论”基础之上的张量研究，一系列重要的基本理念问题不可能真正得到解决。因此，必须重新建树这样一种理性判断或意识：只有使用“张量”这样一种在逻辑上必须构建于 3 维 Euclid 空间之中，并且以 3 维向量作为构建自己的“多重线性结构”的基本素材，故而内蕴许多只允许隶属于这个特定几何空间“抽象特征”的形式量，才能够对人类真实面对的一个 3 维物质世界之中，许多普遍存在的复杂“物理真实”或者“几何真实”，做出一种恰当的，也就是独立于研究者主观意志的偏好、而在本质上与坐标系人为选择完全无关的“客观性”描述。反过来，当许许多多现代自然科学研究者，无法回避张量这样一种特殊的形式量时，切切不能拘泥或局限于张量的“分量表述”这种过于简单和表象化的认识层次之上，进而被一些只允许有条件存在、并且永远不可能终其所有的“坐标变换”所迷惑。贯穿于“张量研究”的全部核心在于且仅仅在于：如何透过“复杂多变”的形式表述，揭示潜藏于其中“恒定不变”的物质内涵问题。

显然，在面对“张量”这样一个特定形式的数学量时，人们需要形成一种理性判断：这个形式上表现为“向量多重线性结构”形式量，其本质意义或核心内涵在于一个“客观存在”的 3 维 Euclid 空间 R^3，以及隶属于同一空间域中某些“客观存在”几何实在或者物理实在的本身。当然，蕴涵于“张量”之中这种的线性结构与物质基础，还可以逻辑地拓展至定义于这个空间域的某些“微分算子”之上。事实上，如果人们确信：在人类“真实”面对的 3 维 Euclid 空间之中，存在某一个同样应该视之为“真实存在”的几何实在或者物理实在，那么，对于这个“客观量”真实呈现的“不均匀化”状态所构造的一种“完整”描述，同样应该视作一个“真实存在”并且内蕴“向量空间”抽象特征的“客观量”分布。只不过在描述某个“张量”性质的“客观量”的“不均匀”状态，这个同样需要当作“客观量”对待的“不均匀化”状态，即通常被人们称之为“梯度场”的分布与最初的分布相比一定更为复杂而已。不仅如此，如果注意到：对于 3 维 Euclid 空间 R^3 中的任何一个向量，只有借助于 3 个独立的坐标方向，才可能对其做出一种完整描述的话，那么，在同一个几何空间之中，那个用于刻画空间域“不均匀”程度的梯度算子，也必须同样配备 3 个彼此独立的方向，否则它的描述必然是不完整的。因此，从此处所说“客观量不均匀分布”的特定视角考虑，一个以 3 维向量为基础，本质上可以当作一种“多重线性结构”对待的张量，它之所以会以一种“不可避免”的方式出现于近现代数学研究之中，又进一步被赋予某种“客观性”的基础：在人们面对一个真实存在的 3 维 Euclid 空间，以及隶属于这个空间域中某种真实存在的“物质实在”分布，并且随着对这个物质分布的研究层次不断趋向深刻，需要对其“不均匀程度”乃至“不均匀程度的不均匀程度”构造定量意义的描述时，这样一种描述自然地以一种“3，3×3，3×3×3，…”的“几何级数”形式呈现在人们的面前。并且，在这个意义上讲，人们同样应该将“梯度算子”当作一个“张量性”微分算子对待，相应拥有一种决定于 3 维 Euclid 空间的“物质性”不变内涵，独立于任何形式坐标系的人为选择。

因此，在考察定义于 3 维 Euclid 空间 R^3 中的一个向量场 $\boldsymbol{A}(\boldsymbol{x})$ 时，不仅需要将这个向量场视为一个独立于坐标系人为选择的“客观性”分布，按照任何一个恰当坐标系三个基矢量规定的三个独立方向写做

$$\mathbf{A}:\boldsymbol{e}^i A_i \quad \in R^3$$

而且，用作描述这个“向量场”不均匀状态的“梯度场”分布，同样可以或者必须按照式(1)规定的模式，通过坐标系三个基矢量所指定三个独立方向上的方向导数，定义为如下所示的形式表述

$$\boldsymbol{\nabla}\mathbf{A}:\boldsymbol{e}^i \frac{\partial}{\partial x^i}\mathbf{A} = \boldsymbol{e}^i \boldsymbol{e}^j (\boldsymbol{\nabla}\mathbf{A})_{i;j} \quad \in R^3 \tag{4}$$

它告诉人们：对于定义于 3 维 Euclid 空间 R^3 中的任何一个向量场，它的“梯度场”本质上仍然是一个可以当作“二重向量”结构对待 2 阶张量场。因此，只要定义于 R^3 中的“基矢量”是恰当的，那么，它一定可以或者必须写做式(4)所示的形式，并且，向量场的梯度场仍然必须独立于“坐标系”的人为选择，相应成为 3 维 Euclid 空间中一个被赋予“客观性”意义的分布。

可以确信，只有严格因循“形式服从于实体”的基本原则，才可能为“张量场分析”提供唯一正确的指导思想。

5.1.2 确认现代张量分析普遍存在的“逻辑倒置”错误导向

综上所述，仅仅是张量内蕴“多重向量结构”的“客观性”基础，才可能成为式(1)所示“构造性”定义得以成立的逻辑前提；反过来，一旦确立式(1)所示的“构造性”定义，那么，由其构造的形式量又必然拥有期待的“不变性”物质内涵以及对应的抽象特征。并且，对于式(3)所示，表现张量“坐标分量”之间存在的“线性变换”关系

$$T'_{i,\cdots,n}=A^{i_1}_{j_1},\cdots,A^{n}_{m}T_{i,\cdots,n}\ll \text{Affine coordinate system}$$

可以视作式(1)所作的“构造性”定义，以及在满足“仿射坐标系”的前提条件下逻辑导得的一个必然推论。因此，如果忽视张量内蕴的“多重向量结构”基础以及“仿射坐标系”的必要条件，片面强调此式所示的“线性变换”关系，乃至将这种“有条件存在”的变换形式当作一成不变的“形而上学”，往往不具任何本质意义。

事实上，对于一个给定的有序分量集合 $T_{i,\cdots,n}$，如果要求其作为某个“整体量”$\boldsymbol{T}$ 的“坐标分量”表述，满足此处所示的“线性变换”关系，则必须要求 $\boldsymbol{T}$ 首先满足是一个被赋予“客观性”内涵的张量，这样一个决定于形式表述“逻辑主体”的首要前提；除此以外，还需要满足使用“仿射坐标系”的工具，这个原则上同样不可缺失的附加条件。但是，自从 Ricci 在长期研究“绝对微分学”的基础上，他和他的学生 Levi-Civita 最终于 20 世纪初(1901 年)正式提出“张量”概念开始，就将张量研究的全部关注点和几乎所有精力，都集中于系数如何进行变换这样一种“表观形式”之上，致力于寻找“坐标分量”变换中的某些“不变量”的问题，而几乎完全忽视所有这一切抽象形式特征背后的“实体论”基础，没有注意到式(1)所构造一个“几何实在”的前提存在，即

$$\left.\begin{aligned}
&\boldsymbol{a}:\sum_{i=1}^{3}a_i\boldsymbol{e}^i\equiv\sum_{i=1}^{3}a'_i\boldsymbol{e}'^i\\
&\boldsymbol{A}:\sum_{i,j=1}^{3}A_{ij}\boldsymbol{e}^i\boldsymbol{e}^j\equiv\sum_{i,j=1}^{3}A'_{ij}\boldsymbol{e}'^i\boldsymbol{e}'^j\\
&\cdots\cdots\\
&\boldsymbol{T}:\sum_{i,\cdots,n=1}^{3}T_{i,\cdots,n}\boldsymbol{e}^i,\cdots,\boldsymbol{e}^n=\sum_{i,\cdots,n=1}^{3}T'_{i,\cdots,n}\boldsymbol{e}'^i,\cdots,\boldsymbol{e}'^n
\end{aligned}\right\}\in R^3$$

也就是说，张量的真正意义远不在于坐标分量所构造的具体形式，而在于形式表述背后某个“几何实在”的基础。张量不过是只允许存在于 3 维 Euclid 空间 R^3 之中，由这个特定几何空间中作为基本元素的向量，按照“多重线性结构”的模式重新构造而成一种较为复杂的复合几何体。正因为 Euclid 空间自身存在三个彼此线性无关的“独立”向量，可以用作构造张量的“基本”元素，进而按照“多重线性结构”的方式，将这样一些“基元部件”叠合起来，组合成一种“有序”的并且因循“按 3 进次”的抽象结构，所以只要使用任何一种“恰当”的坐标系，那么，坐标分量相应展现的“线性变换”特征几乎是必然的，是这个特殊“几何体”内蕴的本质属性。

相当长时间以来，类似于 Ricci 等众多“张量”概念的开拓者所做，人们几乎完全没有意识到这个“抽象几何实在”的前提存在，而完全局限于探讨某一类坐标系相应呈现某种“坐标变换”的表观形式，热衷于将许多只允许“有条件存在”的变换特征作无所限制的外延，不断纠缠于诸如“变换群”这样一种纯粹的“数学表述”形式，以至从最初提出“张量”的概念，或者更为准确地说，应该是 19～20 世纪的自然科学工作者开始接触到这个客观存在、然而更为抽象的“几何实在”开始，一切与“张量”相关的研究，乃至曾经沉寂多时并因催生“张量”而复生的

“Riemann 几何”研究，实际上已经无可挽回地陷入“形式至上”的导向性错误之中。不难发现，从 19 世纪后期开始，一种愈演愈烈的“形式置于实体之上”错误哲学思潮与科学研究倾向，恰恰与张量需要宣示“形式表述的条件存在和可变性，以及不同形式表述之间隐含的某种确定性关联，必须逻辑地依赖于几何客体自身不变性”的本质意义南辕北辙、彻底背离。反过来说，数学本来需要承担“捍卫逻辑”的本质使命，但是当现代数学也不得不公然放弃逻辑，只能凭借“公理化假设”的独断，为林林总总矛盾的非法存在提供一种强蛮并且纯粹自欺欺人的“人文化”依据时，此处所说的所有这一切，将再一次成为如下所述“实体论”判断的有力佐证：性质必须隶属于某个特定的物质主体；离开物质主体支撑和限制，一切性质不仅蜕化为空洞，而且还势必导致逻辑紊乱。

首先，或许值得特别补充指出，当某些论述张量的古典著述几乎总是注重张量的“坐标分量”形式，继而根据“坐标分量变换”来定义或者讨论张量的时候，而我们却与这种“现代微分几何”仍然习惯采用的表述方式完全不同，是采用由“坐标系基矢量与相应坐标分量”共同构造的“整体量”来定义张量，其意义在于：仅仅于此，才可能明确表现张量源于“客观性”内涵，并相应呈现必需的“唯一性”特征。

此处，不妨考察用上述方式定义的 2 阶张量 $\boldsymbol{A}$：

$$\boldsymbol{A}:\boldsymbol{A}=\boldsymbol{e}^i\boldsymbol{e}^jA_{ij}\quad\in R^3$$

分析两种表述形式在“形式逻辑”方面隐含的本质差异。显然，如果沿用张量的古典表述，仅仅着重于张量的坐标分量，相应存在如下所示的映射：

$$\boldsymbol{A}\wedge(\boldsymbol{e}^1,\boldsymbol{e}^2,\boldsymbol{e}^3)\mapsto A_{ij}$$

也就是说，不只是给定张量 $\boldsymbol{A}$，还需要同时确定使用的“坐标系”，张量的 $\boldsymbol{A}$ 的分量表述 A_{ij} 才可能得以唯一确定。与此同时，因为存在恒等式

$$\boldsymbol{e}^{i'}\boldsymbol{e}^{j'}\boldsymbol{A}_{i'j'}\equiv\boldsymbol{e}^i\boldsymbol{e}^j\boldsymbol{A}_{ij}$$

所以存在如下所示的恒等映射

$$\boldsymbol{A}\leftrightarrow\boldsymbol{e}^i\boldsymbol{e}^j(\nabla\boldsymbol{A})_{ij}$$

它表示作为一个定义为“多重向量结构”的“象”的整体随着张量 $\boldsymbol{A}$ 的确定而唯一确定。

此外，需要指出，自从 16 世纪的法国数学家 F. Vieta 正式将“符号系统”引入数学，可以把对“形式语言”的广泛使用视为西方科学思想的一种优秀传统，并因此对人类近现代自然科学体系的构建做出巨大贡献。但是，符号系统所具高度抽象和凝练的优势，依然不能否定它们得以存在的“物质实在”基础。如果无视和否定形式表述的“实体论”基础的支撑和限制，片面地追求形式表述的变化，喜好作不加限制的过度推理，事情将必然向它的反面发展，智慧演变成愚蠢、理性转化为悖谬。

事实上，如果说发端于 19 世纪末和 20 世纪初的“张量”研究，从一开始就陷入西方科学世界“形式置于实体之上”的习惯性思维不当之中，从而恰恰与张量作为“客观量”内蕴不变性“物质基础”的科学思维和理念背道而驰的话，那么，需要将这样一种看似深奥却实为浅薄的错误导向，追溯至 W. R. Hamilton 于 19 世纪 30 年代提出的“四元数”概念，以及几乎与其同时，由 H. G. Grassmann 按照他的“线性扩张论”思想而提出的所谓 Grassmann 代数。面对所有这样一些单纯凭借“思维技巧”而创造的“数”结构，开始往往会给人们留下“构思奇妙”的视觉享受与思维冲动，但是恰恰因为它们缺失“实体论”基础的支撑和限制，所有这些人为创造不仅只能停留在“小智慧、小技巧”的层次，而且随着所论命题“论域”不断随意扩张，必然陷入思维导向错误造成的深刻矛盾之中。众所周知，至今西方数学家尚无力认识和解决“自然数、有理数、实数”之间相互关系的问题，而究其原因，则最终仍然需要归咎于他们在“形式与实体”的逻辑依存关系上长期存在的认识颠倒和紊乱。

如果首先限制在“张量代数”的讨论范围，人们几乎立即可以发现，类似于在有影响的《数

学百科全书》一书，这些著述往往总采取一种纯粹“形而上学”的方式，通过模仿“向量——一阶张量”在不同仿射坐标系之间，将只允许“有条件存在”的“线性变换”特性，即在使用“恰当坐标系”的前提下所展现的“线性变换”关系

$$\widetilde{T}^{i_1,\cdots,i_p}_{j_1,\cdots,j_q} = A^{i_1}_{k_1},\cdots,A^{i_p}_{k_p}B^{l_1}_{j_1},\cdots,B^{l_q}_{j_q}T^{k_1,\cdots,k_p}_{l_1,\cdots,l_q} \tag{5}$$

当作界定“高阶张量 $\boldsymbol{T}$”的形式定义。这样，以上讨论希望特别强调“形式决定于实体”的基本数学观，对于张量必须内蕴的“客观性”基础，以及张量实际上是由 Euclid 空间 R^3 中“向量”按照“多重线性结构”组合而成的“构造性”特征全部没有提及。并且，一个最初只能视为“条件存在”的线性变换被当作一种“形而上学”的不变模式使用，必然对以上所述构成一种根本的逻辑否定。

继而，进一步扩大我们的论域，将“微分运算”概念进一步应用于“向量场”或“张量场”的分析中。也就是说，考虑如何恰当刻画 Euclid 空间域中某种“物理实在”分布的“不均匀”状态，例如针对式(4)所定义一个隶属于 3 维 Euclid 空间 R^3 中向量场，需要我们考虑如何构造属于该向量场的“梯度场”分布的问题。此处，针对这个现在称之为“张量分析”的命题，假设人们仍然遵从 Ricci 在构造“协变导数”概念时提出的约定，即模仿 Gauss“曲面论”中的相关结果，引入如下所示一个定义于“曲线坐标系”中的形式表述

$$\nabla\mathbf{A}(\boldsymbol{x}):\boldsymbol{e}^i\boldsymbol{e}^j(\nabla\mathbf{A})_{i;j} = \boldsymbol{e}^i\boldsymbol{e}^j\left(\frac{\partial a_j}{\partial x^i} - \Gamma^k_{ij}a_k\right) \ll \text{Curvilinear system}$$
$$\boldsymbol{x},\mathbf{A} \in \mathbf{R}^3 \tag{6}$$

于是，仅仅因为在不同坐标系不同形式的“分量表述”之间展现某种“不变性”的关系，所以 Ricci 把其中某一种特殊的“分量形式”表述定义为“协变导数”，并且，将这种特殊“分量形式”当作某种一成不变的“形而上学”来对待①。

既然这样的定义只能当作“形而上学”来对待，那么，它不仅允许同样定义在 2 维曲面 M^2 之上，相应存在如下所示一个所谓“绝对微分(absolute differential)”算子的概念：

$$\nabla:\nabla\mathbf{A} \overset{\text{def.}}{=} \boldsymbol{e}^i\boldsymbol{e}^j\left(\frac{\partial a_j}{\partial x^i} - \Gamma^k_{ij}a_k\right) \quad \in M^2 \tag{7}$$

而且，还可以把这种纯粹的“形式模仿”发挥到极致，采取一种与中国人“拓碑临帖(rubbing)”毫无二致的方式，将此处出现的“字母符号”(注意，与通常所说需要表现某种特定内涵的“形式表述”相比，它已经不再是同一个概念)临摹仿造至 Riemann 所说的一般“n 维流形”之上，从而创造出一个希望能够被赋予更普遍意义的“绝对微分”概念

$$\nabla:\nabla\mathbf{A} \overset{\text{def.}}{=} \boldsymbol{e}^i\boldsymbol{e}^j\left(\frac{\partial a_j}{\partial x^i} - \Gamma^k_{ij}a_k\right) \quad \in M^n \tag{8}$$

当然，除了“不变形式”至高无上以外，形式背后的“几何实在”乃至依赖于几何实在才可能存在的抽象“逻辑关联”统统不复存在(不难推断，正是这种纯粹“字符意义”的拙劣模仿，才成为陈省身先生自陈“在讲述一半不懂的题目”的根本缘由)。

---

① 此处的形式表述完全不同于当初 Ricci 使用的“分量表述”形式，完全代之以现代张量中才可能出现的“整体表述”形式，并没有引用“协变导数、逆变导数”的形式表述。古典张量关于“协变分量、逆变分量”的讨论不仅十分繁杂和冗长，而且恰恰冲淡了对张量本质内涵的刻画。此处所做的介绍比较简略，仅仅希望揭示 Ricci 等在最初构建张量概念时由于没有认识到张量内蕴的“几何实在”基础，而必然出现的“形式至上”的不当思维导向。

于是,人们几乎立即可以做出一种"直观"层次的判断:属于现代"张量分析"之中,围绕"绝对微分"所做的这一切,原则上不过是"张量代数"通过式(5)所表达"形式至上"思想的简单复制或拷贝,是对形式表述"实体论"基础又一次明目张胆、彻头彻尾的否定。当然,如果更为深入和细致的考虑,人们还可以发现:所谓"绝对微分"的纯属杜撰与其相关的逻辑不当问题,要远比张量代数中把有条件存在的"仿射变换"置于"几何实体"之上,从而出现逻辑依存关系"本末倒置"的笑话还要严重许多。在张量代数中,式(5)中那个用作定义张量的"仿射变换"只允许有条件存在,所以将这个有条件存在的关系式用作张量的"形式定义",逻辑上肯定不当或者是错误的。尽管如此,这个"有条件存在"的仿射变换仍然是一种存在,相应拥有隶属于自己的确定意义。但是,到了式(7)与式(8),当人们引出一个所谓的"绝对微分"概念时,问题的"性质"却发生一种根本的变化:它已经从张量代数研究中普遍存在"形式置于实体之上"的逻辑倒置错误,蜕变为"杜撰而得的形式表述根本不存在"这一个科学史中难得一见的极大荒唐。

纵观现代微分几何,人们不难看到,一旦步入"张量分析"领域,现代数学家们所做研究的思想基础或核心理念无非在于:以式(6)所示 3 维 Euclid 空间域中"向量场的梯度场"的形式表述为样本,模仿其中所有"字母符号(symbols)"作一种纯粹"符号"意义的复制。或许可以相信,即使是一名刚刚启智的学童,也会不屑于尝试如此愚笨之事。其实,在人类所面对一个物质世界赖以存在的 3 维 Euclid 空间域,任何定义于其中的形式系统之所以能够成其为一种合理的形式表述,绝不是凭借它使用了什么样的符号,而仅仅归结于它们被赋予某种尽管抽象却实实在在的物质内涵。因此,一些抄袭而来的"字母符号"虽然看上去没有任何变化,但是随着需要描述对象的不同,这些符号可能已经完全失去原来的意义,而由相同"字母符号"所构造看似完全相同的形式表述,必然对其最初蕴涵的逻辑关联构成否定,以至于任何凭借纯粹"字符模仿"而构建"公理化假设"的人为约定,在完全失去形式表述必需"实体论"基础支撑的同时也必然蕴涵着矛盾,所以根本不允许存在的问题①。

古希腊的帕拉图(Plato)曾经是欧洲文明诞生之际一位最具影响力的哲学家,他一直被哲学家们推崇为"唯心主义"哲学体系第一位集大成者。即便如此,Plato 也曾经以一种明白无误的方式向人们提出告诫:

> 知识不仅是可能的,而且它在事实上也是确实可靠的。之所以可以视知识为确实可靠的东西,乃在于它必须建基于实在的东西之上。

事实上,Plato 正是紧紧围绕这一"素朴唯物论"的理念,构建了一个通常以"相论(theory of ideas or forms)"称谓的"认识论"体系。只不过仍然因为 Plato 在自己的"推理过程"之中隐含

① 如果通过以上简单介绍,能够领悟 Ricci 当初提出"绝对微分"概念时的思维导向,那么,对于 Hilbert 针对"公理化体系"思想所作"桌子、椅子、啤酒瓶同样可以当作几何学点线面"的诠释,就绝对不能当作空穴来风的虚词。其实,当许多人对 Hilbert 的这一诠释提出质疑,而他几乎从不为所动的原因也就在于此。从这个意义讲,Hilbert 对于从 Riemann 几何开始的现代数学体系的理解无疑更为准确和透彻。既然是"约定论"的,那么,就必须对许多人内心之中仍然挥之不去"物质实在"的影子提出彻底否定,就是需要让人们意识到任何人为约定都是许可的,哪怕是"桌子、椅子和啤酒瓶"同样可以用作构建几何学的素材。只有做到此,才可能最终构造一个不加任何限制地可以应用于一切场合的形式系统。

许多逻辑不当，导致一个"唯物论"的素朴理想最终陷入"唯心论"的泥潭之中。

故而，对于 Plato 所说，一旦离开"实在东西"的支撑，任何美妙的言辞都将流于虚妄，从而对知识所需传递信息的"可靠性"必然构成否定的论断，并不能依从西方哲学家的习惯，单纯当作某个伟大人物的"哲学箴言"对待，其实它仍然只是"逻辑规律"之使然的一个素朴真理。因此，对于包括"数学"在内，一切"自然科学"陈述必须严格遵循的"物质第一性"原则，原则上就是一个亘古不变、普适恒常的素朴真理，而不能仅仅当作某种可以自由选择的"哲学信仰"来对待。不难证明和理解，一切科学陈述必需的"实体论"基础，本质上不过是"逻辑的本义仅仅在于同义反复"这个基本认识前提的后继，是一切合理陈述必须满足"逻辑自洽性"原则的必然推论。对于任何一个陈述而言，一旦缺失"特定对象"及其提供"实在内涵"的支撑，它将必然流于空洞；不仅于此，它还因为空洞陈述缺失特定对象所构造"有限论域"的限制和约束，最终还势必陷入重重矛盾之中。毫无疑问，Plato 提出"知识必须建基于实在东西"之上的判断，本来并不需要任何高深的学识和智慧，不过是一些一目了然的基本道理。因此，人们不妨可以相信：众多现代数学家之所以会一步一步地背离"实体论"基础，乃至最终出现诸如 Hilbert 这样的"公理化"大师，将一种显然荒诞不经的"公理化体系——约定论"思想加以系统化，并公开将其进一步推入"独断论"的强悍之中，本质上仍然只是一种色厉内荏的无奈，出于众多西方数学家面对太多经年累月积累而成的数学疑难没有真正得到解决的缘故①。

正因为此，人们将会在以下讨论中看到，与只允许作为"公理化假设"的独断而存在，构建于流形上"绝对微分"的纯粹人为杜撰，并由此对现代数学中"自由思想"纵横捭阖、无所顾忌形成极大反差的却是：诸如对于如何在 2 维曲面上定义向量场及其梯度场，进而考虑如何对它们构造恰当形式表述这样一些真实存在、并具有重要实际应用价值的基本数学问题，至今没有真正得到解决，而且，在层出不穷"公理化假设——约定论"横行无忌的大潮中，几乎乏人问津甚至毫不知晓这些基本数学命题的真实存在。

显然，此处设置的《曲面上向量场微分运算理性重构与经典表述的逻辑证伪》命题，正是希望通过无歧义的形式语言，努力使用符合于"形式逻辑"的推理方法，重新回答这个直接涉及"现代数学体系"存在基础之一的一系列相关问题。至于在具体论述这个命题之前，何以要花费较大篇幅谈论"张量"，为其提供一个"构造性"的定义，揭示其必需的"几何实在——多重向量"基础，改变以往讨论中普遍存在"形式至上"的思维模式，其目的也仅仅在于希望人们首先形成这样一种必要的前提性判断：现代自然科学体系之所以矛盾普遍存在，以至于公开提出彻底放弃"逻辑"检验，拒斥"实体论"基础，寄希望于林林总总"公理化假设——约定论"的人文化主张，掩饰人类文明史中几乎难得一见"理性大倒退"的极大反常，原则上需要视作人类知识体系一种"整体性"和"历史性"层面的理性缺失问题。只要拒绝"实体论"基础，放任"公理化思想"的蛊惑就必然导致逻辑紊乱，一切就只能如 Kline 所述，必须将个别"天才人物"的"伟大直觉"置于"逻辑和理性"之上，最终一定会滋生"偶像崇拜"普遍泛滥的科学腐败。反过来，对于每一个依然存有"科学理想"的科学工作者，他们需要做出的全部努力就是从头开始，考虑怎样把认识的颠倒重新颠倒过来，纠正一切渊源于"主观约定"的艰涩、神秘和虚妄，将科学重新回归为本质地依赖"物质世界"的自身，成为某些西方哲学家称之为"公众性"的(因为排除一切

---

① 任何一个"空言性"陈述，最终必然会导致逻辑悖论出现。该判断属于"古典逻辑"范畴的一个基本逻辑原则，不难给出严格的证明。

“主观歧义”的干扰,所以原则上能够为所有科学家得到)一种“明晰、自然和素朴”的知识体系。

5.1.3 关于“形式主义(formalism)”两种“应用范式(paradigm)”的一个说明

众所周知,自从 G. Cantor 于 19 世纪末,公开揭示和批判自己创造的“集合论”存在逻辑悖论开始,人们发现无法回避整个现代数学体系的哲学基础,实际上处于一种深刻矛盾之中的巨大认识困惑。自此,针对如何为数学体系提供可靠哲学基础的问题,20 世纪的西方科学世界始终处于空前的对立和冲突之中。特别是随着自然科学研究自身的“人文化”趋势愈益普遍和突出,而哲学家们根据目前自然科学体系的现状,将自然科学的发展过程界定为“范式变换”的历史,公然否认自然科学发展进程中存在任何符合于“逻辑”的关联,拒斥任何“客观性”标准,公开把自然科学当作某一个特定人群即所谓“科学共同体”共同持有的某种“共同信念”集合来对待,从而只能从“社会学”和“心理学”的层面寻求对科学的支持。面对人类“科学史”中这种难得一见,堂而皇之拒斥理性的荒唐局面,那个纳入“科学共同体”之中的科学家们,不仅对此无言以对,事实上他们恰恰需要这种纯粹“人文化”的辩护,成为自己所创建或认同理论体系的继续合法存在唯一的依据。但是,寻求和维护理性,是智慧人类的本性与共同愿望。因此,一些关心科学命运的有识之士,在步入 21 世纪后又重新提出了数学体系的哲学基础问题。并且,不再领会“形式主义、直觉主义、逻辑主义”习惯分类的不当理念,将这种旷日持久的争论,合理地归结为“约定论”和“实体论”这样两个哲学思想体系的根本对立。

作为 20 世纪数学体系哲学理念的一种,主要由 D. Hilbert 构建的“形式主义”抱持这样一种观点:数学知识仅仅是“命题的形式系统(a formal system of propositions)”,并且,这些命题只是一些没有任何意义但是应该按照某种一定的规则使用的公式;因此,数学的构成就在于知道什么样的公式能够根据这些规则由公理推导而得,没有任何必要宣称某种超出符号和组合规则的“抽象实体(abstract entities)”存在。于是,构建无需任何实在意涵的符号及其组合,成为“形式主义”指导数学研究的最高原则。

回顾以上针对张量所做的分析,不难看到:无论是“张量代数”最初对张量所构造一个“实体服从于形式”的古典定义,还是后续的“张量分析”中引入一个只允许当作纯粹“人为假设”对待的“绝对微分”概念,原则上都可以将它们纳入 Hilbert 所说“形式主义”的范畴。但是,正如前面分析已经指出的那样,两种“形式至上”错误思想倾向之间仍然存在重大差异。或者说,在具体实践“形式主义”的主张时,这两种错误做法可以视作两种思想层次不同的“范式”供人们去仿效。并且,如果仍然从历史的眼光作重新审视,之所以出现这样的变化又与它们所处的特定背景息息相关。

就张量代数对张量所作“古典定义”隐含逻辑不当的问题而言,大致可以将其纳入如何看待“知识与对象、性质与实体、局部与整体”相互关系的认知范畴,一个本质上表现为两千多年来西方哲学体系始终没有真正解决的基本“认识论”命题。如果仅仅就“张量”命题本身而言,古典定义的核心在于强调在使用“仿射坐标系”的特殊场合,高阶张量必须服从某种“不变性”的线性变换关系,并且,以这个看似显然存在的性质作为界定张量的形式定义。但是,此处作为必要前提之一的“仿射坐标系”不具一般性意义,仍然只允许看作是一个特殊的,甚至条件“过于严苛”的必要前提。因此,对于这个为《数学百科全书》用作界定“高阶张量”的形式定义,不可能具有“一般性”的必要意义,无法完整与准确地刻画与反映张量必须拥有的“客观性”基础和本质。因此，考虑到此处所说“特定条件”的限制，原则上只允许将这个形式定义视作是研究者某种“主观意志”的体现，或者是某一个研究者群体对于“线性变换”这样一种特殊“形式表述”的特别偏好，没有办法将这个“客观量”在许许多多复杂坐标系中自然呈现的丰富多彩形式表观特征，及其内蕴的“不变性”物质本原地展示给人们。毫无疑问，任何试图“摆脱对象对知识体系的支撑和限制；将形式置于客体之上；性质前于实体；个别性质替代全部属性”的做法显然不恰当，并且，在实际上成为现代数学体系不断步入“形而上学”的粗陋、随意、僵化和荒诞不经的历史根源和重要动因。

可以相信，许多喜好追根溯源的思想者或许会立即质询：如果尽可能避免张量古典定义出现“用局部性质取代整体性质”的明显不当，然而能否存在或者允许使用某一个“性质集合”去定义某一个对象呢？答案同样是否定的。其实，如果真正理解“集合论”的核心思想，切身体会 Cantor 为什么自我否定几乎耗费了全部生命和精力才构建而成的“集合论”体系，最后提出“集合论悖论”时的内心煎熬，准确领悟这个悖论的真实逻辑结构，那么，所有一切认识疑难最终都会逻辑地归结为“实体和性质孰先孰后，能否凭借属性定义实体”的大是大非问题。毫无疑问，如果说诚实的 Cantor 在自己花费了几乎一生心血的“集合论”著作即将出版之际，不得不公开对“集合论”体系核心理念的“概括原则(comprehensive principle)”提出批判和否定，那么，此处对现代数学为高阶张量所构造形式定义的批判，在逻辑上几乎同样是必然的或者不可避免的。实体是前提和基础，性质是后继和表象。因此，无法构造缺失实体的属性。实体的前提存在是性质得以存在的必要条件，性质必须逻辑地隶属于实体。一旦脱离实体的前提，不仅性质缺少实在内容的必要涵养，而且还因为空洞而陷入矛盾之中。因此，永远不允许将某一个形式表述的性质特征置于拥有该性质的实体之上，永远不可能从某一个缺失实体基础支撑和约束的“形式表述”出发，继而逻辑地构造出一个无矛盾的形式系统。

毫无疑问，对于“张量代数”中关于张量的古典定义逻辑不当以及 Cantor“集合论”隐含的逻辑悖论，本质上都可以共同归咎于“性质置于实体之上”的逻辑颠倒。但是，发展到了 Riemann 微分几何，以及受其影响而产生的 Ricci 张量分析，这种最初表现为“逻辑依存关系”的认识错误则发生了一种质的巨大蜕变，从忽视“实体论”基础的逻辑失当，变为彻底否定“实体论”的基础，公开渲染“约定论”合法存在的荒诞不经。

事实上，一旦认同 Riemann 对几何学“几何实在”基础的全盘否定，同意他所说必须将微分几何完全建立在自己猜测的“关于空间的纯粹先验概念(a sure priory about space)”之上；容忍 Ricci 完全依据对某一“符号字母”形式的偏爱和喜好，创造“绝对微分”这个只能看作人为假设的概念，进而构建与张量内蕴“实体不变性”本质背道而驰的“张量分析”体系；乃至纵容一个当时尚过分年轻几乎对数学和逻辑都一无所知的 Einstein，仅仅凭借毫无理性可言的“直觉和顿悟”随意杜撰两类“相对论”，并要求世间万物都必须无一例外地服从源于他这种直觉和顿悟的规定时，认识错误的性质则发生了根本变化，已经不再是无意识颠倒了“性质与实体”的依存关系，而是蓄意对“性质只能依附于实体，知识必须建基于物质实在基础之上”一个素朴理性判断做出的彻底否定，成为甚至中世纪经院哲学家也不屑一顾的“约定论”荒唐在时隔 1 000 多年后的一次公开复辟。当然，这也是前面曾经提到过的，与 Einstein 因为“相对论”首创权的问题发生争论的 Hilbert，在为自己系统发展的“形式主义”主张提供诠释时，他为什么需要特地做出一个声明：“没有必要超出符号和组合规则声言某个抽象实体存在(There is no need to go beyond the symbols and the rules of combination to claim the existence of abstract realities.)"的原因。毫无疑问,仅此才可能为无所羁绊的"公理化思想"体系扫清障碍,彻底颠覆自然科学必需"实体论"基础的素朴理性判断①。

因此,对于张量代数与 Cartor 集合论的错误以及 Ricci 张量分析与 Riemann 几何的错误,一般而言可以本质地将它们纳入"形式至上"的框架。但是,如果将它们当作"形式主义"两种不同的"范式——系统纲领"来考虑,那么,这两种错误不可同日而语,存在"无意识和有意识"的本质区别。

面对现代数学体系哲学基础何去何从的重大争论,作为"直觉主义"领军人物的 Brouwer,往往被 20 世纪西方科学世界中的许多人戏称为 Hilbert 的"天敌"。Brouwer 曾经提出"必须以构造性对象(constructive object)作为构建数学体系唯一基础"的重要判断。应该说,Brouwer 所说无非是对前面曾经引用 Plato 所作"任何可靠的知识体系必须建基于实在东西之上"素朴理念的坚持和张扬。故而,从数学体系的哲学基础考虑,Brouwer 的思维其实远远比看似推崇逻辑的 Hilbert 符合于逻辑。Brouwer 曾经公开表示对逻辑的怀疑和否定。但是,人们不妨相信,Brouwer 之所以提出对逻辑的怀疑,其本义不过是重申"逻辑的本来意义在于也仅仅在于同义反复"的理性判断。事实上,远早于 20 世纪科学世界的纷纷攘攘,18 世纪著名的德国哲学家 Kant 早已向人们提出"逻辑永远不可能告诉人们任何实在"的理性判断和中肯告诫。

5.1.4 关于 19 世纪的非 Euclid 几何研究以及 Riemann 彻底背离 Gauss 微分几何的简短评论

一些数学史研究者曾经这样指出,从 Euclid 几何于公元前 300 年诞生起,许许多多喜好独立思考的数学家内心难免狐疑:为什么允许甚至必须把 Euclid 提出的几何学公理当作一种"不证自明"的真理? 其实,这不仅是需要人们严肃对待然而至今没有解决的数学基础重大命题,而且这还是一个几乎涉及全部西方知识体系的存在基础与合法性,相应对整个西方哲学思想体系形成严厉拷问和巨大挑战的"认识论"重大命题。毫无疑问,如果切实希望解决和回答这个横亘数千年的"认识论"哲学困惑,就必须将一切重新围绕 Plato 曾经提出"可靠知识必须建基于实在东西之上"的准则,进行追根溯源的深刻反思(当然,归因于 Plato 构建"认识论"体系过程中隐含的逻辑失当,以至于这样一个显然符合于逻辑和理性追求的"素朴唯物论"的理想无法贯彻到底,最终反而遭致"唯心论自欺"的无情践踏)。因此,就此处需要人们关注的"数学体系"而言,必须彻底摈弃 Euclid"公理化思想"的错误导向,把数学从"绝对理性"或者"纯粹逻辑"之类所谓"自然科学皇冠宝座"的虚幻和空洞之中解脱出来,重新将数学植根于 Brouwer 称之为"构造性对象(constructive object)"的厚实土壤之中,使之成为虽然只满足"有限真实、条件存在"的要求,却能够保证处处"逻辑相容"的一个"相对真理"系统。

---

① 一些近现代数学体系的研究者告诉人们,如果不是 Einstein 的两类"相对论"在 20 世纪横空出世,那个诞生于 19 世纪中叶的"Riemann 微分几何"或许早已被人遗忘了。因此,如果说是"Riemann 几何"在"约定论"意义上的杜撰,曾经为同样杜撰而得的"广义相对论"提供了重要武器;还可以中肯地指出,同样是荒诞无稽的"广义相对论"拯救了同样荒诞无稽的"Riemann 几何",为这个不能用来解决任何实在命题"几何学"的复兴提供了舞台。当然,这也是如果想要彻底摆脱 Einstein 两类"相对论"神学体系的桎梏,就必须严肃对待自 Gauss 以来,一系列只允许建基于"约定论"之上的现代数学必然存在大量逻辑悖论的问题。

然而，文艺复兴后的西方学者乃至后来逐步专业化的职业数学家们，随着“微积分”这个划时代工具愈益显示重大意义的同时，他们往往难以掩饰与抑制内心日益滋生的急切，习惯乃至完全热衷于文艺复兴先驱们曾经全力反对的“形而上学”模式，将简单、粗陋和一成不变的思维恶习重新带入自然科学。或者说，因为西方知识社会从来没有真正解决哲学的“认识论”困惑，所以骤然全面复兴的欧洲人从18世纪步入19世纪，自以为在“分析学、代数学”等众多领域已经取得前所未有的非凡成就，从而具有充沛的精力和足够的本领重新思考几何学命题，试图对数千年来一个被他们视作如鲠在喉的“Euclid几何公理”疑难做出理性回答的时候，他们所做的一切恰恰与理性期待背道而驰，与自然科学必需的“实体论”基础渐行渐远，最终演变成一场几乎持续近3个世纪、越演越烈的“约定论”大闹剧。

任何性质只允许依赖于特定对象的存在而存在，否则归于空乏。对于人们通常所说的“公理(axiom)、定理(theorem)、定律(law)、命题(proposition)或者推断(infer)”之类的性质，它们仍然只允许同一地隶属于拥有它们的“逻辑主体(物质实在)”。如果说这些不同性质有什么差别，那么，也只能归源于它们的“逻辑主体(物质实在)”的“定义域”大小的不同，或者表现为研究者在认识和探究这些性质的方法、手段、难易程度的不同。事实上，所谓的Euclid公理虽然源自于Euclid之发现，但是，从来没有真正属于Euclid，而只可能属于拥有这些“看似自明”性质的Euclid空间。

与这种坚持“实体论”基础的科学观保持一致，隶属于某个特定对象的性质，本质上又必然成为一个不可分割的“性质集合”整体。相反，一旦按照某些人某种纯粹“主观意愿”的驱使，将一个性质集合的整体分解为若干支离破碎的属性，则因为破坏了性质集合的“逻辑主体”或者性质之“拥有者”所必需的完整性，进而导致这些“个别属性”不仅完全失去它们得以存在的“客观性”基础，而且，还会使这些“个别属性”失去只能依赖于“性质集合”整体，才可能加以完整描述的“特定对象”所赋予抽象特征的某种真实内涵。明确提出知识必需的“实体论”基础和内涵，与Plato最初对知识所作的界定一样，只能算作素朴自然的普通道理。但是，完全不可理喻的是，曾经对隶属于“曲面几何学”领域的“测地学”研究做出许多开拓性贡献的C. F. Gauss，何以对“性质集合整体”的恣意分割竟然如此情有独钟？其实，对于Gauss为2维曲面所构造“第一类形式”和“第二类形式”的形式表述，只要稍加仔细阅读就可以发现，这些由Gauss最初提出的数学形式，虽然可能从两个不同视角描述了曲面的几何性质，但是所有这些形式表述仍然是一个“彼此关联、逻辑上不容分割”的形式表述整体。

联想到著名的《科学文明史论集》一书的著者G. Sarton，他曾经把“科学的偶像崇拜”斥之为是一种“最坏的形而上学(the worst kind of metaphysics—scientific idolatry)”的愚昧，人们可以相信，如果不是西方知识社会中一种普遍存在“偶像崇拜”的理性缺失，几乎任何人都可以直观地发现Gauss所作“内蕴几何”和“外在几何”的分野几乎从来没有任何价值，并且这样一种绝然的分割也从来没有真正存在过。人们必须对曲面在3维平直空间中真实呈现的“弯曲特征”做出前提性的认定，凭借曲面上几何点“动态变化(涉及多个几何点)”过程呈现的规律，刻画曲面与平面之间必然存在的本质差异。显然，弯曲必然对平直构成逻辑否定，妄图离开大平直空间的背景谈论曲面只能流于虚妄。下面的讨论将证明：Gauss的第一基本形式定义于曲面的一个“固定点”之上，本质上与曲面的几何属性完全无关，它所刻画的原则上只能算作曲面上“坐标系”的表观特征，并没有告诉人们任何真正隶属于需要描述的“曲面”对象的有价值信息。故而，尽管Gauss微分几何的许多结果正确揭示了曲面的几何特征，相应蕴涵重大的工程应用价值，但是它的许多概念、论证方法和思维导向都存在许多不当①。

作为目前科学主流社会的一种主流意识，在回顾自 1 800 年来“几何学”研究的变化历程，一些数学史评论家曾经对 Gauss 所做工作作如下评价：

> 在微分几何方面，Gauss 完成的工作是一个里程碑。但是，Gauss 所做工作的含义远远比其本人的理解要深刻许多。在 Gauss 以前，曲面一直是作为 3 维 Euclid 空间中的一个图形来研究的。但是，Gauss 却告诉人们，一个曲面可以视作一个自存的空间(space in itself)，因为曲面的所有性质都决定于曲面上的弧元素 ds。于是，人们可以忘却曲面必须存在于一个 3 维空间的事实。

但是，这样的评价其实并不中肯。或者说，评论者没有看到或者真正理解 Gauss 对其判断的一种忐忑不安。

可以相信，尽管 Gauss 提出“可以忘却曲面必须存在于一个 3 维空间的事实(注意：它成为构建 Riemann 几何唯一依据)”的判断，但是他的内心仍然清楚，曲面上的弧元素 ds 本身(对应于曲面局部域的度量性质)仍然逻辑地依赖于曲面在 3 维空间域的弯曲性质。特别是对于专职从事“测地学”工程研究的 Gauss 而言，他并不完全是自谦，而是无法真正拒斥一种尽管素朴、但几乎显而易见的直觉判断：“曲面必然存在于平直空间之中。离开某个大平直空间的特定背景，也就没有所谓弯曲的几何实在可言。故而，不可能完全将曲面的度量特征与曲面在大平直空间的弯曲状况绝然地隔离开来，当然，也更没有可能，仅仅凭借曲面一点处局部域的度量特性，对 2 维曲面的全部几何特征构造完整描述。”因此，同样可以相信，正因为这个理性判断的冲击，Gauss 对于自己所提允许把曲面当作“一个自存的空间，即逻辑上自给自足、能够满足自封闭要求几何实体”的判断，缺乏一份只可能渊源于“逻辑论证”的那份足够自信。

然而，历史往往就是如此不可思议。某一个“猜想”的最初提出者，无论内心曾经怎样为其冲动和兴奋，但是对于命题或论证逻辑方面许多他人不知的不足乃至缺陷仍然了然于心，以至于总会存有芥蒂或忧虑，无法拒绝一份必要的克制和谨慎。然而，潘多拉的魔匣一旦掀开，一切都将会超出最初猜想提出者的控制，一些本来就缺乏足够证据或者逻辑规范的灵感，往往又被后继者们新的灵感所激励，乃至被无限放大，最终变成一匹桀骜不驯、恣意驰骋的野马。事实上，这同样是“内蕴几何”以及“相对论”的追随者，与理念的最初提出者相比，往往表现出更大勇气的缘故。这些后继者虽然不可能真正读懂只允许当作“信仰”对待的伟大猜想，却也缘此少了一份构建者们内心的隐忧，无所畏惧地大踏步前进，总想比自己的前辈走得更远，并且一旦踏上征途就再也不愿意作任何冷静的反省和思考(今日之 S. Weinberg、S. Hawking，无

① 众所周知，作为几何学第一个里程碑 Euclid 几何，它的诞生只能归源于古埃及人在尼罗河边的土地丈量；而往往称之为几何学第二个里程碑的 Gauss 微分几何学，它同样得益于 Gauss 长期从事的“测地学”研究。因为能够为科学提供可靠内涵的，只能是相关技术需要涉及的物质对象，所以技术自然成为孕育、滋养和催生科学发展的唯一土壤。凭借直觉顿悟的创见看起来充满非凡智慧、惊天动地。但是，真正能长留于世的只能是契合于自存的物质世界的东西，并且因此它总是素朴、自然和最终容易为人们理性地接受的。但是，Gauss 不经意间摈弃了几何学必需的“实体论”基础，他没有充分认识到自己所揭示一切“可靠性质”的唯一“逻辑主体”只能是那个客观存在的曲面，而绝不是任何真正属于自己的创造，以至于 Gauss 微分几何出现了主观臆测置于几何实在之上的逻辑倒置。

疑都是这样一些试图远远超越前人之后继者的典型人物)。

众所周知,Gauss 对于 Euclid 几何的“必然真理性”提出了质疑。但是,如果注意到针对当时热衷议论的“平行公理”命题,Gauss 曾经讲了这样一段看似顾左右而言他的话语:

> 诚然,我已经得到了许多东西。在大部分人看来,这些东西一定都包含一种证明(most of people would hold them to constitute a proof)。但是,在我的眼中,什么证明也没有给出(in my eyes,it proves as good as nothing)。…… 当大多数人肯定会把某一个见解当作公理对待(most of people would certainly let this stand as an axiom)的时候,对于我来说,却完全不是那回事(but I,no!)。

或许可以相信,Gauss 与大部分非 Euclid 几何研究者的认识歧义,并不仅仅在于如何为“平行公理”构造证明的问题,而在于对这种证明本身,乃至是否存在某种“公理——不证自明普遍真理”一个更为本质的问题上存在歧义。

事实上,如果进而考虑 Gauss 曾经提出几何学的“真理性”应该建基于他所说“物质空间(physical space)”之上的观点,那么,人们或许更有理由相信:Gauss 之所以始终与通常称作由 Lobatchevsky 以及 Bolyai 首先提出的“非 Euclid 几何”保持一定的距离,它不应该像一般近现代数学史研究者所说,只是 Gauss 过于谨慎甚至是缺乏和他们两人一样的勇气的问题;相反,特别在史学家指出“Gauss 在微分几何领域完成的数学工作,不过是他对于勘测、大地测量、绘制地图等感兴趣的工作的一个附带的结果”这个重要事实时,人们应该将 Gauss 的这种谨慎视之为他内心对任何“公理化体系”思想一种“经验意义”的本能拒斥,是对 Euclid 几何与非 Euclid 几何同样建基于“公理化体系”思想的否定,是 Gauss 对于包括数学在内一切自然科学体系只可能逻辑地决定于“物质世界”的“实体论”思想的素朴体现。因此,人们可以相信,在对待非 Euclid 几何的态度上,Gauss 并不比那个时代的许多其他人格外谨慎,而应该是高明了许多。当然,Gauss 似乎缺乏一种只可能源于“理性分析”的稳定判断、坚毅决心和勇气,公开对那个时代已经日益明显的“公理化体系”思想倾向本身提出挑战。

从另一个角度考虑,本质上因为 Gauss 坦然地指出自己在“曲面论”方面完成的研究工作,更多反映的是“曲面测量”方面的一系列工程计算结果,相关结论缺少一般数学家们通常期待的那种“逻辑证明”的严格支撑,所以 Gauss 在对待几何学的基本理念上必然是矛盾和动摇的,往往在“实体论”的素朴理性和“约定论”的习惯思维之间摆动。尽管如此,从历史唯物主义的角度判断历史人物的是非功过,人们完全不必过于苛责 Gauss 的疏失,惊异他竟然没有发现自己所提“曲面第一形式”与“曲面第二形式”之间几乎跃然于纸上明显存在的逻辑关联,破坏了某一个性质集合的“整体”对于他自己所强调“物质世界”基础一种同样整体性的依赖,放纵一种只能纳入“主观好恶”范畴的思维习惯,以至于最终杜撰一个独立于“弯曲状况”得以呈现的 3 维平直空间,而允许仅仅决定于曲面自身的“内蕴几何”的虚幻。

然而,对于 Gauss 学生,或者通常被视作 Gauss 几何继承者的 G. B. Riemann 而言,他们两人的情况却完全不可同日而语。在 1854 年,当 28 岁的 Riemann,一名无疑尚十分年轻的大学讲师希望取得“大学教授”的任教资格时,是 Gauss 本人要求他以“几何学基础”为题作自己的任职报告。于是,人们可以看到 Gauss 对 Riemann 的器重,对于人们将如何进一步发展自己所创造“内蕴几何”的一种真诚期待。但是,对于 Gauss 最初提出“可以把 2 维曲面视之为一个独立的空间，而不必考虑曲面是位于一个3维空间中的事实”判断，如果不难直觉地发现它几乎显然处于一种“自否定”的矛盾之中，那么，随着 Riemann 彻底抛弃 Gauss 视之为任何一种“几何学”研究基础的“物理空间(physical space)”理念，取而代之的是一个任意阶“抽象空间”的纯粹主观想象时，除了“表观形式”所呈现某种肤浅的类似之处以外，恰恰在如何对待几何学研究全部“哲学基础”这个最根本的问题上，Gauss 微分几何的创建者却与它的后继者处于常人或许没有认真对待的深刻冲突和对立之中。

才俊欠寿，Riemann 仅仅活了40年(1826～1866)。Riemann 故世以后，在他人为其整理出版的文集中，曾经针对 Riemann 微分几何和 Gauss 微分几何之间的本质差异作了力透纸背的论述：

> 由 Riemann 所提出空间的几何，并不只是 Gauss 微分几何的推广。Riemann 几何重新研究了空间研究的整个途径。Riemann 提出的问题是：到底什么是我们能够确信的关于“物理空间(physical space)”的东西？或者说，在借助于经验确立适用于物理空间的特殊公理以前，哪些属于真实空间的条件或事实需要我们做出一种前提认定呢？Riemann 的目的之一是要告诉人们：与其像人们通常认为的那样把 Euclid 独特的公理视作一种自明的真理，还不如将其看作是经验的。考虑到在几何学研究中，人们往往被直觉支配，错误地假设一些并不显然存在的事实，所以 Riemann 采用了解析的途径。Riemann 的思想是：仅仅依赖于逻辑分析，我们就可以从那些关于空间确信无疑的“先验知识”出发，继而推导出必然推论；至于涉及空间的任何其他性质都可以经验地获得。Gauss 实际上一直致力于这个完全相同的命题。只不过在 Gauss 的研究中，仅仅发表了有关曲面的论述。着眼于什么是“先验(a priori)”的研究，导致 Riemann 探讨空间的局部域性质。换句话说，Riemann 用于微分几何的研究方法，完全不同于 Euclid 几何，乃至 Gauss、Bolyai 以及 Lobatchevsky 所创造非 Euclid 几何使用的研究方法，这些几何都把空间当作一个整体来对待。
>
> 在 Gauss 针对 Euclid 空间中的曲面所建立内蕴几何这个可以向更大领域延伸的思想引导下，Riemann 发展了一种可以用于任何空间的内蕴几何。虽然3维空间是一种具有重要意义的情形。但是，Riemann 更愿意处置 n 维的几何，并将 n 维空间称作一个流形(manifold)。在一个 n 维流形上，可以借助于对 n 个可变参数 $x_1, x_2, \cdots, x_n$ 指定一组特殊值的方法表示一个点；反过来，正如一个曲面的点的全体构成曲面自身一样，所有这样一些可能点的总和构造了 n 维流形。这些可变的参数称之为流形的坐标。当坐标连续变化时，这些点遍历整个流形。

毫无疑问，Gauss 微分几何和 Riemann 微分几何的根本差异在于：对于 Gauss 微分几何而言，本质上隶属于“实体论”的范畴，它的基础仍然是 Gauss 所说“物理空间”中的一个几何实在，尽管其中掺混了某些源于“主观认定”的逻辑不当；但是，对于 Riemann 微分几何则不然，为了如前所说摆脱“物理空间”的限制，Riemann 把自己的几何完全置入“约定论”的框架内，这种几何赖以存在的唯一基础就是 Riemann 所期待、并相信能够被自己所揭示的“先验知识”。

正因为此，尽管 Gauss 将曲面上所谓“局域性”特性和“整体性”特性想当然地分割开来明显不当，并且不能当作“失之毫厘”而予以宽恕，但是，当 Riemann 使用纯粹地模仿“字母符号”

这样一种无疑过于粗糙简陋的方法，将只允许严格隶属于某一个“有限论域”的形式表述恣意扩大，应用于缺失特定“物质基础”的支撑本质上不允许合理存在的虚幻理念之上，却足以称得上是“谬之千里”的轻率、浮躁和荒诞。并且，可以有充分的理由相信，除了过于简单乃至近乎无聊的形式模仿以外，Riemann 实际上从来没有真正读懂只允许构建于“实体论”基础之上，在 Gauss 微分几何中一系列重要结果之间内蕴的逻辑关联。事实上，分析将表明：虽然 Riemann 提出和使用“度量张量”的概念，以取代 Gauss 几何中的“第一基本形式”无疑在形式上给人以更为合理的印象，但是它们的本质内涵都没有改变，只是一个与所论“弯曲几何”对象没有任何逻辑关联，无异于“空洞陈述”的概念杜撰。然而，自 19 世纪开始，Riemann 等参与其中的“约定论”思潮不断泛滥，越来越偏离了 Galileo、Newton 等近代科学先驱所开辟“实证和逻辑”相结合的正确轨道，导致其后的微分几何乃至整个现代数学体系的研究几乎完全陷入“平庸和荒诞”交叉的随意杜撰之中。与此同时，许许多多与流体力学、电磁场理论相关的基础性数学命题却始终没有真正得到解决。

如果说，古希腊的 Plato 早已郑重向人们做出“可靠知识必须建基于实在东西之上”的告诫，而 18 世纪的 Kant 又重复地给人以“逻辑不可能告诉人们任何实在”的重要提示，其实，所有这一切足以耐人寻味的断言并没有太多深邃晦涩的奥妙，原则上不过是现代人理应熟知“逻辑仅仅具有同义反复本来意义”的必然推论。因此，Gauss 虽然并没有对 Euclid 几何进行一种系统和公开的批判与检讨，甚至对于那个时代几何学研究者肯否“平行公理”的纷纷攘攘的取舍中也刻意保持一份他人或许不可思议的冷静或缄默，以至于另一些评论家还往往会提出在“非 Euclid 几何研究达致巅峰”之际，Gauss 却似乎显得“过于小心(overly cautious)”一个不无婉转的批评。但是，如果注意到那个时代众多学者争论不休的只是“到底应该把 Euclid 公理看作是经验的，还应该看作是自明真理”的命题，而 Gauss 却特立独行、另辟蹊径，针对几何学争论所提的却是“几何学的物质真理性(physical truth)不可能从任何先验(a priori)加以保证”的观点。于是，人们可以相信：Gauss 应该是以一种“明晰却又隐晦”的方式，充分表达了自己对同时代几何学研究者热衷议论的“公理(axiom)”概念或者这种议论本身的强烈否定。因此，Gauss 对待几何学研究所持的基本态度，与 Plato、Kant 曾经阐述的素朴道理更为一致。并且，与那个时代的众多几何学研究者相比，Gauss 的判断虽然应该大致纳入“渊源于直觉”的范畴，但是无疑要高明许多。或者说，因为诚如 Gauss 明白无误地指出“我得到了在大部分人看来都可以认为是一种证明的许多东西。但是在我的眼中什么证明也没有给出”，缺乏一种只能源自于“严格论证”的勇气，所以 Gauss 能够做出“对于大多数人肯定当作公理对待的见解，对于我来说却完全不是那回事”的真诚告白。当然，或许可以换一种方式更为准确地讲，当 Gauss 以一种坦率和诚实的态度，告诫人们自己在“曲面论”方面取得的许多研究结果并不能当作一种“数学证明”来对待，也就是尚缺乏一种真正符合于逻辑的严格数学证明时，Gauss 几乎不可能采取与那个时代的科学世界作公开对抗应该视之为一种必然。

当然，反过来说，作为 Gauss 的后人为什么必须把 Gauss 所说当作一种形而上学的教条对待，为什么不能荡涤内心中往往难以驱除的“偶像崇拜”情结，重新以从事科学研究所必需一种更为“平和和理性”的态度，拿起“逻辑分析、逻辑批判”的武器去厘清 Gauss 乃至那个时代的数学家们不可能完成的命题呢？

5.1.5 重申 3 维 Euclid 空间的"客观性"基础及其抽象属性的"有限论域"限制

只要接受和推崇"公理化体系"的主张，容忍"约定论"荒唐的持续泛滥，研究者就不可能认真考虑任何与"有限论域"相关的问题。相反，他们总会不由自主地努力将某一个与任何"特定对象"无关，只可能渊源于个别"天才人物"直觉顿悟的伟大创造不加限制地推至于无限。于是，正如 Riemann 所阐述，希冀"着眼于什么是先验(a priori)的研究"获得成功，继而再实现"仅仅依赖于逻辑分析，我们就可以从那些关于空间确信无疑的先验知识出发导出必然推论"的美好愿望。相反，如果承认并坚持"实体论"的素朴理念，笃信"人类永远不可能真正说出比大自然更多的东西"的普通道理，接受"可靠的知识必须建基于实在东西之上"的告诫，那么，面对无尽的大自然，任何一个科学工作者都会自然而然保持一份平常心、必要的谨慎和谦卑，一定会自觉思考由确定物质对象所构造"有限论域"之类的逻辑前提，最终容忍以一种严谨而缜密的态度，将探究大自然的偶有所获重新逻辑地回归于大自然的自身。当然，他们绝不可能作任何类似于"绝对真理"或者"自明公理"之类的轻妄议论，更不可能要求无穷无尽、充满复杂性的大自然必须逻辑地服从某一个源于"先验直觉"的数学公式。

与 19～20 世纪后西方数学家们遐想而得的林林总总抽象空间存在根本差异，人类赖以生存或者必须真实面对的 3 维 Euclid 空间，就是一个独立于人们"主观意志"的客观存在。这个空间呈现给人们形形色色、变化多端的抽象特征，同样只允许严格逻辑地隶属于这个客观存在的几何空间。因此，从事于几何学研究的人们，必须首先认真考虑如何对这些抽象特征(包括通常所说 Euclid 几何中的公理)做出"前提性"限制的问题，真正弄明白只有在这个真实存在"几何空间"背景的烘托和支撑下，其中同样真实存在的"几何实在"才可能拥有为几何学所描述的不同"几何特征"的普通道理①。

事实上，在人们开始懂得借助一个 3 维向量，对这个几何空间即 R^3 中的所有"几何点"构造一种一一对应的定义，并且存在为人们熟知的如下所示一系列"向量运算"规则时

$$\forall \boldsymbol{a},\boldsymbol{b},\boldsymbol{c} \in R^3, \exists \begin{cases} \boldsymbol{a}\cdot\boldsymbol{b} = \boldsymbol{b}\cdot\boldsymbol{a} \\ \boldsymbol{a}\times\boldsymbol{b} = \text{Area}_{|ab|}\boldsymbol{n} \\ \boldsymbol{a}\cdot(\boldsymbol{b}\times\boldsymbol{c}) = \boldsymbol{c}\cdot(\boldsymbol{a}\times\boldsymbol{b}) = \boldsymbol{b}\cdot(\boldsymbol{a}\times\boldsymbol{c}) = V \\ \boldsymbol{a}\times(\boldsymbol{b}\times\boldsymbol{c}) = \boldsymbol{b}(\boldsymbol{a}\cdot\boldsymbol{c}) - \boldsymbol{c}(\boldsymbol{a}\cdot\boldsymbol{b}) \end{cases} \tag{9}$$

人们必须形成一种理性的判断：所有这一切看似自然的性质同样只允许严格逻辑地隶属于这个特定的几何空间，与最早发现这些客观规律的研究者完全无关。式中，Area 表示矢量 $\boldsymbol{a}$ 和 $\boldsymbol{b}$ 所张平行四边形的面积，而 $\boldsymbol{n}$ 为该有向面积的法向单位矢量；V 为矢量 $\boldsymbol{a}$、$\boldsymbol{b}$、$\boldsymbol{c}$ 三个向量所张平

① 笔者曾经在其他专著中指出，无论是 Newton 经典力学还是 Maxwell 电磁场理论，它们往往都存在将"物质对象"与其赖以存在的"物质环境"相隔离的错误倾向，并且，因此而导致形式表述隐含诸多逻辑不当或错误，以及关涉到"什么是惯性系，如何定义位移电流"等众所周知认识困惑的长期存在。作为 20 世纪"现象学"的创始人和最有影响的西方哲学家之一，M. Heidegger 特别强调他所说"存在物(特定对象)"与"此在(特定环境)"之间必然存在逻辑关联的问题，指出"此在的意义就是要让对象的面貌能够如其所是的样子呈现或被揭示出来"。如果不考虑环境影响的客观存在，对象也就不成其为存在。Heidegger 的这一论述肯定是正确的。只因为哲学家们几乎粗暴地处置自然科学的问题，所以他们的论述不仅往往流于空泛，而且最后还会蜕变为新的形而上学。

行六面体的体积。并且，仅仅于此，这些定义于 R^3 之中的几何属性，才可能被赋予实实在在的内涵，相应显示确定的逻辑关系。倘若不然，按照某些"公理化主义者"愿望，作为一种纯粹的主观意志或者人为约定，将 R^3 中的这些属性完全按照"字符模仿"的形式，外延至人们某一个想象中的所谓 n 维抽象空间之中，因为"面积、体积"等诸多概念前提不再存在，以至于整个的"向量运算"系统失去存在的基础和意义。

同样，仍然因为 3 维 Euclid 空间 R^3 的客观真实性，所以对于任何一种形式并且同样真实存在于这个几何空间中的分布而言，即

$$\boldsymbol{T}(\boldsymbol{x}), \quad \boldsymbol{x} \in \mathbf{R}^3$$

式中的分布 $\boldsymbol{T}$ 可以是标量、矢量乃至任意阶的但必须满足"客观性"要求的张量，从而保证此处所定义的分布必须首先满足作为"客观存在"所必需的逻辑前提，并且，当人们希望针对这个客观分布的"空间不均匀性"特征相应做出一种同样需要满足"客观性"要求的描述时，一个为人们熟知如下所示的"梯度"算子也就应运而生了：

$$\boldsymbol{\nabla}(\boldsymbol{x}): \sum_{i=1}^{3} \boldsymbol{e}_i \frac{\partial}{\partial \boldsymbol{x}^i}, \quad \boldsymbol{x} \in R^3 \tag{10}$$

显然，这个算子同样是客观的，只能逻辑地决定于"客观量分布"真实存在的 3 维向量空间的几何性质，相应被赋予属于这个特定空间的"矢量运算"和"微分运算"的双重意义与结构。

显然，仅仅于此，由梯度算子构造的梯度场 $\boldsymbol{\nabla T}$ 才可能成为一种客观量，相应被赋予独立于研究者主观意志的"客观性"内涵。并且，人们还可以使用式(9)所定义的隶属于 3 维 Euclid 空间的矢量运算，引入诸如向量场"散度"与"旋度"这样一些同样被赋予确定物质内涵和特定逻辑结构的客观量。当然，绝不允许采取一种纯粹"字符模仿"的方法，将许多决定于特定"物质内涵"的抽象概念或运算符号，随意引入到另一些"人为构造"故而其所内蕴的"逻辑结构"几乎完全不同的所谓抽象空间之中。也就是说，对于式(9)和式(10)所定义的一系列运算符号，实际上存在如下所示的有限论域：

$$(\cdot, \times, \boldsymbol{\nabla}, \cdots) \ll R^3 \tag{11}$$

式中的逻辑关联符"≪"仅仅象征性地表示"隶属于"的意思。从科学陈述必需的"实体论"基础考虑，需要将其视作一个在逻辑上极为关键或者具有重要前提性意义的符号，以便将需要使用的形式量、运算符号乃至整个形式系统，与拥有它们的"逻辑主体"构成明确的逻辑关联。但是，在西方知识社会长时间形成的习惯性思维中，往往无视"逻辑主体、有限论域"的存在，喜好以一种机械、僵化和绝对的思维程式将"形式至上"推至极致，以至于 20 世纪"数理逻辑"构建者的 G. Frege 没有意识到这个具有"基础性"意义的逻辑关联符号的存在。于是，这个"限制性"的关系式明确告诉人们：一旦超越此处所说 R^3 这个"有限论域"或者"逻辑前提"的限制，将这些仅仅隶属于 3 维空间向量的运算符号任意延拓至被赋予其他形式"逻辑结构"的抽象空间之中，那么，它们在原则上不再拥有它们最初出现在"有限论域"之中，依赖相关"物质基础"才可能固有的某种确定逻辑关联①。

① 作为比较，不难看出当 Hilbert 特别提出"桌子、椅子和啤酒瓶同样可以用作几何学中的点线面"的判断，并以此作为对"公理化体系"的诠释时，应该意识到 Hilbert 所说鞭辟入里、恰恰切中自 19 世纪开始一个不妨以"数学运动"称谓的哲学思潮的要害，准确体现 Riemann、Ricci 等诸多新数学体系开创者的核心思想。但是，这个"公理化体系"运动的问题在于：一旦将"桌子、椅子、啤酒瓶"当作几何学中的点线面，随着它们已经不再具有"点线面"的本质内涵以及相互之间内蕴的逻辑关联，纯粹的"字符模仿"已经完全失去存在的意义。

5.1.6 曲面上向量场微分运算"理性重构"的基本思路

从自然科学研究的"方法论"考虑，在人们面对某一个可能合理推得的"形式表述"系统时，往往存在两种思维导向截然相反的选择。其中，第一种是：严肃思考"形式表述"系统需要或者可能描述的对象——不妨以"理想化物质对象(idealized material object)"称谓，一个虽然"抽象"但是仍然只允许渊源于物质对象从而被赋予"客观性"内涵的存在，并据此考虑为其构造"有限论域(finite universe of discourse)"即自觉地对其做出一种"前提性"的限制，从而保证形式系统与被描述抽象对象的严格逻辑相容，继而在此基础上思考"理想化物质对象"可能出现的变化，和怎样构造与新的理想化对象相对应的形式系统，最终实现整个理论体系持续而健康的发展。另一种则是：完全聚焦于"形式表述"系统自身，全然不考虑"逻辑前提、有限论域"的限制，期望凭借"形式模仿"或者"比拟研究"之类的方法，将某一个论域的概念、公式用于另一个论域之中，最终达到尽快"扩张"知识体系的"实用主义"目的。

不难看到，本质地归咎于西方哲学家始终没有真正解决"认识论"基本问题的思维困惑，西方科学家们往往总是以一种"自觉与不自觉"的方式，热衷于上面所说的第二种研究模式。特别是，自从 Newton 开创近代自然科学体系以来，随着一个丰富多彩的物质世界骤然展现在人类的面前，人类的知识体系相应处于急剧的膨胀之中，几乎已经没有人愿意花费大的力气，认真思考"特定对象、有限论域、逻辑相容"等基本科学原则的问题，以至于"约定论"荒唐恣意泛滥，完全背离 Plato 曾经提出"可靠的知识必须建基于实在东西之上"的素朴理性轨道。甚至可以相信，专注于形式的比拟固然通常给人以"立竿见影"的感觉，但是，容忍错误理论体系长期存在，最终仍然与一个属于整个人类的"实用主义"伟大目标背道而驰。

因此，从科学研究的"方法论"考虑，针对此处所提《曲面上向量场微分运算的理性重构与经典表述的逻辑证伪》的命题，需要我们完成的工作就是：彻底纠正 Riemann 所提"着眼于探讨当作先验(a priori)对待的公理，继而推出一切有用结论"的哲学导向，根本改变首先对某种"特定形式"作前提性认定，继而构造形式系统的习惯模式，而代之以从一切以"特定对象"作为唯一基础的"实体论"研究方法。进一步说，就是根据如下所示，一个定义于从一般 3 维 Euclid 空间 R^3 到 2 维曲面 M^2 的约束映射

$$S \subset R^3 \overset{f(x^1,x^2,x^3)}{\Rightarrow} S \subset M^2 : M^2 \subset R^3 \tag{12}$$

寻求作用于式(10)所定义"梯度算子∇"之上的"象函数"问题。或者说，就是考虑当这个算子作用于一个限制在某个特定 2 维曲面 M^2 上的"向量场(或张量场)"时，如何逻辑地为其构造恰当的形式表述或形式定义的命题

$$? = \boldsymbol{\nabla}(\boldsymbol{x}) : \boldsymbol{x} \in M^2 \subset R^3 \tag{13}$$

式(12)中的约束方程 $f(x^1,x^2,x^3)$，相当于 2 维曲面 $S \subset M^2$ 的定义方程。

原则上，与"约束方程"到底是什么无关，任何形式的"约束映射"都可以纳入"演绎逻辑"的范畴。因此，与至今的微分几何总是采取一种纯粹"约定论"的方式，首先对式(13)所示的"梯度算子(绝对微分)"提供一种"人为约定"意义的形式定义完全不同，后续分析需要解决的全部问题就是：从式(10)所构造的梯度算子的形式表述出发，考虑如何逻辑地推导出式(12)所定义约束映射的"象函数"问题。当然，也只有这样，才可能保证"曲面上"的张量分析，与最初定义于 3 维 Euclid 空间中的张量分析保持严格逻辑相容。

5.2 关于“梯度算子”数学基础的一般性介绍

前面在讨论张量分析的“客观性”基础时曾经特别强调，张量的本质意义在于它所拥有的“客观性”内涵。同样，作为张量场分布真实存在的“不均匀程度”的一种抽象表述，张量场的“梯度场”的本质意义仍然在于它的“客观性”基础。故而，如果像人们通常所说，需要把“梯度算子”当作张量性的算子，并且使用它作为成为进行“张量场分析”的形式基础，那么，如何恰当认识或准确揭示这个“矢量性微分算子”决定于其物质性基础的“不变性”内涵，自然成为整个“张量分析”理性重构的重要前提①。

5.2.1 张量场“梯度算子”的形式定义

对于 3 维 Euclid 空间 R^3 中的任意向量场 $\boldsymbol{A}(\boldsymbol{x})$，用作表现其不均匀程度的“梯度场”$\nabla\boldsymbol{A}(\boldsymbol{x})$既然是客观存在，因此仍然需要将其视作是一个“张量性质”的分布。于是，根据式(1)为张量构造的基本结构，可以形式地引入一个决定于坐标系分量的表述形式，即曾经由式(4)所定义的形式量

$$\nabla\boldsymbol{A}:\boldsymbol{e}^i\boldsymbol{e}^j(\nabla\boldsymbol{A})_{i;j}$$

将其称作张量场 $\boldsymbol{A}(\boldsymbol{x})$的梯度场。显然，随着坐标系人为选择的不同，这个梯度场的每一种具体“分量表述”形式即$\nabla\boldsymbol{A}(\boldsymbol{x})_{i,j}$都有可能不同，但是，作为由不同坐标系的“基矢量”以及相应不同的“坐标分量”共同构造而成“梯度场$\nabla\boldsymbol{A}(\boldsymbol{x})$”的整体而言，它则是一个与“坐标系”人为选择完全无关的客观量。其实，作为现代数学体系最重要分支之一的张量分析，它需要人们完成的根本任务也就是在面对被赋予某种“物质内涵”的某一个“张量场”时，如何选择恰当的坐标系，为同样被赋予“客观性”不变内涵的“张量场梯度场”构建某种恰当“分量形式”表述，从而能够对这种看似更为复杂的“客观存在”构造一种“定量描述”的问题。

必须指出：在需要刻画一个定义于 3 维 Euclid 空间之中，客观存在的“张量场”的“不均匀性”特征时，梯度算子必须严格地定义于同一个 3 维 Euclid 空间之中，否则无法满足它作为“客观性”算子必须满足的要求。显然，作为一个矢量性微分算子的梯度算子，不仅可以作用于向量场，而且还可以作用于标量场以及任何一个高阶的张量场，用作对这些空间域“客观性”分布所呈现的“不均匀程度”做出一种抽象但拥有“不变性”内涵、即必须同时满足“唯一性”要求的合理描述。因此，在现代的“向量场(或张量场)”分析中，人们针对一个任意给定的曲线坐标系$\{x^i, i=1,2,3\}$，为“梯度算子”或者通常所说“Hamilton 算子”构造如下的形式定义：

$$\nabla:\nabla(\boldsymbol{x})\overset{x=x_0}{=}\sum_{i=1}^{3}\boldsymbol{e}^i\frac{\partial}{\partial x^i}=\sum_{i=1}^{3}\boldsymbol{e}_i\frac{\partial}{\partial x_i} \tag{14}$$

---

① 摆脱“形式主义”的干扰，致力于从“实体论”的基础出发，重新构建“张量分析”或“微分几何”无疑十分重要。但是，囿于此处不是一本系统论述这一数学重要分支的专著或教材，不可能从每一个基元概念开始作系统、完整和较严密的分析和讨论。尽管如此，此处所提及的几乎所有命题应该都是一些容易引起认识混乱，而目前的相关论著尚没有充分注意的基础性命题。如果领悟并愿意切实遵从科学陈述的“实体论”思想，那么，与以往的“向量分析”往往给人以繁乱、晦涩甚至奥秘的感觉完全不同，理性地接受和理解此处重新构建的“张量分析”，没有任何本质的困难。当然，人们需要通过比较分析，最终做出较为客观的判断。

其中，$\{x_i, i=1,2,3\}$为与原坐标对偶的另一组坐标，而 $\boldsymbol{e}_i$ 和 $\boldsymbol{e}^i$ 则是属于该曲线坐标系的一对"对偶"基矢量。一般情况下，将其写为如下所示的简单形式：

$$\boldsymbol{\nabla}:\boldsymbol{\nabla}(\boldsymbol{x}) \overset{x=x_0}{=} \boldsymbol{e}^i \frac{\partial}{\partial x^i} = \boldsymbol{e}_i \frac{\partial}{\partial x_i} \quad (i=1,2,3)$$

与前面的定义式相比，唯一的不同只在于此处使用了人们通常称作的 Einstein 求和约定。所谓的 Einstein 求和约定，仅仅具有纯粹的"习惯认定"意义，没有任何"实质性"的内涵。但是，这种约定俗成的记法，方便于人们书写，所以在 20 世纪的张量分析中得到了普遍应用。

显然，在这个特殊的"习惯性"形式认定中，字符"i"已经不再具有作为"指标(index)"通常必需的"指称(indication)"意义，所以人们往往又使用"哑标(dummy index)"称谓这个习惯性认定中出现的指标，从而能够与一般意义的"指标"相区分。此外，如果需要使用一般性的曲线坐标系，那么，因为坐标系的基矢量处于变化之中，所以梯度算子在不同坐标方向上显示的"分量作用(方向导数)"实际上相应处于变化之中。因此，对于此处引入的"矢量性"微分算子，原则上人们仍然可以将其当作一种"分布"来对待。这也是此处为什么特地使用"$\boldsymbol{\nabla}(\boldsymbol{x})$"这样的方式，形式地表示这个"矢量性微分算子"的缘故。但是，更为根本的仍然在于"梯度算子"的必需的"不变性"意义，即 3 个独立方向上所构造偏导数运算的"整体"，仍然独立于坐标系的人为选择。

毫无疑问，除了考虑如何为梯度算子构造恰当的"形式表述"以外，一个与此相关并更为根本的问题则是：必须将梯度算子视作是一个被赋予"客观性"内涵，从而本质上必须独立于坐标系"人为选择"的客观性算子场。仅仅于此，无论使用的坐标系有什么不同，梯度算子可能相应呈现怎样不同的分量运算特征，但是这个"张量性"算子内蕴的本质内涵并没有任何变化，当梯度算子作用于任何一个"张量场"之上，最终得到的"梯度场"以及它真实拥有的"物质内涵"没有也绝不允许出现任何变化。当然，对于此处所说的"物质内涵"不变性，在逻辑上仅仅表现于不同"分量表述"之间必须存在的某种"确定性"关联，以及由此所呈现"整体结构"的同一性。于是，只要知道"梯度场"在某一个特定坐标系"分量表述"的具体内容，必然允许逻辑地推得同一"梯度场"，在任何一个其他坐标系应该呈现的"分量表述"内容。

5.2.2　坐标系基矢量与对偶基矢量的一般性介绍

在前面为梯度算子构造式(14)所示的形式定义时，已经提及坐标系的"基矢量"以及"对偶基矢量"的概念。此处，将对这个前提性的概念作一些必要的补充介绍和说明。首先，需要形成一种意识，定义于 Euclid 几何空间 R^3 中的坐标系，不过是一个可以供研究者任意选择的工具。随着任意一个坐标系以及其中的一组坐标得以确定，给定空间域中的一个几何点 $\boldsymbol{x}$ 就随之得以确定。此外，如果注意到 3 维 Euclid 空间 R^3 实际上还定义为一个被赋予"线性结构"的向量空间，那么，对于向量空间 R^3 中的任意一个向量而言，总可以表示为坐标系三个给定"坐标向量"或者此处所说"基矢量"的线性叠加。问题在于：在一些使用"曲线坐标系"往往更为方便，乃至某些只允许使用"曲线坐标系"的场合，因为坐标系的"基矢量"将随着所论空间点 $\boldsymbol{x}$ 所处空间位置的不同而发生变化，所以必须首先解决如何根据任意给定的曲线坐标系，相应确定它的"基矢量"的问题。

坐标系的"基矢量"相合于"坐标向量"的意思。故而，对于一个给定的曲线坐标系而言，当谈及它的某一个坐标的"基矢量"时，无非是指在该坐标发生"单位长度"的变化，而坐标系的另外两个坐标维持不变的条件下，如何由此构造"空间向量"问题。于是，存在如下关于"基矢量"的形式定义：

$$\boldsymbol{e}^i(\boldsymbol{x}) = \frac{\partial \boldsymbol{r}}{\partial x_i}, \quad \boldsymbol{e}_i(\boldsymbol{x}) = \frac{\partial \boldsymbol{r}}{\partial x^i} \quad (i = 1,2,3)$$

$$\boldsymbol{x} \in \mathbf{R}^3, \quad \boldsymbol{r} : \overrightarrow{\boldsymbol{ox}} \in R^3 \tag{15}$$

其中，$\boldsymbol{x}$ 仅仅表示 3 维 Euclid 几何空间 R^3 中的一个确定几何点，而 $\boldsymbol{r}$ 则代表定义于空间域 R^3 一个任意给定原点 $\boldsymbol{o}$ 到几何点 $\boldsymbol{x}$ 之间的矢量。显然，当给定空间 R^3 预先指定了一个不变的原点 $\boldsymbol{o}$ 时，几何点 $\boldsymbol{x}$ 与有向线段 $\boldsymbol{r}$ 之间总存在一一对应关系

$$\exists \boldsymbol{o}, \forall \boldsymbol{x} \mapsto \boldsymbol{r} = \overrightarrow{\boldsymbol{ox}} \mapsto \boldsymbol{x} \leftrightarrow \boldsymbol{r} \quad \in R^3 \tag{16}$$

但是需要注意：几何点 $\boldsymbol{x}$ 和向量 $\boldsymbol{r}$ 是两个不同的几何学基本概念。该式指出：在 3 维 Euclid 空间已经指定“原点”$\boldsymbol{o}$ 的特定前提条件下，这个空间的每一个几何点 $\boldsymbol{x}$ 都能够唯一地决定一个向量，而按照这种方式定义的向量就是古典解析几何通常称作的“固定向量(fixed vector)”。

于是，根据定义于几何点 $\boldsymbol{x}$ 与矢量 $\boldsymbol{r}$ 之间的一一对应关系，可以立即推得

$$\frac{\partial \boldsymbol{r}}{\partial x_i} = \frac{\partial\, \overrightarrow{\boldsymbol{ox}}}{\partial x_i} = \frac{\partial \boldsymbol{x}}{\partial x_i}: \quad \boldsymbol{x}, \boldsymbol{r} : \overrightarrow{\boldsymbol{ox}} \in R^3$$

其中，使用了同一几何空间中原点 $\boldsymbol{o}$ 必须保持不变的基本条件。这样，式(15)所定义的基矢量组还可以写为如下的等价形式：

$$\boldsymbol{e}^i(\boldsymbol{x}) = \frac{\partial \boldsymbol{x}}{\partial x_i}, \quad \boldsymbol{e}_i(\boldsymbol{x}) = \frac{\partial \boldsymbol{x}}{\partial x^i} \quad (i = 1,2,3) \quad \boldsymbol{x} \in R^3$$

也就是说，如果给定 Euclid 空间中的任意一个曲线坐标系，考虑任意一点处由曲线坐标系沿着某个坐标方向的基矢量 $\boldsymbol{e}^i$(或 $\boldsymbol{e}_i$)时，还可以将基矢量视为空间点所处空间位置 $\boldsymbol{x}$ 与该坐标 x_i(或 x^i)之间的变化率。

涉及古典“解析几何”的讨论，人们通常习惯使用一个斜体的大写字母 O 表示适用于整个空间域的坐标原点，以此作为定义于该空间域所有矢量的共同始点。与此同时，则使用另一个斜体的大写字母 P 表示该空间中的其他任意几何点，该几何点与有向线段 OP 形成一一对应关系。虑及于此，一些论述向量分析的著作，往往会以一种自然的方式把“点空间”当作与其等价的“向量空间”对待。其实，两者并不相同，后者被赋予一种特殊的运算结构。随着定义于 3 维空间中的“微分运算”的出现，往往代之以符号 $\boldsymbol{x}$ 表示空间域一个几何点，以明确表示几何点 $\boldsymbol{x}$ 作为张量分析中的“自变量”隐含 3 个允许独立变化“标量元素”的理念。也只有这样，才能用 $\boldsymbol{x}$ 取代 $\boldsymbol{r}$ 定义基矢量。故而，同样改用黑体小写字母 $\boldsymbol{o}$ 表示给定的坐标原点，使之与一般空间点 $\boldsymbol{x}$ 的表示方法逻辑相容。

尽管如此，考虑到任何一个能够真正称得上“逻辑相容”的形式表述，必须满足其中的所有“形式量”都应该是物理或几何上“同名量”的要求，人们无法针对若干“非同名量”构造属于它们的某一种纯粹数量意义的逻辑关系。当然，还可以这样讲，只有当形式系统中的每一个形式量需要描述的抽象特征严格同一，从而被赋予“可比性”的时候，这样一种形式系统才可能合理存在。因此，如果写成上述等价形式，原则上不能继续将 $\boldsymbol{x}$ 简单地当作需要视作“自变量”的一个固定几何点来对待。或许可以相信，这是在目前的一般“微分几何”或“张量分析”著作中，人们为什么几乎总使用式(15)形式地定义“基矢量”的缘故。解决这一问题的一种方法是：从直观的形式表述考虑，可以按照式(16)之定义将 $\boldsymbol{x}$ 理解为与 $\boldsymbol{r}$ 保持对应的向量；另一种方法则是：从隐含的几何实在考虑，虽然 $\boldsymbol{x}$ 仍然是一个几何点，但是它已经失去最初作为自变量对待时拥有的 3 维自由度，而被严格限制在特定的“坐标方向——有向线段”之上。或者说，一旦涉及几何点的微小位移，它已经与线段自然构成逻辑关联。

此外，在讨论与 2 维曲面 M^2 相关的几何问题时，构建于曲面之上的任何一个“坐标网”只能与 3 维 Euclid

空间 R^3 中的“曲线坐标系”直接关联。当然,这也是任何涉及曲面论的命题,必须要讨论 3 维 Euclid 空间中具有一般意义曲线坐标系的原因所在。既然是曲线坐标系,式(15)所定义的基矢量组,必然随着几何点 $\boldsymbol{x}$ 位置的不同而变化,形成一个通常称作的“基矢量场”分布。于是,对于上述定义于整个空间域 R^3 之中,作为连接原点 $\boldsymbol{o}$ 和几何点 $\boldsymbol{x}$ 之间的矢量 $\boldsymbol{r}$ 而言,只允许在覆盖几何点 $\boldsymbol{x}\in R^3$ 的一个“无穷小”邻域,构造如下所示与“向量微分”相关的确定关系:

$$\mathrm{d}\boldsymbol{r} = \mathrm{d}x_i\boldsymbol{e}^i = \mathrm{d}x^i\boldsymbol{e}_i$$

$$\mathrm{d}x_i = \boldsymbol{e}_i \cdot \mathrm{d}\boldsymbol{r}, \quad \mathrm{d}x^i = \boldsymbol{e}^i \cdot \mathrm{d}\boldsymbol{r}$$

之所以必须将这个形式表述严格限制在覆盖 $\boldsymbol{x}$ 几何点的“无穷小”邻域之中,是因为一旦超越此处构造“无穷小”邻域的限制,必然要涉及空间域 R^3 中与 $\boldsymbol{x}$ 存在“有限大”距离的其他几何点,从而导致式中基矢量不满足必须具有“确定意义”的逻辑前提。

也就是说,针对用“曲线坐标系”的一般情况,人们不能将这个定义于“无穷小”邻域中的数学表述,简单沿用至整个空间域,即

$$\forall\, \boldsymbol{r}: \overrightarrow{\boldsymbol{ox}}, \quad \boldsymbol{e}^i(\boldsymbol{x}) = \frac{\partial \boldsymbol{r}}{\partial x^i}, \quad \boldsymbol{e}_i(\boldsymbol{x}) = \frac{\partial \boldsymbol{r}}{\partial x_i}$$

$$\neg\exists\, \boldsymbol{r} = x_i\boldsymbol{e}^i = x^i\boldsymbol{e}_i, \quad x_i = \boldsymbol{e}_i \cdot \boldsymbol{r}, \quad x^i = \boldsymbol{e}^i \cdot \boldsymbol{r}$$

该数学表述的完整意义是:在把 $\boldsymbol{r}$ 当作通常所说的“固定矢量”对待,也就是限定为从 R^3 空间一个统一的原点 $\boldsymbol{o}$ 到同一空间中任意给定几何点 $\boldsymbol{x}$ 之间的有向线段时,人们无法使用“曲线坐标系”在给定几何点 $\boldsymbol{x}$ 处的基矢量,为固定向量 $\boldsymbol{r}$ 构造属于该曲线坐标系的“坐标分量”表述形式。如果希望不受此处所说的限制,就必须使用一个在整个空间域 R^3 能够保证坐标系的“基矢量”始终维持恒定不变的坐标系,也就是张量分析中通常称作的仿射坐标系。但是,这一例外,与此处需要讨论“曲线坐标系”的基本前提相矛盾。

此外,上述定义于“无穷小”邻域的微分关系,还可以直接写做另一种等价形式

$$\mathrm{d}\boldsymbol{x} = \mathrm{d}x_i\boldsymbol{e}^i = \mathrm{d}x^i\boldsymbol{e}_i$$

$$\mathrm{d}x_i = \boldsymbol{e}_i \cdot \mathrm{d}\boldsymbol{x}, \quad \mathrm{d}x^i = \boldsymbol{e}^i \cdot \mathrm{d}\boldsymbol{x} \tag{17}$$

如果与式(15)相比,此处所说的情况其实已经发生某种变化。在这个形式表述中,作为形式量的微分 $\mathrm{d}\boldsymbol{x}$ 允许独立存在。如其所述,即使必须将 $\boldsymbol{x}$ 当作一个几何点对待,但是考虑到 $\mathrm{d}\boldsymbol{x}$ 能够直接与几何点 $\boldsymbol{x}$ 位移所形成的“微线段”相关联,所以从形式逻辑的角度考虑,人们仍然可以将式(16)视作一个恰当的形式表述。

按照目前的张量分析或微分几何所述,如果将式(15)和式(16)中的 $\boldsymbol{e}^i\,(i=1,2,3)$ 称之为某给定“自然”坐标系中的一组基矢量,那么,$\boldsymbol{e}_i\,(i=1,2,3)$ 则成为与其对应的另一组与其“对偶(dual)”的基矢量。不难看到,在此处所说的无穷小邻域,微向量 $\mathrm{d}\boldsymbol{x}$ 或 $\mathrm{d}\boldsymbol{r}$ 关于某任意一个基矢量 $\boldsymbol{e}^i$ 的坐标分量 $\mathrm{d}x_i$,等于该微向量对于给定基矢量的对偶基矢量 $\boldsymbol{e}_i$ 的投影。当然,这是任何与曲线坐标系相关的张量分析,必须引入一对“对偶基矢量”的根本原因。

进一步说,在式(14)为梯度算子构造的原始定义式以及后续的一些关系式中,如果将 $(\boldsymbol{e}_1, \boldsymbol{e}_2, \boldsymbol{e}_3)$ 称作某给定坐标系的一组基矢量(base vector),那么,可以将 $(\boldsymbol{e}^1, \boldsymbol{e}^2, \boldsymbol{e}^3)$ 称之为与其对偶的另一组基矢量(dual base vector);反过来,也可以将后者称作基矢量,而将前者称之为它的对偶基矢量。事实上,所谓“对偶”基矢量,无非是需要满足如下所示关系的一对基矢量:

$$\boldsymbol{e}_i \cdot \boldsymbol{e}^j = \delta_i^j:$$

$$\delta_i^j = 1, \quad i = j \cap \delta_i^j = 0, \quad i \neq j$$

$$\boldsymbol{e}^i = (\boldsymbol{e}_j \times \boldsymbol{e}_k)/\sqrt{g}, \quad \boldsymbol{e}_i = (\boldsymbol{e}^j \times \boldsymbol{e}^k)/\sqrt{g} \tag{18}$$

其中,δ_i^j 为人们通常称作的 Kronecker 算符,而

$$\sqrt{g} = \boldsymbol{e}_1 \cdot (\boldsymbol{e}_2 \times \boldsymbol{e}_3) = \boldsymbol{e}^1 \cdot (\boldsymbol{e}^2 \times \boldsymbol{e}^3)$$

表示任何一组基矢量或者它的对偶基矢量所构造平行六面体的体积。

从以上关于“对偶基矢量”的形式定义不难看出,所谓“对偶”只具有“相对”意义,两组“对偶基矢量”之间存在“彼此平权”的关系。一般而言,总可以把任何彼此“不共面”的三个有向线段定义为基矢量组;继而按照

以上关系,构造它的对偶矢量组。根据以上定义,在两组“对偶基矢量”之间,各自构造的两个“平行六面体”还需要满足彼此体积相等的补充条件,而平行六面体只是3维Euclid空间中一个特定“几何体”的真实存在,无法在高于3维的n维抽象空间构造类似的几何体。或者说,此处为对偶基矢量构造的形式定义,因为逻辑地依赖式(9)所示一系列定义在3维Euclid空间的特殊矢量运算

$$(\cdot, \times, \nabla, \cdots) \ll R^3$$

所以只允许严格地隶属于3维Euclid空间,不能将它们以及据此推得的许多有用结果随意推广至其他场合。因此,像现代微分几何通常所做,采取“字符抄袭”的方式,将人类生存或者需要真实面对3维Euclid空间中的几何概念以及它们依赖其物质内涵而拥有的抽象逻辑关联,想当然地随意移植至杜撰而得的“高维抽象空间”之中,最终必然导致认识紊乱和逻辑悖谬。

5.2.3 空间中的“固定向量”与“自由向量(向量场)”及其分量表述

在使用一般的曲线坐标系时,向量或者张量的“分量表述”之所以给人以如此复杂的感觉,根本原因在于式(15)所定义,用作构造“坐标分量”基准的基矢量

$$\boldsymbol{e}^i(\boldsymbol{x}) = \frac{\partial \boldsymbol{r}}{\partial x_i}, \quad \boldsymbol{e}_i(\boldsymbol{x}) = \frac{\partial \boldsymbol{r}}{\partial x^i} \quad (i = 1,2,3)$$

$$\boldsymbol{x} \in R^3, \quad \boldsymbol{r}: \overrightarrow{\boldsymbol{ox}} \in R^3$$

就是随着几何点$\boldsymbol{x}$位置的改变而处于变化之中的向量场分布。

因此,针对某给定的3维Euclid空间R^3,按照习惯使用的方式,首先指定一个可以用于“全部空间域”的坐标原点$\boldsymbol{o}$,再根据某一个任意给定的几何点$\boldsymbol{x}$,考虑由原点$\boldsymbol{o}$到几何点$\boldsymbol{x}$之间的有向线段定义属于该空间域的一个“固定向量(fixed vector)”$\boldsymbol{r}$,一般而言不存在定义于任意几何点$\boldsymbol{x}$处的坐标分量分解,除非将其定义于“坐标原点$\boldsymbol{o}$”处的基矢量之上,即

$$\boldsymbol{r} = r_i \boldsymbol{e}^i = r^j \boldsymbol{e}_j; \quad \boldsymbol{r} = \overrightarrow{\boldsymbol{ox}}, \quad \boldsymbol{e}^i = \boldsymbol{e}^i(\boldsymbol{o})$$

更明确地说,只要使用曲线坐标系,那么,对于古典“解析几何”中按照上述模式所定义的“固定向量”,即

$$\boldsymbol{x} \in \mathbf{R}^3 \mapsto \boldsymbol{r} = \overrightarrow{\boldsymbol{ox}} \in R^3$$

就不可能凭借曲线坐标系所定义“基矢量场”或者“基矢量分布”在$\boldsymbol{x}$处的基矢量,为“固定向量”构造一种恰当的“坐标分量”表述。

事实上,一旦涉及现代的“向量分析”或者“张量分析”命题,人们通常并不真正关注古典解析几何所提“固定向量”的问题。进一步说,只要使用“微分运算”的方法去研究向量场或张量场,那么,一个形式上需要探讨的对象实际上是与“自由向量(free vector)”相关的问题,也就是如下所定义的向量在给定几何域中的“向量场”分布$\boldsymbol{r}(\boldsymbol{x})$问题,即

$$\boldsymbol{r}(x): \boldsymbol{x} \to \boldsymbol{x} + \boldsymbol{r}$$

$$\boldsymbol{x}, \boldsymbol{r} \in R^3 \tag{19}$$

对于此处所定义的“自由向量”或者“向量场”分布$\boldsymbol{r}(\boldsymbol{x})$而言,它在几何上需要被赋予的完整意义应该是:某几何点以空间点$\boldsymbol{x}$作为起点,在经历了有向线段$\boldsymbol{r}$所对应的一段位移,到达另一个标志为$\boldsymbol{x}+\boldsymbol{r}$的终点时,该起点与终点之间的有向线段。也就是说,与向量空间中的“固定向量”必须以定义于整个空间的某一个原点$\boldsymbol{o}$作为统一的起点不同,对于“自由向量”而言,除了长度和方向保持不变以外,它的起点则可以是变动不定的。特别对于式(19)所定义的向量场$\boldsymbol{r}(\boldsymbol{x})$而言,该自由向量的起点必须限制在作为自变量的几何点$\boldsymbol{x}$之上,并因此才成其为空间中

的一种分布。

于是,这一形式定义逻辑地告诉我们:在向量分析或者张量分析中,人们需要关注的"自由向量"其实并没有真正的"自由"可言。事实上,与任何一个恰当形式系统中的"形式量"必须具有确定"形式意义"的判断保持一致,仍然需要把此处所说的"自由向量"本质地当作给定空间域中一个不会出现任何认识歧义的"完整向量"来对待。只不过一旦按照式(19)的方式定义"自由矢量",那么,它的始点就是"向量分析"或者"张量分析"需要当作"自变量"对待的几何点 $\boldsymbol{x}$,至于它的终点则是由自变量 $\boldsymbol{x}$ 与因变量 $\boldsymbol{r}$ 的向量叠加即 $\boldsymbol{x}+\boldsymbol{r}$ 所构造的另一个确定几何点。因此,只要提及"自由矢量"$\boldsymbol{r}$,原则上就应该将其写为 $\boldsymbol{r}(\boldsymbol{x})$ 这样的形式。否则,如果仅仅用 $\boldsymbol{r}$ 表示"自由矢量",本质上它并不具有几何上必需的完整意义。如果认真对照和思考目前"向量场(张量场)分析"的现状,因为普遍存在简单的"形式至上"错误理念,以为 $\boldsymbol{x}$ 已经定义为已知量,所以从一种看似纯粹的"形式表述"表观角度考虑,总以为只需要关注因变量 $\boldsymbol{r}$ 就可以了,以至于几乎完全忽视"矢量"作为一个"几何实体"在其所定义空间域中的完整意义,最终给整个"张量分析"以及"微分几何"研究在逻辑上留下了极大隐患。

显然,对于式(19)所构造的"向量分布"$\boldsymbol{r}(\boldsymbol{x})$ 或者作为一个称之为"自由向量"的有向线段,它的起点就是通常以"自变量"对待的几何点 $\boldsymbol{x}$,与式(15)所定义"基矢量"分布 $\boldsymbol{e}^i(\boldsymbol{x})$ 的起点必须限制于几何点 $\boldsymbol{x}$ 之上的情况完全一致($i=1,2,3$)。因此,与前面在讨论"固定向量"时曾经特别强调,无法使用"曲线坐标系"在空间任意给定几何点 $\boldsymbol{x}$ 处的基矢量,构造"坐标分量"表述形式的情况完全不同,在使用曲线坐标系的情况下,人们可以或者必须使用式(15)定义的基矢量,按照式(19)所定义"自由矢量"的相同形式,为其构造"坐标分量"的形式表述,即

$$
\begin{aligned}
&\forall \boldsymbol{r}(\boldsymbol{x}): \boldsymbol{x} \rightarrow \boldsymbol{x}+\boldsymbol{r} \quad \in R^3 \\
&\boldsymbol{e}^i(\boldsymbol{x}) = \frac{\partial \boldsymbol{x}}{\partial x^i}, \quad \boldsymbol{e}_i(\boldsymbol{x}) = \frac{\partial \boldsymbol{x}}{\partial x_i}, \quad \boldsymbol{x}: \overrightarrow{\boldsymbol{ox}} \\
&\exists \boldsymbol{r}(\boldsymbol{x}) = r_i \boldsymbol{e}^i = r^i \boldsymbol{e}_i, \quad r_i = \boldsymbol{e}_i \cdot \boldsymbol{r}, r^i = \boldsymbol{e}^i \cdot \boldsymbol{r}
\end{aligned}
\tag{20}
$$

显然,出现于此式中的所有向量,即 $\boldsymbol{r}, \boldsymbol{e}^i, \boldsymbol{e}_i$ 都是以空间点 $\boldsymbol{x}$ 作为起点的向量。此外,考虑到 $\boldsymbol{r}$ 和 $\boldsymbol{r}(\boldsymbol{x})$ 对应于两个几乎完全不同的几何学概念,所以在为其中的"基矢量"构造定义式时,为了避免在标记上容易出现的混乱,没有沿用式(15)的习惯性定义,而有意识使用 $\boldsymbol{x}$ 取代 $\boldsymbol{r}$,既可以仍然将 $\boldsymbol{x}$ 当作原点 $\boldsymbol{o}$ 到作为自变量的几何点 $\boldsymbol{x}$ 之间的"固定矢量"对待,也可以仅仅视作一个几何点。

5.2.4 一个与"局部域"命题相关的简单评述

值得重复提醒人们注意:必须对式(17)所示的关系做出限制。也就是说,面对需要当作"固定向量"对待的有向线段 $\boldsymbol{r}$ 或 $\boldsymbol{x}$ 时,并且希望为该"固定向量"与曲线坐标系中某给定几何点 $\boldsymbol{x}$ 处的基矢量构造确定逻辑关联时,式(17)所述的关系

$$
\mathrm{d}\boldsymbol{x} = \mathrm{d}x_i \boldsymbol{e}^i = \mathrm{d}x^i \boldsymbol{e}_i
$$

$$
\mathrm{d}x_i = \boldsymbol{e}_i \cdot \mathrm{d}\boldsymbol{x}, \quad \mathrm{d}x^i = \boldsymbol{e}^i \cdot \mathrm{d}\boldsymbol{x}
$$

必须严格限制在 $\boldsymbol{x}$ 点处的"无穷小"邻域之中,只能用作表示给定邻域中一系列"无穷小量"之间的逻辑关联。但是,如果面对的不再是"固定向量"$\boldsymbol{r}$ 或 $\boldsymbol{x}$,而是式(19)所定义的"自由向量"或者向量场分布 $\boldsymbol{r}(\boldsymbol{x})$,情况立即发生重大变化,无需也不能继续将定义于 $\boldsymbol{x}$ 点处的"自由向量"与同一点处"基矢量"之间的关系,继续限制在覆盖该几何点 $\boldsymbol{x}$ 的"无穷小"邻域之中。

当然，人们仍然可以从"形式逻辑"的角度重新思考此处提出的"固定向量"问题。对于式(16)所定义，规定为从几何空间中某"统一"的坐标原点 $\boldsymbol{o}$ 出发，到另一个"任意"给定空间点 $\boldsymbol{x}$ 之间的有向线段

$$\boldsymbol{x} \in R^3 \leftrightarrow \boldsymbol{r}: \overrightarrow{\boldsymbol{ox}} \in R^3$$

不妨可以通过如下所示的"约束映射"的方法，视之为式(19)所定义"自由向量"的特例

$$\boldsymbol{r}(\boldsymbol{x}): \boldsymbol{x} \to \boldsymbol{x} + \boldsymbol{r} \overset{x \to o}{\longmapsto} \boldsymbol{r} = \boldsymbol{r}(\boldsymbol{o}): \boldsymbol{o} \to \boldsymbol{o} + \boldsymbol{r}$$

$$\boldsymbol{o}, \boldsymbol{x}, \boldsymbol{r} \in R^3$$

也就是说，对于更具一般性意义的"向量场"，或者"自由向量"$\boldsymbol{r}(\boldsymbol{x})$而言，如果把作为自变量的几何点 $\boldsymbol{x}$ 始终限制在"坐标原点"$\boldsymbol{o}$ 之上，那么，这个约束映射所构造的"象"$\boldsymbol{r}(\boldsymbol{o})$将重新演变为解析几何中通常所说的"固定向量"$\boldsymbol{r}$。故而，对于式(20)所示，最初定义于"自由向量"之上的"坐标分量"表述相应变为

$$\forall \boldsymbol{r} = \boldsymbol{r}(\boldsymbol{o}): \boldsymbol{o} \to \boldsymbol{r} \quad \in R^3$$

$$\boldsymbol{e}^i(\boldsymbol{o}) = \frac{\partial \boldsymbol{x}}{\partial x^i}\Big|_{x=o}, \quad \boldsymbol{e}_i(\boldsymbol{o}) = \frac{\partial \boldsymbol{x}}{\partial x_i}\Big|_{x=o}, \quad \boldsymbol{x}: \overrightarrow{\boldsymbol{ox}}$$

$$\exists \boldsymbol{r} = \boldsymbol{r}(\boldsymbol{o}) = r_i \boldsymbol{e}^i = r^i \boldsymbol{e}_i, \quad r_i = \boldsymbol{e}_i \cdot \boldsymbol{r}, \quad r^i = \boldsymbol{e}^i \cdot \boldsymbol{r}$$

该式表示：在某些需要使用"曲线坐标系"的场合，如果仍然希望对某些"固定向量"$\boldsymbol{r}$ 构造"坐标分量"表述，即$\{r^i\}$或者$\{r_i\}$的时候，其实从"形式逻辑"的角度思考，此处这个为"固定向量"重新构造的"坐标分量"表述，并没有违背为"自由向量"或"向量场"最初所构造"坐标分量"表述需要遵循的"一般性"规则。只不过根据"固定向量"的定义，必须将"坐标原点"界定为"固定向量"的始点。因此，在式(20)所示的"坐标分量"表述中，同样应该使用"坐标原点"处的基矢量，并作为构造相关"坐标分量"表述的唯一形式基础。

总之，随着需要研究"几何实体"的不同，从最初的"自由向量(向量场)"分布，变为向量始点始终是坐标原点的"固定向量"情况，虽然相关的形式表述看起来出现了变化，但是，形式表述内蕴的本质内涵并没有发生任何改变。事实上，也仅仅因为以上讨论的出发点，完全着眼于形式表述需要描述的几何实体本身，所以此处所述的一切都会自然地处于逻辑相容之中。

并且，人们需要意识到：所有这些"形式表述"的表观变化，与现代微分几何通常所述的"公理化"假设，或者反映某种纯粹"主观意志"的人为认定完全无关，而根本依赖于需要表现的"几何实体"在悄然之间已经发生的变化。因此，在需要使用"曲线坐标系"的一般情况下，或者特别是在需要考虑某一个"曲面上"客观量呈现的变化规律时，绝不能把定义于某一个"空间点"处按照该点处"基矢量"分解所得的关系式，随意使用到与其相距有限远的其他"空间点"之上。故而，如果对照 Riamann 针对"微分流形(高维弯曲空间)"所构造的向量分析，人们不难发现：Riemann 根本不考虑"自由向量始点"所处空间位置的差别，相反作完全无视"弯曲几何"中不同空间点处，往往拥有完全不同"几何结构"的分析，将空间一点处只允许"有条件存在"的形式表述或者逻辑关联，当作"一成不变"的形而上学来对待，强加于他凭借纯粹想象创造而得的整个"弯曲几何"之上。当然，这同样是最终导致陈省身先生坦陈"自己读不懂自己所述"笑话的根本原因。

如果说，2 维曲面展现给人们的"几何直观"表明，曲面上任何两点处的几何结构都可能存在差别，那么，不仅不允许将某一点处的局部域几何特征强加于整个曲面，而且没有平直空间的大背景也就没有弯曲几何的存在。

5.2.5 与梯度算子相关的若干概念前提的澄清

就“张量分析”或者“微分几何”而言，梯度算子称得上是一个最重要的概念前提，并成为构建整个形式系统的基础。但是，梯度算子的形式表述看起来比较复杂。加之于“形式主义”错误导向的干扰，目前普遍存在“符号抄袭、形式模仿”这种与数学本质背道而驰，无疑是过于简陋拙劣的研究方法，把梯度算子的某些分量表述形式变异为一种“固定化”的模式，最终出现只能当作与“天赐神启”无异的“公理化假设”全盘接受以外，这个至关重要的基元数学概念充斥着某种“神秘化”的不当倾向。因此，在讨论如何为 R^3 中的梯度算子构造在曲线坐标系中的“分量形式”表述，继而讨论梯度算子在 M^2 上的形式表述问题以前，仍然值得花费一定篇幅，努力使用一种较为“直观明晰”的方式，首先揭示这个被同时赋予“矢量和微分”特性算子内蕴的“客观性”内涵的本质，指出相关形式表述由于这个客观性基础而必然呈现的“整体性”特征；再针对不同坐标系中张量的“分量表述”，似乎必需对某个“变换矩阵”相关联的不当习惯认识问题作一些必要的澄清。

其实，并不难形成一种理性的前提判断：在物质世界真实存在的 3 维 Euclid 空间中，同样需要将存在于其中的任何一种形式的“几何量”分布或“物理量”分布视作一种真实的“客观性”存在，而梯度算子需要承担的责任正在于：对这样一种客观量分布可能存在的“不均匀”状态做出一种尽管抽象，却必须独立于人们主观意志即与坐标系人为选择完全无关的“客观性”描述。并且，一旦认识到梯度算子的“客观性”基础，许多看似复杂深奥的形式表述，以及不同形式表述之间内蕴的确定性逻辑关联恰恰是必然、简单和自然的，它们与任何“公理化假设”纯粹人为认定的自欺完全无关，从而也自然容易为人们逻辑地理解和接受。

5.2.5.1 重申梯度算子的“客观性”基础与“整体性”特征

首先，让我们重新审视式(14)最初为“梯度算子”构造的形式定义

$$\boldsymbol{\nabla}:\boldsymbol{\nabla}(\boldsymbol{x})\overset{x=x_0}{=}\sum_{i=1}^{3}\boldsymbol{e}^i\frac{\partial}{\partial x^i}=\sum_{i=1}^{3}\boldsymbol{e}_i\frac{\partial}{\partial x_i}$$

显然，这是一个内蕴“向量和微分”品质的复杂运算结构，该结构告诉人们：作为一个同时被赋予“矢量性和微分性”功能的梯度算子，原则上只是根据某个恰当坐标系预先设定的某种确定顺序(如 $i=1,2,3$)，沿着三个“有序”却彼此“独立”的坐标方向，相应定义三个在形式上同样保持彼此“独立”的微分运算，并继续按照最初确定的“顺序”结构，把这些独立运算求得的 3 个“坐标分量结果”以一种“有序结构”的整体方式呈现给人们，最终实现对客观存在的“物质场”的“不均匀”状态，做出一种表观的“坐标分量”尽管形式上看似纷繁杂乱，然而其本质内涵仍然满足“唯一性”要求，故而可以视之为“客观性”描述的目的①。

① 需要注意，一方面，借助于多重“坐标分量”构造的“有序结构”整体，对某一个张量场的“梯度场”做出一种“定量意义”的描述，它自然称得上是“抽象”的。另一方面，随着所使用“坐标系”的不同，对于同一“梯度场”所构造“坐标分量”的不同形式必然出现相当大的差异。但是，当我们又同时指出它可以或者必须满足“唯一性”的要求，从而能够与其潜藏的“物质内涵”保持一致时，这是指：如果针对某个“单独”的坐标系，张量场的“梯度场”具有唯一确定的分量表述形式；而如果涉及两个不同的坐标系而言，那么，在这两个坐标系的不同“分量表述”之间，仍然存在一一对应的确定逻辑关联。

于是，与前面在讨论张量时，特别强调需要将其视作一种依赖某个“客体”而存在，故而相应拥有一种与“整体性”逻辑结构的判断保持一致，人们同样应该把梯度算子视为一个被赋予“客观性”基础，仍然相应拥有“整体性”形式特征，由多种“独立运算”有机组合而成的“复合运算”结构来对待。因此，人们可以或者必须把不同方向上的“求导运算”定义为一种允许“独立操作”的微分运算，即数学分析中通常称作的“偏导数”运算；与此同时，又绝不允许将不同方向上的微分运算的结果绝然割裂开来，或者像目前的“曲面微分几何”在处理 Christoffel 算符所做的那样，完全无视梯度算子蕴涵的“整体性”结构，仅仅注重某个或某几个方向上呈现的结果，并把这些个别和局部的、本质上几乎没有任何确定意义，以至于不允许“独立存在”的“部分性”形式表述当作一个基本数学概念来对待。只有所有坐标方向上独立求导运算的结果，并按照最初给定的“秩序(对应于坐标系中的坐标)”所构成一个“有序结构(张量)”的整体，这个只允许定义于 3 维 Euclid 空间之中，同样拥有“有序结构”整体的“梯度算子”才可能成为一个逻辑上具有完整意义的概念。当然，也只有依赖这个内蕴“有序结构”的整体，才可能保证梯度算子在不同“坐标系”中求得的“运算结果”看似千差万别，但是它们却共同拥有彼此相同、协调统一的不变物质内涵。

一位在“变形体力学”领域长期从事研究工作的数学力学工作者，在其所撰写《张量(理论和应用)》一书的绪言中，曾经深刻而开宗明义地告诉人们：

> 张量分析获得成功的实质在于它的不变性，即不随坐标系的选择而变化的性质。同一物理法则在不同坐标系中，具有完全不同的分量表述形式。因此，这样的方程不具与坐标系无关的不变性。一个坐标系好比是一层“面纱”，它蒙在上面使我们看不清物理事实的本质。张量分析的目的在于寻求一种摆脱具体坐标系影响的描述几何和物理规律的手段及其运算规则。

正因为此，反观 19～20 世纪科学主流社会中一大批崇尚“形式主义”的研究者，当他们总是局限于对张量的“分量形式”表述不断作纠缠，并希望由此能够演绎出许多有用结果的时候，他们所做的这一切恰恰与“张量本质”背道而驰。

故而，还可以进一步指出，无论是只允许凭借“直觉顿悟”而构造的两类“相对论”，还是必须建基于“公理化假设”之上现代“微分几何”，它们只是对某些条件存在“分量表述”形式的简单拷贝或抄袭，在本质上只能视作研究者“主观幼稚病”的妄想，本身就没有任何可靠的“物质基础”可言。当然，正如人们看到的那样，这些仅仅凭借“非凡心智”杜撰而得伟大真理，从来没有也根本没有可能写成被赋予“客观性”内涵的“整体”张量形式。毫无疑问，张量某种形式的“坐标分量”表述不具本质意义，必须同时隶属于某一种特定的坐标系。因此，如果将其当作至高无上的形而上学，或者一成不变无需约束的教条，甚至反常地置于“几何实体(物质实在)”之上，希望某一种特定形式的“坐标分量”表述(例如 Lorentz 变换)能够无所不包地驾驭整个物质世界，那么，人们只能容忍自然科学体系被现代西方知识社会公然界定为“科学共同体共同意志集合”的极大荒唐。当然，整个智慧人类的全部知识、理性向往都将荡然无存。

在梯度算子“本质内涵”的确定不变性与“形式表述”的丰富多样性之间，蕴涵的是同一事物两个不同方面的辩证统一；或者说，是研究对象必需的“确定性”本质与可用工具“多变性”特征的逻辑必然。为了对这个可以视之为张量分析核心思想的基本理念形成较为稳定和充实的认识，此处不妨针对“向量场的梯度场”这样一个相对较为简单的命题，首先作一些较为直观的考察。在后面的分析中，人们将会看到，在面对某一个向量场 $\mathbf{A}(\boldsymbol{x})$，如果确信只有通过“曲线坐标系”才可能较方便地给出它的“坐标分量”表述形式，并且希望对这个蕴涵“物质意义”的分布在空间域呈现的“不均匀”状态，即该向量场的“梯度场”相应做出“定量意义”描述的时候，将出现如下所示的分量表述形式

$$\nabla\mathbf{A}:\boldsymbol{e}^i\boldsymbol{e}^j(\nabla\mathbf{A})_{i;j}=\boldsymbol{e}^i\boldsymbol{e}^j(a_{i,j}-\Gamma_{ij}^k a_k)\bigcap a_{i,j}=\frac{\partial a_i}{\partial x^j},\quad \mathbf{A}=a_i\boldsymbol{e}^i$$

其中，变换系数 Γ_{ij}^k 就是现代张量分析通常所说的 Christoffel 符号。

参照以上所做的一般性分析，几乎可以立即逻辑地推知：此处引出的这个变换系数绝不允许“单独”呈现在人们的面前，它不过是作为“整体量”而存在的$\nabla\mathbf{A}$ 的一个有机的组成部分。并且，还可以大概推断：这个看似复杂的变换系数，在本质上仍然不应该有多少特别之处，不仅逻辑地隶属于$\nabla\mathbf{A}$ 所构造某一个“分量表述”的整体，而且它同样不可能成为一个被赋予特定物质意义，允许独立存在的形式量。如果脱离“梯度场”$\nabla\mathbf{A}$ 中其他部分的关联或支撑，这个具体表述形式决定于坐标系选择的变换系数，将相应完全失去自己得以存在的逻辑前提与实际价值。因此，如果像目前的张量分析或微分几何所做，凭借“公理化假设”这个虚妄称谓的纯粹自欺，完全采取一种“字符模仿”的方式，将 Christoffel 符号界定为一个固定不变的符号组合，并且，想当然转移至 2 维曲面 M^2 乃至所谓任意的 n 维流形 M^2 之上，试图将其用作构造“现代微分几何”形式系统的全部基础，那么，最终必然造成这个形式系统的构建者也绝不可能读懂自己之构建的荒唐。

事实上，任何一个真实存在的 2 维曲面 M^2 不过是一般 3 维 Euclid 空间 R^3 的子域。如果把“曲面方程”视为一个约束方程，那么，同样可以把 M^2 视作由其所构造“约束映射”作用于 R^3 之上所形成的象。但是，需要注意，2 维曲面 M^2 和 2 维平直空间 R^2 存在本质差异。因为无法在 M^2 上定义满足“自封闭”要求的运算结构，所以像现代微分几何习惯称作的那样，将 M^2 当作 R^3 的一个“弯曲子空间”对待是错误的。当然，从形式逻辑考虑，人们同样可以借助于此处所说的约束映射，采用“演绎推理”的方法，逻辑地解得那个最初定义于 3 维 Euclid 空间 R^3 之中的梯度算子∇ 在 M^2 中的象函数或形式表述。也就是说，只要接受此处所阐述的“逻辑推理”结构，那么，对于“现代微分几何”需要讨论的曲面上向量场分析问题，也就自然地变为如何求其如下所示“约束映射”的问题：

$$\nabla\mathbf{A}:\boldsymbol{e}^i\boldsymbol{e}^j(a_{i,j}-\Gamma_{ij}^k a_k)\ll R^3\quad\overset{\text{surface equation}}{\longmapsto}\quad ?:\nabla\mathbf{A}\ll M^2$$

应该说，这样做不仅符合于数学推导必须服从的演绎逻辑，而且也几乎是显而易见合理的。反过来，如果不是按照求解“约束映射”的模式思考问题，而是像目前西方科学世界采取如下所示的方式

$$\Gamma_{ij}^k a_k(i,j,k=1,2,3)\ll R^3\mapsto\Gamma_{ij}^k a_k(i,j,k=1,2)\ll M^2$$

直接把 Christoffel 符号当作一种不变的纯粹“字母组合”对待，仅仅凭借某些人的“主观意愿”就可以一字不差地移植到 2 维曲面 M^2 乃至更为复杂的其他场合，并要求将其当作普适真理不加限制地应用于世间万物，可以相信，容忍这样一种或许连中学生也不屑一顾的“拙劣抄袭”无疑过于荒唐，需要承担捍卫“逻辑推理”使命的整个数学体系也根本不复存在。（并且，正是这种荒诞不经，必然导致陈省身先生无法读懂在微分几何学中的重大创造。当然，这同样是面对 20 世纪的几乎整个科学世界陷于 Bohr 称之为“唯恐不够疯狂”的极大荒唐，需要反复提醒人们关注“读不懂自己之创造”这种难得一见的反常，并以此重新召唤人们的理性向往的简单定

理。)可以相信,无需高深的学问,只要凭借科学研究必需的诚实,几乎任何人都可以理性地推断,随着向量场所处“背景(几何空间)”的不同,即使仍然可以使用 Christoffel 符号之类的记号,但是这个记号的形式特征与抽象内涵都将随之发生重要变化①。

此外,在考察式(14)所定义的梯度算子时,人们还需要特别注意的是:在使用“曲线坐标系”并且必须保证每一个坐标曲线拥有“不变线度度量”的情况下,不只是基向量 $\boldsymbol{e}$ 通常不具“单位”长度,而且随着所论几何点 $\boldsymbol{x}$ 在空间所处位置的不同,给定坐标系中的“基矢量”集合 $(\boldsymbol{e}_1, \boldsymbol{e}_2, \boldsymbol{e}_3)$ 同样处于变化之中,相应成为定义于同一空间域中的“向量分布”集合

$$(\boldsymbol{e}^i):\boldsymbol{e}^i = \boldsymbol{e}^i(\boldsymbol{x}), \quad i = 1,2,3, \quad \boldsymbol{x} \in R^3$$

因此,对于式(19)所定义的“自由向量”分布 $\boldsymbol{r}(\boldsymbol{x})$,如果人们还假设它在整个空间域 R^3 能够满足“恒定不变”的要求,即

$$\boldsymbol{r}(\boldsymbol{x}) = \text{const}: \forall\, \boldsymbol{x}_1 \neq \boldsymbol{x}_2, \quad \exists\, \boldsymbol{r}(\boldsymbol{x}_1) = \boldsymbol{r}(\boldsymbol{x}_2) \quad \in R^3$$

也就是说,此处遇到的实际上是通常所说的“恒定”自由向量场。尽管如此,因为用作向量“定量表述”量度基准的“基矢量组”处于变化之中,所以这个“恒定”自由向量的坐标分量,即

$$r_i(\boldsymbol{x}) = \boldsymbol{r} \cdot \boldsymbol{e}_i, \quad \boldsymbol{r}(\boldsymbol{x}) = \boldsymbol{e}^i r_i \in R^3$$

却处于变化之中。因此,如果仅仅关注“恒常自由向量”的某一个分量 r_i,甚至因为看到每一个分量都可以处于变化之中,所以已经意识到“坐标分量”集合 (r_1, r_2, r_3) 作为一个“整体”的重要性,但是单单这个“坐标分量”集合的整体在本质上仍然不具确定性。只有把所有“坐标分量”与“基矢量”联系在一起,由这两者共同构造的整体即 $\sum(\boldsymbol{e}^i r_i), i = 1,2,3$ 才允许独立存在,相应被赋予完整的抽象意义或几何意义。

毫无疑问,目前大部分论述张量场分析的著作以及整个 Riemann 微分几何,几乎总是无视“基矢量”的几何基础,仅仅局限于“坐标分量”的代数表述不断作纠缠,正是对以上所述“整体性”原则的彻底背离。进一步说,与“张量场分析”相关论述长期存在的导向性错误正在于:把梯度算子分量表述中的一个“特定部分”孤立出来,继而以这个逻辑上不具完整意义的局部性表述作为构建“形式系统”的全部基础。事实上,在考虑此处所述的“曲线坐标系”一般情况,并针对式(14)所定义一个同时被赋予“微分学和矢量性”的算子,需要为这个算子对应于不同坐标方向上的“偏导数”运算,相应提供“分量表述”的具体微分运算结构时,重要问题在于:一方面,必须充分理解和注意算子某种单纯“分量表述”呈现的“变化性”特征;另一方面也更为重

① 面对“复杂”物质对象,必须学会“整体性”的思考。与坐标系的不同坐标方向构造了一个不可分割的“整体”类似,同样需要把梯度算子在不同坐标方向上的偏导数运算视作一个不可分割的整体。因此,梯度算子中不同坐标方向上拥有的“独立性”本质上是相对的。一方面,沿着每一个坐标方向,相应存在“形式上”允许独立进行的微分运算,这种独立性逻辑上依赖或者相伴于任何“恰当”坐标系的不同坐标,必须满足或必然呈现“独立性”特征;另一方面,正如任何单个坐标分量无法独立存在,只有三个坐标分量与三个“线性无关”基矢量所构造相互依存的整体才具意义一样,梯度算子沿着任何一个坐标方向上可以独立“操作”的微分运算,绝不意味它最终显示的“结果”具有真正属于自己的独立性,它只是梯度算子这个有序结构“整体”对应于某种“特定操作”的必然结果。因此,对于任何一个特定坐标轴上的方向导数,或者对某一种特定坐标系中某种特殊形式的分量表述过分强调,甚至将隶属于任何“单个”坐标方向上的运算及其运算结果孤立出来,当作一种僵化不变的“形而上学”对待,必然导致整个形式系统陷入前提性的导向错误。毫无疑问,如果说“形式主义”的要害在于“将形式置于实体之上”的逻辑倒置,那么,把只允许逻辑地隶属于某个“物质对象”的性质特征分解和割裂开来,则成为这样一种本末倒置错误的具体体现。

要的是，要认识到在“分量表述”相应呈现千变万化“表观意义”的变化背后，内蕴决定于“物质内涵”的“不变性”抽象本质。因此，与以上指出，只有向量场分布的所有“坐标分量”与相关“基矢量”共同构造的整体才有意义完全一致，一个同样被赋予“客观性”内涵的梯度算子，只有它在不同坐标方向上构造的不同“具体运算”形式与坐标系“基矢量”共同构造的有机整体，才可能成为一个互为依存、彼此共生的复杂运算结构，用于揭示“物质场”中同样被赋予“物质意义（客观性）”的不均匀状况。当然，这个形式上更为复杂“运算结构”的分布，就是人们通常称作的梯度算子场。并且，循此理念，张量分析和微分几何绝没有任何神秘和晦涩可言，所有一切仍然是素朴、自然和容易为人们理解的。

谈及梯度算子的“客观性”基础，还需要特别补充指出：之所以在讨论曲面上“张量场分析”之前，要花费如此多精力讨论比“Cartesian 坐标系”复杂许多的“曲线坐标系”的一般情况，它同样与某些研究者是不是对“曲线坐标系”有某种特殊主观偏好完全无关，仅仅决定于在面对“弯曲曲面”以及分布于其上的向量场或张量场时，人们无法在“弯曲曲面”上构建基矢量保持不变的“仿射坐标系”的简单事实。对于一个平直空间，构建“曲线坐标系”并非必须为之，只是力求带来便利。但是，如果需要考虑空间中一个“弯曲”子域，那么，只允许在这个“子域”上构建能够与其保持贴合的曲线坐标系。然而，面对这样一个显而易见的平常事实，在具有前导意义的重要概念前提的认识上，后 Gauss 整个现代“微分几何”与“广义相对论”研究者却出现难以理喻的处置不当和错误。一方面，他们无视或者不懂得任何“抽象空间”必须满足的“自封闭”要求，在把某一个“弯曲子域”不恰当地当作“弯曲空间”对待的同时，又把只可能逻辑地隶属于“平直空间”的 Cartesian 坐标系随意引入他们杜撰而得的“弯曲空间”之中，凭借美其名曰为“公理化假设”的人为约定，作毫无意义、没有逻辑可言的推导；另一方面，他们又无视“坐标系”不过是供人任意选择的工具，面对不同坐标系的不同“分量表述”形式，它们之间呈现的千差万别对某一个具体的分量形式没有任何本质意义，在形形色色“分量表述”背后的，仍然是它们共同拥有的“不变性”物质内涵。正因为对于这些前提概念普遍存在的认识紊乱，才会出现类似于 Nobel 奖获得者，S. Weinberg 这样一些自恃其能、目空一切的大人物，竟然把“平直空间”中应用“曲线坐标系”推得的分量表述形式，误当作某种专属于“弯曲空间”的普适真理，进而要求无尽的“物质世界”必须服从这样一些杜撰而得结果的荒唐。

5.2.5.2 梯度算子的形式不变性

张量内蕴的“不变性”物质基础，或者说式(1)所揭示，借助于 Euclid 空间中“向量”所构造一个“有序多重线性结构”的整体，可以或者必须通过张量在不同坐标系中不同“分量形式”表述之间必须服从的某种“变换规律”加以体现。反过来也可以说，对于张量的不同“分量形式”表述，之所以必须服从“线性变换规律”的制约，它仅仅是张量“不变性”物质内涵的逻辑必然。因此，重要问题在于，切切不允许像现代“约定论”所主张和实践的那样，把实体和性质之间这样一种特定的“逻辑依存”关系颠倒过来，错误地将形式置于实体之上，依据某一种特定形式的“线性变换”作为判断张量的唯一依据。事实上，特别是一旦涉及使用“曲线坐标系”的情况，并不存在允许定义于“整个”空间域的“线性变换”关系。此处，针对与曲线坐标系中“梯度场”形式表述相关的某些问题作若干澄清。

对于某张量场所定义 3 维 Euclid 空间中的一个确定几何点 $\boldsymbol{x}$，如果已经知道两个曲线坐标系在这一点处两个“基矢量组”存在如下所示的变换关系

$$\boldsymbol{e}_{i'} = A^{i}_{i'}\boldsymbol{e}_i,\boldsymbol{e}_i = A^{i'}_{i}\boldsymbol{e}_{i'} \Leftrightarrow A^{i}_{i'}A^{j'}_{i} = \delta^{j'}_{i'},\quad A^{i'}_{i}A^{j}_{i'} = \delta^{j}_{i},\quad \boldsymbol{x} \in R^3 \tag{21}$$

进而在考虑按照式(19)所定义的“自由向量”分布，即

$$\boldsymbol{r}(\boldsymbol{x}):\overrightarrow{\boldsymbol{x}-\boldsymbol{x}+\boldsymbol{r}} \vee \boldsymbol{x} \to \boldsymbol{x}+\boldsymbol{r}\quad \boldsymbol{x},\boldsymbol{r} \in R^3$$

那么，对于定义于该指定几何点 $\boldsymbol{x}$ 处的向量 $\boldsymbol{r}$ 而言，相应存在

$$\boldsymbol{r} = r^i\boldsymbol{e}_i = r^{i'}\boldsymbol{e}_{i'} \Leftrightarrow r^{i'} = A^{i'}_{i}r^i,\quad r^i = A^{i}_{i'}r^{i'},\quad \boldsymbol{x} \in R^3$$

其中，$A^{i}_{i'}$ 为向量 $\boldsymbol{r}$ 针对 R^3 空间同一几何点 $\boldsymbol{x}$ 处两个曲线坐标系所构造“仿射坐标架”的“恰当”投影，即向量 $\boldsymbol{r}$ 两种“坐标分量”表述之间的变换矩阵。当然，根据这个变换矩阵，还可以直接推得如下所述的变换关系

$$\boldsymbol{e}^{k'} = \frac{\boldsymbol{e}_{i'} \times \boldsymbol{e}_{j'}}{\boldsymbol{e}_{k'} \cdot (\boldsymbol{e}_{i'} \times \boldsymbol{e}_{j'})} = \frac{1}{A^{k}_{k'}}\boldsymbol{e}^k$$

将其代入式(14)为梯度算子构造的形式定义，立即得到

$$\boldsymbol{\nabla} = \boldsymbol{e}^{i'}\frac{\partial}{\partial x^{i'}} = \frac{1}{A^{i}_{i'}}\boldsymbol{e}^i\frac{\partial}{A^{i'}_{i}\partial x^i} = \boldsymbol{e}^i\frac{\partial}{\partial x^i} \tag{22}$$

这样，一切重新回归到最初为梯度算子构造的形式定义

$$\boldsymbol{\nabla}:\boldsymbol{\nabla}(\boldsymbol{x}) \overset{\boldsymbol{x}=\boldsymbol{x}_0}{=} \boldsymbol{e}^i\frac{\partial}{\partial x^i} = \boldsymbol{e}_i\frac{\partial}{\partial x_i}$$

以上讨论无疑过分简单，却向人们展示了一个十分有意义的结果：作为用做刻画空间分布“不均匀”状态的“梯度算子”本身，与坐标系的形式或者不同坐标系的人为选择完全无关；梯度算子不过是借助于任意一个坐标系在空间“一点”处的基矢量，构造了一种有序的“偏导数”计算结构；进而，依然凭借这些“基矢量”将偏导数计算的结果重新组合而成一个带有“方向性”特征，并且实际上被赋予某种“明确意义(类似于多元微积分学通常所指的最大变化方向)”的整体。当然，对于这个兼合“矢量性和微分性”特性的复合算子本身，虽然具有与“向量”相同的方向性特征，却谈不上向量或张量通常所说的“坐标变换”问题。

此外，在使用曲线坐标系的时候，一个需要人们关注的问题在于：任何曲线坐标系都是“非线性”的，否则也没有曲线坐标系可言，因此，不可能凭借某一个“线性变换”将曲线坐标系与其他形式的坐标系构成确定的逻辑关联；但是，对于不同曲线坐标系在空间“一点”处诱导的“坐标架(基矢量)”则不然，既然已经被严格地限定在空间的“同一点”处，那么，对于这些由曲线坐标系诱导而得“坐标架”或者“基矢量组”而言，它们与“仿射坐标系”几乎没有任何差别，故而它们可以或者必须满足式(21)所构造的“线性变换”矩阵。或者说，式(21)只是定义于两个曲线坐标系在空间“同一几何点”处所诱导两个“仿射坐标架”之间的变换，它所关联的本质上仍然只是 Euclid 空间 R^3 中两组“彼此独立”的基矢量，以至于这个定义于“同一几何点”处的“变换函数”自然满足向量之间的“线性变换”关系。因此，对于由曲线坐标系在同一点处所诱导“仿射标架”的基矢量需要满足的“线性变换”关系，完全不同于两个曲线坐标系之间只允许存在的“非线性变换”函数，它们属于两个完全不同的概念，切切不可混为一谈。

进一步说，曲线坐标系必须定义于“整个”空间域，并且仅仅因为此才可能成其为坐标系。于是，与前面针对若干个“不同”曲线坐标系在空间“同一点”处的性质特征，即隶属于某一个“固定点”处一种不妨大致称作“静态或局部分析”的讨论不同，任何与“微分”相关的运算本质上都是“动态和整体”的，此时真正需要关注的是利用“张量”描述的某个物质对象在“大空间域”呈现的“动态变化”特征。与其对应，需要针对某“同一”曲线坐标系沿着其中某个“曲线坐

标”所指定的方向，讨论该曲线坐标系所诱导“仿射坐标架”将如何发生变化的问题。显然，对于梯度算子形式定义中任意一个坐标方向上的偏导数$\partial/\partial x^i$而言，它看似定义于某一个空间点的“无穷小”邻域之中，但是在本质上有待表现的仍然是与坐标曲线在“大空间域”所展现的“弯曲变化”几何特征相吻合，一个可以视作沿着曲线坐标作运动的“坐标架”的“动态变化”特征，因此，它与前述讨论必须限制在一个“固定点”之处，相应显现的“静态恒定”特征完全不同，真正体现的仍然是曲线坐标系在“大空间域”中显现的“非线性”特征。也就是说，不仅曲线坐标系本身是非线性的，而且在需要考虑曲线坐标系所诱导“坐标架”在空间域的“动态变化”规律时，它需要遵循的必须同样是非线性的。

因此，如果可以相信以上所述正是造成“张量场分析”较为复杂的原因所在，那么，同样可以认为，正因为人们对“局部域和大空间域”几何或者“静态和动态”分析，几乎显而易见的本质差别缺失理性的认识，一个不妨称之为荒唐闹剧的“Riemann 微分几何”才可能跃然出现在 19 世纪的西方科学世界，并对其后的整个自然科学研究产生如此长久和恶劣的影响。贯串“Riemann 几何”的核心思想在于：使用曲面上一点处的切平面，取代同一点处几何结构完全不同的曲面本身；进而把曲面上一点处所展现一个无疑过分简单的“静态固定”平直几何，替代覆盖曲面上一点处“无穷小邻域”之中，但是本质上仍然与曲面或曲线在“大空间域”弯曲状况维持一种固定的比例，故而要复杂许多的“动态整体”变化特征；并且，试图凭借这样一种反映纯粹“主观意志”的人为约定，将这种“独断论”的替换延拓至整个大空间域，最终实现使用简单的“平直几何”研究代替复杂的“弯曲几何”研究的目的(倘若凭借可以把任何一个人为约定当作公理化假设来对待，就可以实现消弭科学难题的功效，那么，科学本身也失去存在意义)。

5.2.5.3 多重梯度算子

毫无疑问，用作描述 3 维 Euclid 空间域中某个“客观量”分布的“不均匀”状态、并且必须相应拥有“客观性”意义的梯度算子，不仅仅可以作用于任意给定的“标量场、向量场、张量场”之上，而且，还可以直接作用于某给定分布的“梯度场”之上，即针对给定分布的“不均匀”状态内蕴的“不均匀”程度作进一步描述。于是，自然出现如下定义的双重梯度算子

$$\boldsymbol{\nabla\nabla}(\boldsymbol{x}) \overset{\text{def}_0}{=} \boldsymbol{e}^i \frac{\partial}{\partial x^i}\left(\boldsymbol{e}^j \frac{\partial}{\partial x^j}\right) \tag{23}$$

对于此处定义的双重梯度算子，人们仍然可以说它满足式(22)所示的形式不变性特征。但是，需要注意的是：定义式右侧括号中的梯度算子即“$\boldsymbol{e}^j\partial/\partial x^j$”，不仅对双重梯度算子需要计算的场直接发生作用，而且这个梯度算子本身还是括号外梯度算子作第二次“梯度运算”的对象。故而在使用“曲线坐标系”的一般情况下，必须考虑“基矢量”自身在空间域发生变化的问题。于是，此处引出的双重梯度算子，可以进一步写成

$$\boldsymbol{\nabla\nabla}(\boldsymbol{x}) = \boldsymbol{e}^i\boldsymbol{e}^j \frac{\partial^2}{\partial x^i \partial x^j} + \frac{\partial \boldsymbol{e}^j}{\partial x^i}\frac{\partial}{\partial x^j}$$

仅仅在人们确信面对的是一个“仿射坐标系”，其中的“基矢量”在整个空间域保持恒定不变，所以在这种特定情况下，双重梯度算子才允许使用如下所示的简单形式

$$\boldsymbol{\nabla\nabla}(\boldsymbol{x}) = \boldsymbol{e}^i\boldsymbol{e}^j \frac{\partial^2}{\partial x^i \partial x^j} \ll \text{affine coordinate} \tag{24}$$

如果将其与多元函数的微积分学相比，张量场分析之所以给人以较为复杂的印象，其实也仅仅

源自于基矢量本身可能处于变化之中,以及如何对其作恰当描述的问题。

5.2.6 张量和张量分析的一般性小结

综上所述,人们不难发现:与需要认识或希望描述的“物质对象”独立于认识者的“主观”意志,从而成为一种“客观存在”的情况完全不同,数学中的“坐标系”不过是一个供人随意驱使的工具,是对包括“向量”在内较为复杂的几何实在作“定量描述”时需要使用的一种工具或手段。因此,对于坐标系的人为选择,始终不具本质意义。与其一致、隶属于某一类特定坐标系的“张量分量”表述形式,以及反映几何实在不同特定坐标系的某些特定的“坐标分量”变换形式,同样不可能具有“形式主义者”希望赋予它们的“一般性”意义。一旦离开确定“几何实在”的支撑和约束,不仅使形式表述缺失确定意义,流于空泛,还往往会导致形形色色的逻辑悖论和认识谬误。

因此,如果局限于“张量代数”的范围,在仅仅需要考虑如何认识定义于 3 维 Euclid 空间之中,作为一个“客观量”而存在的“张量”概念自身时,只有式(1)所示一种可以称之为“构造性对象”的形式定义

$$\left.\begin{aligned}&\boldsymbol{a}:\sum_{i=1}^{3}a_i\boldsymbol{e}^i\equiv\sum_{i=1}^{3}a'_i\boldsymbol{e}'^i\\&\boldsymbol{A}:\sum_{i,j=1}^{3}A_{ij}\boldsymbol{e}^i\boldsymbol{e}^j\equiv\sum_{i,j=1}^{3}A'_{ij}\boldsymbol{e}'^i\boldsymbol{e}'^j\\&\cdots\cdots\\&\boldsymbol{T}:\sum_{i,\cdots,n=1}^{3}T_{i,\cdots,n}\boldsymbol{e}^i,\cdots,\boldsymbol{e}^n=\sum_{i,\cdots,n=1}^{3}T'_{i,\cdots,n}\boldsymbol{e}'^i\cdots\boldsymbol{e}'^n\end{aligned}\right\}\in R^3$$

才可能摆脱坐标系的束缚,完整刻画这个客观量内蕴的本质内涵。不仅于此,当需要从上述“静止不变”的认识层次提升,跃变到“张量分析”这样一个本质上涉及张量场在空间域“动态变化”的“分析学”领域,必须针对空间域中任何一种“客观量”分布的“不均匀”状态,提出一个同样需要拥有“客观性”内涵的一般性“梯度算子”概念的时候,同样只有式(14)或(22)所构造的形式定义

$$\boldsymbol{\nabla}:\boldsymbol{\nabla}(\boldsymbol{x})\overset{\boldsymbol{x}=\boldsymbol{x}_0}{=}\boldsymbol{e}^i\frac{\partial}{\partial x^i}=\boldsymbol{e}_i\frac{\partial}{\partial x_i}\quad\in R^3$$

将特定坐标方向上的“微分运算”与基矢量的“方向性特征”构成一个不可分割的整体,它才可能完整刻画这个“客观性”运算结构的本质内涵。

显然,两种不同的“构造性”定义,对于张量代数和张量分析而言,同样具有“前提性”的根本意义。在张量的“构造性”定义中,它明确告诉人们:张量只是以 R^3 中的 3 个基本向量(基矢量)作为构造自身的基元材料,进而按照“多重线性”的方式,组合而成的一个“有序”复杂几何实在;而在梯度算子的“构造性”定义中,则这样告诉人们:定义于 R^3 中的梯度算子,它需要作用的对象是 R^3 中的某一个“客观量”分布,并且,仍然仅仅根据 R^3 空间内蕴的几何特征,以该空间三个独立方向(基矢量)上的“偏导数”作为自己的三个基本“计算性”元素,构造而成的一种“有序”运算结构,最终完成对“客观量”分布的空间“不均匀”状态,做出一种尽管抽象但客观真实的恰当描述。

毫无疑问,随着“基矢量(表述工具)”的不同选择,无论是张量还是作为梯度算子作用结果的梯度场,它们的“形式表述(坐标分量)”相应出现一种“表观意义(数量)”的差异。但是,与这

种表观上呈现“不一而足、千变万化”的形式表述截然相反，不同形式表述内蕴的“几何实在”或者“物质实在”没有、当然也不允许发生任何变化。因此，对于“张量(包括梯度场)”这样一些内蕴复杂结构的“客观量”，当它们必须通过某一个坐标系，借助于“坐标分量”这样的方式实现“定量表现自己”的目标时，人们必须牢牢记住：任何一种形式的“坐标分量”表述本质上都不可能“独立”存在，只有当这些“坐标分量”表述与彼此互为依赖、相伴而存的“基矢量”构成一种“有序架构”的整体时，这个内蕴“多重有序”结构的整体才可能成为一个不会导致任何歧义，相应被赋予实在意义的客观量。于是，只有那个由 R^3 中“向量”组合而成的“多重有序”实体，才是张量得以存在的全部基础；至于张量“坐标分量”表述展现给人们的形形色色变化特征，不过是上述“物质实在”在某些特定条件下的逻辑必然，切切不允许将“物质实在与表观特征”之间内蕴的逻辑依存关系颠倒过来。

然而，十分遗憾和令人不解的是，恰恰在这样一个关涉数学体系逻辑基础“方向性”的大是大非问题上，许多活跃于 19 世纪末至 20 世纪前期，曾经为引入“张量”这个极其重要的“客观量”形式做出开拓性历史贡献的西方数学家，始终拘泥甚至迷恋于如何为形形色色坐标系中“坐标分量”构造变换这样一种表面、机械并且过于简单的研究工作，几乎从来没有认真、严肃和缜密地思考形式表述背后的“物质实在”问题，以至于几乎从现代“张量”概念诞生开始，就因为彻底颠倒“形式和实体”的依存关系，热衷于策划和鼓噪“形式至上”这种无疑过于肤浅粗陋的思想，与张量所内蕴与需要彰显的“实体论”基础背道而驰，使得其后包括“微分几何、泛函分析、算子理论、数论”在内的几乎整个现代数学体系完全陷入“约定论”导致万劫不复的错误导向之中。

总之，对于 3 维 Euclid 空间 R^3 中的任意一个张量场的梯度场，仍然需要将其视之为一个被赋予“物质内涵”的张量场。并且，如果说人们不难发现在“梯度算子”中除了通常的“偏导数”运算以外，同时还蕴涵与 3 维向量保持一致的“方向性”特征，那么，仍然必须将其逻辑地归结于一切物质分布赖以存在，一个客观真实存在的 3 维 Euclid 空间，而绝对不是如 Riemann，Hamilton，Hilbert，Weinberg 这样一些习惯于浅层次的形式模仿，却对内蕴的逻辑关联缺乏深刻领悟的“科学偶像”们声称的那样，将它们渊源于“伟大人物”先验思想的启示。当然，同样切切不能将只允许逻辑地隶属于 3 维 Euclid 空间的几何结构，凭借 Kline 所说“伟大人物的直觉顿悟也比凡人们演绎推理更为可靠”的自欺、无理和蛮横，随意推广或延拓至其他形式的几何结构之中。倘若听信或服从这样的妄言，逻辑、真理以及整个智慧人类曾经憧憬的一切美好东西都将荡然无存①。

---

① 缺乏“物质实在”的支撑，一切“抽象概念”和“形式表述”都因为无所依附而流于空洞、矛盾和悖谬。毋庸置疑，西方科学世界曾经对现代自然科学体系的构建做出过开拓性的历史贡献。但是，渊源于西方哲学“认识论”基础长期存在的认识紊乱和困惑，西方科学世界长时间存在“自我神化”的不良习惯，以及把只允许“有条件存在”的某些简单数学特征“无穷”真理化，把只允许“有限论域”中才可能存在的“合理”结论，凭借主观意愿以一种过分随意的方式外延至“有限论域”以外的错误倾向。同样，人们不难立即逻辑地推知：作为现代“约定论”领袖人物的 D. Hilbert，只是凭借过分简单的“线性变换”构造所谓的“线性泛函空间”的时候，同样隐含“逻辑倒置”的前提性问题。虽然，在目前只能纳入“技术应用”范畴的“信息论”领域，Hilbert 空间看起来具有毋庸置疑的“实际应用”价值。但是，这样的“数学理论”本质上并没有真正告诉人们任何实实在在的东西，相反，对于“约定论”的纵容最终必然抛弃逻辑，将数学引入“约定论”必然造成的逻辑紊乱之中。当然，这也是 Hilbert 乃至建立在“公理化思想”之上的现代科学主流社会，根本没有力量或能力回答 20 世纪“直觉主义”奠基人 Brouwer 对“形式主义”所做严厉批判的根本原因[4]。

5.3 向量场的“梯度场”分析

在处理如何为“曲面上向量场分析”构建恰当形式系统这个主要命题以前，首先考虑一个相对较为简单，针对一般3维Euclid空间R^3中的向量场如何建立它的“梯度场”问题。显然，如果单纯从“形式表述”的角度考虑，这应该是一个早已解决了的问题。在任何一本“张量分析”或“古典微分几何(注意不是所谓‘公理化体系(约定论)’的而是建立在‘实体论’之上的微分几何)”的著作中，人们都可以找到相当完整的论证与分析过程。虑及于此，我们的讨论无需重复许多繁杂的具体推导过程，而着意于探讨和分析与其相关的基本思想，揭示张量表述所必需的然而恰恰被现代数学的“公理化主义(约定论)”忽视或者完全否定的“物质内涵”问题。

5.3.1 向量场“梯度”的一般形式定义

首先，既然肯定张量表述必须具备的“客观性”基础，那么，此处所说的某个一般意义的向量场$\boldsymbol{A}$同样是客观量，只允许存在于人类真实面对的那个Euclid三维空间R^3之中，即

$$\boldsymbol{A}(\boldsymbol{x}):\boldsymbol{A},\boldsymbol{x}\in R^3;\quad \boldsymbol{A}=a_i\boldsymbol{e}^i=a^i\boldsymbol{e}_i \tag{25}$$

并且，如上所述，与张量作为“客观量”必需的“不变性”物质内涵相对应，任何形式的张量都需要视作内蕴“向量多重线性结构”的一种“有序集合”整体。进一步说，不能把此处所定义向量$\boldsymbol{A}$中的坐标分量与坐标系分割开来，只有“坐标分量”和“基矢量”共同构造的一个形式表述整体，即在Einstein求和运算的假设下，由$a_i\boldsymbol{e}^i$所定义的“和式”才具有完整的形式意义，相应被赋予独立于坐标系人为选择的“客观性”内涵。其中，如果需要考虑向量$\boldsymbol{A}$的每一个坐标分量a_i，可以将其视为按照某种恰当方式构造的“投影”，也可以视作某个确定“约束映射”的像，即由某一个“特定”坐标系作用于该客观量$\boldsymbol{A}$的结果。但是，与其相反，目前大部分的“张量分析”、“微分几何”以及“广义相对论”著作，人们几乎总是习惯于单独使用张量的“坐标分量”表述，局限于讨论“坐标分量”如何变化，关注怎样进行“坐标变换”之类的问题，而完全忽视“坐标分量”得以存在的基础及与其相伴而存的“基矢量”自身是否也在变化，这样一个决定于对象本身的“整体性”命题。更何况，一旦涉及曲面几何，因为在一般曲面上的不同“几何点”处，曲面的“几何结构”可能完全不同，所以根本不可能像Gauss与Riemann曾经主张的那样，允许使用某个统一的2维平面，描述曲面上不同几何点处几乎无法保持“几何相似”的不同“局部域几何”的问题。

因此，对于式(14)所定义的梯度算子∇，当其作用于式(25)所示的向量场$\boldsymbol{A}(\boldsymbol{x})$之上、最终得到的“向量场的梯度场”$\nabla\boldsymbol{A}(\boldsymbol{x})$，必须同样视作如下所示一种“整体”意义的、并且本质上与坐标系选择无关的形式表述：

$$\begin{aligned}&\nabla\boldsymbol{A}(\boldsymbol{x})=\boldsymbol{e}^i\boldsymbol{e}^j(\nabla\boldsymbol{A})_{ij}\quad\in R^3\\&:\boldsymbol{e}^i\frac{\partial}{\partial x^i}\boldsymbol{A}=\boldsymbol{e}^i\frac{\partial}{\partial x^i}(a_j\boldsymbol{e}^j),\quad i,j=1,2,3\end{aligned}\tag{26}$$

或者说，针对给定向量场$\boldsymbol{A}$所构造的梯度场$\nabla\boldsymbol{A}$，它仍然是独立于人们“主观意志”的“客观性”存在，本质上与人们希望使用的“坐标系”到底是什么，乃至“坐标系”是否真正存在的问题都完全无关。当且仅当人们需要“定量地”描述这个仍然隶属于“张量”范畴，以“梯度场”称谓的“客观量”分布的时候，才需要引入“坐标系”这个特定的工具。当然，正因为张量拥有的“客观性”

基础,才可能使得这个"客观量"在不同坐标系中的不同"分量表述"之间,具有某种确定性的逻辑关联。无需也不能本末倒置,将某种特定形式表述予以"形而上学"的程式化。

5.3.2 向量场"梯度"在曲线坐标系中的形式表述

针对式(26)所构造的梯度场,如果使用的是可以将"基矢量"定义于"整个"空间域的"仿射"坐标系,那么,因为基矢量 $\boldsymbol{e}^i$ 在所论空间域保持不变,所以可以从式(26)右侧的微分运算符号中作为"常向量"提到微分运算之外,此时梯度场的分量表述相应呈现较为简单的形式

$$\nabla \boldsymbol{A} = \boldsymbol{e}^i \boldsymbol{e}^j \frac{\partial a_j}{\partial x^i} \ll \text{affine coordinate system} \tag{27}$$

并且,也仅仅在使用"仿射坐标系"的特定场合,才可以像目前的张量分析著作一般所做,直接利用式(21)所定义两组"基矢量"之间的线性变换,相应构造这个客观量 9 个坐标分量$\partial a_j/\partial x^i$之间需要满足的变换关系。

在许多场合,人们需要使用更具一般意义的曲线坐标系,而如何表述梯度场的问题马上会变得复杂许多。此时,对于式(25)所构造的向量函数 $\boldsymbol{A}$,不仅它的坐标分量 a_j,而且与其对应的基矢量 $\boldsymbol{e}^j$同样处于变化之中。这意味着在使用曲线坐标系描述向量场时,曲线坐标系"基矢量"自身的变化必然会影响向量场梯度场的分量形式表述。于是,根据具有一般意义的"微分运算"法则,对于式(26)构造的原始定义,可以将向量场的梯度场演绎地改写为如下形式:

$$\nabla \boldsymbol{A} = \boldsymbol{e}^i \boldsymbol{e}^j \frac{\partial a_j}{\partial x^i} + a_j \boldsymbol{e}^i \frac{\partial \boldsymbol{e}^j}{\partial x^i} \tag{28}$$

其中,右侧的第二项完全是由基矢量的变化$\partial \boldsymbol{e}^j/\partial x^i$所引起,可以看作是基矢量变化相应对梯度场做出的一份贡献。因此,在使用曲线坐标系的场合,如何恰当表述向量场的梯度场的关键,也就十分自然地转化为当坐标系中的任意一个坐标发生变化时,坐标系的三个基矢量将应该随之发生怎样的变化问题。

按照式(15)为基矢量所做的定义,即

$$\boldsymbol{e}^i(\boldsymbol{x}) = \frac{\partial \boldsymbol{r}}{\partial x_i}, \quad \boldsymbol{e}_i(\boldsymbol{x}) = \frac{\partial \boldsymbol{r}}{\partial x^i} \quad (i = 1,2,3)$$

$$\boldsymbol{x} \in R^3, \quad \boldsymbol{r}: \overrightarrow{\boldsymbol{ox}} \in R^3$$

可以立即推知,在考虑曲线坐标系的任意一个基矢量对于任意一个坐标的偏导数时,一种不失"一般性"的形式表述为

$$\frac{\partial \boldsymbol{e}^j}{\partial x^i}(\boldsymbol{x}) = \frac{\partial^2 \boldsymbol{r}}{\partial x^i \partial x_j} \in R^3$$

需要注意它依然是 R^3 中定义于给定空间点 $\boldsymbol{x}$ 处的一个向量。因此,可以借助于该空间点处的一个基矢量组,将其形式地表示为

$$\boldsymbol{e}_{ij}(\boldsymbol{x}) = \frac{\partial \boldsymbol{e}_j}{\partial x^i} = \frac{\partial^2 \boldsymbol{r}}{\partial x^i \partial x^j} = \Gamma_{ij}^k \boldsymbol{e}_k$$

$$\leftrightarrow$$

$$\boldsymbol{e}_j^i(\boldsymbol{x}) = \frac{\partial \boldsymbol{e}^i}{\partial x^j} = \frac{\partial^2 \boldsymbol{r}}{\partial x_i \partial x^j} = -\Gamma_{jk}^i \boldsymbol{e}^k \quad \in R^3 \tag{29}$$

其中,Γ_{ij}^k 为"张量分析"或者"现代微分几何"通常被人们称作的 Christoffel 符号或变换系数。(此处,没有给出基矢量与其对偶基矢量偏导数的具体推导过程。但是,如果认识到在式(29)

的左侧仍然是定义于3维Euclid空间中的向量，至于它的右侧所示无非是这个向量对同一点处3个基矢量所做的分解而已。因此，Christoffel符号没有任何神秘之处，并不难推出对偶基矢量偏导数之间的逻辑关联。）

显然，在允许使用“仿射坐标系”的场合，因为基矢量 $\boldsymbol{e}_j$ 在坐标系所定义的整个空间域不会出现任何改变，所以Christoffel系数 Γ_{ij}^k 恒等于零。仅仅在必须使用“曲线坐标系”的时候，才会出现Christoffel系数的问题，而对于式(28)所定义的向量场 $\boldsymbol{A}(\boldsymbol{x})$，它的“梯度场”$\boldsymbol{\nabla A}(\boldsymbol{x})$ 可以直接写成如下所示的形式表述：

$$\boldsymbol{\nabla A}(\boldsymbol{x}):\boldsymbol{e}^i\boldsymbol{e}^j(\boldsymbol{\nabla A})_{i;j}=\boldsymbol{e}^i\boldsymbol{e}^j\left(\frac{\partial a_j}{\partial x^i}-\Gamma_{ij}^k a_k\right)\quad \boldsymbol{x},\boldsymbol{A}\in R^3$$

$$\ll \text{curvilinear corrdinary system} \tag{30}$$

从以上简单论述可推知，作为构造此处所说“向量场梯度场”形式表述的全部基础，其实仍然只是向量场 $\boldsymbol{A}(\boldsymbol{x})$ 的几何实在。并且，在需要考虑如何构建“曲面上向量场的梯度场”一个隶属于“曲面微分几何”的基本命题时，这样一种贯串“实体论”基础的处理方法，仍然是一个必须得到严格遵循的基本思维导向。

5.3.3 关于3维Euclid空间域中Christoffel符号若干基本概念的澄清

可以相信，任何一位大致了解19～20世纪所构建“微分几何”以及“张量分析”基本思想的研究者，应该明白这个最初由Christoffel提出的系数 Γ_{ij}^k 实际上早已变异成为一种纯粹“形而上学”意义上的“不变符号”表述。不难看到，一些笃信“公理化思想”的研究者，正因为这个不变符号看似不无玄妙的缘故，所以总是采取与其一致的处理模式，将Christoffel符号或者它的某种变形当作一个关键性的“公理化假设”对待，进而凭借他们的“直觉和顿悟”构建各自感兴趣的“公理化(约定论)”体系①。

因此，在如何看待Christoffel符号的问题上，长期存在许多认识紊乱与不当。此处，将仅仅针对若干最基本的概念作初步但必要的澄清。

5.3.3.1 Christoffel符号内蕴的“客观性”基础

首先，绝不能把Christoffel符号仅仅当作一种纯粹的“公理化假设”来对待。着眼于3维Euclid空间中的“张量场分析”命题，希望对某一个“客观量”分布在 R^3 空间域呈现的“变化特征”进行研究时，之所以会出现Christoffel符号本质上仍然与研究者们的“主观意志”完全无关，只是在必须使用“曲线坐标系”这个工具的特殊场合，一种在形式上无可回避的必然结果。

因此，一方面，人们需要形成一种理性判断，任何张量场的梯度场仍然是一种“客观性”的分布，它的存在与坐标系的人为选择乃至是否需要Christoffel符号完全无关；另一方面，又需

---

① 被称作Riemann几个最重要承继者之一的E. B. Christoffel，于1869年发表的文章中第一次提出这个后来被人们称之为Christoffel符号的概念。但是，与此处着眼于3维Euclid空间 R^3 中的曲线坐标系，考虑基矢量如何变化的讨论完全不同，他针对的是Riemann于1854年曾经提出，考虑如何保持Gauss曲面第一基本形式中的 $F=g_{ij}\mathrm{d}x^i\mathrm{d}x^j$ 在坐标变换时保持不变的命题。正因为此，在古典微分几何的相关讨论中，习惯上总是把Christoffel符号与所谓曲面的“度量特征”构成逻辑关联。

认识到，一旦使用了“曲线坐标系”的工具，那么，Christoffel 符号的出现则是必然的，相应拥有隶属于这个特定形式表述的某种确定“实体论”基础和“物质性”内涵。并且，也仅仅因为此，这个被称作 Christoffel 符号的形式表述，同样必须被严格限制在与这种“物质实在”保持严格一致的有限论域之中①。

无庸赘述，对于此处特别强调的在逻辑上隶属于 Christoffel 符号的物质基础，自然就是式(30)特地给出明确界定，尽管人们并不一定必须使用的“曲线坐标系”的工具。事实上，只要认真比对和思考式(29)为 Christoffel 构造的形式定义，即

$$\frac{\partial \boldsymbol{e}_j}{\partial x^i}(\boldsymbol{x}) = -\Gamma_{ij}^k \boldsymbol{e}_k \quad \in R^3$$

对于大致熟悉和了解现代微分几何的研究者，几乎不难立即发现：这个符号虽然以 Christoffel 的名字称谓，但是它在本质上恰恰与 Christoffel 首先提出这个符号时，希望构建一种“约定论(公理化体系)”意义“微分几何”的初衷或思维导向几乎完全不同，它没有一切“约定论者”必然期待的那种与特定几何实在无关的“普适性”意义，这个符号可能拥有的仍然只是仅仅决定于相关的“实体论”基础，即此处所使用“曲线坐标系”需要赋予并且“条件存在”的实在内涵。至于这些有待人们进一步明晰指出的“实体论”内涵，无非是指：

(1) 首先，此式左侧的偏导数$\partial \boldsymbol{e}_j / \partial x^i$，无论是基矢量 $\boldsymbol{e}_j$，还是坐标变量 x^i，它们都逻辑地隶属于给定的坐标系。因此，这个偏导数表现的只是在此处同样可以当作某个特定“物质对象”对待的坐标系所具的特殊性质，而那个最初作为工具使用的坐标系则相应成为该偏导数的唯一逻辑主体。

(2) 并且，偏导数$\partial \boldsymbol{e}_j / \partial x^i$仍然是 R^3 空间中的一个矢量。之所以出现这样一个新的向量，只因为曲线坐标系的基矢量随着所处空间点位置的不同而相应发生变化，所以需要借助于这个被赋予特定几何意义的矢量，表现曲线坐标系的基矢量在给定空间域发生变化时的一般性特征。

(3) 其次，此处所引出的 Christoffel 系数 Γ_{ij}^k ，同样不可能拥有“约定论者”往往期待的一种“纯粹形式”的普遍意义。或者正如在构造式(29)时已经指出的那样，定义于 R^3 空间 $\boldsymbol{x}$ 点处的 Christoffel 符号，仍然逻辑地隶属于需要当作“客观量”对待、定义于空间同一点处的基矢量的偏导数所构造的矢量$\partial \boldsymbol{e}_j / \partial x^i$，只是这个“客观量”对曲线坐标系在 $\boldsymbol{x}$ 点处三个基矢量所做分解而自然形成的系数或坐标分量。

(4) 单纯就 Christoffel 符号 Γ_{ij}^k 而言，如果不考虑下标 i 和 j 特定的“指标”意义，即用做表示某一个坐标方向上“基矢量”针对某一个坐标方向上“坐标”的偏导数，那么，k 是出现于这个特定符号中的唯一哑标，因此不能把 i，j 和 k 混为一谈。也就是说，一旦给定指标 i 和 j，Christoffel 符号能够展现的几何内涵只是：

---

① 其实，无论是古希腊唯心主义的哲学家 Plato，还是 18 世纪的唯心主义哲学家 Kant，当他们使用不同的语言，阐述任何合理的知识必须构建于“物质实在”之上这个彼此同一的“实体论”主题的时候，支撑这个重要哲学论断的唯一基础就是被哲学家们视作“理性”同义词的逻辑。毫无疑问，因为没有读懂 Christoffel 符号及其内蕴的本质内涵，所以才会出现仅仅凭借纯粹“形式模仿”或者“字符拷贝”的方式，将这个拥有特定“物质内涵”的特定表述形式当作一成不变和虚妄的“形而上学”对待，想当然地扩展至其他论域，最终变异为只允许以“公理化假设”作为饰辞的“联络系数”杜撰，并以此作为构建“现代微分几何”的重要形式基础。当然，这样一种“约定论”的方法，无异于自欺、自愚。这也是此处需要明确揭示 Christoffel 物质内涵的根本原因。

$$-\frac{\partial \boldsymbol{e}_j}{\partial x^i}(\boldsymbol{x}) = \Gamma_{ij}^1 \boldsymbol{e}_1 + \Gamma_{ij}^2 \boldsymbol{e}_2 + \Gamma_{ij}^3 \boldsymbol{e}_3$$

无非就是给定空间点处基矢量的偏导数$\partial \boldsymbol{e}_j / \partial x^i$与同一点处三个基矢量之间的某种“投影关系”而已。

(5) 因此，在古典张量分析中，往往特地指出“Christoffel 符号不是一个 3 阶张量”的结论无疑是正确的。但是，问题在于：提出 Christoffel 符号是不是“张量”的命题，这本身却是错误的，隐含概念前提的认识不当。

(6) 最后，无论是此处特地提出的向量$\partial \boldsymbol{e}_j / \partial x^i$，还是 Christoffel 符号 Γ_{ij}^k 本身，它们与需要借助于坐标系加以定量描述的“向量场”或者“张量场”没有任何联系，而仅仅是决定于某个“曲线坐标系”——一个新的“物质存在”的一种“客观属性”的形式表述。

总之，切切不能把 Christoffel 符号当作一成不变的“形而上学”来对待，将其随意延拓至用作描述其他“几何实在”的有限论域之中。并且，与以上讨论一再强调“张量场(包括向量场以及向量场的梯度场)”必需的“物质性”基础，以及相应显示的“不变性”抽象内涵存在本质差异，对于此处所说 3 维 Euclid 空间 R^3 中的 Christoffel 符号而言，它是专属于某一个特殊“坐标系”的，相应表现的只是某一种“工具”的特定物质存在所“内蕴”的几何特征。(正因为此，切切不能如目前的微分几何通常所做，将其与以后讨论 2 维曲面几何时出现的 Christoffel 符号混为一谈。)

5.3.3.2　向量场梯度内蕴的“向量多重线性”结构

前面的分析一再指出，在 3 维 Euclid 空间形形色色客观存在的“形式量”之中，张量无非是一种被赋予某种特殊“几何形式”的普遍存在。故而，借助于式(1)特别为张量重新构造了一种“几何实体”基础更为明晰的形式定义

$$\left.\begin{aligned}
&\boldsymbol{a}: \sum_{i=1}^{3} a_i \boldsymbol{e}^i \equiv \sum_{i=1}^{3} a'_i \boldsymbol{e}'^i \\
&\boldsymbol{A}: \sum_{i,j=1}^{3} A_{ij} \boldsymbol{e}^i \boldsymbol{e}^j \equiv \sum_{i,j=1}^{3} A'_{ij} \boldsymbol{e}'^i \boldsymbol{e}'^j \\
&\cdots\cdots \\
&\boldsymbol{T}: \sum_{i,\cdots,n=1}^{3} T_{i,\cdots,n} \boldsymbol{e}^i, \cdots, \boldsymbol{e}^n = \sum_{i,\cdots,n=1}^{3} T'_{i,\cdots,n} \boldsymbol{e}'^i, \cdots, \boldsymbol{e}'^n
\end{aligned}\right\} \in R^3$$

该式告诉人们：作为一切张量共同拥有的一种“抽象特征”在于：张量是以 3 维 Euclid 空间中的“矢量”作为基本单元，再按照“多重线性叠加”模式构建而成一种抽象而复杂的“有序几何实在”结构。既然“向量”成为构造张量的基本素材，所以同样需要借助于“坐标系”才可能对张量拥有的抽象内涵做出一种“定量意义”的描述；但是，更为本质的在于自身拥有的“不变性”内涵，所以张量是独立于“坐标系”人为选择的客观存在。

因此，即使是使用“曲线坐标系”的场合，只要承认按照式(30)规定的模式所构造向量场的梯度场

$$\boldsymbol{\nabla A}(x): \boldsymbol{e}^i \boldsymbol{e}^j (\boldsymbol{\nabla A})_{i;j} = \boldsymbol{e}^i \boldsymbol{e}^j \left(\frac{\partial a_j}{\partial x^i} - \Gamma_{ij}^k a_k\right) \quad \boldsymbol{x}, \boldsymbol{A} \in R^3$$

$$\ll \text{curvilinear corrdinary system}$$

是张量，那么，向量场的梯度场$\nabla\boldsymbol{A}$就仍然是以“二重矢量$\boldsymbol{e}^i\boldsymbol{e}^j$”作为基本单元，按照规定的“线性叠加”方式，构造而成一个“复杂有序”的抽象结构。继而，如果还需要考虑两个不同的曲线坐标系$\{x\}$和$\{x'^i\}$，并且假设在空间任意一个给定点$\boldsymbol{x}$处，由两个曲线坐标系所诱导的基矢量组继续沿用式(21)的方式联系在一起，即

$$\boldsymbol{e}_{i'} = A^i_{i'}\boldsymbol{e}_i, \boldsymbol{e}_i = A^{i'}_i\boldsymbol{e}_{i'} \Leftrightarrow A^i_{i'}A^{i'}_i = \delta^{i'}_{i'}, \quad A^{i'}_i A^{i}_{i'} = \delta^i_i, \quad \boldsymbol{x} \in R^3 \tag{31}$$

此时，人们几乎可以立即推断：对于向量场的梯度场$\nabla\boldsymbol{A}$相对于两个曲线坐标系所得的“分量表述”而言，它们仍然需要满足如下所述的“线性变换”关系

$$(\nabla\boldsymbol{A})_{ij}: \left(\frac{\partial a_{j'}}{\partial x^{i'}} - \Gamma^{k'}_{i'j'}a_{k'}\right) = A^j_{j'}A^i_{i'}\left(\frac{\partial a_j}{\partial x^i} - \Gamma^k_{ij}\right)a_k, \quad \boldsymbol{x} \in R^3$$

$$\ll \text{curvilinar coordinate system} \tag{32}$$

也就是说，并不因为使用的是“曲线坐标系”的工具，就会改变“向量场的梯度场”作为张量必需内蕴“向量多重线性结构”的本质内涵。

但是，问题在于：如果使用的是仿射坐标系，那么，不只是式(32)所示的“线性变换”可以写做如下所示的简单形式：

$$(\nabla\boldsymbol{A})_{ij}: \frac{\partial a_{j'}}{\partial x^{i'}} = A^j_{j'}A^i_{i'}\frac{\partial a_j}{\partial x^i}$$

$$\ll \text{affine coordinate system} \tag{33}$$

更为重要的是，与仿射坐标系的“变换矩阵”可以定义于整个空间域

$$\boldsymbol{e}^{i'} = A^{i'}_i\boldsymbol{e}^i, \quad \ll R^3$$

因此式(33)所示向量场梯度场“分量表述”之间的“线性变换”同样定义于整个空间域与式(31)所示的完全不同，因为式(31)所示的“线性变换”只允许定义于空间某一个给定点$\boldsymbol{x}$处，本质上构造了一个在空间域处于变化之中的“线性变换”分布，所以式(32)所示的“线性变换”仍然是一个分布，随着所论空间点的不同，与之对应的“线性变换”具体形式处于变化之中。

5.3.3.3　曲线坐标系的“非线性”本质

假设$\{y^i\}$示意地表示一个任意给定的“恰当”曲线坐标系坐标，而用$\{x^i\}$表示另一个仿射坐标系或者 Cartesian 坐标系，在两个坐标系之间存在如下所示的变换关系

$$\begin{cases} y^i = y^i(x^1, x^2, x^3) \\ x^i = x^i(y^1, y^2, y^3) \end{cases}$$

显而易见，两个坐标系之间的变换函数，无论是正变换还是逆变换必然都是“非线性”函数。

故而，对于定义于3维 Euclid 空间之中，一个一般意义的张量函数 f ($\boldsymbol{T}$)而言，无论是从仿射坐标系$\{x^i\}$变换到曲线坐标系坐标$\{y^i\}$，还是反过来从$\{y^i\}$变换到$\{x^i\}$，即如下所示的变换必然都是非线性的

$$\text{nonlinear}: \begin{cases} f(y^i) \rightarrow f(x^i) \\ f(x^i) \rightarrow f(y^i) \end{cases} \tag{34}$$

特别是涉及到“张量分析”的命题，需要考虑任何一种形式的量对“曲线坐标系”的某个单独坐标作微分计算的时候，即

$$\text{nonlinear}: \left(\frac{\partial a}{\partial y^i}, \frac{\partial \boldsymbol{a}}{\partial y^i}, \frac{\partial \boldsymbol{A}}{\partial y^i}, \cdots\right) \tag{35}$$

原来内蕴于张量的“线性结构”在曲线坐标系构造的“非线性映射”作用下被扭曲了，相应呈现“非线性”的特征。

此处，如果重新比较式(32)和式(33)中一个共同出现并且表观上看似相同的形式量，即向量分量的偏导数，不难看出它在仿射坐标系中仍然是线性的

$$\frac{\partial a_{j'}}{\partial x^{i'}} = A^{j}_{j'} A^{i}_{i'} \frac{\partial a_j}{\partial x^i}$$

但是，在曲线坐标系中则不再简单满足线性变换关系

$$\frac{\partial a_{j'}}{\partial x^{i'}} \neq A^{j}_{j'} A^{i}_{i'} \frac{\partial a_j}{\partial x^i}$$

并且，因此才可能与出现于式(32)中另一项，即用作描述曲线坐标系“弯曲(非线性)特征”的 Christoffel 符号 Γ^{k}_{ij} 保持逻辑相容。

重要提示：

以上针对“向量场梯度场”若干主要形式特征所做的阐述，原则上应该视作浅显易明的基本常识。然而，在“约定论”的张量分析或者微分几何中，它们恰恰是被“公理化主义者”曲意回避或者试图扭曲的东西。在结束这一段叙述之前，值得再提出若干一般性的问题供人们思考。

(1) 借助于式(32)所示的线性变换，阐述张量必须独立于包括曲线坐标系在内任何形式坐标系的人为选择，内蕴“向量多重线性结构”本质时，原则上需要将此处的命题纳入“张量代数”的范畴。此时，它所论述的只是张量场在空间某个“固定点”处的张量，考虑该张量对应于不同局部仿射标架相应展现的变换特征。

(2) 谈及曲线坐标系的“非线性”本质，往往会涉及“张量分析”的范畴，相应考虑的张量在大空间域展现的“动态变化”规律。特别是，与可以或者必须把“梯度算子”视作独立于坐标系人为选择的“客观性”算子不同，考虑若干仅仅涉及与某个“单独坐标”相关的“偏导数”运算时，曲线坐标的“非线性”特征必将自然地显现出来。

(3) 事实上，也仅仅因为“对象和条件”的限制，才可能将“线性”与“非线性”这两种彼此对立、截然不同的形式特征，彼此逻辑相容地共存于“张量分析”之中。

(4) 当然，由此可以立即推知：无法像 Riemann 几何那样，把隶属于平直空间的“线性结构”转移至他所杜撰的“弯曲流形”之上。

5.4 曲面上“向量分析”逻辑基础重构

曲面上的“向量场分析”属于现代数学的一个重要分支。但是严格地讲，怎样对“曲面的向量场分析”做出一种具有科学意义的“实体论”准确界定，应该视作是一个时至今日也没有真正完成的命题。

事实上，只因为 Gauss“内蕴几何”不当思想的萌发和激励，继而在 Riemann 一种只能纳入“约定论”范畴的理念系统导向和推动下，一个曾经贯穿于 Gauss 微分几何的始终，实际上也应该视作构建这个理论体系一系列重大研究结果唯一基础的“几何实体”对象被彻底抛弃了，取而代之的只是一种纯粹“形式主义”的人为想象。于是，在这样一个本质上与理性和逻辑几乎完全背道而驰的错误思维导向的指引下，一门现代西方科学世界称之为“微分几何学”的“现代数学”分支，在历尽了开始时的勃勃生机、中途的沉沦乃至因为与理性明显背离所以必然为绝大部分数学家嗤之以鼻的尴尬，直到在 20 世纪“公理化思想”狂潮的煽动下，才又绝处逢生、重

获生机，站立在“科学偶像”们创造出来的伟大光环之上。

纵观整个科学史，几乎所有展现长久生命力的科学命题以及与其相关的知识体系，原则上只能逻辑地渊源于人们在几何测量、定量计算以及物理学研究中需要面对的诸多实际问题，从而自然地被赋予不同“几何实在”或者“物理实在”的真实背景。但是，与这种通常所见的“科学史”一般规律完全不同，人们最初希望讨论的“曲面上向量场分析”命题，并不是因为某个实际问题的需要而产生，只能视作源于“自由思想”或者“自由意志”的创造，一种纯粹“主观意愿”的真实体现。随着 Gauss 和 Riemann 于 19 世纪 50 年代和 60 年代相继去世，以 Beltrami, Christoffel 和 Lipschitz 为代表，一批立志承继和维护 Gauss“内蕴几何”的思想，进而具体实践和构建曾经由 Riemann 所勾画，本质上以实现“大一统（公理化体系）几何学”作为终极目标的职业数学家们，逐步启动了一个以 Riemann 所说的“先验思想（公理化假设）”作为唯一基础或思维起点、只允许当作一种“纯粹思想实验”对待的逐步摸索和构建过程。直至 20 世纪初，以 Ricci 提出“协变微分”的概念作为主要标志，继而随着“Levi-Civita 平移假设”于 1917 年的正式提出，能够让“曲面上的向量场分析”得以自圆其说，最终才形成“现代数学”体系中一个较为系统的几何学分支：Riemann 几何。

然而，只要是“约定论”的就必然是荒唐的，就是对智慧人类共同的“理性向往”和“逻辑原则”构成彻底否定，无论这个人为约定是不是披上“公理化假设”绚丽夺目的外衣。于是，归咎于“约定论”的虚妄在先，淳朴自然的“实体论”分析在后，以至于“向量场分析”的整个形成过程出现了令人难以置信的认识倒置：人们不是从“向量或张量”赖以存在的 3 维向量空间出发，考虑如何构建只允许隶属于这个特定的几何空间，相应具有“一般性”意义的向量分析体系，而是仅仅凭借纯粹的人为猜测，首先把半个多世纪前由 Christoffel 为“曲面几何”提出的符号当作一成不变的形而上学，杜撰了一个原则上只能当作“符号系统”对待的旧有理论体系。

因此，对于此处所设定《曲面上“向量分析”逻辑基础重构》的命题，它需要完成的根本任务无非就是要把曾经颠倒的逻辑再重新颠倒过来。

5.4.1 曲面上向量场所属“空间域”的恰当认定

曲面上的向量场分析，属于现代微分几何需要研究的核心内容。但是，怎么做才能纳入“曲面上向量场分析”的范畴，乃至到底怎样才能为“曲面（包括微分流形）上的向量场”构造一个合理的概念前提，却始终是一个似乎无人关注、至今模糊不清的问题。人们只是完全听任 Riemann 及其后继者所做形形色色的人为约定。正因为此，自 Riemann 开创“公理化体系微分几何”开始，一切都陷入“约定论”必然存在的概念前提不当和紊乱，以及因为错误的概念前提和基础而造成的重重矛盾与虚妄之中。

弯曲和平直是客观存在，曲面和平面则是一对永恒的矛盾。并且，正依赖于弯曲和平直之间的根本对立，这两种抽象特征才可能各自获得真正属于它们自己的本质内涵。平面乃至前面讨论的 3 维 Euclid 空间，原则上都可以视作无以穷尽根直线共同构造的无穷集合，并因此而拥有满足“自封闭”要求的“线性运算”结构。但是，曲面完全不然，既“曲”则“必不直”，人们无法在曲面上构造或定义直线。因此，在探讨“曲面上向量场分析”这个特定命题时，一个首先需要澄清的重要认识前提在于：只要谈及向量场，本质上仍然只可能是 3 维 Euclid 空间中的向量，而所谓 2 维曲面上的向量场，只不过需要对其做出某种补充限制而已。进一步说，针对某一个给定的 3 维 Euclid 空间域 R^3，不论其中是否存在某个需要探讨的 2 维曲面 M^2，但一旦

涉及“向量场(张量场)”以及“向量场的梯度场”的命题，那么，只有式(1)为张量构造的一般性定义

$$\left.\begin{aligned}&\boldsymbol{a}:\sum_{i=1}^{3}a_i\boldsymbol{e}^i\equiv\sum_{i=1}^{3}a'_i\boldsymbol{e}'^i\\&\mathbf{A}:\sum_{i,j=1}^{3}A_{ij}\boldsymbol{e}^i\boldsymbol{e}^j\equiv\sum_{i,j=1}^{3}A'_{ij}\boldsymbol{e}'^i\boldsymbol{e}'^j\\&\cdots\cdots\\&\boldsymbol{T}:\sum_{i,\cdots,n=1}^{3}T_{i,\cdots,n}\boldsymbol{e}^i,\cdots,\boldsymbol{e}^n=\sum_{i,\cdots,n=1}^{3}T'_{i,\cdots,n}\boldsymbol{e}'^i,\cdots,\boldsymbol{e}'^n\end{aligned}\right\}\in R^3$$

以及式(4)或者式(6)为向量场的梯度场分别构造的形式定义

$$\nabla\mathbf{A}(\boldsymbol{x}):\boldsymbol{e}^i\boldsymbol{e}^j(\nabla\mathbf{A})_{i;j}=\boldsymbol{e}^i\boldsymbol{e}^j\left(\frac{\partial a_j}{\partial x^i}-\Gamma_{ij}^{k}a_k\right)\ll\text{curvilinear system}$$
$$\boldsymbol{x},\mathbf{A}\in R^3$$

才是基本的，并成为与坐标系人为选择完全无关的某种“客观性”表述。

因此，讨论“向量场分析”命题时，在后面这个被赋予确定“物质内涵”关于“向量场的梯度场”的形式定义中，作为梯度算子需要作用的“特定对象”同样也是作为整个数学表述“逻辑主体”而存在的几何实在，仍然只允许是定义于3维 Euclid 空间 R^3 之中，需要当作“客观量”对待的向量场分布 $\mathbf{A}(\boldsymbol{x})\in R^3$。当然，即使人们还指出这是一个“曲面上向量场”的特殊向量分布，但这个特殊的向量分布不可能与向量的“一般性定义”冲突，否则也不能成其为向量，它无非是指该向量分布还应该限制在该3维空间某一个2维曲面之上。于是，现代微分几何通常称作2维 Riemann 曲面 M^2 上的向量场分布，只能是

$$\mathbf{A}(\boldsymbol{x}):\mathbf{A}\in R^3,\quad \boldsymbol{x}\in R^3\sim P\in M^2,\quad M^2\subset R^3 \tag{36}$$

式中，$\boldsymbol{x}\in R^3$ 和 $P\in M^2$ 对应于曲面 M^2 上的同一个几何点，只不过它们的定义域不同，形式上相应隐含不同的独立变量。这个首次为“曲面上向量场”明确构造的形式定义告诉人们：曲面上向量场分布 $\mathbf{A}(\boldsymbol{x})$ 与一般的向量场并没有本质差异，仍然需要视作是定义于3维 Euclid 空间 R^3 中的矢量，只不过它的自变量并且同作为“自由向量”分布的起点 $\boldsymbol{x}$ 或 P，必须严格限制该空间中的某一个给定的2维曲面 M^2 之上。

也就是说，只要涉及“曲面上向量场分布”的命题，一个极其重要的认识前提在于：定义在某曲面之上的向量场 $\mathbf{A}(\boldsymbol{x})$ 作为一个“有向线段”的空间分布，它除了全部有向线段的“始点 $\boldsymbol{x}$”必须严格限制在曲面 M^2 之上以外，覆盖“整个”曲面的“向量场”仍然只允许逻辑地定义于该曲面所嵌入的“平直空间”之中，并且永远是属于3维 Euclid 空间 R^3 中的向量场，不可能为2维曲面所拥有，即存在

$$\mathbf{A}(\boldsymbol{x})\in R^3\cap\mathbf{A}(\boldsymbol{x})\notin M^2,\quad \boldsymbol{x}\sim P\in M^2\subset R^3 \tag{37}$$

应该说，此处针对曲面上向量场的描述或相应构造的限定是直观的和自明的，并且完全符合于 Gauss 微分几何对2维曲面的描述。否则，如果像 Riemann 在构造他的“先验微分几何”时特别期许的那样，允许乃至必须将曲面的“局部域”视作与包容该曲面的“平直空间”完全无关的“独立”存在；或者根据“现代微分几何”这一必需的逻辑前提，将式(36)所定义曲面上的向量分布 $\mathbf{A}(\boldsymbol{x})$ 界定为与包容曲面的“平直空间”完全无关，一个逻辑上仅仅隶属于该给定曲面的“独立”存在，相当于曲面上的向量场能够完全贴合于他们所说3维 Euclid 空间 R^3 的2维“子空

间”M^2之上，那么，立即可以逻辑地推得如下所示的一个悖论性结果：

$$\boldsymbol{A}(\boldsymbol{x}) \in M^2 \mapsto M^2 \subset R^2 \neg M^2 \mapsto \bar{\exists} M^2$$

该推论明确地告诉人们：如果一定要求某“直线段”分布包容在 3 维 Euclid 空间 R^3的一个 2 维“子域”M^2之中，那么，该子域首先必须是平直的，本质上变成 2 维平直空间 R^2的一个子空间；于是，出现 M^2既是曲面又是平面的“矛盾”推论，因此，那个 2 维曲面的真命题的前提并不存在，从而否定了最初所提“曲面上向量场可以包容于给定 2 维曲面 M^2之上”的前提假设。

事实上，既然 2 维子空间 M^2必须是弯曲的，那么，除了 Gauss 的“实体论”微分几何曾经研究的某些特殊曲面，例如直纹面、可展曲面等，根本不可能凭借某个具有“一般意义”的普遍模式，在曲面上引入作为“有向直线段”而存在的“向量”概念。如若不然，这个拥有线性结构、逻辑上相应能满足“自封闭”要求的子空间，就无法成其为必须呈现“弯曲特征”的子域。当然，这也是目前的微分几何在讨论所谓的一般“弯曲空间”时，不得不特别提出“切空间”的概念，将曲面上的“向量分析”严格限制在他们所说的曲面“切空间”之上的缘故。但是，无论曲面怎样小，永远不可能蜕化为能够包容一般意义“直线”的平直空间。而且，在需要研究“曲面上向量场分布”所呈现的“空间变化”规律时，对于只允许定义于“平直空间”之中的向量分布而言，永远不可能摆脱“曲面”在包容其自身的“大平直空间”中的几何特征影响。

不难看到，曲面上一点处的“微切空间”与覆盖该几何点的“微曲面”是两个抽象特征完全不同的几何概念，切切不可将它们混为一谈。表面上看，似乎与初等微积分计算两点之间的弧长时可以使用“微线段”代替“微弧长”一样，允许包括 Gauss 在内的许多微分几何开拓者引入曲面上一点处“微切空间”的概念，以其表示曲面在同一点处一个充分小的邻域。其实，正如曲线的微弧长无论怎么小都始终差异于微线段一样（否则，可以直接使用两点间的直线长度当作整个弧长了），微切空间同样永远替代不了微曲面。弯曲和平直是两种彼此对立的抽象特征和客观存在，独立于所论几何实在的几何尺度。其实，不难直观地看到，无论怎样改变曲面的“可视”几何尺度，但是在曲面无穷收缩的时候，曲面在“切平面”方向以及在“法线”方向上永远在作“相同比例”的变化，以至于抽象意义的“弯曲”特征（乃至与其密切相关，作为曲面“性质整体”一个有机部分的“度量”特征）并没有发生任何真正的变化（否则，曲面的面积也就等于某一个方向上的投影的面积了）。曲面始终是曲面，不可能因为“可观尺度”的人为改变，就真的能够把曲面变成了平面。Gauss 微分几何中，通常借助于“坐标”为度量构造的形式表述（第一基本形式），充其量只具表观的形式意义，永远不可能凭此取代曲面上坐标网络“真实长度”的几何实在（下面的进一步讨论表明，恰恰在这个“实在与形式”关系的前提认识上，Gauss 同样出现难以置信的判断失误）。

因此，如果仅仅因为引入曲面上的曲线坐标(u,v)，从而在其与 3 维 Euclid 空间 R^3中的坐标(x,y,z)之间，相应存在如下所示的确定逻辑关联

$$\left.\begin{aligned} x &= x(u,v) \\ y &= y(u,v) \\ z &= z(u,v) \end{aligned}\right\}:(x,y,z) \in R^3 \bigcap (u,v) \in M^2$$

继而凭借“弧长微元”公式

$$\mathrm{d}s^2 = \mathrm{d}\boldsymbol{r} \cdot \mathrm{d}\boldsymbol{r} = \mathrm{d}x^2 + \mathrm{d}y^2 + \mathrm{d}z^2 = f(u,v)$$

以及其他一些推得的公式，就允许 Gauss 公然否定事实，作“因为曲面的全部性质能够被 $\mathrm{d}s^2$确定，所以人们可以完全忘掉曲面是位于一个 3 维空间中的事实”之类的断言。事实才是判断论述是否恰当的唯一准绳，绝不会因为某个论述而否定事实。可以相信，在 Gauss 的推导中，一定隐含某些概念不当与逻辑错乱。毫无疑问，只有认识到 3 维平直空间的背景，才可能谈论与某一个 2 维曲面相关的全部命题。人们无法回避 3 维 Euclid 空间中不同曲面“千曲万弯、变异诡谲”的基本认识前提，任何试图对不同“曲面上向量场”丰富多彩的变化特

征，构造千篇一律统一描述的愿望必将流于虚幻。如果说 Gauss 疏忽了他所说曲面几何“第一基本形式”与“第二基本形式”的独立性以及它们之间显然存在的逻辑关联，从而做出“内蕴几何”的导向性错误判断，那么，对于 Gauss 后继者的 Riemann 而言，他偏离真理更远，丢失的恰恰是 Gauss 微分几何一系列有用结论赖以存在的“几何实在”基础，以至于“以直代弯”的错误被引向极致。

为了实现“以直代曲”这个纯粹想当然的主观愿望，19 世纪的微分几何研究者引入了“切空间”的概念，试图凭借无以穷尽个切空间取代对曲面的直接描述，进而，将他们所说的“向量场”严格限制在曲面的切空间之中。但是，既然是曲面，那么只要涉及曲面不同点处的切空间，以及定义于不同切空间中的向量分布，所有一切又只能重新逻辑地回归到曲面所嵌入的 3 维 Euclid 空间之中，否则就谈不上“曲面”的逻辑前提。不难看到，曲面关涉到无以穷尽个切平面。因此，如果使用现代微分几何的术语，曲面上无以穷尽切空间构造的“直和(direct sum)”，本质上恰恰同构于包容该曲面的原高维空间。也就是说，即使能够借助于曲面上的切空间这种“迂回曲折”方式，对与曲面相关几何特征做出某种合理的描述，但并不能由此改变曲面只可能存在于 3 维 Euclid 空间的基本事实，仍然需要凭借 3 维 Euclid 空间中的几何量对曲面做出完整的描述。当然，Gauss 为其“内蕴几何”所做“可以忘掉曲面是存在于 3 维几何空间这个事实”的诠释明显存在逻辑错误。

事实上，对于式(36)所引入，一个定义于曲面之上，相应被赋予“一般性”意义的，并且还需要满足“连续可微”必要条件的向量场

$$\boldsymbol{A}(\boldsymbol{x}):\boldsymbol{A}\in R^3,\quad \boldsymbol{x}\in M^2,\quad M^2\subset R^3, C^1$$

当人们希望对其在空间域呈现的“变化特征”做出一种符合于逻辑的描述，那么，这个定义于 3 维空间中作为“客观量”存在的“向量场”连续分布，永远不可能在满足“连续可微”逻辑前提的同时，仅仅因为某些“天才人物”主观独断的偏好，就真的能够纳入曲面上一系列连续变化的“切空间”之上。只要曲面满足“2 阶连续可微”的逻辑前提(至于现代微分几何所述无穷可微的“光滑性(smooth)”条件在逻辑上根本无从谈起)，曲面上相邻点处切平面上“切向量变化”必然落入 3 维 Euclid 空间之中，否则曲面只能蜕变为简单得多的平面。当然，这才是现代微分几何无奈地提出一个称之为“Levi-Civita 假设”的纯粹人为认定，从最终对“演绎逻辑”造成彻底破坏和全盘否定的根本原因。曲面上蕴涵线性特征的仿射标架，只能逻辑地隶属于曲面上的某一特定几何点处，从而对定义于“该点处”的向量构造度量，相应显示现代微分几何希望强调的“线性度量”特征。但是，一旦涉及曲面自身的度量，需要考虑“距离”等必须与曲面上“不同几何点”相关联的几何量，它们就再无线性可言，并且与现代微分几何中只允许定义于一个“确定处”的“度量矩阵”没有任何逻辑关联①。

一些科学哲学家曾经睿智而深刻地指出：如果从科学发展的历史观出发，评价 Newton 为开启 17 世纪的自然科学体系曾经做出的贡献，那么，Newton 的最大历史功绩在于：对 Descartes 建立在“先验原理”之上的整个“自然哲学”体系的严厉批判和冲击，以及对“经验事实”和“数学表述(形式逻辑)”表达的高度尊重。毫无疑问，当现代自然科学体系面对太多的矛盾和悖谬之时，当务之急就是重新召唤 Newton 的这种精神，将客观存在的实体置于人为构建的形式之上，严格服从“逻辑规律”的制约。

曲面上任意一点处，除了在个别方向上允许存在直线，其他所有方向上的截线必然是弯曲的。因此，在理性重构“曲面上向量分析”的理论体系时，必须始终牢牢记住：弯曲就是对平直的逻辑否定。

5.4.2　若干 Gauss“曲面论”基础知识的一般介绍

一旦给定 3 维 Euclid 空间中任意一个(满足 2 阶可微条件)的 2 维曲面，逻辑地意味着对应于曲面上的每一个几何点处，由曲面的两个独立坐标切向量以及法向量共同构造的“仿射标

---

① 陈省身先生曾经诚实地告诉人们，在光滑流形所要求的“无穷可微”逻辑前提与物质世界潜藏的“离散粒子”本质之间存在深刻的矛盾。其实，姑且不论离散物质世界这样一种真实存在的物理实在，即使从抽象函数的一般逻辑特征考虑，同样可以断言“无穷可微”是无法存在的虚妄。事实上任何一个性质优良的函数，经过几次求导，就无法继续保持连续可微的条件，何以谈到能够“无穷可微”条件的光滑流形呢？

架”也随之得到唯一的确定。并且,这些在曲面上处于运动和变化中的仿射标架,即人们通常称作的“活动标架(moving frame)”自然成为度量曲面上向量场的恰当基准。因此,在需要研究曲面上向量场在空间域的变化规律,即针对式(36)所定义的向量场

$$\boldsymbol{A}(\boldsymbol{x}):\boldsymbol{A}\in R^3,\quad \boldsymbol{x}\in M^2,\quad M^2\subset R^3$$

希望为它的“梯度场”$\nabla\boldsymbol{A}$构造一种恰当“形式表述”的时候,必须首先对这些几何量的“定量表述”基准,也就是曲面上“活动标架”的变化规律做出具有唯一意义的形式认定。众所周知,与其相关命题的研究原则上隶属于Gauss“曲面论”的范畴①。

5.4.2.1 曲面方程的引入

与Riemann以后的微分几何只能从“公理化假设”出发的研究方法截然相反,构建“Gauss微分几何”的全部基础只是某一个“几何实体”,即人们需要研究的曲面。假设3维Euclid空间R^3中存在如下定义的曲面:

$$M^2\overset{\text{def.}}{=}\{P\}:P\in M^2\subset R^3\cap P\leftrightarrow\boldsymbol{r}\in R^3$$
$$\mapsto$$
$$M^2=\{\boldsymbol{r}\}:\boldsymbol{r}\in R^3\cap M^2\subset R^3$$
$$\mapsto$$
$$\boldsymbol{r}=\boldsymbol{r}(u,v)\leftrightarrow\boldsymbol{r}=\boldsymbol{r}(x_1,x_2):C^2\qquad(38)$$

此式只是2维曲面M^2的一个“定义性”方程。考虑到这个“构造性”形式表述将成为构建“曲面论”理论体系的唯一依据,故而值得对这个形式表述需要表达的完整意涵先作简单分析。

首先,定义为3维Euclid空间R^3中的2维曲面$M^2\subset R^3$,实际上是一个标记为$P\in M^2$的点的集合。在许多情况下,又往往使用向量性质的符号“$\boldsymbol{x}$”取代符号P,从而能够以更为直接的方式将其与空间域中的“几何点”与“矢量”形成一一对应关系,并直接显示“向量场分析”中作为自变量的几何点内蕴的独立分量数。例如,对于式(38)所构造的形式定义,总存在如下所示的一系列对应关系

$$P\in M^2\leftrightarrow\boldsymbol{x}\in M^2$$
$$\boldsymbol{x}:(u,v)\leftrightarrow(x_1,x_2)$$

其中,(u,v)或者(x_1,x_2)仅存在符号上的差异,它们都是曲面上几何点P或$\boldsymbol{x}$的两个独立坐标。

与此同时,在研究2维曲面M^2上但仍然必须嵌入3维几何空间R^3中的向量时,人们往往总默认存在一个固定的原点O,并将其当作构造向量空间R^3中全部向量一个共用的起点,而式(38)中的$\boldsymbol{r}$就特指原点O到曲面上任意一点P或$\boldsymbol{x}$之间的有向线段

$$\boldsymbol{r}\in R^3:\overrightarrow{OP},\quad P\in M^2$$

这个向量即为通常所说3维Euclid空间R^3中的一个“非自由”向量。于是,对于2维曲面上的每一个几何点$P\in M^2$,都存在3维Euclid空间的某一个固定向量$\boldsymbol{r}\in R^3$与其形成一一对应关系。反过来说,对于符合于式(38)中“定义方程”的每一个向量$\boldsymbol{r}$,相应决定了2维曲面上的一

① 关于Gauss微分几何“思想基础”较为系统的介绍、分析和反思,在题为《Gauss微分几何的“线性结构”假象及其澄清》一书的附录中进行了讨论。

个确定的几何点 P。因此,3 维 Euclid 空间 R^3 中一个任意给定的 2 维曲面 M^2,无非是借助于满足“曲面方程”的非自由向量

$$\boldsymbol{r}(\boldsymbol{x}) = \boldsymbol{r}(u,v) = \boldsymbol{r}(x_1,x_2):C^2, \quad \boldsymbol{r} \in R^3, \quad \boldsymbol{x} \in M^2, \quad \boldsymbol{r} = \overrightarrow{O\boldsymbol{x}} = \overrightarrow{OP} \tag{39}$$

由所有非自由向量的“矢端点”所构造的集合。需要特别注意,此处标志为向量函数 $\boldsymbol{r}$ 自变量的 $\boldsymbol{x}$,只能与曲面上的几何点 P 一一对应,表示自变量 $\boldsymbol{x}$ 隐含两个独立的“标量性质变量”的意思,切不能与习惯意义上的“向量”混为一谈①。

这样,对于“曲面上向量场分析”的命题,只要把式(39)定义的曲面方程当作某个“约束映射”中的约束方程来对待,就可以利用微积分学以及一般的向量分析知识,逻辑地求解与曲面相关的全部几何问题,从而把微分几何的研究完全纳入“演绎逻辑”的范畴。相反,无需或者本质上根本不允许提出“公理化假设”,将研究者的“主观意志”凌驾于几何实体之上。

5.4.2.2 曲面上“坐标架”的建立

在几何量和代数量之间,坐标系是联系它们的必要工具和桥梁。如果仅仅从如何对曲面上“几何点”做出具有唯一意义认定的角度考虑,只需要构造一个能够覆盖全部曲面的“坐标网(coordinate grid)”就可以了。但是,无论是 Gauss 强调的曲面“度量(内蕴)”性质,还是曲面的“弯曲(外部)”特征,它们作为一个不可分割的“几何特性”整体,逻辑地决定于曲面在包容自己的平直空间中所呈现的几何形态。因此,只是为曲面上的“几何点”做出具有唯一意义的标志远远不够,还需要引入“基矢量”的概念,用以定量描述“大平直空间”中复杂几何体呈现的复杂几何形态。

事实上,对于 R^3 中的任何一个给定的 2 维曲面 M^2 而言,只要覆盖该曲面的某一个坐标网络得以确定,就可以逻辑地推得由给定曲面 M^2 和坐标网(x^1,x^2)所决定,并且仍然隶属于 3 维 Euclid 空间 R^3 之中,一组具有确定意义的“有序向量集合”分布

$$\boldsymbol{r}_1 = \frac{\partial \boldsymbol{r}}{\partial x^1}, \quad \boldsymbol{r}_2 = \frac{\partial \boldsymbol{r}}{\partial x^2}, \quad \boldsymbol{n} = \frac{\boldsymbol{r}_1 \times \boldsymbol{r}_2}{\sqrt{g}} \in R^3, \quad \sqrt{g} = |\boldsymbol{r}_1 \times \boldsymbol{r}_2| \tag{40}$$

称之为曲面上由坐标系诱导的“基矢量”组。显然,切矢量 $\boldsymbol{r}_1$ 和 $\boldsymbol{r}_2$ 同处于曲面给定点处的切平面之上,不过两个切矢量的长度并不固定,决定于曲面以及实际使用的坐标网的几何性态。但是,按照此处构造的形式定义,向量 $\boldsymbol{n}$ 与两个与其正交的切矢量不同,不仅垂直于同一点处的曲面或曲面的切平面,而且还被赋予恒定的“单位”长度。此外,如果考虑矢量组$(\boldsymbol{r}_1,\boldsymbol{r}_2,\boldsymbol{n})$构造的平行六面体,因为

$$\sqrt{g} = \boldsymbol{n} \cdot (\boldsymbol{r}_1 \times \boldsymbol{r}_2)$$

所以符号 g 不仅如式(40)所示,等于两个切向基矢量所张平行四边形面积的平方,还等于三个矢量所张平行六面体体积的平方。至于之所以将这组基矢量称之为“分布(distribution)”,只因为由此导得的有序向量集合是变化的,本质上需要视作曲面上几何点 P(或 $\boldsymbol{x}$)的函数,即

① 在这个重大概念前提的认识和判断上,肇始于 Riemann 的现代微分几何同样出现难以置信的疏忽与错误。自 19 世纪开始,一批最早把“公理化思想”公然引入自然科学研究的信徒,想当然地把曲面或弯曲流形上只能当作“几何点”标志的 $\boldsymbol{x}$ 随意当作矢量来对待。于是,在这个毫无逻辑可言的“人为假设”之下,后续推导必然充斥“约定论”的荒唐和无知。曲的唯一意涵就是不直,弯曲几何只允许是点所构造的集合,矢量必须定义于包容曲面的平直空间之中。

$$\boldsymbol{r}_1 = \frac{\partial \boldsymbol{r}}{\partial x^1}, \quad \boldsymbol{r}_2 = \frac{\partial \boldsymbol{r}}{\partial x^2}, \quad \boldsymbol{n} = \frac{\boldsymbol{r}_1 \times \boldsymbol{r}_2}{\sqrt{g}} \ll \boldsymbol{x} \sim P \in M^2$$

此处的逻辑关联符“≪”仍然只表示“隶属于”的意思。也就是说，一旦给定一个曲面以及曲面上一个恰当的坐标网(坐标系)，那么，此处所定义的一个“有序向量集合”的分布$(\boldsymbol{r}_1, \boldsymbol{r}_2, \boldsymbol{n})$就是人们通常所说，一个在曲面上可以“自由移动”的坐标架基矢量集合。

于是，对于曲面M^2上由式(36)所定义的任意向量场$\boldsymbol{A}(\boldsymbol{x})$，人们可以凭此为其构造恰当的分量表述或定量意义的描述，即

$$A(\boldsymbol{x}) = A^1\boldsymbol{r}_2 + A^2\boldsymbol{r}_2 + A^n\boldsymbol{n} : \boldsymbol{A} \in R^3, \quad \boldsymbol{x} \sim P \in M^2, \quad M^2 \subset R^3$$

上述这个由 Gauss 最初引入，曲面上处于移动之中的坐标架就是人们通常称作的 Gauss 坐标架。

但是，值得提醒人们特别注意，按照式(40)所引入的三个基矢量以及由它们构造的 Gauss 坐标架只能存在于 3 维 Euclid 空间R^3之中。弯曲和平直，是一对处于对立和否定之中的理念。既然是曲面，就不允许在其上出现任何一般意义上与向量相关的几何实体。因此，不仅单位法向量$\boldsymbol{n}$，而且两个切向量$\boldsymbol{r}_1$和$\boldsymbol{r}_2$同样不属于曲面。

重复指出：平直和弯曲是一对永恒对立的概念，彼此构成逻辑否定。即使在特殊曲面的局部域，允许出现包容“单个直线”的特殊情况，也不可能对曲面的本质意义构成否定。因此，绝不允许只是为了构造“公理化体系”的需要，或者凭借对“无穷小曲面”无穷逼近“无穷小切平面”事实的故意曲解，混淆矢量和弯曲这两个因为“相互对立和否定”才具有确定内涵的抽象概念。正因为此，在以上讨论中，才会特别强调“基矢量只允许逻辑地隶属于 3 维平直空间”的基本判断。与这一判断保持一致，人们不难发现：既然将M^2定义为“弯曲”曲面，就不可能在其上构造覆盖“整个”曲面、相应体现“平直性”特征的“同一仿射”标架。只要涉及“曲面论”或者“弯曲空间”之类的命题，就只能使用比“仿射坐标系”复杂许多的曲线坐标系。事实上，这也是讨论 3 维 Euclid 空间“向量分析”命题时，不得不花费较多精力探讨曲线坐标系的缘故。(然而，十分滑稽和不可思议，19 世纪以来许多无视“实体论”基础的微分几何研究者，总是采取一种纯粹自欺欺人的“约定论”方式，探讨他们仅仅凭借主观意志“创造”出来的曲面几何。一方面，过分随意，把一个过于简单的 Cartesian 坐标系引入“曲面几何”研究；另一方面，又像自大武断的 Weinberg 那样，只因为使用曲线坐标系取代他曾经使用的 Cartesian 坐标系，就过于天真地以为那个他所研究的抽象空间也一下子从“平直空间”变成“弯曲空间”了。)

数学是抽象的。然而，可靠的抽象仍然需要脱胎于某个实体，绝不等同于抽象的就可以随意假设，成为完全虚幻的人为杜撰。事实上，一旦否定自然科学的“实体论”基础，抛弃需要加以抽象的“对象”前提，那么，抽象亦将不复存在，完全丢失原来赋予“抽象(abstraction)”以“抽取、提炼(draw away, refine)”等本原意思，扭变或者歪曲为类似于“公然把桌子、椅子、啤酒瓶当作几何学点线面”的荒唐。如果说现代微分几何中的一切，只能像陈省身先生曾经直白的那样，任何一名现代微分几何研究者，永远不可能真正读懂他们自己仅仅凭借“约定论(公理化假设)”创造出来的微分几何，那么，与其相反，Gauss 微分几何尽管存在诸多逻辑不当，但是因为它仍然主要建基于“实体论”基础之上，所以不仅导得了许多正确的结论，而且其中的论述都是通达、素朴和可判断真伪的。(对于任何“约定论”的东西，只有“信仰和拒斥”两种选择，因此原则上只能隶属于 Popper“证伪学说”所说的“无法证伪”范畴。)

5.4.2.3 曲面上移动标架“基矢量变化”的形式表述

对于 3 维 Euclid 空间R^3中，任意一个满足 2 阶连续可微条件的给定 2 维曲面M^2以及覆盖该曲面的恰当坐标网而言，曲面上属于该坐标网的移动标架是唯一的；当然，曲面上移动标架的“基矢量变化”同样是确定的。于是，可以推测：曲面在大平直空间所呈现不同形式的“弯

曲”特征，总可以通过曲面上移动标架“基矢量”呈现的变化规律，相应做出一种具有普遍意义的定量描述。反过来，当人们希望针对式(36)所定义曲面上的向量场

$$\boldsymbol{A}(\boldsymbol{x}):\boldsymbol{A}\in R^3,\boldsymbol{x}\in \mathrm{M}^2,\quad M^2\subset R^3$$

在大空间域 R^3 展现的“变化规律”做出一种“定量意义”的描述，也就是需要借助于向量场“坐标分量”的变化加以表现的时候，则首先需要对式(40)所定义移动标架的三个基矢量

$$\boldsymbol{r}_1=\frac{\partial \boldsymbol{r}}{\partial x^1},\quad \boldsymbol{r}_2=\frac{\partial \boldsymbol{r}}{\partial x^2},\quad \boldsymbol{n}=\frac{\boldsymbol{r}_1\times\boldsymbol{r}_2}{\sqrt{g}}\in R^3,\sqrt{g}=|\boldsymbol{r}_1\times\boldsymbol{r}_2|$$

显示的变化规律做出一种前提性的认定。进一步说，就是需要针对如下构造的命题

$$?:\boldsymbol{r}_{ij}=\frac{\partial \boldsymbol{r}_i}{\partial x^j}=\frac{\partial^2\boldsymbol{r}}{\partial x^j\partial x^i},\quad \boldsymbol{n}_i=\frac{\partial}{\partial x^i}\left(\frac{\boldsymbol{r}_1\times\boldsymbol{r}_2}{\sqrt{g}}\right),\quad i,j=1,2$$

做出回答。事实上，从怎样为“现代微分几何”构造一般的“形式表述系统”角度考虑，回答和解决此处所提命题正是 Gauss“曲面论”的根本意义所在①。

首先，考虑曲面上切向基矢量坐标变化率 $\boldsymbol{r}_{ij}$ 的“形式表述”问题。因为是曲面，一般而言，切向基矢量 $\boldsymbol{r}_i$ 沿着 j 坐标方向上的导数，即 $\boldsymbol{r}_{ij}$ 无法继续包含在切平面之内，所以具有一般意义的形式表述只能是

$$\begin{cases}\boldsymbol{r}_{ij}=\Gamma_{ij}^k\boldsymbol{r}_k+L_{ij}\boldsymbol{n}\\ \boldsymbol{r}_{ij}=\dfrac{\partial^2\boldsymbol{r}}{\partial x^i\partial x^j}\end{cases}\qquad i,j=1,2 \tag{41}$$

并且，其中的第二式才是本质的，它表示：只要给定式(39)所定义的曲面方程，那么，作为移动标架“基矢量坐标变化率”的向量 $\boldsymbol{r}_{ij}$ 随之得以唯一确定。至于其中的第一式，它仅仅具有形式上的意义，只是定义于 $\boldsymbol{x}$ 点处的向量 $\boldsymbol{r}_{ij}$，相对于式(40)在同一点处所定义三个基矢量($\boldsymbol{r}_1$，$\boldsymbol{r}_2$，$\boldsymbol{n}$)构造的一种分解，大致揭示 Gauss 坐标架切向基矢量变化时呈现的几何性态。在古典微分几何，人们通常将这个仅具形式意义的公式称之为曲面上移动标架的 Gauss 公式。此外，这个形式表述中的 Γ_{ij}^k 与 3 维 Euclid 空间 R^3 中张量分析中曾经出现的符号一样，仍然被称作 Christoffel 算符。(当然，根据历史的真实，则是首先有曲面论中的 Christoffel 算符，只是半个世纪后的 Ricci 几乎原封不动，将其转移到一般张量分析的场合。)

至于单位法向量 $\boldsymbol{n}$，考虑如下所述的关系：

$$\boldsymbol{n}\cdot\boldsymbol{n}=1\rightarrow\frac{\partial(\boldsymbol{n}\cdot\boldsymbol{n})}{\partial x^i}\equiv 0\rightarrow\boldsymbol{n}\cdot\boldsymbol{n}_i\equiv 0$$

该式表示：法向矢量沿任意坐标方向上的导数 $\boldsymbol{n}_i$ 总处于曲面的切平面之上，可以表示为两个切向基矢量的线性组合。故而，总存在

$$\begin{cases}\boldsymbol{n}_i=c_i^j\boldsymbol{r}_j(=-L_{ik}g^{kj}\boldsymbol{r}_j)\\ \boldsymbol{n}_i=\dfrac{\partial}{\partial x^i}\left(\dfrac{\boldsymbol{r}_1\times\boldsymbol{r}_2}{\sqrt{g}}\right)\end{cases}\qquad i,j=1,2 \tag{42}$$

其中，第一式所示的“分量表述”形式，即人们通常称作的曲面上的 Weingarten 方程。(至于括

---

① 因为自 Riemann 以后的“微分几何”隶属于纯粹“约定论”的范畴，只允许建构于构造者所提“公理化假设”之上，所以这样一些“约定论者”从不关注也根本没有能力处置与“几何实体”相关的真实命题。他们的兴趣所在只是纠缠于“形式表述”不断变化的问题。(纵观 Hilbert 的《几何基础》一书，不仅所有杜撰的“公理化假设”繁琐纠结而荒谬，更为关键的是不能用来解决哪怕最简单的初等几何学命题。)

弧中给出的"等价性"表述,此处不再作进一步的论述。与其相关的具体推导过程,请参见任何一本"实体论"微分几何著作所做的讨论。)

5.4.2.4 曲面论和张量分析中 Christoffel 符号不同抽象内涵的一个附加评述

纵观自 Riemann 以后的整个现代微分几何,由 Christoffel 于 19 世纪 60 年代最早提出的一种计算符号,即后来人们通称为 Christoffel 符号的形式表述发挥了一种统领全局,即联系和贯串整个"形式系统"的重要作用。在 M. Kline 所著的《古今数学思想》一书中,对这一符号需要表达的涵意作如下阐述:

> 一个张量的协变导数(covariant derivative)仍然是张量。在 Riemann 几何中,使用的坐标系总是弯曲的。并且,坐标系弯曲性(curvilinearity)造成的影响,只能借助于 Christoffel 符号加以表现。因此,一个张量的协变导数一般可以分为两个部分,第一个部分是由最初张量所呈现的基本物理学数量或者几何学数量的实际变化率(actual rate of change of the underlying physical or geometrical quantity represented by the initial tensor);另一个部分则决定于固定坐标系引起的变化(change due to the underlying coordinate system)。

初看起来,此处的阐述并无不当,它告诉人们:在使用曲线坐标系时,张量(客观量)的梯度(协变导数)在形式上真实地存在两个不同部分的影响。但是,问题在于:当 Christoffel 遵循 Riemann 的思想,致力于探讨某一个"坐标分量"变换形式的不变性而引入 Christoffel 符号,而其后经过一批数学家的持续努力,并于 19 世纪末至 20 世纪初由 Ricci,Levi-Civita 等提出"张量"概念的过程中,人们总是像 Kline 此处陈述"第一个部分是由最初张量所呈现的基本物理学数量或者几何学数量的实际变化率"时希望表达的那样,往往直接把表观意义的"分量表述"视作张量,当作他们所说"基本物理学数量或者几何学数量"对待,而没有形成一种理性判断:单纯的"坐标分量"以及单纯的"坐标分量变换"不具有普遍意义,不过是依赖于特定坐标系因而只能视作"条件存在"的形式表述;与其不同,只有"坐标分量"和坐标系"基矢量"共同构造的"有序"集合才能够构成张量,并且,只有 Kline 所说两个不同部分的整体,才可能当作他所说"基本物理学数量或者几何学数量的实际变化率"对待。

正因为此,在面对由给定曲面 M^2 所定义,却必须存在于 3 维 Euclid 空间 R^3 之中,由式(40)

$$\boldsymbol{r}_1 = \frac{\partial \boldsymbol{r}}{\partial x^1}, \quad \boldsymbol{r}_2 = \frac{\partial \boldsymbol{r}}{\partial x^2}, \quad \boldsymbol{n} = \frac{\boldsymbol{r}_1 \times \boldsymbol{r}_2}{\sqrt{g}} \in \mathrm{R}^3, \quad \sqrt{g} = |\boldsymbol{r}_1 \times \boldsymbol{r}_2|$$

所定义的移动坐标架(注意,此时已经不能单纯将其看作是一个允许随意选择的工具,而应该充分注意给定曲面所赋予的"客观性"内涵),需要探讨这组基矢量的变化规律时,它在形式上与 3 维 Euclid 空间 R^3 中一般曲线坐标系所呈现的基矢量变化规律并没有任何不同。因此,对于式(29)所示,R^3 中曲线坐标系的基矢量针对某一坐标的偏导数所构造的形式表述

$$\boldsymbol{e}_{ij} = \frac{\partial^2 \boldsymbol{r}}{\partial x^i \partial x^j} = \frac{\partial \boldsymbol{e}_i}{\partial x^j} = \frac{\partial \boldsymbol{e}_j}{\partial x^i} = \Gamma^k_{ij} \boldsymbol{e}_k, \quad (i,j,k=1,2,3) \quad \ll R^3$$

仍然应该适用于此处关于"曲面论"的讨论。它们之间的唯一的本质差异在于:考虑 3 维空间

R^3中的基矢量变化规律时，存在 3 个独立变化的坐标，但是一旦涉及“曲面”上运动标架的基矢量变化，独立变化的坐标数将减少为两个。

某些情况下，如果仅仅需要考虑曲面上一点处“切基矢量”变化 $\boldsymbol{r}_{ij}$，也就是只需要单独考虑式(41)所示的 Gauss 公式

$$\boldsymbol{r}_{ij} = \frac{\partial^2 \boldsymbol{r}}{\partial x^i \partial x^j} = \Gamma_{ij}^k \boldsymbol{r}_k + L_{ij}\boldsymbol{n}, \quad (i,j,k=1,2) \quad \ll M^2$$

此时只有(i,j)才允许当作“指示指标(indicate index)”来对待；至于作为“求和指标(summation index)”符号 k 并不具有确定的指标意义。因此，假如任意给定指示指标(i,j)，那么，人们不难发现在 Gauss 公式的右侧，即通过 Christoffel 符号表示的第一个部分

$$\sum_{k=1}^{2} \Gamma_{ij}^k \boldsymbol{r}_k \subset \frac{\partial^2 \boldsymbol{r}}{\partial x^i \partial x^j} = \frac{\partial \boldsymbol{r}_i}{\partial x^j} = \frac{\partial \boldsymbol{r}_j}{\partial x^i} = \boldsymbol{r}_{ij}, \quad \ll M^2$$

如果从 3 维 Euclid 空间 R^3 中一般曲线坐标系的角度重新考虑，它仍然只能算作是“基矢量偏导数”完整表述的一个部分，即存在如下所示的“包容”关系：

$$\sum_{k=1}^{2} \Gamma_{ij}^k \boldsymbol{e}_k \subset \frac{\partial^2 \boldsymbol{r}}{\partial x^i \partial x^j} = \frac{\partial \boldsymbol{e}_i}{\partial x^j} = \frac{\partial \boldsymbol{e}_j}{\partial x^i} = \boldsymbol{r}_{ij} = \sum_{k=1}^{3} \Gamma_{ij}^k \boldsymbol{e}_k, \quad \ll R^3$$

也就是说，如果只是 Gauss 公式中的这个部分，不足以对曲面上切向基矢量的变化 $\boldsymbol{r}_{ij}$ 作完整刻画。但是，Gauss 公式右侧的第二部分

$$L_{ij}\boldsymbol{n} \subset \frac{\partial^2 \boldsymbol{r}}{\partial x^i \partial x^j} = \frac{\partial \boldsymbol{r}_i}{\partial x^j} = \frac{\partial \boldsymbol{r}_j}{\partial x^i} = \boldsymbol{r}_{ij}, \quad \ll M^2$$

正是对这种“不足”的补偿，即对应于 3 维 Euclid 空间 R^3 中一般曲线坐标系“基矢量偏导数”完整表述中，另一个仅仅与基矢量 $\boldsymbol{e}_3$ 相关，不再作任何形式求和运算的第三部分

$$\Gamma_{ij}^3 \boldsymbol{e}_3 \subset \frac{\partial^2 \boldsymbol{r}}{\partial x^i \partial x^j} = \frac{\partial \boldsymbol{e}_i}{\partial x^j} = \frac{\partial \boldsymbol{e}_j}{\partial x^i} = \boldsymbol{r}_{ij}, \quad \ll R^3$$

这样，如果重新考虑定义于 2 维曲面 M^2 上的 Gauss 公式，人们可以发现它与 3 维空间 R^3 中曲线坐标系“基矢量偏导数”的形式表述在本质上完全一致，即存在如下所示的对应关系：

$$\begin{gathered}\boldsymbol{r}_{ij} = \frac{\partial^2 \boldsymbol{r}}{\partial x^i \partial x^j} = \sum_{k=1}^{2} \Gamma_{ij}^k \boldsymbol{r}_k + L_{ij}\boldsymbol{n}, \quad (i,j=1,2) \quad \ll M^2 \\ \Leftrightarrow \\ \boldsymbol{r}_{ij} = \frac{\partial^2 \boldsymbol{r}}{\partial x^i \partial x^j} = \sum_{k=1}^{3} \Gamma_{ij}^k \boldsymbol{e}_k, \quad (i,j=1,2) \quad \ll R^3\end{gathered} \tag{43}$$

它告诉人们：仅仅从形式表述纯粹的“符号意义”考虑，这两个表述显得如此不同；但是，如果追究形式表述背后需要表述的本质内涵，它们却保持抽象同一。

反之，如果按照目前的“微分几何”所做，仅仅把 Christoffel 符号当作一成不变的“形而上学”来对待，进而将如下所示两个“形式上”看似相仿，却因为“变量数”不同，以至于其内蕴的本质内涵几乎毫无关系的形式表述强行关联在一起

$$\begin{gathered}\sum_{k=1}^{2} \Gamma_{ij}^k \boldsymbol{r}_k \neq \wedge \subset \boldsymbol{r}_{ij} = \frac{\partial^2 \boldsymbol{r}}{\partial x^i \partial x^j}, \quad (i,j=1,2) \quad \ll M^2 \\ \sim \\ \sum_{k=1}^{3} \Gamma_{ij}^k \boldsymbol{e}_k = \boldsymbol{r}_{ij} = \frac{\partial^2 \boldsymbol{r}}{\partial x^i \partial x^j}, \quad (i,j=1,2,3) \quad \ll R^3\end{gathered} \tag{44}$$

则毫无道理。其中,第一式中的逻辑关联符"$\neq \wedge \subset$"表示"包含于且不等于"的意思。毫无疑问,任何一种仅仅注重于数学符号乃至纯粹的字符,却完全不考虑形式表述内在的逻辑关联,乃至真实蕴涵的"符号模仿"不仅没有任何存在意义,而且还必然因为丢弃了 Plato 所说"一切合理知识必须建基于实在东西"的支撑和限制,最终导致整个数学体系陷入紊乱和悖谬。

5.4.3　曲面上向量场"协变导数"概念的"伪科学"本质

正因为把以上所述式(44)中与定义于 2 维曲面 M^2 之上,仅仅与"Christoffel 符号"相关,但不具完整"几何意义"的那个部分,错误地当作"基矢量变化率"的完整表述,以至于自 Ricci 以后的全部微分几何在讨论"曲面上向量分析"这个基础性的重要命题时,处于错误"概念前提"而导致的系统性错误之中。

5.4.3.1　关于"协变导数"的一个历史性附加评述

以上所介绍"曲面论"中与 Gauss 方程以及 Weingarten 方程相关的主要研究结果,基本上属于或大致反映 1818～1828 年间 Gauss 完成的工作。至于"张量"以及"不变性微分算子"等基本数学概念的提出,差不多已经是近一个世纪以后才发生的事情。不难看出,无论 Gauss 曾经提出怎样类似于现代"公理化体系"的观点,但是他的"曲面论"仍然明确建立在某一个真实存在的"几何实在"基础之上。只是到了 Riemann 微分几何,才开始出现彻底抛弃几何学的"实体论"基础,正式开启现代数学向"形式至上"的"约定论"体系不断嬗变的过程。故而,经历近半个世纪的摸索,一个曾经以"摆脱坐标系的纠缠,揭示几何体或物理现象内蕴客观性规律(Ricci)"作为主要目标的"张量理念"出现,原则上应该视之为人类"理性意识"或"理性向往"一种本能的复苏,希望将某种"纯粹形式或纯粹理念(无论对还是错)"重新归结为"物质实在"所做的一次重要努力和尝试。并且,这样一种源于"理性本能"而导致对数学陈述"实体论"基础的探询和维护,必然以一种不可遏止的自发趋势深深植根于"张量研究"的始终,并成为深陷"约定论"泥潭的整个现代数学体系中难得一见的一股清泉。当然,同样因为 20 世纪以来控制了整个西方科学世界的"公理化主义"思潮的严重干扰和侵袭,张量研究始终没有能够真正纳入"实体论"的健康轨道,以至于如何恰当认识"张量"与准确定义"张量"的基础性问题至今没有得到解决。因此,人们不得不拿起西方人已经彻底放弃了的"逻辑批判"武器,从每一个基元概念开始进行真正符合于逻辑的清理。

在论述"张量分析起源(The origins of tensor analysis)"命题时,M. Kline 通过他的《古今数学思想》一书曾经这样告诉人们:

> 张量分析常常被当作一个全新的数学分支。但是,张量的最初创建如果不是为了迎合某种特殊的目的,那么也只是为了取悦数学家们的喜好。其实,张量只能算作一个古老话题的变种。也就是说,关于"微分不变量(differential invariants)"的研究,不过是完全为了适应 Riemann 几何而已。考虑到不变量呈现的是几何属性或者物理属性,所以它们无非是这样一种表达式,无论坐标系可能发生怎样的变化,这些表达式的"形式和值(form and value)"都应该保持不变。

可以相信,如果检讨"人类思维承继性逐步演变"的历史进程,那么,Kline 对于"张量分析起源”的刻画大体是真实的，揭示了往往层出不穷的某种永恒对立：人类捍卫“实体论”基础的理性本能，与轻信“偶像崇拜”虚妄的思维惯性之间的持续冲突。

而且，Kline 对“张量本质”的阐述也不无入木三分。他明确指出一个本应自明的平凡事实：任何形式的“不变量”是客观的，只允许逻辑地归源于某个“几何体”或“物理对象”的前提存在；反过来，也只有承认“物质实在”客观存在的逻辑前提，任何一个合理“形式表述”用于表现几何属性与物理属性的“值(value)”才可能同样视作是客观的，可以并必须独立于一切“坐标系”的人为选择。因此，Kline 此处展现的数学思想是素朴的，是对 Plato 所作“可靠知识必须建基于实在东西”素朴理性判断一种素朴意义上的领悟和坚持，并且在客观上颠覆了“公理化思想体系”的主张。

然而，正因为 Kline 关于“张量起源”的论述原则上仅仅停留于“素朴认识”的层次，尚不具依赖于“逻辑分析”的思维敏锐性和判断稳定性，无法认识贯串于整个“不变量研究”之中另一个隐蔽性的重大思维缺陷：在许多情况下，需要把客观量“值(value)”的不变性与客观量“形式表述(formal expression)”的复杂性视作两个完全不同的概念，但是，这两个几乎完全不同的概念却被 Riemann 以及张量的一批最初构建者们混淆了。在面对向量、以及曾经在前面的讨论中被定义为蕴涵“多重线性结构”的张量时，不仅只能凭借“坐标系”才可能对这些客观存在做出“定量意义”的描述，而且，本质地决定于“客观世界(3 维 Euclid 空间)”中这些“客观存在”内蕴的复杂结构，以至于一般情况下根本不可能凭借若干个“不变量(数量)”对它们作完整描述，而需要将“有序数元”和坐标系的“工具”结合成一个整体，只有这样才能符合和刻画这些客观存在的“不变性”物质内涵，进而保证某一些可视的“值”相应处于不变之中。

因此，自张量首创者 Ricci 开始，长期以来将“追寻分量表述变换规律不变性”以及某些“不变量”作为目标的张量研究，仍然存在与“复杂对象”的“实体论”基础相背离的错误思维导向。毫无疑问，这才是从 20 世纪中后期开始，许多数学家正确指出必须使用彻底抛弃“坐标分量”表述的“整体张量”表示法的根本原因。进一步说，只有使用本质上与坐标系完全无关的“整体张量”表示法，把不同坐标系的不同“基矢量”和与其对应的不同“坐标分量”融合成一个整体，才可能在看似复杂多变的“表观形式”背后，展现不变的“客观存在”物质内涵，并且，得以真正实现 Ricci 最早明确提出“*如何把物理学规律写成张量的形式，从而与坐标系无关*”一个无疑合乎理性的目标。反之，任何单纯沿用“坐标分量”构造“形式表述”系统的传统方法，就是对形式表述理应拥有的“不变性客观基础”构成否定；而且，正是“不变性抽象内涵”与“可变分量形式表述”两个不同概念的严重混淆，为 Einstein 只允许建立在“直觉顿悟”之上的整个“相对论”，对科学陈述不可缺失的“客观性”基础必然造成的根本否定提供了一个隐蔽所。故而，值得再次指出：Kline 此处希望表达的“值(value)”的不变性，与自 Riemann 开始许多职业数学家始终纠缠不清的“数(number)”的不变性并不完全相同。面对无尽的大自然，可以发现许许多多较为复杂的几何体，相应呈现较为复杂的物理特征。对于这些内蕴“复杂结构”的对象，往往无法使用某一个或者某几个“标量”性质的数，对它们拥有的复杂几何属性和物理属性做出简单描述。

许多科学史研究者曾经诚实地告诉人们，与其如常人所说是 Riemann 几何拯救了 Einstein 的相对论，还不如更准确地说是 Einstein 的相对论为早已无人问津、濒于死亡的 Riemann 微分几何注入了生机，诱使 20 世纪一大批急于求成、生性躁动的西方职业科学家将这个依赖于“先验判断”的荒唐杜撰，从人们已经丢弃和遗忘的故纸堆中捡了回来。从科学的哲学基础考虑，Einstein 的相对论和 Riemann 的微分几何异曲同工、相互支撑。它们同样建立在“约定论(公理化假设)”基础之上，同样寄希望于某一个“理念、愿望或顿悟”的启迪，能够创造出某个一成不变的数学公式，并最终对世间万物做出一种一览无遗与一劳永逸的描述。故而，如果可以相信 Ricci 最初构造张量时曾经心存呼唤“实体论”基础的理性冲动，但是随着 Einstein 的介入，将“分量形式数学公式”冠之以“物理学规律必须表达成数学不变式”的光环，自此“形式高于一切”的错误思想贯穿于其后张量分析的整个过程。并且，无独有偶，与作为 Gauss 后继者的 Riemann 把 Gauss 微分几何彻底推向“约定论”的深渊如出一辙，因为 Ricci 的学生 Levi-Civita 公然提出一个“向量平移”的纯粹人为假设，并且以此而获得人们称作“自相对论后对张量分析第一次创新(the first innovation)”的美誉，所以其老师最初提出“将张量表示成与坐标系无关形式”的理性向往已经荡然无存，而本来只允许建基于“实体论”之上的张量分析，则难逃脱最终被 20 世纪“公理化(约定论)运动”洪流吞灭的厄运。

5.4.3.2 曲面上向量场“协变导数”的提出

无论是“现代微分几何”还是“广义相对论”，都需要把定义于“曲面”或“流形(manifold)”上向量场的“协变导数(covariant derivative)”当作一个前提性的基元概念，成为建构全部“形式系统”的基础理念。但是，纵览与其相关的任何一本著作，人们不难奇怪地发现：它与自然科学体系中为人们熟悉的任何一个概念都如此不同，作为现代数学一个不可缺失的概念前提，无法从某一个真实存在的“物质实体”出发，依靠其他抽象概念凭借“演绎逻辑”的方法推导而得，进而展现与特定对象保持“抽象同一”的真实内涵。事实上，正如某些鸿篇巨制的著者必须理直气壮宣示的那样，微分几何中的协变导数就是纯粹的人为假设，只可能渊源于某些“伟大人物”直觉和顿悟的启示，可以或者必须当作 Hilbert 所说“桌子、椅子、啤酒瓶同样可以当作几何学点线面”的“公理化假设”对待。

于是，正是在这样一批通常称作“科学共同体”的特殊人群“共同意志”的约定下，首先在任意给定的 2 维曲面(即 2 维 Riemann 空间)M^2 之上，引入与式(36)所定义曲面上的向量场

$$\boldsymbol{A}(\boldsymbol{x}):\boldsymbol{A}\in R^3,\quad \boldsymbol{x}\sim P\in M^2,\quad M^2\subset R^3$$

看上去几乎完全一致，然而却隐含本质上的重大差异，一个不妨仍然以“向量场”称谓的形式量：

$$\boldsymbol{A}(\boldsymbol{x})\in M^2,\quad M^2\subset R^3 \tag{45}$$

继而，再完全模仿 3 维 Euclid 空间 R^3 在使用曲线坐标系时，曾经通过式(30)所给出的“向量场的梯度场”形式表述，即

$$\nabla\boldsymbol{A}(\boldsymbol{x}):\boldsymbol{e}^i\boldsymbol{e}^j(\nabla\boldsymbol{A})_{i;j}=\boldsymbol{e}^i\boldsymbol{e}^j\left(\frac{\partial a_j}{\partial x^i}-\Gamma^k_{ij}a_k\right)\quad(i,j,k=1,2,3)$$
$$\boldsymbol{x},\boldsymbol{A}\in R^3$$

引入另一个在“形式上(准确地说应该改称为一种纯粹‘字符意义’之上)”与上述需要被赋予“不变性”物质内涵的“梯度场”完全一致的“符号”系统，即

$$\nabla\boldsymbol{A}(\boldsymbol{x}):\boldsymbol{e}^i\boldsymbol{e}^j(\nabla\boldsymbol{A})_{i;j}=\boldsymbol{e}^i\boldsymbol{e}^j\left(\frac{\partial a_j}{\partial x^i}-\Gamma^k_{ij}a_k\right)\quad(i,j,k=1,2)$$
$$\in M^2\subset R^3 \tag{46}$$

最终，只能当作“人为约定”对待，将其定义为式(45)所示曲面上“向量场”的“协变导数”，也就

是现代微分几何通常所说曲面上“向量场”的梯度场。

需要注意，正如式(44)曾经特别指出的那样，此处所说的纯粹“字符抄袭”并不完整，形式定义中的“独立坐标数”已经从R^3中最初的3个变化为目前M^2中的2个，以至于最初赋予“向量场的梯度场”的抽象内涵被彻底异化了。因此，难免有人提出质疑：为什么允许乃至必须进行一种“纯粹符号或字符”意义上的抄袭，而不惜改变3维Euclid空间“向量场的梯度场”的物质性内涵，以维系一种完全僵化了的不变形式表述呢？但是，根本问题在于：根据“公理化体系”的思想，既然已经开宗明义界定为“公理化假设”，它就是不需也不允许存在任何理性解释。

不仅于此，根据式(43)所示，一个属于Gauss“曲面论”中的基本公式

$$\boldsymbol{r}_{ij}=\frac{\partial^2\boldsymbol{r}}{\partial x^i\partial x^j}=\sum_{k=1}^{2}\Gamma_{ij}^k\boldsymbol{r}_k+L_{ij}\boldsymbol{n},\quad (i,j=1,2)\quad \ll M^2$$

可以逻辑地推知，出现于此式之中，一个通常人们仍然称之为Christoffel符号Γ_{ij}^k不具几何上必需的完整意义，它与式(29)所示的，R^3中曲线坐标系的基矢量针对某一坐标的偏导数

$$\frac{\partial^2\boldsymbol{r}}{\partial x^i\partial x^j}=\Gamma_{ij}^k\boldsymbol{e}_k,\quad (i,j,k=1,2,3)\quad \ll R^3$$

中所出现，具有特定几何意义从而可以当作一个完整的形式量对待的Γ_{ij}^k完全不是一回事。但是，只能当作某个“小团体”的“最高意志”对待的“公理化假设”再一次凌驾于“逻辑”之上，将这个不具完整意义的“算符”作为构造式(46)所示“人为约定”的全部基础，以至于现代微分几何建基于“约定论”之上的“曲面上向量场分析”陷入“概念前提”错误必然造成“逻辑紊乱”的同时，完全失去“向量场分析”本应拥有的“客观性”意义。

如果从建构“形式系统”的基本“思维结构”考虑，在一系列只能以“公理化假设”待之的前提性“人为认定”之中，曲面上的Christoffel符号承担了贯串“现代微分几何”以及“广义相对论”全部形式系统的作用。对于西方科学世界中一批自视甚高，以为凭借自己的“直觉顿悟”真的可以主宰一切的“约定论者”而言，他们需要这个不具任何“实体论”基础，只能以“纯粹字符”待之的人为杜撰，进一步应用于同样只允许视作人为假设的“Riemann弯曲流形”的不同几何点处，并且仍然只允许以人为假设待之，本质上允许与“平直空间”保持抽象同一的“局部域”空间之中。并且，依赖于此，将定义于微分流形中不同几何点处的“仿射标架”联系起来，最终实现“使用平直空间的几何取代弯曲空间的几何(或者如Gauss所说可以忘记曲面是位于3维平直空间的事实)”的宏伟目标。故而，Christoffel符号又往往被“现代微分几何”研究者直接冠之以弯曲空间中的“仿射联络(affine connection)”称号，明确昭示它需要承担“统领全局”的作用。

5.4.3.3 曲面上向量场“协变导数”的证伪

只要是“约定论”的或者只允许当作“公理化假设”对待的，因为缺失“实体论”基础的支撑和约束，所以总可以证明其必然蕴涵形形色色的矛盾或悖谬。

首先，当现代微分几何通常通过式(45)构造“曲面上向量场”的时候，这个重写于下的“形式定义”需要表达的准确意义到底是什么呢？

$$\boldsymbol{A}(\boldsymbol{x})\in M^2,\quad M^2\subset R^3$$

既然称之为曲面，那么，就没有一般意义上隶属于“曲面”的某个“向量场”概念可言，以至于包括曲面上一点处“切向量”在内的所有向量，仍然只允许逻辑地存在于曲面自身所嵌入的“大平直空间”之中。因此，必须对这个往往被曲意模糊的“曲面上向量场”概念重新作出明确界定，而这正是前述的式(37)

$$\mathbf{A}(\boldsymbol{x}) \in R^3 \cap \mathbf{A}(\boldsymbol{x}) \notin M^2, \quad \boldsymbol{x} \sim P \in M^2 \subset R^3$$

需要表现的抽象内涵：当人们指出曲面 M^2 上存在某个“一般意义”的向量分布 $\mathbf{A}(\boldsymbol{x})$ 时，除了要求该向量场中具有“一般意义”的所有矢量的起点 $\boldsymbol{x}$（或 $P \in M^2$）必须处于给定曲面之上以外，仍然需要当作“几何点集合”对待的矢量 $\mathbf{A}$ 的其他几何点也只能处于曲面之外。故而，一个“曲面上向量场”的习惯称谓，并不表示这个向量场能够包容于给定的“曲面——弯曲几何实在”之上；当然，该向量场同样不可能逻辑地隶属于给定的 2 维曲面，而只允许存在于包容该曲面 M^2 并同时包容向量场 $\mathbf{A}(\boldsymbol{x})$ 自身的 3 维 Euclid 空间 R^3 之中。毫无疑问，此处所说无需任何高深的理论，更无需依赖任何天才人物所构造“公理化假设”的支撑，所有这一切不过是任何人都无法否定和回避的简单事实和客观存在。那么，为什么只是为了满足 Gauss，Riemann 等“科学偶像”的特殊偏好，就允许并必须绝然否定这个平凡而显而易见的几何真实呢？

至于按照目前的微分几何所说，将曲面上不同点处“切平面上的向量”定义为“曲面上的向量场”同样是无稽之谈、毫无道理。“曲面”和曲面上无以穷尽的“切平面”属于两类完全不同的几何学概念，相应表现两种完全不同的抽象特征。不仅无以穷尽个“切平面”的直和（direct sum），只能与曲面所嵌入的大平直空间叠合，而且，曲面上不同几何点处不同“切平面”的差异，乃至隶属于不同曲面不同“切平面族”的差异，只能借助于曲面在大空间中的几何特征加以表现。因此，何以能够将“曲面”与曲面上的“切平面”这两个几何直观与抽象内涵都完全不同的“几何实在”混为一谈呢？所有这一切只能生动地说明，只要是“约定论（conventionalism）”的，那么，它在本质上还必然是“独断论（dogmatism）”的，最终只能沦为“指鹿为马”的无理、强蛮和荒唐。

其次，作为一种概念前提，人们必须认识到：之所以可以乃至必须把式（46）为 3 维 Euclid 空间中的向量场所定义的梯度场

$$\nabla\mathbf{A}(x): \boldsymbol{e}^i\boldsymbol{e}^j(\nabla\mathbf{A})_{i;j} = \boldsymbol{e}^i\boldsymbol{e}^j\left(\frac{\partial a_j}{\partial x^i} - \Gamma^k_{ij}a_k\right) \quad \ll \text{curvilinear system}$$

$$\boldsymbol{x}, \mathbf{A} \in R^3$$

视作一种独立于坐标系“人为选择”的“客观性”表述，关键问题在于：无论是人们需要面对的向量场 $\mathbf{A}(\boldsymbol{x})$ 本身，还是最终求得用作刻画向量场不均匀程度的梯度场 $\nabla\mathbf{A}(\boldsymbol{x})$ 的结果，它们都是与包括 Gauss，Riemann 等在内任何一个研究者“主观意志”完全无关的“客观性”存在。反过来说，正因为能够成为独立于一切研究者“主观意志”的客观存在，所以才允许将其视作是符合于“科学准则”的理性表述，并且，这些内蕴“复杂结构（形式上并不一定总呈现多重向量线性结构）”的“矢量微分”算子，本质上仍然需要视之为一个“客观存在”的运算结构整体。就是说，必然或必须像 5.2.4 节第 1 点的讨论中特别强调的那样，将按照式（14），即

$$\nabla: \nabla(\boldsymbol{x}) \overset{x=x_0}{=} \sum_{i=1}^{3} \boldsymbol{e}^i \frac{\partial}{\partial x^i} = \sum_{i=1}^{3} \boldsymbol{e}_i \frac{\partial}{\partial x_i}$$

所构造的“梯度算子”同样视作一个本质上内蕴“不变性”客观内涵，不允许将“偏微分运算”与相应的“方向性标志”作任意分割的“复杂运算结构”整体。

故而，Riemann 以后的微分几何研究者，通过式（45）

$$\mathbf{A}(\boldsymbol{x}): \mathbf{A} \in R^3, \quad \boldsymbol{x} \sim P \in M^2, \quad M^2 \subset R^3$$

引入一个未加严格定义、相应缺失确定抽象内涵的“曲面上向量场”概念，继而再借助于式（46）所示的纯粹人为约定

$$\nabla\boldsymbol{A}(\boldsymbol{x}):\boldsymbol{e}^i\boldsymbol{e}^j(\nabla\boldsymbol{A})_{i;j}=\boldsymbol{e}^i\boldsymbol{e}^j\left(\frac{\partial a_j}{\partial x^i}-\Gamma_{ij}^k a_k\right)\quad(i,j,k=1,2)$$
$$\in M^2\subset R^3$$

构造一个同样只能视作人为约定的“协变导数”概念时，前述必须建立在某个“几何实在”之上，故而能够或必须被赋予“不变性”客观内涵的“梯度算子”本质上已经荡然无存。与其一致，随着式(43)曾经揭示的，本来用做刻画定义于2维曲面和3维平直空间之中“曲线坐标系”的影响，并且本质上仍然表现为“几何实在”内蕴的抽象特征的确定关联(注意：上下两式中“求和指标”的差异)

$$\boldsymbol{r}_{ij}=\frac{\partial^2\boldsymbol{r}}{\partial x^i\partial x^j}=\sum_{k=1}^{2}\Gamma_{ij}^k\boldsymbol{r}_k+L_{ij}\boldsymbol{n},\quad(i,j=1,2)\quad\ll M^2$$
$$\Leftrightarrow$$
$$\boldsymbol{r}_{ij}=\frac{\partial^2\boldsymbol{r}}{\partial x^i\partial x^j}=\sum_{k=1}^{3}\Gamma_{ij}^k\boldsymbol{e}_k,\quad(i,j=1,2)\quad\ll R^3$$

被否定，而代之以式(44)所示，一种只能当作纯粹“人为约定”的关系式(同样需要注意：上下两式中“求和指标”的差异)，即

$$\sum_{k=1}^{2}\Gamma_{ij}^k\boldsymbol{r}_k\neq\wedge\subset\boldsymbol{r}_{ij}=\frac{\partial^2\boldsymbol{r}}{\partial x^i\partial x^j},\quad(i,j=1,2)\quad\ll M^2$$
$$\sim$$
$$\sum_{k=1}^{3}\Gamma_{ij}^k\boldsymbol{e}_k=\boldsymbol{r}_{ij}=\frac{\partial^2\boldsymbol{r}}{\partial x^i\partial x^j},\quad(i,j=1,2,3)\quad\ll R^3$$

原来内蕴于“形式表述”背后的，决定于“几何实在”的抽象逻辑关联被破坏殆尽。

事实上，如果按照目前的微分几何所述，可以把不具完整几何意义以至于只允许当作“人为约定”而定义于2维曲面之上的Christoffel符号，即$\Gamma_{ij}^k(i,j=1,2)$，与逻辑地出现于3维平直空间之中并相应拥有完整几何意义的Christoffel符号，即$\Gamma_{ij}^k(i,j=1,2,3)$混为一谈、随意互换，那么，一个需要“现代微分几何”研究者们认真考虑，但是他们几乎完全没有意识，或者是其中的不少人故意视而不见的重大“逻辑悖谬”在于：一旦将这个“人为约定”用于高阶微分流形，例如m阶流形$M^m(m>2)$之上，按照“嵌入定理”，该流形可以嵌入某一个“最低阶数”平直空间的同时，它还可以嵌入任何包容该平直空间的“更高阶”平直空间之中，因此必然逻辑地导致对“曲面上向量场协变导数”发挥核心功能的Christoffel符号出现不具“唯一意义”的问题。

总之，一切吻合于Plato于2 000多年前就已经做出“一切可靠的知识体系必须建基于实在东西之上”的素朴理性判断，只要是“约定论”的就必然充斥矛盾和荒唐，而无论“约定论者”冠以怎样动听的名称。

5.4.4　曲面上“向量场的梯度场”概念的重新构建

可以坚信，只要严格遵循“可靠的知识必须建基于实在东西”之上的素朴理念，坚持为几何学提供必需的“实体论”基础，那么，重新建立的“曲面上微分学”绝不会像目前所见到的晦涩、虚妄而且矛盾重重，相反，它将一定是自然的、容易为人们理性接受的，需要并能够与“Euclid向量空间的微分学(场分析)”保持协调的。显而易见，陈省身先生把“讲述自己一半不懂题目”称作是一种“奇异感觉”不过是自圆其说的苦涩幽默，文过饰非的无奈自嘲。此处，仅仅以需要

描述的“几何实在”作为唯一的基本前提，遵循“从一般到特殊”这个隶属于“演绎逻辑”范畴的推理原则，通过对“Euclid 向量空间场分析”，构造一个与“定义域”变化保持严格同一的“约束映射”，由此重新逻辑地引出“曲面上向量场的梯度场”概念，最终为其构建一个恰当的形式表述。

5.4.4.1 关于“向量场的梯度场”一般要义回顾与相关“定义域”的确定

向量或向量场分布是一种客观存在。假设在给定的 3 维 Euclid 空间 R^3 中，存在与式(19)所定义的“自由向量场”一致，并能够满足“2 次连续可微”条件的向量场分布

$$\begin{gathered}\boldsymbol{A}(x):\boldsymbol{x}\rightarrow\boldsymbol{x}+\boldsymbol{A}\quad C^2\\ \boldsymbol{x},\boldsymbol{A}\in R^3\end{gathered}\tag{47}$$

式中，空间点 $\boldsymbol{x}$ 定义为自由向量场分布 $\boldsymbol{A}(\boldsymbol{x})$ 的自变量，同时还是任何给定自由矢量 $\boldsymbol{A}(\boldsymbol{x})$ 的起点。也就是说，对于此处的自由向量分布 $\boldsymbol{A}(\boldsymbol{x})$ 而言，相当于在整个定义域构造了一个从空间点 $\boldsymbol{x}$ 到另一个标记为 $\boldsymbol{x}+\boldsymbol{A}$ 空间点的确定映射。事实上，也仅仅于此，才可能谈得上“向量场分布”的概念，并且在此基础上进而讨论与“向量场分析”相关的命题。

既然向量场是客观存在，那么，向量场中不同自由向量之间的“差异”或者向量场的“不均匀状态”同样需要视之为一种客观存在。众所周知，如果给定 3 维 Euclid 空间 R^3 中的一个场函数(field function)，它相对于某“独立坐标”的偏导数，将构成对该函数在给定点处和相应坐标方向上“变化率”的抽象描述。因此，对于某一个最简单的标量场函数 $f(\boldsymbol{x})$ 而言，如下定义的梯度场

$$\boldsymbol{\nabla}f(\boldsymbol{x})=\sum_{i=1}^{3}\boldsymbol{e}^i\frac{\partial f}{\partial x^i}\quad\in R^3$$

无非是针对三个“独立坐标方向”上所呈现 3 个“独立变化率”的有序综合，并成为对该标量场“不均匀状态”一种恰当的并被赋予唯一性意义的抽象描述。故而，如果认识到向量函数本质上同样是 3 个独立坐标方向上 3 个独立函数的有序综合，所以可以通过“解析延拓(analytic prolongation)”的方法，将定义于标量场之上的梯度场概念延拓至向量场，自然形成由向量场的 3 个独立分量函数相对于 3 个独立坐标方向上变化率构造的“二重向量”结构

$$\begin{gathered}\boldsymbol{e}^i\boldsymbol{e}^j(\boldsymbol{\nabla A})_{ij}=\sum_{i=1}^{3}\boldsymbol{e}^i\frac{\partial}{\partial x^i}\boldsymbol{A}=\sum_{i,j=1}^{3}\boldsymbol{e}^i\frac{\partial}{\partial x^i}(a_j\boldsymbol{e}^j),\quad i,j=1,2,3\\ \Rightarrow\\ \boldsymbol{\nabla A}(\boldsymbol{x})=\boldsymbol{e}^i\boldsymbol{e}^j(\boldsymbol{\nabla A})_{ij}\quad\in R^3\end{gathered}\tag{48}$$

相应成为对向量场分布 $\boldsymbol{A}(\boldsymbol{x})$“不均匀程度”一种“抽象意义”的度量，完全等同于曾经由式(26)提出，3 维 Euclid 空间 R^3 中被赋予一般意义的“向量场的梯度场”形式表述。

毫无疑问，重要的是与作为客观实在的“向量场”一样，同样需要把“向量场的梯度场”视之为客观实在。不仅因为使用不同坐标系时，向量场的梯度场不同分量表述之间蕴涵某种确定性的逻辑关联，而且向量场的梯度场本身就是分量的有序集合与基矢量共同构造而成的一个整体，所以它自然成为拥有“不变性”内涵的一种“客观量”表述。当然，因为向量场的梯度场是客观量，所以不同坐标系的不同分量表述之间，必然或必须满足某种确定逻辑关联的约束。

在允许使用可以定义于整个 3 维 Euclid 空间域 R^3 的“仿射坐标系”的场合，正因为式(48)中的基矢量是“恒”矢量，向量场的梯度场可以写做如下较为简单的形式：

$$\nabla\mathbf{A}(\boldsymbol{x}) = \boldsymbol{e}^i\boldsymbol{e}^j(\nabla\mathbf{A})_{ij} \quad \in R^3$$

$$:\boldsymbol{e}^i\frac{\partial}{\partial x^i}\mathbf{A} = \boldsymbol{e}^i\frac{\partial}{\partial x^i}(a_j\boldsymbol{e}^j) = \boldsymbol{e}^i\boldsymbol{e}^j\frac{\partial a_j}{\partial x^i}, \quad i,j=1,2,3 \tag{49}$$

但是,在只允许使用"曲线坐标系"的场合,随着作为向量场$\mathbf{A}(\boldsymbol{x})$自变量的空间点$\boldsymbol{x}$在变化,坐标系的基矢量同样处于变化之中,以至于首先需要通过式(29)或者其中引入的 Christoffel 符号,形式地表现某一个曲线坐标系的"基矢量"自身所发生的变化

$$\boldsymbol{e}_{ij}(x) = \frac{\partial\boldsymbol{e}_j}{\partial x^i} = \frac{\partial^2\boldsymbol{r}}{\partial x^i\partial x^j} = \Gamma_{ij}^k\boldsymbol{e}_k \quad \in R^3 \tag{50}$$

于是,根据微分运算的基本规律,式(48)为定义于 3 维 Euclid 空间 R^3 中"向量场的梯度场"构造的一般性定义,可以进一步写做:

$$\nabla\mathbf{A}(x):\boldsymbol{e}^i\boldsymbol{e}^j(\nabla\mathbf{A})_{i;j} = \boldsymbol{e}^i\boldsymbol{e}^j\left(\frac{\partial a_j}{\partial x^i} - \Gamma_{ij}^k a_k\right) \quad \boldsymbol{x},\mathbf{A}\in R^3$$
$$\ll \text{curvilinear corrdinary system} \tag{51}$$

并且,如果可以使用仿射坐标系,随着式(50)所定义 Christoffel 符号的所有分量恒等于零,该式又重新回归为式(49)所示较为简单的形式表述。

显然,在考虑"向量场的梯度场"的时候,作为形式定义的式(48)与人们使用的"坐标系"无关,从而可以当作"客观量"对待。与其不同,式(50)针对"基矢量变化规律"所做的描述,仅仅属于或决定于"坐标系"自身——刻画了一个允许人们任意选择的"工具"的性质,原则上与向量场$\mathbf{A}(\boldsymbol{x})$自身无关。但是,问题在于:无论是向量场$\mathbf{A}(\boldsymbol{x})$还是它所衍生的梯度场$\nabla\mathbf{A}(\boldsymbol{x})$,并不像以往的张量著作习惯理解的那样,单纯当作某个"有序数组"对待,而需要看作是 3 维 Euclid 空间中若干"独立向量(基矢量)"与相关"分量表述"构造的整体。因此,在需要借助于梯度场描述向量场的变化规律,并且当坐标系的基矢量发生如式(50)所示的变化时,那么,该式所刻画"基矢量变化"的规律,将自然地出现在梯度场的形式表述之中。

毫无疑问,曲面的本质特征在于弯曲,无法构建覆盖整个曲面的"仿射"坐标系。因此,在讨论"曲面上向量场的梯度场"命题时,覆盖于曲面之上的坐标网不再仅仅具有"工具"的意义,原则上成为描述曲面"几何特征"的一个有机部分,以至于一个类似于式(50)所表达"基矢量变化规律"的形式表述,将会必然地出现在相关的形式表述之中,并且,成为构建整个形式系统一个必需的关键环节。应该说,以上所述,不过是对前面针对 3 维 Euclid 空间"向量分析"所做讨论的简单回顾。但是,所有这些以往张量分析没有充分论述甚至从未提及的命题,对于"向量(张量)分析"具有同等重要的核心意义。并且,它们得以成立与任何"人为假设"无关,而仅仅因为作为被分析的"对象"是客观存在、内蕴"多重向量结构"的几何实在。

除了以上基本问题需要澄清以外,一个原则上更为重要但几乎总会为人们忽略,或者更为准确地说,是那些渴望创造"普适真理"体系的天才人物内心绝不愿意提及的"概念前提"还在于:如何对形式表述的"定义域(definition domain)"或"有限论域(definite discourse universe)"作前提认定的问题。事实上,在讨论"曲面上向量场分析"命题之前,除了必须借助于式(37)

$$\mathbf{A}(\boldsymbol{x})\in R^3 \cap \mathbf{A}(\boldsymbol{x})\notin M^2, \quad \boldsymbol{x}\sim P\in M^2\subset R^3$$

对需要研究的特定对象,即曲面上向量场的"抽象内涵"作明确界定,还需要对另一个看似过于明白以至于无人关注的"自变量定义域"问题作明确界定。事实上,在讨论 3 维 Edulid 空间的

向量场分析命题，人们总默认存在如下形式表述的定义域

$$D_{\text{Euclid}}: \boldsymbol{x} \in R^3 \tag{52}$$

式中，符号 D_{Euclid} 表示 3 维 Euclid 空间“向量分析”的定义域。它明确告诉人们：无论是针对“向量场”$\mathbf{A}(\boldsymbol{x})$的本身，还是涉及待求的“向量场梯度场”$\nabla\mathbf{A}(\boldsymbol{x})$，在需要研究所有这些“张量”性质的空间分布时，作为函数“自变量”的 $\boldsymbol{x}$ 必须严格限制于 3 维 Euclid 空间 R^3 之中。

由此不难推知，对于即将讨论的“曲面上向量场分析”的问题，全部核心就在于：是式(52)所示的“自变量”定义域作如何变化，以及与其对应，需要讨论的“因变量——向量场及其梯度场”的形式表述相应作怎样变化的问题。

5.4.4.2 曲面上“向量场梯度场”概念的逻辑构造

那么，到底怎样才能够为“曲面上向量场的梯度场”的命题构造一个准确的界定？或者更明确地说，是否允许乃至必须如 Riemann 以后的一批“微分几何”研究者所述，按照一种纯粹“字符模仿”的模式，根据式(51)所示，一个本来用于 3 维 Euclid 空间“向量场的梯度场”的形式表述

$$\nabla\mathbf{A}(\boldsymbol{x}): \boldsymbol{e}^i\boldsymbol{e}^j(\nabla\mathbf{A})_{i;j} = \boldsymbol{e}^i\boldsymbol{e}^j\left(\frac{\partial a_j}{\partial x^i} - \Gamma^k_{ij}a_k\right) \quad (i,j,k=1,2,3)$$
$$\boldsymbol{x}, \mathbf{A} \in R^3$$

而将式(46)所示，一个公然称作“人为约定”的形式表述

$$\nabla\mathbf{A}(x): \boldsymbol{e}^i\boldsymbol{e}^j(\nabla\mathbf{A})_{i;j} = \boldsymbol{e}^i\boldsymbol{e}^j\left(\frac{\partial a_j}{\partial x^i} - \Gamma^k_{ij}a_k\right) \quad (i,j,k=1,2)$$
$$\in M^2 \subset R^3$$

当作现代微分几何所说“协变导数”的定义，并且，还将这个几乎一字不差的机械式抄袭当作“伟大智慧”的创造呢？毫无疑问，答案自然是否定的。众所周知，即使是崇尚“唯心主义”的中世纪的经院哲学家，也曾经公开对任何形式“约定论”的荒唐和自欺表达他们的蔑视和嘲弄。因此，必须采取一种摈弃随意人为杜撰、真正符合于逻辑的方式，重新构造被限制于“曲面”之上的“向量场的梯度场”概念。

但是，任何一个“约定论者”不论看起来怎样理直气壮、振振有辞，为冥思苦想而得的“公理化假设”提出辩护，但是，他们的内心其实是空虚的，只能以“桌子、椅子、啤酒瓶同样可以当作几何学点线面”一种与“指鹿为马”的蛮横独断，强行剥夺智慧人类共同的理性追求本能。事实上，与 Kant 所作“缺失对象的概念必然流于空洞”一个本质上决定于“逻辑本义”的素朴理性判断一致，任何有意义的概念必须建基于“实在东西”之上。因此，根据前面讨论所述可知，当提及 3 维 Euclid 空间 R^3 中一个任意给定 2 维曲面 M^2 的时候，它无非是对给定向量空间 R^3 中的所有向量构造了与式(39)所示“曲面方程”保持同一的“约束(constraint)”，即

$$\boldsymbol{r}(\boldsymbol{x}) = \boldsymbol{r}(x_1, x_2): C^2, \quad \boldsymbol{r} \in R^3, \quad \boldsymbol{x} \in M^2, \quad \boldsymbol{r} = \overrightarrow{O\boldsymbol{x}} = \overrightarrow{OP} \tag{53}$$

等价地说，向量空间 R^3 中的一个 2 维曲面 M^2，就是该向量空间中满足上述“约束方程”全部向量的“矢端点”所构造的集合。

值得重复提醒人们注意：此处，曲面方程中的矢量 $\boldsymbol{r}$ 为给定空间 R^3 中的固定矢量，即由 R^3 中某给定的共用坐标原点 O 到曲面上任意给定几何点 $\boldsymbol{x}$(或 P)之间的固定矢量，而(x_1, x_2)则为定义于给定曲面之上某曲线坐标在给定几何点 $\boldsymbol{x}$ 处给出的两个坐标。显然，如果给定或默

认某一个隶属于整个 Euclid 空间域中的“公用”坐标原点 O，那么，只要给定几何点 $\boldsymbol{x}$（或 P），就能够唯一地给出固定矢量 $\boldsymbol{r}$，从而使曲面方程中的 3 种形式几何量存在如下所示的一一对应关系：

$$\boldsymbol{r}\leftrightarrow\boldsymbol{x}\leftrightarrow P \quad \in R^3$$

故而，这些形式量在不同场合可能被赋予彼此不同的几何意义，人们需要作合理的分辨。（特别是根据现代微分几何的规定，既可以把 Euclid 空间 R^3 看做由“几何点”构造的集合，还可以将其看做是由“固定向量”构造的集合。这样，需要自变量 $\boldsymbol{x}$ 实际表达的“几何意义”将相应发生变化。）

继而，如果从“映射(mapping)”这个应该视之为“现代数学体系”最基本的观点出发，重新考察“曲面上向量场梯度场”的命题，认真思考 3 维 Euclid 空间 R^3 与 2 维曲面 M^2 之间的逻辑关联时，人们不难发现，一切与“曲面上向量场”相关的命题，无非是针对“向量场的定义域”首先构造了一个约束映射

$$D_{\text{Euclid}}:\boldsymbol{x}\in R^3 \rightarrow D_{\text{Gauss}}:\boldsymbol{x}\in M^2$$
$$\text{subjected to } \boldsymbol{r}=\boldsymbol{r}(\boldsymbol{x}) \tag{54}$$

此处，仍然由 D_{Euclid} 表示式(52)曾经为一般意义的“向量场分析”所设定的定义域，另外还使用符号 D_{Gauss} 示意地表示“曲面上向量分析”的定义域，而曲面方程 $\boldsymbol{r}=\boldsymbol{r}(\boldsymbol{x})$ 则成为这个约束映射必须满足的附加约束方程。

进一步说，针对此处需要探讨的“向量场分析”命题，人们需要按照式(54)所构造的约束映射，进而对 3 维 Euclid 空间“向量场分析”的定义域 D_{Euclid} 构造一种补充限制，使一个新的定义域变成为仍然包容于最初给定的定义域 D_{Euclid}，但由某个 2 维曲面 M^2 加以限制的特定子域 D_{Gauss} 之中。因此，与定义域的变化相对应，此处需要讨论的“向量场梯度场”命题，就是从构建于最初的定义域 D_{Euclid} 之上；从一个“一般性(universal)”形式表述出发，考虑如何采取逻辑推理的方法，将其变成一个被赋予“单称性(singular)”意义的，即被特别限制于 D_{Gauss} 所构造较小“定义域”的恰当形式表述的问题。

根据演绎逻辑，与式(54)针对“定义域”所构造的“约束映射”一致，必然相应存在作用于式(49)所示定义“象函数”之上的另一个约束映射，即

$$\boldsymbol{\nabla A}=\boldsymbol{e}^i\boldsymbol{e}^j(\boldsymbol{\nabla A})\in R^3 \rightarrow \boldsymbol{\nabla A}=?\in M^2$$
$$\text{subjected to}\quad \boldsymbol{r}=\boldsymbol{r}(\boldsymbol{x}) \tag{55}$$

其中，3 维空间域 R^3 中向量场的梯度场，还可以直接表示为式(51)所示的分量形式

$$\boldsymbol{\nabla A}=\boldsymbol{e}^i\boldsymbol{e}^j\left(\frac{\partial a_j}{\partial x^i}-\Gamma_{ij}^k a_k\right)\in R^3$$

或者将其改写为与其完全等价，另一个关于“向量场的梯度场”通常称之为“一阶逆变、一阶协变”的分量表述形式

$$\boldsymbol{\nabla A}=\boldsymbol{e}^i\boldsymbol{e}_j\left(\frac{\partial a^j}{\partial x^i}+\Gamma_{ik}^j a^k\right)\in R^3:\boldsymbol{e}_i=\frac{\partial \boldsymbol{r}}{\partial x^i},\quad \boldsymbol{e}^i=\frac{\partial r}{\partial x^i} \tag{56}$$

之所以作出这样一种本质内涵没有任何变化，只能算作纯粹“表述形式”的调整，不过是为了与曲面上 Gauss 公式通常使用的“分量表述”形式保持一致，便于后续推导中直接使用。

值得重复强调，逻辑推理过程中，任何形式“人为假设”的提出，本质上必然构成对“演绎逻辑”的根本否定，与逻辑推理的“前件(antecedent)”相背离，并最终陷入矛盾造成的形形色色悖

谬之中。但是,起因于“定义域”受到限制而构造的“约束映射”则不然,隶属于“演绎逻辑”的范畴。因此,按照“约束映射”的方法,重新揭示和逻辑地构造“曲面上向量场的梯度场”需要蕴涵的抽象内涵和形式表述,不仅与最初定义于 3 维 Euclid 空间中的“向量场分析”严格逻辑相容,形成一个严格满足“逻辑自洽性”必要条件的合理陈述体系,从而能够彻底摆脱“字符模仿、人为约定”的明显荒诞和虚妄,最终使“张量分析”作为一门完整的知识体系,重新获得必须拥有的“实体论”基础。

5.4.4.3　曲面上“向量场梯度场”形式表述的重新构造

于是,遵循几何学必须建基于“几何实在”之上的可靠信念,如何使用“无歧义”的形式语言,逻辑地推导“曲面上向量场梯度场”的形式表述,自然演变成为如何求解式(55)所构造“约束映射”的“象函数”的形式表述问题。考虑到式(55)仅仅具有示意性的形式意义,难以直接反映所用“坐标系”发生变化产生的影响,因此类似于“坐标分量”表示的式(56)将成为后续逻辑推理的重要形式基础①。

众所周知,对于任何一个给定的“约束映射”而言,如何求解“象函数”的命题,实际上是将定义域的“约束方程”代入“原象函数”之中,最终构成一个恰当形式表述的问题。因此,针对此处所述“曲面上向量场分析”的命题,就是需要把式(55)针对定义域所构造约束映射中作为“约束方程”的曲面方程

$$\boldsymbol{r}(\boldsymbol{x})=\boldsymbol{r}(x_1,x_2):C^2,\quad \boldsymbol{r}\in R^3,\quad \boldsymbol{x}\in M^2,\quad \boldsymbol{r}=\overrightarrow{O\boldsymbol{x}}=\overrightarrow{OP}$$

同样当作“函数域(值域)”之上的“约束方程”来对待,将其作用于一般空间域中的“向量场梯度场”之上,进而研究分量形式的表述将发生怎样变化的问题。

在 3 维 Euclid 空间域 R^3 中,无论是梯度算子$\boldsymbol{\nabla}$,还是被梯度算子作用的向量场 $\boldsymbol{A}$,既可以表示为某个“基矢量”线性组合的形式,也可以表示为与其对偶的另一种“基矢量”线性组合的形式。因此,“向量场的梯度场”在形式上存在 4 种不同的分量表述。其中,一种是式(51)所示,通常称之为“二阶协变张量”的分量表述形式:

$$\boldsymbol{\nabla A}=\boldsymbol{e}^i\frac{\partial}{\partial x^i}(a_j\boldsymbol{e}^j)=\boldsymbol{e}^i\boldsymbol{e}^j\left(\frac{\partial a_j}{\partial x^i}-\Gamma_{ij}^k a_k\right)\in R^3,\quad \boldsymbol{e}^i=\frac{\partial \boldsymbol{r}}{\partial x_i}$$

另一种则是式(56)所示,通常称之为“一阶协变、一阶逆变的混合张量”的分量形式表述:

$$\boldsymbol{\nabla A}=\boldsymbol{e}^i\frac{\partial}{\partial x^i}(a^j\boldsymbol{e}_j)=\boldsymbol{e}^i\boldsymbol{e}_j\left(\frac{\partial a^j}{\partial x^i}+\Gamma_{ik}^j a^k\right)\in R^3:\boldsymbol{e}_i=\frac{\partial \boldsymbol{r}}{\partial x^i},\quad \boldsymbol{e}^i=\frac{\partial \boldsymbol{r}}{\partial x_i}$$

两种形式表述内蕴的抽象内涵没有任何变化。此处,只是为了能够与 Gauss“曲面论”中,用以表现曲面上“坐标网基矢量变化”的形式表述,构成一种在形式上更为直接的对应关系,所以才需要特别提出“混合张量”的形式,并将其改写为另一种几何意义更为明显的“等价性”表述:

$$\begin{aligned}\boldsymbol{\nabla}\mathrm{A}&=\boldsymbol{e}^i\frac{\partial(a^j\boldsymbol{e}_j)}{\partial x^i}=\boldsymbol{e}^i\boldsymbol{e}_j\frac{\partial a^j}{\partial x^i}+a^j\boldsymbol{e}^i\frac{\partial\{e\}_j}{\partial x^i}\\&=\boldsymbol{e}^i\boldsymbol{e}_j\frac{\partial a^j}{\partial x^i}+a^j\boldsymbol{e}^i\frac{\partial^2\boldsymbol{r}}{\partial x^i\partial x^j}\end{aligned}\tag{57}$$

① 尽管如此,考虑到张量是客观量,可以并且必须独立于坐标系的人为选择,所以对于式(55)所示,一个形式上与坐标系某种“特殊性态”毫无关系的“约束映射”更为本质,相应能够更为准确和深刻地揭示需要“曲面上向量场的梯度场”表达的抽象内涵。

这样,如何为“曲面上向量场的梯度场”构造恰当形式表述的整个命题最终化解为:一个最初定义于3维Euclid空间R^3之中,被赋予“一般性”意义“向量场的梯度场”的形式表述,在给定“曲面方程”的约束下将应该发生怎样变化的问题①。

进一步说,对于式(57)所示一个定义于3维Euclid空间R^3之中的“原象函数”而言,当定义于同一空间域中的曲线坐标系(x^1,x^2,x^3)无法继续使用,需要被2维曲面M^2之上另一种形式的坐标系,即一个2维坐标网(x^1,x^2)取而代之的时候,隶属于两种不同坐标系的“基矢量组”相应出现如下所示的变化:

$$
\begin{gathered}
(\boldsymbol{e}_1,\boldsymbol{e}_2,\boldsymbol{e}_3),\boldsymbol{e}_i=\frac{\partial \boldsymbol{r}}{\partial x^i},\quad i=1,2,3\\
\rightarrow \quad \in R^3\\
\left(\boldsymbol{r}_1,\boldsymbol{r}_2,\boldsymbol{n}=\frac{\boldsymbol{r}_1\times\boldsymbol{r}_2}{\sqrt{g}}\right),\quad \boldsymbol{e}_i=\frac{\partial \boldsymbol{r}}{\partial x^i},\quad i=1,2
\end{gathered}
\tag{58}
$$

需要特别注意:一方面,由于引入“曲面”和曲面上“坐标系”的概念,属于坐标系的“独立坐标或基矢量数”从3个变成了2个;另一方面,弯曲就是对平直的逻辑否定,任何形式的基矢量在逻辑上永远不可能隶属于曲面。因此,尽管引入了覆盖整个曲面的“坐标网”概念,但是由坐标网所诱导的基矢量并不属于弯曲曲面,仍然只允许当作3维Euclid空间R^3中的向量来对待。

与坐标系发生的变化相对应,作为曲面上给定向量场分布$\boldsymbol{A}(\boldsymbol{x})$的“几何量”本身虽然没有任何变化,但是当人们需要使用“数量”的方法描述这些不变的客观量时,借助于“坐标系”所构造的分量表述形式需要改写为

$$
\boldsymbol{A}(\boldsymbol{x})=A^1\boldsymbol{r}_1+A^2\boldsymbol{r}_2+A^n\boldsymbol{n}:\boldsymbol{A}\in R^3\cap \boldsymbol{x}\in M^2 \tag{59}
$$

并且,向量场$\boldsymbol{A}(\boldsymbol{x})$依然只允许严格定义于3维Euclid向量空间$R^3$之中,只不过因为给定曲面的限制,所以仅具“表观”意义的分量形式表述需要相应发生变化。与此同时,该式中用作向量场$\boldsymbol{A}(\boldsymbol{x})$自变量的$\boldsymbol{x}$原则上不能像经典向量分析所述还可以等同于一个向量,此时,只允许将$\boldsymbol{x}$当作给定曲面M^2上的一个“几何点”来对待。

因此,如果要求解式(59)所示向量场的“梯度场”分布,只要将其代入式(57)所示,一个被赋予一般意义的“向量场的梯度场”形式表述

$$
\nabla\boldsymbol{A}(\boldsymbol{x})=\boldsymbol{e}^i\boldsymbol{e}_j\frac{\partial a^j}{\partial x^i}+a^j\boldsymbol{e}^i\frac{\partial^2\boldsymbol{r}}{\partial x^i\partial x^j},\quad \boldsymbol{e}^i=\frac{\partial \boldsymbol{r}}{\partial x_i},e_j=\frac{\partial r}{\partial x^j}i,j=1,2,3
$$

之中,相应变为

$$
\begin{gathered}
\nabla\boldsymbol{A}(\boldsymbol{x})=\boldsymbol{r}^i\boldsymbol{r}_j\frac{\partial A^j}{\partial x^i}+A^j\boldsymbol{r}^i\frac{\partial \boldsymbol{r}_j}{\partial x^i}+\boldsymbol{r}^i\boldsymbol{n}\frac{\partial A^n}{\partial x^i}+A^n\boldsymbol{r}^i\frac{\partial \boldsymbol{n}}{\partial x^i}\\
\boldsymbol{x}\in M^2,\quad \boldsymbol{A}(\boldsymbol{x})\in R^3,\quad \boldsymbol{n}=\frac{\boldsymbol{r}_1\times\boldsymbol{r}_2}{\sqrt{g}},\quad i,j=1,2
\end{gathered}
\tag{60}
$$

---

① 顺便指出,张量是一个完全独立于坐标系的人为选择,同样与“基矢量”或者“对偶基矢量”的使用完全无关的客观量。因此,只要不把“分量表述”与“基矢量”分开,写做一个彼此依存的整体,那么,不论写做什么形式,它们都严格同一。但是,在经典的张量分析中,因为只知道把某些分量表述当作一成不变“公理化假设”对待,不懂得形式表述背后内蕴的几何本质,往往过分注重形式表述或者形式表述之间的变换,忽视乃至完全无视形式表述背后的“几何实在”基础,所以才会提出“协变张量、逆变张量、混合张量”等不具本质意义的名称,从而在逻辑上模糊了张量的本来意义,掩饰或者扭曲了张量必须拥有的“客观唯一性”基础。

显然，该式就是向量场 $\mathbf{A}(\boldsymbol{x})$ 在满足曲面方程的“补充约束”条件下，作为该向量场梯度场 $\nabla\mathbf{A}(\boldsymbol{x})$ 一种初原形式的表述。

需要注意，因为约束方程的存在，独立的坐标变量数相应从 3 个变为 2 个，所以在这个形式表述中，除了向量场 $\mathbf{A}(\boldsymbol{x})$ 的三个独立分量沿两个独立坐标方向上的变化率，即偏导数项 $\partial A^j/\partial x^i(j\ (1,2)$ 以及 $\partial A^n/\partial x^i$ 以外，还存在显示“坐标网两个基矢量沿两个独立坐标方向上变化”规律的偏导数项 $\partial \boldsymbol{r}_j/\partial x^i$，以及表现“由两个基矢量所诱导单位法向基矢量沿两个独立坐标方向上变化”特征的偏导数项 $\partial \boldsymbol{n}/\partial x^i$。根据 Gauss 曲面论，曲面上基矢量及其诱导的单位法向基矢量的变化，分别由式(41)所示的 Gauss 方程以及式(42)所示 Weingarten 方程所描述，即

$$\begin{cases}\boldsymbol{r}_{ij}=\dfrac{\partial \boldsymbol{r}_j}{\partial x^i}=\dfrac{\partial^2 \boldsymbol{r}}{\partial x^i\partial x^j}=\Gamma_{ij}^k\boldsymbol{r}_k+L_{ij}\boldsymbol{n}\\ \boldsymbol{n}_i=\dfrac{\partial \boldsymbol{n}}{\partial x^i}=-L_{ik}g^{kj}\boldsymbol{r}_j\end{cases}\quad \in M^2,i,j,k=1,2 \tag{61}$$

将它们代入式(60)，得

$$\nabla\mathbf{A}(\boldsymbol{x})=\boldsymbol{r}^i\boldsymbol{r}_j\frac{\partial A^j}{\partial x^i}+\boldsymbol{r}^iA^j(\Gamma_{ij}^kr_k+L_{ij}\boldsymbol{n})+\boldsymbol{r}^i\boldsymbol{n}\frac{\partial A^n}{\partial x^i}-\boldsymbol{r}^i\boldsymbol{r}_jA^nL_{ik}g^{kj}$$

经整理，改写为

$$\nabla\mathbf{A}(\boldsymbol{x})=\boldsymbol{r}^i\boldsymbol{r}_j\left(\frac{\partial A^j}{\partial x^i}+A^k\Gamma_{ik}^j-A^nL_{ik}g^{kj}\right)+\boldsymbol{r}^i\boldsymbol{n}\left(A^jL_{ij}+\frac{\partial A^n}{\partial x_i}\right)$$

$$\boldsymbol{x}\in M^2,\quad \mathbf{A}(\boldsymbol{x})\in R^3,\quad \boldsymbol{n}=\frac{\boldsymbol{r}_1\times\boldsymbol{r}_2}{\sqrt{g}},\quad \boldsymbol{r}^i=\frac{\partial \boldsymbol{r}}{\partial x_i},\boldsymbol{r}_j=\frac{\partial \boldsymbol{r}}{\partial x^j},\quad i,l,k=1,2 \tag{62}$$

该式即为在使用“曲面上 Gauss 坐标网”的前提下，针对“曲面上向量场的梯度场”所构造的形式表述。

毫无疑问，此处推得的式(62)与式(60)曾经为“曲面上向量场的梯度场”所构造的初原表述相比，它们满足逻辑上必需的严格一致性要求，式(62)是在式(60)的基础上与用以表现曲面自身“几何特征”的“Gauss 公式与 Weingarten 公式”的合理综合。并且，如果仍然沿用“一次协变、一次逆变”的“混合张量”说法，不难借助于基矢量与对偶基矢量的关系，逻辑地推得“曲面上向量场的梯度场”其他分量形式，即所谓“一次逆变、一次协变、二次逆变、二次协变”等不同形式的分量表述。

综上所述，根本不同于现代微分几何中只能当作“人为约定”对待的“协变导数(绝对微分)”概念，以上为曲面上“向量场的梯度场”重新构造形式表述的整个过程全部是演绎的。贯串于整个推理过程，除了对需要研究的几何实在，即一个只允许定义于 3 维 Euclid 空间中的向量场，与另一个必须同样以 3 维平直空间作为背景空间的 2 维曲面，做出明确和无歧义的“前提性”认定以外，从头至尾没有添加任何人为假设，它只是一般空间域中“向量场的梯度场”在需要被限制于 2 维曲面之上的特殊情况下一个逻辑上的必然推理，严格隶属于纯粹“演绎逻辑”的范畴。当然，根据“数学科学”的本来意义或具备的基本功能，以上结果以及组织整个推理过程的全部思想，同样可以乃至必须能够应用于曲面上“高阶张量(客观量)分布的更高阶导数或梯度”的分析和计算，以及受到其他形式“特殊限制”的场合之中。并且，对于自 Ricci 开始针对“曲面上向量分析”所做的经典论述，此处所导得的结果将自然成为检讨相关结果是否正确的可靠形式标准。

最后，仍然值得重复指出：真实存在的“几何实在”才可能成为构造“几何学”的唯一可靠基

础，决不会只因为是 Gauss，Riemann 或者其他任何一个“伟大人物”的主观意愿，就真的允许以“直”代“曲”，仅仅凭借不无过于浅白、稚拙乃至粗暴的字符模仿，想当然地将平直空间中的几何学简单移植至它的弯曲子域之中。事实上，以上论证过程中所有涉及到的矢量，包括曲面上曲线坐标系的 2 个“基矢量”以及由它们派生而成的“移动仿射标架”在内，只可能存在于 3 维 Euclid 空间 R^3 所定义的“平直空间”之中。曲面的形式无穷无尽、不一而足、千变万化。但是，弯曲的“核心内涵”所在，无非就是对“平直特征、线性结构”的一般性意义构造一种逻辑的根本否定。因此，与“曲面永远不可能在任意点处构造两根彼此相交矢量”的平凡真实保持一致，对于只允许作为 3 维 Euclid 空间一个“子域”而存在的 2 维曲面而言，因为永远无法为其构造一个满足“自封闭性”要求的“线性运算”结构，所以甚至不能将“弯曲曲面”当作现代数学中被严格限定的一种纯粹“子空间”对待。

5.5 揭示“切向量场”的“伪科学命题”本质

对于最初由 Riemann 创建的整个“微分几何”而言，必须把“切向量场”视作是一个至关重要的关键概念，并凭此为 Riemann 进一步提出“微分流形”的概念，杜撰提供他需要作“纯粹思维”的唯一背景空间。但是，Riemann 似乎从来没有弄清楚一个重要事实：曲面上需要满足“连续可微”前提条件，可以当作微分运算对象的“切向量场”并不存在。或者说，在现代微分几何中，这个称作“切向量场”的基元概念只是一个内蕴矛盾或悖谬的人为杜撰，只能当作一个纯粹的“伪科学”命题来对待。

此处，将通过“归谬法(reduction to absurdity)”的途径，即一种往往被某些西方哲学家们称之为“*正当甚至专有*(proper and even proprietary)”的论证模式，对 Riemann 微分几何中的“切向量场”概念构造一个“否定性”的证明。相关证明的主要步骤是：

(1) 假设曲面上存在一个称之为“切向量场”的向量分布，即既能够满足向量分析必须满足的“连续可微”逻辑前提，同时又能够符合“法向分量恒为零”的补充条件。

(2) 遵循“演绎逻辑”的基本规律，从曲面上被赋予一般意义的“向量场”概念出发，继而推导“切向量场梯度场”的形式表述。

(3) 最后，再推出一个“矛盾方程”的结果，从而对最初提出的命题或假设构成逻辑否定。

5.5.1 曲面上“切向量场”逻辑要素的重新界定

按照 Riemann 微分几何，对于任意给定的曲面，总能够在其上定义一个称作“切向量场”的分布。但是，什么样的向量分布才可以当作“切向量场”对待？或者说，如果要构造一个曲面上“切向量场”的概念，它必须遵循的基本逻辑要素到底是什么呢？显然，这是一个需要认真思考，却一直被人们忽视了的前提性命题。

概念前提的准确性，是后续演绎推导的基础和保证。前面针对“曲面上向量场分析”的讨论，曾经通过式(36)

$$\boldsymbol{A}(\boldsymbol{x}):\boldsymbol{A}\in R^3,\quad \boldsymbol{x}\sim P\in M^2,\quad M^2\subset R^3$$

给出曲面上“向量场”的形式定义。其中，还特别强调：这个只能当作“自由向量”对待的向量场分布 $\boldsymbol{A}(x)$，本质上仍然是 3 维 Euclid 空间 R^3 中的矢量，与一般所说 3 维 Euclid 空间中向量分布相比，唯一的差别仅仅在于对此处自由向量 $\boldsymbol{A}(\boldsymbol{x})$ 分布的起点 $\boldsymbol{x}$ 做出限制，它们必须处于给定的 2 维曲面 M^2 之上。因此，人们可以像式(59)那样，借助于曲面上的 Gauss 坐标架，直接将曲面上的向量场表述为如下所述的分量形式：

$$\boldsymbol{A}(\boldsymbol{x}) = A^1\boldsymbol{r}_1 + A^2\boldsymbol{r}_2 + A^n\boldsymbol{n} : \boldsymbol{A} \in R^3 \cap \boldsymbol{x} \in M^2$$

也就是说，与 3 维 Euclid 空间 R^3 中的所有向量一样，对于曲面上的“自由向量”而言，仍然可以或必须表示为 3 个“不共线基矢量”的线性叠加。毫无疑问，现代微分几何通常所说“曲面上切向量场”的概念，无非是针对曲面 Gauss 坐标架中这个特殊的“分量表述”而言的。于是，人们可以按照下述方式，完整地引出“曲面上切向量场”的概念。

首先，在 3 维 Euclid 空间 R^3 中，任意给定一个 2 维曲面 M^2，但要求该曲面的曲面方程必须满足“2 阶连续可微”的前提条件，以能够在其上进行微分运算；继而，假设曲面 M^2 存在一个向量场分布 $\boldsymbol{A}(\boldsymbol{x})$，并且，该向量场分布的 Gauss 分量表述在“法线方向”上的分量满足“恒等于零”的条件，或者说，该向量场仅仅存在“切线方向”上的分量

$$A^n \equiv 0 \leftrightarrow \boldsymbol{A}(x) = A^1\boldsymbol{r}_1 + A^2\boldsymbol{r}_2 : \boldsymbol{A} \in R^3 \cap \boldsymbol{x} \in M^2 \tag{63}$$

除此以外，同样是为了能够针对这个曲面上的“切向量场”进行微分运算，进而引入这个“切向量场”的“梯度场”概念$\boldsymbol{\nabla A}(\boldsymbol{x})$，因此这个“切向量场”还必须满足如下所示的“连续可微”条件：

$$\boldsymbol{A}(\boldsymbol{x}) = A^1\boldsymbol{r}_1 + A^2\boldsymbol{r}_2 : C \cap \boldsymbol{n} \cdot \boldsymbol{A}(\boldsymbol{x}) \equiv 0 \tag{64}$$

于是，现代微分几何通常所说“曲面上切向量场”的完整概念也就自然形成了。等价地说，式(63)和式(64)所示的“法向分量恒为零”条件与“连续可微”条件，成为“曲面上切向量场”概念的两个基本逻辑要素。

毫无疑问，如果必须把“曲面上切向量场”看作一个不可缺失的概念前提，并由此构建现代“微分几何学”的整个形式系统，那么，人们只能采取一种审慎甚至严苛的态度，认真对待以上所指“法向分量恒等于零”和“连续可微”的两个必要前提，将它们视为现代微分几何学一个“基元概念”必须蕴涵的“抽象内涵”或者两个“逻辑要素”来对待。当然，如果像“拓扑公理”那样，当作根本不在乎概念前提自身是否准确的纯粹人为假设，此处针对关于逻辑前提的陈述无非是杞人忧天、画蛇添足之举。事实上，如果真的接受 Hilbert 曾经为“公理化体系”所做的“独断论”诠释，相信只要“公理化假设”的“提出者(毫无疑问只能是像他自己那样的天才人物了)”心存这样一种主观意愿，甚至完全可以把桌子、椅子、啤酒瓶当作几何学的点线面来对待，那么，即使此处的“曲面上切向量场”概念并不真实存在，总可以将其想象为一个当作“公理化假设”对待的基本前提。但是，尽管 Hilbert 言之凿凿、信誓旦旦，却因为桌子、椅子和啤酒瓶与几何学上被赋予特定抽象内涵的几何学点线面存在永恒矛盾，所以由这个公理化假设构建的公理化体系必然从头至尾充斥着矛盾、悖谬与指鹿为马的强蛮。毫无疑问，这正是 Hilbert 的《几何基础》洋洋洒洒，却通篇荒唐、不能用来解决任何一个最简单的几何命题，除了当作“天赐神启”来膜拜，绝没有人会真的去实践甚至理会他针对“公理化体系”所做“独断论”阐述的缘故。

在对待曲面上“切向量场”这个前提性命题时，由于“法向分量恒为零”条件必然以一种“清显暴露(explicit)”的方式凸现在人们的面前，以至于任何一个“公理化主义”的信徒无法对“法向分量不为零”的情况视而不见，最终不得不提出“Levi-Civita 向量平移”假设以自欺。但是，解析函数必须遵循的“连续可微”条件则要隐晦许多，往往以“隐晦含蓄(implicit)”的模式潜藏于形式表述的后面。正因为此，几乎从来没有任何一名微分几何研究者正式提出和探讨这一命题，给予这个重要的逻辑前提以必要的关注，反而当作一种“天造地设、生而有之”的东西来看待。当然，也不能排除某些职业数学家面对现代数学体系铺天盖地的矛盾和谬误，只是为了生存计而不得已“故意回避”的问题。

为了以一种“无所限制”的方式，能够把“微分运算”施加于 Riemann 凭借他所期待的“先验判断”杜撰而得的“微分流形”之上，现代微分几何研究者同样以一种“主观臆断”或者“人文信仰”的模式提出，微分流形必

须并且必然满足"充分光滑(enough smooth)"一个等同于"无穷可微"的前提条件。但是,正如陈省身先生早已在其著作中公开指出的那样,大千世界充斥形形色色的间断,原则上只能当作"离散世界"处置,不仅"充分光滑"无从谈起,即使最粗糙的"连续性"要求也无法得到满足。因此,姑且不论"约定论"显而易见的虚妄、自欺和荒诞,这个"无穷可微"的逻辑前提也足以让整个现代微分几何置于矛盾和悖谬之中。

5.5.2 曲面上"切向量场的梯度场"形式表述的重新构造

继而,如果式(63)和式(64)所定义曲面上的"切向量场"真的存在,那么,该向量场的"梯度场"同样存在,并且,仍然需要将其当作一个"客观量"对待。于是,根据作为数学科学核心内涵的"演绎逻辑"规律,因为曲面上"切向量场的梯度场"不过是"向量场的梯度场"一种"单称性(singular)"的陈述,所以它必须与"向量场的梯度场"的"一般性(universal)"形式表述,即曾经由式(62)构造的形式定义逻辑相容。也就是说,人们可以定义如下所示的约束映射:

$$\begin{aligned}&\boldsymbol{\nabla}\boldsymbol{A}(\boldsymbol{x})=\boldsymbol{r}_i\boldsymbol{r}_j\left(\frac{\partial A^j}{\partial x_i}+A^k\Gamma^j_{ik}-A^nL_{ik}g^{kj}\right)+\boldsymbol{r}_i\boldsymbol{n}\left(A^jL_{ij}+\frac{\partial A^n}{\partial x_i}\right)\in M^2\\&?=\boldsymbol{\nabla}\boldsymbol{A}(\boldsymbol{x})\text{subjected to}\quad A^n=\boldsymbol{n}\cdot\boldsymbol{A}(x)\equiv 0,\quad \boldsymbol{x}\in M^2\end{aligned}\tag{65}$$

而这个"约束映射"的"象"将自然成为曲面上"切向量场的梯度场"一个唯一恰当的形式表述或形式定义。将该约束映射中的"约束方程"代入其中的"原象"函数,立即可以逻辑地推得约束映射的"象"函数

$$\begin{aligned}&\forall\,\boldsymbol{A}(\boldsymbol{x}):\boldsymbol{n}\cdot\boldsymbol{A}=0\cap C,\quad \boldsymbol{x}\in M^2\\&\exists\ \boldsymbol{\nabla}\boldsymbol{A}(\boldsymbol{x}):\boldsymbol{\nabla}\boldsymbol{A}=\boldsymbol{r}_i\boldsymbol{r}_j\left(\frac{\partial A^j}{\partial x_i}+A^k\Gamma^j_{i=k}\right)+\boldsymbol{r}_i\boldsymbol{n}A^jL_{ij}\end{aligned}\tag{66}$$

该式即为"曲面上切向量场"的"梯度场"的形式定义,如果这个"切向量场"的确存在的话。

进一步说,如果在一个满足"2阶连续可微"条件的给定2维曲面上,存在一个满足"连续可微"条件,并且还能够同时满足"法向分量等于零"补充条件的向量场分布,那么,根据演绎逻辑,现代微分几何中这个通常称作"切向量场"的"梯度场"必然不同于式(46)所示,曾经由Ricci等人最先提出,一个原则上只允许当作"公理化假设(约定论)"对待,称之为"曲面上向量场协变导数"的形式表述

$$\begin{aligned}&\boldsymbol{\nabla}\boldsymbol{A}(\boldsymbol{x}):\boldsymbol{e}^i\boldsymbol{e}^j(\boldsymbol{\nabla}\boldsymbol{A})_{i;j}=\boldsymbol{e}^i\boldsymbol{e}^j\left(\frac{\partial a_j}{\partial x^i}-\Gamma^k_{ij}a_k\right)\quad(i,j,k=1,2)\\&\in M^2\subset R^3\end{aligned}$$

当然,它再一次验证:任何纯粹"约定论"的人为杜撰,几乎总会背离符合逻辑的推论。

5.5.3 曲面上"切向量场"人为假设导致的矛盾方程

最后,仍然依循此处所说"归谬法"的证明结构,进一步指出:式(66)所示的逻辑推论必然与最初提出的"大前提"矛盾,从而对大前提的存在提出根本否定。于是,涉及"切向量场"这个作为"Riemann几何"核心内涵的命题,已经远远不是由Ricci所提"曲面上向量场协变导数"的习惯性表述需要视作一个不当"形式定义"的问题,而是最初提出"切向量场"命题的本身,就是一个错误的只能当作"伪科学"待之的荒唐杜撰。

首先,假设在给定2维曲面M^2之上,存在一个能够满足连续可微条件,即可以用作"微分运算"对象的向量场,继而假设,该向量场在曲面的某一个几何点$\boldsymbol{x}_0$处还能够满足"法向分量等于零"的补充条件,即

$$A(x_0) = A^1 r_1 + A^2 r_2 \cap A^n = n \cdot A = 0$$

考虑曲面上与该几何点 x_0 无穷邻近的另一个几何点

$$x_0 + \delta x : \delta x = \delta x_1 r^1 + \delta x_2 r^2 \to 0$$

于是，根据式(66)，或者前面所推得“曲面上向量场梯度场”的形式表述，立即可以推知向量场在两点处的“向量差(自由向量)”为

$$\delta A = A(x + \delta x) - A(x) = \delta x \cdot r_i \left[r_j \left(\frac{\partial A^j}{\partial x_i} + A^k \Gamma^j_{i\ k} \right) + n A^j L_{ij} \right] \tag{67}$$

显然，式中方括号外仅仅以纯粹“数量(系数)”形式出现的 $\delta x \cdot r_i$ 为一阶小量，即

$$\delta x \cdot r_i = 0^1 \neq 0$$

与此同时，因为 δA 同为一阶小量，所以在方括号内，定义于曲面的 $x + \delta x$ 处，分别与“切向基矢量”以及“法向基矢量”相对应的两个形式量彼此同阶，需要视作两个具有“一般量级”的几何量：

$$x_0 + \delta x : r_j \left(\frac{\partial A^j}{\partial x_i} + A^k \Gamma^j_{ik} \right) \sim n A^j L_{ij} \tag{68}$$

等价地说，存在

$$x_0 + \delta x : n \cdot A \sim \delta A \cdot (r_1 + r_2) = 0^1 \neq 0 \tag{69}$$

因此，只要曲面上的向量场 $A(x)$ 满足连续可微的逻辑前提，那么，即使该向量场在某个给定 x_0 点处的法向分量等于零，但是，对于这个几何点的任意一个邻点处，则无法忽略与“切向分量”变化保持同等量级的“法向分量”的真实存在(其实，此处所证明的，不过是 Gauss 微分几何以及一般向量分析展现给人们的平凡事实)。

也就是说，对于曲面上任何一个满足“连续可微”逻辑前提的向量场而言，只要该向量场在曲面的某一点处的向量能够当作该点处曲面的“切向量”对待，即该向量的法向分量等于零，那么，在该几何点的任意一个相邻点处，该向量场所定义向量的法向分量就“恒不会”等于零，并与向量场在相邻点展现的“切向分量”变化为同一小量，从而与式(64)为曲面上“切向量场”构造的初始定义

$$A(x) = A^1 r_1 + A^2 r_2 : C \cap n \cdot A(x) \equiv 0$$

构成了一对矛盾方程，即

$$\bar{\exists} A(x) : C \cap n \cdot A(x) \equiv 0, \quad x \in M^2 \tag{70}$$

它明确告诉人们：对于 3 维 Euclid 空间中一个任意给定满足 2 阶连续可微条件的 2 维曲面而言，其上永远不可能存在既满足“连续可微”的逻辑前提，同时又满足法向分量“恒为零”条件的向量场分布。唯一的例外只能是：曲面蜕化为平面，而这个现代微分几何称之为曲面上“切向量场”的人为杜撰，重新蜕变成能够满足“自封闭性”要求的“2 维向量”子空间①。

① 其实，此处所述的结果几乎是自明的。对于 3 维 Euclid 空间中的任意给定一个 2 维曲面，并考虑曲面上任意两个不同几何点的时候，假设两点处的“切向量”总可以叠合或者嵌入某一个“2 维向量空间”之内，那么，这个给定的 2 维几何实在就不可能呈现“空间弯曲”的几何特征，它只能是一个当作“平面”对待的几何结构。因此，据此还可以为“平面”构造恰当的形式定义：对于任何一个给定的 2 维几何结构而言，如果确认该几何结构一切点处的切平面叠合于同一个“平面向量空间”之中，那么，这个给定的 2 维几何结构只能是平面，或者对“弯曲”构成一种完全否定。

5.5.4　关于曲面上"切向量场"一个纯粹"伪科学"命题的小结

综上所述,对于Riemann于19世纪40～50年代最初构建的微分几何而言,定义于2维曲面上的"切向量场"是一个不可缺失的概念基础。但是,因为这个人为杜撰的几何学概念,在逻辑上必将导致一个矛盾方程的出现,所以只能将其视之为一个内蕴"永恒矛盾"的"伪科学"概念,并且,最终必然对建基于"公理化假设(约定论)"基础之上的Riemann几何,乃至整个现代微分几何得以存在的形式基础构成完成否定。

此处,针对"切向量场"这个存在了几乎近两个世纪,然而并不难以揭示的"伪科学"概念作简单总结如下:

(1) 首先,仍然从形式系统的"逻辑基础"考虑问题。众所周知,对于2维曲面上的任何一个"向量分布"而言,如果要使其成为"微分运算"的对象,它就必须在逻辑上满足"连续可微"的前提条件。但是,在另一方面,只是为了实现Riemann的主观意愿,探求他称之为只允许当作"先验东西"对待的"特殊公理",并凭此构建与特定"几何实在"毫无关系,从而能够被赋予普遍意义的"几何学"体系的时候,人们必须采取一种只能当作"主观认定"的方式,强迫曲面上的向量分布需要满足"法向分量恒为零"的另一个必要条件。但是,问题在于:在上述两个同样不可缺失的条件之间,存在永远无法克服的矛盾和冲突。

(2) 其次,如果从"几何直观"的角度重新审视,不难发现以上矛盾几乎是必然的。作为几何学的一个抽象概念,曲面的全部本质内涵仅仅在于弯曲,即在于对"平直几何"构造的一种逻辑否定。因此,对于任何形式的曲面,只允许凭借包容自身的某一个"高维"平直空间表现对"平直几何"的否定。此外,即使可以相信Riemann几何所做人为预设,仅仅需要关注曲面上"切向量"的几何特征,但是,问题在于:只要涉及一个2维曲面,那么,人们真正需要探讨的只能是2维曲面由"不同几何点"所构造某种特定形式的"整体",而绝不会仅仅关注曲面上某一个"孤立存在"的几何点,以及覆盖该几何点却与曲面并无逻辑关联的其他几何实在。如果真的像Gauss期待的那样,可以完全忘却"曲面赖以存在的高维平直空间"的背景,也就是说,曲面上的几何点不过是与曲面的真实几何结构完全无关,本质上被悬置起来的孤立存在,那么,这样的"曲面几何"还有什么存在的意义呢?毫无疑问,即使仅仅需要考虑曲面上所有"切向量"共同构造的集合,以及不同切向量之间蕴涵的某种变化规律时,所有这一切仍然只允许通过包容曲面一个"高维平直空间"的背景加以逻辑地表现。更何况,对于现代微分几何通常提及的"切空间"概念,原则上只能当作因为无法满足"连续可微"条件,所以只允许当作若干"离散子域"的联结或简单叠加的某种纯粹"人为约定"对待。故而,Gauss最初提出"人们可以忘掉曲面是位于3维空间这个事实"的判断之所以错误甚至荒唐,恰恰在于他明知已经对"事实"构成否定,却依然希望将自己的"判断或猜测"置于"事实"之上,却不懂得需要逻辑地检讨任何与事实相悖的判断必然隐含逻辑悖谬的平常道理,从而给其后的几何学研究留下了一份存在导向性错误影响的遗产,造成一种难以估量的巨大损失。至于类似于Riemann这样的Gauss微分几何后继者,只能本质地归咎于他们从来没有真正读懂Gauss的微分几何,以至于不仅没有发现和纠正其中的逻辑不当,反而彻底抛弃Gauss微分几何中众多正确结论赖以存在的"几何实体"基础,将Gauss否定"大空间背景"的主观妄断推至极致,试图凭借一种粗陋拙劣的"形而上学"方式,将19世纪后的整个几何学系统地推入人类认识史中难得一见的,公然与"实体论”客观基础以及“逻辑自洽性”理性原则根本背离的“约定论”虚妄和大谬不然之中①。

(3) 假设在3维Euclid空间存在一个“真正弯曲”的曲面,并且,考虑其上的某个向量分布发生“连续变化”的时候,人们同样可以断言:这个向量场只可能存在于“曲面所嵌入的3维平直空间”之中。此外,人们还可以相信:因为它在本质上只是一个显而易见、极其平常,但是可能为Riemann疏忽了的简单事实,所以Levi-Civita才会在1917年首次提出一个称之为“向量平移”的人为假设,为他已经充分意识到并不真实存在的“切向量场”提供一种只能纳入“约定论”范畴的依据,试图以此拯救Einstein用作构建“广义相对论”全部形式基础的Riemann微分几何。于是,在一些西方哲学家斥之为“一种最坏的形而上学”的“科学偶像崇拜”面前,科学真理与逻辑的铁律再一次变得黯然失色,显然存在的事实也只能无奈地退让给信仰或者科学偶像的威权。

总之,把认识的颠倒重新颠倒过来,明确指出曲面上“切向量场”的概念只是一个人为杜撰而得,尽管颇具迷惑力,然而并不能因此而否定其“伪科学”本质的概念无疑具有导向性的基础意义。因此,建基于其上的整个Riemann微分几何,几乎从一开始就被置入“虚妄观念、矛盾基础”引起的永恒矛盾之中。因此,人们必须将这个“伪科学”概念、以及建基于其上同样只能以“伪科学”待之的整个Riemann几何从人类的知识体系彻底铲除出去,彻底纠正和清算给现代数学体系发展带来的恶劣影响。

5.6 结束语

任何一种性质,必须逻辑地隶属于某一个“理想化”的逻辑主体。否则,性质蜕化为空洞、无为和虚妄,乃至最终充斥着矛盾和悖谬。此外,对于需要使用数学的语言,往往希望被赋予更多“共性、定量”特征的“抽象属性”同样没有豁免权。如果没有作为“抽象属性”拥有者的某个逻辑主体的前提存在,也就没有性质特征得以存在的土壤和基础。事实上,如果没有理想化“物质实在”的前提存在,就不可能为任何科学陈述提供“实在要素”的支撑,并且还因为缺失归结于这个实在所构造“有限论域”的限制而陷入重重矛盾之中。因此,自觉承认和严格遵循“实体论”的科学观,本质上并不是可以自由选择的哲学信仰,而仅仅是逻辑之使然。应该说,正如Plato早已做出“一切可靠知识体系必须建基于实在东西之上”的告诫一样,这本来只是一个“简单、素朴和自然”并且不允许任何人超越的理性判断。但是,恰恰在这个“认识论”几乎自明的概念前提上,西方主流科学社会中不乏少数的权威人物,恰恰不可理喻地缺乏一种起码的

① 众所周知,西方哲学关于“认识论”的基本问题至今没有真正得到解决。因此,归咎于哲学“认识论”基础中的众多认识困惑,导致在主要由西方人所建构近现代自然科学体系的不同学科中,必然存在许许多多看似无关却本质同一的认识不当。其中,一个关键而普遍存在的问题就是将某种“对象”孤立或者绝对化起来,无视特定“物质环境”对其存在发挥的某种决定性作用。其实,无论是Leibniz针对Newton力学体系最先提出的“惯性系”疑难,还是Maxwell的经典电磁场理论体系潜藏的众多逻辑不当,某种程度上都可以归结为这样一种“片面、绝对和机械”的不当认识习惯。事实上,如果缺失“大平直空间”的背景,就根本没有“弯曲曲面”的某一个几何实体的真实存在。从这个意义上讲,作为20世纪“现象学”创始人之一的德国哲学家M. Heidegger,曾经针对西方哲学中一种所谓“主体性形而上学”传统理念的批判不无道理。Heidegger强调不仅要看到某个“特定对象”的本身,还需要特别注意隐藏于其背后的另一种真实存在。只有如此,才可能使特定对象拥有寓于“整体”之中的某种特殊涵意。

"自醒、自省和自制"能力，他们过于幼稚地把那些原本只允许属于特定对象的性质特征，真的当作是源于自我"伟大智慧"的发明，以至于与他们内心中往往难以割舍的"天然超越其他种族"的情结南辕北辙，只能令人嗤笑地将自己钉在与"素朴理性"彻底背离、愚顽而自大的耻辱柱之上。

诚实而富于幻想并敢于幻想的Einstein曾经不无睿智地告诉人们：大自然是一本永远读不完的书、一个永恒的谜。然而，同样是这个Einstin，支撑他整个生命的"科学理想"却是：凭借"直觉和顿悟"的启示，期待创造出一个无尽大自然必须无条件地服从和遵守，仅仅由若干个简单数学公式构建而成的"普适真理"体系。毫无疑问，随着Bohr形容为"唯恐不够疯狂"的20世纪科学世界渐渐远离人们的视线，Einstein之类的虚妄神话同样将很快就要逝去。

但是，与许许多多"虚妄神话"周而复始地被不断更新替换相比，一个需要整个智慧人类重新严肃考虑问题在于：如何彻底根除不断制造神话的机制和土壤，让所有将"自然科学"界定为"科学共同体共同意志"之类的愚昧和荒唐大白于天下，无法继续愚弄和扭曲智慧人类共有的理性追求和科学理想。

参考文献

[1] Parker S. P.. 物理百科全书[M]. 北京：科学出版社，1998

[2] 张恭庆，等. 数学百科全书(1—5卷)[M]. 北京：科学出版社，1994—2000

[3] Morris Kline. 古今数学思想[M]. 邓东皋、张恭庆，等译. 上海：上海科学技术出版社，2002

[4] Morris Kline著. 数学：确定性的丧失. 李鸿魁，译. 长沙：湖南科学技术出版社，2002

[5] R. Courant，H. Robbins. 什么是数学(对思想和方法的基本研究)[M]. 上海：复旦大学出版社，2005

[6] Vladimir Tasic. 后现代思想的数学根源[M]. 蔡仲、戴建平，译. 上海：复旦大学出版社，2005

[7] 梅向明，黄敬之. 微分几何(第二版)[M]. 北京：高等教育出版社，1988

[8] 郭仲衡. 张量(理论和应用)[M]，北京：科学出版社，1988

[9] (美)S. 温伯格. 引力论和宇宙论——广义相对论的原理和应用[M]. 邹振隆，张历宁，译. 北京：科学出版社，1980

[10] P•A•M. 狄拉克. 广义相对论[M]. 朱培豫，译. 北京：科学出版社，1979

[11] 杨本洛. 自然哲学基础分析——"相对论"的哲学和数学反思[M]. 上海：上海交通大学出版社，2001

[12] 杨本洛. 自然科学体系梳理[M]. 上海：上海交通大学出版社，2005

[13] 杨本洛. 量子力学形式逻辑和物质基础探析——现代自然科学基础的哲学和数学反思[M]. 上海：上海交通大学出版社，2006

附录

附录1　Gauss 微分几何的“线性结构”假象及其澄清

如果从形式系统呈现的“逻辑特征”考虑，无疑应该把目前人们所见的 Riemann 几何纳入一般称作的“线性结构”范畴。然而，如果对这个几乎已经习惯成自然的情况稍作反思，人们不免提出质疑：一个声称用作描述“微分流形——高阶抽象弯曲空间”的形式系统，却与一切“弯曲几何”必然内蕴的“非线性结构”相背离，为什么会出现这种显而易见的反常结构呢？

其实，问题的根源出自 Gauss 微分几何，应该归咎于 Gauss“内蕴几何”中呈现的“线性结构”假象，并导致其后的整个微分几何置于体系性的前提“结构失真”之中。当然，这也是需要增加这个补充材料的根本原因，希望能够对虽然得到广泛应用却潜藏众多逻辑不当的 Gauss 微分作必要澄清。

1.1　曲面几何“度量表象”中的“非线性”本质

首先，需要对此处所做“度量表象(metric representation)”的称谓作前提界定。它通常具有如下所述特指意义：对于几何学的某一个形式系统，当需要使用坐标系的工具，即通过“坐标分量”对几何实在拥有的不同几何量，如长度、面积、体积等构造一种具有“定量意义”的认定时，可以使用此处所说的“度量表象”表示这种间接的，限制于必须坐标系所提供某种“特定形式”进行的度量。只有这样，才能够将在目前微分几何学中得到普遍运用一个仅具“形式意义”的认定，与针对几何量往往十分容易实现的“直接度量”做出一种逻辑上必要的明确区分。

事实上，从思维逻辑的角度重新检讨，Riemann 几何的建立，无非是从如何对 2 维曲面上的线段构造“度量”的命题，或者说是从 Gauss 微分几何中一个看似显然存在的“度量张量(虽然当时并未明确提出‘张量’这个特殊称谓)”的形式表述入手的。据此，Riemann 将这个特殊的数学表述变异为一种“固化形式”，并当作他构造“抽象空间”的唯一形式基础，进而延拓至一种只允许凭借纯粹“思维试验”才可能存在的“n 维微分流形”之上。这样，Riemann 才可能实现他最初所提出，应该超越“经验的物理空间”限定的范围，而仅仅需要关注“探讨空间性质全部途径(whole approach to the study of space)”的最高目标，最终实现 Riemann 曾经提出如下所述的“几何学”纲领：

> 仅仅从那些我们确信是关于空间的“先验知识”出发，通过“分析”推导出一系列必然的结论(by relying upon analysis we might start with what is surely a priori about space and deduce the necessary consequences)。

于是，正如人们看到的那样，由于与任何形式的“几何实体”毫无关系，仅仅建构于凭借“主观想象”才允许存在的“n维向量空间”基础之上，Riemann几何成为自Newton开启“逻辑实证主义”的近现代自然科学体系以后，第一个依赖公开标榜“先验主义”哲学而构造的“约定论”体系，一个只允许以“纯粹思维”待之，类似“普适真理”的“几何学”体系。（故而，M. Kline曾经提出“Riemann几何并不只是Gauss微分几何的推广”的判断不仅准确，其实还是十分的必要。）

值得顺便指出：任何一种类似于从2维到n维抽象空间的思维延拓，因为超越“演绎逻辑”所规定“从一般到特殊、从复杂到简单”的范畴，所以要使思维延拓之推论成立，必须重新构造一个在逻辑上具有完整意义的证明。不过，此处无意于追究这个并不仅仅属于Riemann个人，而应该是长期以来一直为众多西方科学家的群体所忽视，甚至不妨看作是他们中的个别人故意为之，一个前提性的“逻辑不当”或者“思维粗糙”的问题。此处，需要考虑的是远比这种失误要严重许多，关于怎样才能够对“曲面上线段”构造“恰当度量”，一个最初由Riemann提出却渊源于Gauss微分几何的命题。

进一步说，针对这个由19世纪西方几何学家提出的“度量”概念，需要人们逻辑地重新考虑两个问题：第一：一旦谈及“曲面上线段”的长度，是否意味着它就必然失去“线段长度”的平常意义，能够乃至必须借助于通常称作“度量张量”的2阶张量加以形式地定义；第二，众所周知，任何形式的弯曲必然与“非线性结构”形成某种形式的逻辑呼应。但是，一旦在曲面上引入需要当作“多重线性结构”对待的“张量”概念，意味着必然逻辑地赋予“曲面”以一切“张量”必须内蕴的“多重向量线性叠加”结构。于是，两者之间出现矛盾，并导致用作描述“高维一般弯曲空间”的Riemann几何置于矛盾前提之上。那么，贯串经典理论引入“度量”概念的整个“推理”过程，问题到底在什么地方呢？毫无疑问，人们需要针对用作构造Riemann几何整个思维基础的，一个习惯上以“空间与度规（space and metric gauge）”称呼的初原命题进行真正符合于逻辑的历史追索和重新思考。

1.1.1 追溯杜撰“度量”概念的思想轨迹

天下本无事，庸人自扰之。几何学中“度量”的意义本来是素朴、自明和简单的，直至那个需要当作“与特定几何实在无关”的Riemann几何被“创造”出来之前，数千年来人们总是选择、约定或制造一把“统一”的尺子，用作量度“直线与曲线”长度的某个共同标准，从没有遇到过与“长度度量”相关的任何困难或思维疑惑。有一本论述“现代微分几何”的著作，著者试图以一种比较“通俗易懂”的方式阐述自己所理解的Gauss“内蕴几何”本质时，特别向读者展现一个如下所述的“直观性”示例：

> 在一个可以视作2维平面的纸片上，将任意给定的两个几何点连接起来，构成一根几何学意义上的直线。进而，将纸片弯曲成圆柱、圆锥或者其他任何一种弯曲曲面。此时，最初的直线相应演变成定义于不同曲面之上不同形式的曲线。尽管如此，所有这些曲线的长度维持不变，等于最初给定的直线的长度。一个曲面保持曲线弧长不变的弯曲变形称为等距变换。在等距变换中仍旧保留的性质称为曲面的内在性质，它们仅仅决定于曲面本身，而与曲面在3维空间中怎样弯曲完全无关。研究曲面内在性质的几何就是曲面的内蕴几何。

毫无疑问，在这个“直观性”的陈述中，除了暂时不去追究最终提出诸如“内在性质”这样的概念是否正确以外，它却告诉人们一个显而易见的平凡事实：对于任何被赋予确定“物质内涵”的曲线，曲线的长度同样应该当作一种“客观量”对待；或者说，只要给定一根充分柔软、不具弹性的曲线，那么，无论将其嵌入到什么样的曲面上，它的真实长度同样是确定的，与几何学家们所认定的空间“度量特征”完全无关①。

于是，一切又重新回到最初提出的问题：Gauss 其后的几何学家们何至于提出一个“空间度量”的命题，并且，还如此长时间地影响甚至完全控制 Riemann 及其后的全部“微分几何”研究呢？显然，人们需要仔细追溯 Riemann 构建微分几何时的真实思想，在此基础上对其作一种真正符合于逻辑的理性反思。

首先，考虑 3 维 Euclid 空间 R^3 中任意一个以参量形式给出的空间曲线：

$$\boldsymbol{r}=\boldsymbol{r}(t):t\rightarrow\boldsymbol{x}\in\boldsymbol{r},\quad \boldsymbol{x}=\begin{cases}x=x(t)\\ y=y(t)\\ z=z(t)\end{cases}\tag{1}$$

在这个定义于 3 维空间 R^3 的“曲线方程”中，x,y,z 为曲线 $\boldsymbol{r}$ 上任意一点 $\boldsymbol{x}$ 的 3 个 Descartes，而自变量 t 通常称为曲线方程的参量。现代微分几何还往往指出：一般而言，参量 t 不具特殊的几何意义；仅仅作为一种便于使用的特例，几乎总是把参数 t 直接定义为给定曲线的弧长。也就是说，如果记曲线的始点为 o，通常总作如下设定

$$\boldsymbol{r}=\boldsymbol{r}(t):t=l_{o\rightarrow t}\tag{2}$$

式中 $l_{o\rightarrow t}$ 表示给定曲线从起点 o 到参量 t 所确定几何点之间的曲线弧长（于是，相应构造了曲线的“自然坐标”定义）。

另一方面，现代微分几何又指出：人们总可以按照如下方式定义曲线的弧长

$$l_{o\rightarrow t}=\int_o^t \mathrm{d}l=\int_o^t\left|\frac{\partial\boldsymbol{r}}{\partial t}\right|\mathrm{d}t=\int_o^t\left[\frac{\partial\boldsymbol{r}}{\partial t}\cdot\frac{\partial\boldsymbol{r}}{\partial t}\right]^{1/2}\mathrm{d}t\tag{3}$$

如果直接使用 Descartes 坐标，可以写做与其等价的另一种形式表述

$$l_{o\rightarrow t}=\int_o^t\left[\left(\frac{\partial x}{\partial t}\right)^2+\left(\frac{\partial y}{\partial t}\right)^2+\left(\frac{\partial z}{\partial t}\right)^2\right]^{1/2}\mathrm{d}t\tag{4}$$

相应存在

$$\mathrm{d}l^2=\mathrm{d}\boldsymbol{r}\cdot\mathrm{d}\boldsymbol{r}=\mathrm{d}x^2+\mathrm{d}y^2+\mathrm{d}z^2\tag{5}$$

以上 3 式彼此等价，它们共同指出：针对曲线方程(1)所定义的空间曲线 $\boldsymbol{r}(t)$，在需要使用“微积分”的方法，根据给定的曲线方程计算曲线长度时，曲线任意一点处的微弧长 $\mathrm{d}l$ 可以合理地代之以同一点处曲线微切线 $\mathrm{d}\boldsymbol{r}$ 的长度。当然，如果更为准确地说则是：在 $\mathrm{d}l$ 和 $\mathrm{d}\boldsymbol{r}$ 两个不同一阶小量之间，仅仅相差高阶无穷小量。

毫无疑问，式(4)和式(5)这两个人们熟知的关系式仅仅适用于 Descartes 直角坐标系的场合。如果使用仿射坐标系，此时坐标系的基矢量不再满足“正交归一”条件，需要把式(5)相应改写为

---

① 严格地讲，应该考虑纸张可能出现“弹性变形”而引起“长度元”变化的问题。但是，对照此处示例所述的情况，只要纸片充分地薄，不存在“线度”变化的问题，原则上就没有必要考虑任何与“宏观物质弹性变形”相关的问题。也就是说，这个“直观示例”的描述应该是合理的，纸张上两个几何点之间“物质线”的长度维持不变，并因此而可以纳入现代微分几何通常所说“等距变换(isometric transformation)”的讨论范围。

$$
\begin{aligned}
\mathrm{d}l^2 &= \mathrm{d}\boldsymbol{r}\cdot\mathrm{d}\boldsymbol{r}\\
&= \frac{\partial \boldsymbol{r}}{\partial x^i}\mathrm{d}x^i\cdot\frac{\partial \boldsymbol{r}}{\partial x^j}\mathrm{d}x^j\\
&= \frac{\partial \boldsymbol{r}}{\partial x^i}\cdot\frac{\partial \boldsymbol{r}}{\partial x^j}\mathrm{d}x^i\mathrm{d}x^j\\
&= g_{ij}\mathrm{d}x^i\mathrm{d}x^j \quad i,j=1,2,3
\end{aligned} \tag{6}
$$

据此，现代微分几何引入了如下所示，一个定义于3维Euclid空间R^3之中，由给定仿射坐标系一组“基矢量”所构造的有序集合

$$
I = \boldsymbol{e}^i\boldsymbol{e}^j g_{ij}
$$

$$
g_{ij} = \boldsymbol{e}_i\cdot\boldsymbol{e}_j = \frac{\partial \boldsymbol{r}}{\partial x^i}\cdot\frac{\partial \boldsymbol{r}}{\partial x^j} \quad i,j=1,2,3 \tag{7}
$$

考虑到在仿射坐标系出现如下所述的变化时

$$
\boldsymbol{e}_{i'} = \frac{\partial \boldsymbol{r}}{\partial x^{i'}} = \frac{\partial \boldsymbol{r}}{\partial x^i}\frac{\partial x^i}{\partial x^{i'}} = \boldsymbol{e}_i\frac{\partial x^i}{\partial x^{i'}}
$$

式(7)中的“系数矩阵”相应存在变换

$$
g_{i'j'} = \boldsymbol{e}_{i'}\cdot\boldsymbol{e}_{j'} = \boldsymbol{e}_i\frac{\partial x^i}{\partial x^{i'}}\cdot\boldsymbol{e}_j\frac{\partial x^j}{\partial x^{j'}} = g_{ij}\frac{\partial x^i}{\partial x^{i'}}\frac{\partial x^j}{\partial x^{j'}} \tag{8}
$$

于是，人们指出：对于式(7)所引入的2重有序结构，因为它符合于“古典张量”针对2阶张量构造的变换法则，所以理应将其视作3维Euclid空间中一个“2阶张量”的系数矩阵。

反过来，如果考虑如下所示，任意给定空间曲线的任意一点处一个被赋予一般意义的“微切向量”时

$$
\mathrm{d}\boldsymbol{r} = \boldsymbol{e}_i\mathrm{d}x^i \quad i=1,2,3
$$

这个“微切向量”的长度以及与其对应的“微曲线段”的长度，总可以借助于式(7)所定义的2阶张量表示为

$$
\begin{aligned}
\mathrm{d}l^2 &= \mathrm{d}\boldsymbol{r}\cdot\mathrm{d}\boldsymbol{r}\\
&= \mathrm{d}\boldsymbol{r}\mathrm{d}\boldsymbol{r} : \boldsymbol{I}\\
&= \boldsymbol{e}_m\boldsymbol{e}_n\mathrm{d}x^m\mathrm{d}x^n : \boldsymbol{e}^i\boldsymbol{e}^j g_{ij}\\
&= g_{ij}\mathrm{d}x^i\mathrm{d}x^j \quad i,j=1,2,3
\end{aligned} \tag{9}
$$

于是，假如从“形式主义”的角度考虑，甚至不妨当作一种“映射”来对待，通过定义于张量之间的“两次点积”运算，将此处引入的2阶张量$\boldsymbol{I}$针对微切向量所构造“并矢$\mathrm{d}\boldsymbol{r}\mathrm{d}\boldsymbol{r}$”的作用，当作一种“固定化”的特殊“数学形式”来对待。这样，可以按照Riemann最初构建微分几何时的基本思想，将式(8)或者式(9)中的g_{ij}当作他所说的“度规(metric gauge)”来对待，对给定空间中所有“微线段”构造了一种只能以“度量”称谓的作用。

进一步说，对于3维Euclid空间R^3中任意一根给定的曲线$\boldsymbol{r}(t)$而言，一方面，无论是针对此处所说的“微曲线段”$\mathrm{d}l$本身，还是考虑与其相差高阶无穷小的“微切向量”$\mathrm{d}\boldsymbol{r}$，它们都以一种确定无疑的方式被赋予了科学概念必需的“一般性”意义；而在另一方面，这两个微几何量的“长度”又以一种相同的方式，形式地取决于“度量张量”$\boldsymbol{I}$蕴涵的抽象特征，因此，人们以为总可以构造一个“合理”推断：只是这个与“特定曲线”无关的2阶张量$\boldsymbol{I}$，或者由基矢量作用而得的系数矩阵g_{ij}，才可能逻辑地刻画给定空间内蕴的某种共性“度量”特征。事实上，不仅Riemann凭此首创“度量空间(metric space)”的概念，而且随着Ricci等于20世纪初正式提出

“张量”概念以后，2 阶张量 $\boldsymbol{I}$ 便以一种顺理成章的方式获得了“度量张量(metric tensor)”的称谓。

此外，考虑到一旦涉及需要使用“曲线坐标系”的场合，因为基矢量以及由其构造的系数矩阵 g_{ij} 处于变化之中，所以一些现代的微分几何著作往往又特地指出，式(7)定义的 2 阶张量上构造了一个如下所述的空间点 $\boldsymbol{x}$ 函数

$$\begin{aligned}&\boldsymbol{I}(\boldsymbol{x})=\boldsymbol{e}^i\boldsymbol{e}^j g_{ij}\\&g_{ij}(x)=\boldsymbol{e}_i\cdot\boldsymbol{e}_j=\frac{\partial \boldsymbol{r}}{\partial x^i}\cdot\frac{\partial \boldsymbol{r}}{\partial x^j},\quad \boldsymbol{x}\in R^3,\quad i,j=1,2,3\end{aligned}\tag{10}$$

而这个 2 阶张量函数就是通常所说的“度量张量”分布。

原则上，所有这些与“度量”相关的论述都可以纳入“直观推理(intuitive reasoning)”的范畴(或许可以相信，正是这种看似显然的直观性，导致 Riemann 在最先创造出“度量”以及“度量空间”的概念以后，似乎从未有任何一名职业的微分几何研究者对这个概念前提提出过任何一次质疑，以至于如 Riemann 所愿而建基于“先验知识(a priori)”之上的“微分几何”得以维系至今)。虽然，以上所述只是 3 维 Euclid 空间的结果，但是，为了实现摆脱“几何实体”限制的最高目标，建构一个能够被赋予“普适性”意义的几何学，并为此需要首先寻找某种只能当作“先验知识”对待的“公理化”基础时，Riemann 发现：从 Gauss 微分几何的相关表述出发，除了只需要把“独立坐标”的数目做出某种变更以外，以上针对 3 维 Euclid 空间所有与“度量”相关的形式表述，几乎可以一字不差、原封不动地适用于对“曲面上线段”所做的“度量”之中。

于是，根据只允许视同“纯粹思维实验”的 Riemann 几何，在 3 维 Euclid 空间 R^3，如果存在一个能够符合“2 阶连续可微”条件的任意 2 维曲面 M^2，那么，可以或必须将其当作“度量空间”对待，并且，与前述定义于 3 维 Euclid 空间中的式(6)、(8)、(9)、(10)在形式上几乎完全一致，相应存在如下所述的一系列形式表述：

$$\begin{aligned}\mathrm{d}l^2&=\mathrm{d}\boldsymbol{r}\cdot\mathrm{d}\boldsymbol{r}\\&=\frac{\partial \boldsymbol{r}}{\partial x^i}\mathrm{d}x^i\cdot\frac{\partial \boldsymbol{r}}{\partial x^j}\mathrm{d}x^j\\&=\frac{\partial \boldsymbol{r}}{\partial x^i}\cdot\frac{\partial \boldsymbol{r}}{\partial x^j}\mathrm{d}x^i\mathrm{d}x^j\\&=g_{ij}\mathrm{d}x^i\mathrm{d}x^j\quad i,j=1,2\end{aligned}\tag{11}$$

与

$$\begin{aligned}\mathrm{d}l^2&=\mathrm{d}\boldsymbol{r}\cdot\mathrm{d}\boldsymbol{r}\\&=\mathrm{d}\boldsymbol{r}\mathrm{d}\boldsymbol{r}:\boldsymbol{I}\\&=\boldsymbol{e}_m\boldsymbol{e}_n\mathrm{d}x^m\mathrm{d}x^n:\boldsymbol{e}^i\boldsymbol{e}^j g_{ij}\\&=g_{ij}\mathrm{d}x^i\mathrm{d}x^j\quad i,j=1,2\end{aligned}\tag{12}$$

其中的“系数矩阵”同样满足

$$g_{i'j'}=\boldsymbol{e}_{i'}\cdot\boldsymbol{e}_{j'}=\boldsymbol{e}_i\frac{\partial x^i}{\partial x^{i'}}\cdot\boldsymbol{e}_j\frac{\partial x^j}{\partial x^{j'}}=g_{ij}\frac{\partial x^i}{\partial x^{i'}}\frac{\partial x^j}{\partial x^{j'}}\tag{13}$$

以及

$$\begin{aligned}&\boldsymbol{I}(\boldsymbol{x})=\boldsymbol{e}^i\boldsymbol{e}^j g_{ij}\\&g_{ij}(x)=\boldsymbol{e}_i\cdot\boldsymbol{e}_j=\frac{\partial \boldsymbol{r}}{\partial x^i}\cdot\frac{\partial \boldsymbol{r}}{\partial x^j}\quad \boldsymbol{x}\in M^2,\quad i,j=1,2\end{aligned}\tag{14}$$

与定义于3维 Euclid 空间 R^3 中的相关公式相比，两者之间唯一的差别仅仅在于：需要把独立坐标的数目从 R^3 中的3个改成 M^2 中的2个。于是，对于2维曲面而言，由式(14)所定义的“2重向量有序”结构，仍然应该合理地当作曲面的“度量张量”对待。并且，考虑到 Gauss 内蕴几何曾经做出“可以将曲面当作一个与3维 Euclid 空间无关独立存在”的判断，因此，应该把曲面视作“抽象空间”的一个特例，而此处的“度量张量”无非是对其构造一个恰当的“度规”，从而能够与其他形式的“抽象空间(度量空间)”相区分①。

于是，在寻求“先验知识(a priori)”这个强大动力的指导和激励下，Riemann 凭借自己的理解，推断只允许把式(5)所示一个最初定义于3维 Euclid 空间 R^3 之中的距离公式

$$dl^2 = d\boldsymbol{r} \cdot d\boldsymbol{r} = dx^2 + dy^2 + dz^2$$

当作一种与“神启”无异的纯粹“形而上学”对待，提出如下被赋予“一般意义”的距离公式

$$dl^2 = d\boldsymbol{r} \cdot d\boldsymbol{r} = dx_1{}^2 + dx_2{}^2 + \cdots + dx_n{}^2 \quad \in R^n \tag{15}$$

将其当作构建 n 维“度量空间”R^n 的形式基础。不仅于此，完全可以仿照式(11)的形式定义，为 Riemann 最初提出的 n 维微分流形 M^n 构造如下所示的距离公式：

$$dl^2 = d\boldsymbol{r} \cdot d\boldsymbol{r} = \sum_{i,j=1}^{n} g_{ij}\, dx^i dx^j \quad \in M^n \tag{16}$$

同样，它自然成为建构“n 维微分流形”的全部形式基础。

自此，最初为公元前300年的 Euclid 所开启，并经历17世纪 Descartes 的有力推动，进而由19世纪的 Gauss 发展至另一个高峰的“几何学”体系，彻底告别了它们曾经主要依赖于“几何实体”而存在的正确途经，逐渐步入一个几乎延续长达近两个世纪，只允许建基于纯粹“约定论”的自欺之上，以至于任何人也不可能真正读懂，必然充斥悖谬和荒唐的错误轨道之上。

1.1.2　揭示“度量张量”潜藏的众多认识紊乱

经过以上简单的历史追溯，开始讨论 Gauss 微分几何众多概念可能潜藏的逻辑不当问题。针对如何对3维 Euclid 空间 R^3 作“恰当度量”的问题，人们构造了式(10)所示的度量张量：

$$\boldsymbol{I}(\boldsymbol{x}) = \boldsymbol{e}^i \boldsymbol{e}^j g_{ij}$$

$$g_{ij} = \boldsymbol{e}_i \cdot \boldsymbol{e}_j = \frac{\partial \boldsymbol{r}}{\partial x^i} \cdot \frac{\partial \boldsymbol{r}}{\partial x^j}, \quad \boldsymbol{x} \in R^3, \quad i,j = 1,2,3$$

进而，仍然遵循如何为“抽象空间”提供“恰当度量”的基本思想，构造了式(14)所示另一个定义于在2维曲面 M^2 之上的度量张量

$$\boldsymbol{I}(\boldsymbol{x}) = \boldsymbol{e}^i \boldsymbol{e}^j g_{ij}$$

① 不妨将以上所述大致纳入 Gauss 曾经构建的“微分几何”范畴，并且，暂时相信如 Gauss 所述，可以将所有这些形式表述看作是对某个2维曲面的“几何实体”所固有“度量特征”构造的恰当描述。但是，到了 Riemann 则不然，面对 Gauss 微分几何中所有这些分别定义于3维 Euclid 空间与2维弯曲曲面之上的公式，给人以它们拥有几乎完全相同“数学特征”这个超乎寻常的强烈印象时，Riemann 坚信这样一种“形式一致性”绝非偶然，它的意义远远超出2维曲面的限制，相应拥有无关于特定“物理空间”某种更为深刻和本质的内涵。对于 Riemann 而言，这样一种“形式一致性”无疑就是他致力于寻觅的，能够超越于形形色色“几何实体”的本身，并由此可以导出几何学中“许许多多必然结论”，所以只允许当作一种“先验知识(a priori)”对待的东西。反过来说，这也是 Gauss 微分几何与 Riemann 微分几何之间的根本差异：前者尽管存在逻辑不当，却仍然隶属于“实体论”的范畴，而后者已经完全蜕化为“约定论”的杜撰，从头至尾充斥着随意揣测和臆造的荒唐。

$$g_{ij} = \boldsymbol{e}_i \cdot \boldsymbol{e}_j = \frac{\partial \boldsymbol{r}}{\partial x^i} \cdot \frac{\partial \boldsymbol{r}}{\partial x^j}, \quad \boldsymbol{x} \in M^3, \quad i,j = 1,2$$

并且，由这些形式量所构造的“度规”需要视作是对抽象空间“本质内涵”的揭示。

这样一种几何学的思维模式，普遍存在于目前的“微分几何”之中。它试图向人们表达一种较为完整的“思想体系”在于：如果需要探究某一个“抽象空间（被赋予某特定几何结构或者运算规律的抽象集合）”的几何属性，那么，只是一个最初得到 Gauss 的密切关注，与代数学中“矩阵”的表述形式完全一致的“线性结构$\{g_{ij}\}$”才具有本质意义，相应成为对整个空间的“几何结构”或“几何特征”一种最完整的恰当描述。毫无疑问，正是基于这样一种思想，人们才将上述两个以“度量张量”称作的形式量逻辑地归结为给定的几何空间，并且需要借助于它们，表现对于给定空间而言具有“控制性”意义的“空间度量”特征。此处所说“空间度量”所具的“控制性”意义是指：正是它们决定了抽象空间的全部几何特征。事实上，所有这些正是 Riemann 能够提出“Riemann 空间”的概念，乃至他构建“Riemann 微分几何”的全部思维基础或关键节点。

对于 20 世纪崇尚“公理化主义”思想的绝大部分微分几何研究者而言，可以相信他们早已将以上所述当作一种顺理成章、司空见惯的平常道理。但是，这个“习惯成自然”的前提判断并不正确，潜藏太多的认识错误和逻辑紊乱，需要人们彻底摆脱“约定论”习惯思维的束缚，重新拿起“逻辑分析、逻辑批判”的武器，从头开始努力作真正符合于逻辑的反思和检讨。

1.1.2.1 关于“度量张量”的“逻辑主体”辨析

澄清科学陈述的逻辑主体，始终具有前提性的根本意义。只有“抽象对象”首先存在的逻辑主体的前提，才可能存在对其构造“形式表述”的后继，并因此而赋予形式表述以确定的实在内容。故而，此处首先考虑：什么才能够称得上是“度量张量”概念一个逻辑上的真正“拥有者”也就是所谓的“逻辑主体”的问题。

纵览整个现代数学体系，只要涉及“空间”的概念，它只是意指被赋予某种“运算规则”的抽象“元素”的集合。例如，对于通常所说的 3 维 Euclid 空间

$$R^3 : \{\boldsymbol{u}, \boldsymbol{v}, \cdots\} \tag{17}$$

无非就是满足“线性运算”的规则，由无穷多个向量所组成的无穷抽象集合。

毫无疑问，无论是考虑作为无穷集合的 Euclid 空间 R^3 本身，还是仅仅考虑这个无穷集合中的某一个元素 $\boldsymbol{u}$，它们都可以或必须当作一种“几何实在”来对待，相应具有成为某一个“形式量（形式表述）”拥有者或支配者的资格。进一步说，在需要讨论“空间”的几何特征时，只有向量或向量空间，才可能当作任何“特定概念”一个不可缺失的“逻辑主体”来对待。但是，与这些抽象特征的“拥有者”或者作为被描述“对象”而存在的“几何实在”完全不同，任何一种形式的“坐标系”都不可能具有本质意义，无非只是人们可以“取而用之、弃而舍之”的一个工具而已。或者说，仅仅在人们需要使用某种“定量（坐标分量）”的方式，对某一个特定的物质对象加以描述时，坐标系才成为一个必需但可以自由选择的手段而已。

于是，当人们使用一个被赋予最一般意义的曲线坐标系，通过如下所述的一组基矢量

$$\boldsymbol{e}_i = \frac{\partial \boldsymbol{r}}{\partial x^i} \tag{18}$$

为某一个任意给定的向量 $\boldsymbol{u}$，相应构造它的“坐标分量”表述时

$$\boldsymbol{u} = u^i \boldsymbol{e}_i \tag{19}$$

只有向量$\boldsymbol{u}$本身才是最重要和具有前提地位的存在，成为在逻辑上决定“坐标分量”表述的唯一基础。事实上，如果人们认识到“向量”不过是“有向线段”的等价性表述，那么，只要给定此处所说的向量$\boldsymbol{u}$，这个向量的长度也早就随之给定了，否则也谈不上给定向量$\boldsymbol{u}$的逻辑前提。

但是，以基矢量$\boldsymbol{e}_i$作为“抽象表征”的“坐标系”不具唯一性。与其对应，由某个坐标系构造的“坐标分量u^i”显然不具根本意义，不过是从属于给定向量的无以穷尽个特殊“表述形式”中的一个而已。不仅于此，需要“坐标分量”表述服从的“变换规律”同样不具本质意义，随着所用坐标系“种类”的变化而可能改变。因此，可以立即推断：类似于式(10)，依赖于某个坐标系“基矢量”构造而成的“度量张量”

$$\boldsymbol{I}(\boldsymbol{x}) = \boldsymbol{e}^i \boldsymbol{e}^j g_{ij}$$

$$g_{ij} = \boldsymbol{e}_i \cdot \boldsymbol{e}_j = \frac{\partial \boldsymbol{r}}{\partial x^i} \cdot \frac{\partial \boldsymbol{r}}{\partial x^j}, \quad \boldsymbol{x} \in R^3, \quad i,j = 1,2,3$$

以及其中的分量形式表述g_{ij}不可能具有任何超越向量自身“长度”的本质意义。

进一步说，如果从“形式逻辑”角度考虑，对于“度量张量”$\boldsymbol{I}$而言，与以上所说不具“本质意义”的不足保持一致，一个更为致命问题还在于：它与类似于式(19)所示向量必须存在如下所示的特定“逻辑隶属”关系

$$u^i \ll \boldsymbol{u} : \boldsymbol{u} = u^i \boldsymbol{e}_i, \quad u^i = \boldsymbol{u} \cdot \boldsymbol{e}^i \tag{20}$$

完全不同(需要重复指出，式中的逻辑关联符号“≪”表示“从属于”的意思)。也就是说，与可以将向量的坐标分量u^i视为如下所构造“约束映射”的象：

$$\boldsymbol{u} \overset{(e_1, e_2, e_3)}{\longmapsto} = u^i : u^i = \boldsymbol{u} \cdot \boldsymbol{e}^i$$

从而表明任何一个张量的“坐标分量”必须严格隶属于给定向量空间中某一个“张量”的逻辑前提不同，无论是式(10)所定义，所谓3维Euclid空间中的度量张量

$$\boldsymbol{I}(\boldsymbol{x}) = \boldsymbol{e}^i \boldsymbol{e}^j g_{ij}$$

$$g_{ij} = \boldsymbol{e}_i \cdot \boldsymbol{e}_j = \frac{\partial \boldsymbol{r}}{\partial x^i} \cdot \frac{\partial \boldsymbol{r}}{\partial x^j}, \quad \boldsymbol{x} \in R^3, \quad i,j = 1,2,3$$

还是为式(14)定义，所谓2维曲面M^2之上的度量张量

$$\boldsymbol{I}(\boldsymbol{x}) = \boldsymbol{e}^i \boldsymbol{e}^j g_{ij}$$

$$g_{ij} = \boldsymbol{e}_i \cdot \boldsymbol{e}_j = \frac{\partial \boldsymbol{r}}{\partial x^i} \cdot \frac{\partial \boldsymbol{r}}{\partial x^j}, \quad \boldsymbol{x} \in M^2, \quad i,j = 1,2$$

它们与给定几何空间中任何一个需要描述的“几何实在”毫无关系。因此，所有这些最初由Gauss提出，进而被Riemann加以进一步“形式化”的数学表述与任何“几何实体”毫无关系，当然，它们与包括“度量特性”在内所有必须隶属于某种几何实在的“几何特征”毫无关系。

等价地说，无论是考虑Gauss，Riemann等最初使用的“度量矩阵”概念，还是着眼于20世纪数学家后来代之以“度量张量”的说法，它们都与任何一个抽象空间中任何一个需要加以形式描述的“几何实在”对象，以及它们客观存在的“度量特征”毫无关系。纵观整个现代微分几何，任何一种所谓“度量张量”的概念，它们可能表现的充其量只是某一个“坐标系——人们可以任意选择的工具”可能展现的某种“计算性”特征。因此，如果从“任何性质必须从属于某个实体”这样一种必须得到普遍遵循的“逻辑隶属”关系考虑，一个希望被赋予“一般性”意义、定义于3维Euclid空间中的“度量张量”如果真的有必要存在的话，那么，也只可能出现如下所

述另一个确定性的逻辑关联：

$$\boldsymbol{I}(\boldsymbol{x}) = \boldsymbol{e}^i\boldsymbol{e}^j g_{ij} \ll \{\boldsymbol{e}_1, \boldsymbol{e}_2, \boldsymbol{e}_3\}$$

$$g_{ij} = \boldsymbol{e}_i \cdot \boldsymbol{e}_j = \frac{\partial \boldsymbol{r}}{\partial x^i} \cdot \frac{\partial \boldsymbol{r}}{\partial x^j}, \quad \boldsymbol{x} \in R^3, \quad i,j = 1,2,3 \tag{21}$$

此处的这个“逻辑关联式”明确告诉人们：现代微分几何通常所说的“度量张量”仅仅逻辑地隶属于某给定的坐标系，而与任何需要人们描述作为“几何实在”的向量(或张量)毫无关系。当然，逻辑上同样不允许把“度量张量”定义于必须由“向量实在”构造而成的 3 维 Euclid“向量空间”之上，不可能凭借原则上仅仅隶属于坐标系的“度量张量”对这个向量空间内蕴的“抽象特征”构造恰当定义。必须牢牢记住：特定的形式表述或性质只允许“条件地”存在，而那个“客观存在”的抽象几何实在才具有“决定性”的意义，相应成为“形式表述”得以存在的基础与逻辑前提。因此，绝不允许像 20 世纪的“形式主义”竭力主张的那样，本末倒置，彻底颠倒“实体与形式”之间显存的逻辑依存关系。

当然，不仅对 3 维 Euclid 空间是如此，以上结论仍然适用于 Gauss 曾经研究的 2 维曲面。事实上，对于式(14)所示，被现代微分几何称之为 2 维曲面 M^2 之上的所谓“度量张量”概念，同样存在如下定义的“逻辑隶属”关系：

$$\boldsymbol{I}(\boldsymbol{x}) = \boldsymbol{e}^i\boldsymbol{e}^j g_{ij} \ll \{\boldsymbol{e}_1, \boldsymbol{e}_2\}$$

$$g_{ij} = \boldsymbol{e}_i \cdot \boldsymbol{e}_j = \frac{\partial \boldsymbol{r}}{\partial x^i} \cdot \frac{\partial \boldsymbol{r}}{\partial x^j}, \quad \boldsymbol{x} \in M^2, \quad i,j = 1,2 \tag{22}$$

也就是说，此处这个“2 阶形式”的系数矩阵 g_{ij}，本质上同样与给定的 2 维曲面 M^2 以及定义于其上的任何“几何实在”毫无关系，这个特殊系数矩阵的“逻辑主体”依然是一个定义于给定 2 维曲面之上，供人任意选择，只允许当作“工具”对待，因此从“形式逻辑”考虑必须与需要研究的 2 维曲面加以严格区分的“坐标系”的一种“形式表述”的手段而已。定义于同一曲面之上的“坐标网”形形色色，故而，根据“度量张量”概念构造而成的“系数矩阵”同样不一而足，不具任何本质意义。

此外，如果将定义于曲面上的“逻辑隶属”关系式(22)与式(21)所示，另一个定义于 3 维空间的“逻辑隶属”关系式相比，不难看出，两个关系式严格地保持逻辑相容。至于针对“系数矩阵为什么会阶次出现降低”的现象，人们希望对其做出一种合乎逻辑的解释时，其理由同样十分简单：因为 2 阶曲面 M^2 的存在，相当于最初定义于 3 维 Euclid 空间中的几何点 $\boldsymbol{x}$ 之上，增加了一个必须满足的补充“条件约束”关系式，导致几何点的“独立变量数”从 3 个自然变为 2 个。

总之，从 Riemann 思考如何构建他称之为一个“先验(a priori)”的也就是允许或者必须当作“普适真理”对待的“几何学”开始，因为他在涉及形式表述或者基元概念“逻辑主体”的问题上存在的逻辑颠倒和思维紊乱，所以整个形式系统必然置于一种令人难以置信的“前提性”导向错误之中。

1.1.2.2 重视“度量张量”和“弯曲几何”两种形式特征的根本差异

在需要逻辑地探询 Riemann 以及现代微分几何研究中一大批原则上只允许当作简单“尾随者”角色待之的后继者的思维模式，或者他们的“推理模式”时，人们不难发现：他们几乎总是将包括“曲线、曲面”在内，一个不妨以“弯曲几何”统称的“几何实体”集合，与建基于一组“基矢量(直线)”之上，诸如“Cartesian 坐标系、仿射坐标系、曲线坐标系、曲面网”等形形色色的“坐标系”，即另一类可以定义于某种“弯曲几何”之上，但是只允许当作“工具”对待，所以其“本质内涵”几乎完全不同的概念混淆了。

众所周知，对于“向量空间”而言，具有“表征意义”的抽象特征只是内蕴于“向量集合”之中的“线性结构”本质。并且，也仅仅因为包括“曲线坐标系”在内，由给定坐标系派生而得的“基矢量”本质上不过是向量空间中一组“独立”且“完备”的向量，所以任何一个向量或张量形式的形式量，在针对向量空间中任意一组“独立向量”作分解，希望最终形成一种“坐标分量”的形式表述时，它们同样能够或者必须符合于一切向量空间内蕴的“线性结构”本质。

并且，也仅仅因为此，不仅式(10)为3维 Euclid 空间构造的度量张量必然是线性的，即

$$\boldsymbol{I}(\boldsymbol{x}) = \boldsymbol{e}^i\boldsymbol{e}^j g_{ij} \sim \text{linear}$$
$$g_{ij} = \boldsymbol{e}_i \cdot \boldsymbol{e}_j = \frac{\partial \boldsymbol{r}}{\partial x^i} \cdot \frac{\partial \boldsymbol{r}}{\partial x^j}, \quad \boldsymbol{x} \in R^3, \quad i,j = 1,2,3 \tag{23}$$

而且，为式(14)所定义，逻辑上只允许隶属于2维曲面 M^2 之上任何一个“坐标系”的度量张量，同样必然是线性的

$$\boldsymbol{I}(\boldsymbol{x}) = \boldsymbol{e}^i\boldsymbol{e}^j g_{ij} \sim \text{linear}$$
$$g_{ij} = \boldsymbol{e}_i \cdot \boldsymbol{e}_j = \frac{\partial \boldsymbol{r}}{\partial x^i} \cdot \frac{\partial \boldsymbol{r}}{\partial x^j}, \quad \boldsymbol{x} \in M^2, \quad i,j = 1,2 \tag{24}$$

于是，它逻辑地意味着：隶属于曲面上“坐标系”的度量张量，必然对一切“弯曲几何”自身内蕴的“非线性”结构构成完全的逻辑否定。因此，切切不能像目前“微分几何”所做的那样，将坐标系“度量张量”呈现的“线性结构”错置于坐标系所在“非线性”的“弯曲几何”之上。同样因为此，无论面对的是2维曲面，还是3维平直空间需要使用“曲线坐标系”的场合，只要考虑“向量”或者“张量”在任意一个“给定点处”的坐标系的分量表述，那么，它们总能够满足只有“向量空间”才可能满足的“线性变换”关系。

不难发现，也仅仅因为以上所述“度量张量”内蕴“线性结构”的基本事实，以其作为“概念基础”的整个 Riemann 微分几何，一个声称可以描述“微分流形 —— 高维弯曲空间”的几何学，才可能背离一切“弯曲几何”必然拥有的“非线性结构”本质特征，相反，将一种“线性结构”的假象展现在人们的面前。但是，正如式(21)与式(22)所述，真正拥有度量张量的“逻辑主体”不过是无足轻重，人们可以作任意选择的坐标系，本质上与给定几何空间中任何一个需要描述的“几何实在”毫无关系。进一步说，所有这些与“几何度量”相关，在 Gauss 的“曲面几何”中只能算作一种“直观意义”的判断，最终却由 Riemann 通过“形式化”方式加以明确界定的概念，统统与需要借助于“形式量”加以描述的“几何实体”毫无关系。显而易见，对于 Gauss 和 Riemann 这一对现代几何学的“标记性”人物而言，他们犯了一个共同的错误：把形式系统中的“坐标系”工具与需要这个工具加以“形式化”描述的“几何实在”对象——两个彼此完全不同的概念混淆了。当然，如果说建构现代几何学的两位先驱在“几何理念”上仍然有所根本差异的话，则是：在一个必然最终导向虚幻的“形式化”道路上，Riemann 比 Gauss 走得更远，以至于断然否定了几何学必需的“几何实在”基础。

值得重复指出，与无穷多个向量所构造的“平直空间”完全不同，任何一种形式的“弯曲几何”本质上只能看作是对“平直几何”构成的逻辑否定。因此，无论是曲线还是曲面，它们都不可能拥有专属于“平直空间”的线性结构。或者说，作为一切“弯曲几何”内蕴的“共性”抽象特征，它们只可能呈现“非线性”的结构：

$$\text{Curved geometry} \sim \text{Non-linear} \tag{25}$$

显然，由于在“逻辑主体”的认识前提出现了紊乱，整个 Riemann 几何必然是错误的。在这个意义上，甚至可以合理地说：一个通常被人们视作描述“弯曲空间”的 Riemann 几何学，因为通篇论述的只是与坐标系基矢量相关的“系数矩阵”问题，所以充其量只能将其当作一个论述“坐标系”的几何学对待。

与哲学的“理性思考和逻辑批判”完全不同，任何愿意真心致力于基础科学研究的人们，不仅需要足够的科学真诚和对于理性原则的敏锐的领悟能力，还需要准备付出巨大精力的坚定意志和通史精神，考虑如何诚实面对和努力解决 Newton 经典力学、Clausius 热力学、Navier-Stokes 的流体力学体系、Maxwell 经典电磁场理论乃至“量子力学”体系中，许许多多拥有“实体论”背景的实实在在“科学疑难”的问题。

面对“谎言和谬误重复千遍终将变成真理和智慧”的苦涩和幽默，绝不能放弃“改变和批判拥有顽强惯性的习惯认识”所做的切实努力。故而，针对定义于“弯曲几何”之中的“度量张量”何以能够乃至必然会展现“线性结构”的问题，或许仍然值得我们花费一些精力和笔墨，继续作若干本应纯属多余的补充分析。

首先，仍然考虑式(21)特别指出，一个逻辑上只允许隶属于 Euclid 空间中任意一点处，3 个“不共线”向量($\boldsymbol{e}_1, \boldsymbol{e}_2, \boldsymbol{e}_3$)所构造的“度量张量”问题，即

$$\boldsymbol{I}(\boldsymbol{x}) = \boldsymbol{e}^i \boldsymbol{e}^j g_{ij} \ll \{\boldsymbol{e}_1, \boldsymbol{e}_2, \boldsymbol{e}_3\}$$

$$g_{ij} = \boldsymbol{e}_i \cdot \boldsymbol{e}_j = \frac{\partial \boldsymbol{r}}{\partial x^i} \cdot \frac{\partial \boldsymbol{r}}{\partial x^j}, \quad \boldsymbol{x} \in R^3, \quad i, j = 1, 2, 3$$

需要特别提出：如果不必特别在意人们赋予此处所述 3 个向量($\boldsymbol{e}_1, \boldsymbol{e}_2, \boldsymbol{e}_3$)的特殊内涵，即无需考虑它们对应于某一个特定坐标系的 3 个“基矢量”这种“单称性”概念的问题，而只是将它们当作给定向量空间中被赋予“一般性”意义的一组“线性无关”向量来对待，那么，当发生如下所示的变化

$$\{\boldsymbol{e}_1, \boldsymbol{e}_2, \boldsymbol{e}_3\} \rightarrow \{\boldsymbol{e}_{1'}, \boldsymbol{e}_{2'}, \boldsymbol{e}_{3'}\} \quad \in R^3$$

根据“向量空间”内蕴的“线性变换”特征，在两组“不共线”的向量之间，总存在如下所述的“线性变换”关系：

$$\boldsymbol{e}_{i'} = \frac{\partial \boldsymbol{r}}{\partial x^{i'}} = \frac{\partial \boldsymbol{r}}{\partial x^i} \frac{\partial x^i}{\partial x^{i'}} = \boldsymbol{e}_i \frac{\partial x^i}{\partial x^{i'}}$$

于是，针对式(22)所定义“两向量点积”的形式量，不难推得如式(8)所定义的“线性变换”关系：

$$g_{i'j'} = \boldsymbol{e}_{i'} \cdot \boldsymbol{e}_{j'} = \boldsymbol{e}_i \frac{\partial x^i}{\partial x^{i'}} \cdot \boldsymbol{e}_j \frac{\partial x^j}{\partial x^{j'}} = g_{ij} \frac{\partial x^i}{\partial x^{i'}} \frac{\partial x^j}{\partial x^{j'}}$$

毫无疑问，此处所说的“线性变换”关系式，仍然本质地归源于它们是 3 维“平直空间”中的独立向量，以至于不同“坐标系”在同一点处 3 个基矢量之间必然呈现“线性变换”特征。或者说，为 Riemann 特别看重的“形式不变性”特征，不过是“向量空间”中不同向量之间需要同等地满足“线性变换”要求时一个十分平凡的自然推论而已。

于是，人们需要形成一种理性判断：允许在“平直空间”中设置非平直的“曲线坐标系”，但是并不能因为使用了“曲线坐标系”就可以将“平直空间”当作“弯曲几何实在”来对待；相反，并与上述判断互为呼应，当任意给定一个“弯曲几何”并且在其上引入一个“曲线坐标系”的时候，这个坐标系在任意一点处诱导的 3 个基矢量无法嵌入给定的“弯曲几何”之内，只允许逻辑地隶属于包容“弯曲几何”的“平直空间”之中，因此不允许将“基矢量”展现的“线性变换”特征随意转移至“弯曲几何实在”之上。总之，人们必须牢牢记住：任何形式的“弯曲”必然对“平直”构成逻辑否定；或者说，只有满足“平直空间”的逻辑前提，才可能相应呈现“线性变换”的后继，并且，这种仅仅隶属于“平直空间及其元素”的“线性变换”特征永远不可能为“弯曲”所拥有。

1.1.2.3 度量张量的“平凡概念”本质

可以相信：贯穿 Gauss 创建“曲面论”的全部过程，他的一个核心思想就在于如何借助于曲面上“曲线坐标系(曲线网)”的手段或途径，针对不同“弯曲几何实在”所展现不同形式的“抽象

几何”特征，相应做出某种具有“定量意义”的合理描述的问题。但是，Gauss 在实践这一重要思想的过程中，似乎始终没有搞明白一个简单道理：包括他最先提出的“坐标网”在内的“坐标系”永远只是一个可供人们任意选择的工具。等价地说，凭借坐标系构造的“坐标分量”表述尽管十分重要，但是始终仅仅具有“从属性(从属于几何实在)”的地位，只允许纳入“表象陈述”的层次，并且不难推测这种“坐标分量”的表述形式依然需要视作“条件存在”的形式表述，只允许符合“相对真实性”的要求。因此，应该懂得和学会理性的自我约束和前提限制，绝不允许张冠李戴、本末倒置，将建基于“平直空间”的坐标架工具混同于“弯曲几何”的对象，以至于某些仅仅隶属于“工具”的“个性(特别是与线性相关的)”特征被转嫁于“非线性”的并且要复杂许多的“弯曲几何”对象之上。

正因为涉及“对象实体”和“描述工具”这两个完全不同的概念前提时，在 Gauss、Riemann 以及众多后继者的意识判断中发生了难以置信的逻辑错乱，他们竟然将“工具”展现的表观特征错误地当作“对象”内蕴的本质属性，扭曲了一个原本过分简单和自然的“度量(测量)”概念，颠覆了“线元”对象及其真实拥有的“长度”在这个平凡性操作概念中必然存在的“基础性”地位和“客观性”意义。相反，他们只是凭借一种纯粹想当然的“主观独断”方式，杜撰了一个与需要描述的“几何实在”没有任何关系，虽然以“度量”称谓，却因为缺乏与特定“几何对象(不同于可以随意选择的坐标系工具)”的确定性关联，所以根本不存在需要进行某种“度量”的“实质性”内涵，只允许当作“空名(empty name)”对待的“度量张量”概念，最终将针对“线元长度”所构造“坐标分量”的表示方法变成了某种一成不变并因之而过于浅陋的形而上学，倒置于应该当作“客观量”对待的这个“几何客体(线元)”的逻辑前提之上。(不仅如此，如果涉及的是曲面几何中经常碰到的“曲线元”对象，那么，借助于一个只能逻辑地依赖于“坐标系”工具，以至于只允许“条件存在”的“度量张量”概念所构造“线元长度”的形式表述，还必然存在与“曲线元”的客体相比出现“永恒差距”的问题。于是，这个“有限真实”的形式表述，何至于能够被赋予比“几何实在”自身更为根本的“决定性”地位呢?)

总之，随着存在于“客体(object)和形式(form)”之间一种显而易见的“逻辑依存”关系被彻底破坏和颠覆，随着一批热衷于“公理化主义”的几何学研究者将一个本来十分平凡的“度量”概念可笑而无端地复杂化和程式化，那个用作建构现代微分几何学的“度量张量”概念，不仅正如式(21)和式(22)已经明确指出的那样，它的真正“拥有者”或者它的“逻辑主体”不过是人们使用的某一个“坐标系”的工具，而且不难逻辑地推测：它还必然蜕化为一个名不副实、可有可无、与需要研究的某个“几何体(抽象空间)”自身及其相应拥有的“长度”没有任何“实质性”的关联，在数学中只允许当作“平凡(trivial)概念”对待的称谓。

事实上，如果重新审视 Riemann 几何从式(6)到式(9)引出“度量张量”的整个过程，并特别考察式(9)所示用以表述其具有“度量特征”的关系式：

$$
\begin{aligned}
\mathrm{d}l^2 &= \mathrm{d}\boldsymbol{r}\cdot\mathrm{d}\boldsymbol{r}\\
&= \mathrm{d}\boldsymbol{r}\mathrm{d}\boldsymbol{r}:\boldsymbol{I}\\
&= \boldsymbol{e}_m\boldsymbol{e}_n\mathrm{d}x^m\mathrm{d}x^n:\boldsymbol{e}^i\boldsymbol{e}^j g_{ij}\\
&= g_{ij}\mathrm{d}x^i\mathrm{d}x^j
\end{aligned}
$$

根据“张量代数”规定的运算法则，可以将该式视作“并矢 $\mathrm{d}\boldsymbol{r}\mathrm{d}\boldsymbol{r}$”与“度量张量 $\boldsymbol{I}$”之间的两次点积，它相当于两个相同的矢量 $\mathrm{d}\boldsymbol{r}$ 分别从前后不同方向上对同一度量张量 $\boldsymbol{I}$ 构造的点积。也就是说，存在如下所示的“等价性”表述：

$$\mathrm{d}l^2 = \mathrm{d}\boldsymbol{r} \cdot \mathrm{d}\boldsymbol{r} = \mathrm{d}\boldsymbol{r} \cdot \boldsymbol{I} \cdot \mathrm{d}\boldsymbol{r} = \mathrm{d}\boldsymbol{r} \cdot \mathrm{d}\boldsymbol{r}$$

于是，式中最初出现的“度量张量”$\boldsymbol{I}$ 实际上已经蜕化为一种“可有可无”的数学形式，等价地说，只能当作前面所说的“平凡概念”对待。故而，对于式(7)所定义，并重新写于下面的“度量张量”而言

$$\boldsymbol{I} = \boldsymbol{e}^i\boldsymbol{e}^j g_{ij} : g_{ij} = \boldsymbol{e}_i \cdot \boldsymbol{e}_j = \frac{\partial \boldsymbol{r}}{\partial x^i} \cdot \frac{\partial \boldsymbol{r}}{\partial x^j}$$

总存在

$$\left.\begin{aligned} \boldsymbol{r} \cdot \boldsymbol{I} = \boldsymbol{r} \\ \boldsymbol{I} \cdot \boldsymbol{r} = \boldsymbol{r} \end{aligned}\right\} \forall \boldsymbol{r} \in R^3 \tag{26}$$

毫无疑问，这正是某些论述“张量”的著述，往往又会特别将“度量张量”$\boldsymbol{I}$ 直接称之为“单位张量(unit tensor)”或者“恒同变换(identity transformation)”的缘故。

因此，这些张量研究者在“不经意”之间，却以一种更为明晰或准确的方式论证了此处希望表述的主题：因为“度量张量”对任何向量的 2 次点积仍然等于原来的向量，所以从形式逻辑的角度考虑引出“度量张量”的概念纯属多余，而且，与该判断严格逻辑相容，这个逻辑上纯属多余的“平凡概念”与需要被描述的“几何实在(抽象空间)”可能被赋予的“度量特征”毫无关系。相反，正如下式所表述的那样

$$\begin{aligned} \mathrm{d}l^2 &= \mathrm{d}\boldsymbol{r} \cdot \mathrm{d}\boldsymbol{r} = \boldsymbol{e}_i \mathrm{d}x^j \cdot \boldsymbol{e}_j \mathrm{d}x^j = \boldsymbol{e}_i \cdot \boldsymbol{e}_j \mathrm{d}x^i \mathrm{d}x^j \\ &= g_{ij} \mathrm{d}x^i \mathrm{d}x^j = \mathrm{d}\boldsymbol{r} \cdot \mathrm{d}\boldsymbol{r} \end{aligned} \tag{27}$$

只因为微线段 $\mathrm{d}\boldsymbol{r}$ 是客观量，它的长度 $\mathrm{d}l$ 同样需要当作客观量对待，所以它必然与人们使用的任何一个“坐标系”毫无关系，当然，同样与由坐标系的基矢量所构造的“系数度量矩阵”g_{ij} 没有任何关系。也就是说，在 Riemann 追寻依赖“先验知识(a priory)”的神启，进而创造他所期待的“普适真理”体系之初，他已经把一个本来十分素朴平常的概念完全搞错了。

从人类理性认识逐步深化的真实历史考虑，R. Descartes 于 17 世纪第一次引入了“坐标系”工具的概念，将几何实在与“坐标分量”逻辑地联系在了一起，从而为几何实在提供一种“定量意义”的描述。毫无疑问，需要将其视作数学发展史中一次意义重大的事件。同样，只是得益于“客观量”存在确定“坐标变换”的启示，从 19 世纪末开始，人们才逐步形成“张量”的概念。并且，在出现“张量”概念的初期，几乎都是采用“坐标分量”的形式表示或定义张量。然而，随着“张量”学科在不断发展和完善，直至 20 世纪中期，人们又重新认识到：只有采取一种与“坐标系”没有任何关联的“整体”表述形式，相当于恢复最初使用的“几何实在”形式，才可能准确刻画张量客观存在的“不变性”内涵。于是，从实体形式到分量表述形式，再从分量形式恢复到直接使用几何实体的表述，经历了一个形式上“迂回反复”但是认识上“深化提高”的发展变化过程。

事实上，如果仿此重新考察此处的式(27)，人们不难发现：式中作为“几何量”出现的 $\mathrm{d}\boldsymbol{r}\mathrm{d}\boldsymbol{r}$ 才可能是真正本质的，并因此而成为被赋予“完备意义”的恰当表述，相反，借助于度量张量构造的“分量表述”恰恰只能视作一个“条件存在”并且因为必须依赖于某个具体的“坐标系”，所以不可能具有“本质意义”的形式表述。

1.1.3 重新确立几何量度量的“实体论”基础

纵观和考察西方知识社会，曾经出现许许多多睿智而思维深刻的哲学家和科学家。他们准确而不无深刻地告诉人们一个重要而素朴的道理：逻辑推论永远不可能超越逻辑前提。一些学者还进一步指出：逻辑永远不可能告诉人们任何新鲜的实在(Kant 语)。并且，他们为逻辑明确做出“逻辑的本义仅仅在于同义反复这个唯一意义”一个最为本质的判断。(十分可惜，

往往同样是这样一些作睿智判断的西方学者本人，又总是试图超越“逻辑前提”的限制，孜孜以求只允许当作“先验判断”对待的“无穷真理”体系。)

然而，与任何一名聪慧智者的任何深邃非凡的主观预判完全无关，而仅仅根据人们曾经恰当定义为“同义反复”的逻辑，科学陈述必须严格遵循“实体论”的基本原则：实体是知识得以存在的前提和基础，决定了形式；形式则是推论和附属品，必须服从和依赖于实体。故而，真正科学的，又一定是必须摆脱任何智者的主观意志，只允许逻辑地渊源于特定物质对象，因而能够为每一个具有正常思维能力的研究者所获得的共同结论。当然，隶属于某个“理想化物质对象”的形式，不允许仅仅凭借人的主观意志作随意延拓，简单沿用于其他实体之上。不仅如此，考虑到物质世界的复杂性、无边无际，自觉承认短暂人类永远不可能“穷尽物质对象全部真实”的平常道理，那么，即使是一个看似显然合理的形式，它也只能条件地和有限真实地存在着。反过来，一旦否认“实体论”基础提供的必要支撑，拒绝“实体论”基础相应构造的限制，一切陈述终将陷入重重矛盾和悖谬之中。正因为此，Riemann 从建构他的“微分几何”开始，就已经与“理性和逻辑”彻底背离，对 Gauss 微分几何中许多建基于“几何实体”之上的正确陈述的基础构成逻辑否定，最终成为近代数学史一次“空前和系统”的理性大倒退。

但是，从人类科学史普遍呈现“承继性和批判性辩证统一”的基本特征考虑，如果说 Riemann 微分几何从一开始就存在“约定论”的前提性的认识错误，那么，所有这些错误的根源几乎仍然需要归咎于 Gauss 的微分几何。应该是 Gauss 微分几何对众多基元概念的错误诠释，才会将自己的学生和承继者引入“约定论”的万劫不复之中。针对此处讨论的“度量”概念，即如何为“曲面上线段构造度量”的问题，最后指出 Gauss 之所以会出现如此重大的“导向性”错误，其思想基础在于：完全颠倒了“实体与形式”之间的逻辑依存关系。

首先，考察 3 维 Euclid 空间中如下所示，一个以坐标原点为起点的有向线段

$$\overrightarrow{\boldsymbol{ox}}:(0,0,0)\rightarrow(x,y,z)$$

式中，(x,y,z)为这个有向线段末端几何点 $\boldsymbol{x}$ 的 3 个 Cartesian 坐标。根据向量所拥有的线性叠加关系，并使用初等几何学中的勾股定理，立即可以推知：这个有向线段的长度 l 与它的 3 个坐标分量之间，存在如下定义的关系式

$$l^2=\overrightarrow{\boldsymbol{ox}}\cdot\overrightarrow{\boldsymbol{ox}}=x^2+y^2+z^2 \tag{28}$$

此外，假设向量的末端 $\boldsymbol{x}$ 无穷逼近始端 $\boldsymbol{o}$，在这个特殊情况下上式依然适用。并且，可以直接改写为

$$\delta l^2=\overrightarrow{\boldsymbol{ox}}\cdot\overrightarrow{\boldsymbol{ox}}=\delta x^2+\delta y^2+\delta z^2 \tag{29}$$

考虑到“曲线”的微线段无穷逼近于“直线”的微线段，还可以将此式当作计算“微曲线元长度”的基本公式。

因此，如果按照 Gauss“曲面论”习惯使用的说法，在需要考虑 3 维向量空间中任意一个“微线元(不限直线或曲线)”的长度时，人们总可以借助于 Cartesian 坐标系的 3 个坐标分量，将其定义为前述式(5)所示的形式

$$\mathrm{d}l^2=\mathrm{d}r\cdot\mathrm{d}r=\mathrm{d}x^2+\mathrm{d}y^2+\mathrm{d}z^2$$

并且，在只允许使用曲线坐标系的一般情况下，需要将其改写为如式(6)所示的另一种“等价性”表述

$$\mathrm{d}l^2=\mathrm{d}\boldsymbol{r}\cdot\mathrm{d}\boldsymbol{r}$$

$$= \frac{\partial \boldsymbol{r}}{\partial x^i}\mathrm{d}x^i \cdot \frac{\partial \boldsymbol{r}}{\partial x^j}\mathrm{d}x^j$$
$$= \frac{\partial \boldsymbol{r}}{\partial x^i} \cdot \frac{\partial \boldsymbol{r}}{\partial x^j}\mathrm{d}x^i\mathrm{d}x^j$$
$$= g_{ij}\,\mathrm{d}x^i\mathrm{d}x^j \quad i,j = 1,2,3$$

毫无疑问，以上所述都是平常和自然的，没有任何深奥晦涩以至于难以理解和接受的东西。

但是，目前的“微分几何”相应存在的根本问题在于：Gauss 与 Riemann 面对这些“曲面几何”之上需要描述的“微线段”几何实在时，因为套用了只有在“平直空间”才严格存在的“线性叠加”原理，所以只允许将上述公式视作“有限真实”的形式表述时，却被他们当作置于“实在对象”之上的一成不变“形而上学（自明公理）”来对待了。根据 Gauss 几何最初希望通过“第一基本形式”予以表达，而最终在 Riemann 几何处发挥至淋漓尽致的思想，正是类似于上述两个数学公式的形式表述，它们已经不再仅仅具有原本只是用作“由坐标（工具）计算长度（实体）”的某种“手段或方法”的最初意义，而被提升或者幻化为能够超越“几何实体（及其长度）”自身，从而需要当作最具“本质意义”的一种“绝对形式”来对待。并且，只能是这些无需“存在条件”从而相当于“公理化假设”的前提性认定，才允许为不同的“几何空间”设置彼此可能完全不同的“度量”基准，相应刻画或者定义了不同几何空间的不同“内蕴几何”本质。当然，如果追索某一个数学思想的发展历史或变化过程，不妨将 Gauss 和 Riemann 在论述他们所创造“度量”概念时的思维模式，当作 20 世纪“形式主义”主张的萌芽或雏形无疑是恰当与准确的。

据此判断，对于式(28)所示，一个借助于某个坐标系“坐标分量”，刻画“有向线段”长度的形式表述

$$l^2 = \overrightarrow{\boldsymbol{ox}} \cdot \overrightarrow{\boldsymbol{ox}} = x^2 + y^2 + z^2$$

不再是局限于“向量空间”中的不同向量，只因为决定于“线性叠加”原则而自然推得一个过于简单和平凡的逻辑推论，相反，这个使用“坐标分量”的形式表述，却被 Gauss 和 Riemann 赋予一种“前提性”的本原意义，它能够乃至必须置身于真实存在的“有向线段”及其“线元长度”l 之上，需要当作 3 维 Euclid 空间唯一可靠的“度量基础”来看待。进一步说，与需要人们描述的“几何实在”对象相比，这些林林总总“坐标分量”构造的“数学公式”无疑更为根本，它们不仅能够逻辑地决定不同“几何空间”的不同“度量”基准，而且还被 Riemann 用作成功建构“先验几何学”的唯一理论支撑或思想源泉。

这样，包括“线元长度”在内，许许多多本来首先需要当作“客观存在”对象看待的“几何量”不复存在，在需要检讨与衡量某一个“形式表述”或者“数学公式”是否恰当和准确的时候，这些“几何量”的自身无法继续充当唯一可信标准或基础。相反，所有这些“客观存在”并且在建构形式系统时原本在逻辑上应该充当“前件(antecedent)”的几何学特征，只能退居“次要和从属”的地位，需要反过来逻辑地依赖于人们构造的不同计算公式，乃至随着不同人对于不同形式坐标系不同选择的偏好而变化。或者说，亘古以来，类似于“*形式只能服从和决定于实在、任何可靠的知识必须建基于实在对象之上*”等曾经得到人们普遍认同的“素朴道理”被彻底颠覆和推翻，必须重新让位于诸如 Gauss 和 Riemann 这样一些“伟大人物”的非凡意志。于是，不再首先有“几何实在”的逻辑前提，隶属于几何实在的“抽象属性”相应流于虚妄，只允许反过来依赖于“特定形式”才可能在某种特定意义上得以存在。

值得指出：形式决定于实在，与任何天才人物的“意志、偏好或者价值取向”毫无关系，它仅

仅是素朴“理性原则”的必然推论。因此，在需要人们重新检讨、审查和纠正 Gauss 微分几何与 Riemann 微分几何在形式逻辑方面存在的大量错误，进而重新建构真正符合于逻辑的“几何学”形式体系时，一个无异更为本原、紧迫并具有长远意义的重要任务还在于：诚实地正视、严肃地思考和认真地回答西方知识社会 2000 多年来始终没有能力解决的一系列“认识论”重大哲学疑难，重新把认知物质世界时的“主客观”颠倒再颠倒过来①。

事实上，如果再次逻辑地审视式(28)所示，一个被 Riemann 界定为 3 维 Riemann 空间“度量基础”的形式表述时，人们不难发现：绝对不是这个“数学公式”右侧的“分量表述”结果

$$x^2 + y^2 + z^2$$

真的为该公式左侧某个“线元”的几何实体

$$l^2 = \overrightarrow{\boldsymbol{ox}} \cdot \overrightarrow{\boldsymbol{ox}}$$

如何“度量”的问题提供了一种基准，而应该是将这种显现荒唐“认识颠倒”重新颠倒过来，并且，应该是左侧“客观存在”的线元长度，成为检讨右侧“形式表述”是否准确的唯一标准。或者说，需要遵从几乎人人自明的素朴理性判断，根据某一个统一的“度量尺度”基准，对式中出现的所有形式量 l 以及 x, y, z 首先做出“前提性”的认定，即将它们当作与不同“线段长度”形成严格逻辑对应的“客观量”对待，才可能真正构造一个“有效”的形式表述，成为 Riemann 所说“空间度规”的必要前提和基础，即

$$\exists\,(l,x,y,z) \models l^2 = \overrightarrow{\boldsymbol{ox}} \cdot \overrightarrow{\boldsymbol{ox}} = x^2 + y^2 + z^2 \tag{30}$$

显然，这个顺乎常理和决定于逻辑的“推理过程”不容颠倒。

进一步说，不仅仅必须将此处需要“度量”的线段长度 l 当作隶属于给定线段的一个“客观量”对待，而且，还需要把坐标分量 x,y,z，即在此处不妨视之为“度量工具”的形式量同样当作“客观量”对待，它们分别与称作坐标轴“投影”的三个特定线段的长度相对应，即

$$l^2 = \overrightarrow{\boldsymbol{ox}} \cdot \overrightarrow{\boldsymbol{ox}} = x^2 + y^2 + z^2 : \begin{cases} x = ox \\ y = oy \\ z = oz \end{cases} \tag{31}$$

显而易见，所有这 4 根客观存在的“特定线段”的长度，即 l,x,y,z，与 Riemann 自作聪明杜撰而得的“空间度规”没有丝毫关系，所有这些线元的长度都“同一地”取决于那把放置于巴黎国际度量局的“尺子”所设定的统一长度基准。

毫无疑问，自 19 世纪中叶的 Riemann 开始，在对待“度量(measurement)”一个即使是对远古先民来说也简单自明、素朴无华概念的认识上，出现了一种难以置信的“将意志强加于实体之上的逻辑倒置”荒唐。这些妄言彻底摆脱“经验证实”束缚的天才数学家们，颠倒了“实体和形式表述”之间显然存在的逻辑依存关系。

① 当 20 世纪的“量子力学”只能凭借“第一性原理”的荒唐，为众多逻辑悖论的公然存在提供一种纯粹自欺欺人的依据，或者寄希望于“无法定义物质实在的前提，物质实在不可能真正存在”的佞词，为种种矛盾的非法存在提供一种只能纳入“心理学”范畴的“辩护论”解释时，人们不妨相信这个与“Newton 理想”背道而驰的理性认知大倒退，其实早已在 19 世纪的西方科学世界就悄然而生了，并且，最终应该归结为西方哲学在涉及“认识论”的一系列基本问题上一直没有得到解决的缘故。因此，除了使用“逻辑分析、逻辑批判”的武器，检讨和纠正西方自然科学体系中的种种妄议以外，仍然需要使用“逻辑分析、逻辑批判”的工具，对西方哲学体系进行一次追根溯源的全局性审查，努力解决西方人无力解决的“认识论”众多疑难。

此外，正因为 Riemann 与其后的微分几何研究者，完全颠倒了“几何实在和形式表述”之间逻辑依存关系，他们将如下所述定义于某个特定“坐标系”之中，故而相应只允许“条件”存在，用于描述“微曲线元”的形式表述

$$\delta l^2 = \delta x^2 + \delta y^2 + \delta z^2$$

视作一成不变的形而上学，以至于他们根本不可能形成一种“理性”判断：虽然可以合理地认为“曲线”的微线元 δl 无穷逼近“直线”的微线元 δr，即

$$\delta l^2 \to \delta \boldsymbol{r} \cdot \delta \boldsymbol{r}$$

但是，曲线微元与直线微元之间必然存在永恒差异

$$\delta l^2 - \delta \boldsymbol{r} \cdot \delta \boldsymbol{r} = \circ \neq 0$$

并且，面对这对“永恒差异或者永恒矛盾”的时候，绝不能本末倒置将“坐标分量”构造的形式表述

$$\delta \boldsymbol{r} \cdot \delta \boldsymbol{r} = \delta x^2 + \delta y^2 + \delta z^2$$

界定为“曲线度量”的基准。相反，只有那个真实存在与“几何实在”形成逻辑对应的“微曲线元 δl”才可能视同建构形式表述的逻辑前提与必要基础，相应成为衡量“形式表述”是否恰当的唯一标准。

于是，根据定义于 3 维 Euclid 空间 R^3 中某一个 Cartesian 坐标系的参数方程，按照式(3)或者式(4)所构造的形式表述

$$l_{o\to t} = \int_o^t \mathrm{d}l = \int_o^t \left[\frac{\partial \boldsymbol{r}}{\partial t} \cdot \frac{\partial \boldsymbol{r}}{\partial t}\right]^{1/2} \mathrm{d}t = \int_o^t \left[\left(\frac{\partial x}{\partial t}\right)^2 + \left(\frac{\partial y}{\partial t}\right)^2 + \left(\frac{\partial z}{\partial t}\right)^2\right]^{1/2} \mathrm{d}t$$

计算任意一根曲线的弧长 l 时，人们不难发现：由此公式计算而得的长度 l 肯定与用作“积分上限”的自然坐标 l 总存在一定差异，或者说，作为“自然坐标”t 积分上限存在的形式量 l 与视作最终计算所得结果的另一个形式量 l 相比，只能是积分上限比计算结果更为准确地反映曲线的真实长度。①。

同样，如果需要了解 2 维曲面 M^2 上任意给定曲线 l 的长度，人们自然可以利用曲面上任意一个恰当的坐标网，使用与式(11)所引入的“度量张量”保持逻辑相容的方式，构造如下所示的曲线弧长公式

---

① 北京大学陈维桓先生编著的“微分几何学”教材，在中国学界具有毋庸置疑的影响力。阅读其编著的文献[3]，不妨合理地推测著者一定是大概形成了一种“直觉意义”的正确判断：如果继续延续一般经典著述的陈述方式来定义曲线的长度，即一方面利用“曲线微元”被当作“直线微元”的合理近似，继而把通过积分的方法计算出的 l 定义为曲线的长度；另一方面，又引入自然坐标 t 的概念，从而意味着曲线的长度已经前提性地被认定为该积分变量上限的某一个确定值 l 的必然结果，于是，两种表述或者两种定义之间存在明显的矛盾。因此，在论述《曲线论》部分之始，该著述就试图力求避免这种“可合理预见矛盾”的出现，特别提出：“我们要对所研究的曲线作一些规定。在直观上，E^3 中的一条曲线是指 E^3 中的一点随着时间 t 的变化而运动所得的轨迹”，从而有意取消自然坐标显存的“长度”内涵，代之以一个寓意不明的“时间”称谓。但是，为什么必须在“几何学”引入一个超越其“有限论域”的“时间”概念呢？一个旧有的习惯性矛盾看似得以纠正，却势必会引发新的矛盾出现。著者在“序”中曾经特别强调，该书使用的书写方法有别于其他著述，更在乎它所强调“为过渡到微分流形理论打下基础”这个更为宏大的目标。故而，贯串全书，总是与“从实体到形式”这个为常人熟悉，并且也为 Gauss 期望遵循的“常识理念”背道而驰，强行采取“先形式再提供几何解释”一种只能视作“独断论”的宣讲模式。但是，问题在于：为什么必须首先接受著者所提某种“不变形式”作为后续演绎推理的唯一可靠前提呢？作为一门科学，不可能凭借偷换概念的技巧，就真的能改变矛盾存在的真实。当然，一个更为要害的问题还在于：纯粹的形式并不存在，纯粹形式只会流于空洞。因此，企望为某个“不变形式”之推论构造的“几何学”补充诠释或辩护，本质上仍然必须依赖于在最初构造形式表述时对“形式量”内蕴某种确定“物质内涵(几何特征)”的认可或默许。故而，虽然与众不同，该教科书发现经典理论在述及“长度”概念时明显存在的悖谬，特意将曲线参量改用“时间”称谓，但是，作为专名的“时间”和“长度”属于两个完全不同的基元概念，以至于在需要确认“运动速度为常数”的前提下，这个斧凿痕过于明显的“时间”称谓在逻辑上已经完全失去存在意义，与最初的“长度”概念没有任何差别。必须承认，恪守忠诚始终比曲尽其妙的生花之笔更为可贵和难得，从事科学研究需要遵守的“第一要义”恰恰在于：严厉杜绝任何模糊是非的蓄意掩饰，努力揭示和还原事物的本来面貌。

$$l_{o\to x} = \int_o^x \mathrm{d}l = \int_o^{(x^1,x^2)} g_{ij}\,\mathrm{d}x^i\mathrm{d}x^j \quad \boldsymbol{x} \in M^2$$

尽管如此，人们甚至可以合理地推测：与上述分析一致，如果手中有一根柔软的卷尺，能够沿着定义于 2 维曲面 M^2 之上，勾连起点 o 点到终点 $\boldsymbol{x}$ 之间该给定曲线 l 的所有几何点，逐次丈量而得的结果一定比根据式(27)计算所得的长度更为准确。并且，人们切切不要忘记前面所说：在需要使用这个“计算公式”之前，还必须首先对曲面上密密麻麻“坐标网”自身的“自然坐标 —— 坐标曲线的长度”事先做出合理的“前提性”界定。当然，能够用作确立坐标曲线“自然坐标”一种必需的，不会出现千差万别测量结果的“度量基准”的，永远只可能是与巴黎国际度量局那把尺子保持一致的量尺。毫无疑问，为什么一定要本末倒置、巅倒因果，把一个自身仍然依赖于“统一度量”才可能被赋予确定意义，并且只允许条件存在的形式表述当作“几何实在”的度量基础呢？

再次指出，以上所述丝毫不牵涉任何高深的学问，隶属于“一般常识”的范围。或者说，只是把颠倒了的常识重新颠倒过来，是任何具有最起码“理性思维”的人都不难接受和不容反驳的平常道理。然而，人类历史的真实，却往往总是在嘲弄自以为是的人类。自从 Riemann 寄希望于“先验真理”的神启，妄想创造出与个别“几何实在”毫无关联的“大一统几何学”开始，在跨越两个世纪的漫长岁月里，竟然会前赴后继出现了一批又一批被 Kline 称作“相信自己的直觉比逻辑推理更为可靠”的天才人物，他们不断放纵和煽动这样一种不可思议、荒谬绝伦的“理性大倒退”浪潮，以尽情宣泄和彰显自以为超出常人的非凡才华。

1.1.4　弯曲几何内蕴的“非线性”结构

只要涉及“非线性”的命题，必须首先指出，不允许像 20 世纪中后期的许多西方科学家反复强调或渲染的那样，总是把“非线性”异化为一种与特定对象无关的“纯形式”来对待。与其一致，同样也不应该过分夸大或炫弄某个“微分算子”的作用，将“微分算子”所对应的某种特殊的“运算结构”与其赖以存在的“数学物理模型”整体，乃至数学物理问题拥有的特定“物质背景”割裂开来，最终演变成一种“形而上学”的并且完全僵化了的所谓纯粹形式。必须形成一种稳定的理性判断：任何形式，必须依赖于“实体”的前提存在才可能成为被赋予“实在内容”的真正形式。一旦缺失“实在对象”的支撑，所谓的“纯粹形式”必将蜕变为“空无一物”的虚幻。而且，契合于“古典逻辑”或者人们通常所说的“理性思维”原则，任何只能视同“空现(vacuous occurrence)”的陈述一定矛盾重重，存在形形色色潜藏“自否定”的荒唐推论。当然，这同样是包括 Riemann 几何在内，所有建构于“约定论(公理化假设)”之上的形式系统注定充斥着矛盾和悖谬，并且是任何人也不可能真正读懂的根本原因。

因此，无需也不应该将“非线性”异化为与“实在对象”无关，孤悬于某个“形式系统(数学物理模型)”的“整体”之外，一种凝固僵化了的“纯粹”形式。尽管如此，一旦面对与“弯曲几何”相关的命题，也就是需要针对包括曲线、曲面在内，任何一种呈现“弯曲特征”的几何实在构造某种形式表述时，人们必须形成一种符合于逻辑的判断：所有这些形式表述拥有的“共性抽象”特征就在于一切“弯曲几何”内蕴的“非线性”结构。当然，“弯曲几何”的形式千变万化，各自拥有的“非线性”结构自然是多种多样、不一而足。但是，绝不允许如 Riemann 以后的“现代微分几何”所述，仅仅凭借以“公理化假设”称谓的人为认定，就可以把个别人的“主观意志”当作只能生而知之的“先验性”真理，将只能逻辑地隶属于平直空间的“线性结构”添加至弯曲几何之上，进而用作建构“微分几何”的全部形式基础。

此处，不妨追溯 Riemann 构建微分几何的基本思想。根据 Gauss 微分几何，当人们以为可以或者必须通过式(9)与式(12)这两个“计算公式”分别为 3 维 Euclid 空间 R^3 和 2 维曲面 M^2之上的”线元“$\mathrm{d}l$ 构造了一种“形式定义”的时候，不难发现，它们之间存在如下所示的“形

式"一致性

$$\begin{aligned} dl^2 &= d\boldsymbol{r}\cdot d\boldsymbol{r}\in R^3 \\ &= g_{ij}dx^i dx^j \quad i,j=1,2,3 \end{aligned} \Leftrightarrow \begin{aligned} dl^2 &= d\boldsymbol{r}\cdot d\boldsymbol{r}\in M^2 \\ &= g_{ij}dx^i dx^j \quad i,j=1,2 \end{aligned}$$

显然,这种"纯粹形式"的一致性引起了 Riemann 的注意。或者说,当其正潜心于寻找某个只允许当作"先验性(a priori)"的特殊公理对待,进而由此出发建构能够独立于任何特定"几何实在"的"大一统"几何学的时候,Riemann 坚信在这种与几何量"维数"毫无关联的高度"形式一致性"背后,必然存在某种更为深邃本质的内涵。据此,Riemann 凭借这种只能视同"神启"的力量,最早提出或者发明了 n 维"微分流形"的概念,指出它无非是作为"2 维空间"和"3 维空间"自然延伸而成,一个"高度抽象"的多维空间,并且,仍然与最初的 R^3 和 M^2 一样,存在或者必须服从如下所示的"度量"概念

$$\begin{aligned} dl^2 &= d\boldsymbol{r}\cdot d\boldsymbol{r} \\ &= d\boldsymbol{r}d\boldsymbol{r} : \boldsymbol{I} \\ &= \boldsymbol{e}_m\boldsymbol{e}_n dx^m dx^n : \boldsymbol{e}^i\boldsymbol{e}^j g_{ij} \\ &= g_{ij}dx^i dx^j \\ &: i,j = 2,3,\cdots,n \end{aligned} \tag{32}$$

于是,这个最初源于 Gauss 微分几何中"度量公式"的启发,继而经过 Riemann"自由想象"加工而得的形式表述,自然满足 Riemann 在从事"几何学"研究之初所设置寻求一种不受任何"经验的物理空间"的限制,相应拥有"普适意义"最高要求的宏伟目标。Riemann 明确指出:正是这个一成不变,原则上只允许当作"形而上学"看待的形式表述,能够为形形色色"弯曲流形(抽象空间)"各自在"尺度度量"方面表现的不同"个性"特征,提供了一种"形式上"彼此契合的统一基准。

然而,无论这种源于"形式一致性"的想象是多么神奇,但是,缺失物质内涵的纯粹"表观形式"不具任何意义。其实,与前面讨论所述一致,如果重新考察这个具有"统一形式"的数学关系式,人们不难发现:定义于给定空间中任意一个坐标系在任意给定几何点处的"基矢量"集合,即$\{\boldsymbol{e}_i\}$,才是这个形式表述需要唯一考虑的基本几何量。并且,这个本质上仅仅涉及"度量张量"$\boldsymbol{I}$,应该将其当作"整体量"对待的形式表述,其中全部的"基矢量"都是按照张量所规定的"线性叠加"方式而出现的。因此,这个呈现"张量特征"的形式表述,在用作刻画"高维抽象空间(弯曲流形)"所内蕴某种"本质特征"的同时,将以一种十分自然的方式,逻辑地拥有本来只允许隶属于"平直空间"的"线性运算"结构。事实上,这才是真正潜藏于整个 Riemann 几何之中的"实体论"基础和本质。①

① 崇尚"公理化主义"的研究者反对数学作为科学的一个分支同样需要得到"实体论"基础支撑的观点,因为仅仅于此他们提出的"纯粹形式"才能够存在。然而,缺失"实体对应"的"纯粹形式"其实从来没有真正存在过。无论是 Riemann 自由创造的抽象空间,还是 Hausdorff 等提出的拓扑公理,它们都不可能成为一种真正的、绝对意义的纯粹形式。或者说,对于这些"公理化体系"创造者而言,他们在构造"纯粹形式"时仍然与潜藏于他们思想中的某种"几何实在"形成了一种心领神会的默契或呼应,相应被赋予某些"实在"的内容。否则,这些"纯粹形式"只能蜕化为若干"字符"的堆砌,他们希望赋予"纯粹形式"之中的任何"逻辑关联"也就自然无从谈起。必须认识到:自然科学的"实体论"基础,绝不能视作"哲学信仰"的自由选择,它仅仅是"逻辑规则"的必然推论。

进一步说，正如现代“Riemann 微分几何”向人们实际展示的那样，一个最初只允许用于描述“平直空间”，因而相对要简单许多的"线性运算"结构，仅仅因为 Riemann“天才地创造”出一个以“空间度规”称谓的统一模式或形式量，就能够被成功地移植至在本质上对“平直空间”构造了一种逻辑否定，因而要相应复杂许多的形形色色“弯曲几何”之上，并且成为 Riemann 再接再厉，充分发挥自己的“天赋”创造出一个“无穷维弯曲空间——微分流形”的唯一形式基础。当然，还可以等价地说，只因为凭借对式(32)定义的“度量”概念在形式上“高度一致性”背后一定潜藏某种“抽象内涵”的非凡直觉和顿悟，一个为 Riemann 梦寐以求，即与 Riemann 所鄙视的“物理实在空间”没有任何关系，只允许建构于 Riemann 声称的“先验判断”之上，最终只能以“大一统几何学”称谓的伟大创举从而轻而易举地展现在人们的面前。

但是，不管梦呓如何美好，能够给人以无穷无尽的美好遐想，梦呓终究还是梦呓。毫无疑问，从 Riemann 确立建构与特定对象无关“几何学”宏大理想的那个时刻开始，他就因为与 Plato 所述“任何可靠的知识必须建构于实在东西之上”一个毋庸置疑的素朴平凡理性判断彻底背离，而注定将自己逻辑地置于荒唐、紊乱和悖谬彼此交混的万劫不复之中。事实上，与前面针对 Gauss 微分几何所做的逻辑分析和批判一致，即使式(32)所示为“高维抽象空间”构造的“度量”真的存在，它也仅仅隶属于给定空间某“单个”几何点处的坐标系，与需要起码定义于“两个”几何点之间任何形式几何量的“度量”毫无关系。更何况，坐标系只不过是任人选择的工具，形形色色、无穷无尽。那么，又何以将这个只能隶属于某个“特定工具”的形式表述，错置于与其几乎毫无关联的不同“抽象空间”之上呢？

此外，如果重现审视式(1)所示，定义于 3 维 Euclid 空间 R^3 之中，任意一根“空间曲线”的参数方程：

$$\boldsymbol{r}=\boldsymbol{r}(t):\begin{cases}x=x(t)\\y=y(t)\\z=z(t)\end{cases}\tag{33}$$

以及同样定义于 3 维 Euclid 空间 R^3 之中，关于任意给定“空间曲面”上以两个 Gauss 坐标作为自变量的参数方程

$$\boldsymbol{r}=\boldsymbol{r}(u,v):\begin{cases}x=x(u,v)\\y=y(u,v)\\z=z(u,v)\end{cases}\tag{34}$$

人们可以断言：无论是空间曲线还是空间曲面，在它们各自拥有的“参数方程”中，最少有一个是“非线性”的方程。否则，它们将分别蜕化为直线或者平面。当然，此时也就没有任何“弯曲几何”可言了。

1.2　纠正“弯曲几何”独立于“平直空间”的错误判断

形式表述无法空洞孤立地存在，必须逻辑地隶属于它需要描述的特定对象，并凭此才可能获得“实在内容”以及仅仅存在于实在内容之间的某种“逻辑关联”。反之，一旦失去特定对象的支撑，任何形式的性质都将因为失去对象赋予的内涵而成为空洞。不仅如此，隶属于某个特定对象的“众多”性质，还必然形成一个“彼此关联、互为依存”的不可分割的整体，因此如果把其中某一个“特性”孤立出来，几乎必然会导致悖谬和荒唐。当然，如果进一步说，还不只是“单

个"物质对象的问题，而是众多物质对象组成的物质世界本质上同样是一个"彼此关联、互为依存"的整体的问题。某一种"物质形式"的存在，还依赖于特定"物质环境"的支撑，缺乏物质环境构造的背景，也谈不上那个特定"物质形式"及其内蕴的"抽象属性"存在。毫无疑问，正是在这些"认识论"的常识判断上，动辄喜好谈论"绝对"真理、习惯于将有限知识推向"无穷和极致"的西方知识社会，长时间处于一种难以置信的前提性认识紊乱之中。

事实上，不仅仅相合于现代"微分流形"希望表达的思想，还可以当作一种"常识性"判断来对待，既然构成对"平直"的逻辑否定，那么，任何形式的"弯曲"只能存身于比最初"平直几何"某个"维数更高"的抽象空间之中，或者说，只能依赖于这种更高"维数"的存在，才可能对"弯曲"做出具有"形式意义"的描述。然而，在 Gauss 微分几何中，却给出与这个常识判断根本背离，所谓"弯曲几何"能够独立于"平直空间"存在，并最终导致几何学完全陷入"主观独断"的错误结论。

纵观 Gauss 的"曲面论"陈述，Gauss 总是想在他所说曲面"内蕴特征"与"外在特征"之间强行设置一种"表观意义"的分割，欣喜于一个他称作"绝妙定理(theorema egregium)"却隐含太多"逻辑不当"的数学关系式，试图凭此把他求得的某个或某些数学公式当作一成不变的"形而上学"对待，并冀望由此一劳永逸地推知"曲面几何"的所有一切。毫无疑问，在 Gauss 构造微分几何的过程中，他同样无法摆脱整个西方知识社会一种普遍存在和根深蒂固的崇尚"形式高于实体"和轻信"主观臆测"以至于必然与"实体论"素朴理念彻底背离的思想倾向的桎梏。至于这种最终必然导致太多"矛盾和悖谬"的认识论不当，集中体现在 Gauss 微分几何对两类"基本形式"的构造和诠释之上。

1.2.1 Gauss 微分几何中的"第一基本形式"及其"平凡性"本质

作为对建立于"约定论"之上的整个现代微分几何的一种"追根求源"探索，以上讨论依循目前微分几何所使用的习惯语言或者论述方法，回顾和分析了 Riemann 构建微分几何的基本思想脉络，其主要思想在于：注意到 Gauss 微分几何借助于某个曲线坐标，形式地表述一个"空间曲线"的微元长度时，无论该曲线是直接定义于 3 维 Euclid 空间 R^3 之中，还是进一步被限制在 2 维曲面 M^2 之上，它们都可以表述为

$$\begin{aligned} \mathrm{d}l^2 &= \mathrm{d}\boldsymbol{r} \cdot \mathrm{d}\boldsymbol{r} \\ &= \frac{\partial \boldsymbol{r}}{\partial x^i} \cdot \frac{\partial \boldsymbol{r}}{\partial x^j} \mathrm{d}x^i \mathrm{d}x^j \\ &= g_{ij} \mathrm{d}x^i \mathrm{d}x^j \end{aligned}$$

从而呈现出一种"形式上"的高度一致性。如果说两种形式表述有什么不同，那么，它们之间的唯一差别仅仅在于"独立坐标"的个数不同，从用于 3 维 Euclid 空间 R^3 时的 3 个变为 2 维曲面 M^2 时的 2 个。另一方面，因为 Riemann 自己预先设定了一个几何学纲领：寻求某些只允许当作"先验真理(a priori)"对待的若干"公理化假设"前提，继而建构与个别"几何实在"无关从而能够被赋予"普适意义"的几何学，所以 Riemann 推断：此处所示的"形式一致性"必然就是超越"物理实在"空间限制的本质内涵；或者说，这个体现"空间度量"本质的关系式，只能当作恒常不变的"纯粹形式"来看待。据此，Riemann 第一次提出"n 维微分流形——高维抽象空间"的概念，并相信最终成功地构造了自己所期待那个"大一统"意义的几何学。

因此，在尽可能真实地追溯指导"近现代几何学"的基本思想及其历史变迁的轨迹时，需要

提请人们注意：一个作为现代数学中专有名词的“度规(metric gauge)”称谓并不是源于Gauss，而是由Gauss的学生和自己选中的继承人Riemann最早发明的。但是，随着这一称谓被彻底“形式(形而上学)化”并跃变为几何学的最基本概念的同时，不仅Gauss几何曾经着力研究的2维曲面降格为Riemann不屑待之的“物理空间”中某种“几何实在”的个体，相应失去“支撑和制约”形式系统的前提地位，代之以因构建者“主观意志”而提出的“规矩、法则”，并且，反置于需要研究和探讨的“几何实在”对象之上。于是，绝不能将Riemann微分几何视作Gauss微分几何的简单延续或发展，而是发生了脱胎换骨的根本改变，它与Gauss微分几何在实际研究过程中仍然主要遵循“实体论”的理念完全背道而驰。(至于使用“度量张量”取代“度规”的称谓，由此在“客观上”突出形式表述必然内蕴某种“不变性内涵”的提法，则是发生在Gauss、Riemann以后近一个世纪的事情。这样，植根于“张量”研究之始终，努力摆脱研究者“主观意志”的好恶与抉择，作为自然科学一个有机部分的数学又通过一种“迂回曲折”的方式，最终与科学陈述必须建基于“物质实在”之上理性判断再次勾连在了一起。并且，需要注意：虽然单纯从“客观效果”考虑，由于作为“客观量”的“张量”现身于20世纪的现代数学，迫使现代数学重新回归到科学陈述必须严格遵循的“实体论”基础之上；但是，首创“张量”的数学家们，并没有真正形成一种“自觉、自醒”的理性意识和判断，没有认识或没有充分注意到张量表述在“形式不变性”背后潜藏的“实体论”基础。相反，在至今几乎所有涉及张量的论述中，仍然充斥“形式至上”从而背离张量的“实体论”基础的思维痕迹。或者说，因为“赋予形式或规则以至高无上的权力和地位，形式置于实体之上”的错误导向及其影响始终没有有效纠正和彻底清算，所以在“认识逻辑”上一种长期存在“实体和形式本末倒置”的基本格局至今没有真正改观。)

毫无疑问，现代微分几何之所以陷入“形式化”的浅陋，应该归咎于Riemann所做的系统工作。但是，为了正本清源，仍需作“思维导向”的追根溯源式反思。人们不难发现：将几何学中的某些关系式当作“纯粹形式”来处理的思想，其实并不真正是Riemann的首创，仍然应该归结于他的老师Gauss在“曲面论”中的许多不当提法和概念。(当然，这同样是书写本书快要结束时才仓促决定增加这个附录的缘故。)

根据Gauss在“曲面论”中的论述，假设给定如下定义的一个2维曲面

$$\boldsymbol{r}=\boldsymbol{r}(u,v) \tag{35}$$

以及定义于其上的一根曲线 C

$$\boldsymbol{r}(t):\begin{cases}u=u(t)\\ v=v(t)\end{cases} \tag{36}$$

式中 u 和 v 是曲面上的一对Gauss坐标，而参数 t 为给定曲线 C 的自然坐标。

进而，如果以 l 表示曲面上曲线的弧长，那么，可以立即推得

$$\begin{aligned}\mathrm{d}l^2&=\mathrm{d}\boldsymbol{r}\cdot\mathrm{d}\boldsymbol{r}\\&=\left(\frac{\partial\boldsymbol{r}}{\partial u}\mathrm{d}u+\frac{\partial\boldsymbol{r}}{\partial v}\mathrm{d}v\right)\cdot\left(\frac{\partial\boldsymbol{r}}{\partial u}\mathrm{d}u+\frac{\partial\boldsymbol{r}}{\partial v}\mathrm{d}v\right)\\&=\boldsymbol{r}_u\cdot\boldsymbol{r}_u\mathrm{d}u^2+2\boldsymbol{r}_u\cdot\boldsymbol{r}_v\mathrm{d}u\mathrm{d}v+\boldsymbol{r}_v\cdot\boldsymbol{r}_v\mathrm{d}v^2\end{aligned}$$

令

$$E=\boldsymbol{r}_u\cdot\boldsymbol{r}_u,\quad F=\boldsymbol{r}_u\cdot\boldsymbol{r}_v,\quad G=\boldsymbol{r}_v\cdot\boldsymbol{r}_v \tag{37}$$

则有

$$\mathrm{d}l^2=E\mathrm{d}u^2+2F\mathrm{d}u\mathrm{d}v+G\mathrm{d}v^2$$

于是,Gauss 提出:如下定义的 2 次形式

$$\mathrm{I} = E\mathrm{d}u^2 + 2F\mathrm{d}u\mathrm{d}v + G\mathrm{d}v^2 = \mathrm{d}l^2 \tag{38}$$

可以称作 2 维曲面的第一基本形式,并且,只能由这个“基本形式”决定曲面上曲线的“弧长”以及与其相关的若干基本几何量。至于其中由式(37)所定义的三个系数,相应称之为曲面上的三个第一类基本量。①

顺便指出,使用式(38)规定的符号,在需要考虑曲面上任何一点处两个基矢量所张平行四边形的面积时,不难立即推得该平行四边形面积的平方可以写做如下形式:

$$(\boldsymbol{r}_u \times \boldsymbol{r}_v)^2 = \boldsymbol{r}_u{}^2 \boldsymbol{r}_v{}^2 - (\boldsymbol{r}_u \cdot \boldsymbol{r}_v)^2 = EG - F^2 \tag{39}$$

并由此可以定义曲面上一点处的单位法向矢量,或者说,将曲面上同一点处的基矢量与单位法向矢量构造如下所示的确定关联:

$$\boldsymbol{n} = \frac{\boldsymbol{r}_u \times \boldsymbol{r}_v}{\sqrt{EG - F^2}} \tag{40}$$

于是,曲面上一些为人们感兴趣的几何量,能够以一种人们往往期待的“统一”方式,与 Gauss 最初为曲面构造的“坐标系”发生某种直接关联,从而方便了人们的计算。

显而易见,后来由 Riemann 引入的“度规”概念,谈不上任何“独创”,不过是 Gauss 在“曲面论”中最初所引入“第一基本形式”的简单复制或变种。除了作为一名从事“测地学”的专业技术人员,Gauss 在从事“几何学”研究时总会下意识服从的“实体论”基础,被 Riemann 蓄意提出的“约定论”主张取代以外,Riemann“度规”和 Gauss“第一基本形式”这两种表述在“形式上”的差异仅仅在于:各自使用的“符号”以及“定义域(适用范围)”有所不同。因此,前述讨论针对 Riemann 度规存在“形式倒置于实体之上”这一前提性错误的全部批判,原则上同样适用于 Gauss 提出的第一基本形式。尽管如此,考虑到一般而言允许把 Gauss 微分几何纳入“实体论”的范畴,所以 Gauss 微分几何中若干源自“约定论”的逻辑不当往往更具隐蔽性,故而值得继续作一些深入讨论和更为明晰的批判。

其中,如果仅仅局限于 Gauss 所说的“第一基本形式”命题,那么,一个最为致命的不足或认识紊乱仍然是前面已经提出过的,因为“逻辑主体”的错乱所以必然导致这个“基本形式”仅具“平凡性(triviality)”本质的重大失误。并且,澄清这一问题,对于重新恰当认识“第二基本形式”以及最终彻底否定 Gauss“内蕴几何”的错误思想导向同样是必需的。

对照前面围绕“度量张量”所做的分析不难看出,被 Gauss 异化为“形而上学”的“第一基本

① 此处,值得再次提及著述[3]只是为了维护或准确体现其笃信的“公理化体系(约定论)”思想,针对此命题所做不落流俗的论述。显然,考虑到如何充分凸现或明示“形式至上”这个贯穿于整个 Riemann 几何的指导思想,该教材不是按照 Gauss 和 Riemann 最初使用的论述方式,从曲面上曲线“微元长度”这个几何量出发,引出“第一基本形式”的概念,而是直接采取纯粹“公理化”的方法,首先提出一个称之为“基底$\{r_u, r_v\}$的度量系数的对称矩阵”的形式表述,继而提出这个概念前提能够满足“变换不变性”的要求,最后再告诉人们这个形式表述蕴涵的几何意义。但是,第一,凭什么能够首先给出最初的形式表述呢?第二,在最终指出这个形式表述的几何意义时,并没有提供任何具有逻辑意义的证明,只不过重现在最初构造这个“纯粹形式”时已经将其中的形式量“默认”为某种特定“几何实在”的前提认定而已,导致整个论述陷入循环逻辑之中。(之所以花费笔墨,再次提及对“彻底否定 Riemann 几何”这个主题而言根本无足轻重的例证,无非希望告诉人们:从事基础科学研究,国人的确不缺足够的智慧,却往往不具西方人的那份豪放和担当;当然,更没有理由将尽管曾经做出历史性巨大贡献却同为凡人的西方科学先行者神话。)

形式”与他希望研究的“曲面”没有任何逻辑关联，当然，这个“纯粹形式”与Gauss所期待曲面上线段内蕴的“度量特征”同样没有逻辑上的任何关联。所谓的“第一基本形式”与必须定义于曲面上两个“不同几何点”之间的“线段长度”毫无关系，无非只是定义于曲面上某个“单独”几何点处，并且仅仅与某给定“坐标网”的工具构成确定“逻辑关联”的形式表述。进一步说，式(38)构造的第一基本形式

$$\mathrm{I} = E\mathrm{d}u^2 + 2F\mathrm{d}u\mathrm{d}v + G\mathrm{d}v^2 = \mathrm{d}l^2$$

只允许定义于给定曲面的“一个”给定点处，与曲面上必须定义于“两个相异点(无论它们多么接近)”之间的线元长度毫无关系，它可能表现的只是该点处“曲线坐标系”展现的几何特征，相应为微线元 $\mathrm{d}l$ 提供了一个以“坐标分量”作为“自变量”的函数表述。毫无疑问，只有那个需要当作“客观量”对待的“线元长度”$\mathrm{d}l$ 才是基本的，将形形色色不同的“曲线坐标系”关联在一起，并且成为考察和评价相关“形式表述”的唯一可靠基础。因此，绝对不允许像Gauss竭力申述的那样，本末倒置，将只允许“条件存在、有限真实”的第一基本形式反置于作为“客观量”前提存在的“线元长度”之上，错当成界定“线元长度”的标准。

因此，如果对照前面曾经通过式(26)指出Riemann的“度量张量”没有任何实质内涵，只允许当作“恒同张量”对待的事实

$$\left.\begin{array}{l}\boldsymbol{r}\cdot\boldsymbol{I}=\boldsymbol{r}\\ \boldsymbol{I}\cdot\boldsymbol{r}=\boldsymbol{r}\end{array}\right\}:\boldsymbol{I}=\boldsymbol{e}^i\boldsymbol{e}^j g_{ij},\quad g_{ij}=\boldsymbol{e}_i\cdot\boldsymbol{e}_j=\frac{\partial\boldsymbol{r}}{\partial x^i}\cdot\frac{\partial\boldsymbol{r}}{\partial x^j}$$

那么，可以逻辑地推知：Gauss定义于曲面上一点处的“第一基本形式”同样是一个“平凡”概念，并没有任何具有“实质意义”能够决定线元长度的内容。

面对独立于“不同研究者不同主观意志”某个特定的“物质存在”对象，使用“无歧义”的科学语言，寻求或构造不同的恰当形式表述，寄希望于它们能够针对往往已经被“抽象化”了的，但是在本质上依然与“个别研究者主观意志”没有任何关联的物质对象相应做出不同的合理描述，无疑贯穿于全部自然科学研究的始终。正因为此，纵观整个自然科学体系，任何一个恰当的形式系统只可能逻辑地隶属于它希望描述的“理想化”物质对象。或者说，只有需要描述的“物质对象”才可能成为恰当“形式系统”的逻辑主体，而绝不是相反，要求“自存”的物质对象必须从属于人们“建构”的形式系统。

毫无疑问，对于Gauss所说的“第一基本形式”以及三个“第一基本量”而言，它们真实的逻辑主体，或者说是相关形式表述的真正拥有者，原则上并不是作为“客体(研究对象)”的某个“特定”曲面，而是曲面上可供人们任意选择的“坐标系”工具。事实上，即使从前述定义的“度量表象”角度考虑，借助于“坐标系基矢量”所构造的Gauss“第一基本形式”根本不具与某“特定”2维曲面相关的任何“特指”意义，只不过恰当刻画了作为曲面上一切合理“坐标系(工具)”必须共同拥有的某种“平凡属性”罢了。当然，如果仍然遵循“逻辑分析”的基本原则，那么，与Gauss“第一基本形式”的逻辑主体不过是定义于2维曲面之上的“坐标系”工具保持严格逻辑相容，这个所谓的Gauss“第一基本形式”仍然只允许纳入“形式表述体系的工具”的范畴，它与需要描述的“几何实在”对象毫无关系。并且，仍然因为此，如果只允许把“度量张量”当作不具实质内容的“平凡概念”来对待，那么，Gauss的“第一基本形式”同样不具能力，不可能告诉人们任何真正隶属于某“给定”2维曲面自身的几何实在。

不仅如此，在需要考察某一个被赋予“实在内涵”的形式表述时，除了必须把Gauss、Riemann等试图将“主观意志”倒置于“几何客体”之上的荒唐与幼稚重新颠倒过来，需要首先自觉形成“形式表述只可能严格逻辑地隶属于特定物质对象”理性判断以外，而且还应该认识到：即使是一个恰当构造的形式系统，它与自存的“物质对象”之间仍然存在永恒差异。因此，如果总是像某些“卓有成效”的西方科学先行者习惯所为，只要稍微有所发现，就往往会出现思维的严重逻辑紊乱，真的以为这些发现是自己“非凡智慧”之伟大创造，而完全不

明白这些发现如果“真的是正确”的话，那么，也只能将其视作是“自存”物质对象某些“固有属性”的简单道理。同样因为此，不仅仅如 20 世纪美国著名哲学家 Peirce 所说，真正科学的必然蕴涵“公众性”的特征，而且还可以肯定，真正科学的还必须寓于“公众性”特征之中。因此，那些拒绝或者根本不懂得如何将科学研究的合理结果重新逻辑地归源于被描述的“物质对象”自身，甚至仅仅源于浅薄或浅陋，总是想把只允许“条件存在、有限真实”的形式表述当作倒置于实体之上的“形而上学”普遍真理，故而往往自诩为天才的“伟大人物”最终只能将自己置身于“素朴理性”的对立面之上。

1.2.2 Gauss 微分几何中的“第二基本形式”及其内蕴的“个性”特征

与 Gauss 提出的“第一基本形式”只能纳入“平凡概念”的范畴，没有向人们提供任何“实质性”内涵的情况存在重大差异，Gauss 微分几何中的“第二基本形式”却拥有专属于 2 维曲面自身的实在内容，相应能够展现不同“几何实在”对象的不同“个性”特性。因此，人们需要对 Gauss 微分几何中的两类“基本形式”做出符合于逻辑的分辨。当然，如果此处所说的结论的确是正确的话，那么，不难由此推断：Gauss 曾经特别指出，能够由“第一基本形式”逻辑地推导出“第二基本形式”并需要将其当作 Gauss“内蕴几何”核心思想的判断，必然是一个逻辑上完全失当的错误判断。

贸然而看，似乎与 Gauss 的“第一基本形式”一样，Gauss 所构造“第二基本形式”的逻辑主体仍然是曲面上的某个坐标系。其实不然。虽然 Gauss 使用的“基本概念”或者“形式语言”没有变化，但是需要“第二基本形式”表达的“抽象内涵”已经在悄然之间发生了一种看似细微却存在本质差异的重大变化。也就是说，Gauss 的“第二基本形式”需要刻画并能够刻画的，已经不再是前面分析“第一基本形式”时所述，实际上能够为一切坐标系的“工具”所共有，因为不具任何隶属于“曲面”自身的“个性”特征，所以只能当作“平凡概念”对待的一种“工具性”表观特征。相反，在 Gauss 构造的“第二基本形式”中，已经融入专属于“给定曲面”自身的某种固有信息，即：给定曲面上某“坐标系”的基矢量，在覆盖该曲面某一几何点的“无穷小”邻域中，按照曲面在“大平直空间”中所规定的特殊“弯曲”方式在运动时，坐标系“基矢量”需要相应遵循的变化规律。或者说，与 Gauss 构造“第一基本形式”时仅仅涉及曲面上某个“凝固不动”的几何点完全不同，与 Gauss“第二基本形式”形成逻辑对应的变作一个“动了起来”的几何点，从而能够在“沿曲面运动”的过程中展现隶属于特定“弯曲几何”自身的几何特征。

也就是说，对于 Gauss 最初提出的“第一基本形式”及其后继者重新构造的“度量张量”概念，当人们只允许将它们当作仅仅依赖于“坐标系”而与特定的“几何实在”没有本质关联，相当于一种“纯粹工具”性质的陈述，以至于从形式逻辑考虑讲只能将其视作纯属多余的“平凡概念(trivial)”时，那个仍然由 Gauss 提出的“第二基本形式”却不然，它被赋予仅仅隶属于某个特定“几何实在(2 维曲面)”的“物质性”内涵，以至于与其相关的“逻辑主体”发生了某种“实质性”的变化，尽管所有这些“形式量”仍然只能纳入繁文缛节的“形而上学”范畴，并且始终没有改变西方习惯思维中“形式至上”理念的束缚。（当然，如果注意到“张量分析”的必要工具尚未提出，甚至一个只允许建构于“实体论”基础之上的“张量分析”完整体系时至今日也没有真正建立起来的时候，Gauss 的“曲面论”能够得到如此众多的重要结果已实属不易了。）

1.2.2.1 Gauss“第二基本形式”的提出

首先，简要介绍“第二基本形式”的命题如何提出的问题。遵循 Gauss 的思想，考虑曾经由

式(35)定义,并满足2阶连续可微条件的一个2维曲面

$$\boldsymbol{r}=\boldsymbol{r}(u,v)$$

以及该曲面上的一根曲线 C

$$\boldsymbol{r}(t):\begin{cases}u=u(t)\\ v=v(t)\end{cases}$$

式中 u 和 v 是曲面上的一对 Gauss 坐标,而参数 t 为曲线 C 的自然坐标。

假设 P 是曲线 C 上的一个点,而 P' 是在同一曲线上无穷逼近 P 的另一个几何点。显然,在 P 点处的 PP' 方向上构造了一个与给定曲线 C 上“曲线元”无穷逼近的“有向线段”的微元 $\delta\boldsymbol{r}$,并且,根据矢量代数,这个“直线微元”就是 R^3 空间中两个几何点分别对应的两个矢径 $\boldsymbol{r}(P')$ 和 $\boldsymbol{r}(P')$ 之间的矢量差。如果将矢径 $\boldsymbol{r}(P')$ 和 $\boldsymbol{r}(P)$ 视作曲面上一对“Gauss 坐标”的函数,那么,该直线微元可以表示为

$$P\rightarrow P':\delta\boldsymbol{r}=\boldsymbol{r}(P')-\boldsymbol{r}(P)=\boldsymbol{r}(u_0+\delta u,v_0+\delta v)-\boldsymbol{r}(u_0,v_0) \tag{41}$$

根据多元函数的 Taylor 公式,在仅仅考虑2次小量的情况下,相应有

$$\begin{aligned}\delta\boldsymbol{r}&=\boldsymbol{r}(u_0+\delta u,v_0+\delta v)-\boldsymbol{r}(u_0,v_0)\\&=(\boldsymbol{r}_u\delta u+\boldsymbol{r}_v\delta v)+\frac{1}{2}(\boldsymbol{r}_{uu}\delta u^2+2\boldsymbol{r}_{uv}\delta u\delta v+\boldsymbol{r}_{vv}\delta v_2)\end{aligned} \tag{42}$$

按照微积分的规定,式中向量函数 $\boldsymbol{r}(u,v)$ 的各次偏导数,即 $\boldsymbol{r}_u,\boldsymbol{r}_v,\boldsymbol{r}_{uv}$ 都定义于最初给定的 P 点之上。

考虑到 $\boldsymbol{r}_u,\boldsymbol{r}_v$(它们对应于 Gauss 曲线网的两个基矢量)正交于同一点处曲面的单位法向矢量 $\boldsymbol{n}$,即存在如下所示的恒等式:

$$\boldsymbol{n}\cdot\boldsymbol{r}_u=0,\quad \boldsymbol{n}\cdot\boldsymbol{r}_v=0$$

故而有

$$\boldsymbol{n}\cdot\delta\boldsymbol{r}=\frac{1}{2}\boldsymbol{n}\cdot(\boldsymbol{r}_{uu}\delta u^2+2\boldsymbol{r}_{uv}\delta u\delta v+r_{vv}\delta v^2)$$

于是,采取类似于式(33)定义三个“第一基本量”的方式,Gauss 再次引入如下所定义另外三个以“第二基本量”称谓的符号

$$L=\boldsymbol{n}\cdot\boldsymbol{r}_{uu},M=\boldsymbol{n}\cdot\boldsymbol{r}_{uv},N=\boldsymbol{n}\cdot\boldsymbol{r}_{vv} \tag{43}$$

继而,引入与式(34)所示“第一基本形式”同样保持一致的另一个形式定义

$$\mathrm{II}=L\mathrm{d}u^2+2M\mathrm{d}u\mathrm{d}v+N\mathrm{d}v^2=2\boldsymbol{n}\cdot\delta\boldsymbol{r} \tag{44}$$

该符号即为 Gauss 微分几何中通常所说的第二基本形式。

1.2.2.2　Gauss“第二基本形式”的几何意义

直接考察式(44),可以立即发现 Gauss 的“第二基本形式”的几何意义是明确的:因为曲面上一点处的法向量 $\boldsymbol{n}$ 与曲面在同一点处的切平面正交,所以 Gauss 第二基本形式Ⅱ等于在曲面给定点处并沿着曲线 C 规定方向上,直线微元 $\delta\boldsymbol{r}$ 相对于该点处曲面法向量 $\boldsymbol{n}$ 投影的两倍。等价地说,Gauss 第二基本形式对应于曲面在规定方向上与切平面之间的偏离,也就是刻画了曲面在给定方向上呈现的弯曲程度。

如果使用曲线 C 之上的自然坐标 t,取代式(41)中的两个 Gauss 坐标,它意味着直接置于曲面的给定“空间曲线”C 之上,重新考察 $\delta\boldsymbol{r}$ 的变化情况,那么,在仍然仅仅考虑2次小量的条

件下，式(42)所示的直线微元 $\delta\boldsymbol{r}$ 可以表示为如下形式：

$$\begin{aligned}\delta\boldsymbol{r} &= \boldsymbol{r}(t_0+\delta t)-\boldsymbol{r}(t_0)\\ &= \dot{\boldsymbol{r}}\delta t+\frac{1}{2}\ddot{\boldsymbol{r}}\delta t^2\end{aligned} \tag{45}$$

其中，矢径 $\boldsymbol{r}$ 的一阶导数 $\partial\boldsymbol{r}/\partial t$ 对应于曲线 C 的切线方向，而矢径的二阶导数 $\partial^2\boldsymbol{r}/\partial t^2$ 自然对应于曲线 C 的“切线方向”随着几何点发生移动时所呈现“方向转动”的变化规律，从而与上述分析曾经赋予 Gauss 第二基本形式的几何意义完全吻合。

1.2.2.3 关于“第二基本形式”几何意义的若干补充介绍

进而，将式(45)与式(44)比较。显然，在给定曲面上的给定曲线 C 上，几何点的两个 Gauss 坐标 u 和 v 仍然逻辑地依赖于曲线的自然坐标 t。因此，对于分别以曲面的 Gauss 坐标与以曲线的自然坐标作为“自变量”的两种形式表述，它们的一阶小量 $\mathrm{d}\boldsymbol{r}$ 与二阶小量 $\mathrm{d}^2\boldsymbol{r}$ 保持本质同一。于是，必然存在

$$\mathrm{d}\boldsymbol{r}=\dot{\boldsymbol{r}}\mathrm{d}t : \dot{\boldsymbol{r}}=\frac{\mathrm{d}\boldsymbol{r}}{\mathrm{d}t}=\boldsymbol{r}_u\frac{\partial u}{\partial t}+\boldsymbol{r}_v\frac{\partial v}{\partial t} \tag{46}$$

以及

$$\mathrm{d}^2\boldsymbol{r}=\ddot{\boldsymbol{r}}\mathrm{d}t^2 : \ddot{\boldsymbol{r}}=\frac{\mathrm{d}^2\boldsymbol{r}}{\mathrm{d}t^2}=\frac{1}{2}\left[\boldsymbol{r}_{uu}\left(\frac{\partial u}{\partial t}\right)^2+2\boldsymbol{r}_{uv}\frac{\partial u}{\partial t}\frac{\partial v}{\partial t}+\boldsymbol{r}_{vv}\left(\frac{\partial v}{\partial t}\right)^2\right] \tag{47}$$

这样，式(44)定义的第二基本形式还可以写为

$$\mathrm{II}=\boldsymbol{n}\cdot\delta\boldsymbol{r}=\boldsymbol{n}\cdot\mathrm{d}^2\boldsymbol{r}=L\mathrm{d}u^2+2M\mathrm{d}u\mathrm{d}v+N\mathrm{d}v^2 \tag{48}$$

利用式(38)所示 Gauss 第一基本形式的定义，相应有

$$\boldsymbol{n}\cdot\ddot{\boldsymbol{r}}=\boldsymbol{n}\cdot\frac{\mathrm{d}^2\boldsymbol{r}}{\mathrm{d}t^2}=\frac{\mathrm{II}}{\mathrm{I}}\quad C\subset M^2 \tag{49}$$

从而进一步刻画了第二基本形式的几何意义。

此外，注意到“曲线论”关于空间曲线的基本公式

$$\ddot{\boldsymbol{r}}=\dot{\boldsymbol{\alpha}}=k\boldsymbol{\beta}$$

式中，单位向量 $\boldsymbol{\alpha}$ 和 $\boldsymbol{\beta}$ 分别为曲面上给定曲线 C 在给定点处的单位切向量和单位主法向量，而 k 则为空间曲线 C 在同一点处的曲率。于是，式(49)可以改写为

$$k\boldsymbol{n}\cdot\boldsymbol{\beta}=\boldsymbol{n}\cdot\ddot{\boldsymbol{r}}=\frac{\mathrm{II}}{\mathrm{I}} \tag{50}$$

于是，Gauss 提出的第二基本形式，与曲面上曲线 C 所决定的某一个“特定方向”上展现的“弯曲程度”形成明确的逻辑关联。

作为一种特例，考虑曲面上满足如下条件的给定曲线 C：它被限制在曲线的切向量 $\boldsymbol{\alpha}$ 和曲面法线 $\boldsymbol{n}$ 所张的平面(曲面沿 $\boldsymbol{\alpha}$ 方向上的法截面)之上。显然，原来的空间曲线 C 蜕化为平面曲线，并且不再具有最初的“一般性”意义，而成为“曲面”与曲面在给定点处沿着某个特定方向“法截面”的交截线。在这种情况下，该曲线的单位主法向量 $\boldsymbol{\beta}$ 叠合于曲面的单位法向量 $\boldsymbol{n}$，而式(49)相应变为

$$k_n=\boldsymbol{n}\cdot\ddot{\boldsymbol{r}}=\frac{\mathrm{II}}{\mathrm{I}} \tag{51}$$

并且，可以将其逻辑地直接定义于给定曲面之上，称之为曲面沿某个方向的法曲率。随着所选

方向的不同,曲面一点处的法曲率必然处于变化之中。

不仅于此,如果记 k_1 和 k_2 为曲面上一点处的最大法曲率和最小法曲率,即人们通常所说的两个主曲率,Gauss 还进一步推得

$$K = k_1 k_2 = \frac{LN - M^2}{EG - F^2} \tag{52}$$

该曲率即为 Gauss 曲率。

此外,如果考虑如下的恒等式

$$\boldsymbol{n} \cdot \mathrm{d}\boldsymbol{r} \equiv 0$$

即存在

$$\mathrm{d}\boldsymbol{n} \cdot \mathrm{d}\boldsymbol{r} + \boldsymbol{n} \cdot \mathrm{d}^2\boldsymbol{r} = 0$$

故而有

$$\mathrm{II} = \boldsymbol{n} \cdot \mathrm{d}^2\boldsymbol{r} = - \mathrm{d}\boldsymbol{n} \cdot \mathrm{d}\boldsymbol{r} \tag{53}$$

显然,如果给定曲面蜕化为平面,其第二基本形式等于零。

显然,直到目前为止的所有讨论,只能算作是针对 Gauss 第二基本形式一系列“基本知识”所做一个不无过于简略的介绍,没有超出论述 Gauss 微分几何的一般著作通常讨论的范围。事实上,本书没有简单否定 Gauss 所得一系列具体“数学公式”的意思。本小节花费较多篇幅,力求针对《Gauss 微分几何中的“第二基本形式”及其内蕴的“个性”特征》的介绍尽可能充分一些,无非希望进一步突出和强调“Gauss 第一基本形式和第二基本形式,实际上隐含彼此几乎完全不同的抽象内涵,它们在本质上对应于两个不同逻辑主体”的主题。

1.2.2.4 Gauss“第二基本形式”的现代语言阐述

所谓“现代语言”阐述的涵意是指:使用 Gauss 时代尚未出现的“现代数学”语言,也就是使用建立在“实体论”基础之上的“张量”语言,相对更为完整地重新揭示“第二基本形式”蕴涵的几何意义。毫无疑问,这应该是一个有意义的,然而对于一批热衷于“约定论”妄议的微分几何研究者是根本意识不到的几何学重要命题。

首先,不妨让我们回顾式(38)所示,一个最初由 Gauss 提出并且相对要简单许多的第一基本形式

$$\mathrm{I} = E\mathrm{d}u^2 + 2F\mathrm{d}u\mathrm{d}v + G\mathrm{d}v^2 : \quad E = \boldsymbol{r}_u \cdot \boldsymbol{r}_u, \quad F = \boldsymbol{r}_u \cdot \boldsymbol{r}_v, \quad G = \boldsymbol{r}_v \cdot \boldsymbol{r}_v$$

以及后来的人们往往使用“度量矩阵”的方法,改写而成的另一种表述

$$\mathrm{I} = \sum_{i,j=1}^{2} g_{ij} \mathrm{d}u\mathrm{d}u : g_{ij} = \boldsymbol{r}_i \cdot \boldsymbol{r}_j$$

乃至随着“张量”的出现和不断完善,一种更为直接的方式

$$\mathrm{I} = \mathrm{d}\boldsymbol{r} \cdot \boldsymbol{I} \cdot \mathrm{d}\boldsymbol{r} = \mathrm{d}\boldsymbol{r} \cdot \mathrm{d}\boldsymbol{r} \approx \mathrm{d}l^2$$

面对以上针对同一“概念”所构造三种不同形式的表述,看起来似乎像现代微分几何研究者通常认为的那样,希望它们共同表达的意涵并没有发生任何改变①。

① 式右的 2 阶张量 $\boldsymbol{I}$ 曾经出现在前面的讨论中。值得重复指出:这个最早被人们以“度量张量”的名义引入的 2 阶张量,往往又以“单位张量(unit tensor)”或者“恒同张量(identical tensor)”称谓之,因为它作用于任何一个张量的结果,仍然永远是那个最初给定的张量。

在继续探讨如何为 Gauss 第二基本形式构造"现代语言"表述以前，值得对以上结果补充若干隶属于"纯粹逻辑"范畴而不仅仅是局限于"表观形式"意义的分析。

显然，一个极其重要然而往往为人们忽视了问题在于：在这些"表述形式"悄然而变之时，它们赖以存在的"哲学基础"以及各自隐含的"逻辑主体"已经在不经意之间发生了某种细微的改变。事实上，面对 Gauss 最初写出的第一基本形式

$$\text{I} = E\mathrm{d}u^2 + 2F\mathrm{d}u\mathrm{d}v + G\mathrm{d}v^2 : E = \boldsymbol{r}_u \cdot \boldsymbol{r}_u, \quad F = \boldsymbol{r}_u \cdot \boldsymbol{r}_v, \quad G = \boldsymbol{r}_v \cdot \boldsymbol{r}_v$$

以及根据 Riemann 首创"度量矩阵"概念，改写而成的另一种表述

$$\text{I} = \sum_{i,j=1}^{2} g_{ij}\,\mathrm{d}u\mathrm{d}u : g_{ij} = \boldsymbol{r}_i \cdot \boldsymbol{r}_j$$

人们需要注意，无论是尊重和沿袭 Gauss 微分几何实际处理过程中一种往往难以遏制和十分厚重的"形式至上"情结，还是认同和照搬 Riemann 建构自己的"泛几何学"时一种不可缺失的"约定论(先验判断)"基础，他们需要表达的一种共同理念是：必须把 Gauss 的第一基本形式 I 以及其中的 E,F,G，或者后来由 Riemann 改写而成的 g_{ij} 当作一成不变的"形而上学"来对待。并且，正如前述讨论着重指出的那样，这两种只能借助于"坐标分量"构造而成的形式表述，它们的真正"逻辑主体"只能是某一个坐标系，与人们需要描述的"几何体"对象以及与其相关的"度量"毫无关系。因此，这些足以让人们眼花缭乱的形式表述本质上只能是"平凡(trivial)"的，不可能提供任何真正隶属于"2 维曲面"自身的实在内容。

此外，再考察此处重新构造的第三式，即

$$\text{I} = \mathrm{d}\boldsymbol{r} \cdot \boldsymbol{I} \cdot \mathrm{d}\boldsymbol{r} = \mathrm{d}\boldsymbol{r} \cdot \mathrm{d}\boldsymbol{r} \approx \mathrm{d}l^2$$

当然，人们同样可以将其称作是"平凡"的，只不过是为线元长度人们熟知的形式定义再次构造一个"重言式"表述而已。但是，问题在于：其中没有出现或者更为准确地说是不应该出现任何与"坐标系"相关的概念。作为几何实在的矢量 $\mathrm{d}\boldsymbol{r}$ 才是构造这个形式表述的唯一逻辑主体，而该几何实在的长度 $\mathrm{d}l$ 同样只能当作"客观量"对待，并且与矢量的"点积"联系在一起。

于是，这个使用现代"张量语言"重新构造的形式表述所内蕴"独立于任何坐标系选择"的不变性，自然成为一个必然存在的简单结论。并且，正如前面讨论已经充分证明的那样，Gauss 最初提出的第一基本形式 I 与 Riemann 后来改写而成的系数矩阵 g_{ij}，本质上都与需要度量的几何实在 $\mathrm{d}\boldsymbol{r}$ 完全无关，充其量只能反映所使用"坐标系——工具"的特性，从而需要被当作一个可有可无的"平凡概念"来对待。

因此，汲取以上分析的启示，值得考虑如何沿用现代"张量语言"的表述形式，以实现揭示或突出形式量所内蕴"物质内涵"的思维方法，重新审视 Gauss"第二基本形式"需要表达的几何意义。根据式(43)和式(44)构造的形式定义，即

$$\text{II} = L\mathrm{d}u^2 + 2M\mathrm{d}u\mathrm{d}v + N\mathrm{d}v^2 : L = \boldsymbol{n} \cdot \boldsymbol{r}_{uu}, \quad M = \boldsymbol{n} \cdot \boldsymbol{r}_{uv}, \quad N = \boldsymbol{n} \cdot \boldsymbol{r}_{vv}$$

可以立即推知

$$\text{II} = \sum_{i,j=1}^{2} L_{ij}\,\mathrm{d}u^i\mathrm{d}u^j : L_{ij} = \boldsymbol{n} \cdot \frac{\partial^2 \boldsymbol{r}}{\partial u^i \partial u^j} = \boldsymbol{n} \cdot \frac{\partial \boldsymbol{r}_i}{\partial u^j} \tag{54}$$

继而，(参照前面题为《曲面上向量场微分运算的理性重构与经典表述的逻辑证伪》一章曾经进行的讨论)，借助于定义于曲面之上一种被赋予"物质意义"的"梯度算子"工具，不难将以上表述进一步改写为与"坐标系"完全无关的"张量"形式

$$\begin{aligned}\text{II}(\boldsymbol{x}) &= \boldsymbol{n} \cdot (\mathrm{d}\boldsymbol{r}\mathrm{d}\boldsymbol{r} : \boldsymbol{\nabla\nabla r}) \\ &= \boldsymbol{n} \cdot \boldsymbol{r\nabla\nabla} : \mathrm{d}\boldsymbol{r}\mathrm{d}\boldsymbol{r}, \quad \boldsymbol{x} \in M^2\end{aligned} \tag{55}$$

这样，随着完全摈弃了"坐标系"这个可以供人"随意选择"的工具，能够以一种明确无误的方式，赋予 Gauss 最先借助于"坐标分量"构造的"第二基本形式"以任何一个真正恰当"形式表述"必须拥有的"实体论"的意义。当然，随着"第二基本形式"表示为与坐标系完全无关的"张

量”形式，相应拥有仅仅隶属于特定“物质对象”的“客观性”内涵，它必然成为独立于任何一种“坐标系”的人为选择，完全决定于被描述的特定曲面，即借助于某个“曲面方程”加以定义的几何实在的“不变性”描述。

尽管如此，问题到此其实还没有结束。如果说，因为Gauss提出的两种“基本形式”并不简单存在运算上的任何直接错误，所以两个基本形式之间隐含某种与“逻辑一致性”构成呼应的“形式特征”并不令人诧异的话，那么，一个更为根本的问题仍然在于两种Gauss“基本形式”在逻辑上潜藏的本质差异。事实上，前述讨论曾经一再指出，Gauss最初提出的第一基本形式

$$\mathrm{I} = E\mathrm{d}u^2 + 2F\mathrm{d}u\mathrm{d}v + G\mathrm{d}v^2 : E = \boldsymbol{r}_u \cdot \boldsymbol{r}_u,\quad F = \boldsymbol{r}_u \cdot \boldsymbol{r}_v,\quad G = \boldsymbol{r}_v \cdot \boldsymbol{r}_v$$

之所以只允许当作一个完全空洞无物的“平凡(trivial)概念”对待，它在本质上并没有告诉人们任何与需要描述的“2维曲面”相关联的东西，根本原因在于这个形式量的“逻辑主体”其实是一个同样“平凡”的坐标系而已。①

但是，与第一基本形式完全不同，如果重新考察由式(55)重新定义，一个因为拥有“实体论”基础所以能够自然满足“不变性”要求的张量表述，那么，人们不难发现：在这个形式量中，一个必须逻辑地定义于某个“2维曲面”之上、并且原则上反映沿着曲面作“运动”时某种变化规律的“梯度算子∇”出现了。显然，这个微分算子包含曲面上“相邻点”之间“几何特征”的信息，从而导致Gauss微分几何中称之为“第二基本形式”的形式量的抽象内涵也相应发生了重大变化。因此，Gauss第二基本形式已经不再是一种“纯属多余”的平凡概念，拥有由“梯度算子”所刻画，逻辑上与“弯曲曲面”在大平直空间所展现“弯曲形态”密切相关，并且逻辑上仅仅隶属于给定“2维曲面”的复杂信息。于是，与第一基本形式的“逻辑主体”不过是某一个无足轻重的“坐标系”工具完全不同，第二基本形式的逻辑主体则是某个给定的“2维曲面”几何实在，它相应成为式(55)所揭示“丰富信息”的唯一拥有者。

总之，在需要面对或重新思考Gauss微分几何中两个称作“基本形式”的形式量时，即使不考虑它们共同存在“形式至上”一个本质上同样隐含“约定论”导向错误的明显不足，也不能将这两个“形式量”简单地混为一谈，忽视它们在“逻辑主体”这个前提概念上存在的根本差异。当然，更不允许后续讨论将要批判的“内蕴几何”希望特别强调的那样，竟然将“第一基本形式”这个因为没有任何“实在内涵”而只能流于“空洞和平庸”的概念，置于被赋予源自于某个特定曲面对象的丰富信息的“第二基本形式”之上；乃至仅仅凭借“Gauss曲率可以由第一基本量逻辑地推出”一个不当的前提判断，最终给出“可以忘掉曲面是位于3维空间中的这一事实”的错误推论。

1.2.3 澄清“内蕴几何”隐含的“逻辑自悖”问题

按照Gauss的思想或者根据他在“曲面论”构造的定义，在2维曲面上，任何只需要从“第一基本形式”或者其中的“第一基本量”出发，仅仅使用“逻辑推理”的方法所推得，并且，本质上仍然只是以“线度度量”作为抽象内涵的全部几何性质，应该当作一种“内蕴”于曲面自身，也就是与曲面“外在”3维平直空间的弯曲状况完全无关的“内蕴性质(intrinsic property)”来对待。与这个基本思想一致，任何致力于“内蕴性质”研究的几何学，也就理所当然称之为“内蕴几何

---

① 在曲面的任意一点处，Gauss坐标架的两个基矢量处于曲面的“切平面”之上，另一个基矢量与正交于切平面的“法矢量”叠合。因此，仅仅凭借Gauss坐标架，无法刻画任何与曲面“弯曲”状况相关的信息。

学”了。

于是，类似于式(38)所定义的长度

$$\mathrm{d}\boldsymbol{r}\cdot\mathrm{d}\boldsymbol{r}=E\mathrm{d}u^2+2F\mathrm{d}u\mathrm{d}v+G\mathrm{d}v^2$$

和式(39)定义的面积

$$(\boldsymbol{r}_u\times\boldsymbol{r}_v)^2=EG-F^2$$

以及人们还可以方便地推得的，表示曲面上任何一点处两个给定“方向”(du:dv)和(δu:δv)夹角的公式

$$\begin{aligned}\cos\theta&=\frac{\mathrm{d}\boldsymbol{r}\cdot\delta\boldsymbol{r}}{|\mathrm{d}\boldsymbol{r}|\,|\delta\boldsymbol{r}|}\\&=\frac{E\mathrm{d}u\delta u+F(\mathrm{d}u\delta v+\mathrm{d}v\delta u)+G\mathrm{d}v\delta v}{\sqrt{E\mathrm{d}u^2+2F\mathrm{d}u\mathrm{d}v+G\mathrm{d}v^2}\ \sqrt{E\delta u^2+2F\delta u\delta v+G\delta v^2}}\end{aligned}\tag{56}$$

它们统统都属于“内蕴几何”的范畴，因为所有这些几何量都可以表示为“第一基本量”的函数，所以根据 Gauss 的思想，它们都应该被当作曲面的“内蕴性质”对待。

但是，只要稍作仔细推敲，人们就不难发现，因为这些形式量并不真正涉及“向量场”的微分运算，所以不仅是如上所述，它们可能刻画的只是 2 维曲面上任何 Gauss“坐标系”的工具同样拥有的“共性”计算特征，无法给出真正源自于某个给定“几何实在”自身的“个性”信息，而且，这些称之为“第一基本形式”的形式量，在原则上只能大致纳入“解析几何”的可能研究范围，无法处理曲面上“微分学”需要探讨的命题。特别是，随着被赋予“客观性”意义的张量概念，以及定义于张量场之上并同样被赋予“客观性”意义的“梯度算子(不变性微分算子)”在 20 世纪的出现，得到逐步发展、完善和愈益广泛的应用，以往这些由 Gauss 最初提出、本质上依赖于某“特定”坐标系因而形式上必然过分繁复杂乱的“坐标分量”习惯表述其实已经日渐式微，正在逐步淡出了形形色色“场分析”研究者的视野。任何必须赋予确定“物质内涵”的“张量性质”的形式量，必须也一定能够写成与“坐标系”无关，即独立于坐标系“人为选择”的不变形式。因此，对于只允许以某个“坐标系”作为自身“存在基础”或者“逻辑主体”的 Gauss 第一基本形式，必然像前面讨论中一再指出的那样，只能被当作一个“平凡”的纯属多余概念。①

在 Gauss 构造的“曲面论”中，曾经针对式(52)所示，一个 Gauss 最初以“曲率测度”称之，但人们最终直接使用 Gauss 名字予以定义的曲率

$$K=\frac{LN-M^2}{EG-F^2}=\frac{LN-M^2}{H^2}$$

进而推出一个如下所示，习惯上通常称作“Gauss 特征方程(characteristic equation)”的关系式

$$K=\frac{1}{2H}\left[\frac{\partial}{\partial u}\left(\frac{F}{EH}\frac{\partial E}{\partial v}-\frac{1}{H}\frac{\partial G}{\partial u}\right)+\frac{\partial}{\partial v}\left(\frac{2}{F}\frac{\partial F}{\partial u}-\frac{1}{H}\frac{\partial E}{\partial v}-\frac{F}{EH}\frac{\partial E}{\partial u}\right)\right]\tag{57}$$

不难看到：原来出现于 Gauss 曲率 K 定义式中的“第二基本量”不再出现，而完全被“第一基本量”所取代。Gauss 注意到这一事实，并据此指出：

> 我们注意到：曲率测度的这个新表达式只包含 E,F 和 G 以及它们的一阶和二阶

① 当然，如果从科学发展的“历史观”重新审视，则应该更为客观和公正地指出：曾经为 Gauss 持有的许多基本理念，不妨视之为几何学从“解析几何”逐渐跃升至“微分几何”的发展过程中，一种只能纳入素朴或者远不达致本质层次，但又几乎难以避免的理性思考和探索。

偏导数。因此，只要知道了曲面的线素，则曲率测度就能被唯一确定，而不需要知道曲面关于 x,y,z 的具体形式。由此我们可以得到一个重要的定理：若曲面或其一部分可以“展入（等距嵌入）”到另一曲面上，则在对应点处的曲率测度保持不变。特别地，若一曲面可以展成平面，则其曲率测度处处为零。

在这篇写于 1827 年，题为《关于曲面的一般性研究》并通常会被一些数学史研究者收入《数学珍宝——历史文献》的著名文章中，Gauss 还饱含激情，以一种按捺不住的兴奋为他所说的这条重要定理特别冠之以“极妙定理（theorema egregium）”的称谓，最终提出：可以把 2 维曲面看作是与其所存在的 3 维空间完全无关的“独立（in itself）”几何实在，故而只需要研究“内蕴于曲面（intrinsic to surface）”之上的几何特征的主张。于是，Gauss“内蕴几何”作为一种“思想导向体系”正式出现在其后的“几何学”研究中，2 维曲面只允许依赖于 3 维平直空间才可能存在，这个本应视作“素朴平凡”的事实遭到了无情的践踏，几何学研究自此引入形而上学的简单粗陋并最终导致虚妄和悖谬歧途之中[5]。

最后，针对 Gauss 所提“内蕴几何”一个涉及几何学“发展趋势”的研究纲领，以及这个必然归于“约定论”错误主张中几乎无处不在的逻辑悖谬问题，选择若干尽管简单却不失导向性意义的命题作小结性的批判和澄清。

此处，只是为了能够较为准确地领会 Gauss 希望表达的基本思想，逻辑地反思这个不当思维导向对其后微分几何发展轨迹造成的影响，不妨较为完整地抄录 M. Kline 在《古今数学思想》一书，针对 Gauss 微分几何及其思想所做一种不无深刻的诠释。Kline 这样指出：

Gauss 在微分几何方面的研究本身就是一个里程碑。但是，它的含义远比他自己意识到的要深刻许多。直到 Gauss 之前，曲面一直是被当作 3 维 Euclid 空间中的图形来研究的。但是，Gauss 告诉人们：一个曲面的几何可以借助于专注于这个曲面的自身来进行研究。如果依据曲面在 3 维空间中的参数方程

$$x = x(u,v),\ y == (u,v),\ z = z(u,v)$$

引进 u 和 v 坐标并且使用 E,F 和 G，人们就可以确定这个曲面的 Euclidean 性质。也就是说，只要给定曲面上的坐标 u 和 v，以及将 ds^2 表示为 E,F 和 G 的函数表达式，曲面的所有性质都随着这个表达式的确定而确定。这意味着提出了一个“极其重要而充满活力（vital）”的思想：曲面可以视之为一个自存的空间（a space in itself），它的全部性质仅仅决定于 ds^2，而我们可以完全忘掉曲面位于 3 维空间的事实。

人们还可以走得更远一些。人们可以想象：一个曲面的 E，F 和 G 是由曲面的参数方程决定的。但是，人们也可以从某一个曲面出发，完全随意地引入两组参数曲线，继而再确定作为 u 和 v 的函数的 E，F 和 G。于是，曲面具有一个由 E，F 和 G 决定的几何，而这个几何内蕴于给定的曲面之上，并且与其周遭的空间完全无关（is intrinsic to the surface and has no connection with the surrounding space）。显而易见，即使是同一个曲面，但是随着 E，F 和 G 的不同选取，它将拥有彼此完全不同的几何。

这些曾经由 Gauss 揭示的事实所拥有的内涵其实还要深刻许多。如果说人们可以在同一张曲面上，选择不同的 E，F 和 G 集合，从而建构不同的几何，那么，对于我们通常所说的 3 维空间，为什么不允许选取不同的距离函数呢？当然，从 Euclidean 几何出发，在直角坐标系中所规定的距离函数必须得到尊重。但是，对于空间的某一个确定的点，在配置 Cartesian 直角坐标系的同时，人们还可以为距离函数选择不同的表达式。这样，我们就能够为同一个空间构造另外一种完全不同的几何，

一种非 Euclidean 的几何。把 Gauss 在研究曲面时最先得到的这一思想推广至任意的空间，则是由 Riemann 加以实践和进一步发展的。

毫无疑问，此处所说的一切无非告诉人们：自 Euclid 开始就一直牢牢植根于人们意识之中，空间(几何实体)必然被赋予某种"实体论"意义的素朴理念荡然无存；需要几何学加以研究的几何空间根本不具拥有"客观性"基础的不变内涵，随着集合(E, F, G)的不同人为选择会出现完全不同的几何，从而使得一个原本仅仅决定于"几何实在"对象的"几何学"研究发生了本质性的重大异变，让位给凭借某一个研究者"主观意志"的好恶或取舍，取决于他对不同的"坐标曲线"愿意作怎样的抉择，甚至决定于他愿意为"距离函数"构造什么样的定义的问题。

因此，除了需要花费足够的精力和时间，通过细致的逻辑分析，明确指出 Gauss 在他的思维推理及构造概念的过程中到底出现哪些逻辑不当或错误以外，另一个更为本原的问题依然归结为：到底是自觉接受"实体论"的制约，还是对毫无理性可言的"约定论"恣意放纵，一个与哲学的"认识论"基础密切相关的基本命题。人们总可以相信，只要轻信"约定论"的自欺，无论它是继续沿用"先验知识"之类显得过于直白的陈词滥调，还是改头换面代之以"公理化假设"之类的华丽词藻，那么，它终归是荒唐、独断和强蛮的。此外，因为任何源于"主观独断"的真理必然与形形色色"天才人物"的预设互为呼应和支撑，所以只要是"约定论"的，它又必然成为对公平、公正和平权等人类普世价值的否定和亵渎，并且最终依然不可能改变矛盾必然导致自否定的可悲结局。

1.2.3.1 第一基本量不具"决定性"意义

需要重复指出，对于 Gauss 借助于坐标曲线所构造的"度量"关系式

$$\mathrm{d}\boldsymbol{r}\cdot\mathrm{d}\boldsymbol{r} = E\mathrm{d}u^2 + 2F\mathrm{d}u\mathrm{d}v + G\mathrm{d}v^2$$

随着"坐标系"或者"坐标曲线"人为选择的不同，三个"第一基本量"E，F 和 G 自然处于变化之中。并且，作为它们共同构造的不变量，恒存在

$$E\mathrm{d}u^2 + 2F\mathrm{d}u\mathrm{d}v + G\mathrm{d}v^2 = E'\mathrm{d}u'^2 + 2F'\mathrm{d}u'\mathrm{d}v' + G'\mathrm{d}v'^2$$

但是，之所以出现这样一种与"坐标系"人为选择完全无关的"不变量"形式，只因为线元 $\mathrm{d}\boldsymbol{r}$ 以及该线元的长度 $\mathrm{d}l$ 都是与研究者"主观意志"完全无关的"客观"存在，所以能够也必须独立于不同"坐标系"的人为选择。

因此，根本不可能出现由于人们选用的"坐标系"不同，相继引发第一基本量 E，F 和 G 发生变化，最终导致"曲线度量"发生变化一个显而易见"逻辑倒置"的错误。当然，对于"曲面几何"而言，一个或许值得人们更为关注的问题仍然在于：因为定义于曲面上一点处的矢量微元 $\mathrm{d}\boldsymbol{r}$ 并不真正属于给定的曲面，只可能逻辑地隶属于包容该曲面的大平直空间，所以第一基本量不可能提供任何真正展现曲面自身"几何特征"的有用信息。

1.2.3.2 Gauss 曲率依赖于"第一基本量"的逻辑不当

此外，即使真的能够按照"演绎逻辑"的方法，推出式(57)所示，往往以"Gauss 特征方程"称谓，一个无疑过分复杂的形式表述①：

---

① 笔者没有见到相关的具体推导过程。事实上，笔者也绝不会花费精力，追究或检讨这样一个因为是"分量表述"所以必然过于繁琐、并且本质上几乎毫无意义的形式表述。众所周知，任何与"曲面弯曲"相关的推导，必然需要"张量分析"知识的支撑，需要"曲面上向量场分析"的基础。但是，在 Gauss 的时代，尚未出现"张量分析"的工具。不仅于此，本书第 5 章已经指出：在涉及"曲面上向量场分析"命题上至今所做的研究普遍存在逻辑悖论的问题。因此，如果说在前面已经讨论的简单命题上 Gauss 之所以频频出现错误，需要逻辑地归结于这个必要数学工具的缺失，那么，人们有充分理由对 Gauss 此处推导的正确性抱持一份必要的警惕。

$$K=\frac{1}{2H}\left[\frac{\partial}{\partial u}\left(\frac{F}{EH}\frac{\partial E}{\partial v}-\frac{1}{H}\frac{\partial G}{\partial u}\right)+\frac{\partial}{\partial v}\left(\frac{2}{F}\frac{\partial F}{\partial u}-\frac{1}{H}\frac{\partial E}{\partial v}-\frac{F}{EH}\frac{\partial E}{\partial u}\right)\right]$$

但是，Gauss 似乎完全不懂得，即使这个包含众多涉及"第一基本量微分运算"的形式表述是正确的，也同样无法得到以"极妙定理"作为核心内涵的"内蕴几何"推论。也就是说，不可能将针对曲面复杂几何特性的研究，转化为仅仅围绕 E，F，G，一些他特别称之为与"曲面在大平直背景空间中所呈现几何性态"完全无关的"第一基本量"研究。事实上，只要对"第一基本量"进一步施加"微分运算"，其结果就必然出现与曲面上"矢径 $\boldsymbol{r}$"2 次导数相关的形式量，而在前面推出式(53)所示基本关系式

$$\mathrm{II}=\boldsymbol{n}\cdot\mathrm{d}^2\boldsymbol{r}=-\mathrm{d}\boldsymbol{n}\cdot\mathrm{d}\boldsymbol{r}$$

的同时就曾经指出：任何与定义于曲面之上的"矢径 $\boldsymbol{r}$"的 2 次导数相关的几何量，必然包含与曲面法向量 $\boldsymbol{n}$ 相关的分量，否则第二基本形式恒为零，曲面相应蜕化为平面。因此，即使仅仅需要考虑曲面的 Gauss 曲率 K，也绝不可能因为它只是 E，F 和 G 等"第一基本量"的函数，就可以将其看作仅仅与曲面上"切矢量——坐标网基矢量"相关，独立于曲面自身所处"大平直空间"背景的形式量。

1.2.3.3　曲面和平面"等距对应"隐含若干逻辑悖谬的澄清

重新思考前面曾经提及 Gauss 写于 1827 年的那篇著名文章。Gauss 之所以提出以"极妙定理"称谓的"内蕴几何"主张，他的主要依据是：

> 若曲面或其一部分可以"展入(等距嵌入)"到另一曲面上，则在对应点处的"曲率测度(Gauss 曲率)"保持不变。特别地，若一曲面可以展成平面，则其曲率测度处处为零。

应该承认，如果仅仅限制于这个"命题"本身，Gauss 此处所说并无不当。在某些"特定"曲面与平面之间，的确能够构建满足"等距变换"要求的一一对应关系。但是，问题在于：

(1) 这样一种定义于"点与点"之间的一一对应关系，只允许建立在微分几何学所说"可展曲面(developable surface)"的特殊对象之上。因此，它不具作为某个"一般性"原理必需的"普适性"意义。

(2) 不仅如此，如果人们面对一个满足"可展曲面"的要求，即能够与平面建立这种"一一对应"关系的曲面，但是，仍然需要注意：就这个"曲面"而言，它允许和需要蕴涵的信息必然比"平面"可能拥有的内涵要丰富许多。因此，即使这样一种"单称"意义的"一一对应"关系能够在某些场合存在。它也不具本质意义，不能由此而真的使用平面取代可展曲面。可以相信，Gauss 此处所说，充其量只是反映了那个"特定时代"一批几何学研究者曾经共同持有，也就是为后世几何学家以"Erlangen 纲领"称谓的几何学基本思想①。

---

① 从文艺复兴运动开始，由于"现实主义"思潮的影响，欧洲人开始对"透视学"逐步形成愈益浓厚的兴趣，并一直深刻影响着整个"近现代几何学"发展的进程。直至 19 世纪末，由 F. Klein 正式提出一个后人往往以"Erlangen 纲领"称之，即"从变换的观点来看待几何学"的几何学基本观点。他指出：每种几何都是由变换群所刻画，并且，每种几何所要做的实际上就是归结为如何寻求这个变换群的不变量问题。

(3) 此外，如果考虑“可展曲面”必须满足“Gauss 曲率恒为零”的前提条件，并且，注意到“Gauss 曲率等于两种主曲率乘积”的原始定义，那么，还可以立即做出符合于逻辑的进一步的推断：只能把 Gauss 曲率视作一种“相对粗糙”的表述。事实上，针对此处需要讨论的“可展曲面”情况，因为只要两个主曲率中的任何一个等于零，就可以满足 Gauss 曲率等于零的前提条件，以至于另一个“不为零主曲率”必然蕴涵的丰富信息完全被淹没了。

(4) 当然，由上述推论出发，同样能够逻辑地告诉人们：尽管在“可展曲面”与“平面”之间允许建立“点与点”的一一对应关系，但是，可展曲面仍然不可能凭此而蜕化为平面。既然是曲面，就必须突破平面的限制，存在于超越平面的 3 维几何空间之中，相应获取更为丰富的信息；

(5) 最后，或许也应该视作是最为重要的根本问题还在于：绝不允许将有条件存在、意涵极其平庸的“可展变换”作随意延拓，最终实现把用于“平直几何”的形式表述简单粗糙地移植到“弯曲几何”之中。

因此，以上所述已经对 Gauss“内蕴几何”的核心理念构成完全和彻底否定，并且，与一切“约定论”的陈述相反，以上讨论没有任何奥涩艰深、难以理解的东西。

几乎每一个“不愿盲从、稍具独立思考能力”的科学工作者都可以一眼看出：Gauss 之所以曾经为他称作的“极妙定理”如此激越和冲动真正使其感兴趣的肯定不是仅仅考虑在“可展曲面”与“平面”之间，如何构造某种确定的逻辑关联，一个可能所涉范围无疑过于有限的单个命题。对于 Gauss 而言，将自己构建的理论体系冠之以“内蕴几何”的称谓，其意义就在于需要从类似于“Gauss 特征方程”这样的形式表述出发，凭借“内蕴于曲面之上”的若干个第一基本量，最终能够逻辑地推出隶属于 2 维曲面之上一切人们所关注或者有价值的东西。当然，也只有做到此，才可能符合于 Gauss 所作“人们可以忘记 2 维曲面只能存在于 3 维空间之中这一事实”的期待，并且，进而允许或者要求人们采取某种“一劳永逸”的方式，将那些原本仅仅属于“平面几何”的表述形式移植到“曲面几何”之中①。

于是，同样像人们实际看到的那样，作为 Gauss 的学生和 Gauss 自己亲自挑选的继承人，Riemann 正是寄托于这个美其名曰“内蕴几何”的乌托邦理想，并且将其当作自己创造只允许渊源于“先验知识(a priori)”即独立于任何“几何实体”的“大一统”微分几何的原动力和全部思维基础。事实上，也同样因为此，从 Riemann 建构自己的微分几何的一开始，已经注定将自己陷入“神学”的虚妄必然造就重重矛盾和悖谬的万劫不复之中。

综上所述，在“张量分——研究微分几何一个必要的基本数学工具”尚未出现的 19 世纪初叶，Gauss 能够首先引入“坐标网”的工具，并且，凭借娴熟使用“多元函数微分学”的高超技能，成功地刻画了属于 2 维曲面一系列重要的几何特征，从而在人类历史上针对“如何为 2 维曲面复杂几何特征提供定量描述”的重大命题做出了一种“里程碑”式的重要贡献。并且，正是得益于近两个世纪前 Gauss 所开启“微分几何”的研究，时至今日，在计算机巨大计算功能的支撑下，针对不同复杂几何体作“定量计算和设计”的工作才允许成为可能。人们永远不应该忘记

① 值得指出，仍然是参考文献[3]，一本在北京大学数学系使用了许多年的“微分几何”基础教材，只是为了实现著者特别提出“过渡到微分流形理论打下基础”的美好意愿，它在为“曲面”构造“形式定义”时，特别采取了与几乎所有其他微分几何著述不同的叙述方法，指出“所谓参数曲面片是指从 E^2 的一个区域 D 到空间 E^3 中的连续映射”。这样，将 3 维 Euclid 空间 E^3 中的曲面 M^2 与 2 维平面 E^2 中的局部域 D 构成“一般性”的关联，从而否定了曲面和平面的本质区别，并最终实现与 Riemann 几何保持一致的心愿。但是，这个映射通常不满足“等距变换”要求，曲面方程中“参数”对应的长度变动不居，以至于无法与其后所说的“参数曲线网”相关联。

现代自然科学体系众多开拓者们曾经做出的历史性巨大功绩。

然而，一个远比褒奖或缅怀科学先驱个人“历史功绩”要深刻和重要许多的“理性判断”还在于：虽然是Gauss第一次成功地揭示了2维曲面许多重要的几何学特征，但是，所有这些几何特征并不真正属于Gauss，而只允许“逻辑地”并且“唯一地”隶属于Gauss期望研究和描述的2维曲面。当然，也仅仅因为Gauss的“许多(并非全部)”研究结果能够逻辑地归源于那个自存的物质对象，才可能将Gauss所做的研究视作一项“有意义”的开拓性工作。应该说，这同样是20世纪初美国著名哲学家C. S. Peirce一再强调科学必然和必须内蕴的“公众性”特征，反复告诫人们“科学的结论必须是所有科学家都能得出的共同结论”的理性基础。但是，西方科学主流社会往往总是把这个本应“素朴平常”的理性判断故意颠倒，将一个原本只允许隶属于全体“智慧人类”的科学发展史，异化为只是由极少数“天才人物”所谱写，凭借他们的“天启智慧”自由创造而得的光辉历史。事实上，如果说以上分析揭示了Gauss微分几何中大量“逻辑不当或逻辑错误”的真实存在，那么，这种历史上的真实恰恰是平常乃至必然的，它雄辩地告诉人们：不仅是自然科学开创性研究中获得的巨大成功，而且是任何一种开拓性研究中几乎不可能避免的严重失误，本质上都被赋予一种特定的“时代”特征和“物质”基础。因此，人们既无需对西方人尊称为“数学王子”的Gauss作过多言过其实的溢美和颂扬，同样也无需为Gauss研究中出现的太多“失当、粗糙和过于幼稚”感到不可思议或讶异。

一切都应该像Sarton所说：对于“科学偶像”的崇拜，只能算作是一种最坏的形而上学。贯串人类的科学发展史，深刻蕴涵一种深藏“物质内蕴”的“客观性”规律。任何一个重大科学进步的出现，只能是人类深化探索和认识物质世界、不断发展和强化生产活动的过程中，随着众多主客观条件不断积累和碰撞，一种看似偶然却不妨更为合理地视作“瓜熟蒂落”的必然结果。即使没有Newton、Gauss，自然还会出现形形色色的其他人，代替他们创造微积分和微分几何。毫无疑问，就人类“科学发展史”而言，某一个具体研究结果最终到底出现在哪一个研究者的“个体”身上并不重要。而且，随着人类历史的不断进展，成功研究者的“个体”早已蜕化为只是供人思念或无穷遐想的符号。与其相比，真正需要人们反思的问题在于：那个必须拥有与“物质内涵”一致的“客观性”基础，以至于一定如Pierce所说，将必然呈现“公众性”特征的研究结果，应该在什么样的特殊条件或历史氛围中才可能产生，乃至科学生活需要为它们提供怎样的条件的问题。

参考文献

[1] 梅向明，黄敬之. 微分几何(第二版)[M]. 北京：高等教育出版社，1988

[2] 郭仲衡. 张量(理论和应用)[M]. 北京：科学出版社，1988

[3] 陈维桓. 微分几何初步[M]. 北京：北京大学出版社，2004

[4] 高斯.《关于曲面的一般研究》摘要，(李文林主编，数学珍宝 —— 历史文献精选)[M]，北京：科学出版社，1998

[5] Morris Kline. 古今数学思想[M]. 邓东皋、张恭庆，等译. 上海：上海科学技术出版社，2002

[6] 吴文俊. 世界著名数学家传记[M]. 北京：科学出版社，1995

附录 2　数学史中的 Gauss 神话及其历史定位的理性反思

活跃于 19 世纪的德国数学家 C. F. Gauss(1777～1855)是近现代数学史中一位极具影响力的重要人物。阅读不同的近现代数学史著作,可以发现,Gauss 不仅总被列入数学史中极少数最有影响数学家的行列,以表彰他曾经对曲面几何研究做出的开拓性重大贡献,而且他还往往为众多溢美之词所淹没,被后人长期供奉在“科学神坛”之上。显然,如何正确认识和理解 Gauss 曾经完成的研究工作,相应作尽可能符合于科学史观的中肯评价,让同是凡人的 Gauss 走下虚妄的神坛,回归真实可亲的人间,其实对于恰当认识和理解现代数学,乃至对于人类科学史必需的正本清源都应该是一件有意义的事情。当然,也只有在较为准确理解 Gauss 微分几何的前提下,才可能真正了解和体味这个历史性人物的复杂思想和内心冲突,在此基础上为数学史中的 Gauss 作合适定位[①]。

2.1　Gauss 科学研究的职业特征与主要风格

在介绍近现代数学体系发展和变化历程的历史性文献中,差不多所有编撰者都会特别强调,Gauss 曾经参与并实际上引领了“属于那个世纪最富革命精神的两项几何学的创造,即 Non－Euclidean 几何和内蕴几何”的开创性研究,故而理应追谥为“数学王子”的称号。但是,如果重新客观地审视 Gauss 一生的研究工作,并不能将其视作通常所说一位纯粹意义上的数学家,花费 Gauss 巨大精力的“测地学”——原则上只能纳入“应用技术”范畴的探索和研究。并且,正如阿拉伯人在尼罗河畔的土地丈量曾经催生古埃及的几何学一样,19 世纪关于曲面上的丈量则成为现代微分几何得以诞生的温床,为 Gauss 提供了远比他人更为可靠和丰富几何知识的素养和积淀。

按 Gauss 自己所说,他特别注重“观察和实例”的剖析,努力从“经验性质”之中获取灵感和构造猜想,并成为终其一生的基本研究风格。反过来,恰恰因为“测地学”的技术毕竟不同于“微分几何学”的数学基础研究,人们更多关注的只是计算结果,无需也几乎不可能特别关注“概念和推理”在逻辑上必需的严密性,留给 Gauss 更多“自由遐想”的机会。所以,无论是 Gauss 对“灵感”的赞许,还是他对“猜想”的特别期待,共同存在的本质不足都在于思维过分随意,以至于与希望描述的“几何实体”之间难以保证一种真正符合逻辑相容性的确定联系。正因为如此,Gauss 不可能保持一种前后一贯的理性判断,将他发现或提出的几何规律仍然逻辑

---

① 讨论和探索这个涉及人类科学史的重大命题显然是一件有意义的事情。但是,做出一种详实、准确而严谨的论述,已经超出笔者精力允许的范围。或者说,笔者觉得无需也无意继续耗费无谓的精力,作一种纯粹“人文学”意义的评论。此处所说,原则上不妨视作笔者成书之后,将分析 Gauss 微分几何过程中与哲学思考相关的论述大概归拢在一起,所作一种不无过于粗糙的整理。尽管如此,所有针对 Gauss 与 Riemann 所作的评述仍然不失必需的严肃性。

地归源于真正拥有它们的几何实体之上。相反，归咎于缺乏理性分析的稳定性，Gauss无法克服“主观好恶”的驱使，把隶属于某一个“几何实体”自身或者说只允许依赖于某个“实在对象”才可能存在的“性质整体”割裂开来，想当然地为曲面杜撰了一对所谓“内蕴几何”和“外在几何”的伪概念前提，无视或破坏了两种几何特征之间几乎显而易见的逻辑关联，最终导致Gauss的“曲面论”在揭示和展现一系列重要结果的同时，潜藏某些致命的重大缺失和逻辑不当。

也就是说，作为一位新鲜科学理论的实践者或探索者，Gauss在自己长期从事的“测地学”技术性研究中，一方面凭借任何人都无法真正改变科学陈述所必需“实体论”基础的支撑，仰仗自己长时间在“测地学”工程研究方面投入的巨大精力、丰富的阅历和不无智慧的理性思考，针对2维曲面一系列重要几何特征取得了非凡的成功，并因此而获得社会给予的巨大荣誉；另一方面，却不具自觉抵制这种巨大声望往往难以避免的错误诱导，把只允许逻辑地隶属于“几何实在”的抽象特征，简单归结为“灵感和猜想”的启示，从而使他实际参与开启的“Non-Euclidean几何”研究，从一开始就出现“形式错置于实体之上”一个归因于“约定论”错误的不当导向。于是，所有这一切再次告诉人们，与Plato曾经提出“一切可靠的知识必须建基于实在对象之上”的素朴判断和信念保持一致，Gauss之所以能够针对2维曲面得到许多重要的研究成果，根本原因绝不是与“神启”的伟大，或者归结为整个现代数学体系赖以存在的“公理化假设——纯粹的人为假设”基础；这些重要的几何学研究成果的获得，本质上只是凭借曾经花费Gauss一生巨大精力的“测地学”研究逐步形成的理性判断和知识积淀，从而在客观上得到“几何实体”基础对于这些重要研究结果一种直觉的或者潜在意义的支撑。并且，随着人类拥有知识的不断丰富和技术水平的持续提高，Gauss“曲面论”的出现被赋予某种历史的必然性，它能够为许多拥有与Gauss同样机遇的人所发现，甚至还可能做的更漂亮。

因此，面对Gauss“曲面论”留下的巨大知识遗产，后继者不应该将Gauss探索性研究过程中往往难以避免的“人为揣测”推向极致，而是应该努力铲除一切“主观臆断”留下的痕迹，重新将科学陈述确立在“实体论”的唯一基础之上，保证科学陈述与其描述的理想化物质对象严格逻辑相容，并最终形成“一切科学陈述由于建基于实在对象之上，从而理应成为所有科学家共同结论”一种符合于逻辑，充满理性、平等和平权的生动活泼局面。

2.2　Gauss与Non-Euclid几何

人们往往总是把Gauss与肇始于19世纪初的“Non-Euclid几何（Non-Euclidean geometry）”联系在一起。并且，一方面把Gauss推入Non-Euclid几何“创始人”的行列，为此给予Gauss许多耀眼的光环；另一方面，还颇有微词，贬斥Gauss在Non-Euclid几何上的暧昧态度。但是，如何恰当认识和定义Non-Euclid几何，进而怎样评价Non-Euclid几何在历史上的影响和地位，这本身就是与整个数学体系得以存在的基础密切相关，并且应该视作是整个西方知识社会几乎没有能力解决的重大命题。更为准确地说，如果考虑到西方哲学始终处于无法解决“认识论”疑难的困扰和冲突之中，那么，如何恰当定义数学；怎样为数学提供可靠哲学基础的基本问题自然无法得到解决。尽管如此，只要剥离西方人习惯使用种种炫目耀眼美丽词藻的虚饰，努力回归数学体系的“实体论”和“约定论”基础的根本冲突，乃至哲学的“唯物主义”和“唯心主义”的本原对立，采取一种素朴理性的平和态度思考问题，并不难弄清这场被人们曾经称作几何学"批判运动"的始末，并且在此基础上对 Gauss 与 Non-Euclid 几何之间的关联做出较为客观和公允的评价。

为了大致弄清这场发生于 19 世纪几何学"批判运动"的来龙去脉，不妨首先择选 Kline 在《古今数学思想》一书中针对这一运动所做的介绍：

大约在 1800 年前后，数学家们开始关心分析的庞大分支在概念和证明中缺失严密性的问题。一些数学家(如 Abel)指出分析缺乏"完整的计划和系统(completely all plan and system)"，到处可以发现"从特殊到一般"这一让人难以忍受的推理方法。于是，一些数学家们决心开展一场"批判运动(critical movement)"，试图将分析从混沌引入秩序。这个运动的开始契合于 Non-Euclidean 几何的创立时期。

在 19 世纪所有复杂的"技术创造(technical creation)"中间，最为深刻的 Non-Euclidean 几何在技术上是最简单的。Non-Euclidean 几何诱致数学中的许多重要的新生学科出现。然而，Non-Euclidean 几何最为深刻的影响在于迫使数学家们根本改变对数学本质及其与物质世界的理解，并且引起一系列与数学基础相关，整个 20 世纪争论不休的问题。直到 1800 年左右，所有的数学家都认为 Euclid 几何是对物质空间和此空间中图形恰当构造的"理想化(idealization)"。事实上，正如我们已经注意到的那样，算术、代数和分析的逻辑基础是紊乱的，而过去的种种努力总想把它们建立在几何学之上以保证这些分支的真理性。

针对我们何以相信 Euclid 几何能够用于物质世界的问题，Kant 提供了一个与众不同的答案。Kant 坚持是我们的"意识(minds)"提供了如何组织空间和时间的"固定模式(certain modes)"，正是凭借这些与可以当作"直觉(intuition)"对待的固定模式保持契合的意识，我们的经验才得以吸收和组织①。

一些数学家们曾经以完全不同的方式探讨过几何学的基础。众所周知，在过去几何学已经失宠，因为数学家们下意识地发现只是在直觉基础上接受了一些事实，以至于他们提供的证明自然是不完整的。

Euclid 几何学一系列"公理(axioms)"的清晰勾画，相应启发了几门 Non-Euclidean 几何的研究。在这些几何中，直线(straight line)不再是无限的，而具有圆(circle)的性质。因此，Euclid 几何学中的"序公理(order axioms)"必须代之以其他的序公理，它们能够描述圆上的点之间的关系。于是，这样一些不同的"公理化体系(axiom systems)"就出现了。

毫无疑问，虽然 19 世纪的 Non-Euclidean 几何琳琅满目、种类繁多，但是就其基本哲学理念考

---

① 在繁杂的西方哲学体系中，Kant 的"先验哲学"往往又被纳入"主观唯物主义"的范畴，以至于这个哲学体系注定陷入矛盾之中。但是，Kant 承认"物自体"的存在，将其视为知识体系的唯一基础与源泉的观点无疑是正确的。只不过，Kant 所提出"不是心灵符合于事物，而是事物要符合心灵"的哥白尼式哲学革命，将自己引入了歧途。在 19 世纪西方数学家们掀起的"批判运动"中，凭借 Kant 对"时间和空间"的阐述只能当作"僵化教条"的口号，达到彻底否定时间和空间的"客观性"意义和在自然科学所具"基础性"地位的目的，只能成为人类理性认识又一次大倒退。

虑，则应该把它们界定为 20 世纪所发生的一场波澜壮阔“公理化运动”的序曲。或者说，这是西方知识社会新人辈出的“知识精英”们，对于包括数学在内的自然科学体系，乃至一切“可靠知识”必须遵循的“实体论”基础，所做一次最为系统和严重的挑战和否定。当然，它必然将数学以及整个自然科学，又一次引入“主观独断”导致的荒唐和紊乱之中。

事实上，即使考察以上所做不长的摘录，也不难看出 Non-Euclid 几何在“认识论”方面存在一系列的严重错误和逻辑颠倒。此处，作简单分析如下：

(1) 古希腊的 Aristotle 最早告诉人们：只允许把“从一般到特殊”纳入“演绎逻辑”的范畴。但是，问题在于：诸如 Able 这样的“大数学家”似乎完全不懂得“逻辑只具同义反复本质内涵”的普通道理。也就是说，尽管从“逻辑推理”的角度考虑，Abel 对于充斥着“从特殊到一般”的批判无疑是恰当的，但是，如果需要讨论的并不是必须严格限制于某一个“理论体系(有限论域)”内部的逻辑推理过程，而是着眼于“构建知识体系”的层面，那么，必须服从 Plato 所作“可靠知识体系必须建基于实在东西之上”的素朴判断。显然，这些所谓的大数学家们把两类不同的命题混淆了。同样因为此，被视作是 20 世纪“公理化体系”领军人物 Hilbert 天敌的 Brouwer 曾经提出，必须将数学体系建基于“构造性对象之上”的观点才是一个真正合理的哲学主张，并与 Plato 的素朴理性判断保持一致。

(2) 同样，当 Abel 等指责分析缺乏“完整的计划和系统”的严重不足，提出将分析“从混沌引向秩序”的时候，他们的问题仍然在于颠倒了“知识与对象”之间的从属关系，错误地以为对象应该服从有序的知识，而不懂得必须将知识体系建基于特定的对象之上，在需要从对象之上汲取“实在内容”的同时，还需要自觉地对知识做出限制。

(3) 至于 Euclid 几何何以不适合“曲面几何”的问题，这本身就是因为哲学“认识论”的错误而导致的一个悖论性命题，归咎于自 Euclid 几何从诞生起就将自身置于若干“不证自明”公理化体系之上的习惯性错误。事实上，Euclid 公理并不真正属于 Euclid，不能当作 Kant 曾经称作的“意识”对待。如果说某些 Euclid 公理是正确的，那么，它们也仅仅逻辑地属于拥有它们的特定几何空间，从来没有真正属于 Euclid。正因为此，也绝不能将它们视作一成不变的形而上学，简单而粗暴地将它们强加于“曲面几何”之上。

(4) 如果轻信或服从一批 Non-Euclidean 几何研究者的意识，将直线界定为具有圆的特征的几何体，那么，不仅没有直线与圆的区分，也没有直线和圆的存在。并且，自然会推出 Hilbert 所说“桌子、椅子、啤酒瓶同样可以当作几何学点线面”这种一种与“指鹿为马”或“皇帝新衣裳”寓言毫无二致的极大荒谬。

不难看出，19 世纪 Non-Euclidean 几何的出现绝非是人类理智的进步，恰恰是人类在拓展和深化认识物质世界的过程中，需要面对某些新的问题时一系列错误理念或腐朽认识的又一次总爆发，是即使为中世纪经院哲学家也不屑一顾的“约定论”荒唐的沉渣泛起。

对于 19 世纪的一大批数学家们而言，只是为了寻求一种内心期待的和谐和秩序，他们不再把包括算术、代数与分析等在内的整个数学体系，建基于“几何学”基础或者说是“物质实在”基础之上，而是将这种数千年来人们视作理所当然的素朴理念完全颠倒，声言必须将几何学建基于“算术”之上，究其本质，无非是目前主导现代科学体系的“形式必须置于实体之上”数学观一次郑重宣示。众所周知，发端于 19 世纪初的这场“形式化”运动，最终以 F. Klein(1849～1925)于 1872 年提出“Erlangen 纲领”的发表而宣告结束。在这个彻底摧毁几何学“实体论”基础的纲领中，Klein 完全否定了“几何实在”的存在与前提性地位，将几何学变异为针对“变换群"的代数学研究，并且将这种研究的目标进一步限定为怎样寻求变换群"不变量"的问题，最终借助于"变换群"的观点统一全部的几何学。

或许可以相信，如果 Gauss 在天有灵，他也一定始料未及在自己故世的 20 年后，几何学研究会出现这样一种局面。虽然身兼"数学教育家"的 Klein，曾经以一些西方学者惯常使用煽情语言的方式，对比其年长 70 余岁的 Gauss 做了异乎寻常的称颂，指出：

> 如果我们把 18 世纪的数学家想象为一系列的高山峻岭，那么，最后一座巍峨壮观的山峰就是 Gauss，他为广大而宽阔的领域中注入了生命的新元素。

但是，可以断言，类似于 Klein 这样一些年仅 23 岁就能做出"Erlangen 纲领"的天才预言家，从来没有使用他所说的"算术"语言，对 Gauss 微分几何中许多重要结论做过认真推导。

人们或许觉得诧异，在几乎所有现代数学评论家总是把 Gauss 列为 Non-Euclidean 几何开创者之列的同时，往往又会对其在对待 Non-Euclidean 几何的态度上显得过于小心和谨慎做出委婉而不无遗憾的批评。其实，如果将 Gauss 与 Abel，Lobatchevsky 等相比，应该说这恰恰是 Gauss 远远超出同时代其他数学家的高明之处。在面对 18 世纪众多西方数学家共同掀起、持续鼓噪和不断强化，一个看似奥博而深邃但实为浅薄而无聊的几何学"批判运动"大潮时，Gauss 能够保持一份实为难能可贵的清醒。并且，这种"纯粹思想家们"几乎难以实现的清醒，恰恰得益于 Gauss 从事"曲面论"工程技术性研究的职业特征。

针对"平行公理"的聚讼纷纭，Gauss 在 1799 年致友人的一份信件中这样说到：

> 至于说到我，虽然我已经在自己的工作中取得了一些进展，但是，我所选择的道路绝不能达到我们寻求的目标(平行公理的推导)，而你让我确信你已经达到了这种目标。这种做法反而迫使我怀疑几何学的真理性。诚然我已经得到了许多东西，在许多人看来，这些东西都构成了一种证明；但是在我的眼中，它们却什么也没有证明。

而在 1817 年给另一位朋友的信件中，说得更为明白：

> 我越来越深信"物质世界的必然性(the physical necessity)"无法通过我们的 Euclid 几何得到证明，至少不能凭借人类的理智(by human reason)或者为了人类的理智(for human reason)而完成这种证明。或许只有到了另一个世界，我们才可以洞察空间的本性(insight into the nature of space)，但是现在则是无法做到的。绝不能将几何与算术相提并论，算术纯粹是先天的，与致力于物质对象的研究毫无关系(we must place geometry not in the same class with arithmetic，which is purely priori, but with mechanics)[①]。

① 此处没有使用纯粹"字译"的方法，将 mechanics 译作力学，而是按照英文原意赋予其较一般的意义。此外，算术没有超越一般"知识体系"的特权，仍然需要"实体论"基础的支撑，同样不允许当作"先验知识"对待。

毫无疑问,在“曲面论”的技术性研究中曾经做出许多实实在在贡献的 Gauss 与那些往往只懂得“空谈妄议、无端揣测”的议论家之间,自然存在一条难以弥合的巨大鸿沟。

值得指出,针对《Non-Euclidean 几何诞生(the creation of non－Euclidean geometry)》的命题,开篇之始 Kline 曾经作了这样一段入木三分的陈述:

> 任何主要的数学分支乃至任何一个较重要的特殊研究结果,都不能仅仅视作某一个个人所做的工作。充其量,某些决定性的步骤可以归功于个人。如果 Non-Euclidean 几何的诞生,意味着人们认识到除了 Euclid 几何之外还有其他可替代的几何,那么,Klügel 和 Lambert 无愧于这种荣誉;……然而,对于 Non-Euclidean 几何而言,一个最有意义的事实在于它像 Euclid 几何一样,可以用作恰当地描述“物质空间(physical space)”的性质;Euclid 几何并不必然是物质空间的几何(not the necessary geometry of physical space),Euclid 几何的“物质真理性(physical truth)”不可能由任何一种“先验基础”得到保证(cannot be guaranteed by any a priori ground),而这样一种认识则是由 Gauss 最先完成的。

也就是说,如果按照前述针对“Non-Euclidean 几何”所做的分析,应该把 19 世纪西方科学世界针对几何学研究而发动的“批判运动”准确界定为“公理化运动”的序幕,那么,指导 Gauss 从事几何学研究的基本理念恰恰与这场“批判运动”的主旨背道而驰、水火不容。事实上,这才是 Gauss 与“Non-Euclidean 几何”必须保持一份距离的根本原因。

进一步说,从以上分析可以推知,对于人们通常所说 Gauss 与所谓“Non-Euclidean 几何”相关的若干最重要思想,不难归纳如下:

(1) 不像人们以往想象的那样,只能把 Euclid 几何视作描述物质世界的唯一几何,揭示物质世界的某种必然性。

(2) 虽然与 Euclid 几何中的概念显得如此不同,但是,Gauss 的“曲面论”仍然是恰当的,可以用作描述自存的物质世界。

(3) 不可能仅仅凭借纯粹的人类理智,揭示物质世界内蕴的必然规律,完成所谓洞察空间之本性的任务。

(4) 同样,单纯的“证明”并不存在,自己也从未做过,不可能借助于“证明”去发现属于物质世界自身的东西。

(5) 当然,Euclid 几何展现的“物质真理性”与任何形式的“先验基础”毫无关系。因此,根本问题并不在于“平行公理”是否恰当,而在于“不证自明的公理、揭示真理的证明、洞察一切的人类理智”本身就是流于虚妄的伪名题。

总之,可以相信,Gauss 必然与“公理化体系”的错误思潮根本对立,希望表达的是已经被极大部分现代数学家彻底放弃了的“实体论”基础。

其实,纵观人类科学发展史,任何一名真正做出过“实实在在科学贡献”的研究者,必然与 Plato 所说“可靠知识体系必须建基于实在东西之上”的素朴理性判断形成一种发自内心的共鸣和呼应,厌恶、鄙视和拒斥一切“人为杜撰(约定论)”的虚妄。至于无论是囿于年少无知(时年 23 岁)才会公然提出几何学“Erlangen 纲领”的 Klein,还是被 Gauss 亲自选中,曾经被寄予厚望的 Riemann,之所以陷入毫无理性可言的“先验判断”迷途,提出“将形式置于实体之上”的错误导向，他们一个共同的最大缺陷在于：从来没有真正读懂 Gauss，从来没有采取一种严肃认真的态度，对 Gauss 微分几何所说的一切重新作真正符合于逻辑的仔细推敲和推导。

2.3 Gauss 哲学思想的严重对立和冲突

许多数学评论家曾经指出：Gauss 直到去世，也没有公开发表通常视之为与“Non-Euclidean 几何”相关的一些最为重要的研究结果，从而对他们所说 Gauss 的过于小心谨慎，做出一种不无委婉的批评。之所以出现这种一般人难以理喻的情况，固然有后人所说“Gauss 一生极力避免感情用事、厌恶争吵，即使有人议论他剽窃他人之研究成果也能泰然处之”之类的美德，但是，更为根本的是：指导 Gauss 几何学研究的思想导向充满着矛盾、对立和冲突，他内心崇尚的几何学“实体论”素朴理念并不牢靠，实际上处于一种因为缺乏“可靠逻辑”的支撑而必然造成的摇摆和紊乱之中。

本书前面所做的分析，已经指出在 Gauss 的微分几何中存在大量逻辑不当或错误。此处，不再重复这些涉及具体数学推导过程的细节，而从哲学的“认识论”一般层面出发，简单分析 Gauss 哲学思想出现对立和冲突的根本原因。

(1) 从 Gauss 的“工作性质”考虑，虽然一些《数学史》的著作指出，Gauss 本人特别强调和重视逻辑推理的严密性，并因此被称作是区别于同时代大部分数学家的 Gauss 风格。但是，这只能说明同时代的其他数学家还要过分随意，而不能真正成为 Gauss 思维严密的可靠佐证。事实上，正如同一本《数学史》指出的那样，作为一名从事“测地学”工程技术的研究者，在 Gauss 学术创造力最为旺盛的时期，他所提出的无非是一些只能当作“猜想、定理、证明、概念、假设和理论”对待的东西，无法纳入“逻辑推理、演绎论证”的范畴。并且，仅仅因为此，才可能与本书针对 Gauss 微分几何所做分析一致，竟然出现将“坐标分量”构造的“第一基本形式”形式表述，错置于作为“客观量”存在的“曲线长度”之上的逻辑颠倒。

(2) 此外，数学史研究者还告诉人们在 Gauss 科学研究中的一个特殊现象：“在纯粹的数学研究中，Gauss 是孤独的。Gauss 没有同事和助手。即使在 Gauss 创作的高峰时期，他也从未进行过真正意义上的学术交流。虽然，匈牙利数学家 W. Bolyai 与 Gauss 有长达 50 年的通信联系，但未见他们在数学思想上的深入讨论。”事实上，如果更为准确而中肯地说，则是时至今日，也没有一位职业数学家认真使用“逻辑批判”的武器，对 Gauss 微分几何作真正严格的逻辑审查。面对早已被西方科学世界推向神坛的 Gauss，后辈们似乎只有奉若神明、作随声附和的份，以至于许多几乎显然存在的逻辑错误和概念失当留存至今。

(3) 当然，与 Kline 曾经中肯指出“任何主要的数学分支乃至任何一个较重要的特殊研究结果，都不能仅仅视作某一个个人所做工作”的判断形成逻辑的呼应，任何一个重要数学分支潜藏的不足同样被刻上深深的历史烙印。可以相信，随着 Fontaine，Euler，d'Alembert 等将 Newton 开创的微积分成功地推广至“多元函数”领域，实际工程应用中具有重要价值的 Gauss“曲面论”的随之出现几乎是必然的，它拥有构建这个数学分支一系列基本条件和要素。但是，某种纯粹形式的“多元函数微积分”毕竟要简单许多，它与逻辑上完整、并且还应该被赋予恰当物质意义的“向量场分析”理论体系存在相当大差距。甚至正如本书所作分析已经充分证明的那样，在这门重要的数学分支中还有许多重要的基础性问题至今都没有真正得到解决。因此，虽然可以说是 Gauss 的“曲面论”最终催生了“向量(张量)场分析”这个重要数学工具的出现；

但是，按照 Gauss 所说，同样只允许把“曲面几何”当作描述自存“物质世界”的一种工具对待时，人们不难看出，这个理论体系的准确建立，实际上又需要依赖于“向量场分析”的逻辑支撑。故而，当向量场分析只是在 Gauss 微分几何之后的一个多世纪才“懵懵懂懂”问世，那么，Gauss 微分几何存在的大量概念不当以及逻辑错误的问题几乎同样是必然的。

总之，Gauss 的思想充斥着矛盾。当人们指出 Gauss 从 19 岁到 24 岁是其学术创造力最为旺盛的 6 年间，每年提出的“猜想、定理、证明、概念、假设和理论”不少于 25 项的“惊人成就”时，所有这些都只能“理性感悟的冲动”和“有限知识的制约”彼此牵制的逻辑必然。

2.4　Gauss 微分几何与 Riemann 几何

虽然 Riemann 是 Gauss 本人亲自挑选的学生和接班人，虽然 Riemann 微分几何的出现归咎于 Gauss 微分几何潜藏错误思想导向的激励和放大，但是，从 Gauss 微分几何到 Riemann 微分几何发生了脱胎换骨的变化，两者不可同日而语。

无论怎样，Gauss 构建微分几何的思维导向仍然是与 Plato 最先提出的“实体论”素朴理念。正因为此，Gauss 才会明确提出“一切几何学的‘物质真理性(physical truth)’不可能由任何一种‘先验基础’得到保证(cannot be guaranteed by any a priori ground)”，坚持一种与自 Newton 开始，曾经为 17～18 世纪代西方科学家普遍接受的“自然科学观”保持一致的判断标准，拒斥对任何“公理化假设”的议论，将知识体系的真理性归结为自存的物质世界本身。

但是，Riemann 则完全不然。十分可惜，他辜负了 Gauss 的期待，并且，本质上归因于他从来没有，当然也不可能真正看懂 Gauss 的微分几何(归因于认识的时代局限性)，所以 Riemann 根本没有能力揭示和纠正 Gauss 微分几何中广泛存在的思维导向不当与逻辑错误。任何一名科学工作者一旦试图超越能力所限，揭示他们期待的普适真理，他们几乎总是将希望置于“上帝神启”之上。于是，或许可以相信，恰恰是为了完成老师的遗愿，Riemann 只能将 Gauss 微分几何中的错误推向极致，最终将微分几何研究引入为 Gauss 乃至任何一名稍有理智者都不屑一顾的“约定论”的荒唐和悖谬之中。

在一些论述“数学发展史”的著述中，著者指出像任何一名严肃的科学工作者一样，Gauss 对数学科学提出“追求明确的定义、清晰的假设、严格的证明以及所求结果的系统化”目标。但是，Gauss 不可能超越时代的限制。因此，同样如这些著作所说，Gauss 的研究表现为“不停地观察和进行实例剖析，试图从经验性质之中获取灵感和猜想”的独特风格。也就是说，作为“曲面几何”领域中第一次较为完整的探索，Gauss 微分几何在逻辑上几乎不可能是严谨的。正如本书前述分析已经指出的，Gauss 对于他所提“第一基本形式”和“第二基本形式”的阐述，不仅存在导向性的概念错误和众多逻辑不当，而且因为 Gauss 下意识地提出或执行“形式置于实体之上(特别是无足轻重的坐标分量表述)”的研究方案，所以出现了与他所反对的“公理化倾向”本质雷同的错误，并最终提出一个完全虚妄的“内蕴几何”理想：

> 曲面可以被当作一个自存的空间(a space in itself)看待，属于曲面的所有性质完

全能够通过 ds^2 加以确定。于是,人们可以完全忘掉曲面位于一个 3 维空间的事实[①]。

但是,正如本书前面分析已经充分论证的那样,2 维曲面处于 3 维平直空间之中,不仅是一个独立于任何人"主观意志"的客观存在,而且也仅仅于此,才可能对 2 维曲面作逻辑相容的完整描述。这样,Gauss 以后的微分几何研究已经被置入前提性的导向错误之中。

但是,对于 Riemann 而言,他不仅没有能力纠正 Gauss 微分几何中大量明显失当,相反,彻底抛弃或背离了 Gauss 哲学思想中最值得人们珍惜的,对于"实体论"基本理念的素朴期待。对此,Kline 的著述同样做了较为中肯的论述,Kline 这样指出:

> Riemann 为空间提供的几何并不只是 Gauss 微分几何的推广,研究空间的全部途经得到了重新审查。Riemann 提出了一个问题:与所谓"物质空间或物理空间(physical space)"相关的哪些东西能够让我们确信无疑呢? 进一步说,在我们凭借经验确定那些用于物质空间的"特殊公理(particular axioms)"以前,什么样的条件或事实能够用作"纯粹经验空间(very experience space)"得以存在的必要前提呢?
>
> Riemann 的思想是:从我们确认是"关于空间的先验真理(a priori about space)"的东西出发,依赖于"分析(analysis)"就可以演绎地推知那些必要的结论(deduce the necessary consequences)。至于空间的另一些性质,只能纳入经验的范畴。Gauss 曾经集中精力研究与其完全相同的命题,但是,在 Gauss 的研究中,仅仅发表了与曲面相关的论述。关于什么是先验真理的研究,导致 Riemann 探讨空间的局部域性质。换句话说,Riemann 的微分几何研究方案与把空间视作"一个整体(a whole)"的思想完全对立,而这种思想普遍存在于 Euclid 几何或者 Gauss, Bolyai 和 Lobatchevsky 构造的 Non-Euclidean 几何之中。

因此,人们必须注意:不能将 Riemann 几何与 Gauss 几何相提并论。看起来,Riemann 不过是把 Gauss 微分几何中的个别形式拓展至高维抽象空间之中,但是,两者的"认识论"基础完全不同:Gauss 微分几何本质上仍然隶属于"实体论"的范畴,虽然因为认识不当而暴露某种"约定论"的错误倾向;但是,Riemann 微分几何则是彻头彻尾的"约定论"杜撰。

毫无疑问,只要承认任何形式"约定论(公理化体系)"的合法性,那么,因为既无需 Plato 所说"实在东西"的支撑,又无需在乎"逻辑相容性"的制约,所以任何"约定论(公理化体系)"的创作必然给人以充分自由,还会给人以"轻松愉悦"的成就感,最终能够像杨振宁先生所说充满心安理得享受"上帝惠顾"的一份喜悦。

---

① 某些中译本在翻译原文中的"a space in itself"一词时,采取了"子空间"译法。英语中的"in itself"通常用作修饰语,通常包含"essential, intrinsic, potential"等独立于"他物"的基本意思。因此,将其译成汉语时一般总使用"自存、自在"这样的修饰词与之对应。至于作为几何学专有名词使用的"子空间",与其对应的英语词汇只能是"subspace"。

2.5　Gauss微分几何与张量研究

无论是Gauss微分几何需要研究的“2维曲面”实在，还是作为一个世纪后出现的“张量”理论体系需要描述的对象，即一个拥有“向量多重线性结构”的几何体，它们都是人类所面对物质世界中普遍存在的物质实在。因此，现代数学中这两个重要学科的出现，具有决定于物质世界自身的某种必然性，是人类在面对一个自存的物质世界时的某种必然。当然，它们的出现，同样体现了人类认识和描述物质世界能力的提升。

几何学的研究对象，相对比较直观。如上所述，在Gauss的心目中，几何学应该纳入“与物质对象的研究相关联(with mechanics)”的应用学科领域。与其相比，张量分析显得更为抽象一些。因此，似乎可以把“张量分析”纳入纯粹数学的范畴，或者当作一种“数学工具”对待。事实上，也只因为这种差异的存在，尽管两者密切相关，但是相对而言理论性更强一些的“张量分析”，必然出现于相对更为直观的“曲面几何”之后。因此，需要“张量分析”的强大工具，检讨和纠正古典“曲面几何”理论体系中难以避免的不足和错误。与此同时，仍然需要“曲面几何”为“张量分析”充实内涵，由此努力摆脱“形式主义”错误导向的干扰，使其最终得以真正满足“逻辑自洽性”的基本要求。

反过来说，正因为“形式至上”错误思维导向的影响，无论是19世纪的Gauss曲面几何，还是20世纪诞生的张量分析，它们必然存在大量的逻辑不相容问题。并且，只有将它们重新建基于“几何实在”之上，才可能真正解决一切“约定论”的杜撰必然存在的晦涩、繁杂和逻辑紊乱，最终让包括杜撰者在内的所有人不可能真正读懂的问题。

2.6　Gauss的科学贡献及历史必然性

毫无疑问，主要由西方人构建的现代自然科学体系之所以存在的如此多的认识颠倒和逻辑紊乱，以至于竟然出现将自然科学公然界定为“科学共同体共同意志集合”这样一种“人类文明史”中难得一见的极大荒唐，最终只能逻辑地归结为西方哲学体系“认识论”导向的紊乱。

真正科学的，必须符合于逻辑；而真正符合于逻辑的，就一定给人以自然流畅的感觉，当然也一定是最终容易为人们理性接受的东西。相反，只有毫无逻辑可言的荒唐杜撰，才需要像杨振宁那样，反复劝导人们，只能凭借“震撼心灵”的“科学宗教”情结加以全盘接受。作为17世纪英国一位著名的素朴唯物主义哲学家，J. Locke曾经这样指出：

> 一不小心，学术语言就会沦为含糊的抽象。看上去，它们表达深刻的智慧，实际上只是语言的误用。语言是会骗人的，这既适合于说话的人，也适合于听话的人。那些习惯于使用含糊和抽象的概念，表达思想的人常常出于好意。因此，要让他们知道自己正在误用语言常常是非常困难的。

毫无疑问，面对陈省身这样的几何学大师不得不自陈“在讲述一半不懂的东西”的时候，Locke素朴的语言对每一个人都更具警醒意义。

回顾对Gauss微分几何的逻辑检查和检讨，不难发现往往正是那些素朴、平和、明晰，并且最终可以逻辑地归属于"几何实在"自身的东西,才是真正符合于逻辑的合理科学陈述。相反,任何僵化的、只能渊源于研究者主观意志的偏好,从而必然要故弄玄虚的"固定形式"往往恰恰是一种糟粕,是 Locke 称作的含糊抽象和对物质存在的扭曲,并且,它们也必然是包括 Gauss, Riemann,陈省身等研究者自己也永远不可能真正读懂的东西。

任何人无法否认 Gauss 对现代几何学的发展曾经做出的开拓性巨大贡献。但是,从这个意义上说,它们的真实意义恰恰在于他最先发现了属于物质对象自身,以至于同样可以被任何其他人发现的东西。20 世纪的著名美国哲学家 C. S. Peirce 曾经指出:

> 科学方法必须建立在这样一个假设之上,即真实的事物是不依赖于我们对它的看法的。因此,科学的结论必须是所有科学家都能得出的共同结论。同样,在信念和真理的问题上,应该是每个人都能得出的共同结论。

因此,如果说 Gauss 曾经做出了重要的科学贡献,那么,恰恰在于他把握了历史的机遇,最先说出任何其他具有理性思维能力的人同样能够说出的东西。

因此,即使没有人们称之为"数学王子"的 Gauss,但是那个曾经由 Gauss 创造的微分几何将必然同样出现;甚至可以相信:情况或许还会更好一些,少一些 Gauss 微分几何中的大量错误。

2.7 切实反对科学偶像崇拜

归结于前述 Peirce 所指出"真实的事物是不依赖于我们对它的看法的"的认识前提,或者与他称之为一切科学陈述必须具备的"公众性"特征保持一致,任何对科学研究"个体"的崇拜必然与自然科学的本质格格不入。同样,仅仅因为这个素朴平凡的道理,G. Sarton 曾经指出:

> 当研究人员致力于扩展科学的边界时,其他科学家格外迫切地想要知道脚手架是否真正牢靠,弄清楚愈来愈大胆的、愈来愈复杂的大厦是否有倒塌的危险。这意味着必须回到过去,进行历史的批判。倘若不然,科学将蜕化为某种偏见的体系,基本原理变为形而上学的公理、教条和新的圣经。

并且,让我们牢牢记住 Sarton 的告诫:科学的偶像崇拜是最坏的形而上学。

参考文献

[1] Morris Kline. 古今数学思想[M]. 邓东皋、张恭庆,等译. 上海:上海科学技术出版社,2002
[2] 吴文俊. 世界著名数学家传记[M]. 北京:科学出版社,1995
[3] George Sarton. 科学的生命——文明史论集[M]. 刘珺珺,译. 北京:商务印书馆,1987

附录3　动态电磁场数学物理模型的质疑和反思

任伟教授是任教于杭州电子科技大学的加拿大籍年轻华裔学者。他针对我在《电磁场理论形式逻辑分析》一书中重新为动态电流所激发动态电磁场的数学物理模型，即

$$\begin{cases}\nabla\times\nabla\times\boldsymbol{\Psi}+\dfrac{1}{c^2}\dfrac{\partial^2\boldsymbol{\Psi}}{\partial t^2}=\mu_0\boldsymbol{J}\\ \nabla\cdot\boldsymbol{\Psi}=\vartheta\\ \boldsymbol{n}\times\nabla\times\boldsymbol{\Psi}=\mu_0 j\quad \boldsymbol{x}\in\partial V\\ \boldsymbol{\Psi}=\boldsymbol{\Psi}_0,\boldsymbol{\Psi}'=\boldsymbol{\Psi}'_0\quad t=0\end{cases}\tag{1}$$

其中，与动态电磁场矢量势的散度$\nabla\cdot\boldsymbol{\Psi}$相对应，并拥有其独立物质内涵的形式表述为

$$\nabla\cdot\boldsymbol{\Psi}(\boldsymbol{x},t)\quad=\vartheta=\frac{\mu_0}{4\pi}\int_V\frac{1}{r}\nabla\cdot\boldsymbol{J}\mathrm{d}V\neq 0\tag{2}$$

提出了质疑，并通过书面形式明确向我指出：在重新构造的数学物理模型的两个控制方程之间存在"逻辑不自洽"的问题。

此处的这个附录，就是为了回答和思考任伟提出的质疑而临时添加的，并希望以此作为双方在电磁场理论领域作进一步合作研究时的认识基础。

3.1　任伟质疑

此处，首先将任伟本人撰写的论证完整转述如下：

首先，由双旋度方程

$$\nabla\times\nabla\times\boldsymbol{A}+\frac{1}{c^2}\frac{\partial^2}{\partial t^2}\boldsymbol{A}=\mu_0\boldsymbol{J}\tag{R.1}$$

对其两边取散度：

$$\nabla\cdot(\nabla\times\nabla\times\boldsymbol{A})+\frac{1}{c^2}\frac{\partial^2}{\partial t^2}\nabla\cdot\boldsymbol{A}=\mu_0\,\nabla\cdot\boldsymbol{J}\tag{R.2}$$

由于

$$\nabla\cdot(\nabla\times\nabla\times\boldsymbol{A})\equiv 0$$

故(R.2)式可简写为

$$\frac{1}{c^2}\frac{\partial^2}{\partial t^2}\nabla\cdot\boldsymbol{A}=\mu_0\,\nabla\cdot\boldsymbol{J}\tag{R.3}$$

即得散度约束方程。再由 Maxwell 方程组

$$\begin{cases}\nabla \cdot \boldsymbol{E} = \dfrac{1}{\varepsilon_0}\rho \\ \nabla \times \boldsymbol{E} = -\dfrac{\partial \boldsymbol{B}}{\partial t} \\ \nabla \cdot \boldsymbol{B} = 0 \\ \nabla \times \boldsymbol{B} = \dfrac{1}{c^2}\left(\dfrac{1}{\varepsilon_0}\boldsymbol{J} + \dfrac{\partial \boldsymbol{E}}{\partial t}\right)\end{cases} \tag{R. 4}$$

利用其中的 Gauss 方程,并考虑

$$\boldsymbol{E} = -\frac{\partial \boldsymbol{A}}{\partial t}$$

得

$$-\frac{\partial}{\partial t}\nabla \cdot \boldsymbol{A} = \frac{1}{\varepsilon_0}\rho \tag{R. 5}$$

两边再次对时间求导,并利用电荷守恒定律,得

$$\frac{1}{c^2}\frac{\partial^2}{\partial t^2}\nabla \cdot \boldsymbol{A} = \frac{1}{\varepsilon_0}\nabla \cdot \boldsymbol{J} \tag{R. 6}$$

因为

$$c^2 = \frac{1}{\varepsilon_0 \mu_0} \tag{R. 7}$$

所以

$$\frac{1}{c^2}\frac{\partial^2}{\partial t^2}\nabla \cdot \boldsymbol{A} = \mu_0 \nabla \cdot \boldsymbol{J} \Leftrightarrow \frac{1}{c^2}\frac{\partial^2}{\partial t^2}\nabla \cdot \boldsymbol{A} = \frac{1}{\varepsilon_0}\nabla \cdot \boldsymbol{J}$$

即(R. 3)和(R. 6)式等价。或者说,双旋度方程(R. 1)与散度约束方程(R. 3)不矛盾,并且与 Maxwell 方程组也很自洽。

至于《电磁场理论形式逻辑分析》所提供的散度约束方程,即如下所示方程的自洽性有待进一步论证:

$$\nabla \cdot \boldsymbol{A} = \frac{\mu_0}{4\pi}\int_V \nabla \cdot \boldsymbol{J}\,\mathrm{d}V \tag{R. 8}$$

并且,此处构造的式(R. 3)与时间有关,是由微分表达式的局部关联;但是式(R. 8)却与时间无关;构造的是由微分表达式的全局关联。

3.2 关于"任伟质疑"的一般性思考

看到任伟教授提出以上质疑和批判以后,笔者立即与他进行了多次交流和讨论。在彼此所做坦率而诚恳的交谈中,他一再表示对于我这些年所做基础科学研究的大方向和大系统是认同的,并提出希望做我的学生,表达了能够将这样一种体系性基础科学研究承继和发展下去的真诚愿望。

毫无疑问,由于在专业、阅历以及知识体系等方面存在的许多差异,无论就他希望涉猎的整个科学体系,还是针对此处需要解决的具体命题,乃至他同样感兴趣的"哲学思想"体系以及科学研究"方法论"思考方面,要能够形成较为稳定的基本共识(而不只是限于个别命题的具体

结论)仍然需要彼此不断相互学习和磨合。不难看到,即使针对笔者一再强调"批判性继承和承继性批判辩证统一"的提法与思考,我们(师生)之间也存在某种根本的重大差异:他提出应该把笔者所做纳入"承继性批判"的层面,冀求于"重在批判"的见解;而自己所做则归属于"批判性继承"的范畴,而寄寓于"重在继承"。

其实,如果相信任伟所说,能够将他的批判视作对是我所做工作的一种承继的话,那么,从原则上讲,这不仅仅仍然需要将其所做当作"批判和继承的辩证统一"对待,而且,任伟批判还验证了笔者对于从事基础科学研究必须坚持的"方法论"主张:只要是一种真正意义的继承和批判,它们就是不可分割的,都必须以"真正读懂需要继承或批判的前人的知识"作为必要前提。因此,笔者不仅一再提醒任伟,任何形式的"大一统"都是对科学陈述"有限论域"的否定,有悖于科学陈述必需的"实体论"基础,最终必然陷入重重悖谬之中,而且还以一种明晰坚定的态度,严辞拒绝了他对我在对待 Einstein 和杨振宁态度上的批判。

感谢任伟为此书撰写了序言。其中,他对我提出了"要尽量避免对前人理论特别是科学家本人提出评价"一个不无坦白、严厉或中肯的批评。或许可以相信,任伟乃至与他一样的年轻学子确有许多难言之隐。但是,如果不准对前人的理论作批评,甚至不允许作评论,则任伟自谓的"批判性继承,重在继承"也就无从谈起,而此处所议的"任伟批判"更是无从着笔了。事实上,当 20 世纪的西方科学主流社会面对现代自然科学体系中真实存在的重重矛盾无所作为,却公然提出"自然科学只是科学共同体共同意志集合"一个极为蛮横无理的"独断论"界定,将人类的科学事业赋予"依人而存"的法定意义,乃至某些 21 世纪的西方学者面对许多难以解决的认识困惑,而重新提出"种族中心主义"主张的时候,像任伟这样一些或许在过早享受科学的年轻学子是不是本末倒置、是非错乱,恰恰搞混了批判的目标或靶子呢?

毋庸讳言,我不喜欢任伟所说的,那种其实从来没有真的存在,或者不过是因人而异的淡淡文风。面对"科学导向、科学道德、科学规范"的大是大非问题,我一贯主张每一个科学工作者理应承担一份科学良心赋予自己的责任。事实上,我从内心反对和鄙视针对任何科学家"个体"的过分赞誉,轻蔑和厌恶西方科学社会把 Gauss,Riemann,Maxwell,Einstein 神化的人为炒作。相反,我更相信如果某个科学家的个体能够做出些许贡献,它也只是一种人生机缘,是每一个没有生理与心理缺陷的平凡人同样能够得到的东西,或者说是人类共同从事"生产活动、理智活动"的某种历史必然。正因为此,我高度认同 Peirce 揭示一切真科学必然内蕴"公众性"特征的睿智,赞许 Sarton 把"科学偶像崇拜"斥之为一种"最坏形而上学"的气势和坦荡,并且一直为站在科学高峰的 Newton 自喻为"海滩上拣拾贝壳的孩童"的那份恬淡、平和而感佩。毫无疑问,任伟似乎完全不理解:对某些科学人所做不无尖刻的议论甚至鞭挞,它的根本目的正在于扭转"因人设论"的反科学倾向,把属于整个理智人类的科学事业从某些西方人大肆宣称"伟大人物的直觉比凡人的推理论证更为可靠"的荒唐、强蛮和悖谬中解脱出来。

值得指出,李政道和杨振宁先生于 20 世纪 50 年代同获 Nobel 奖,无疑可以视作是众多炎黄子也乐于称道的一件幸事。在出版于本世纪的《宇称守恒发现之化解谜》一书,李政道先生说了这么一段话:

> 当然,并不是 1956 年突然改变了外界的宇宙,只是我和杨振宁发表的"宇称不守恒"的文章,改变了整个物理学界以前在"对称"观念上的一切传统的、根深蒂固的、错误的、盲目的陈旧见解。

毫无疑问，李政道先生对待他和杨振宁所获 Nobel 奖的这个诠释无疑要中肯、准确和清醒得多。一个传统错误见解得以清除，固然值得欣喜，但是这一事实也恰恰告诉人们一个本应平凡的道理：认识的“习惯性”并不绝然等价于认识的“合理性”，更没有“永恒”可言。或许这才是李政道先生曾经在 20 世纪和 21 世纪之交，特地指出“目前理论物理中的对称性基础与物质世界普遍真实存在的非对称性”的深刻矛盾，并将其界定为新世纪需要解决的最大科学疑难的缘故。

许多年来，人们曾经赋予一个称之为“规范场(Gauge field)”的理论以太多期待。但是，众所周知，这个曾经耗费太多人力和财力的“科学神话”却几乎没有任何实质性的推进。其实，如果从基本“科学理念”的角度考虑，或者直接引用 G. Sarton 在《科学的生命——文明史论集》所说一段力透纸背、入木三分的话：

> 当研究人员致力于扩展科学的边界的时候，其他科学家更迫切地想要弄清楚脚手架是否真正牢靠，弄清愈来愈大胆、愈来愈复杂的大厦是否有倒塌的危险。后一个任务必然地意味着回到过去，并且和科学发现相比，它既不缺重要性，也绝不轻而易举。就本质而言，这种批判性的工作具有历史的性质，它使得科学的结构更具连贯性和严谨性，揭示了科学中偶然和约定的成分，并且，为发明家的思想打开新的视野。不完成这种工作，科学不久便会蜕化为偏见的体系，其基本原理成为形而上学的公理、教条，一种新的神学。

那么，这样一种努力无法获得成功的根本原因在于：构造这个科学神话的两个基础——规范变换和 Riemann 几何都是错误的。

众所周知，面对跨越一个多世纪，围绕“相对论”的无穷无尽争论，笔者曾经一再指出：与其无休止地简单纠缠于“时空观变换”的孰是孰非，还不如使用一种“历史分析”的眼光，重新严肃思考和认真解决导致这个“公理化体系”得以出现的基础是否真正可靠的问题。或者说，应该严格遵循“逻辑思辨”的基本原则，首先认真考虑“光速不变性”原理与“运动相对性”原理这两个必要前提是否真正准确，需要人们首先针对曾经困扰 19 世纪和 20 世纪之交的西方科学社会的 Michelson-Morley 实验考虑如何重新做出理性诠释的问题。同样，在人们希望对“规范场论”的过去、现状与未来走向做出一种恰当估价和判断的时候，需要的仍然是首先形成一个真正符合于逻辑的理性判断：做出合理判断的关键并不在于直接对其作简单肯否，而在于首先检讨它的逻辑基础或逻辑前提是否足够准确，也就是需要认真考虑 Sarton 所说“拓展科学边界脚手架是否真正牢靠”的问题。事实上，如果作为 Maxwell 建构电磁场理论体系形式基础的“规范变换”以及隶属于“约定论(公理化体系)”范畴的 Riemann 几何本身就不正确，那么，任何一个建基于其上的理论体系都没有理性可言。换句话说，只要人们首先形成一种理性判断：Maxwell 经典电磁场理论体系所提“规范变换”不过是一个不当的人为假设，而只允许建基于“约定论(公理化假设)”之上的 Riemann 几何充斥着矛盾和悖谬，以至于根本无需认真对待甚至不屑理会任何与“规范场论”相关的命题。当然，如果认真检讨笔者曾经从事的基础科学研究，这应该是自己无法也一直不愿针对任何“无中生有、随意杜撰”的臆测作简单而短促评论的原因。

并且，如果从科学研究的“方法论”考虑，Sarton 之所以特别提倡一种“历史批判”的研究方法，它其实蕴涵某种更为深刻的道理，体现了“逻辑只是同义反复”的本来意义。然而，或许许多人熟知，那位往往乐于以“规范场论”首创者身份示人重量级人物，曾经通过自己的著述宣扬一种被其称作“潜移默化”的学习方法，反反复复、不厌其烦地向切望中国科学振起的国人作类似于如下所述的告诫：

> 中国有句古老的格言，“知之为知之、不知为不知，是知也。”这个哲理对中国体制和中国社会有深远的影响。小孩如果假装比实际懂得多就会受到批评，好处是你更受人尊重，不清楚的事不乱讲话。坏处是你变得胆怯。碰到你不太了解的事，你倾向于觉得跟自己无关，因为你害怕如果跟它纠缠在一起，自己会陷入一个似懂非懂的状态，这不太好。我跟从中国大陆和台湾来的学生说：“你必须克服这一点。你去一个研讨会，即使大部分你不懂在讲什么，你也不用怕。我常常参加研讨会，也不是完全懂在讲什么。可是一次不懂不一定是不好，因为只要你再去一次，就会发现你比以前懂得多了。”我称它为潜移默化的学习。潜移默化的学习方法在中国被瞧不起。中国的研究生都比较胆小，因为他们不想陷入自己不完全懂的事情。可是在前沿科学研究工作里，你总是半懂半不懂。

当然，人们同样应该相信，此番所说无疑是众多科学工作者羞于言明的肺腑之言。

然而，如果细究起来，除了那种一再向中国年轻学子公开提倡“实现最大人生价值”的愿望，或许能够以一种立竿见影的方式尽速兑现以外，岂不知正是此处所倡导那种“半懂半不懂”研究方法，才会导致“规范场论”的研究者无暇顾及，乃至根本不愿意严肃地探讨该理论体系的基础和前提是否可靠、是否真的符合于逻辑的问题。于是，在实现“人生价值最大化”的同时，整个人类却为这些只能建基于“约定论”之上的“伪科学”命题无端付出太多不必要的代价。应该说，这同样是笔者在从事基础科学研究的同时，自然会特别关注“方法论”的研究，觉得理应承担一种道义和责任，需要对一系列与“认识论”相关命题作努力澄清的缘故。

不得不指出，与任伟所喜好或者特别向往的“淡淡文风”截然相反，同样为任伟推崇的Einstein在对待一切违背科学准则的粗俗行为时，其批判恰恰是坦率而辛辣，不留情面却鞭辟入里的。或许许多人还记得Einstein关于“科学庙堂”一段脍炙人口的写实：

> 在科学的庙堂里有许多房舍，住在里面的人真是各式各样，而引导他们到那里去的动机实在也各不相同。有许多人所以爱好科学，是因为科学给他们以超乎常人的智力上的快感，科学是他们自己的特殊娱乐，他们在这种娱乐中寻求生动活泼的经验和雄心壮志的满足；在这座庙堂里，另外还有许多人之所以把他们的脑力的产物奉献在科学的祭坛上，为的是纯粹功利的目的。所有这些人只要有机会，人类活动的任何领域他们都会去干，他们究竟成为工程师、官吏、商人还是科学家完全决定于环境。如果上帝有位天使跑来把所有属于这两类的人都赶出科学的庙堂，那么聚集在那里的人就会大大减少。我很明白，我们刚才在想象中随便驱散了许多卓越的人物，他们对建设科学庙堂有过很大也许是主要的贡献。但是，我可以肯定，如果庙堂里只有我们刚才驱逐的那两类人，那么这座庙堂就绝不会存在。

正因为此，通过自己的著述，笔者曾经一再表达对于 Einstein 内心中那份“科学道德、科学激情和科学真诚”情结的深深敬重，指出它恰恰是 Einstein 留给人类的一份宝贵遗产。与此同时，不能不对 Einstein 对于自己深深向往的逻辑全然懵懂无知，不懂得“逻辑不过是同义反复”的平常道理，以至于轻信毫无理性可言“直觉顿悟”的启示，并因为此而只能默认或者在事实上无法阻止人们将自己推往“科学神坛”的愚钝而感到深深惋惜。

人生短促，可享受的东西和物质的差异实在过分有限。人人最终都得化作一抔黄土，荣辱贵贱皆身外之物，唯是非真伪终当留给历史和后人评述。因此，面对物欲横流的今天，为什么不能认真思考并努力汲取 Einstein 身上那些最可宝贵的东西，抵御不在少数误入科学庙堂之“成功者”在不断煽动“实现人生最大价值”的粗俗诱惑呢？人们热切期待中国科学的新生，它之所以迟迟不至，绝不是因为中国人缺乏大的智慧，真正缺乏的只是许许多多西方科学家展现我们的那种自信、淡定、豁达乃至“吾爱吾师、吾更爱真理”的大无畏批判精神。

显而易见，在我和声称期望做我学生的任伟之间其实存在太多的差异。但是，差异并不可怕。在面对这种真实存在的差异时，我仍然深切感受到在任伟的身上，有一种极其难得的真诚、智慧和愿意服从真理的理性精神。事实上，只有富有深刻内涵的差异存在，才可能在理性的批判中有所发展。人们总可以相信：真正的批判和真正的继承永远不可分割，只有因循“批判性继承和承继性批判辩证统一”的正常轨道，那个理应隶属于整个人类的科学事业才可能得以持续不断和健康的发展。故而，笔者正视任伟批判并为之而欣喜，这绝不仅仅是承诺“愿意充当科学批判一只靶子”的真诚誓言，而是充满一种发自内心的喜悦和希望。或者真的能够像任伟所说，这个富有理性思考和批判精神的年轻学子走入我的科学生活，应该是上帝带给一个或许终将不久迈向生命终点的我的一份最好礼物。

我真诚地期待，我国年轻一代真正意义上的科学工作者尽快成长起来，能够拿起科学研究必需的“科学思辨、逻辑批判”武器，切实解决自然科学体系中遗留的众多问题，为现代意义的科学事业能够在我国真正兴起，进而为隶属于整个人类科学事业的发展做出一份真正属于中国人的独立贡献。

3.3　若干“基本共识”的前提认定

显然，任伟批判的价值或意义并不仅仅在于若干公式的重新推导与结论，而在于这种推导背后隐含的若干重要哲学理念。因此，在这个篇幅有限的附录，需要简短论述此处所提《动态电磁场数学物理模型的修正和思考》的重要命题以前，值得首先简单罗列彼此对待基础科学研究以及针对电磁场理论这一具体命题的若干基本认识前提。

首先，局限于科学研究的一般哲学思想导向，任伟认同笔者所提“物质第一性”和“逻辑自洽性”两个基本原则。并且，在此基础上，针对与电磁场理论体系的基本命题，任伟表示他在原则上认同如下所述，最初由笔者提出的一系列基本理念：

3.3.1　理论体系“有限论域”的认定

自 Coulomb，Faraday 等开始，直至 Maxwell 最终提出以他名字命名的基本方程组作为标志，对于整个经典电磁场理论体系而言，它所讨论或能够表现的只是“电荷分布”ρ 与“电流分布”$\boldsymbol{J}$ 如何激发电磁场的命题，即

$$: \text{Electromagnetic field excited by} \begin{cases} \rho(\boldsymbol{x}) \\ J(\boldsymbol{x},t) \end{cases} \tag{3}$$

因此,不能仅仅使用纯粹的“演绎逻辑”方法,将其随意拓展至其他论域。并且,需要注意:电荷 ρ 和电流 $\boldsymbol{J}$ 不仅仅是形式系统的两个独立变量,而且它们还对应于两个存在重大差异的不同定义域。

于是,从形式逻辑的角度考虑,对于式(R.4)所示传统意义上的 Maxwell 方程组,必须对其作与式(3)保持逻辑相容的形式分解,即

$$\rho(\boldsymbol{x} \gg \left\{ \nabla \cdot \boldsymbol{E} = \frac{1}{\varepsilon_0}\rho \cap \boldsymbol{J}(\boldsymbol{x},t) \gg \begin{cases} \nabla \times \boldsymbol{E} = -\dfrac{\partial \boldsymbol{B}}{\partial t} \\ \nabla \cdot \boldsymbol{B} = 0 \\ \nabla \times \boldsymbol{B} = \dfrac{1}{c^2}\left(\dfrac{1}{\varepsilon_0}\boldsymbol{J} + \dfrac{\partial \boldsymbol{E}}{\partial t}\right) \end{cases} \right. \tag{4}$$

式中的逻辑关联符号“≫”仍然示意表示“拥有”的意思。继而,根据作用于某特定物质对象(实验电荷)之上的“力的叠加性”原理,即通过通常所说的 Lorentz 经验定律

$$\boldsymbol{F} = e(\boldsymbol{E} + \boldsymbol{v} \times \boldsymbol{B}) \tag{5}$$

将本质上只允许定义于“实验电荷”之上,从而能够与“作用力”直接形成逻辑关联的两个物理量的 $\boldsymbol{E}$ 和 $\boldsymbol{B}$ 关联在一起。(电磁场是一种“无质无形”的真实“物质存在”形式。因此,从形式逻辑的角度考虑,无法也不允许在电磁场上定义与“力”直接关联的物理量。)

3.3.2　形式量“逻辑主体”的重新认定与 Faraday 定律的形式变换

任何一个形式量或者形式量所构造形式系统,都不允许离开它的“逻辑主体”而独立存在。当然,形式系统或形式量必需的“逻辑主体”,本质上就是拥有它的特定物质对象。

因此,正如《电磁场理论形式逻辑分析》一书所述,作为这个“一般性”认定的特例,对于经典理论通常所说的 Faraday 定律而言,作如下所示的形式变换是合适或者是必需的

$$\nabla \times \boldsymbol{E} = -\frac{\partial \boldsymbol{B}}{\partial t} \Rightarrow \nabla \times \boldsymbol{E} = \frac{\partial \boldsymbol{B}}{\partial t} \tag{6}$$

事实上,正如 Lenz 定律所述,在此形式变换以前经典表述的 Faraday 定律

$$\nabla \times \boldsymbol{E} = -\frac{\partial \boldsymbol{B}}{\partial t}$$

可能刻画的物理实在本质上应该是:“激励线圈”所激发电磁场与“受激线圈”所激发电磁场之间一种“彼此抑制”的逻辑关联。但是,从形式逻辑考虑,在面对某一个需要人们描述的“电磁场”并以其作为形式系统的唯一“逻辑立体”的时候,无需并无法对“激励线圈”和“受激线圈”做出区分,而只能将它们视作激发同一电磁场两个逻辑上彼此等价、物理上没有本质差异的不同源项对待。因此,在确认“电磁场”作为形式系统的唯一逻辑主体的时候,必须将其改写为

$$\nabla \times \boldsymbol{E} = \frac{\partial \boldsymbol{B}}{\partial t}$$

不难看出,也仅仅于此,才可能将 $\boldsymbol{E}$ 和 $\boldsymbol{B}$ 视作定义于“同一电磁场的同一实验电荷”之上两个互为依存的物理量。

毫无疑问,描述电磁场的形式量只能定义于电磁场之上。因此,如果式(6)所示的形式变换在逻辑上是必需的,那么,人们可以合理地推测:在式(4)所示形式表述中,决定于变化电流

所激发“动态电磁场”的那个部分需要相应作形式上的调整，即改写为

$$\boldsymbol{J}(\boldsymbol{x},t) \gg \begin{cases} \nabla \times \boldsymbol{E} = \dfrac{\partial \boldsymbol{B}}{\partial t} \\ \nabla \cdot \boldsymbol{B} = 0 \\ \nabla \times \boldsymbol{B} = \dfrac{1}{c^2}\left(\dfrac{1}{\varepsilon_0}\boldsymbol{J} - \dfrac{\partial \boldsymbol{E}}{\partial t}\right) \end{cases} \tag{7}$$

也就是说，以往针对习惯所说的“位移电流”假设必须相应更改一个符号，否则无法与目前得到普遍证实的“电磁波”现象逻辑相容。当然，不仅这个习惯称作的“位移电流”不能继续当作人为假设存在，而且还需要对这种形式上的变化提供“物质内涵”的支撑。

3.3.3 静磁场与 Ampere 定律“定义域”的界定

作为经典电磁场理论体系之集大成者，Maxwell 本人曾经给予 Ampere 最初根据他的几个“示零试验”而构造的形式表述以极高的评价，即把人们后来通常所说 Ampere 定律

$$\nabla \times \boldsymbol{B} = \mu_0 \cdot \boldsymbol{J} \tag{8}$$

誉为最光辉的科学成就之一，并因此将 Ampere 称作是电学中的 Newton。当然，Maxwell 之所以这么做，与 Maxwell 将 Ampere 定律视作一个原则上可以适用于一般动态电磁场“最基本公式”的判断有关。并且，仅仅因为此，Maxwell 才会把他在构建电磁场理论体系时发挥关键作用而提出的形式量

$$\boldsymbol{J}_{\mathrm{D}} = \varepsilon_0 \frac{\partial \boldsymbol{E}}{\partial t} \tag{9}$$

称之为“位移电流”人为假设。

但是，人们后来注意到 Ampere 所做的“示零试验”并不严格成立。特别是随着“张量分析”工具的出现，人们发现：根据如下所示 Biot-Savart 经验公式：

$$\boldsymbol{B}(\boldsymbol{x}) = \frac{\mu_0}{4\pi}\int_V \frac{\boldsymbol{J}(\boldsymbol{x}) \times \boldsymbol{r}}{r^3}\mathrm{d}V \tag{10}$$

不难逻辑地推得，式(7)所示的 Ampere 定律只是在电流分布满足“定常不变”前提下的一个条件推论。换句话说，Ampere 定律的“定义域”只是恒稳的静磁场，不允许拓展至与式(9)所定义“位移电流”假设相关的“时变电磁场”范围。

3.3.4 揭示作为自变量之一的电流分布 J 的真实物理内涵

一个物理量如果是客观、不可缺失的，那么，这个物理量必须拥有真正隶属于自己的物理内涵，而绝不允许只能作为“人为假设”而持续地存在，并且，它还必须与相关理论体系中其他所有的形式量保持逻辑相容。

同样，针对经典的电磁场理论体系而言，虽然由 Maxwell 最先提出式(9)所示的“位移电流”人为假设，对于需要表现的“动态电磁场”而言是不可缺失的，但是，允许这个形式量仅仅作为“人为假设”而持续存在的状况无疑是反常的，人们应该重新考虑如何为其提供必要的“物质内涵”基础，以及考虑如何保证其必须与整个理论体系保持严格逻辑相容的问题。

事实上，与式(3)所示，关于形式系统两个“自变量”必需的前提认定，即

$$? : \text{Electromagnetic field excited by} \begin{cases} \rho(\boldsymbol{x}) \\ \boldsymbol{J}(\boldsymbol{x},t) \end{cases}$$

保持严格逻辑相容，对于作为自变量之一的形式量 $\boldsymbol{J}(\boldsymbol{x},t)$ 而言，它在物理上真实拥有的“物质内涵”应该是

$$\boldsymbol{J}(\boldsymbol{x},t) \Leftrightarrow (\rho_{\text{fixed}}, \rho_{\text{free}}\boldsymbol{v}) \tag{11}$$

即给定的电流分布 $\boldsymbol{J}$ 本质上两部分物理实在组成，一部分是空间域中处于固定不动状态的静止电荷 ρ_{fixed}，另一部分则是以速度 $\boldsymbol{v}$ 运动着的自由电荷 ρ_{free}。

并且，仅仅因为此，如果电流分布 $\boldsymbol{J}(\boldsymbol{x},t)$ 处于一种“恒稳不变”的状态，那么，不难推知，该电流所激发电磁场的相关“定义域”必然相应呈现一种“电中性”特征，即

$$\rho(\boldsymbol{x}) = \rho_{\text{fixed}} + \rho_{\text{free}} \equiv 0 \tag{12}$$

据此，还可以对“恒稳电流”分布 $\boldsymbol{J}(\boldsymbol{x})$ 为什么不能激发“电场 $\boldsymbol{E}$”的问题，一个经典电磁场理论体系至今无力回答的认识疑难做出理性诠释。

此外，如果式(11)所定义的电流分布 $\boldsymbol{J}(\boldsymbol{x},t)$ 处于动态变化之中，那么，根据普适的电流守恒定律，该变化电流必然诱发一种“电荷积累”效应。并且，此处所说的变化电流，只能是式(11)中与“自由电荷”相对应的部分，即

$$\rho_{\text{free}}: \frac{\partial \rho_{\text{free}}}{\partial t} = -\nabla \cdot \boldsymbol{J}(\boldsymbol{x},t) \tag{13}$$

考虑到自由电荷 ρ_{free} 与静止电荷 ρ_{fixed} 极性相反，所以如果从能够直接诱发电场 $\boldsymbol{E}$ 的“静止电荷”角度考虑，相应存在如下所示的附加电场：

$$\frac{\partial \rho_{\text{fixed}}}{\partial t} = \nabla \cdot \boldsymbol{J}(\boldsymbol{x},t): \nabla \cdot \boldsymbol{E}_{\text{add}} = \frac{1}{\varepsilon_0}\rho_{\text{fixed}} \tag{14}$$

显然，以上所述大致隶属于“演绎逻辑”的范畴，除了对作为自变量的电流分布内蕴的物质内涵构造了如式(11)所示的前提认定以外，没有提出任何人为的假设。

3.3.5　关于 Maxwell“位移电流”人为假设的正名

根据以上所述的分析，不难作大概预测：当 Maxwell 引入式(9)所示一个只能当作人为假设对待的“位移电流”形式表述时，即

$$\boldsymbol{J}_{\text{D}} = \varepsilon_0 \frac{\partial \boldsymbol{E}}{\partial t}$$

与只有静止电荷 ρ_{fixed} 激发“电场”$\boldsymbol{E}$ 的通常判断保持一致，可能将其视作“变化电流形成的电荷积累效应”更符合物理真实。

事实上，如果重新考虑式(10)所示的 Biot-Savart 经验公式，并且，首先提出一个经典理论未曾出现的人为认定，即假设该公式同样适用于动态变化电流的场合，即

$$\boldsymbol{B}(\boldsymbol{x},t) = \frac{\mu_0}{4\pi}\int_V \frac{\boldsymbol{J} \times \boldsymbol{r}}{r^3}\mathrm{d}V \tag{15}$$

那么，沿用一些相关著述已经使用的推导模式，即首先引入如下定义的矢量势

$$\begin{cases} \boldsymbol{B} = \nabla \times \boldsymbol{A} \\ \boldsymbol{A} = \mu_0 \displaystyle\int_V \frac{\boldsymbol{J}}{r}\mathrm{d}V \end{cases} \tag{16}$$

根据一般关系式

$$\begin{aligned} \nabla \times \boldsymbol{B}(\boldsymbol{x},t) &= \nabla \times \nabla \times \boldsymbol{A} \\ &= \nabla\nabla \cdot \boldsymbol{A} - \nabla^2 \boldsymbol{A} \end{aligned} \tag{17}$$

将磁场的旋度$\nabla\times\boldsymbol{B}$形式地分解为对应于矢量势$\boldsymbol{A}$的两个不同部分。其中，与$-\nabla^2\boldsymbol{A}$直接对应的第二部分为

$$\nabla\times\boldsymbol{B}_{-\nabla^2\boldsymbol{A}}=-\nabla^2\boldsymbol{A}=\mu_0\boldsymbol{J} \tag{18}$$

另一方面，矢量势的散度为

$$\frac{1}{\mu_0}\nabla\cdot\boldsymbol{A}(\boldsymbol{x})=\nabla\cdot\int_V\frac{\boldsymbol{J}}{r}\mathrm{d}V=\left(-\oint_A\boldsymbol{n}\cdot\frac{\boldsymbol{J}}{r}\mathrm{d}A+\int_V\frac{1}{r}\nabla\cdot\boldsymbol{J}\mathrm{d}V\right)$$

考虑到电流分布在边界上法向分量恒等于零的合理认定，于是有

$$\frac{1}{\mu_0}\nabla\cdot\boldsymbol{A}(\boldsymbol{x})=\int_V\frac{1}{r}\nabla\cdot\boldsymbol{J}\mathrm{d}V=-\frac{\partial}{\partial t}\int_V\frac{\rho_{\text{free}}}{r}\mathrm{d}V \tag{19}$$

进而，根据与式(14)保持逻辑相容的Gauss定律，一个因为电流的动态变化而产生的附加电场为

$$\boldsymbol{E}_{\text{add}}=\frac{1}{\varepsilon_0}\nabla\int_V\frac{\rho_{\text{fiexed}}}{r}\mathrm{d}V$$

按照式(17)最初构造的形式分解，可以立即推知，如果电流分布$\boldsymbol{J}$处于动态变化之中，那么，在因为“电荷积累效应”而激发的动态电场$\boldsymbol{E}$与动态磁场$\boldsymbol{B}$之间，相应存在

$$\nabla\times\boldsymbol{B}_{\nabla\nabla\cdot\boldsymbol{A}}=\nabla\nabla\cdot\boldsymbol{A}(\boldsymbol{x})=-\mu_0\varepsilon_0\frac{\partial\boldsymbol{E}_{\text{add}}}{\partial t} \tag{20}$$

将此式与式(18)重新代入式(17)，得

$$\nabla\times\boldsymbol{B}=\mu_0\left(\boldsymbol{J}-\varepsilon_0\frac{\partial\boldsymbol{E}}{\partial t}\right) \tag{21}$$

于是，式(7)最初做出的预测应该是准确的，需要把Maxwell方程组中，用作描述“动态变化电流”所激发“动态电磁场”那个部分的形式表述重新调整为

$$\boldsymbol{J}(\boldsymbol{x},t)\gg\begin{cases}\nabla\times\boldsymbol{E}=\dfrac{\partial\boldsymbol{B}}{\partial t}\\ \nabla\cdot\boldsymbol{B}=0\\ \nabla\times\boldsymbol{B}=\dfrac{1}{c^2}\left(\dfrac{1}{\varepsilon_0}\boldsymbol{J}-\dfrac{\partial\boldsymbol{E}}{\partial t}\right)\end{cases} \tag{22}$$

也就是说，即使不考虑Maxwell方程组作为一个形式系统的“完整方程组”而必然存在的逻辑不当问题，或者说必须作如式(4)所述的形式分解

$$\rho(\boldsymbol{x})\gg\left\{\nabla\cdot\boldsymbol{E}=\frac{1}{\varepsilon_0}\rho\cap\boldsymbol{J}(\boldsymbol{x},t)\gg\begin{cases}\nabla\times\boldsymbol{E}=-\dfrac{\partial\boldsymbol{B}}{\partial t}\\ \nabla\cdot\boldsymbol{B}=0\\ \nabla\times\boldsymbol{B}=\dfrac{1}{c^2}\left(\dfrac{1}{\varepsilon_0}\boldsymbol{J}+\dfrac{\partial\boldsymbol{E}}{\partial t}\right)\end{cases}\right.$$

从而能够使两个“独立”自变量名自激发的的电磁场满足“彼此独立”的相应要求以外，那个由Maxwell最早仅仅作为“人为假设”而提出的“位移电流”在形式上同样是不恰当的，需要更改一个符号，只有这样才可能与修正后的Faraday公式保持逻辑相容。不仅如此，它无需也不能继续当作“人为假设”对待，而需要视之为一个真实存在的物理实在。并且，对于这个物理实在而言，它蕴涵的物质内涵不应该像经典电磁场理论通常论述或者误导的那样，需要当作一个Ampere定律所示“总电流”分布的分量，即一个“附加电流”来对待，其实这个形式上可以借助于电场$\boldsymbol{E}$加以表示的物理实在只是电流处于动态变化时，由该动态变化电流自然诱导而生的

一个“附加电荷”而已①。

当然,如果人们相信:对于式(22)所示的微分表述形式(Maxwell 方程组中与变化电流直接相关的部分),已经得到经验事实的普遍验证,并且,考虑到此处所作式(15)所示一个拓展至“时变域”的 Biot-Savart 公式能够与该微分形式完全逻辑相容的证明,那么,这个最初仅仅作为“人为假设”的认定原则上应该是合理的。

3.3.6 数学物理模型“恰当形式”的前提认定

作为一种基本常识,当面对一个“物质场”并需要借助于某种形式的“微分方程”加以描述的时候,仅仅提供一个通常称之为“泛定方程”的微分方程或微分方程组,尚不足以构造一个“适定”的数学物理模型,必须考虑泛定方程与给定边界条件之间是否满足“逻辑相容性”的问题。当然,因为在目前人们需要涉及的绝大部分数学物理问题中,边界条件通常定义为待定函数的1次微分形式,所以与其对应,一个恰当的泛定方程,在形式上必然或必须写做待定函数的2次微分形式。因此,并不是经典电磁场理论中所有经验方程都可以直接用作数学物理模型中的泛定方程。

以上所述原则上只是隶属于“形式逻辑”范畴的一般性结论。对于此处需要关注的,即曾经借助于式(3)

$$?:\text{Electromagnetic field excited by}\begin{cases}\rho(\boldsymbol{x})\\ \boldsymbol{J}(\boldsymbol{x},t)\end{cases}$$

加以明确界定的“经典电磁场理论体系”而言,不妨根据自变量或者激发电磁场的源项选择的不同,将不同特殊命题和相关结果简单罗列如下:

(1) 首先,考虑“静电场”即考虑由单个“电荷分布 $\rho(\boldsymbol{x})$”所激发的电磁场的恰当数学物理模型问题。

属于“静电场”的范畴,经验定律是人们熟知的 Coulomb 定律

$$\boldsymbol{E}(\boldsymbol{x})=\int\frac{\rho(\boldsymbol{x}')\boldsymbol{r}}{4\pi\varepsilon_0 r^3}\mathrm{d}V' \tag{23}$$

以及它的微分形式,即人们通常所说的 Gauss 公式

$$\nabla\cdot\boldsymbol{E}(\boldsymbol{x})=\frac{1}{\varepsilon_0}\rho \tag{24}$$

其中,作为物理量“电场 $\boldsymbol{E}$”的原始定义则为

$$\boldsymbol{E}(\boldsymbol{x})=\frac{\boldsymbol{F}}{Q'} \tag{25}$$

相应表示在电荷分布 ρ 所激发静电场中的 $\boldsymbol{x}$ 点处,某一个“单位”实验电荷所承受的电场力。

但是,如前所说,无法将式(24)所示的微分形式经验公式用作恰当数学物理模型的控制方程,而需要引入一个称作“标量势”的新物理量 φ,构造如下所示的恰当边值问题:

$$\begin{cases}-\nabla^2\varphi(\boldsymbol{x})=\dfrac{1}{\varepsilon_0}\rho\\ \varepsilon_0\boldsymbol{n}\cdot\nabla\varphi=-\sigma\end{cases}\quad \boldsymbol{x}\in V\subset R^3 \tag{26}$$

① 值得指出,在笔者以往的相关论述中,尽管使用“演绎逻辑”的推导中早已得到如上所示结果,却似乎始终没有明确提出需要将“位移电流”假设正名为“积累电荷”效应的判断。

$$V\text{:extended from the given charge set}\rho$$

再进而由

$$\boldsymbol{E}(\boldsymbol{x}) = -\nabla\varphi \tag{27}$$

求得人们通常感兴趣的电场 $\boldsymbol{E}$。

(2) 继而,考虑“静磁场”即考虑由“恒稳电流分布 $\boldsymbol{J}(\boldsymbol{x})$”所激发电磁场的恰当数学物理模型的问题。

此时,经验定律则是 Biot-Savart 公式

$$\boldsymbol{B}(\boldsymbol{x}) = \frac{\mu_0}{4\pi}\int_V \frac{\boldsymbol{J}(\boldsymbol{x})\times\boldsymbol{r}}{r^3}\mathrm{d}V \tag{28}$$

以及作为微分表述形式出现的 Ampere 公式

$$\nabla\times\boldsymbol{B}(\boldsymbol{x}) = \mu_0\boldsymbol{J} \tag{29}$$

但是,需要指出:静磁场经验公式的积分形式与微分形式在形式上并不严格等价,后者只是前者的条件推论,虽然这个条件在物理上是真实的。并且,与电场 $\boldsymbol{E}$ 的原始定义式本质上保持一致,作为经典“静磁场”理论中基本物理量“磁场 $\boldsymbol{B}$”的原始定义为

$$\mathrm{d}\boldsymbol{F}(\boldsymbol{x}) = \mathrm{d}\boldsymbol{J}\times\boldsymbol{B} \tag{30}$$

也就是说,它仍然是借助于 Newton 力学中“力”的概念,即作用于磁场中只能当作“试验电流元”对待的 $\mathrm{d}\boldsymbol{J}$ 之上的力 $\boldsymbol{F}$ 加以定义的。

并且,仍然与“静电场”一样,需要形式地引入如下所示的“矢量势”概念

$$\boldsymbol{B}(\boldsymbol{x}) = \nabla\times\boldsymbol{A} \tag{31}$$

据此构造用于直接求解“磁场 $\boldsymbol{B}$”而不是求解“矢量势 $\boldsymbol{A}$”的恰当数学物理模型

$$? = \boldsymbol{B}(\boldsymbol{x}) = \nabla\times\boldsymbol{A}\text{:}\begin{cases}\nabla\times\nabla\times\boldsymbol{A} = \mu_0\boldsymbol{J} \\ \boldsymbol{n}\times\nabla\times\boldsymbol{A} = \mu_0\boldsymbol{J}\end{cases} \quad x\in V\subset R^3 \tag{32}$$

$$V\text{:extended from the given current set}\boldsymbol{J}$$

当然,此处这个关于“微分方程恰当边值问题”的形式表述,正是目前电磁场理论实际使用的数学物理模型。

在某些场合,如果还需要直接求解矢量势 $\boldsymbol{A}$,考虑到双旋度算子内蕴的“欠定性”特征,那么,相关的数学物理模型还必须增加一个关于矢量势散度 $\nabla\cdot\boldsymbol{A}$ 的控制方程。类似于前面推导(19)式的过程,不难逻辑地推得

$$\nabla\cdot\boldsymbol{A}(x) = \frac{\mu_0}{4\pi}\int_V \frac{1}{r}\nabla\cdot\boldsymbol{J}\mathrm{d}V = 0 \tag{33}$$

因此,一个能够直接定义于矢量势 $\boldsymbol{A}$ 之上,并且所有形式量相应拥有确定“物质内涵”的恰当数学模型为

$$? = \boldsymbol{A}(\boldsymbol{x})\text{:}\begin{cases}\nabla\times\nabla\times\boldsymbol{A} = \mu_0\boldsymbol{J} \\ \nabla\cdot\boldsymbol{A} = 0 \\ \boldsymbol{n}\times\nabla\times\boldsymbol{A} = \mu_0\boldsymbol{j}\end{cases} \quad \boldsymbol{x}\in V\subset R^3 \tag{34}$$

需要特别指出:式(33)为矢量势散度提供的约束方程,已经完全不同于经典理论中只允许当作“人为假设”对待的所谓“正则规范”,这个重新构造的约束方程在物理上是真实的,逻辑上是自洽的。

(3) 最后,考虑“动态变化电流 $\boldsymbol{J}(\boldsymbol{x},\mathrm{t})$”所激发“动态变化电磁场”的问题。

与上述“静电场”和“静磁场”的问题不同,在经典电磁场理论体系中,如何为“动态变化电流所激发动态电磁场构造恰当数学物理模型”不仅至今没有得到解决,以至于“动态电磁场的数值计算”仍然面对许多的隶属于形式逻辑范畴的困难,而且,对于大部分从事电磁场研究的研究者而言,他们甚至没有意识到这个重要基础性命题的真实存在。

尽管如此,对比以上为“静电场”和“静磁场”两个相对要简单许多的命题如何构造恰当数学物理模型问题,并根据上述针对一系列基本概念所做的重新的分析,不难做出如下所述的若干重要推断:

① 当仅仅把动态变化电流 $\boldsymbol{J}(\boldsymbol{x},t)$ 界定为激发“动态电磁场(电磁波)”的唯一自变量或唯一源项的时候,作为构造“理论方程(数学物理模型)”基础的“经验方程”只能是经典的 Maxwell 方程组中,那个仅仅与该自变量直接关联的部分,即式(22)所示一个修正过的形式表述:

$$\text{Experimental differential equation}:\boldsymbol{J}(\boldsymbol{x},t)\gg\begin{cases}\nabla\times\boldsymbol{E}=\dfrac{\partial\boldsymbol{B}}{\partial t}\\ \nabla\cdot\boldsymbol{B}=0\\ \nabla\times\boldsymbol{B}=\dfrac{1}{c^{2}}\left(\dfrac{1}{\varepsilon_{0}}\boldsymbol{J}-\dfrac{\partial\boldsymbol{E}}{\partial t}\right)\end{cases}\tag{35}$$

或者说,经典表述的 Maxwell 方程组只能当作一个“经验方程”对待,是经验方程的微分形式。

② 注意到前面以一种“演绎逻辑”的形式,在重新推导“位移电流”的过程中,已经为将 Biot-Savart 公式拓展至“时变域”构造了一个证明,那么,如果重新引入一个“矢量势”的符号,可以推断存在如下所示经验方程的积分形式:

$$\text{Experimental integral equation}:\boldsymbol{J}(\boldsymbol{x},t)\gg\begin{cases}\boldsymbol{\Psi}=\mu_{0}\displaystyle\int_{V}\dfrac{\boldsymbol{J}}{r}\mathrm{d}V\\ \boldsymbol{E}=\dfrac{\partial\boldsymbol{\Psi}}{\partial t},\boldsymbol{B}=\nabla\times\boldsymbol{\Psi}\end{cases}\tag{36}$$

显然,使用矢量势 $\boldsymbol{\Psi}$ 构造的积分表述,与最初使用磁场 $\boldsymbol{B}$ 构造的 Biot-Savart 公式相比,它蕴含的物理内涵要丰富许多。并且,正是考虑到在涉及“哲学理念(是否容忍人为假设)、形式逻辑与物理内涵”等许多基本方面,此处所说与 19 世纪构造的经典理论都存在一系列重大差异,因此更换矢量势的符号在原则上应该是恰当的,或者说是必需的。

并且,根据式(36)所示一个具有完整逻辑意义与相关物质内涵的矢量势方程,可以立即逻辑地推得式(19)所示,但需要由新符号 $\boldsymbol{\Psi}$ 表示的矢量势“散度”方程,

$$\frac{1}{\mu_{0}}\nabla\cdot\boldsymbol{\Psi}(\boldsymbol{x})=\int\frac{1}{r}\nabla\cdot\boldsymbol{J}\mathrm{d}V$$

显然,重要问题在于:该方程不仅仅在逻辑上是独立的,而且同样被赋予明确的物质内涵。

此外值得特别指出:即然需要把拓展至“时变域”的 Biot-Savart 公式当作“经验方程”来对待,那么,原则上自然需要对其做出一种实验验证。但是,如果仅仅从“矢量势”的角度考虑,那么,式(35)所示该经验方程的微分形式,与目前电磁学中习惯使用的方程,即(R. 4)中真正决定于变化电流的那个部分

$$\begin{cases}\nabla\times\boldsymbol{E}=-\dfrac{\partial\boldsymbol{B}}{\partial t}\\ \nabla\cdot\boldsymbol{B}=0\\ \nabla\times\boldsymbol{B}=\dfrac{1}{c^2}\left(\dfrac{1}{\varepsilon_0}\boldsymbol{J}+\dfrac{\partial\boldsymbol{E}}{\partial t}\right)\end{cases}$$

没有任何本质意义的差别。不仅如此，当按照式(36)的规定，由“矢量势”$\boldsymbol{\Psi}$重新推导电磁学量“$\boldsymbol{E}$和$\boldsymbol{B}$”的时候，这两个可以直接测量的物理量依然没有发生变化。因此，对于最初所作将Biot-Savart公式拓展至“时变域”的人为推测，原则上可以视作是一个已经得到经验事实验证的重要结论。

③ 但是，无论是式(35)重新构造的微分表述形式，还是式(36)提出的积分表述形式，它们都属于“经验方程”的范畴。因此，面对“动态变化电流所激发动态电磁场”的物理实在，人们需要考虑的是如何为其构造“恰当数学物理模型”的问题。

3.3.7　电磁场“基本物理量”的逻辑认定

即使暂时不考虑如何对Maxwell最初构建的经典电磁场理论体系进行严格的“逻辑审查”以及在此基础上需要完成的“理性重建”工作，人们仍然可以发现两个本质上潜藏“认识悖谬”只不过人们只是“习惯性”接受了的反常事实：

首先，在经典理论体系中，当人们把电荷ρ和电流$\boldsymbol{J}$当作两个独立的自变量，而把电场$\boldsymbol{E}$和磁场$\boldsymbol{B}$当作因变量对待的时候，它们之间明显存在“独立变量数不统一”的矛盾，即

$$(\rho,\boldsymbol{J})\ \lrcorner\ (\boldsymbol{E},\boldsymbol{B}) \tag{37}$$

并且，如果注意到式(3)所示的形式分解，即

$$?:\text{Electromagnetic field excited by}\begin{cases}\rho(\boldsymbol{x})\\ \boldsymbol{J}(\boldsymbol{x},t)\end{cases}$$

其实，还存在两种自变量的“定义域”彼此不统一的问题。

因此，如果仍然把电荷ρ和电流$\boldsymbol{J}$当作两个独立的自变量，那么，与其保持逻辑相容的因变量组合只能是两个同样定义于不同“定义域”中的因变量，即

$$\left.\begin{matrix}\rho(\boldsymbol{x})\\ \boldsymbol{J}(\boldsymbol{x},t)\end{matrix}\right\}\leftrightarrow\begin{cases}\varphi(\boldsymbol{x})\\ \boldsymbol{\Psi}(\boldsymbol{x},t)\end{cases} \tag{38}$$

并且，基于比“电磁场叠加原理”在物理上更为基本的“力的叠加原理”出发，可以自然地推得

$$\begin{cases}\boldsymbol{E}(\boldsymbol{x},t)=-\nabla\varphi(\boldsymbol{x})+\dfrac{\partial\boldsymbol{\Psi}(\boldsymbol{x},t)}{\partial t}\\ \boldsymbol{B}(\boldsymbol{x},t)=\nabla\times\boldsymbol{\Psi}(\boldsymbol{x},t)\end{cases} \tag{39}$$

当然，仅仅当$\boldsymbol{E}$和$\boldsymbol{B}$定义在置于电磁场的实验电荷之上，并且如式(5)所示的Lorentz公式

$$\boldsymbol{F}=e(\boldsymbol{E}+\boldsymbol{v}\times\boldsymbol{B})$$

能够与实验电荷所受到的“力”形成一种逻辑关联的时候，式(39)所示的“叠加公式”才允许存在。

进而，联系到前面针对如何为“静电场”与“静磁场”构造“恰当数学物理模型”时曾经进行的讨论，一个本应值得人们认真思考却似乎几乎被所有研究者忽略了的问题在于：无论是式(26)针对静电场“边值问题”所做的描述

$$\begin{cases} -\nabla^2\varphi(\boldsymbol{x}) = \dfrac{1}{\varepsilon_0}\rho \\ \varepsilon_0 \boldsymbol{n}\cdot\nabla\varphi = -\sigma \end{cases} \quad \boldsymbol{x}\in V\subset R^3$$

V: extended from the given charge set ρ

还是式(32)针对静磁场“边值问题”所做的描述

$$? = \boldsymbol{B}(\boldsymbol{x}) = \nabla\times\boldsymbol{A}: \begin{cases} \nabla\times\nabla\times\boldsymbol{A} = \mu_0\boldsymbol{J} \\ \boldsymbol{n}\times\nabla\times\boldsymbol{A} = \mu_0\boldsymbol{j} \end{cases} \quad \boldsymbol{x}\in V\subset R^3$$

V: extended from the given current set $\boldsymbol{J}$

为什么只允许定义于“势函数”之上，而不能直接定义于形式量“$\boldsymbol{E}$ 和 $\boldsymbol{B}$”之上呢？

其实，这个为人们忽视了的前提性命题的答案很简单，这就是：因为形式量 $\boldsymbol{E}$ 和 $\boldsymbol{B}$ 与需要借助于 Newton 第二定律定义的“力”直接关联，所以它们只能定义于电磁场中的某一个实验电荷之上，而无法与“无质无形”的电磁场直接构成逻辑关联。当然，对于“无质无形”的电磁场而言，不可能凭借一对逻辑上并不真正属于自己的物理量 $\boldsymbol{E}$ 和 $\boldsymbol{B}$，构建属于自己的恰当数学物理模型。

人所周知，杨振宁先生曾经不止一次使用他那梦笔生花的生动语言，向人们渲染他所说那种“科学美”的巨大感染力，指出正是这种“科学美”对于建构“规范场论”发生的巨大启示作用，故而要求人们必须以一种“震撼心灵科学宗教”的情结，去接受并且纵情享受这种只有睿智的科学大师们才可能真实感受到的美。但是，为什么要相信当时尚过分年轻，自嘲在数学领域不过是一头“布里丹(J. Buridan)”的驴子的 Einstein，仅仅凭借他所说的“直觉和顿悟”而构造的一个简单“代数学”方程，并且要求无穷无尽的物质世界，必须无条件地服从这个一成不变的简单数学公式呢？此外，正如每一个正常人看到或者恰如李政道先生曾经诚实告诉人们的那样：自存的物质世界充斥着差异和不对称，从而与建基于“对称性”假设之上的理论物理处于尖锐的矛盾之中。那么，一种背离物理真实，难免过于幼稚的“对称性”简单期待又何美之有呢？其实，科学美在的真切意义，仅仅蕴涵于科学陈述必需的“无矛盾性”之中：合理的科学陈述必然与被描述对象保持严格逻辑相容，以及不同合理科学陈述体系之间的严格逻辑相容。

3.3.8　关于“Poynting 能量分析”体系的理性重构

毫无疑问，由 Poynting 最初为电磁场构建的“能量分析”系统具有重要意义。但是，随着一个真正构建于“电磁场”之上，而不仅仅是用于联系两个“激发线圈”和“受激线圈”之间逻辑关系的 Faraday 感应定律的重新提出，这个经典表述的“能量分析”体系同样需要在形式上作重新调整。

如果联系到对于 20 世纪的西方哲学具有相当大影响的 Heidegger 针对“现象学”所做的论述，那么，人们可以发现：如果说不仅仅是此处所关心的“电磁场理论”体系，而且在比其更为古老的“热力学理论”体系中，往往真实存在某些人们或许至今没有认识到的逻辑不当，那么，一个在哲学理念方面与其严格对应的认识不足在于：西方科学家往往习惯于关注或重视“在场(presented)”的物质存在，而轻视或者完全忽略“不在场(non-presented)”的另一种真实存在，从而在形式上割裂了在本质上“不可分割、彼此依存、相互作用”的物质世界整体。但是，Heidegger 哲学的最大缺陷仍然在于缺乏“符合于逻辑分析”的有力支撑，更多的是依赖于“直觉和顿悟”意义上的揣测，并且，与许许多多的西方学者一样，内心总是期待扮演“无穷真理体系"构建者的角色，以至于最终只可能陷入"极端唯心主义"的种种无聊妄念之中。

3.4　反思"任伟质疑"以及若干"独立命题"的提出

应该说，任伟能够在如此短的时间内提出自己的独立批判或质疑是很不容易的，显示了他在自己所从事研究领域中一种较为深厚的功底。现在，需要对任伟所提问题从若干不同方面作一些反思和总结。

3.4.1　"任伟质疑"中若干与"形式逻辑"相关分析的澄清

通过与任伟进行的多次交流和讨论，我的总体印象是：如果从形式系统"逻辑主体"必须遵守的"同一性"原则，或者能够与其构成"等价性"表述的"物质第一性"原则考虑，同时从科学陈述需要普遍遵循的"逻辑相容性"法则考虑，彼此看起来几乎没有什么分歧。正因为此，任伟始终表示，他在原则上能够认同前述关于若干基本理念所做的阐释。然而，一个可能存在的重大差异或许仅仅在于：随着"逻辑主体"发生变化，是否需要在具体的形式表述方面与习惯表述作相应调整，乃至引发形式系统的"抽象特征"及其"物理内组"都可能出现较大变更的问题。

3.4.1.1　任伟所质疑的"逻辑不自洽"问题

首先，回答任伟通过式(R.8)提出的质疑。其实，根据以上讨论可知，只要式(10)所示，一个被延拓至"时变域"的 Biot-Savart 经验公式

$$\boldsymbol{B}(\boldsymbol{x},t)=\frac{\mu_0}{4\pi}\int_V \frac{\boldsymbol{J}\times\boldsymbol{r}}{r^3}\mathrm{d}V$$

允许成立，那么，对于任伟提出疑义的形式表述，即式(19)

$$\frac{1}{\mu_0}\,\nabla\cdot\boldsymbol{A}(\boldsymbol{x})=\int_V\frac{1}{r}\,\nabla\cdot\boldsymbol{J}\mathrm{d}V=-\frac{\partial}{\partial t}\int_V\frac{\rho_{\text{free}}}{r}\mathrm{d}V$$

以及根据演绎逻辑而推得，仅仅隶属于"动态变化电流"的方程组，即式(22)

$$\boldsymbol{J}(\boldsymbol{x},t)\gg\begin{cases}\nabla\times\boldsymbol{E}=\dfrac{\partial\boldsymbol{B}}{\partial t}\\ \nabla\cdot\boldsymbol{B}=0\\ \nabla\times\boldsymbol{B}=\dfrac{1}{c^2}\left(\dfrac{1}{\varepsilon_0}\boldsymbol{J}-\dfrac{\partial\boldsymbol{E}}{\partial t}\right)\end{cases}$$

它们都自然地成立并严格地保持逻辑相容。

3.4.1.2　任伟公式的"表观"逻辑相容性

与以上分析一致，或者基于完全同样的道理，因为任伟提出的公式(R.3)

$$\frac{1}{c^2}\frac{\partial^2}{\partial t^2}\,\nabla\cdot\boldsymbol{A}=\mu_0\,\nabla\cdot\boldsymbol{J}$$

不过是对公式(R.1)，即为人们熟知的双旋度形式的波动方程

$$\nabla\times\nabla\times\boldsymbol{A}+\frac{1}{c^2}\frac{\partial^2}{\partial t^2}\boldsymbol{A}=\mu_0\boldsymbol{J}$$

施加散度运算所得的结果，所以"直观"地讲，不妨将其视作该双旋度波动方程一个合理的逻辑

推论。

当然，如果更为严格地讲，因为任伟不愿意轻易改动 Maxwell 方程组的形式，即仍然使用他所写的式(R. 4)

$$\begin{cases}\boldsymbol{\nabla}\cdot\boldsymbol{E}=\dfrac{1}{\varepsilon_0}\rho\\ \boldsymbol{\nabla}\times\boldsymbol{E}=-\dfrac{\partial\boldsymbol{B}}{\partial t}\\ \boldsymbol{\nabla}\cdot\boldsymbol{B}=0\\ \boldsymbol{\nabla}\times\boldsymbol{B}=\dfrac{1}{c^2}\left(\dfrac{1}{\varepsilon_0}\boldsymbol{J}+\dfrac{\partial\boldsymbol{E}}{\partial t}\right)\end{cases}$$

进而使用习惯表述的如下公式：

$$\boldsymbol{E}=-\frac{\partial\boldsymbol{A}}{\partial t}\tag{40}$$

并直接套用该方程组中的 Gauss 公式

$$\boldsymbol{\nabla}\cdot\boldsymbol{E}=-\frac{\partial}{\partial t}\boldsymbol{\nabla}\cdot\boldsymbol{A}=\frac{1}{\varepsilon_0}\rho\tag{41}$$

从而最终推得他所期待的公式(R. 6)

$$\frac{1}{c^2}\frac{\partial^2}{\partial t^2}\boldsymbol{\nabla}\cdot\boldsymbol{A}=\frac{1}{\varepsilon_0}\boldsymbol{\nabla}\cdot\boldsymbol{J}$$

但是，如果注意到式(36)重新做出的认定：

$$\boldsymbol{J}(\boldsymbol{x},t)\gg\begin{cases}\boldsymbol{\Psi}=\mu_0\displaystyle\int_V\frac{\boldsymbol{J}}{r}\mathrm{d}V\\ \boldsymbol{E}=\dfrac{\partial\boldsymbol{\Psi}}{\partial t},\ \boldsymbol{B}=\boldsymbol{\nabla}\times\boldsymbol{\Psi}\end{cases}$$

其中，与式(40)对应的形式表述是

$$\boldsymbol{E}=\frac{\partial\boldsymbol{A}}{\partial t}=\frac{\partial\boldsymbol{\Psi}}{\partial t}$$

两者相差一个符号。显然，需要相应对此做出解释。

其实，关键在于任伟使用的式(41)隐含“逻辑主体”不同一的问题。如果单纯考虑静电场的 Gauss 定律，其中的

$$\boldsymbol{\nabla}\cdot\boldsymbol{E}=\frac{1}{\varepsilon_0}\rho$$

原则上需要定义于“静止电荷”之上。但是，其中与电荷守恒定律相关的表述

$$-\frac{\partial}{\partial t}\boldsymbol{\nabla}\cdot\boldsymbol{A}=\frac{1}{\varepsilon_0}\rho$$

则应该定义在动态电流之上，两个电荷 ρ 并不一致，所以需要增加一个负号。

当然，这也再一次告诉人们：类似于式(4)所述的形式分解

$$\rho(\boldsymbol{x})\gg\left\{\boldsymbol{\nabla}\cdot\boldsymbol{E}=\frac{1}{\varepsilon_0}\rho\right.\cap\boldsymbol{J}(\boldsymbol{x},t)\gg\begin{cases}\boldsymbol{\nabla}\times\boldsymbol{E}=\dfrac{\partial\boldsymbol{B}}{\partial t}\\ \boldsymbol{\nabla}\cdot\boldsymbol{B}=0\\ \boldsymbol{\nabla}\times\boldsymbol{B}=\dfrac{1}{c^2}\left(\dfrac{1}{\varepsilon_0}\boldsymbol{J}-\dfrac{\partial\boldsymbol{E}}{\partial t}\right)\end{cases}$$

与人们的喜好或认定完全无关，而仅仅决定于需要描述的物理实在与相关的形式逻辑。或者说，Maxwell 最初构造的方程组无论是其希望展现的物理内涵，还是与这个表述相关的形式逻辑关系都发生了重大变化，为什么不容相应作更改呢？

3.4.2 恰当“数学物理模型”的提出

考虑到“双旋度算子”内蕴的“欠定性”特征，故而作为与任伟的一种共识，类似于如下所示仅仅由单个双旋度波动方程构造的边值问题

$$\begin{cases}\boldsymbol{\nabla}\times\boldsymbol{\nabla}\times\boldsymbol{\Psi}+\dfrac{1}{c^2}\dfrac{\partial^2\boldsymbol{\Psi}}{\partial t^2}=\mu_0\boldsymbol{J}\\ \boldsymbol{n}\times\boldsymbol{\nabla}\times\boldsymbol{\Psi}=\mu_0\boldsymbol{j}\quad \boldsymbol{x}\in\partial V\\ \boldsymbol{\Psi}=\boldsymbol{\Psi}_0,\boldsymbol{\Psi}'=\boldsymbol{\Psi}'_0\quad t=0\end{cases}\tag{42}$$

在逻辑上同样是欠定的。因此，需要面对重新构造恰当数学物理模型的问题。

3.4.2.1 两种数学物理模型的提出

于是，在如上所述能够保证“逻辑相容性”的同时，原则上允许存在任伟提出的数学物理模型，即根据式(R.6)

$$\frac{1}{c^2}\frac{\partial^2}{\partial t^2}\boldsymbol{\nabla}\cdot\boldsymbol{A}=\frac{1}{\varepsilon_0}\boldsymbol{\nabla}\cdot\boldsymbol{J}$$

构造的数学物理模型

$$\begin{cases}\boldsymbol{\nabla}\times\boldsymbol{\nabla}\times\boldsymbol{A}+\dfrac{1}{c^2}\dfrac{\partial^2\boldsymbol{A}}{\partial t^2}=\mu_0\boldsymbol{J}\\ \dfrac{1}{c^2}\dfrac{\partial^2}{\partial t^2}\boldsymbol{\nabla}\cdot\boldsymbol{A}=\dfrac{1}{\varepsilon_0}\boldsymbol{\nabla}\cdot\boldsymbol{J}\\ \boldsymbol{n}\times\boldsymbol{\nabla}\times\boldsymbol{A}=\mu_0\boldsymbol{j}\quad \boldsymbol{x}\in\partial V\\ \boldsymbol{A}=\boldsymbol{A}_0,\boldsymbol{A}'=\boldsymbol{A}'_0\quad t=0\end{cases}\tag{43}$$

与此同时，还允许本人最早在《量子力学形式逻辑与物质基础探析》一书中，根据式(2)，即

$$\boldsymbol{\nabla}\cdot\boldsymbol{\Psi}(\boldsymbol{x},t)=\vartheta=\frac{\mu_0}{4\pi}\int_V\frac{1}{r}\boldsymbol{\nabla}\cdot\boldsymbol{J}\mathrm{d}V\neq 0$$

为动态电流所激发动态电磁场而提出的另一个数学物理模型

$$\begin{cases}\boldsymbol{\nabla}\times\boldsymbol{\nabla}\times\boldsymbol{\Psi}+\dfrac{1}{c^2}\dfrac{\partial^2\boldsymbol{\Psi}}{\partial t^2}=\mu_0\boldsymbol{J}\\ \boldsymbol{\nabla}\cdot\boldsymbol{\Psi}=\dfrac{\mu_0}{4\pi}\displaystyle\int_V\frac{1}{r}\boldsymbol{\nabla}\cdot\boldsymbol{J}\mathrm{d}V\\ \boldsymbol{n}\times\boldsymbol{\nabla}\times\boldsymbol{\Psi}=\mu_0\boldsymbol{j}\quad \boldsymbol{x}\in\partial V\\ \boldsymbol{\Psi}=\boldsymbol{\Psi}_0,\boldsymbol{\Psi}'=\boldsymbol{\Psi}'_0\quad t=0\end{cases}\tag{44}$$

当然，如果考虑到任何用作描述新鲜事实的独立方程的“构造性”特征，那么，在原则上都可以将它们当作两个“合理模型假设”来对待。

3.4.2.2 关于两种“数学物理模型假设”的一般性探讨

首先，考虑任伟模型。涉及矢量势散度的形式表述，由于使用了式(R.6)

$$\frac{1}{c^2}\frac{\partial^2}{\partial t^2}\nabla\cdot\boldsymbol{\Psi}=\frac{1}{\varepsilon_0}\nabla\cdot\boldsymbol{J}$$

这样，与杨本洛模型中出现“体积分项”可能导致计算较为复杂的问题相比，任伟模型看起来便于实现数值计算。

其次，考虑杨本洛模型。对于式(2)所示的附加方程

$$\nabla\cdot\boldsymbol{\Psi}(\boldsymbol{x},t)=\vartheta=\frac{\mu_0}{4\pi}\int_V\frac{1}{r}\nabla\cdot\boldsymbol{J}\mathrm{d}V\neq 0$$

任伟曾经指出：因为出现定义于整个空间域的“体积分”项，所以相应会造成“计算量”增大的问题。当然，如果从此处所说的这个“局部计算”考虑，可以相信任伟的预判应该是合理的。但是，熟悉数值计算的人通常知道，电磁场计算的工作量主要决定于“解方程”的问题，相对而言，计算“定积分”则要容易许多。更何况，如果人们构造的数学物理模型始果真的是恰当的，那么，总可以相信：不仅可以对需要研究的物理现象作较为准确的描述，而且从“整体计算”考虑也自然会变得通达和合理许多。

不仅于此，如果在此处所构造的附加方程相比，任伟模型中的附加方程(R.6)的最大不同其实也恰恰在于：它没有在物理上添加任何新的具有“独立”意义的内容，只不过是最初所给定“双旋度波动方程”一个“平凡(trivial)”的逻辑推论，以至于不可能真正改变双旋度算子所构造微分方程在空间域内蕴的“欠定性”特征。当然，也仅仅因为此，在需要处理人们往往更为关注的“真空中电磁波传播”问题，式(2)的示定义于“闭空间”中的方程因为出现间断，而自然地变做仅仅定义于“封闭边界”∂V之上的曲面积分

$$\nabla\cdot\boldsymbol{\Psi}(\boldsymbol{x},t)=\vartheta=\frac{\mu_0}{4\pi}\int_{\partial V}\frac{1}{r}\nabla\cdot\boldsymbol{J}\mathrm{d}A\neq 0$$

显然，这个“边界积分”能够直接刻画封闭曲面上电流分布的“变化”对矢量势散度$\nabla\cdot\boldsymbol{\Psi}$或者矢量势$\boldsymbol{\Psi}$的本身乃至电场$\boldsymbol{E}$实际产生的影响。但是，任伟模型中的补充方程则完全不同，它无法为矢量势的散度提供任何有用的信息，只能蜕化与 *Coulomb* 所提“正则变化”无异，强制电磁场矢量势的散度满足“恒为零”要求的纯粹人为约定。

显然，两个“补充方程”不可同日而语，它们在“形式逻辑”和“物理内涵”两个方面都存在根本差异。

进一步说，如果重新回顾前面针对《关于 *Maxwell*“位移电流”人为假设的正名》命题所做的讨论，并且与经典理论的相关陈述作比较，不难发现它实际上给出如下所述一系列彼此逻辑相容的新鲜结果：

(1) 首先，对于式(10)所示，经典理论中通常并限制于“静磁场”的 *Biot-Savart* 经验公式

$$\boldsymbol{B}(\boldsymbol{x},t)=\frac{\mu_0}{4\pi}\int_V\frac{\boldsymbol{J}\times\boldsymbol{r}}{r^3}\mathrm{d}V$$

同样适用于动态变化电流所激发电磁场的场合；

(2) 据此，不难逻辑地推得杨本洛模型所使用的附加方程

$$\nabla\cdot\boldsymbol{\Psi}(\boldsymbol{x},t)=\vartheta=\frac{\mu_0}{4\pi}\int_V\frac{1}{r}\nabla\cdot\boldsymbol{J}\mathrm{d}V\neq 0\qquad(45)$$

(3) 同样，还可以逻辑地推得式(21)，即 *Maxwell* 方程组中一个仅仅与动态变化电流构成逻辑关联的微分方程

$$\nabla\times\boldsymbol{B}=\mu_0\left(\boldsymbol{J}-\varepsilon_0\frac{\partial\boldsymbol{E}}{\partial t}\right)$$

显然，出现于此式中的附加项，即经典理论中通常称之为“位移电流”并且只能当作“人为假设”对待的形式量的物理意义已经发生重大变化，它不像经典电磁场理论通常论述的那样，需要当作 *Ampere* 定律所示“总电流”分布的某种分量，或者一个所谓的“附加电流”来对待。考虑到此时激发动态电磁场的“源”仍然只是那个唯一的动态变化电流，而这个形式上不可缺失的，可以借助于电场 $\boldsymbol{E}$ 加以表示的物理实在，不过对应于电流处于动态变化时，由该动态变化电流自然诱导而生的一个“附加电荷”而已；

(4) 并且，还可以逻辑地推得式(22)

$$\boldsymbol{J}(\boldsymbol{x},t) >> \begin{cases} \nabla\times\boldsymbol{E}=\dfrac{\partial\boldsymbol{B}}{\partial t} \\ \nabla\cdot\boldsymbol{B}=0 \\ \nabla\times\boldsymbol{B}=\dfrac{1}{c^2}\left(\dfrac{1}{\varepsilon_0}\boldsymbol{J}-\dfrac{\partial\boldsymbol{E}}{\partial t}\right) \end{cases}$$

即形式上作了某种修正或调整，摈弃了经典 Maxwell 方程组以“人为假设”作为存在前提，在物理上被赋予确定“物质内涵”的形式表述；

(5) 根据式(39)所构造，一个在逻辑上只允许定义于“实验电荷”之上的形式认定，即

$$\begin{cases} \boldsymbol{E}(\boldsymbol{x},t)=-\nabla\varphi(x)+\dfrac{\partial\boldsymbol{\Psi}(\boldsymbol{x},t)}{\partial t} \\ \boldsymbol{B}(\boldsymbol{x},t)=\nabla\times\boldsymbol{\Psi}(\boldsymbol{x},t) \end{cases}$$

如果考虑在不存在静电荷 ρ 而仅仅存在动态电流 $\boldsymbol{J}$ 的场合，那么，根据上述重新修正的 Maxwell 方程，还可以逻辑地推得：

$$\nabla\times\nabla\times\boldsymbol{\Psi}+\frac{1}{c^2}\frac{\partial^2}{\partial t^2}\boldsymbol{\Psi}=\mu_0\boldsymbol{J} \tag{46}$$

该式就是通常所说一个“双旋度”形式的波动方程。

(6) 注意到“双旋度”算子内蕴的“恒欠定性”特征，并参照与“双旋度算子”所做的分析，在需要考虑构造一个恰当的数学物理模型时，只有式(45)和式(46)联立而成的方程组

$$\begin{cases} \nabla\times\nabla\times\boldsymbol{\Psi}+\dfrac{1}{c^2}\dfrac{\partial^2\boldsymbol{\Psi}}{\partial t^2}=\mu_0\boldsymbol{J} \\ \nabla\cdot\boldsymbol{\Psi}=\dfrac{\mu_0}{4\pi}\displaystyle\int_V\dfrac{1}{r}\nabla\cdot\boldsymbol{J}\mathrm{d}V \end{cases} \tag{47}$$

才可能成为该数学物理模型中的恰当泛定方程。

故而，针对笔者最初构造的数学物理模型，人们可以逻辑地得到如下推论：

(1) 作为一个恰当数学物理模型中的泛定方程，式(47)构造的两个控制方程自然应该视作是恰当的，不存在任何“逻辑不自给”的问题。

(2) 从形式逻辑考虑，式(45)和式(46)是两个彼此独立的控制方程。

(3) 仍然从形式逻辑考虑，它们与拓展至动态时变域的 Biot-Savart 经验方程，以及修正过的 Maxwell 方程组保持严格逻辑相容。

(4) 此外，对于积分形式的 Biot-Savart 公式与微分形式的 Maxwell 方程组(修正过)而言，实际上都已经得到了经验务实的普遍验证。因此，如果可以合理地把它们视作描述“动态电磁场”积分形式和微分形式的两个经验方程，那么，此处所构造的两个泛定方程不过是这两个原定方程不过是这两个经验解呈的必然推论。

(5) 进一步说，如果考察此处所构造"数学物理模型"中的两个泛定方程，不仅仅是方程本身，而且两个方程中的所有形式量都拥有属于自己的某种确定物质内涵，它们与任何形式的"人为假设"毫无关系。

因此，除了以经典理论提供的"经验事实"为基础，为变化动态电流激发的动态电磁场构造了一个适定的边值问题以外，杨本洛模型没有提出任何源于"主观意志"的独立假设。

但是，如果仍然沿用以上讨论问题的方式和基本准则，那么，针对任伟重新构造的数学模型

$$\begin{cases}\nabla\times\nabla\times\boldsymbol{A}+\dfrac{1}{c^2}\dfrac{\partial^2\boldsymbol{A}}{\partial t^2}=\mu_0\boldsymbol{J}\\[2ex]\dfrac{1}{c^2}\dfrac{\partial^2}{\partial t^2}\nabla\cdot\boldsymbol{A}=\dfrac{1}{\varepsilon_0}\nabla\cdot\boldsymbol{J}\end{cases}\tag{48}$$

人们几乎可以立即提出如下质疑：

(1) 倘若任伟从公式(R.1)，即双旋度形式的波动方程

$$\nabla\times\nabla\times\boldsymbol{A}+\frac{1}{c^2}\frac{\partial^2}{\partial t^2}\boldsymbol{A}=\mu_0\boldsymbol{J}$$

出发，借助于施加于其上的"散度"运算，推得式(R.6)所示的控制方程

$$\frac{1}{c^2}\frac{\partial^2}{\partial t^2}\nabla\cdot\boldsymbol{A}=\frac{1}{\varepsilon_0}\nabla\cdot\boldsymbol{J}$$

进而构造式(48)所示"泛定方程组"的过程，可以认为在逻辑上是恰当的或者是合法的，那么，原则上同样可以逻辑地推知：在这两个控制方程之间不应该具有两个独立方程必须具有的"独立性"意义。

(2) 反过来说，对于双旋度波动方程(R.1)

$$\nabla\times\nabla\times\boldsymbol{A}+\frac{1}{c^2}\frac{\partial^2}{\partial t^2}\boldsymbol{A}=\mu_0\boldsymbol{J}$$

因为它在本质上掩饰了任何与矢量势散度$\nabla\cdot\boldsymbol{A}$相关的信息，所以如果将任伟提出的附加方程(R.6)

$$\frac{1}{c^2}\frac{\partial^2}{\partial t^2}\nabla\cdot\boldsymbol{A}=\frac{1}{\varepsilon_0}\nabla\cdot\boldsymbol{J}$$

视作方程(R.1)的必然推论在逻辑上肯定是不准确的，后继超出了逻辑前提可能表现的本质内涵。事实上，也仅仅因为此，才可以或应该将式(R.6)视作一个具有"独立"意义的控制方程(并且，正如任伟往往一再强调的那样，该附加方程与经典理论中的"正则假设"保持本质同一)；

(3) 于是，根据任伟模型，由时间域中的双重偏导数算子限定的矢量势散度$\nabla\cdot\boldsymbol{\Psi}$一直处于以电流分布散度$\nabla\boldsymbol{J}$作为"源项"的恒定变化之中，那么，人们不能不质疑：这种以电流分布的散度作为"加速率"的持续变化，是否隐含了某种人们尚未发现的独立物理机制呢？

(4) 进一步说，当杨本洛模型中的所有方程逻辑上并没有超越经典理论所涉及"经验事实"的范畴，能够与Biot-Savart经验方程以及实际使用的Maxwell方程组保持逻辑相容，或者说它们在本质上都逻辑地渊源于经典理论所有相关"经验事实"的时候，人们则需要认真探究任伟所提独立方程(R.6)的物质基础或理论依据。

综上所述，如果对目前的"任伟思想"作一种"整体性"的思考，并且将其与笔者"所思所论"作认

真比对的话，那么，所有这些认识歧义都应该视作任伟与笔者之间目前尚存在许多重大分歧的真实反映。

事实上，针对如何看待经典电磁场理论中形形色色“正则假设”的存在，一个显然具有“基础性”意义的重要命题，即在彼此作交流时，任伟曾经不止一次向笔者表示“正则假设”理应合法存在的想法。故此，之所以出现此处所述的“任伟模型”绝非偶然，相应具有某种更为深刻的“认识论”原因。一方面，任伟固然接受笔者针对“双旋度算子”曾经构造的逻辑分析，同样使用“双旋度算子”重新为动态电磁场构建数学物理模型的判断，认同笔者所提科学陈述必须建基于“实体论”基础之上，并且只有如此才可能符合于“逻辑自洽性”原则的基本理念；另一方面，对于近现代自然科学体系中俯拾皆是的“约定论”泛滥，任伟其实仍然无法割舍，并不时流露凭此构建“大一统”的愿望。

考虑到理论体系内蕴的“构造性”特征，因此，贯穿于如何合理构建一个理论体系的“探索性”过程中，几乎不可能回避或者拒绝“人为假设”的提出。但是，一个理论体系的合理构建，最终仍然需要逻辑地归源于它需要描述的“物质对象”之上，从而形成一种拥有“公众性”特征，即所有使用科学语言的研究者能够共同得到的合理陈述。显然，如何为动态变化电流所激发“动态电磁场(电磁波)”构建恰当“数学物理模型”的问题，实际上要远比人们曾经想象的复杂许多。因此，人们完全没有理由要求 Maxwell 在相关数学工具尚未建立的时候就能够完成理论模型的合理构建。更为准确地说，Maxwell 所构建的理论体系如果存在大量的逻辑不自洽问题，那么，恰恰应该将其视作是一种历史的必然，符合于那个特定时代人们认识能力。不仅如此，与形式逻辑与物理理念相关的一系列基本问题，其实至今也没有真正得到解决。因此，存在分歧并不可怕，而且正是在直面分歧的理性分析和探讨过程中，才可能真正得以解决分歧，最终形成理性共识。当然，此处提出的所有这一切疑问，都成为人们需要继续作“理论探讨”以及与其相关的“试验分析”问题。并且，也应该是任伟和笔者，以及许多依然尊崇自然科学的“实体论”基础和“逻辑自洽性”原则的研究者需要进一步努力研究的基本方向。

附录4 关于任伟所作《继承性批判和批判性继承的思辨》一文的补充交待

2010年春天某日去出版社办事，宋永明主任告诉我：杭州电子科技大学的任伟教授给出版社来电话，对我于2009年出版的《电磁场理论形式逻辑分析》一书颇感兴趣；同时告诉我：任伟指出在我重新为“动态电磁场”构造的数学物理模型中存在“两个泛定方程逻辑不自洽”的问题；此外，还向我转达任伟教授提出能够与我尽快见面的愿望。

不久，任伟教授专程来上海。针对电磁场理论以及与现代数学、理论物理相关的诸多命题，我们进行了内容较为广泛和深入的讨论。其后，他又与浙江大学电子系的李凯教授一道，邀请我去杭州，就在电磁场理论体系方面展开初步合作研究的事项做了若干进一步的探讨和安排。

许多年来，我在学界接触的人可谓不少，甚或包括一些从国外特地给我来信的学者。但是，或许因为在目前的科学生活中，普遍存在“单纯推崇技术（包括计算技术）”的风气，不少人往往已经失去“从理论体系出发，作真正符合于逻辑的分析、批判和判断”的兴趣，乃至完全不具进行这种严谨思维的习惯与能力。反过来说，正因为20世纪科学世界中形形色色“公理化体系——人文主义”思潮的波谲云诡，能够借助数学上明晰的形式语言，针对基础科学中若干具体命题，公开批驳他人观点，准确表达自己主张的研究者（其中包括许许多多的职业数学家在内）其实早已变得凤毛麟角、寥若晨星。故而，突然面对任伟在肯定笔者所做逻辑批判的大方向的同时，却能够使用数学语言提出一种意义明晰的批判和否定，内心难抑一种久违的喜悦，长期来“后继乏人”的担忧骤然释怀了许多。

毋庸讳言，在任伟与我之间，首先存有许多基本共识。大家都认同、接受并希望致力于维护科学陈述必须严格遵循的“物质第一性”和“逻辑自洽性”两个最基本原则，并且，作为争论的双方，似乎都有一种“敢于批判他人，同时也乐于否定自己”的真诚。与此同时，涉及到自然科学一系列具体命题乃至意识形态的某些价值取向上，又真实地存在范围广泛的分歧和冲突。尽管如此，我总觉得，在科学研究中，只要真正接受、领悟并切实维护上述两个基本原则，自觉地抵制、拒斥和批判将自然科学异化为“科学共同体共同意志”之类现代“约定论”的杜撰，那么，无论是针对某一个特定科学命题如何构造恰当“形式表述”的最终结果，还是面对哲学“认识论”基础争论时一种关涉大是大非问题的判断，原则上一定能够达致服从于“理性原则”的共识，或者最起码能够为知识社会逐步形成共识做出一份贡献。

因此，无需也不应遵循一个完全被异化了的Kuhn“科学范式”理念，将科学研究中的分歧、争论和批判视同洪水猛兽，甚至类似于推翻某一个“封建王朝”的暴力革命，相反，应当将其当作科学得以“正常、健康和持续发展”历程之中一股不可或缺的积极力量。（当然，Kuhn的理念不仅力透纸背，准确地阐述了一切只允许建构于“公理化体系”之上的“自然科学体系”之本质，而且还入木三分，深刻地揭示了他所说“科学共同体”何以必须严厉拒斥一切科学批判的根本原因）。可以相信，只要承认自然科学必需的“客观实在”基础，科学就必然拥有美国近代哲学家C. Peirce曾经特别指出的“公众性”特质，也就无需乃至不应对科学研究中某一个“研究者个体”的作用作过分强调或过度渲染。同样，面对严肃的科学争论，作为“人”的争论者之间“孰是孰非”的问题，自然变得远没有一般人想象的那么重要。反过来说，随着现代"约定论"思潮的持续发酵、升温和泛滥，以至于几乎没有多少人愿意真正关注"逻辑"的时候，能够使用无歧义科学语言，展开一种具有严肃科学意义的争论，这本身就十分难得。毫无疑问，如果说笔者早已公开提出"愿意在严肃的科学批判中充当一个靶子"的真诚夙愿，那么，这才是在我与任伟作面对面讨论的灵动之中，贸然提请任伟为此书作评论，并望其无所顾忌、直抒己见的全部初衷。

经历了反反复复的修改、调整和补充，本书已经进入"排版"程序。只是出版社近日特别通知我，需要在个别文字上再作若干修改。鉴于此，并为了在不作大的变动基础上保证相关论述必需的连贯性，在征得出版社和任伟教授的同意后，将任伟为此书撰写的这篇文字作为附录保留于书中。最后，必需借此机会，再次向任伟教授以及为出版此书付出太多辛勤劳动的众多编辑表达深深的谢意和歉意。

杨本洛

2010 深秋

附任伟教授原文

继承性批判和批判性继承的思辨

——批判性和创造性地领会并发扬杨本洛的科学思想体系

2010 年 4 月下旬，我刚刚成为杨本洛教授的研究生，杨老师立即布置和我共同撰写《西方哲学体系科学反思》并由我为《两类"相对论"形式逻辑分析》一书撰写评论的任务。我和杨老师已坦诚交换过意见。我觉得杨老师对前人成果是继承性批判，重在批判(比如这本书)。我对既有理论主要是批判性继承，重在继承。当然杨老师在批判前人的基础上，已完成很多领域的理性重建，并且已显示出他深厚的功力。之所以对两类"相对论"不进行理性重建，是在杨老师看来，相对论不值得重建。这篇序实际上是任伟领会并发扬杨本洛思想观点的宣言。

首先，任伟提倡一种淡淡的文风，在追求真理的同时应尽量避免(至少要少一些)对前人理论特别是科学家本人提出作者的评价。我个人认为杨本洛教授是承继鲁迅精神又一具有批判意识的思想者。杨老师经常对大家公认的理论和名家提出了他自己认为合适的、尽管有时是尖锐的批评和嘲讽，好些地方采用了夸张的修辞手法。同时，杨老师按照逻辑和哲学的思辨，却时刻要想到限制自己，如限制自己的论域，限制自己的论题，限制自己在冲动中做出轻率的结论。在和谐的氛围下批判，在批判中增进了解、加深友谊、加强合作。讨论双方要有共同的前提，尽量避免情绪化。尽管杨老师是出于对科学和真理的追求，对祖国的热爱，对他人的真诚。不得已伤害别人也是杨老师为了更大的善而作出的必要的恶，其结果还是善。杨老师是个有良知的科学评论家。

其次，任伟提倡学习杨老师敏锐的思辨习惯，勤奋的工作作风，老老实实的治学方法。中国的学生和学者绝大多数提不出问题，也不知道怎样提问题，这与应试教育和传统文化有关。与 20 世纪 80 年代向科学进军的大气候不一样，现在很多人不够勤奋，总想走捷径，但对所谓成果却十分向往。杨老师在他的十多本专著中，提出的一系列有价值的问题值得相关专业人员深入研究。在这本书中，对大家认为很好的"狭义相对论"和"广义相对论"，提出了一系列颠覆性的问题。所以，杨老师不仅是个科学评论家，更是一个地地道道的哲学家，很会在没事的地方找出事情来，往往还是大事情。

第三，我想强调杨老师做出这些工作是十分不容易和了不起的，哪怕有这样那样的不足，也是在前进和探索中在所难免的。人非圣贤孰能无过。大家应该鼓励和支持他的探索。对杨老师本人的工作，对杨老师追求的事业要满腔热情，而不是求全责备，更不能吹毛求疵。我完全认同杨老师的观点，科学面前并无权威。真理面前人人平等。爱因斯坦也好，狄拉克也好，对了就是对了，错了就是错了。1+2=5，小学生写出来是错的，爱因斯坦写出来照样是错的。丢掉民族自卑心理，一旦发现大人物错了，毫不犹豫地指出错误。即使是自己没有理解好，大人物没错，也不要紧。知道自己的想法是不对的也是一种收获。这样，还可以避免其他读者产生类似的误解。应该肯定的是，杨老师与爱因斯坦对话是花了大力气的。同样，任何单位和个人要否定杨老师的研究工作，首先要花大力气看懂杨老师的东西。杨老师是个有大智慧的人，绝顶聪明的好人，思维有跃迁，跟上他并不是容易的。杨老师写的十多本专著是个思想的宝库。2010年4月下旬，我到上海，正式拜杨老师为师。杨老师说他把电磁场理论分为两个部分，这立即就解决了长期以来我试图用一个公式统一处理却又难以处理的困惑，茅塞顿开。经过初步研究，杨老师特有的物理和逻辑的目光，很可能有助于量子电动力学重整化的理性重建。这是狄拉克、费曼、王竹溪等物理学家都试图解决而没有解决的难题。杨老师写的热力学，任伟也觉得写得很好。杨老师强调一个系统能否做功与环境有关。这与哥德尔不完备性定理第一定理的证明在哲学上十分吻合。一个热力学系统能否做功是不能在系统内得到证实的，必须要到系统之外才能完成论证。

最后，希望我们的读者不必惊慌失措，更不必暴跳如雷。被杨老师全盘否定的"相对论"并不会因为杨老师专著的出版就一无是处。在任伟看来，杨老师的逻辑加上物质内涵，加上限制条件，相对论不会灭亡。比如惯性系已由任伟两年前在数学定义，当然是对牛顿和爱因斯坦工作的完善和补充。有物质内涵的引力场与电磁场的统一场论也在爱因斯坦狭义相对论的假设下由任伟基本完成，算是对爱因斯坦未尽事业的继承。按杨老师的话说，是爱因斯坦宗教的信徒。也算是向学术界说明任伟为什么有对相对论专著作评论的资格。我对杨振宁的物理和数学，也是十分仰慕的，包括他的治学方法和研究方法。我不同意杨老师关于杨振宁不懂经典电磁理论的说法，因为杨振宁和R. L. Mills 1954年的文章说明杨振宁至少在1954年以前是当时最懂经典电磁理论(特别是经典电磁理论的数学结构)的人之一。研究生要做研究！你不要管牛顿怎么说、爱因斯坦怎么说、杨本洛怎么说，你只需要搞清楚他们在说什么事，然后提出你自己的见解，独立思考后的见解。杨老师不应盲从，牛顿、爱因斯坦也不能盲从。要解放思想，为中华民族的伟大复兴做出自己的贡献。被杨本洛老师批判了不止一百次的爱因斯坦的"直觉和顿悟"，其实还是可以用的，莫非是想象力的代名词。科学研究先要有想象力，然后再通过逻辑推理完善论证。想象力是创造力的源泉，杨老师本人就很有想象力。真心地希望广大专家、学者、学生认真阅读杨老师的这本处处闪耀着思想光芒的书。

任　伟

2010年4月于杭州电子科技大学

后　记

本书列为《20世纪基础科学逻辑检查系列丛书》中的第二本，它与另外两本的初稿一并完成于2006年。继2009年年初出版了其中的第一本《电磁场形式逻辑分析》后，出版社的宋永明老师于2009年夏天将此书的审阅稿交给我，要求我最后再复看一下。此外，宋老师还告诉我，这一次出版社特地聘请了华东师范大学的蒋可玉教授共同参加这本书的审阅工作。

不难看出，这次的评审意见出现了一些微妙的变化，某些看似不经意的建议、质疑或提醒，往往是针对所论命题而发。应该说，指出论述内容存在的不足或者不当，乃至作真正科学意义上的争论，一直是笔者特别关注、真诚期待和内心格外珍惜的东西。因此，面对宋、蒋两位老师严肃而细致的修改意见，除了心怀深深感激之情，总想较为准确地领会和拿捏审稿者思想深处的东西，猜度和把握属于科学以内的那些可能让人们觉得不足的地方，重新作一些修改和弥补，希望尽可能把问题真正说清楚，避免在逻辑上出现自己以往可能没有发现的任何不足和失当之处。

特别是涉及"广义相对论"相关数学基础部分中，针对《曲面上向量场微分运算的理性重构与经典表述的逻辑证伪》命题所做的论述，尽管几经改动，但是始终无法摆脱一种意犹未尽、没有真正把问题说透的感觉。考虑到曲面上的向量场分析是构建现代"微分几何"的核心和基础，并且，在宋永明老师的真诚鼓励和支持下，才最终下定决心推倒重来。该章以及后面的两个补充材料都是在这个特定背景下产生的。在这个重新写就的论述中，同样发现和纠正了笔者以往针对"如何定义张量"这个基础性命题中存在的严重缺陷。自从20世纪初的Ricci最早提出"张量"概念以来，一直按照"能否满足线性变换"当作"判断张量"的唯一标准。毫无疑问，这种传统定义张量的方式隐含诸多逻辑不当。在笔者以往出版的著述中，曾经从形式逻辑的角度出发作了较多阐述。其实，从数学的哲学基础或者从数学逻辑本身考虑，这种古典定义本质上与Cantor的"集合论"存在相同的缺陷，原则上只能纳入Cantor最初提出却又为其首先发现并予以公开否定的"概括性原理(comprehensive principle)"范畴。但是，如果仅仅指出这种逻辑上的不足，或者像笔者在以往著作中所做的那样，单纯强调张量的"物质性"基础仍然远不充分，流于空洞，还必须对张量所具"抽象指称"意义的"物质内涵"到底是什么做出明确的回答。直到这次重新书写这一章论述时，才发现和解决了此处所说的问题。

至于最后以附录的形式，针对《Gauss微分几何的"线性结构"假象及其澄清》所做的简短讨论，当然也只是在完成上述部分论述的变动以后，一种自然而然形成的思维延续和必要补充。

在自然科学体系中，数学总被人们置于一种十分特殊的地位之上，同时，也一直被赋予超出于其他学科的更多使命。不难看到，数学科学不仅需要像Gauss创建的"曲面论"那样，直接承担如何描述"物质世界"的任务；而且，在更多的时候，数学科学往往还在扮演着"科学语言"的角色，发挥"理性思考"的功能，被当作"一般性逻辑推理"的手段普遍应用于自然科学体系的其他学科之中。事实上，作为科学研究的普遍工具与有力武器，一方面，需要数学为其他学科的构建提供"基元概念、无歧义语言"之类的初原材料；另一方面，还需要数学科学承担捍卫逻辑和理性、检讨和发现矛盾、判断和衡量一切科学陈述是否满足"无矛盾性"要求的根本使命。

但是,数学科学依然没有超越其他学科的任何特权。相反,正因为需要被当作"捍卫逻辑"的工具,所以数学自身格外需要接受"逻辑原则"的严肃检讨,需要按照"逻辑原则"的规定构建于"实体论"的基础之上,需要警惕和反对以任何名义出现的"约定论"虚妄和欺骗。

活跃于19世纪至20世纪初的著名美国哲学家C. Peirce曾经一再强调:真正的科学陈述必须与"真实的事物"相切合,自然地呈现一种"公众性"的特征,因此,人们必须战胜任何"个人"的偏见,使科学陈述最终成为"每个科学家都能够得出同样结论"的判断。至于另一位在20世纪的美国同样具有广泛影响的哲学家G. Sarton则这样告诫人们:需要不时拿起"历史批判"的武器,对固有的知识体系进行审查和检讨,避免出现"科学蜕化为某种偏见的体系,基本原理变成形而上学的公理、教条和新的圣经"的荒唐和理性大倒退,至于那种"科学偶像崇拜"的习惯性思维只能当作一种"最坏的形而上学"来对待。

毫无疑问,随着"公理化思想"体系——一种"约定论"荒唐主张的现代变种的泛滥和不断渗透,我们的"数学科学"已经彻底地异化,完全背离古希腊哲学家Plato在两千多年前就已经指出"一切可靠知识必须建基于实在东西之上"一个自明而素朴的理性原则,充满"个人偏见"的昏庸、浅陋和扭曲,到处弥漫"最坏形而上学"的低俗、愚昧和荒唐。特别是,当许多诚实的西方科学家早在19世纪末的世纪交替之初,就已经提出"数学哲学基础处于尖锐矛盾之中"的重大命题,而经历了逾一个世纪的无休无止争论,至今仍然没有出现任何可望得到解决的迹象;与此同时,人们面对流体力学、电磁场理论中一系列众所周知、本质上与基础数学息息相关的重大命题却几乎毫无作为的时候,必须重新确立一种真正符合于逻辑的理性判断:所有那些与"费马大定理、哥德巴赫猜想、高斯'内蕴'几何理想(注意不是指他的曲面论)、黎曼'先验论'几何、爱因斯坦时空变换"类似的伟大心灵创造,无非都是一些因为缺失"实体论"基础的必要支撑和约束,所以必然逻辑地导致思维混乱,并且没有任何深刻的智慧可言,一系列粗陋而草率的无稽之谈而已。当然,热衷于在这些建基于"约定论"之上、凭借直觉的冲动而随意杜撰的虚妄命题作不断纠缠或许给人以轻松愉悦的感觉。但是,不仅毫无价值而且近乎纯粹自欺的无聊。

真正的知识,必须逻辑相容,必须建基于"实在东西"之上。因此,真正的知识不仅一定是素朴和自然的,最终必然容易为人们理性接受的,而且理应隶属于整个智慧人类,绝不是某些"高等民族"的专利品。必须承认:从来就没有不犯错误、无需接受逻辑规律制约的天才人物。于是,彻底摆脱"科学偶像崇拜"的愚昧,努力使用"逻辑分析、逻辑批判"的武器,从头开始,一点一滴重新审查和检讨主要由西方人建构的近现代数学体系,还原历史的真相,同样成为数学重新回归"理性、逻辑和正义"的必要前提与必由之路。

崇尚"天赋人权"、反对"君权神授",提倡"自由、平等、平权"意识,曾经被许多善良人们视作"西方现代文明"的根本标志和最高成就。但是,当包括数学在内的整个现代自然科学体系必须构建于"公理化体系——人为约定"基础之时,能够与其遥相呼应、互为依存和支撑的,则必然是由少数西方人操控和把持的"科学共同体"体制。不难看到,这种体制无异于人类科学生活中"独断专制、强蛮傲慢、腐朽昏庸"的皇权,成为对西方文明、公正、平等的最好嘲弄。一方面,这个"科学共同体"中的极少数人面对太多众所周知的认识困惑、逻辑悖谬无所作为;另一方面,他们却成为"垄断真理、制造真理"的权威,严厉剥夺包括众多西方学者在内大多数人"自由思想、尊崇理性、使用逻辑批判武器"的权力,要求众人必须不加思辨地绝对臣服于他们

“共同意志”的独断，乃至于本末倒置、荒谬绝伦，妄想将只是源于“直觉和顿悟”的所谓自由创造强加于自存的无尽大自然之上。

不当之处，敬祈赐教。

杨本洛

初冬中的 2010 年 11 月